地 理 信 息 科 学 系 列

GCESS

高光谱遥感
基础与应用

Hyperspectral Remote Sensing
Fundamentals and Practices

Ruiliang Pu 著

张竞成 主译　袁琳 周贤锋 高林 译

高等教育出版社·北京

图字：01-2018-8857 号

Hyperspectral Remote Sensing: Fundamentals and Practices, 1st Edition, authored/edited by Pu, Ruiliang

图书在版编目（CIP）数据

高光谱遥感：基础与应用 /（美）浦瑞良著；张竞成主译；袁琳，周贤锋，高林译 . -- 北京：高等教育出版社，2020.6
书名原文：Hyperspectral Remote Sensing: Fundamentals and Practices
ISBN 978-7-04-054805-1

Ⅰ.①高… Ⅱ.①浦… ②张… ③袁… ④周… ⑤高… Ⅲ.①遥感图像 - 图像处理 - 高等学校 - 教材 Ⅳ.① TP751

中国版本图书馆 CIP 数据核字（2020）第 146427 号

策划编辑	关 焱	责任编辑	关 焱	封面设计	张 楠	版式设计	王艳红
插图绘制	于 博	责任校对	胡美萍	责任印制	存 怡		

出版发行	高等教育出版社	咨询电话	400-810-0598
社　址	北京市西城区德外大街 4 号	网　址	http://www.hep.edu.cn
邮政编码	100120		http://www.hep.com.cn
印　刷	北京佳顺印务有限公司	网上订购	http://www.hepmall.com.cn
开　本	787mm×1092mm　1/16		http://www.hepmall.com
印　张	24.5		http://www.hepmall.cn
字　数	580 千字	版　次	2020 年 6 月第 1 版
插　页	8	印　次	2020 年 6 月第 1 次印刷
购书热线	010-58581118	定　价	119.00 元

本书如有缺页、倒页、脱页等质量问题，请到所购图书销售部门联系调换
版权所有　侵权必究
物 料 号　54805-00
GAOGUANGPU YAOGAN

献给我的妻子 Guoling 和我的两个儿子 William 与 Wilson

感谢他们在本书写作过程中给予的支持

译 者 前 言

  高光谱遥感作为遥感科学的一个重要分支技术领域,由于包含丰富而重要的地物光谱信息,极大地提高了遥感对地观测和解析的能力,形成了一系列重要理论和方法,并在多个领域得到广泛应用。目前,随着卫星、无人机等高光谱传感器的不断成熟、小型化、低价化,高光谱信息处理的智能化程度不断提高,高光谱遥感技术将在即将到来的遥感大数据时代扮演更为重要的角色。美国南佛罗里达大学的 Ruiliang Pu(浦瑞良)教授作为国际知名遥感研究专家,于 2003 年出版的《高光谱遥感及其应用》(高等教育出版社)在国内引起广泛关注和好评,一度在我国掀起一股高光谱遥感学习和研究的热潮,推动了国内该领域的发展。本书原著 *Hyperspectral Remote Sensing*: *Fundamentals and Practices* 是浦教授耗时 3 年完成的国际遥感领域的一本集大成之作,内容体现了高光谱遥感技术近 30 年发展变化的最新成果,目前已在国际遥感界引起广泛关注。高等教育出版社决定将此书译成中文出版,作为全国高等院校和科研机构的教学和参考用书,这无疑将对我国高光谱遥感领域的本科生、研究生教学和科研起到重大推动作用。

  Hyperspectral Remote Sensing: *Fundamentals and Practices* 在内容上具有"新"和"全"的特点,内容包括了目前国际高光谱遥感领域最新的理论和技术,同时也对高光谱遥感技术在地质、植被、大气、海洋、冰雪水文、环境、城市等多个领域的研究和应用情况进行了介绍。全书渗透着作者常年工作于高光谱遥感研究第一线的深刻洞见,写作上具有完整、清晰的层次结构,包含丰富的图表,方便读者了解和查询相关信息。全书在清晰、完整地介绍高光谱遥感理论、方法的同时,通过大量丰富、生动的研究案例使读者能够更好地了解技术特点和应用潜力,因此不论是初涉技术的入门者还是资深研究者,都能从本书中得到帮助,获得新知。

  本书的译校者均工作在遥感科学和高光谱技术一线,具有丰富的专业知识。其中,第 1 章由张竞成、张雪雪、杨娉婷等翻译;第 2 章由袁琳、王斌、闫莉婕等翻译;第 3 章由周贤锋、张静文、刘鹏等翻译;第 4 章由高林、张雪雪、闫莉婕、田洋洋等翻译;第 5 章由张竞成、刘鹏、王斌、张静文等翻译;第 6 章由袁琳、闫莉婕、何宇航等翻译;第 7 章由张竞成、张雪雪、张静文、杨娉婷等翻译;第 8 章由高林、杨娉婷、王晨冬等翻译;第 9 章由周贤锋、张雪雪、刘鹏、王斌等翻译。全书由张竞成、张雪雪、王斌、杨娉婷、闫莉婕、王晨冬、何宇航、田洋洋、张静文校对、修改及统稿。本书的译校工作还得到了多位国内外高光谱遥感领域同行专家的指导,包括美国农业部 Yanbo Huang 研究员、中国科学院空间信息创新研究院黄文江研究员、国家农业信息化工程技术研究中心杨贵军研究员、浙江大学黄敬峰教授、中国矿业大学蒋金豹教授。此外,中文译文还得到原书作者浦瑞良教授亲

自校对,并根据他的建议,译者对全书语言风格进行了调整,以期更好地符合我国读者的阅读习惯。尽管如此,限于时间和译者的水平,翻译过程中的疏忽和纰漏在所难免。欢迎广大读者和同行批评指正。

张竞成

杭州电子科技大学

2019 年 5 月 18 日于杭州

原 书 序 一

自 20 世纪 80 年代后期以来,机载遥感传感器和 90 年代加入的星载传感器先后出现,这使得高光谱遥感成为地理空间技术的前沿。目前,随着高光谱遥感技术的广泛应用、专用图像处理软件的开发以及大量相关出版物的问世,高光谱遥感技术正日渐走向成熟。随着未来高光谱遥感卫星的全球覆盖,图像处理效率和信息提取效率的不断提高,高光谱遥感将迎来一个具有高时空分辨率,且与激光雷达、微波传感器融合的全新时代。在此背景下,我很高兴浦瑞良博士富有远见地围绕这一重要问题撰写这本书。

本书对机载和星载高光谱传感器、系统和卫星的特性进行了综述,并详细讨论了高光谱数据处理与分析算法和技术。此外,作者对用于高光谱数据处理的操作工具与软件的特性及模块进行了介绍和分析,并对高光谱遥感技术在地质、土壤、植被和环境领域的应用进行了全面分析。浦瑞良博士将他二十多年的研究和丰富的教学经验融合到本书的写作中。这既是一本独一无二的教科书,也是一本重要的研究专著。我计划将本书用于我的多门遥感课程教学。

本书是 Taylor & Francis 出版社遥感应用系列丛书的第 16 本,2017 年是该系列丛书出版十周年。正如 2007 年所设想的,该系列丛书的出版将有助于推动遥感技术在各领域中理论、方法、技术和应用的发展。事实上,正如我们今天所见,这个系列丛书为专业人士、研究人员和科学家提供了很好的参考,也成为世界各地很多学校教师和学生的教科书。我希望本书的出版能够促进高光谱遥感技术被更广泛、更深入地了解和应用。最后,我衷心祝贺浦瑞良教授在遥感史上创造了一个新的里程碑。

翁齐浩

丛书主编

于美国印第安纳 Hawthorn Woods

原　书　序　二

　　"遥感传感器"存在于生物界至少已有亿万年的历史,例如动物的眼睛、耳朵和鼻子,甚至可以是动物体表皮肤的感热神经元。虽然人类制造遥感设备的历史还不到 200 年,但这些设备具有生物传感器不具备的数据记录功能。无论是 Joseph Nicéphore Niépce 在 19 世纪 20 年代发明的第一个拍摄设备,还是爱迪生在 1877 年发明的第一台留声机,都具有记录功能。这些设备在一定程度上扩展了生物系统对图像和声音的记忆能力。这些技术经历电气时代发展到现今的数字时代。在 20 世纪 50 年代,多光谱扫描仪率先被置于飞机上来拍摄地面的多光谱图像。这样的图像包含 4~12 个光谱波段,将人类视觉从可见光光谱范围扩展到人眼不可见的波长较短的紫外和波长较长的近红外范围。虽然直到 1962 年遥感才作为一个术语出现,但遥感的历史可追溯至摄影的出现。在过去不到 200 年的时间里,遥感给人类社会带来了巨大变革,其中包括 Alex Goetz 和他的同事在 20 世纪 80 年代发明的机载成像光谱仪。机载成像光谱仪的原理类似于多光谱扫描仪,但可产生几十到几百个光谱波段的图像。成像光谱仪使得在空中对连续光谱进行成像成为可能。为使这种类型的数据及其分析与传统的多光谱遥感有所区分,很自然地将这一技术称为"高光谱遥感"。

　　高光谱遥感的优势在于能够对成像区域的光谱特性进行详细记录。然而,大量的光谱波段也限制了空间细节信息。在卫星遥感中,必须在光谱和空间的细节信息之间进行权衡。由于高光谱数据强调光谱方面,因此空间分辨率或空间覆盖范围比较有限。这就是为何还没有能以相对高分辨率的高光谱数据进行全球覆盖的原因。目前,数据存储容量和数据传输带宽技术已足够先进,相信遥感领域在不远的未来能够实现覆盖全球的具有足够高空间分辨率的高光谱图像观测。

　　拥有林学背景的浦瑞良从 1990 年访问美国约克大学空间与陆地科学研究所的 John Miller 教授时开始从事高光谱遥感研究。作为一名物理学家,Miller 教授一直在与美国新罕布什尔大学的 Barry Rock 教授和俄勒冈州立大学的 Dick Waring 教授等林学工作者合作。这些合作研究的条件在高光谱林业遥感应用刚刚开始的时代给浦瑞良提供了一个很好的向先驱者们学习的机会。他参加了由 Dick Waring 和 David Peterson 领导的美国国家航空航天局项目(Oregon Transect Ecosystem Research)。在此基础上,浦瑞良和他的同事在 1992 年发表了第一篇关于使用高光谱图像估算森林叶面积指数的论文。在过去的 25 年里,浦瑞良一直致力于将高光谱遥感技术应用于各种环境问题,他已成为这一领域的权威专家。

　　我很高兴成为本书的前几位读者之一。它首先介绍了各种地物光谱仪设备、机载和

星载高光谱传感器,又继续引入高光谱图像的辐射处理,然后介绍大量的数据处理算法和相关软件。其余部分介绍了高光谱遥感在地质、植被、土壤、水和大气研究中的应用。本书编写精良,并且详细介绍了数据分析方法,对于希望使用高光谱遥感数据的学生和研究人员尤其有用。希望读者也能像我一样喜欢这本书。

宫　鹏
清华大学地球系统科学系

致　　谢

　　本书的顺利出版得益于许多人的支持和帮助。首先,非常感谢美国加利福尼亚大学伯克利分校(UCB)和中国清华大学官鹏教授,感谢他对我在 UCB 进行的高光谱遥感相关理论和应用研究项目提供了宝贵的指导、合作和支持;非常感谢美国印第安纳州立大学教授及 *Taylor & Francis Series in Remote Sensing Applications* 丛书主编翁齐浩教授一直以来的鼓励和推荐;还要感谢我在加拿大约克大学时的导师 John R. Miller 教授,他在 20 世纪 90 年代初期对我在高光谱遥感方面的研究进行了指导;非常感谢美国南佛罗里达大学在 2015 年秋季为我提供休假的机会使我完成本书的写作,并资助我出版该书;非常感谢 Irma Shagla Britton(高级编辑)和 Claudia Kisielewicz(编辑助理)以及 Taylor & Francis 出版社其他工作人员的所有帮助。最后,向我可爱的妻子 Guoling 表达最诚挚的感谢,感谢她的无尽支持和鼓励。

原 书 前 言

高光谱遥感(hyperspectral remote sensing, HRS),是一种成像光谱技术,将图像和光谱结合,且能够响应固体、液体或气体中特定的化学键使材料表现出独特的吸收特性而得以辨识。研究人员已将 HRS 技术用于陆地、水文和大气成分的监测、识别和制图。因此,HRS 技术作为一种先进的遥感工具,已在地质学、地貌学、湖沼学、土壤学、水文学、植被与生态、大气科学等领域得到广泛的应用。为更深入地研究和应用 HRS 技术,本书试图对现有的 HRS 技术进行系统介绍、回顾和总结。

本书对高光谱技术的基本概念、基本原理和发展历史进行介绍和讨论,并对地物光谱仪、生物仪器、机载和星载高光谱传感器、卫星和系统的特点与原理进行全面的介绍。虽然近地使用的仪器(如地物光谱仪和生物学仪器)对研究 HRS 的机理和植被等应用很重要,但读者也有必要了解机载和星载高光谱传感器的基本成像原理,以便将这些传感器获得的高光谱数据应用到不同领域。鉴于高光谱数据对大气的敏感性,辐射定标和大气校正是能否成功应用高光谱成像数据的关键。因此,本书详细介绍并深入讨论了基于经验和基于辐射传输理论的大气校正算法、技术和方法。不同于分析传统遥感数据的方法,本书重点介绍和讨论专用于处理和分析高光谱数据的技术与方法。要使各项高光谱研究的项目得以有效开展,需要借助各类软件和分析工具对各种高光谱数据进行处理。因此,本书对当前针对高光谱图像处理的工具和软件进行了详细介绍。在对各类物质的光谱特征以及各种光谱分析技术和方法进行介绍后,本书对 HRS 在不同领域的应用进行了全面的综述,包括地质、土壤、植被与生态、环境等领域,并对 HRS 在这些领域的适用性进行了评价。简而言之,本书可作为研究生、专业人员和研究人员在研究与应用 HRS 技术时的专业参考书籍。

本书共包括 9 章内容。第 1 章对高光谱技术进行概述;第 2 章和第 3 章介绍了地物光谱仪、生物学仪器和成像光谱仪、机载和星载传感器及系统;第 4 章介绍了高光谱数据的辐射定标和大气校正的相关模型和算法;第 5 章介绍了用于高光谱数据分析的相关技术和方法;第 6 章介绍了高光谱图像处理软件和工具;第 7~9 章是关于高光谱技术在地质、植被、环境及其他领域的研究和应用综述。

具体而言,第 1 章首先介绍了成像光谱和高光谱遥感的基本概念,并讨论了多光谱遥感和高光谱遥感之间的差异。在此基础上,回顾了具有代表性的卫星和传感器/系统的发展历程,并对其在地质、植被、大气、水文、城市等领域的应用进行综述。最后,对高光谱遥感技术的发展前景进行了展望。

第 2 章简要介绍了当前常用的光谱仪和植物生物学仪器的工作原理、结构、操作及应

用领域。第3章简要介绍了高光谱传感器、卫星和系统的工作原理、技术特点以及目前/未来规划的机载和星载高光谱传感器及系统情况。地物光谱仪的相关知识不仅有助于理解成像光谱技术的原理,而且对于标定各种机载和星载成像传感器和系统都是必要的。本书中介绍的几种关键生物学仪器对于将高光谱技术应用于植被与生态学研究至关重要。读者有必要理解现有及未来规划的机载和星载高光谱传感器/系统的工作原理和技术特点,以便更合理、有效地利用各种高光谱数据。

第4章和第5章介绍并讨论了辐射定标和大气校正以及高光谱图像处理的相关方法。对于大多数 HRS 应用而言,有必要对 HRS 数据进行辐射定标和大气校正,该部分对基于经验和基于辐射传输理论的大气校正算法进行了系统介绍,可使多数读者有效利用这些算法处理他们的 HRS 数据。经过精确辐射定标的高光谱数据可以有效提高光谱信息的质量和应用精度。高光谱数据包含丰富的有关物质含量的信息,而这些信息往往隐藏在高光谱图像海量的数据中,同时高光谱数据高维、相邻波段间高相关性的特点也给其光谱信息的利用带来挑战。因此,有必要在第5章中对一些适用于 HRS 数据处理的技术和算法进行介绍。为方便读者了解高光谱数据的处理软件和系统,第6章对目前市场上常用的高光谱数据分析与处理软件和系统进行了介绍。

本书的最后三章(第7~9章),对 HRS 在地质学、土壤科学、植被与生态,以及其他环境领域的应用研究进行了全面综述。第7章介绍和讨论了各种矿物/岩石的光谱特征和性质,综述了高光谱技术在矿物、土壤评价和制图中的应用。第8章介绍了典型绿色植物的光谱特征,包括绿叶结构和植物光谱反射率曲线;介绍了9种适合提取和估算植物生物物理和生物化学参数以及进行植被制图的分析技术和方法;综述了各种高光谱数据在植物理化参数估计和制图中的应用实例。最后一章(第9章)介绍了各种高光谱数据集在环境等其他领域的应用研究概况,包括大气参数(水蒸气、云、气溶胶和二氧化碳)、冰雪水文、沿海环境、内陆水域、环境灾害以及城市环境等领域的应用情况。

浦瑞良

美国南佛罗里达大学地球科学学院

目　　录

第1章

高光谱遥感概述

  遥感是一种通过使用传感器进行数据获取及分析处理,能够在一定距离下获得观测目标信息的先进技术。相对于传统的多光谱遥感技术,高光谱遥感的发展历史相对较短,从创立到发展至今仅约三十年时间。本章将首先介绍光谱成像和高光谱遥感技术的基本概念,讨论高光谱遥感和多光谱遥感的区别。然后,通过介绍一些特定阶段的高光谱传感器系统和相关研究,对高光谱遥感技术的发展过程进行回溯,并对一些重要的应用进行介绍。最后,讨论高光谱技术的现状并进行展望。

1.1 成像光谱技术的相关概念

1.1.1 光谱学原理

  光谱学是指通过测量不同波长下目标物体的辐射强度来研究物体特性的学科。由于光谱数据的获得有赖于实验观测,光谱学也常被称作实验光谱学(Wikipedia,2014a)。从本质上讲,光谱学研究关注物质和能量辐射间的相互作用。实际上,对颜色的观察就属于光谱学研究的范畴。历史上,光谱学的发展源自通过棱镜对可见光进行分光的研究。使用棱镜将一束白光分解为不同波长的光就是光谱学的一个实例(图1.1)。通过分光可以看到,白光主要由红光(620~780 nm)、橙光(585~620 nm)、黄光(570~585 nm)、绿光(490~570 nm)、蓝光(440~490 nm)、靛蓝光(420~440 nm)和紫光(400~420 nm)构成。通常情况下,光谱数据由光谱表示,为一个波长或频率的函数。近年来,随着研究的深入,光谱学研究已经拓展到包括粒子(如电子、质子和离子)之间的相互作用以及与波长或频率相关的碰撞能量函数的研究(Encyclopedia Britannica,2014)。此外,光谱学也研究物质对不同波长的光和其他形式辐射的吸收和发射过程。

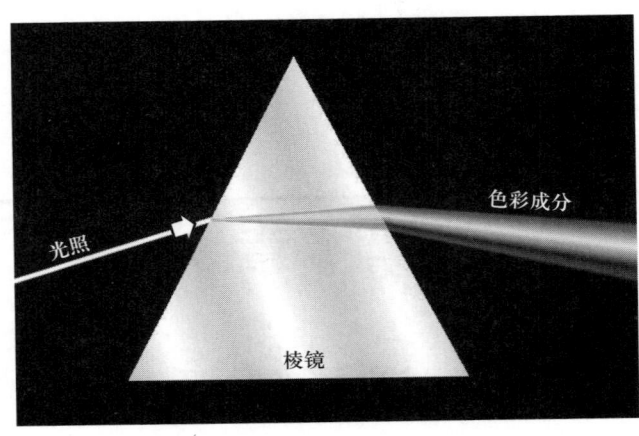

图 1.1　棱镜分光原理:白光通过三棱镜发生色散(参见书末彩插)

鉴于光谱学对物质特性的分析能力,光谱学的相关方法在 20 世纪就已被物理学家和化学家引入作为重要的实验分析手段(Skoog 等,1998)。目前,光谱学已应用于大多数的科学和技术领域。例如,微波波谱用于发现一种三度黑体辐射(three-degree blackbody radiation);可见光至红外范围的光谱常用于确定物质的化学成分及物理结构(Encyclopedia Britannica,2014)。光谱数据的测量依赖于各种光谱测量装置,通常包括光谱仪、分光光度计、光谱分析仪等(Wikipedia,2014a)。利用这些仪器,有关原子和分子的诸多信息可以被检测、识别甚至量化。同时,光谱技术也用于天文观测和对地遥感。基于测量得到的光谱,能够确定宇宙中或地球上物体的化学成分和物理性质(如温度、速度)。

1.1.2　成像光谱学

成像光谱学(imaging spectrometry;也称为高光谱成像)是指设计、制造和应用一种能够以较高的保真度同时捕捉特定场景中的空间信息和光谱信息的仪器的相关科学和技术。由于保留了基本的光谱特征,该技术能够用于目标对象的检测、分类、识别和分析(Eismann,2012)。与 Eismann(2012)对成像光谱学的相对全面的定义相比,美国地质调查局(United States Geological Survey,USGS)的 Speclab(2014)给出了成像光谱学相对直接的定义:成像光谱技术是一种能够获得传感器视场范围内带有空间分布信息的光谱特征,并能够对空间任何位置的光谱特征和化学组成进行提取和分析的探测技术。上述这两种对成像光谱学的定义在某种程度上都源自高光谱技术的创始者 Goetz 等(1985)给出的经典定义:成像光谱技术是同时获取可见光至红外范围内连续窄波段图像的一种探测技术。经过多年的发展,目前成像光谱技术已经覆盖了近乎所有的光谱区域(包括可见光、近红外、短波红外、中波红外和长波红外)、全部的空间尺度(自微观到宏观)和各种目标形态(包括固体、液体和气体)(Ben-Dor 等,2013)。一台成像光谱仪能够获得几十至几百个光谱波段的数据,这

使得为图像中每个像元构建连续和完整的反射光谱成为可能(Goetz 等,1985;Vane
和 Goetz,1988;Lillesand 和 Kiefer,1999)。图 1.2 展示了成像光谱学的基本概念,对
于一个像元而言,由于不同谱段间的信息彼此关联,因此能够方便地建立图像中任
意像元的完整反射或辐射光谱。图 1.3 以"图像立方体"的形式呈现高光谱图像,将
其中众多窄波段图像特定位置处的像元值取出就可以构成图像的光谱维,其物理含
义是不同波长下的辐射或反射率。根据这些光谱的特征曲线,就可以对视场中的不
同目标进行识别和表征。成像光谱数据通常基于航空或航天平台来获取,通过特定
类型的色散光栅及扫描技术获得包含众多窄波段的光谱图像(USGS Speclab,2014)。

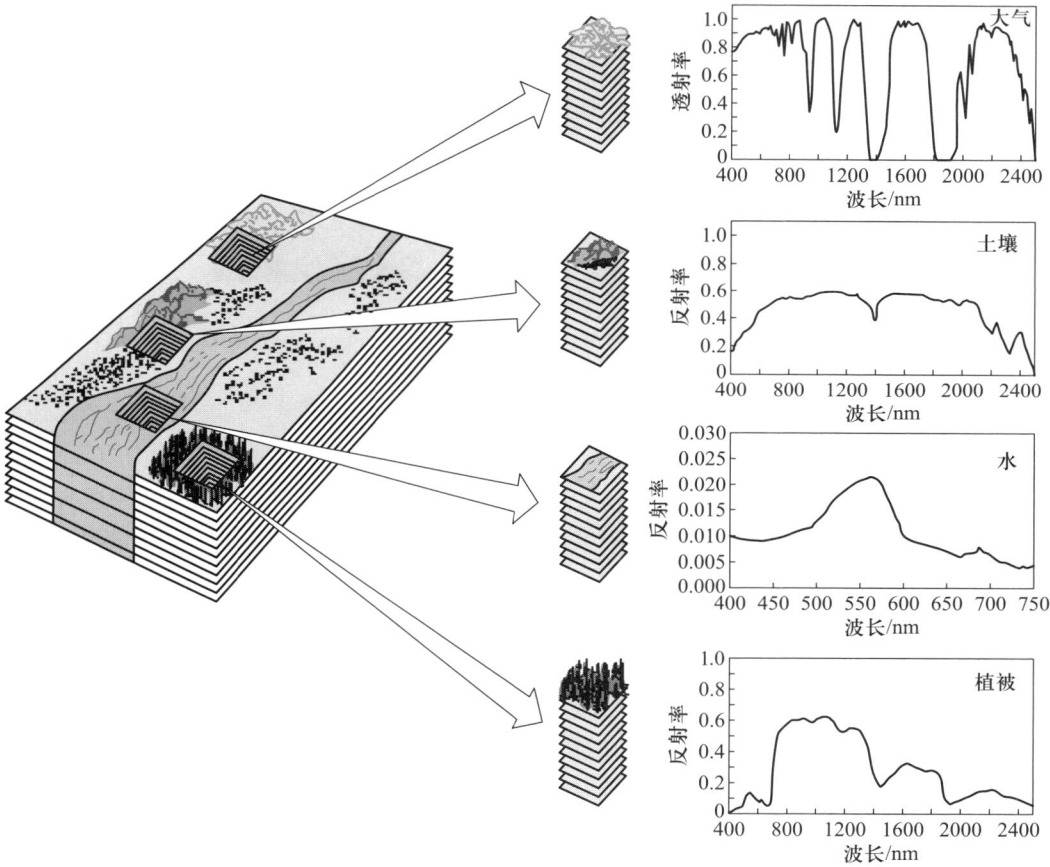

图 1.2 高光谱遥感的基本概念:美国国家航空航天局 AVIRIS 高光谱图像中不同空间元素的图谱
示例。研究人员可以对完整的光谱进行科学分析并在多个学科中开展应用(由 NASA JPL-Caltech
提供;http://aviris.jpl.nasa.gov/html/aviris.concept.html)

图 1.3   高光谱图像立方体:1997 年 6 月 20 日美国加利福尼亚州旧金山湾 Moffett Field 地区的 AVIRIS 高光谱图像(由 NIR/R/G 假彩色合成)(参见书末彩插)

成像光谱学的价值在于该技术具备获得图像中每个像元完整光谱的能力(Goetz 等, 1985;Vane 和 Goetz,1988)。由于多数自然地物具有特定的窄带光谱特征,利用这种成像光谱数据就能够对不同地物进行识别(Vane 和 Goetz,1993)。地表多数自然地物在 0.4~2.5 μm 范围的反射光谱存在吸收特征,也称为诊断特征。由于这些诊断特征通常具有窄波段的表观特点,波段深度一半处的宽度大致在 20~40 nm(Hunt,1980),因此只有当光谱分辨率足够高时才能提取此诊断光谱特征以直接识别地物(图 1.2 和图 1.3)。事实上,成像光谱技术达到了能对地物进行有效光谱采样的分辨率。因此,该技术在 20 世纪 80 年代早期被开发应用于探矿制图等工作(如 Goetz 等,1985)。此外,成像光谱技术还在海洋、植被等其他多个领域有广泛应用(如 Wessman 等,1988;Gower 和 Borstad,1990)。

1.1.3   高光谱遥感技术

高光谱遥感技术能够探测到图像中每个像元的精细光谱信息。尽管高光谱遥感技术主要指较远距离以外的观测,但新兴的高光谱遥感技术已涵盖了各个波段范围以及从微观到宏观的各个空间尺度(Ben-Dor 等,2013)。高光谱遥感技术以获取图像场景中每个像元的光谱为目标,能够服务于目标寻找、材料识别或状态监测等(Wikipedia,2014b)。除应用光谱技术获取目标的电磁波谱特性之外,与传统遥感技术类似,高光谱遥感技术也侧重对遥感信息的处理(包括图像处理、信息提取与表征)和应用(Jensen,2005;Eismann,

2012)。高光谱遥感对不同材料的识别能力实际取决于多种因素,包括目标材料的丰富度、材料在测定波谱区间的吸收强度,以及光谱仪的光谱探测波长范围、光谱分辨率和传感器信噪比。尽管如此,高光谱遥感技术可用于提高材料的识别精度,以及对矿物、水体、植被、土壤和人造材料等目标的物理、化学性质的定量分析。高光谱遥感技术目前已被广泛认为是地质学、生态学、地貌学、湖沼学、土壤学、大气科学等领域应用中的一种有效工具,尤其是在其他遥感方法无法得到相关信息的时候(Ben-Dor 等,2013)。

尽管高光谱遥感比传统遥感方式具有诸多优势,但在很多方面亦存在一些挑战。例如,获得高质量的机载或星载高光谱影像数据比较困难,数据采集受到较短凝视时间的影响造成信噪比下降,受到大气中各种气体及气溶胶散射、吸收造成的衰减以及不可控的光照影响等干扰,因为在这些条件下,光谱测量的质量难以达到在环境恒定、可控的实验室条件下测量的水平。而在这些干扰因素影响下获取的高光谱数据在大气科学、电光工程、航空、计算机、统计和应用数学等众多领域的应用中都存在挑战(Ben-Dor 等,2013)。与常规全色影像和多光谱影像不同,高光谱影像由于波段较多难以可视化,在使用常规的多光谱遥感影像的处理算法时,常需要特定的算法来进行信息提取和处理。因此,针对高光谱数据的特点,发展能够用以检测、分类、识别、量化和表征感兴趣目标及其特性的算法对于高光谱遥感的研究和应用尤为重要(Eismann,2012)。高光谱遥感技术发展的目标是能够在与实验室光谱质量接近的遥感影像光谱中提取目标的理化信息。由于在实验室条件下能够得到近乎所有天然或人造目标物(如植被、水体、气体、土壤、矿物和人造材料等)在全部波段范围内精细的光谱信息,目前已建立了许多可作为标准参照使用的目标物光谱库(Ben-Dor 等,2013)。在未来的技术发展中,期待利用具有高信噪比的高光谱测量仪器得到高质量的光谱信息,并辅以一定的光谱分析技术从而得到通过其他传统遥感方法均难以达到的监测结果(Clark 等,1990;Krüger 等,1998)。

1.1.4 高光谱与多光谱成像技术的差异

高光谱和多光谱成像技术的区别主要体现在两个方面:①高光谱传感器能够获得特定光谱范围内几十至几百个连续的窄波段光谱图像,而多光谱传感器仅能够获得一定光谱范围内的几个离散的宽波段图像;②更重要的是高光谱传感器获取的数据可用于提取光谱诊断特征。由于多数天然材料的特定吸收带存在于 20~40 nm 的波段宽上(Hunt,1980),因此基于多光谱图像无法提取这些特征信息。如图 1.4 所示,4 个不连续的 TM(多光谱卫星传感器)波段分布在 400~900 nm 波长范围内,而 AVIRIS(机载高光谱仪)在同样的波段范围内能够记录超过 50 个连续的窄波段光谱。通常情况下,多光谱传感器在图像中每个像元点的位置上能够获得 3 到 10 个光谱波段测量值。这些图像通常包含几个离散的波段,且波段宽度通常大于 50 nm。因此,多光谱传感器(如 TM,SPOT)的波段宽度通常在 50~200 nm,远宽于多数材料吸收特征的宽度(Goetz 等,1985;Vane 和 Goetz,1988)。相比多光谱传感器,高光谱传感器能够测量数量更多的波段宽更窄的波段的能量。一幅高光谱图像可以包含超过 200 个连续光谱波段。由于高光谱传感器具有记录整个电磁波谱范围内多个连续窄波段的光谱的能力,因此对目标反射和发射能量的细

微变化更敏感。高光谱图像比多光谱图像包含更丰富的光谱信息,因此在探测陆地、水和大气中不同目标时也更具有潜力。例如,利用多光谱图像能够识别森林的区域,而高光谱图像则可用于对森林中的不同树种进行区分,并对各种生物物理参数进行监测。高光谱遥感和多光谱遥感在一些情况下能够获得具有相近空间分辨率的图像。两者的区别主要表现在光谱维信息的获取能力(Govender 等,2007)。

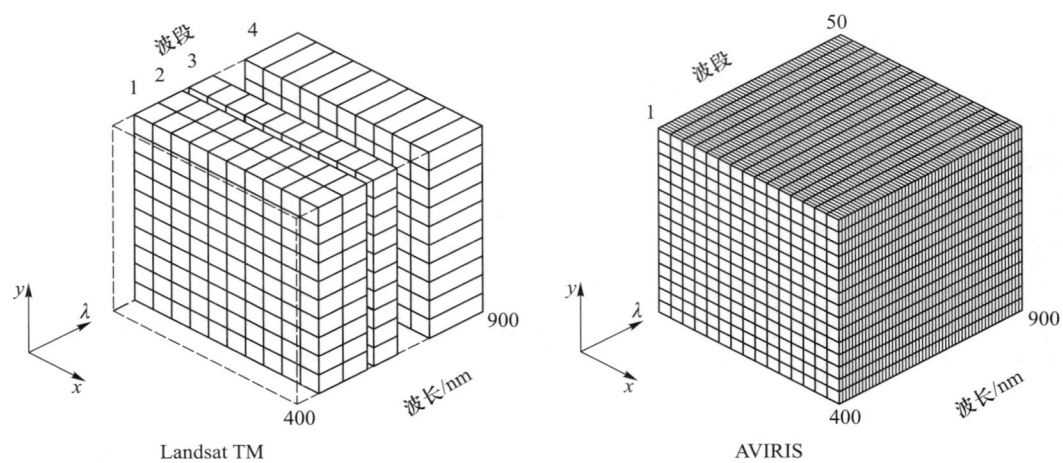

图 1.4   在可见光-近红外光谱范围内 Landsat TM 和 AVIRIS 数据的空间分辨率和光谱分辨率的可视化。两种传感器的空间分辨率和光谱分辨率按相对比例排列在对应的维度上,其中每个矩形表示一幅图像中的像元构成。Landsat TM 数据的光谱维不连续,具有较宽的谱带;而 AVIRIS 数据则呈几乎连续的光谱(据 Schowenberdt,1997)

根据高光谱和多光谱图像应用的目的不同,相关的遥感图像处理过程往往关注图像信息的不同方面。Chang(2013)总结认为,总体而言,多光谱图像处理更多地依赖图像的空间信息,以弥补光谱分辨率的不足。而利用光谱分辨率较高的高光谱数据就可以对一些多光谱传感器无法检测的材料和物质及其性质进行探测和分析。因此,早期基于多光谱数据的图像处理更多地关注空间信息的分析(如传统的监督分类方法),而近年来发展的用于处理高光谱数据的方法则更多地关注如何有效使用光谱信息(如各种光谱解混方法)。

1.1.5   光谱吸收及诊断特征

绝大多数的自然地物在 400~2500 nm 波段范围内具有诊断性吸收特征。这一现象与天然材料中存在两种类型的物理和化学过程有关:①在可见光至近红外波长范围内,矿物光谱诊断吸收特征位置主要由与金属离子(如铁、钛、铬、钴、镍)过渡态相关的电子跃迁和电荷转移过程(通过与原子或分子结合的电子的能态改变)决定(Adams,1974;Hunt,1977;Burns,1989);②在光谱的中波至短波红外区间,吸收特征主要由与水、羟基、碳酸盐和硫酸盐相关的 H_2O 和—OH 基团的振动决定(Hunt,1977;van der Meer,2004)。根据 van der Meer(2004)的研究,诊断吸收特征的位置、形状、深度和宽度等参数主要由材料的

特定晶体结构和化学结构所决定。因此,这些光谱诊断吸收特征与样本(如矿物或植物的样本)的化学性质和结构存在直接的关联。

　　成像高光谱数据的一个特点是能够根据自然地物特定的诊断光谱特征(或窄带吸收)对其进行识别(Vane 和 Goetz,1993)。由于大多数的天然材料在 400~2500 nm 的光谱范围内存在诊断吸收特征,并且这些诊断特征通常呈现窄波段特点(通常为 20~40 nm 波段)(Hunt,1980),因此如采用光谱分辨率较高(波段宽度<10 nm)的高光谱图像就能够对不同材料进行有效识别。例如,图 1.5 显示了一些常见矿物在实验室条件下测定的 2.0~2.5 nm 反射光谱具有明显的识别特征。在这一波长范围内,宽波段的 Landsat TM 传感器(波段 7)仅可获得一个观测数据,而一台成像光谱仪则能够获得波段宽约 10 nm 的连续光谱观测数据。在这一光谱分辨率下,许多常见矿物的诊断特征,如明矾在 2.14 μm 和高岭石在 2.20 μm 的吸收特征就清晰可辨了。此外,图 1.6 显示了健康绿色植被的光谱曲线,可以观测到不同植物物种具有不同的吸收特征,这些特征在右图中的一些位置尤其明显。在实践中,研究人员证实基于高光谱图像对矿物的组分和化学成分进行定量分析是一种可行的方式(如 Resmini 等,1997;Galvão 等,2008)。而在关于植被和生态的研究中,高光谱数据也已成功应用于植物叶片的生物化学参数估计(如 Pu 等,2003a;Huber 等,2008)。

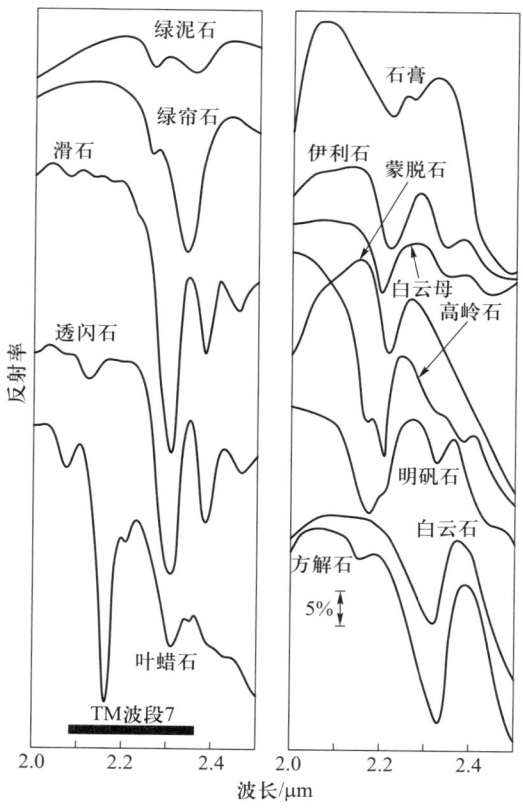

图 1.5　实验室测量的岩矿光谱反射特征和诊断性吸收特征。图中光谱以垂直方式展示,并标示出 Landsat TM 第 7 波段的带宽位置(Goetz 等,1985)

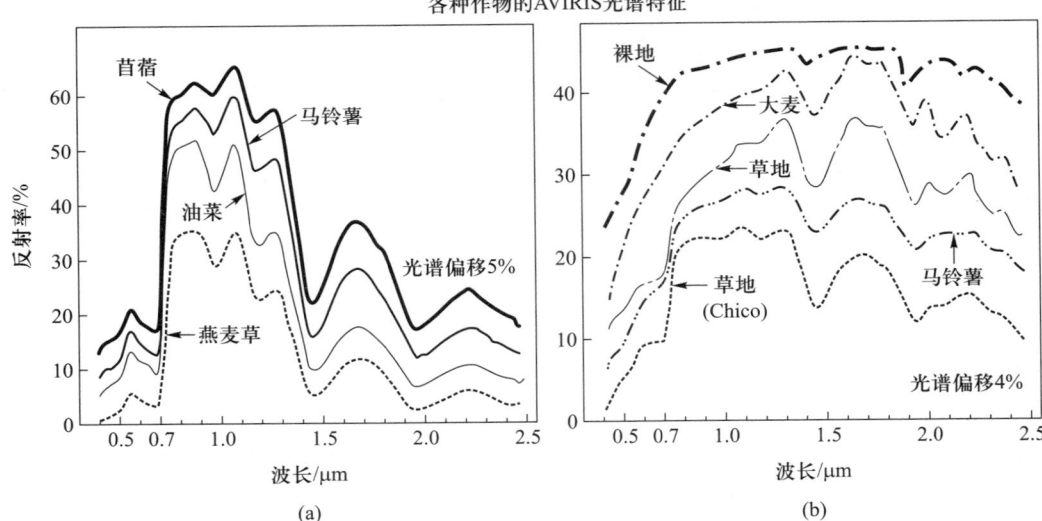

图 1.6　1993 年 9 月 3 日美国科罗拉多州圣路易斯谷健康绿色植被的 AVIRIS 高光谱数据。
(a) AVIRIS 传感器提供的 20 m 空间分辨率,10 nm 光谱分辨率,224 个光谱谱段的高光谱数据;
(b) 部分植物的光谱吸收特征(Clark 等,1995)

1.2　高光谱遥感技术的发展历史

　　根据光谱传感器性能的发展阶段和代表性传感器的出现过程,高光谱遥感技术的发展按时间顺序可分为四个阶段:第一阶段,20 世纪 80 年代之前,高光谱遥感技术准备阶段;第二阶段,20 世纪 80 年代初期,第一代航空高光谱传感器出现;第三阶段,20 世纪 80 年代后期,第二代航空高光谱传感器出现;第四阶段,20 世纪 90 年代后期,卫星高光谱传感器出现。事实上,很难用一个确切的时间表将上述四个阶段清楚地分开,这样的阶段划分主要是为了方便对高光谱遥感技术的发展过程进行概述。用成像光谱观测地球最早可追溯到 1972 年 ERST-1 卫星的发射,这颗卫星后来被改名为业内熟知的 Landsat-1(Goetz,2009)。当时,得益于宏观的观测视角和对可见光范围以外波段的观测能力,Landsat-1 卫星的多光谱传感器 (multispectral scanner,MSS)数据被应用于农业和地质领域(Goetz,1992)。在有关地质方面的应用中,通过对比 MSS 图像和地面观测,地质学家很快发现卫星图像上一些微妙的颜色变化很难用于现场矿物的识别,为理解这些图像中的颜色变化,需要在现场对反射光谱进行观测(Goetz,2009)。基于这个目的,一种能用于野外光谱观测的早期设备——便携式地物反射率光谱仪(portable field reflectance spectrometer,PFRS)被开发出来,能够对 0.4~2.5 μm 范围的太阳反射能量进行观测(Goetz 等,1975)。随着研究领域对野外光谱测量仪器的需求不断增加,一些更为先进的便携式地物光谱仪被开发出来,如美国 Geophysical Environmental Research 公司的光谱仪和 Analytical Spectral Devices 公司的光谱仪(Goetz,2009)。对矿物光谱的野外和实验室观测都显示可见光和短波红外(SWIR)

范围的反射光谱能够提供关于地表组成的丰富信息(Hunt,1977)。在 20 世纪 70 年代中期,虽然在今天被广为熟知的高光谱成像技术还没有出现,但结合地物光谱观测和航空多光谱图像的研究已经证实,获得矿物短波红外范围的光谱对其成分分析非常重要。基于这些研究,相关的分析理论也得到长足发展(Goetz,1992)。1976 年,一种由航天飞机携带的包含 10 个波段的轮式旋转滤波原理的多光谱红外辐射计(Shuttle Multispectral Infrared Radiometer,SMIRR)通过测试。1981 年,该传感器第二次飞行实验显示,可以通过在卫星轨道高度的光谱传感器获得具有相对连续的窄波段观测数据,并对地表矿物进行直接识别。这台 SMIRR 传感器在 2.2 μm 附近前后 10 nm 的位置分布有波段宽 10 nm 的三个波段,首次实现了对黏土、高岭石和石灰石等地表不同矿物目标的识别(Goetz 等,1982)。

由于 SMIRR 传感器的成功,一项关于建立一个能够获得整个短波红外矿物敏感光区的机载成像光谱仪(Airborne Imaging Spectrometer,AIS)的建议被提交至美国国家航空航天局(National Aeronautics and Space Administration,NASA)(Ben-Dor 等,2013)。这台 AIS 传感器装配有二维碲镉汞(HgCdTe)传感器(32 单元×32 单元),能够首次实现对大于 1.1 μm 波长范围的地物成像探测。该检测器阵列无须进行扫描,因此能够达到足够高的信噪比以适应航空拍摄应用。AIS 传感器有两个版本,每个版本都包含两种模式:覆盖 0.9~2.1 μm 光谱范围的"树模式"(tree mode)和覆盖 1.2~2.4 μm 光谱范围的"岩石模式"(rock mode)。1982 年年底,AIS 传感器拍摄得到的第一幅图像向科学界展现了一种全新的数据类型,也引起了针对这种新数据的数据处理和信息提取方法的研究(Goetz 等,1985)。虽然关于这种高光谱成像传感器的构想始于 20 世纪 70 年代末(Chiu 和 Collins,1978),但 AIS 图像的成功获取才是新一代高光谱传感器研制的开始。AIS 传感器分别由 AIS-Ⅰ和 AIS-Ⅱ成像光谱仪构成(Vane 和 Goetz,1988;Vincent,1997)。AIS-Ⅰ在 1982 年至 1985 年间开展飞行实验,AIS-Ⅱ在 1986 年进行飞行实验,获得包含 128 个波段,约 9.3 nm 波段宽的数据。AIS-Ⅰ和 AIS-Ⅱ图像分别由 32 个像元和 64 个像元组成的扫描宽度传感器阵列推扫成像,像元的地面分辨率约为 8 m×8 m(详细描述参见第 3 章中传感器系统部分)。从那时起,AIS 图像被成功应用在一些地质相关的研究领域。受限于当时二维检测器的阵列宽度,这种类型的成像光谱仪并未进入大规模的商业开发。然而,该传感器的出现确实开启了一个高光谱遥感的新时代。1985 年至 1987 年,美国国家航空航天局喷气推进实验室(Jet Propulsion Laboratory,JPL)关于 AIS 传感器的会议记录总结了传感器研制的情况和首批结果(Vane 和 Goetz,1985;1986;Vane,1987)。关于 AIS 数据的一些重要研究工作也刊载在 *Remote Sensing of Environment* 期刊 1988 年 2 月第 24 卷的一期专刊中。

由美国国家航空航天局喷气推进实验室提出的第二代机载成像高光谱仪——机载可见光-近红外成像光谱仪(Airborne Visible/Infrared Imaging Spectrometer,AVIRIS)的研发计划开始于 1984 年,并在 1987 年由 NASA ER-2 飞机搭载,在 20 km 高度完成了首次飞行。虽然当时仪器的信噪比较低(相对于现今的高光谱传感器,特别是新型 AVIRIS 传感器),但第一台 AVIRIS 传感器已经展示了相比 AIS 传感器更为优越的性能。该传感器是第一台能够测量 0.4~2.5 μm 太阳光谱的摆扫式成像传感器,能够获得波段宽 10 nm 的

224 个连续波段的完整光谱。仪器包含 614 像元构成的传感器阵列,信噪比在 100 左右 (Green 等,1998)。在实际的航拍作业中,一个 AVIRIS 系统由一台 NASA ER-2 飞机携带 的高光谱传感器、一台专用地面数据处理设备、一台专用校准设备和一支全职负责数据采 集的工作人员小组构成(Vane 和 Goetz,1993)。自 1987 年以来,AVIRIS 传感器经历了一 系列的升级改造,使得目前的传感器与最初的版本有着明显的不同。主要的差异体现在 信噪比(由 1987 年的 100 提升至目前的>1000)、光谱覆盖范围(从 0.4~2.5 μm 拓宽至 0.35~2.5 μm)和空间分辨率(从 20 m 到 2 m)。由于这台传感器能够搭载在不同平台上 并且能够胜任低海拔的飞行作业,因此在很多应用上表现出新的潜力。围绕着 AVIRIS 计划,在美国快速形成了一个比较活跃的研究群体(Ben-Dor 等,2013),这些研究者不断 地致力于基于 AVIRIS 光谱图像的各种应用研究。自 1987 年以来,AVIRIS 传感器为科研 和应用提供了大量的高光谱图像(Vane 和 Goetz, 1993;Green 等,1998)。一些有关 AVIRIS 数据分析和应用的工作主要发表在 *Remote Sensing of Environment* 期刊的两期专刊 上(1993,第 44 卷;1998,第 65 卷)。在 20 世纪 80 年代后期,除 AVIRIS 外也出现了一些 其他的商业化机载高光谱成像传感器,如 FLI (Fluorescence Line Imager)(Hollinger 等, 1988)、ASAS (Advanced Solid State Array Spectrometer)(Huegel,1988)以及 CASI (Compact Airborne Spectrographic Imager),其中 CASI 传感器也为研究成员提供了大量的高光谱图像。 值得一提的是,CASI 是第一台可编程的机载成像高光谱仪,该机使用一个 578 像元的 CCD 线阵,能够获得 400~900 nm 最多 288 个波段的(1.8 nm 间隔)的光谱信息。其中波段的准 确数量、位置和波段宽在飞行作业时均可编程实现。此外,1994 年出现了另一个与 AVIRIS 具有相似性能的成像高光谱仪 HYDICE (Hyperspectral Digital Image Collection Experiment),但其成像基于线阵 CCD 推扫原理(Basedow 和 Zalewski,1995)。另一台与 AVIRIS 非常相似的传感器 HyMap(Airborne Hyperspectral Mapper)系列机载高光谱仪被许 多国家采用,用于支持全球范围内从探矿到国防再到卫星模拟等各种遥感应用(Goetz, 2009)。HyMap 系列传感器除包含能够覆盖整个太阳能量集中的波谱区域(0.4~ 2.5 μm)光谱外,还提供热红外(8~12 μm)部分的信息。HyMap 在 0.4~2.5 μm 范围的波 段宽为 10~20 nm,而在热红外部分的波段宽为 100~200 nm(http://www.hyvista.com/)。

　　除了上述机载高光谱系统,NASA 和欧洲空间局在 20 世纪 90 年代后期开始发展第 一代星载高光谱传感器系统。作为 NASA 的第一个地球观测卫星系列新千年计划(New Millennium Program,NMP),地球观测卫星 1 号(EO-1)于 2000 年 11 月 21 日发射。该卫 星搭载了三台主要的传感器,包括 ALI(Advanced Land Imager)、Hyperion 和 LAC (Leisa Atmospheric Corrector)。其中,Hyperion 和 LAC 都是高光谱传感器。Hyperion 传感器能够 获得 0.4~2.5 μm 的光谱范围内 220 个光谱波段的图像,具有很高的光谱分辨率,并且具 有 30 m 空间分辨率,为地球观测提供了一种全新的数据,能够改善对地表特征的观测精 度。Hyperion 卫星设计寿命为 3 年,但至今已正常运行 15 年并获取大量数据,尽管在短 波红外波段的信噪比有所下降。到 2014 年为止,Hyperion 卫星获得了大量的高光谱卫星 影像,为科学研究和应用研究提供了宝贵的资料。2003 年 *IEEE Transactions on Geoscience and Remote Sensing* 的一个专刊(第 41 卷,第 6 期)中刊载了关于 Hyperion 早期的科学验 证结果。ESA 于 2001 年 10 月 22 日发射的 PROBA 卫星上携带了一台 CHRIS(Compact

High Resolution Imaging Spectrometer)高光谱传感器。CHRIS 具有 17 m 空间分辨率,单景图像覆盖 13 km²,在可见光—近红外(410~1059 nm)范围能够获取 18 个波段,并通过编程控制波段的数量和位置(63 个可供选择的波长位置)。值得一提的是,该卫星能够提供多达 5 个观测视角(垂直向下,+/−55°,+/−36°)。虽然该传感器获取的波段数有限,但其多角度观测能力使得研究者能够首次通过卫星对地表双向反射分布进行观测,在有关植被和水研究中有广阔的应用前景。目前,该传感器已经获得了近 20000 景关于环境科学研究的图像(https://earth.esa.int/web/guest/missions/esa-operational-eo-missions/proba)。除植被、水体的应用外,CHRIS 数据的应用还包括海岸带、内陆水域、林火、教育和公共关系等方面。另外一个重要的传感器是 NASA 于 1999 年 12 月 18 日发射的 EOS Terra 卫星上携带的 MODIS(Moderate Resolution Imaging Spectroradiometer)传感器。虽然 MODIS 传感器探测的波段数少于其他传统的高光谱传感器,但由于其在某些光谱范围包含几个波段宽 10 nm 的窄波段,因此 MODIS 在很多时候也被认为是一台高光谱传感器。此外,其他卫星高光谱传感器还包括印度空间研究组织(ISRO)研制的搭载在印度微卫星 1 号(Indian Microsatellite 1)上的 HySI(HyperSpectral Imager)传感器,以及中国搭载在 HJ-1A 卫星上的 HSI(Hyperspectral Imager)传感器。两颗卫星均在 2008 年发射(Staenz,2009;Miura 和 Yoshioka,2012)。其中印度的 HySI 包含 64 个波段宽约 10 nm 的波段,中国的 HIS 包含 110~128 个波段宽约 5 nm 的波段。以上机载和星载高光谱传感器系统为各种研究和应用提供了大量有价值的高光谱影像数据。

1.3 高光谱遥感应用概述

高光谱遥感技术基于成像高光谱传感器系统获取到的融合了光谱和空间信息的数据,为研究地表和大气中的空间现象与过程提供了一种创新的方式。如果高光谱影像数据具有足够高的质量,那么理论上利用这些数据就能够以近似实验室光谱分析的水平,对一定距离以外的目标进行观测和分析。因此,在实验室条件下获得的关于地物光谱的信息和知识也可以用于处理高光谱影像(Ben-Dor 等,2013)。成像高光谱遥感技术发展最初的动因是支持矿物识别的应用,尽管一些早期的实验也涉及一些植物遥感监测(Goetz 等,1985)。但从 1988 年开始,成像高光谱遥感技术成功地应用于越来越广泛的学科和领域中,包括地质、生态、林业、冰雪、土壤、环境、水文、灾害管理、城市监测、大气研究、农业、渔业、海洋乃至国家安全等方面。自 1980 年第一代 AIS 问世以来,大量关于获取自不同平台(包括实验室内、近地、机载和星载平台)的高光谱图像数据的研究与应用成果在期刊论文、会议论文、书籍和遥感杂志上发表。其中一些主要的文献包括:

(1)美国国家航空航天局喷气推进实验室关于机载高光谱传感器 AIS 和 AVIRIS 的研究报告(如 Vane 和 Goetz,1985,1986,AIS 研讨会;Green,1991,1992,AVIRIS 研讨会)。

(2)关于高光谱遥感技术的专业书籍:① van der Meer 和 De Jong 于 2001 年编写的关于成像光谱技术理论与应用的 *Imaging Spectrometry: Basic Principle of Prospective Application* 专著,介绍了成像光谱技术在土地退化、土壤、植物科学、农业、矿产资源识别、

地质、城市和水等领域的应用;② 由 Thenkabail, Lyon 和 Huete 于 2012 年编写的 *Hyperpspectral Remote Sensing of Vegetation*;③ 由 Kalacska 和 Sanchez-Azofeifa 于 2008 年编写的关于高光谱遥感技术应用在热带和亚热带森林监测方面的专著 *Hyperspectral Remote Sensing of Tropical and Sub-Tropical Forests*。

(3)四期 *Remote Sensing of Environment* 专刊(1988 年 2 月,第 24 卷;1993 年 5—6 月,第 44 卷;1998 年 9 月,第 65 卷;2009 年 9 月,第 113 卷)和 *IEEE Transactions on Geosciences and Remote Sensing* 的一期特刊(2003 年 6 月,第 41 卷)。

在以下部分,将对成像高光谱遥感技术在各个不同领域的应用进行综述和介绍。

1.3.1   地质和土壤应用

高光谱数据自 20 世纪 80 年代早期出现以来就被最先应用在地质领域,如矿物识别和地质勘测(Goetz 等,1985;Vane 和 Goetz,1993;Resmini 等,1997)。高光谱图像数据中的光谱信息能够被顺利应用于地质和土壤调查方面主要是由于矿物在太阳光反射光谱中具有大量独特的吸收特征。基于这一特点,各类成像高光谱传感器在地质和土壤调查中用于帮助确定矿产在某个地点,某个地区或整个区域的分布状况(Green 等,1998)。高光谱传感器由于光谱分辨率较高,能够获得地表物质精细的太阳反射光谱,因此能够用于确定许多利用传统宽波段遥感数据(如 Landsat TM 和 SPOT HRV 传感器等)无法确定的地表物质。各种岩石和矿物的诊断光谱特征使我们能够确定其化学组成和相对丰度(Crosta 等,1997)。图 1.5 给出了一些矿物实验室内测定的可用于诊断的光谱吸收和反射特征。这些光谱诊断特征基于高光谱图像首次在地质和土壤制图中得到应用。这些特征包括最大吸收波段处波长、吸收深度、吸收带一半深度处波宽、吸收带面积等(Schowengerdat,1997)。此外,在地质和土壤监测相关的应用中,为充分利用各种高光谱图像数据中的光谱和空间信息,在过去三十年中研究人员也不断提出有针对性的分析方法,包括光谱匹配、光谱解混等方法。

由于岩石和矿物的高光谱数据中通常包含宽度在 $20\sim40$ nm 的诊断吸收特征(Hunt,1980),研究人员可以通过这些吸收波段的波长、宽度、深度等信息从高光谱图像中直接对矿物和岩石进行识别和监测。例如,Goetz 等(1985)在关于美国内华达州赤铜矿的研究中发现,从 AIS 航空高光谱数据中能够提取得到与野外光谱测量或实验室光谱分析近似的特征。其中,在野外/实验室光谱和 AIS 图像光谱中均观察到高岭石、明矾石和次生石英包含一个 Si—OH 的倍频吸收特征,并且野外光谱和实验室光谱观测得到的吸收特征证实了 AIS 图像提取的吸收特征(明矾石 2.17 μm,高岭石 2.20 μm)。在研究热液蚀变岩石的过程中,Kruse(1988)基于三个航带拼接的 AIS 图像(获取自美国加利福尼亚州和内华达州的 Grapevine 山脉北部),利用丝云母在 2.21 μm、2.25 μm 和 2.35 μm 的吸收特征对石英—丝云母—黄铁矿蚀变转换区域进行监测;通过对胶岭石在 2.21 μm 的单一吸收特征,以及方解石和白云石在 2.34 μm 和 2.32 μm 的两个尖锐的诊断特征成功对泥质化区域进行了监测。结果显示,AIS 监测与地面调查高度吻合。Crowley(1993)利用光谱分辨率较高的 AVIRIS 数据研究死亡谷(Death Valley)盐湖中的蒸发盐矿物。由于蒸发

盐矿物在 AVIRIS 的光谱范围中存在光谱吸收特征,该数据可被用于监测沉积岩物质(Crowley,1993)。在这项研究中,八种不同的盐矿得到有效识别,包括三硼酸盐、水硼钙石、柱硼镁石等此前在该地区未被发现的蒸发盐矿物。基于波段相对吸收深度(relative absorption band-depth,RBD)图像,Crowley 等(1989)辨识了红宝石山的几种岩石和土壤成分,包括风化的石英-长石伟晶岩,多种组分的大理石和附着于较少暴露的云母片岩的土壤。这项研究发现,RBD 图像对矿物的特定吸收波段有很好的特异性和敏感性。此外,Baugh 等(1998)在美国内华达州雪松山脉(Cedar Mountains)南部利用 AVIRIS 数据监测水铵长石的研究显示,铵的浓度与 2.12 μm 处的铵吸收波段深度之间存在线性关系。

在利用成像高光谱数据识别和监测不同矿物和岩石时,充分利用其中的光谱信息非常关键,而光谱匹配算法是一种常用而有效的方法。在地质和土壤的应用中,光谱角制图(spectral angle mapper,SAM)和交叉相关光谱匹配(cross-correlogram spectral matching,CCSM)是两种常用的光谱匹配方法。Baugh 等(1998)基于 AVIRIS 数据和 SAM 方法对美国内华达州雪松山脉南部地热蚀变火山岩中的水铵长石进行监测制图。该研究显示,AVIRIS 较高的光谱分辨率可用于对地球化学变化过程进行监测,而 SAM 方法能够对在短波红外区域存在吸收特征的矿物进行定量监测。Kruse 等(2003)采用 SAM 方法和混合调谐匹配滤波法(mixture-tuned matched filtering,MTMF),基于 AVIRIS 航空高光谱影像和 Hyperion 卫星高光谱影像对碳酸盐岩、绿泥石、绿帘石、高岭石、明矾石、水铵长石、白云母、热液石英和沸石等矿物的丰度进行了有效的估计和制图。CCSM 方法由 van der Meer 和 Bakker(1997)提出后,在 1994 年首次应用于监测美国内华达州 Cuprite 地区的表面矿化过程。研究表明,利用 CCSM 方法对 AVIRIS 图像进行分析,能够准确地监测高岭石、明矾石和水铵长石。其中,在逐像元的分析中,交叉相关矩阵(cross correlogram)中的三个参数在监测中起到关键作用:0 值匹配处的相关系数、偏态值和显著性(根据 T 检验)(van der Meer 和 Bakker,1997)。

在矿物及岩石的监测中,事实上有大量的高光谱遥感图像像元存在不止一种矿物或岩石组分,因此光谱解混技术(spectral unmixing technique)对于提高矿物的识别和监测精度有重要的意义。光谱解混技术通常通过一个线性转换的过程同时对像元中包含的组分(或端元;endmember)类型和丰富度进行分析和计算。相比多光谱图像,高光谱图像适合于处理由更多端元混合的复杂情况,并且能够同时得到端元类型和丰富度。Mustard(1993)采用线性光谱混合模型对 AVIRIS 航空高光谱数据进行分析,监测内华达山脉地区与卡维亚蛇纹岩(Kaweah serpentinite melange)相混的土壤、草地和基岩等分布情况。通过包含五种光谱端元外加一个阴影端元的光谱混合模型,该研究能够对地区影像中几乎所有混合像元的光谱变化进行解释,并得到不同地表类型的空间分布。其中,绿色植被、枯草和光照地表的端元能够准确地被模型估计,而其他三种端元尽管光谱差异很小,但仍能在一定程度上被解混模型辨识从而得到它们的空间分布。Kruse 等(1993)将 AVIRIS 图像和传统地质调查信息结合,对美国加利福尼亚州死亡谷地区进行详细的地质制图和区域综合分析。在这一过程中,利用线性光谱解混模型对 AVIRIS 数据进行分析以确定混合像元中矿物的类型和丰富度,并采用野外实地勘测和地物光谱测量对制图结果进行验证。此外,Adams 等(1986)、Kruse(1995)、Ferrier 和 Wadge(1996)以及 Resmini

等(1997)的相关研究中也报道了将光谱解混技术应用在地质制图方面的情况。

高光谱图像数据在分析土壤组成的细微差异以及其他自然地表物质的监测制图方面已被证明具有很高的价值(Vane 和 Goetz,1993)。作为重要的地表物质之一,土壤在太阳波谱范围内具有较多的吸收和散射特征。而受土壤颗粒大小、散射及被覆物等影响,不同土壤间的吸收特征往往表现出细微的差异。已有较多的研究利用高光谱遥感图像进行土壤的识别和监测制图(如 Krishnan 等,1980;Stoner 和 Baumgardner,1981;de Jong,1992;Palacios-Orueta 和 Ustin,1996;Coops 等,1998)。值得一提的是,航空高光谱影像 AVIRIS 中的光谱成功地用于监测不同土壤序列和其他地表物质的分布及相互关系。例如,Palacios-Orueta 和 Ustin(1996)的研究表明,利用 AVIRIS 的光谱反射数据能够分辨属于同一系列的两种土壤与属于不同系列但存在相关的第三种土壤,并达到较高的精度。在综述高光谱遥感技术在土壤科学方面的应用时,Ben-Dor 等(2009)介绍了应用不同的高光谱图像数据进行土壤退化(盐化、侵蚀、沉积等)、土壤分类和制图、土壤形成过程分析、土壤污染、土壤含水量和土壤膨胀等监测方面的研究。正如这篇综述文章所指出的,已有的研究所获得的知识积累以及研究成果使这一方面的研究者感到高光谱遥感技术在土壤相关应用上具有很大的潜力,有待于进一步挖掘和拓展。

相比上述的一些分析技术和方法,其他建模方法,如 Sunshine 等(1990)、Sunshine 和 Piepers(1993)采用的改进的高斯模型(modified Gaussian model,MGM)、Benediktsson 等(1995)和 Yang 等(1997)采用的人工神经网络等也被应用在高光谱地质制图和矿物识别上,但相对较少。读者如对这些技术和方法及其应用感兴趣,请参阅本书第 5 章和第 7 章。

1.3.2　植被和生态系统应用

生态和关于陆生植被的研究是高光谱遥感应用的重要领域(Green 等,1998)。事实上,有一系列的森林生态系统变量与遥感数据及特征之间存在着一定的关系,包括叶面积指数(leaf area index,LAI)、光合有效辐射吸收比例(absorbed fraction of photosynthetically active radiation,fPAR)、冠层温度和群落类型等(Johnson 等,1994)。植物叶片水分、叶绿素等色素、纤维素、木质素及其他组分和叶片及冠层的结构一起决定着植被的反射率,而反射率能够被像 AVIRIS 这样的高光谱传感器探测到(Green 等,1998)。图 1.7 展示了一条由植物生理、生化参数和叶片内部结构决定的包含数个吸收和反射特征的植被反射率曲线。然而,一些如陆地卫星 Landsat TM 等常用的宽波段传感器仅能用于提取植被冠层在红光、近红外部分的反射率以及中红外部分的水吸收带(Wessman 等,1989),难以用于提取与植物的胁迫和衰老有关的红边或其他光谱陡变区域的特征(Miller 等,1990,1991;Pu 等,2004)。

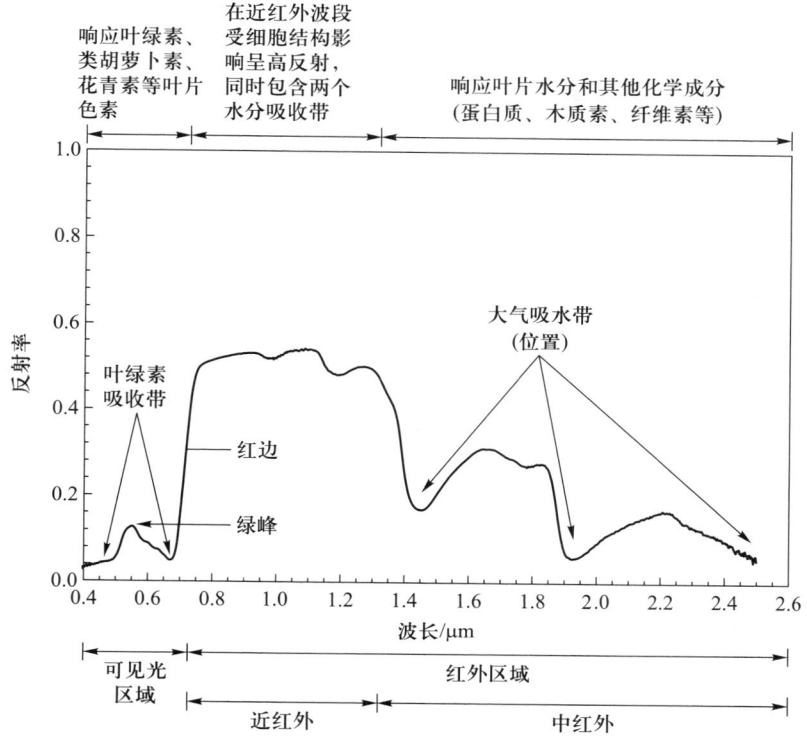

图 1.7　橡树叶片的光谱反射率特性。图中详细给出由色素、水、其他化学成分以及植物细胞结构所引起的主要光谱吸收和反射特征及其位置。不同的植被类型具有不同的叶片光谱吸收和反射强度

　　搭载在不同类型平台上的高光谱传感器使获得光谱分辨率较高的植物冠层精细光谱数据成为可能。就植被监测而言,窄波段(1~10 nm)数据相比宽波段(50~200 nm)数据具有更大的应用潜力(Guyot 等,1992)。植物的生物化学参数和生物物理参数是植物监测的重要目标。通常而言,植物的生物化学参数包括叶绿素、水、蛋白质、纤维素、糖和木质素含量、营养物质等;植物的生物物理参数包括叶面积指数、光合有效辐射、冠层温度、结构和群落类型。不论在叶片还是冠层尺度,高光谱数据在估算生化参量的组分和浓度(如 Peterson 等,1988;Johnson 等,1994;Smith 等,2003;Townsend 等,2003;Darvishzadeh 等,2008;Asner 和 Martin,2009;Ustin 等,2009)以及其他一些反映生态系统结构的生物物理参数(如植物物种组成、生物量等,如 Gong 等,1997;Martin 等,1998;Le Maire 等,2008;Pu 等,2008)方面相比传统遥感数据具有明显的优势。因此,在陆地生态系统研究中,高光谱遥感技术除了可用于植物的分类和识别,还可以用于生物参数的估算和生态系统功能的评价。

　　在光谱反射率特征方面,与不同地表矿物具有特殊的吸收诊断特征不同,植物由于大都由一些相同的化合物组成,因此不同植被间通常表现出相似的光谱特征(Vane 和 Goetz,1993)。实际上,植物的光谱反射率曲线上一些主要的峰谷特征与色素(如叶绿

素)、水和一些其他化学成分的存在有关(图 1.7)。因此,正如高光谱数据用于地质制图和矿物识别,根据植物光谱的吸收诊断特征,高光谱数据也可用于提取植物的生物参数(Wessman 等,1989;Johnson 等,1994;Curran 等,1995;Jacquemoud 等,1996;Gong 等,2003;Pu 等,2003a;Pu 和 Gong,2004;Cheng 等,2006;Asner 和 Martin,2009)。例如,Galvao 等(2005)采用光谱连续统去除技术和一些光谱指数,基于 EO-1 Hyperion 数据成功地识别了巴西东南部的五个甘蔗品种。Huber 等(2008)利用连续统去除技术对一片混交林的HyMap 高光谱图像进行分析,并对叶片的生化参数(碳、氮浓度和水含量)进行了估测。

在利用高光谱数据对植物物理生化参数进行估计时,一个普遍的做法是采用一些统计分析方法将可见光、近红外和短波红外的光谱反射率、植被指数及其他特征(用于解释的独立变量)与生物参数在叶片、冠层以及植物群落的层次上进行相关分析(Peterson 等,1988;Wessman 等,1988;Smith 等,1991;Johnson 等,1994;Matson 等,1994;Pinel 等,1994;Yodar 和 Waring,1994;Gastellu-Etchegorry 等,1995;Gamon 等,1995;Gong 等,1997;Yoder 和 Pettigrew-Crosby,1995;Grossman 等,1996;Zagolski 等,1996;Gitelson 和 Merzlyak,1997;Martin 和 Aber,1997;Chen 等,1998;Blackburn,1998;Martin 等,1998;Datt,1998;Serrano 等,2002;Galvão 等,2005;Colombo 等,2008;Hestir 等,2008;Huber 等,2008;Pu,2012;Thenkabail 等,2013)。例如,Johnson 等(1994)通过建立 AVIRIS 反射率和森林冠层生化参数间的回归关系模型,实现了对生化参数的遥感预测。Gitelson 和 Merzlyak(1996,1997)的相关分析结果表明,利用 R_{NIR}/R_{700} 和 R_{NIR}/R_{550} 能够对枫树和栗子树这两种落叶树种的叶绿素含量进行有效估算。Galvão 等(2005)基于 EO-1 Hyperion 高光谱图像和多元判别分析,成功实现了对巴西东南部五个甘蔗品种的分类识别,识别精度达到 87.5%。Huber 等(2008)结合多元线性回归模型、光谱连续统分析对经过光谱标准化处理的HyMap 高光谱图像数据进行分析,实现对混交林中树木的叶片碳、氮含量以及含水量的有效估计。近年来,利用偏最小二乘回归(partial least square regression,PLSR)方法建立生物参数和光谱变量之间的关系受到研究人员越来越广泛的重视(Hansen 和 Schjoerring,2003;Asner 和 Martin,2008;Darvishzadeh 等,2008;Martin 等,2008;Weng 等,2008;Prieto-Blanco 等,2009)。例如,Asner 和 Martin(2008)利用 PLSR 方法和冠层辐射传输模型对在澳大利亚热带森林测定的光谱数据和 162 种植物的生物参数(叶绿素 a、叶绿素 b、类胡萝卜素、花青素、水、氮、磷和叶面积)进行分析和建模,结果表明可利用这些新鲜叶片的全波段的叶片光谱对上述生物参数进行估算。

在生物参数的反演研究中,一些不同于光谱强度特征的光谱位置特征变量也被用于生物参数的估算和制图。例如,植物光谱 670 nm 和 780 nm 之间的红边(red edge)位置是红波段与近红外波段反射率迅速提高的区段,红边光谱特征被研究人员广泛应用在建模的研究中。一些研究利用色素在红边处光学性质的变化规律,使用红边光谱参数对植物叶片和冠层叶绿素浓度进行估算(Belanger 等,1995;Curran 等,1995)。此外,红边光学参数也被用于估算一些营养物质的浓度(Gong 等,2002;Cho 等,2008)、叶片相对含水量(Pu 等,2004)和森林叶面积指数(Pu 等,2003b)。

植物光谱的物理模型由植物生理与生化组分的散射和吸收模型发展而来,因此在生物参数的遥感估测中,前向运行这些模型能够根据植物生理生化组分计算出植物叶片或

冠层的反射和透射率,而后向运行这些模型则可以根据遥感数据,特别是高光谱遥感图像数据对叶片或冠层的生理和生化参数进行反演。纵览过去三十年这方面的研究,Jacquemoud 等(2009)提出的植物叶片辐射传输模型 PROSPECT、植物冠层辐射传输模型 SAIL 和叶片、冠层耦合的辐射传输模型 PROSAIL 及上述模型的改进版本是这一领域最常用和重要的模型。许多研究者基于模拟的光谱或高光谱图像数据利用植物辐射传输模型在叶片或冠层尺度上对植物色素等植物的生化参数进行反演(Asner 和 Martin,2008;Feret 等,2008;Zhang 等,2008a,2008b)。一些研究将这些由机理模型定义的预测关系应用于高光谱图像,实现对植物叶绿素含量的专题制图(Haboudane 等,2002;Zarco-Tejada 等,2004,2005)。此外,作为一类特殊的辐射传输模型,几何光学(geometric-optical,GO)模型侧重对反映在遥感信号上的辐照和观测角度变化的捕捉。由于 GO 模型强调冠层结构对光谱的影响,能够反映植被反射能量在不同角度的分布,因而在植被高光谱遥感领域得到广泛应用(Chen 和 Leblanc,2001)。

1.3.3 大气应用

因为大气中的分子和粒子成分对辐射能量具有吸收和散射作用,大气对于机载或星载成像遥感系统所记录的太阳光反射光谱信号有着较大的影响(Vane 和 Goetz,1993)。这些能够对光谱产生影响的大气成分大致包括水汽、二氧化碳、氧气、云、气溶胶、臭氧以及其他一些气体(Green 等,1998)。其中,大气中的水汽成分受到广泛的关注,主要是由于大气中对太阳反射能量的主要吸收来自水汽,并且水汽含量在大气中通常变化幅度较大。同时,由于水汽也是全球环流的一个关键驱动因素,因此在天气和气候的过程以及水循环中也受到广泛的关注(Vane 和 Goetz,1993)。一些学者就如何利用高光谱数据反演大气中的水汽含量算法开展了一系列的研究(Gao 和 Goetz,1990;Green 等,1991;Gao 等,1993;Gao 和 Davis,1998;Schläpfer 等,1998)。通常,这些算法通过估算水汽在 0.94 μm 和 1.14 μm 这两个吸收波段的吸收强度来对大气中总体水汽含量进行估算。例如,Gao 等(1993)基于 AVIRIS 数据提出了一个三波段(一些 0.94 μm 和 1.14 μm 附近的波段)比率分析的方法对大气水汽含量进行估算。Carrère 和 Conel(1993)针对 AVIRIS 高光谱图像中 0.94 μm 的水吸收波段,分析了基于连续统波段比率和窄/宽波段比率两种简单的算法对大气可降水反演的敏感性。结果表明,利用大量窄/宽波段法反演得到的可降水量与实验观测结果很接近。在这一方面,Schläpfer 等(1998)利用了一种直接由简化的辐射传输方程发展而来的大气校正微分吸收算法(atmospheric precorrected differential absorption,APDA)对获取自 1991 年和 1995 年的两景 AVIRIS 图像进行分析。该技术将大气校正和吸收光谱微分处理相结合,与实际探空水汽观测数据相比基于 AVIRIS 图像得到了 65% 的估算精度。

卷云在全球能量平衡中扮演重要的角色,却常常在遥感数据中与其他信号相混难以被探测。AVIRIS 由于能够探测 1.38 μm 和 1.85 μm 处的强水汽吸收波段,因此可以用于检测大气中的卷云及其分布(Gao 和 Goetz,1992;Hutchison 和 Chloe,1996)。同时,也有一些研究利用 AVIRIS 数据对非卷云及云的阴影进行探测(Kuo 等,1990;Feind 和 Welch,

1995）。对大气中不同形式的气溶胶进行探测非常重要，因为它们作为一类太阳反射能量的散射源，对局部和全球的大气及气候有重要影响。对高光谱或其他遥感影像进行大气校正需要气溶胶相关知识。在这一方面，Isakov 等（1996）利用 AVIRIS 数据尝试获取气溶胶性质信息。他们选择了反射率差异较大的自然地表和人工地表区域进行气溶胶光学厚度分析。结果表明，当气溶胶光学厚度在 $\tau_{aerosol}<0.1$ 时无法对其进行准确反演，而当气溶胶光学厚度接近 0.2，即大气污染非常严重时，反演能够达到较高的精度。

1.3.4　沿海及内陆水体监测

沿海海域、内陆湖泊和河流水体中的光吸收和散射物质的数量及丰富度变化是利用光谱技术对水体成分及水体环境进行测量和制图的基础。这些水体成分包括叶绿素 a、多种浮游生物、溶解有机质、本地或外来悬浮沉积物、水体基底、沉水植被等，同时水的深度也会影响水体的光学吸收及散射特性（Green 等，1998）。在关于水体的研究中，高光谱数据及野外观测被用于获得上述水体物质的浓度及空间分布，涉及了对沿海水域环境的研究（Carder 等，1993；Richardson 等，1994；Brando 和 Dekker 2003；Pu 等，2012；Pu 和 Bell，2013）和对内陆湖泊的研究（O'Neill 等，1987；Hamilton 等，1993；Jaquet 等，1994）。同时，高光谱技术也被用于沿海和内陆湖泊的水深监测制图（Clark 等，1997；George 1997；Kappus 等，1998；Sandidge 和 Holyer，1998）。由于 AVIRIS 数据信噪比的改善并进行了光谱的绝对定标，得到 400～1000 nm 范围的光谱信息能够有效地支持沿海及内陆水环境监测的一些新应用。例如，Carder 等（1993）用 AVIRIS 数据研究美国佛罗里达坦帕湾水体的溶解和颗粒物分布。图像在 415 nm 的吸收系数和 671 nm 的后向散射系数被用于监测坦帕湾水体的溶解和颗粒成分。监测的结果采用与 AVIRIS 飞行同步的湾内三个不同地点的采样船野外测量数据进行了验证。Hamilton 等（1993）在太浩湖（Lake Tahoe）将 AVIRIS 数据用于水体中叶绿素浓度研究和水深测量，展示了 AVIRIS 数据在海洋学和湖沼学领域多种应用的潜力。Clark 等（1997）利用 CASI 图像对热带海岸带环境与暗礁、水草生境、沿海湿地及红树林相关植被及水体进行监测制图。结果表明，CASI 数据能够提供关于栖息地范围和组成、水深、海草生物量以及红树林冠层覆盖度等参数的详细定量化信息。Holden 和 Ledrew（1999）对热带地区的珊瑚礁进行了监测。Brando 和 Dekker（2003）在澳大利亚东部（包括南昆士兰莫顿湾）对 Hyperion 高光谱卫星数据监测水体光学深度、水质、水深和基质等一系列水体目标的能力进行了评价。上述水体特征在该地区存在较明显的梯度，因此是一个理想的实验地点。实验结果表明，Hyperion 图像在经过预处理和降噪处理后，在监测 Moreton 湾河口和沿海复杂水域中能够同时对水质、有色溶解有机质、叶绿素、总悬浮物进行监测制图，并达到较高的灵敏度检测。Pu 和 Bell（2013）基于在美国佛罗里达 Pinellas 县的研究提出一种海草丰富度的监测和制图方法，该方法将图像优化算法与大气和阳光闪烁校正结合应用到三种卫星传感器上（Landsat TM、EO-1 和 Hyperion），并采用模糊综合评判方法建立监测模型。实验结果表明，Hyperion 传感器能够产生最好的监测结果，包括海草覆盖度的五级分类结果和基于多元回归模型的海草丰富度制图结果。其中，海草丰富度制图利用了三个生物变量（海草覆盖比例、叶面积指

数和生物量)以及两个环境因素。

1.3.5 冰与雪的监测

冰雪反照率在区域和全球的能量平衡中起着重要的作用。由于季节性积雪与高山流域的水生态系统和地球辐射收支密切相关,因此对季节性积雪的遥感监测研究非常重要(Pu 和 Gong,2000)。与冰雪在太阳光谱范围内特性有关的因素包括覆盖度、粒度、表面水含量、杂质以及浅深(Green 等,1998)。雪的粒径可以通过 AVIRIS 光谱进行估算(Nolin 和 Dozier,1993)。基于辐射传输理论的模型希望能够基于 AVIRIS 光谱同时对雪的粒径和水含量进行估算(Green 和 Dozier,1996)。Painter 等(1998)利用 AVIRIS 数据和光谱混合分析等先进方法对冰雪的粒径参数进行准确估算。根据雪在光谱反射率上对不同粒径的敏感性可以建立雪的粒径和光谱之间的对应关系。研究人员通过数值模拟的方法发现冰雪粒径、覆盖度与光谱之间存在着敏感非线性混合关系。通过对几种极端情况的分析表明了光谱混合模型在分析冰雪粒径时具有高度的灵敏性。Dozier 等(2009)通过高光谱成像数据(AVIRIS 和 Hyperion)对影像每个像元中雪的分量进行估算,其中雪的光谱吸收主要来自表层的液态水以及杂质的吸收作用。同时,在冰雪覆盖及反照率估算的数据源方面,这一研究为从成像高光谱数据扩展至如 MODIS 等多光谱数据提供了重要的经验。

1.3.6 环境灾害监测

在过去 30 年里,取自各种成像仪器的高光谱数据用于识别或分析与环境灾害直接或间接相关的地表成分。例如,考虑到呈酸性的水和可移动的重金属对环境的危害,Swayze 等(1996)使用 AVIRIS 数据在美国科罗拉多 Leadville 的环境保护局研究点对酸性矿物质的分布进行监测制图。Farrand 和 Harsanyi(1995)利用 AVIRIS 成像光谱数据对随冲积过程向下游运输的危险性矿质废物进行评估。此外,CASI 高光谱数据也用于对位于德国中部的露天采矿残留的湖泊进行监测。将 CASI 数据与水体采样检测的水化学和水生物参数结合,可以对湖中不同区域的水质进行分析和制图(Boine 等,1999)。Ferrier 等(2007)采用两种机载高光谱数据 AVIRIS 和 CASI 对金矿开采区域危险矿质废物的排放进行检测制图。他们在西班牙南部 Rodalquilar 地区一个废弃金矿的实验结果表明,成像高光谱技术在获取矿质废物及次级铁矿离子在矿区及邻近河流中的分布信息方面具有潜力。同时,pH 值作为一个主要化学参数是影响废弃矿山和垃圾场生态修复效果的重要指标,并且也与重金属物质的迁移及金属污染物的形成过程有关。Kopačkova 等(2012)的研究显示,利用机载高光谱 HyMap 数据对地表 pH 值进行检测制图是可行的。在 1996 年美国西部的喀斯喀特山脉火山有关的一次自然灾害调查中,AVIRIS 数据的光谱信息被用于对一些特殊蚀变矿物的空间分布进行监测和制图。这些基于 AVIRIS 图像的蚀变矿物分布能够反映火山山体的一些薄弱、不稳定和容易发生滑坡的区域(Crowley 和 Zimbelman,1997)。

在环境灾害方面,生物质燃烧是大气微量气体和气溶胶粒子的一个重要来源,对大气化学性质、云的性质和辐射收支存在重大影响(Kaufman 等,1998)。在巴西大气辐射实验中(smoke,clouds,and radiation-Brazil,SCAR-B),Kaufman 等(1998b)使用遥感数据(AVIRIS,NOAA-AVHRR,MODIS 数据)对生物质燃烧监测进行研究,特别强调了对与生物质燃烧有关的地表生物量、火、烟雾气溶胶以及微量气体、云的辐射的关注,以及它们对气候的影响。实验结果表明,由于易燃生物质、燃烧过程和燃烧残余物质能够被光谱仪探测到,高光谱遥感数据在监测烟雾特性、地表性质以及烟对辐射和气候的影响等方面被证明是有效的。Roberts 等(2003)选择美国加利福尼亚州圣巴巴拉地区的一片最近经历过一系列灾难性火灾的密林区域,基于反射率、燃料水分占鲜生物量比率、燃料状况以及燃料类型等指标对高光谱卫星传感器 Hyperion 和机载高光谱传感器 AVIRIS 在火险评估方面的性能进行评价。通过对获取自 2001 年 6 月的具有重叠区域的 Hyperion 和 AVIRIS 数据进行分析对比,结果表明,虽然两种传感器的监测精度均没有超过 85%,但 AVIRIS 数据在制图精度方面明显优于 Hyperion 数据。然而,利用 Hyperion 数据还是能够正确地反映三种关键的地表覆盖类型,即裸土、衰老的草地和一种易燃的灌木,这些地表覆盖类型的信息在评估火险方面具有重要的价值。

1.3.7 城市环境监测

在城市环境中遥感目标主要包括两个方面:自然目标(如土壤、水、植被、气体等)和人造目标(如建筑物、池塘、道路和车辆等)(Ben-Dor,2001)。城市地区是一个由不同目标物质组成的复杂环境,这种复杂性主要体现在物质种类的多样和目标物空间尺度的多变。针对这种复杂的城市环境,高光谱技术能够提供包含混合目标的光谱信息。在利用高光谱技术进行城市环境监测时,使用先进的分类方法和获得关于城市中各种目标的纯光谱先验知识是成功应用的关键(Ridd 等,1997;Huqqani 和 Khurshid,2014)。例如,Ridd 等(1997)在美国加利福尼亚州帕萨迪纳将 AVIRIS 高光谱和神经网络分析结合,提高了城市监测的分类精度。Kalman 和 Bassett Ⅲ(1997)利用 HYDICE 高光谱数据在城市环境中进行分类和对象识别。他们基于一个完整的城市目标物光谱库,开发了一个能够进行自动土地覆盖分类的程序,并且可以在很少或没有与影像匹配的先验知识的情况下进行分类监测。监测结果与实地调查结果对比具有很高的一致性。而这样的监测产品能够提供如城市不透水表面的准确信息,从而为建立城市分析模型提供重要的输入。总体而言,成像高光谱技术提供了一种能够以统一的方式获得城市及周围环境不同对象概貌性的监测制图结果的方法。这种手段能为了解城市的特点,进行城市问题监测及城市规划提供有效支持(Green 等,1998)。关于这一点,Fiumie 和 Marino(1997)在意大利罗马利用MIVIS 数据(4 m 空间分辨率,在 0.43~8.18 μm 光谱范围中包含 102 个波段)对城市的监测很好地展示了遥感信息的作用。他们的工作能够区分哪些区域的建筑用的是玄武岩,哪些区域用的是大理石,在罗马此两种材料的使用常常很靠近。另一个应用是根据屋顶的组成材料对容易发生火险的建筑屋顶进行识别。例如,Zhao(2001)利用 PHI 航空高光谱数据对四块不同材质但均被漆成蓝色的建筑屋顶进行识别区分,须知道通过常规波段

是完全无法识别这些不同建筑材质的。在另一个研究案例中,通过将 MIVIS 高光谱数据与地理信息系统数据相结合,能够显著地识别出一片城市区域中石棉材质的屋顶(Marino 等,2000)。在这项工作中,研究人员利用 MIVIS 影像中的光谱信息能够将铝、瓷砖、沥青和普通混凝土区分开来。

为了提高高光谱遥感数据在城市环境中的应用效果,许多研究表明将高光谱数据与其他遥感数据相结合是一个有效的途径。例如,Lehmann 等(1998)在德国柏林将高光谱分辨率的 HyMap 数据和高空间分辨率的数码影像进行融合,提升了城市的监测效果。Hepner 等(1998)将 AVIRIS 高光谱图像数据和 IF-SAR 微波图像结合,用于对美国洛杉矶的 Westwood 街道进行监测,显示了这种方法能够优化复杂情况下城市环境遥感的效果。此外,将激光雷达数据或 IF-SAR 微波数据与高光谱数据进行组合,建立一个三维的城市地理信息系统数据库能够显著提升城市规划的效力(Wicks 和 Campos-Marquetti,2010)。因此,目前普遍认为高光谱技术能为城市遥感提供大量有用的信息。同时,将高光谱与其他先进传感器同步获取的信息相结合,则有利于发挥其在城市环境监测方面最大的潜力(Ben-Dor,2001)。

1.4　高光谱遥感技术展望

近年来,各国卫星遥感计划蓬勃发展并不断推进,其中部分遥感卫星的研制和发射计划将执行至 2017 年并继续向后延伸,包括 NASA 的行星地球计划(Mission to Planet Earth,MTPE)和地球观测系统(Earth Observing System,EOS)计划、欧洲空间局的星载自主平台计划(Project for On-Board Autonomy,PROBA)以及印度和中国的高光谱卫星计划等。这些任务和计划的最终目标是实现对各种地球系统过程,包括水文过程、生物地球化学过程、大气过程、生态过程以及地球物理过程的遥感评估。而成像高光谱技术将是实现上述目标的一个关键技术。为此,大量现有的机载高光谱传感器系统如 AVIRIS、CASI、HyMap 和 HYDICE 等将继续为新型卫星高光谱传感器的研发和标定提供光谱图像数据,并满足高光谱遥感技术研究和应用的需求。目前,EO-1 卫星是 NASA 新千年计划地球观测系列的首颗地球观测卫星。EO-1 和其他的 NMP 卫星将发展并验证一些新型的用于天基对地观测的传感器和技术,这些传感器将大幅提升现役卫星的空间、光谱和时间分辨率。此外,CHRIS/PROBA 作为一颗重要的多角度高光谱卫星能够提供多角度的对地观测,但其研究与应用方面的潜力还有待于进一步开发。而由印度空间研究组织研发的高光谱卫星传感器 HySI/IMS-1 和中国的 HIS/HJ-1A 高光谱卫星传感器采用了较粗的地面分辨率(≥100 m)和较大的幅宽(≥50 km),将为一些特定领域的研究和应用提供新的机遇(Staenz,2009)。随着技术的发展,未来这些机载或星载的高光谱传感器系统将有望持续提供覆盖全球的多时相的高光谱图像数据,以满足各种应用的需求。

未来的卫星传感器将不仅能够像 AVIRIS 和 Hyperion 对太阳反射光谱进行成像观测,还能够对发射的热红外能量进行观测。已列入计划将在不久发射的卫星高光谱传感器包括 EnMAP(Environmental Mapping Program)、PRISMA(Hyperspectral Precursor of the

Application Mission)、MSMI(hyperspectral portion of the Mulit – Sensor Microsatellite Imager)、HyspIRI(Hyperspectral Infrared Imager)、HISUI(Hyperspectral Imager Suite)以及 FLEX–VIS(Fluorescence Explorer Visible)(Buckingham 和 Staenz,2008;Staenz,2009;Miura 和 Yoshioka,2012;Matsunaga 等,2013)。表 1.1 简要总结了星载高光谱传感器的参数。其中,EnMAP 和 PRISMA 具有非常相似的空间和光谱特性,原计划在 2015—2018 年①期间发射至太空。这两个传感器和 MSMI 传感器一起,在数据采集能力上将比上一代高光谱传感器(如 Hyperion 和 CHRIS)有大幅提高,能够为区域业务化应用提供高质量的数据。作为 Tier 2 卫星系列的一员,HyspIRI 卫星预计将在 2020 年发射(NRC 十年调查报告,2007 年出版)。这颗能够覆盖全球的高光谱卫星继承了 EO–1 Hyperion 的光谱成像能力和 ASTER 的多光谱热红外观测能力,在评估生态系统对自然和人为干扰的响应、全球生物多样性,研究陆地、海岸带以及深海表面不同生物群落的功能等方面提供前所未有的帮助(NASA,2009,HyspIRI 科学研讨会报告)。与 HyspIRI 相似,HISUI 和 MSMI 均为针对特定任务设计的高光谱卫星传感器,具有特定的空间和光谱特性(Staenz,2009)。ESA 的 FLEX–VIS 高光谱传感器作为对地球探测卫星 FLEX 功能上的一个重要补充,在可见光范围内采用了一种创新的探测方式,能够在全球尺度上对植被荧光进行监测,这是之前的遥感卫星从未实现过的(Bézy 等,2008)。

表 1.1   星载高光谱传感器/卫星

	传感器/卫星					
	EnMAP	PRISMA	MSMI	HyspIRI	HISUI	FLEX–VIS
国家/机构	德国	意大利	南非和比利时	美国	日本	欧洲空间局
空间分辨率/m	30	30	15	60	30	300
影像刈幅宽度/km	30	30	15	150	30	390
波长范围/nm	420~2450	400~2500	400~2350	380~2500	400~2500	400~1000
波段数/个	218	>200	200	212	185	>60
光谱分辨率/nm	5/10(VNIR) 10(SWIR)	<10	10	10	10(VNIR) 12.5(SWIR)	5~10
发射年份(预计)	2020	2019	晚于 2020	晚于 2020	2021	2022

资料来源:Buckingham 和 Staenz(2008);Staenz(2009);Miura 和 Yoshioka(2012);Matsunaga 等(2013)。

　　自从高光谱遥感技术问世以来,在传感器开发和定标、数据处理、挖掘等方面已经克服了许多技术难题。然而,目前仍然存在一些问题和挑战有待解决,以使高光谱遥感技术得到更广泛的应用。这些我们未来需要面对和解决的问题包括:①高光谱卫星传感器所在的轨道高度和飞行速度客观上为从太空中获得高质量的光谱观测带来巨大的挑战。对

---

①　EnMAP 发射计划推迟至 2020 年,PRISMA 于 2019 年发射。——译者注

星载高光谱仪进行高精度的光谱、辐射和几何定标都非常困难,因此亟需发展新的定标技术(Green 等,1998)。在这方面,发展高性能的大气校正算法对于卫星高光谱数据(如 Hyperion 数据)处理非常重要。同时,也需要提升现有机载或星载成像高光谱传感器的性能(如提高 Hyperion 数据在短波红外范围的信噪比)。②需要发展具有 AVIRIS 类似性能,同时地面分辨率达到 20 m 至 30 m 的星载高光谱传感器。这种卫星传感器需要每日能够覆盖足够广的地表范围,需要具有如每日的重访能力或至少不超过 5 日的重访频率,以确保满足大范围应用的数据需求(Staenz,2009)。上述这些要求有望在正在开发的 HyspIRI 和 PRISMA 中得到满足,预计将在不远的将来完成。然而,即使是这两种传感器的数据质量也还不能完全达到 AVIRIS 的高信噪比和地面成像精度要求。因此,未来有必要继续提高高光谱卫星传感器的性能,更好地满足业务应用的需求。③高光谱卫星传感器系统还需要提高在线处理和数据压缩的能力。为此,研发数据自动处理程序以获得在线数据处理产品非常关键。例如,可以通过自动辐射定标程序对原始数据进行定标,获得传感器入瞳辐射亮度数据产品,并进一步使用自动大气校正程序转换获得地表反射率产品。在此基础上,还应基于这些传统数据集生产得到更高级别的产品,如土地覆盖、植被指数等专题图。由于星上的在线处理会显著减少获得专题产品的响应时间,这些高质量的光谱数据产品就能够直接支持多种应急用途。④为了提高数据处理效率和自动的目标探测能力,需要对高光谱数据处理算法进行改进。在这一方面,需要解决对从不同来源不同时间获取的高光谱数据进行数据压缩、特征提取及融合、目标检测和定量解析等问题。对相关算法的需求将随着应用的深入不断增加。例如,在高光谱影像的混合像元分解方面,如何在由混合像元构成的图像中进行端元选择,以及如何利用主成分分析、数学规划法和因子分析法对线性混合问题进行求解。此外,如何利用植被冠层辐射传输模型对反演模型进行改进,以联系不同尺度(如叶片和冠层)的反演结果,并进行实时的目标检测。在这一方面,将高光谱数据、辐射传输模型和多角度观测结合,将为非线性光谱解混问题提供有力的工具,并能用于反演地表植被的结构信息。⑤虽然目前高光谱数据的分析工具已有不少,但仍然缺乏性能强大、处理快速且用户干预少的自动化数据处理程序。因此,发展一个易于使用且功能强大的高光谱信息提取工具将能够快速扩展成像高光谱数据的应用范围。不仅是个别工具的功能需要实现自动化,整个数据处理流程也需要自动化,并在特定的系统中进行有效集成。例如,沿海水域的监测系统,这些系统需要具有智能化的设计(如专家系统),通过机器学习逐渐改善系统的能力,使用户交互变得更方便(Staenz,2009)。⑥需要将高光谱数据中的光谱和空间信息结合,并注意发展高光谱数据与其他类型数据的融合方法。例如,其中一种数据融合方式是将高光谱数据和激光雷达数据构成一个强大的信息组合,用以更好地刻画地表特性和植物冠层结构。这样的结合在未来还需要进一步的发展和增强。未来,机载和星载成像光谱仪将为我们提供越来越丰富的信息,从而为解决水质、冰雪、水文、植被生态、大气科学、海洋和地表矿物等领域的问题提供更准确的信息。

1.5　本 章 小 结

　　高光谱遥感技术能够获得图像像元详细的光谱信息。由高光谱成像系统和传感器获得的这种成像高光谱信息能够通过解析连续的光谱信息来反映观测目标的细微差异,从而为众多地表和大气中的空间目标和现象提供一种新颖的探测和制图方法。在本章的开头,首先介绍了光谱学和成像光谱学的基本原理,然后阐述了高光谱遥感技术的定义和概念,以及多光谱遥感和高光谱遥感技术之间的差异。在第 1.2 节中,对高光谱遥感技术的发展历史和四个发展阶段进行了回顾:从 20 世纪 80 年代技术的诞生,到 80 年代早期第一代机载高光谱传感器的研发(代表性高光谱传感器 AIS);到 80 年代末期第二代机载高光谱传感器的研发(AVIRIS、CASI、HyMap 和 HYDICE);再到 90 年代末期星载高光谱传感器的研发(EO-1/Hyperion 和 PROBE/CHRIS)。在对高光谱遥感技术进行回顾的基础上,本章随后以较长的篇幅对高光谱遥感技术在不同学科和领域的应用进行了概述,具体包括地质、土壤、植被、大气、沿海和内陆水域、冰雪、环境灾害和城市等方面。在各个部分的概述中,将重点放在对目前成像高光谱数据的应用现状进行评述上。最后,以美国国家航空航天局、欧洲空间局以及其他国家正在实施和未来将要发展的成像高光谱遥感卫星和应用系统为例,讨论了高光谱遥感数据应用中存在的一些重要问题和挑战,为问题的解决提供思路。

参考文献

 第 1 章参考文献*

---

　　*扫描左侧二维码查看相关内容,下同。

第2章

高光谱遥感地物设备：光谱仪和植被生物学仪器

　　高光谱遥感技术的发展离不开地物仪器（如非成像地物光谱仪和植物生物学仪器）的支持。这些地物仪器不仅可以校准和标定高光谱传感器，同时也常用于检验数据质量，评价高光谱遥感技术的应用价值。例如，借助地物光谱仪采集的信息和植物生物学仪器测量的生物理化参数，能更加科学地了解地表地物及大气成分的光谱特征，同时也可以校正植物理化参数的遥感反演模型，检验植物理化参数的遥感制图精度。本章主要从仪器工作原理、结构、操作规程以及应用领域几方面对目前常用的光谱仪和植物生物学仪器进行介绍。

2.1　非成像地物光谱仪

　　由于地物光谱学（field spectroscopy）在高光谱遥感技术发展过程中发挥了十分重要的作用，本章首先介绍地物光谱学的概念及其发展历史；然后，结合地物光谱学的基本理论和原理介绍光谱仪及其野外操作规程；最后，概述目前常用的野外光谱仪，介绍仪器的主要技术特征、参数和结构。

2.1.1　简介

　　多光谱和高光谱遥感技术的发展无论在研究还是应用层面，都以地物光谱学为基础（Milton，1987）。在地物光谱学中，地物光谱仪（field spectrometer）是公认的测量太阳辐射下各种表面物体（如土壤、水体、冰雪、植被等）多角度光谱反射特性的设备。尽管实验室光谱测量对多光谱和高光谱遥感研究与应用十分重要，但许多与遥感密切相关的问题更青睐于测量自然环境下物体的反射光谱特性或发射辐射能量。

在此,为更清晰地介绍地物光谱学原理及其在地球观测中的作用,先对一些专业概念进行介绍。地物光谱学即在自然环境下开展的光谱学研究,它强调对地物光谱反射特性的光谱机理的理解,特别是在太阳辐射下测量的植被、土壤、岩矿、水体的反射特性。地物光谱测量(field spectrometry)是地物光谱学应用的关键,在实验室和野外环境中用于测量"点"上(非成像)光谱特性(反射率或辐射率)的仪器被称为光谱仪。

地物光谱仪的应用首先是对人眼颜色视觉的测试,如从空中看地球表面的颜色(Penndorf,1956)。20世纪60年代机载多光谱扫描仪的发展推动了野外光谱反射率测量设备的研发(Milton等,2009)。然而,第一台真正意义上的便携式地物反射率光谱仪直到1975年才面世,它覆盖0.4~2.5 μm范围的太阳反射辐射(Goetz,1975)。由于大量实验室测量数据证实短波红外是开展地质应用(如矿物识别)的重要光谱区域,所以20世纪80年代发展PFRS的一个目的是要实现对短波红外光谱范围(1.1~2.4 μm)的精确测量。PFRS对短波红外光谱准确测量的能力促使美国Landsat卫星专题制图仪(Thematic Mapper,TM)增加了第七波段(即短波红外波段),同时也推动了一些具有更强能力的地物光谱仪的研发,如NASA JPL的PIDAS地物光谱仪(Goetz,1987)。随后,如GER(Geophysical Environmental Research)、ASD(Analytical Spectral Devices)等公司为满足地面目标光谱测量的需求,分别研制出一批技术更先进、便携且操作性更好的地物光谱仪,如ASD地面设备可以在100 ms内获得全谱段的光谱信息。同时,这种先进的光谱仪测量得到的实验室和野外的岩矿光谱数据也支持了这样一个观点:可见光和短波红外区域的反射光谱包含有关于陆地表面组成的丰富信息(Hunt,1977)。以GER公司为前身的另一家主要地物光谱仪制造商SVC(Spectra Vista Corporation)生产的SVC地物光谱仪(如SVC HR-1024)与ASD地物光谱仪相比具有更高的光谱分辨率。

地物光谱学作为一种对电磁辐射能量与物质相互作用的认知手段,不仅可以将小尺度的单个光谱测量单元(如树的叶片)升尺度到粗分辨率的树冠尺度进行研究(Gamon等,2006),而且可以对机载和星载遥感系统或传感器进行校准。过去30年中,大量研究证实地物光谱学在地球观测中起到至关重要的作用,可以简单概括为以下三方面:

(1)地物光谱学的相关技术为获取单个地物目标(如树叶、岩矿、土壤、冰雪覆盖物以及水体等)的光谱特征提供了途径。地物光谱仪在自然环境下采集的植物和岩矿的光谱反射信号,有助于理解和确定植物物种在可见光及近红外光谱范围的诊断吸收特征以及岩矿在短波红外光谱范围的诊断吸收特征。而对不同地物光谱所特有的诊断吸收特征的理解则有益于机载或星载遥感传感器的设计(比如波段设置和最佳光谱分辨率的确定)。同时,通过遥感升尺度方法还可以将地面实测光谱匹配到影像像元或区域尺度,为遥感影像分析直接提供帮助。

(2)地物光谱学在遥感传感器定标和机载、星载遥感影像大气校正方面具有重要应用。其中,遥感传感器定标方面,基于反射率和辐射亮度(radiance)的"替代定标"(vicarious calibration)法已被广泛应用并保证了机载和星载遥感数据的质

量（Milton 等，2009）。基于反射率的"替代定标"法能够将近似朗伯体的裸地反射率测量与数据采集时刻大气状况结合，预测卫星传感器波段的大气顶部辐射亮度。举例来说，Slater 等（1987）使用基于反射率和辐射亮度的"替代定标"法对 Landsat 4 的海岸带彩色扫描仪（Coastal Zone Color Scanner，CZCS）与专题制图仪（Thematic Mapper，TM）进行了在轨绝对定标。试验结果表明，1984 年 7 月至 1985 年 11 月期间在新墨西哥州 White Sands 地区的 5 次基于反射率的 Landsat 5 TM 定标显示 6 个波段具有±2.8%的标准偏差。搭载在直升机上的光谱仪在 3 000 m 平均海平面高度测量地物反射的光谱辐射亮度，在理论和实验上为可见光和近红外波段的定标提供了一种精确的方法。Thome 等（1998）利用 1996 年 6 月在美国内华达州 Lunar Lake Playa 测得的反射率数据评估地球观测系统的"替代定标"精度。实验中，4 个小组通过为期 5 天的地表反射率和大气透过率测量，估算 400 nm 至 2500 nm 光谱范围内相关波段的大气顶层辐射，分析结果表明存在 5%至 10%的误差。与之类似的研究包括美国国家航空航天局对 AVIRIS 的校准（Green 等，1991）、对 SPOT HRV 仪器的校准（Santer 等，1992）和欧洲空间局对 ENVISAT MERIS 传感器的校准（Kneubühler 等，2003）。在机载、星载遥感影像大气校正方面，经验线校准（empirical line calibration，ELC）是一种典型的大气校正方法，该方法利用性能良好的地物光谱仪测量得到地面反射率，用于直接校准机载和星载影像数据［辐射亮度或数字（值）］（Jensen，2005）。举例来说，Pu 等（2015 年）利用美国佛罗里达州坦帕市高分辨率 WorldView-2 影像，评价了 3 种大气校正方法（经验线校准、辐射传输建模以及这两种方法的结合）在遥感城市树种识别中的影响。实验结果表明，基于反射率的经验线校准比基于辐射传输的大气校正模型更适用于影像数据的大气校正，原因是在很多情况下缺乏准确可靠的大气参数作为辐射传输大气校正模型的输入。

（3）地物光谱学可用于构建、修正、测试以及检验植物生物生化参数的遥感反演模型（经验/统计或物理模型），例如，Gong 等（2002）利用地面实测的光谱数据基于经验模型评估美国加利福尼亚州针叶树物种——巨杉（*Sequoiadendron giganteum*）的营养状况（包括全氮、全磷和全钾）。Pu（2009）利用 ASD 全谱段光谱辐射仪测量了 11 个城市树种的枝条/树冠的反射率，并基于统计模型对它们进行识别，这些树种包括 *Ulmus americana*、*Quercus incana*、*Lagerstroemia indica*、*Q. laurifolia*、*Q. virginiana*、*Magnolia grandiflora*、*Diospyros virginiana*、*Acer rubrum*、*Q. geminata*、*Platanus occidentalis* 和 *Q. laevis*。Zarco Tejada 等（2001）利用物理过程模型、地面实测的光谱反射率以及加拿大 Algoma 地区 *Acer saccharum* M.的 12 个分布地区 CASI 机载高光谱影像，估算了森林冠层的叶绿素含量。上述研究案例表明，地物光谱学在植物生物学模型构建以及模型验证过程中起到至关重要的作用。

2.1.2 地物光谱学原理及地物光谱测量指南

2.1.2.1 地物光谱学原理

自然目标(如土壤、岩矿、植被、雪和冰层、水体等)往往直接接收太阳辐射和天空散射光。地表材料与入射辐射(即直接太阳辐射与天空散射光之和)之间的相互作用导致一部分总入射辐射能量从表面直接反射或在表面经多次相互作用后反射(Milton,1987)。通常来讲,自然目标并非完全的漫反射体(朗伯体),其反射的辐射强度随离开表面的角度变化。因此,环境中的辐射可以看成两个电磁辐射的半球分布:入射分布和出射分布;并且这两个分布之间存在一定的相互作用,这种相互作用就是下面讨论的地物光谱学的重点。

图 2.1 描述了地物环境简化的几何辐射关系。主辐射源(太阳光)与传感器之间的天顶和方位位置关系使用两组角度来描述。图 2.1 呈现了垂直方向的角度(即天顶角 θ)和沿参考方向水平面的角度(即方位角 ϕ),但忽略了天空散射光。由图 2.1 可知,双向反射分布函数(bidirectional reflectance distribution function,BRDF)描述了来自一个半球方向的平行入射散射光进入半球的另一个方向的过程(Schaepman-Strub 等,2006)。为便于表述,下面公式中将省略波长,同时当直射光照射时(即忽略天空散射光),将入射光和反射光看作两个细长锥体。假设在球面上两个锥体的立体角无穷小,则目标的反射率可定义为

$$f(\theta_i,\phi_i,\theta_r,\phi_r) = \frac{\mathrm{d}L(\theta_r,\phi_r)}{\mathrm{d}E(\theta_i,\phi_i)} \tag{2.1}$$

式中,$\mathrm{d}L$ 是单位立体角的反射辐射值,$\mathrm{d}E$ 是单位立体角的入射辐射值,下标 i 和 r 分别表示入射光和反射光。反射辐射和入射辐射随不同的天顶角和方位角变化,因此如果需要完全表示目标位置的反射辐射分布,必须测量所有可能位置上的反射率,从而得出 BRDF。虽然理论上 BRDF 可行,但在实际应用中仍存在问题,无法直接测量(Nicodemus 等,1977),特别是当需要测量目标表面的 $\mathrm{d}E$,并在无穷小的立体角上测量 $\mathrm{d}E$ 和 $\mathrm{d}L$ 时,BRDF 往往无法直接测量。解决这一问题的一种方案是将 BRDF 的理论模型[公式(2.1)考虑了所有可能的光源/传感器位置]简化为一个用于描述反射辐射和入射辐射平行光反射率的双向反射因子(bidirectional reflectance factor,BRF)。

实际应用时,往往采用另一种测量方法来描述自然表面的方向反射率。根据 BRDF 概念导出两种简单实用的几何关系测量方法:余弦锥法和双锥法。其中,余弦锥法通过增加立体角度至足够大以包含所有可测量的能量。对于双锥法,目标处 $\mathrm{d}E$ 根据靠近目标处辐照度测量进行估算,或根据标定反射板的反射能量估算。

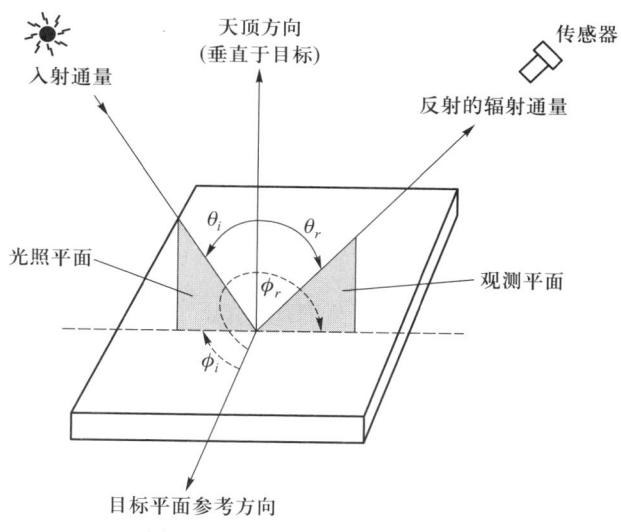

图 2.1 地物二向性反射示意图

在余弦锥法中,使用一个配备余弦接收器的光谱仪进行测量。这种测量结构通过孔径接收器测量目标,测量的双向反射系数(R)可以表述为

$$R(\theta_i, \phi_i, \theta_r, \phi_r) = \frac{dL_t(\theta_r, \phi_r)}{dE} k(\theta_i, \phi_i, \theta_r, \phi_r) \tag{2.2}$$

式中,dL_t 是目标反射辐射,dE 是由上视传感器测量得到的入射辐射,k 是连接余弦校正接收器信号和完全漫反射白板期望信号的校正因子。

当完全反射和观测都在相同的照射条件以及与目标相同的几何关系中时,BRF 也可以利用双锥法通过比较目标与完全漫反射面板的反射辐射来确定。由于客观环境下并不存在完美反射板,因此反射板的光谱反射率需要通过一个校正因子进行补偿:

$$R(\theta_i, \phi_i, \theta_r, \phi_r) = \frac{dL_t(\theta_r, \phi_r)}{dE_p(\theta_r, \phi_r)} k(\theta_i, \phi_i, \theta_r, \phi_r) \tag{2.3}$$

式中,dL_t 是目标反射辐射,dL_p 是在相同照明和观测条件下反射板的反射辐射,k 是反射板校正因子。图 2.2 展示了在实验室测量的橡树叶片的反射光谱和使用双锥法在自然光下实测稠密橡树树冠得到的未经处理的反射光谱。图 2.2b 中 1.4 μm 和 1.9 μm 附近的噪声波段是由自然环境下大气水汽吸收引起。由于实际上并不存在完美的标准朗伯体,所以式(2.3)中的 k 值取决于角度设置。就一个完全的漫反射表面来说,双向反射系数(R)与双向反射分布函数(BRDF)相关:

$$R(\theta_i, \phi_i, \theta_r, \phi_r) = \pi f(\theta_i, \phi_i, \theta_r, \phi_r) \tag{2.4}$$

理想的朗伯体表面在所有可视方向上的反射辐射(值)都相同,其 BRDF 是 $1/\pi$。因此,任何表面的 BRF(无量纲)都可以用其 BRDF 表达[式(2.4)]。

当使用 BRF[式(2.2)和式(2.3)]替代 BRDF 来描述自然目标的光谱反射率时,需要考虑地物光谱学中几个关于反射率的假设(Milton,1987):

- 传感器的视场角要尽可能小（<20°）；
- 反射板必须覆盖传感器视场；
- 入射辐射量或其光谱分布在 $\mathrm{d}L_t$ 和 $\mathrm{d}L_p$（或 $\mathrm{d}E$）测量间不能有改变；
- 入射辐射场由太阳辐射主导，忽略天空光；
- 传感器以线性方式响应辐射通量变化；
- 测量过程中标准板的反射特性是已知不变的；
- 传感器距目标的距离足够远。

　　理想的反射板在光谱范围内需要具有高而均匀的反射率（光谱范围 400~1500 nm，反射率超过 99%；光谱范围 1500~2500 nm，反射率超过 95%）。此时的反射板是近似朗伯体，且具有防水性和热稳定性。图 2.3 是野外光谱测量必备的 Spectralon 反射板的反射曲线。

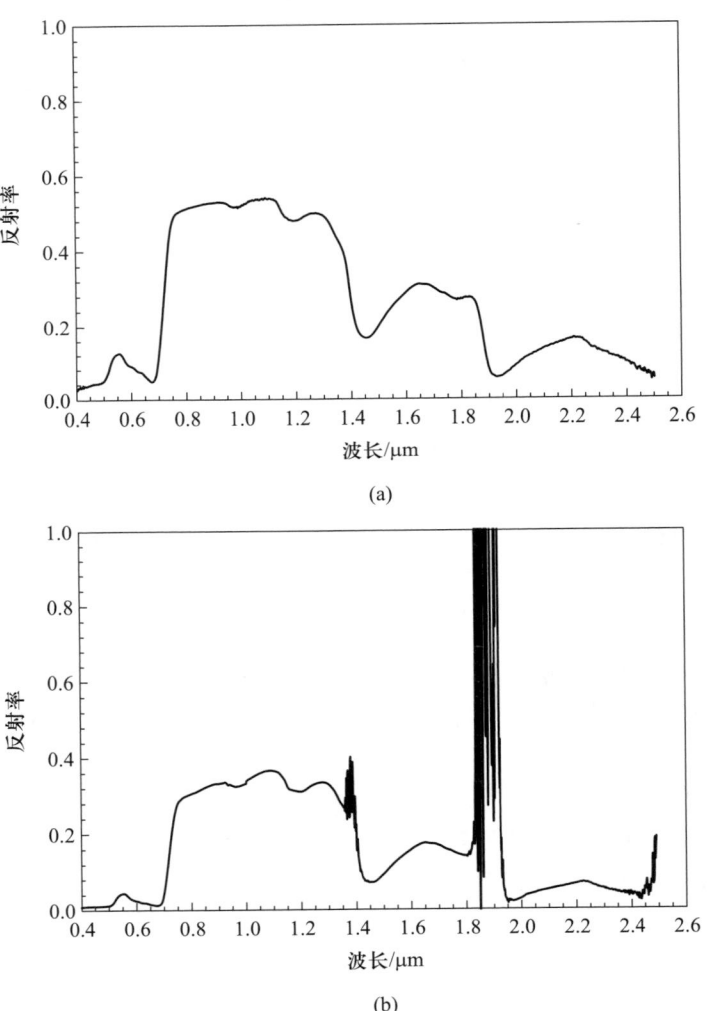

图 2.2　（a）实验室环境测量的新鲜橡树叶片反射光谱；（b）自然光条件下实测的浓密橡树冠层反射光谱。两种反射光谱均使用 ASD FieldSpec Pro 光谱辐射仪在 25°视场角下测量获得

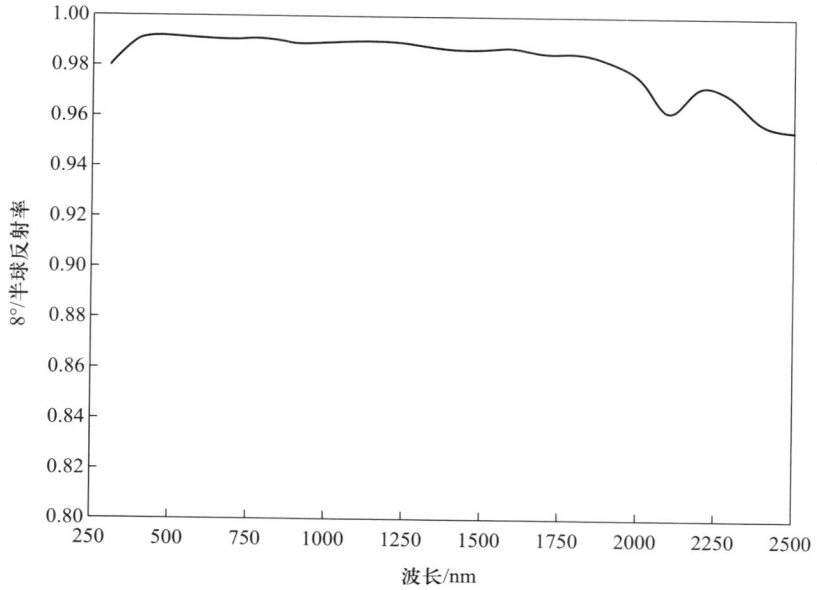

图 2.3 Spectralon® 的反射曲线(由美国 Labsphere 公司提供)

2.1.2.2 地物光谱测量的基本操作指南

为了提高地物光谱仪采集光谱反射率数据的准确性和一致性,一些研究人员纷纷提出实用性的注意事项,以便使地物光谱测量过程标准化。基于 Milton(1987) 和 Maracci(1992),这些注意事项归纳如下:

- 尽可能通过支撑杆或三脚架固定传感器、标准参考板和目标物。手持测量操作者、目标、光谱仪三者间几何关系的变化会影响测量精度。
- 传感器与目标表面应具有适当的距离(如 1 m),以保证测量到目标稳定典型的反射光谱。
- 除研究光谱反射因子随方位角变化外,传感器应始终保持水平固定,场地内的其他设施以及工作人员也应处于和太阳相对的同一位置。
- 检查标准参考板(Spectralon)是否覆盖传感器视场,确保它未被遮挡。
- 测量期间,将太阳光度计放在研究区中心位置并进行连续记录会很有帮助,因为它可以:①校正传感器数据的异常值;②在时间尺度上对大气变化进行量化;③为云干扰的校正提供数据(详见 Richardson,1981)。
- 光谱测量时,操作人员应着深色服装,在距目标一定距离处测量。附近车辆也应与目标保持至少 3 m 的距离。
- 在单一地块样地内光谱测量点应足够多,以保证其平均值在其对应的机载或星载传感器像元内具有统计意义。

2.1.3　地物光谱仪

　　表2.1列出了一些常用的地物光谱仪的主要技术规格。本节内容主要对这些地物光谱仪的工作原理、操作规程、光谱范围、光谱特征及其适用领域做简要介绍。

2.1.3.1　ASD 地物光谱仪

　　ASD FieldSpec®系列地物光谱仪是由美国 ASD 公司制造的一款能够为高光谱遥感研究和应用提供高质量地物光谱测量的仪器。ASD FieldSpec®系列地物光谱仪有两种类型：ASD 便携式地物光谱仪（ASD FieldSpec® 3 和 4）和手持式地物光谱仪（FieldSpec HandHeld 2）。图2.4展示了这两类 ASD 地物光谱仪的外形，图2.5展示了两种仪器的野外操作。读者可以参考表2.1了解 ASD 地物光谱仪的一些重要技术参数。

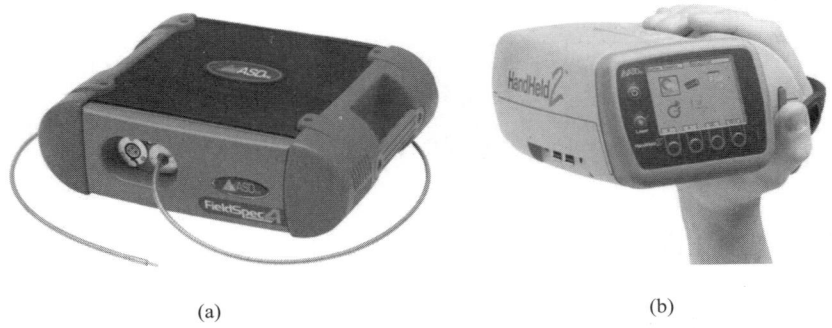

(a)　　　　　　　　　　　　　　　　(b)

图 2.4　ASD FieldSpec®地物光谱仪：（a）FieldSpec® 4；（b）FieldSpec® HandHeld 2（由美国 Analytical Spectral Devices 公司提供）

(a)　　　　　　　　(b)

图 2.5　ASD FieldSpec®地物光谱仪的野外测量操作：（a）FieldSpec® 4；（b）FieldSpec® HandHeld 2（由美国 Analytical Spectral Devices 公司提供）

表 2.1 现代的地物光谱仪

光谱仪	生产年份	光谱范围/nm	分辨率(FWHM)/nm	波段个数	瞬时视场/(°)	显示	质量/kg
ASD PS II™	1989	350~1050	3	512	1/15/2π	实时	3.5
ASD FieldSpec	1994	350~1050	3	512,1024	1/24/2π	实时	8
ASD FieldSpec NIR™	1994	1000~2500	10	750	25/1/2π	实时	8
ASD FieldSpec-FR™	1994	350~2500	3@700, 10@1400/2100	512, 1024, 750	1/25/2π	实时	8
ASD FieldSpec® 3	2006	350~2500	3@700, 10@1400/2100	2151	25	实时	5.6
ASD FieldSpec 4 Standard-Res	2014	350~2500	3@700, 10@1400/2100	2151	25	实时	5.44
ASD FieldSpec 4 Hi-Res	2014	350~2500	3@700, 8@1400/2100	2151	25	实时	5.44
ASD FieldSpec 4 Wide-Res	2014	350~2500	3@700, 30@1400/2100	2151	25	实时	5.44
ASD FieldSpec HandHeld™	1994	325~1075	3.5	512	25	实时	1.2
ASD FieldSpec HandHeld 2	2014	325~1075	<3@700	512	25	实时	1.2
GER IRIS Mk IV™	1986	300~3000	2, 4	<1000	6×4	实时	11
GERSIRIS™	1988	300~3000	2, 4	<1000	15×5	实时	11
GER 1500™	1994	300~1100	3	512	3×1	实时	4
GER 2100™	1994	400~2500	10, 24, 8	140	3×15	实时	11
GER 2600™	1994	400~2500	3, 24, 8	512+128, 64	3×15	实时	11
GER 3700™	1994	400~2500	3, 4.8, 6.25, 8	512+192	1.4×0.3	实时	12
Ocean Optic USB2000+	2014	200~1100	0.1~10	2048	—	实时	0.19
Ocean Optic USB2000+UV-VIS	2014	200~850	1.5	2048	—	实时	0.19
Ocean Optic HR2000+CG	2014	200~1100	1	2048	—	实时	0.57

续表

光谱仪	生产年份	光谱范围/nm	分辨率(FWHM)/nm	波段个数	瞬时视场/(°)	显示	质量/kg
Spectral Evolution PSR+3500	2012	350~2500	3@700, 8@1500, 6@2100	2151	25	实时	3.31
Spectral Evolution PSR-2500	2012	350~2500	3.5@700, 22@1500/2100	2151	25	实时	3.31
Spectral Evolution PSR-1900	2012	350~1900	3.5@700, 10@1500	1551	25	实时	3.31
Spectral Evolution PSR-1100	2012	320~1100	3.2	512	4	实时	1.8
Spectral Evolution PSR-1100F	2012	320~1100	3.2	512	1~8	实时	1.8
SpectraScan® PR-655	2011	380~780	<3.5	128	7	准实时	1.7
SpectraScan® PR-670	2011	380~780	<2	128	7	准实时	1.7
SpectraScan® PR-680	2011	380~780	<2	256	7	准实时	2.04
SpectraScan® PR-680L	2011	380~780	<2	256	7	准实时	2.04
Spectron SE590™	1984	370~1110	11	256	$1/15/2\pi$	准实时	4.5
SVC HR-512i	2005	350~1050	3.2@700	512	25	实时	3.1
SVC HR-768si	2005	350~1880	3.5@700, 9.5@1500	768	25	实时	3.8
SVC HR-768i	2005	350~2500	3.5@700, 16@1500, 14@2100	768	25	实时	3.9
SVC HR-1024i	2005	350~2500	3.5@700, 9.5@1500, 6.5@2100	1024	25	实时	3.9

ASD FieldSpec®3 操作简单,便于野外携带,能够在 350~2500 nm 的全光谱范围内进行测量,具有较快的数据采集速率(0.1 s/光谱)和较高的光谱分辨率,在 700 nm 处的半峰宽(光谱分辨率)为 3 nm,在 1400 nm 和 2100 nm 处的半峰宽为 10 nm。该仪器可在田地、高山、沙漠和北极等地区使用。改进后的仪器可实现无线连接,远程控制距离达 50 m,在提高便携性和灵活性的同时可在短时间内收集更多的数据。

ASD 的 FieldSpec®4 系列光谱仪有标准分辨率 FieldSpec®4(Standard-Res),高分辨率 FieldSpec®4(Hi-Res)和宽波段 FieldSpec®4(Wide-Res)三种类型。与之前几代 ASD 光谱仪相比,标准分辨率 FieldSpec®4 数据采集的速度、性能和便携性有显著改善。改进后的光谱仪在短波红外 1 区和 2 区的性能得到了提升,同时将信噪比的性能提高一倍。此外,实地采集数据时,它的高灵敏度和低噪声并没有使数据采集时间增加。在短波红外 1 和 2 区性能的改进,使研究人员可以在同等时间内采集两倍于 FieldSpec®3 的数据。并且采用新型加固电缆保护光纤减少了光纤断裂的发生,无线范围的扩展也使用户更加灵活地测量光谱。

高分辨率 FieldSpec®4 光谱仪专用于更快、更精确的光谱数据采集,且光谱分辨率最高。仪器的光谱分辨率在光谱 700 nm 处提高至 3 nm,在 1400~2100 nm 处提高至 8 nm,因此适用于地质或其他需要窄光谱特征的应用领域。仪器的光谱测量速度很快,方便使用者在更短的时间内测量更多的光谱。仪器改进后提高了信号的处理能力和信噪比,在提高光谱质量的同时提高了光谱信息的获取速度。短波红外 1 区和 2 区的辐射性能提升 2 倍,有助于研究人员利用较长波长光谱信息研究相关物质(如碳酸盐、黏土和亚氯酸盐)。

宽波段 FieldSpec®4 光谱仪适用于宽波段特征物质的多光谱遥感研究。该仪器与之前的型号相比,速度、性能和便携性均得到了改进,测量时间缩短了一半且没有任何数据损失或质量降低。

手持 FieldSpec®2 具有灵活耐用、便携和质量轻的特点,配有激光瞄准和倾斜彩色液晶显示屏,光谱范围为 325~1075 nm,精度为 ±1 nm,700 nm 处分辨率小于 3 nm,这些特点使光谱质量提升的同时缩短数据采集时间,快速、准确地获得反射率、反射辐射和入射辐射测量数据。仪器无须外接计算机,通过远程测量和分析就可以得到类似实验室测量的高质量结果。仪器使用高灵敏度探测器,高信噪比光栅,内置快门,DriftLock™暗电流补偿技术和二阶滤波等,可在 1 s 内获得高信噪比光谱。该型号仪器的专业版对于低反射率目标具有更高的灵敏度,仪器内部集成了一个面积 5 倍于标准版的光电二极管阵列,光谱的采集速度是标准版仪器的 3 倍,信噪比提高了 5 倍。

FieldSpec®系列地物光谱仪可用来测量地物反射率、反射辐射和入射辐射,在海洋、生态、林业、植物、地质等领域有广泛的应用前景。

2.1.3.2 SVC 地物光谱仪

由美国 GER 公司开发的 GER 1500、GER 2100、GER 2600 和 GER 3700 系列地物光谱仪,是目前 Spectra Vista Corperation(SVC)公司开发的一系列地物光谱仪的前身,

该系列包括 SVC HR-512i、SVC HR-768si、SVC HR-768i 和 SVC HR-1024i(SVC,2013)。GER 系列地物光谱仪于 2000 年初停产并被 SVC 系列仪器取代,如 GER3700 是 SVC HR-1024i 的前身。图 2.6 是 SVC HR-1024i 地物光谱仪的正视图和俯视图,图 2.7 是 GER 3700 的工作原理,可以帮助读者了解包括 SVC HR-1024i 在内的新一代光谱仪的工作原理。表 2.1 给出了 SVC(GER)地物光谱仪的重要技术参数。SVC(GER)系列地物光谱仪的应用领域广泛,从空中地面观察到工业、军事、农业和环境应用都有涉及。

如图 2.7 所示,光束通过透镜进入仪器,通过快门控制和孔径狭缝调节,穿过第一个分束器后分成可见光-近红外(VIS-NIR)光谱和短波红外(SWIR)光谱两束光线。可见光-近红外光线通过镜头到达可见光-近红外衍射光栅并最终投射到可见光-近红外探测器阵列。短波红外光线通过第二个分束器分成短波 1 和短波 2 两段能量,两段短波辐射到达相应的衍射光栅并最终投射到对应的短波红外探测器阵列。图 2.7 展示了与 SVC(GER)仪器类似的工作原理,该系列仪器可以测量从 350 nm 到 2500 nm 的全光谱范围光谱。

SVC HR-1024i 在采集高质量光谱数据的同时可以获得数码照片、GPS 和外部传感器数据(SVC,2013),具有高分辨率和低噪声的特点确保获得高质量的数据。仪器内部的 32 位处理器和内部存储器可以在单机模式下工作,QVGA 触摸屏可在阳光下显示数据以便操作人员进行查看,方便地进行仪器参数设置并进行测量。仪器可同时收集并整体存储高质量的数据、现场照片以及 GPS 坐标,以便对光谱、位置和视觉数据进行对比和分析。仪器的蓝牙接口支持接收多达 8 个外部传感器的测量数据,这些传感器包括瞬时宽波段或窄波段的太阳辐射传感器,以解决光谱测量时光照条件的变化造成的测量误差问题。100% 的线阵列检测器可确保仪器的波长稳定性,而带制冷的铟镓砷检测器可提供良好的辐射稳定性,同时前置光学元件和内部分光元件确保了稳定的测量光路(图 2.7a)。

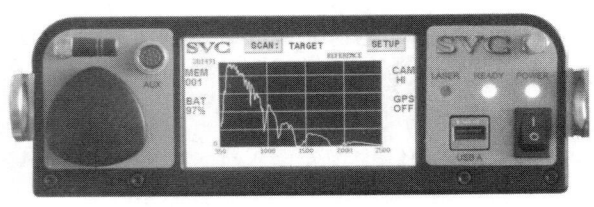

(a) (b)

图 2.6 SVC HR-1024i:(a) 正视图;(b) 俯视图(由美国 Spectra Vista Corporation 公司提供)

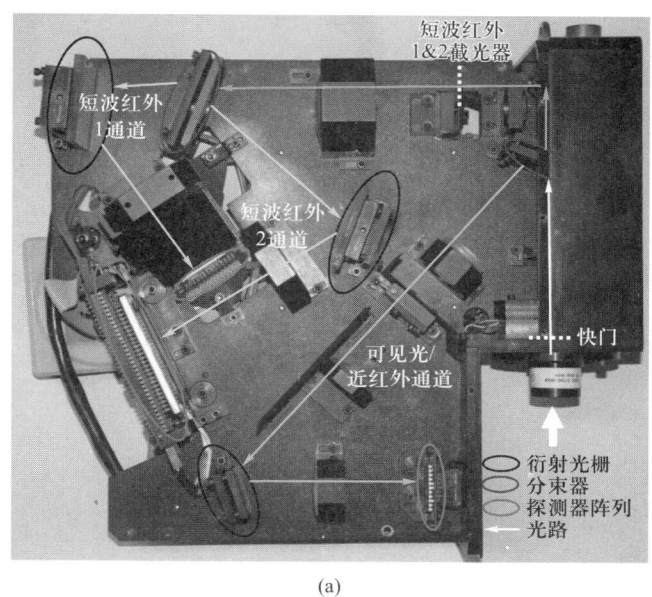

(a)

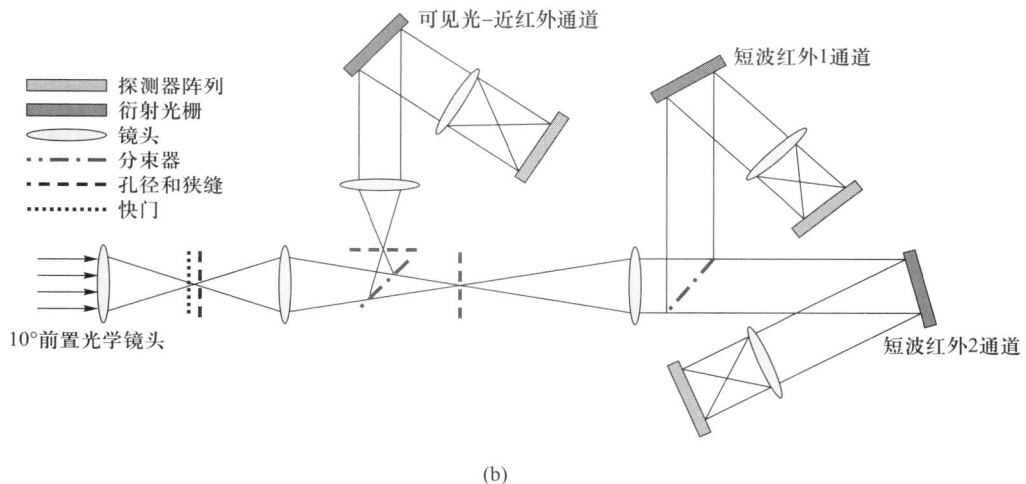

(b)

图 2.7　GER 3700 工作原理:(a) 光在传感器内部传输路径示意图;(b) 光学路径图解(参见书末彩插)

　　SVC HR-512i 是一种轻便的便携式光谱仪,多数功能与 SVC HR-1024i 一致,只是光谱测量范围为可见光-近红外范围(350~1050 nm)。由于仪器内部中央处理器(CPU)可根据当前光照条件自动设置积分时间并且自检和去除暗电流,因此 SVC HR-512i 可在很短的时间内对地面和海洋目标进行测量。内置计算机辐射校正的图形数据可以及时显示在 LCD 触摸屏上。仪器还拥有与 SVC HR-1024i 类似的蓝牙接口。

　　SVC HR-768si 地物光谱仪可获得与 SVC HR-1024i 同样高质量、高分辨率的光谱数据,光谱范围从 350 nm 至 1900 nm。仪器自带的 LCD 无须连接外置计算机即可实时显示

测量图像。数据分析时,内部数字相机拍摄的目标区域图像数据和内置 GPS 获得的地理定位数据会被一同写入存储器中。

2.1.3.3　Spectral Evolution 地物光谱仪

Spectral Evolution 地物光谱仪是美国 Spectral Evolution 公司的产品(PSR,2014)。PSR+和 PSR-1100 F 是这一系列的新型光谱仪。表 2.1 列出了光谱仪的重要技术参数。图 2.8 给出了 PSR 系列仪器的侧视图,图 2.9 显示了 PSR 系列仪器的操作方法。

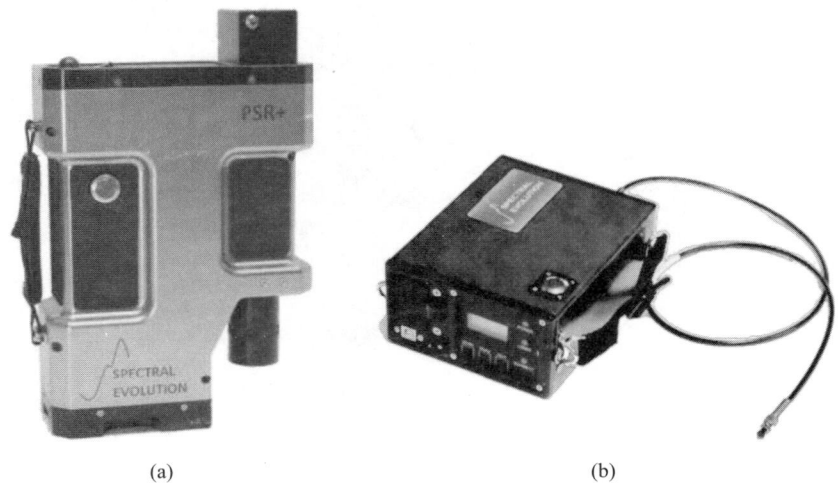

(a)　　　　　　　　　　　　　　　(b)

图 2.8　Spectral Evolution 系列地物光谱辐射仪:(a) PSR+;(b) PSR-1100F(由美国 Spectral Evolution 公司提供)

(a)　　　　　　　　　　　　　　　(b)

图 2.9　Spectral Evolution 系列地物光谱辐射仪的野外测量操作:(a) PSR+;(b) PSR-1100F(由美国 Spectral Evolution 公司提供)

PSR 系列光谱仪使用规则光栅作为色散元件和交叉的 Czerny-Turner 结构。能量进入光谱仪后在被反射到光栅和重新聚焦到检测器之前进行校准。PSR 光谱仪都包含 512 单位的线阵探测器,覆盖 350~1000 nm 的光谱范围。PSR-1900 和 PSR-2500 包含 256 单元带制冷的铟镓砷阵列,将光谱范围扩展到近红外区域(分别是 1900 nm 和 2500 nm)。PSR+3500 型号使用两个铟镓砷探测器:一个是 256 单元阵列,覆盖 1000~1900 nm 范围;另一个 256 单元的阵列覆盖 1900~2500 nm 范围。PSR+系列仪器有以下特点:①光谱分辨率较高(700 nm 处分辨率为 3 nm,1500 nm 处分辨率≤6 nm,2100 nm 处分辨率≤8 nm);②专用的 Sotex™ 过滤技术改进了高阶光谱滤波特性,使光谱更平滑,并提高了抵抗杂散光的能力;③固定的光学部件和改进的光路设计使仪器在任何条件下都能进行可靠的测量;④具有非常高的信噪比和很高的光谱分辨率;⑤具有自动快门、自动曝光、自动暗电流校正、一键式操作等特点;⑥可直接连接 4°、8°、14°镜头,25°光纤,漫反射元件或积分球等配件;⑦可配置 1°、2°、3°、4°、5°、8°镜头;⑧可选配 GETAC 手持微型计算机,内置数码相机、录音笔和 GPS,同时可获得数据采集时的图像信息、声音信息和 GPS 信息。PSR+系列光谱仪质量较轻,采用电池供电,便携性好,应用广泛。

Spectral Evolution 公司提供两种轻便的手持式 PSR-1100 光谱仪。PSR-1100 方便耐用,配有视场固定为 4°的光纤镜头。PSR-1100F 则具有更高的灵活性,配有可拆卸的光纤,支持 1°、2°、3°、4°、5°、8°的光纤镜头和入辐射漫射器。PSR-1100F 可搭配 GETAC PS336 计算机使用,具有阳光下数据显示,测量数据添加注释,获得数码相片、GPS 坐标以及高度等功能。

PSR+系列和 PSR-1100 光谱仪目前的应用领域包括农田和草地叶绿素估计;环境研究,大气/气候研究;作物光合作用及健康状况分析;林业研究;植物物种识别,水体监测,土壤分析(土壤肥力和侵蚀试验);辐射定标;岩石矿物鉴定,地质研究,测绘;草地研究和精准农业等领域。

2.1.3.4 SpectraScan 光谱仪

SpectraScan® 光谱仪由 Photo Research 公司基于其拥有的 Pritchard 光学系统专利研制,可用于测量光谱反射率和透射率。光谱仪因操作简单,测量结果精度高和可靠性强被广泛应用于各个领域。图 2.10 是 SpectraScan 光谱仪的外观图。

正确和精确的光学系统是在大视场中测量小细节时确保获得正确数据的关键,Pritchard 光学系统是目前公认的最精密的光学系统。Pritchard 系统的光圈精确清晰地定义了测量视场的范围。SpectraScan PR-6 系列光谱仪就像全自动相机一样易于操作,Pritchard 光学系统能够容易地瞄准目标,PR-670、PR-680 和 PR-680L 型光谱仪均配有四个自动测量孔径(1°、1/2°、1/4°、1/8°),使得用户在无须附加透镜或配件的情况下,可直接测量大型和小型目标。若标准透镜的光斑覆盖太大,配有放大透镜的 PR-6 系列光谱仪可以实现小至 0.0036 mm 的光斑覆盖。

PR-6 系列光谱仪无须外接计算机,用户可通过 3.5 英寸高清彩色触摸屏和 5 个方

向键控制仪器,512 MB 的内存卡上可以存储超过 80000 条数据。测量后 PR-6 可在显示器上显示数据和光谱图。此外,PR-6 系列光谱仪配备锂电池,非常轻便,充满电后可连续使用 12 小时以上。

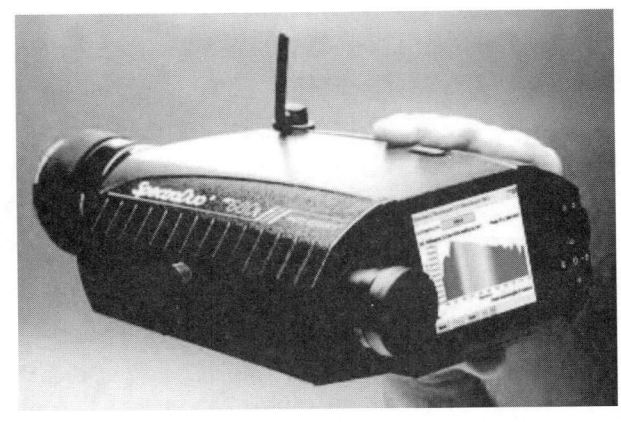

图 2.10   PR® 系列光谱辐射仪(由美国 Photo Research 公司提供)

PR-680 和 PR-680L SpectraDuo® 是目前为止第一个将包含 256 个探元的光谱辐射度计、超灵敏探测器和采用低噪声光电倍增管的光度计组合在一起的仪器。该仪器的可选工作模式包括:①作为快速测量的光谱辐射度计;②作为高灵敏度的光度计;③可根据测量信号自动选择的模式。PR-680 配备有一个可选的模拟输出口,支持使用 Photo Multiplier Tube 作为显示器,可用于闪光光源波形分析。

2.1.3.5   海洋光学光谱仪

USB2000+(HR2000+)系列的模块化光谱仪由美国 Ocean Optics 公司研制,它的光谱范围主要覆盖紫外和可见光-近红外区。图 2.11 显示了 Ocean Optics 定制的三个模块化光谱仪的外观图。USB2000+ 微型光纤光谱仪内部包含一个 2 MHz 的模拟-数字(A/D)转换器、可编程电子电路、一个 2048 单元的 CCD 线阵列探测器和一个 USB 2.0 端口。这种创新的组合使得这款光谱仪成为目前世界上速度最快的光谱仪,且分辨率高达 0.35 nm(FWHM)。该光谱仪通过 USB 接口与计算机相连,USB2000+ 能够实现每秒 1000 条光谱的测量速度,并且对微弱的光源也很敏感。可在图 2.12 和表 2.2 中查看 USB2000+ 系列的组成和工作原理以及每个组件的功能介绍。在图 2.12 中可以清楚地看出光是如何通过 USB2000+ 光谱仪得到测量的。仪器的光学设计中没有易于磨损或断裂的可移动部件,所有需要的组件在出厂前已被完全固定。

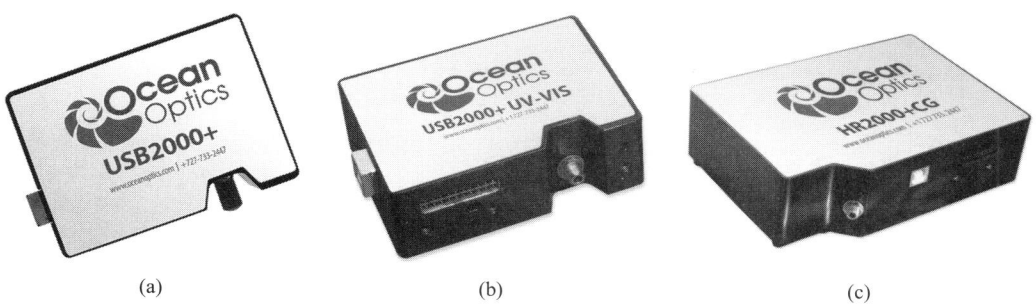

图 2.11 Ocean Optic 定制型模块化光谱仪：（a）Ocean Optics USB2000+微型光纤光谱仪；（b）Ocean Optics USB2000+UV−VIS 微型光纤光谱仪；（c）Ocean Optics HR2000+CG 微型高分辨率高速光纤光谱仪（由美国 Ocean Optics 公司提供）

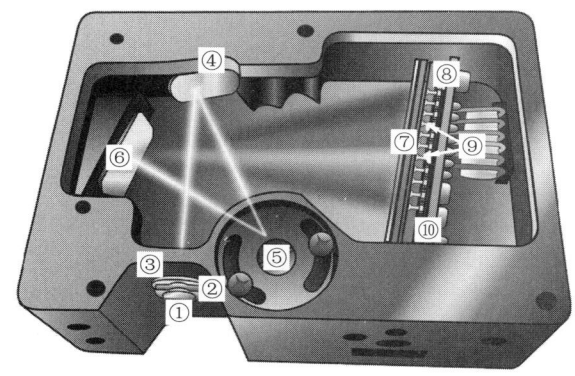

图 2.12 USB2000+微型光纤光谱仪的工作原理。可参考表 2.2 了解每个编号零件的功能（由美国 Ocean Optics 公司提供）

表 2.2 USB2000+光谱仪组件

序号	名称	功能描述
1	SMA 905 光纤连接器	将输入光纤固定到分光计，使输入光纤的光通过该连接器进入光学工作台
2	狭缝	包含矩形孔的深色材料块，直接安装在 SMA 连接器后部，通过 200 μm 孔径调节进光量并控制光谱分辨率
3	滤波器	光在进入光学工作台之前通过滤波器将光辐射限制在预定波长区域
4	准直镜	一个 SAG+、涂覆银的反射镜，将进入光学台的光聚焦到光谱仪的光栅。光进入光谱仪，通过 SMA 连接器、狭缝和滤波器，然后从准直镜反射到光栅

续表

序号	名称	功能描述
5	光栅	通过光栅将来自准直镜的光衍射并引导至聚焦镜
6	聚焦反射镜	一个 SAG+、涂覆银的反射镜接收从光栅反射的光，并将光聚焦至检测器平面
7	L2 集光透镜	增加集光效率，将来自狭缝的光聚焦至尺寸较短的检测器元件上，并通过减少杂散光影响提高效率。L2 集光透镜应与大尺寸狭缝一起使用，或在低光环境中使用
8，10	探测器	将从聚焦镜或 L2 集光透镜接收的光收集起来，并将光信号转换成数字信号。探测器上每个像素能够响应不同波长的光，产生数字信号，然后通过光谱仪将数字信号传输至软件
9	LVF 滤光片	为可选的线性可变滤光器系统，具有良好的激发和荧光能量分离性能。LVF-L 线性低通滤波器能够微调激发源以获得最大信号，并具有最小的信号重叠，LVF-H 高通滤波器可用于边缘检测

资料来源：由美国 Ocean Optics 公司提供。

　　USB2000+光谱仪可通过 USB 端口或串行端口连接计算机。通过 USB 2.0、1.1 或 RS-232连接时，光谱仪所需的电量由主机提供，无须外部电源。USB2000+和所有的 USB 设备一样，可通过 OceanView 软件进行控制。OceanView 是一个在 Windows、Macintosh 和 Linux 操作系统上均可运行的基于 Java 的光谱分析软件。USB2000+光谱仪通过独特的技术组合，可为用户提供高质量和高分辨率的光谱测量。该光谱仪的电子设计具有高度灵活性，可通过外部接口连接各种模块。USB2000+是一台通过微控制器控制的光谱仪，因此所有操作都可通过与设备连接的软件控制实现。USB2000+XR 光谱仪中使用了特殊的 500 线/mm 凹槽密度光栅，在不降低仪器性能的前提下可为用户提供范围更宽的光谱测量。此外，USB2000+是一种相对便宜的客户定制模块化光谱仪（约 2000 美元），用户可以选择为特定应用目的预置模型，或自行建模。USB2000+非常适用于需要快速监测的化学、生物化学和其他应用。

2.2　高光谱遥感相关的植物生物学仪器

2.2.1　简介

　　高光谱遥感的应用之一是提取植物生物物理参数（如冠层叶面积指数、植物物种以及生物量等）和生物化学参数（如叶绿素含量、氮浓度等）并对其进行填图。上一节主要

介绍了一些常用于校准和检验机载、星载多光谱和高光谱影像,以及可用于高光谱实测数据与生物参数关系建模的地物光谱仪。为了更好地发挥(实地、机载或星载)高光谱遥感在植被分析(包括植被参数估算与填图)中的价值,需要使用一些植物生物学仪器对重要的生物参数进行测量。这些参数能够为植被参数反演,填图的经验、统计和物理模型提供标定和验证数据。这些生物学仪器能够将植物冠层、单叶或花的光谱辐射(或反射率)测量结果进行转换,生成一组生物参数的测量值(如植物冠层叶面积指数、光合有效辐射吸收比例、叶绿素含量以及氮含量等)。这些生物参数的测量值可被用于标定和验证经验、统计模型或物理模型,并用于生物参数的高光谱遥感反演和填图。因此,本节将简要介绍一些常用的植物生物学仪器,包括用于测量植物叶面积指数、植物光合速率和光合有效辐射吸收比例以及叶绿素含量和氮含量的仪器。

2.2.2 植物生物学仪器

表 2.3 列举了一些植被生物学仪器,本节主要从这些仪器的工作原理、结构以及操作等方面简要介绍三类植物生物学仪器。

表 2.3 用于高光谱遥感的植物生物学仪器

类别	仪器	生产年份	测量特征与精度	应用	制造方	质量/kg
叶面积、叶面积指数(LAI)	LAI – 2200C 植物冠层分析仪	2014	在任何天空条件下快速、准确地测量从农作物到单株树木的各种类型冠层的 LAI,支持 GPS 定位	测量植物冠层(作物和森林等)有效 LAI	美国 LI-COR 公司	1.30
	LI – 3000C 便携式叶面积仪	2014	在田间或实验室中测量活体或离体植物叶面积;分辨率为 $1~mm^2$;能够显示和存储单次和累积叶面积测量值	测量植物叶面积(农作物、树木等)	美国 LI-COR 公司	2.00
	LI – 3000C 叶面积仪	2004	快速、精确地测量不同大小叶片的面积;分辨率在 $0.1\sim1~mm^2$ 范围内可调;具有较高的精度和重复性;支持单次和累积叶面积测量记录	测量植物叶面积(农作物、树木等)	美国 LI-COR 公司	43.00

类别	仪器	生产年份	测量特征与精度	应用	制造方	质量/kg
光合作用速率与 FPAR 的关系	LI－6400XT 便携式光合作用测量系统	2013	开放系统设计，自动独立的叶室二氧化碳和水汽浓度、温度和光控制，并允许用户编程控制	测量植物（农作物和树木等）光合、荧光和呼吸速率	美国 LI-COR 公司	N/A
	TRAC	2002	除了沿森林样带测量冠层"间隙度"之外，还测量冠层"间隙"的分布；以传感器能够以 32 次/s 的频率记录数据	测定植物冠层 LAI、FPAR 及其他森林结构参数	加拿大 3rd Wave Engineering 公司	N/A
叶绿素含量	SPAD－502 Plus 叶绿素仪	2010	SPAD-502 基于叶绿素在红光和近红外波段吸收特征测定叶绿素含量	测定植物（作物和森林等）叶绿素含量	美国 Spectrum Technologies 公司	0.20
	SPAD－502DL 叶绿素仪	2014	与 SPAD－502 Plus 相同，但具有内置数据记录器	测量植物（作物和森林等）叶绿素含量	美国 Spectrum Technologies 公司	0.20
	Field Scout CM-1000 叶绿素仪	2013	根据叶绿素对红光的吸收和叶片物理结构对近红外光谱的反射特性来测定叶绿素含量。测量值重复性为±5%	测量植物（作物和森林等）叶绿素含量	美国 Spectrum Technologies 公司	0.70
	MC-100 叶绿素浓度计	2016	根据 CCI 指数（931 nm 透射率/ 653 nm 透射率）测量叶绿素浓度，以±0.1CCI 为浓度测量单位；样品测量时间：2~3 s	测量植物（作物和森林等）的叶绿素含量/浓度	美国 Apogee Instruments 公司	0.21

2.2.2.1　叶面积和叶面积指数测量仪

1）LAI-2200C 植物冠层分析仪

LAI-2200C 植物冠层分析仪（LAI-2200C Plant Canopy Analyzer，LAI-2200C PCA）是由美国 LI-COR 公司生产的一款可用于测量植物冠层叶面积指数的仪器。图 2.13 展示了 LAI-2200C PCA 的两个基本构件：LAI-2250 光学感应传感器探杆和 LAI-2270 控制单元。LAI-2250 光学感应传感器探杆是 LAI-2200C PCA 的"核心"，它利用 148°的"鱼眼"镜头进行辐射测量，测定 5 个不同角度的天顶角方向冠层上方和下方的光量，并通过冠层辐射传输模型计算 LAI 及冠层结构参数（如平均叶倾角、冠层空隙率）（LAI-2200C PCA，2014）。在野外实验中，LAI-2200C PCA 可以实现无损、快速、准确地测量植物叶面积指数，因此它常用于研究植物生长、植物生产力、森林生长状况、植冠可燃物含量、大气污染沉降模拟、植被害虫破坏以及全球碳循环。

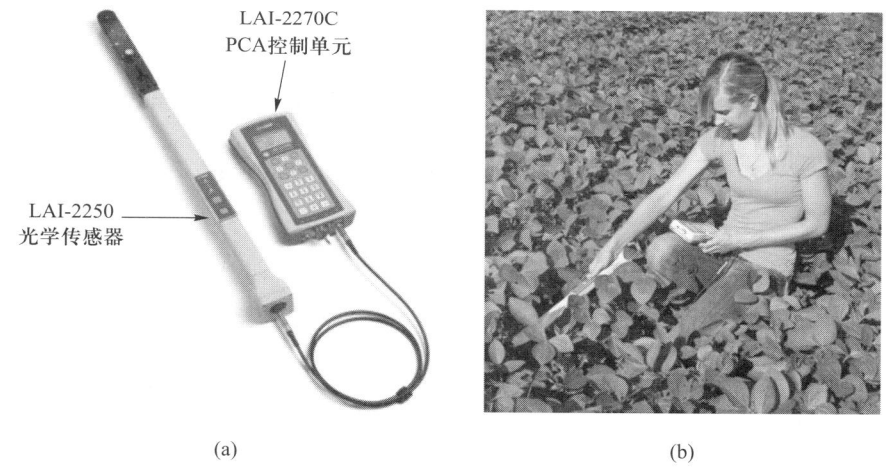

　　　　　　　（a）　　　　　　　　　　　　　　　　（b）

图 2.13　LAI-2200C 植物冠层分析仪（a）及其野外操作（b）（经 LI-COR 公司授权许可）

LAI-2200C PCA 在灵活性、功能、精度和操作的简便程度等方面均优于其他仪器，它可以在大多数光照条件下测量各种植物冠层叶面积指数，而无须特定的太阳角度或云覆盖。所测量的植被可以是低矮的草地和行播作物，也可以是孤立木。当测量森林叶面积指数时，可采用双探头模式，在晴朗无云的天空下将一台 LAI-2250 光学感应传感器探杆固定在树冠上方自动记录读数，而另一台 LAI-2250 光学感应传感器探杆则用于记录树冠下方的读数。采用"ceptometry"方法测量高大树冠时（Finzel 等，2012），由于存在模糊阴影，无法使用空隙度模式。LAI-2200C 可以通过限定视场的方位角（利用遮盖帽）和天顶角，测定空隙以及非均匀的植物冠层 LAI。但是，在孤立木测量中，由于"ceptometry"方法不能限定方位角和天顶角，LAI-2200C 的测量为簇叶密度，即每单位树冠体积（m³）上

的簇叶面积（m²）。应用 File Viewer 2200（FV2200）软件可以计算冠层体积和簇叶密度。LAI-2200C PCA 内配有 GPS 模块，可以将测量位置的坐标信息记录在 LAI 的测量文件中，以方便进行 LAI 填图。

LAI-2250 光学传感器探杆专门配备了一个半球视角的鱼眼镜头，它可以确保 LAI 是基于大片簇叶冠层计算得到的。通过鱼眼镜头拍摄近乎半球视角的图像被光学系统投射到 5 个呈同心圆排列的光电二极管传感器上（图 2.14a），可以确保在 5 个不同天顶角方向上测量植冠的不同部位（图 2.14a，b）。LAI-2250 光学感应传感器的探杆内部配有一个滤光片，可以减少透射光或反射光造成的误差，并且只接收波长短于 490 nm 的辐射（叶片对短于 490 nm 波长的光反射率和透光率都很少）。光学传感器镜头上配备的遮盖帽可控制光学传感器的不同视角，消除操作人员或邻近地块等的影响。光学传感器自身的散射光校正功能可以纠正晴空条件下的散射光干扰。

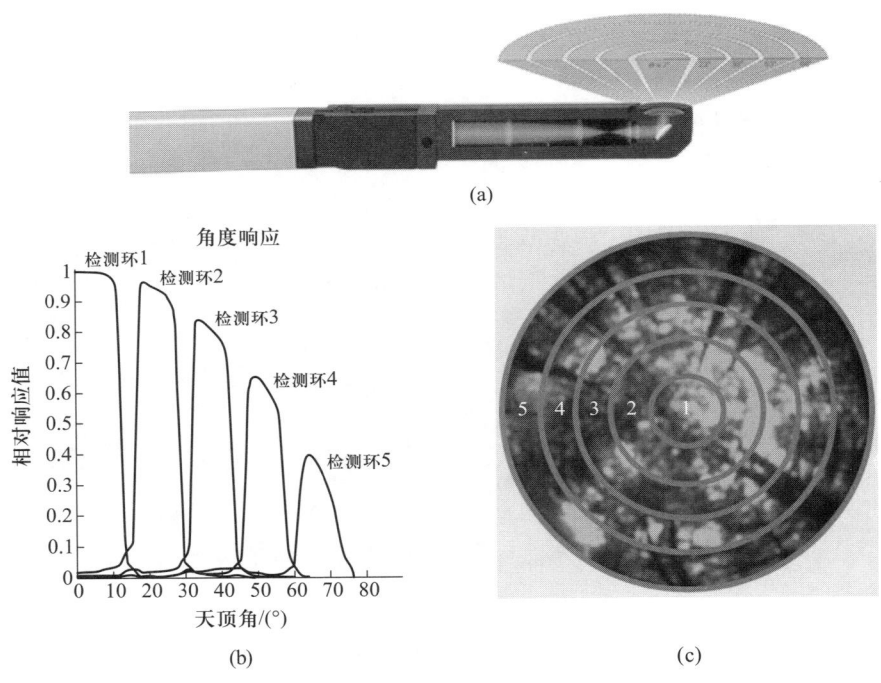

图 2.14　LAI-2250 光学传感器的工作原理：（a）LAI-2250 光学传感器测定 5 个不同的天顶角方向的散射天空光读数；（b）每个检测环响应不同范围的天顶角；（c）向上的鱼眼相片用于模拟每个圆环的近似视场角，即同心环代表 5 个视场角（经 LI-COR 公司授权许可）

由于植物冠层比较复杂，冠层高度、大小和结构、叶片大小和方向，以及天气条件和光学传感器的视场角等都会影响 LAI 的测量精度，因此测量过程中需特别注意这些因素可能带来的影响，由 LAI-2200C PCA 测量得到的 LAI 值往往是"有效"叶面积指数（Chen 和 Cihlar，1995）。

2）LI-3000C 便携式叶面积仪

LI-3000C 便携式叶面积仪（LI-3000C Portable Area Meter, LI-3000C PAM）被设计用于测量大田或实验室内植物叶片以及离体叶片的叶面积（LI-3000C PAM, 2014）。它采用 1 mm² 分辨率的矩形近似的电子扫描方法进行测量，包括扫描头和控制台两部分（图 2.15）。LI-3000C PAM 可以在不破坏植物的情况下监测与病虫害、干旱或大气污染有关的大田以及室内植物的叶面积变化，也可以精确评估同株植物冠层在整个生育期的生长状况。同时，LI-3000C PAM 可以在离体叶片出现明显收缩或卷曲之前进行测量，无需对植物样本进行取样。此外，受虫害破坏后剩余的植物部分也可以利用 LI-3000C PAM 进行测量，对于严重受损的叶片，可以用透明的保护套支撑植物的剩余组织。

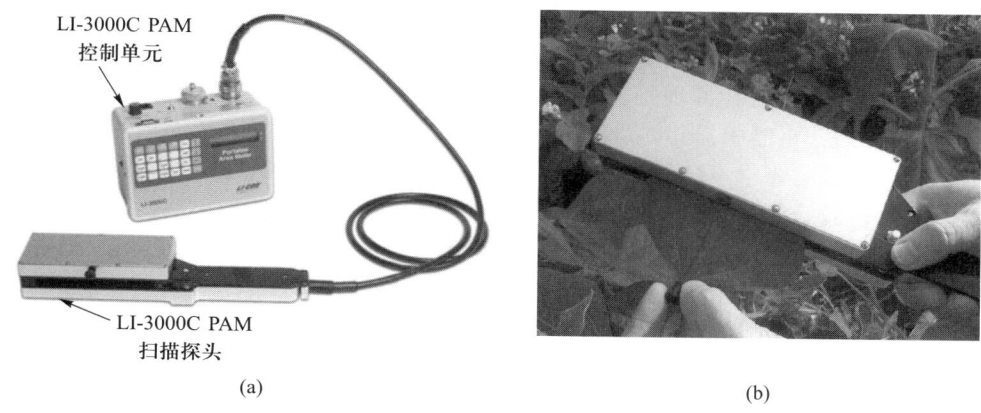

图 2.15　LI-3000C PAM（a）及其野外操作（b）（经 LI-COR 公司授权许可）

叶片面积测量过程中，当 LI-3000C 扫描头扫描叶片时，控制台会显示并记录叶面积、叶长、平均宽度和最大宽度等信息。即使是由昆虫啃食的叶片出现不规则边缘或孔洞时，LI-3000C PAM 也能准确测量。当叶片孔洞部分通过扫描头时，透镜式光敏二极管检测系统所感应到的这种特殊位置的 LED 光脉冲不会被累积计算。LI-3000C 扫描头扫描的每片叶片的测量值都能够呈现在显示器上，并最终被累加以计算叶面积指数或总叶面积。

3）LI-3100C 叶面积仪

LI-3100C 叶面积仪（LI-3100C Area Meter, LI-3100C AM）是专门为高效、准确地测量大叶和小叶（单叶叶面积或累积叶面积）而设计的一款叶面积仪（LI-3100CAM, 2004），它具有两种可调节的分辨率（0.1 mm² 和 1 mm²），能够满足不同研究的需求。图 2.16 展示了 LI-3100C AM 的外观。LI-3100C AM 可以测量各种植物类型的叶片，从玉米、烟草和棉花等大型叶片到小麦、水稻和苜蓿等小型叶样本。小叶和大叶的测量精度相同。同

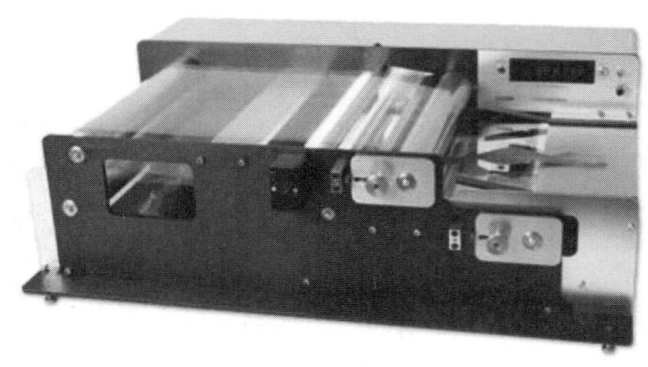

图 2.16 LI-3100C AM（经 LI-COR 公司授权许可）

时，LI-3100C AM 还可以测量针叶、有穿孔的叶片以及边缘不规则的叶片，其测量结果对于分析叶片损伤以及昆虫啃食等破坏十分重要。

LI-3100C AM 的工作原理是将叶片样本放置在两个透明的传输带之间，将叶片送入带有荧光光源的分析器中；当叶片通过荧光光源时，其图像通过三面反射镜系统反射到扫描相机，这种独特的光学设计提高了测量的准确性。可调整的压迫式滚筒能够使卷曲的叶子变平，并使其恰好处于两个透明的传输带之间，这样可以保证对小草、豆类、水生植物以及相似类型的植物叶片进行准确测量。当样本通过光源时，LED 显示器或计算机屏幕上可显示累积叶面积（mm²）。

多光谱和高光谱遥感是 LAI-2200C PCA、LI-3000C PAM 和 LI-3100C AM 的主要应用领域之一。由它们测量得到的 LAI 结果可以直接用于标定遥感反演模型，以用于植物（如农作物和森林）LAI 的估算和填图。快速、准确地测量植物叶面积是实现在冠层乃至区域尺度基于地面实测高光谱或高光谱图像数据遥感估算生物化学含量/浓度的重要一步（Johnson 等，1994）。

2.2.2.2 光合作用和光合有效辐射吸收比例测量仪

1）LI-6400/LI-6400 XT 便携式光合作用测量系统

LI-6400 XT 便携式光合作用测量系统（LI-6400/LI-6400 XT Portable Photosynthesis System）作为 LI-6400 系列的最新版本是 LI-COR 公司生产的一款测量植物光合速率的理想设备（LI-6400XT System，2013），也是目前全球最好的便携式光合作用测量系统。从事遥感、生物和生态研究的大多数专业人员选择 LI-6400 XT 主要由于仪器的一些高级功能，包括：①将气体分析器安置在传感器头部，可以快速响应并有效消除时间延迟；②开放式系统设计，保证环境变量得到完全的控制；③灵活的开源编程语言，在 LI-6400 XT 控制台中用户可以对自己编写的程序进行修改；④强大的网络能力，通过连接以太网实现数据输出、文件共享等；⑤包含各种类型的叶室和多种光源，配置有荧光叶室和土壤呼吸测量

室,可与 LI-6400 XT 传感器头互换。图 2.17 给出了与 LI-6400 XT 系统相关的两个主要组件:LI-6400 XT 系统传感器头和 LI-6400 XT 系统控制台。除测量植物光合速率外, LI-6400 XT 系统还可以同时测量植物荧光和土壤呼吸(LI-6400 XT System,2013)。在此,仅简要介绍LI-6400 XT的工作流程、工作原理以及与光合速率测量有关的操作。

(a)　　　　　　　　　　　　(b)

图 2.17　LI-6400XT 系统(a)及其野外操作(b)(经 LI-COR 公司授权许可)

LI-6400 XT 的传感器头配有两个双波段的测量 CO_2 和 H_2O 绝对浓度的非扩散红外气体分析仪(图 2.18)。以 LI-6400 XT(2013)为例,LI-6400 XT 传感器的工作原理大致是:红外辐射自样品分析仪进入叶室,通过镀金的反射镜进行两次 90° 反射。反射镜镀金可以增强红外反射,并长期保持稳定性。被反射的红外辐射穿过叶室后发生吸收,红外辐射穿过斩波器进入样品分析检测器。"chopping"过滤器包含 4 个过滤装置,可以使 CO_2 和 H_2O 吸收波长和参考波长的光通过,并能有效排除感兴趣波长之外的红外辐射干扰。参比分析仪位于样品分析仪的正下方,可以测量输入气体的浓度。样品室和参比室的气体可以在任何时间进行匹配,而不必改变叶室条件。为防止干扰,样品分析仪检测器、参比分析仪检测器和"chopping"过滤器被密封在一个持续净化 CO_2 和水蒸气的箱体内。多年的实验证明即使在极其苛刻的野外环境下进行测量,LI-6400 XT 分析仪及其传感器头也十分可靠。

根据 LI-6400 XT(2013),6400-01 CO_2 注射器系统(图 2.19)是由电子控制器、二氧化碳组件和二氧化碳罐组成,其中二氧化碳罐适合在室温或实验室条件下操作。所有部件直接集成在标准控制台中,无须外接电池或控制模块。CO_2 注射器系统提供50~ 2000 μmol/mol恒定的 CO_2 输入,通过将精确控制的纯 CO_2 流送到不含二氧化碳的空气中来控制 CO_2 含量。输入气流或叶片表面的 CO_2 浓度始终控制在 1 ppm[①] 以内。6400- 01 可以测量升高的 CO_2 浓度并得到 CO_2 响应曲线。CO_2 的注入完全由软件控制。可以

---

① 1 ppm = 10^{-6}。

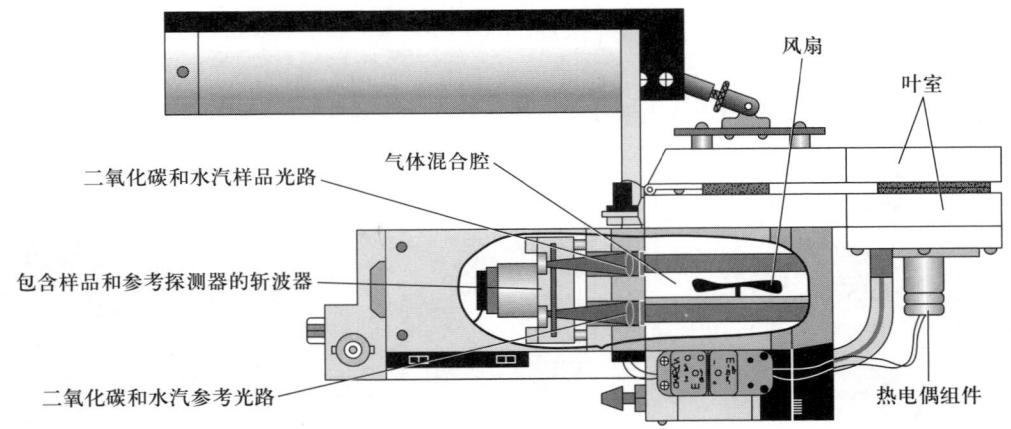

图 2.18　LI-6400XT 传感器探头轮廓图(经 LI-COR 公司授权许可)

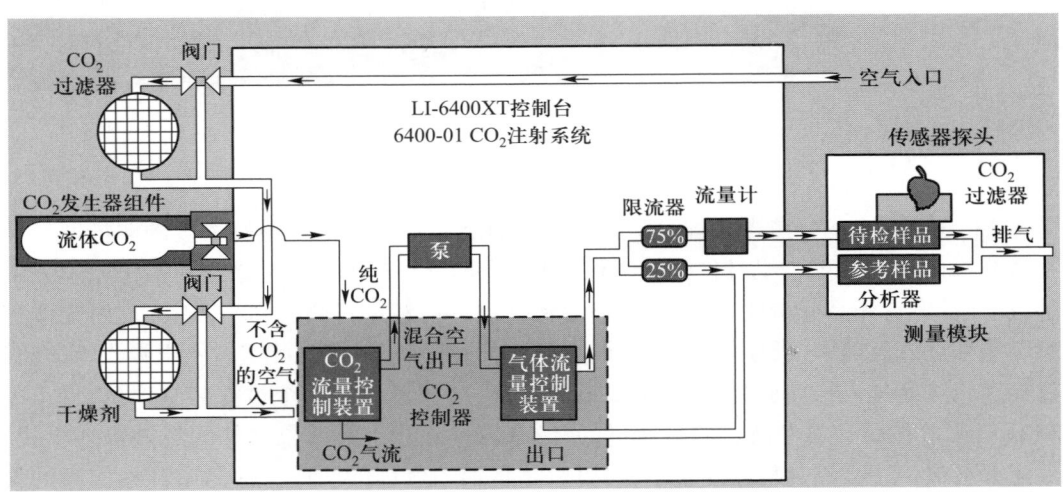

图 2.19　配备 6400-01 二氧化碳注入系统的 LI-6400XT 控制台工作流程图(经 LI-COR 公司授权许可)

通过控制台手动设置 CO_2 浓度水平,也可以使用自动程序在一系列浓度下进行测量。在软件设定的湿度水平上,可以通过自动改变气流流速来平衡室内湿度,输入的流速也可以保持恒定。在标准系统中流速是由一个泵控制的。在 LI-6400-01 CO_2 注射器系统中,泵的速度是恒定的,到达室内的流量是根据多余流量来控制的。这种"分流调节"可以在比较宽的范围内平稳快速地控制流量。无论是否使用 6400-01 控制器,输送到检测室内的空气可能是干燥的或潮湿的,如果需要为室内输送潮湿空气,可以利用更高的气流流速来保持低蒸腾速率,从而保证更稳定的控制和更精确的测量。

　　总之,LI-6400 XT 系统首先需要对放有植物叶片的叶室内的 CO_2 和 H_2O 的浓度变化进行准确测量,然后根据 CO_2 和 H_2O 的浓度变化、流速以及植物叶面积测量值之间的关系来计算光合速率和蒸腾速率。

2）冠层辐射结构追踪仪

冠层辐射结构追踪仪(Tracing Radiation and Architecture of Canopies,TRAC)由陈镜明博士(加拿大遥感中心研究员)设计,由加拿大 3rd Wave Engineering 公司制造,是一种测量植物冠层叶面积指数和光合有效辐射吸收比例的新型光学仪器。TRAC 不仅可以测量冠层孔隙率,还可以测量冠层孔隙大小的分布。孔隙率是指在一定的天顶角下,冠层中孔隙所占的百分比,可以通过辐射透射率计算得到。孔隙大小是林冠冠层孔隙的几何尺寸,相同的孔隙率,孔隙大小的分布可能完全不同(Leblanc 等,2002)。一条样线上通过 TRAC 测量得到的观测值不仅可以用来计算林冠孔隙率和光合有效辐射吸收比例的平均值,还可以得到叶片聚集度指数和冠层孔隙大小的分布。图 2.20 显示了 TRAC 仪器的结构及其在现场的操作方法,TRAC 由三个光合有效辐射(PAR)传感器(400~700 nm)、放大器、模数转换器、微处理器、电池、存储器、时钟和串行 I/O 电路组成。

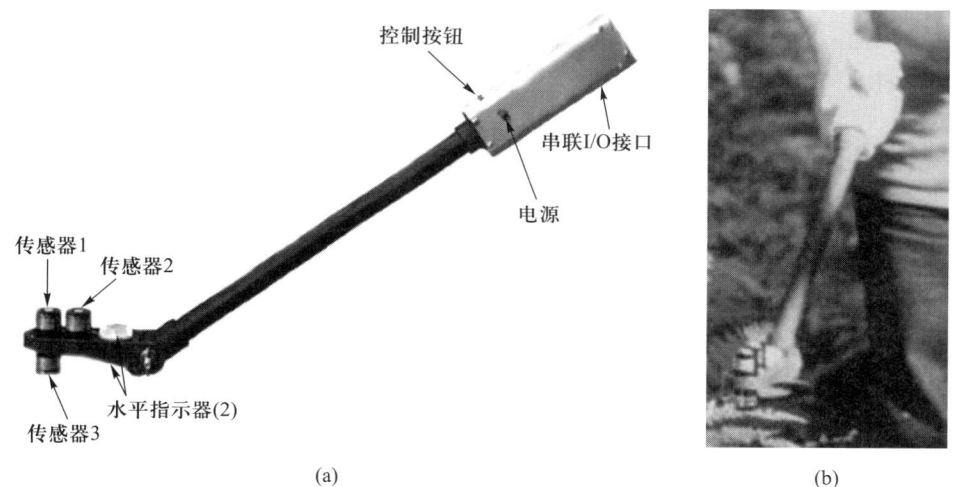

图 2.20　(a) TRAC 设备的结构图;(b) 操作者手持 TRAC 保持水平测量植被冠层下光线并以缓慢的速度行进(据 Leblanc 等,2002)

　　TRAC 利用太阳光作为探测器,高频率地记录透过的直射光,可以由使用人员以稳定的步伐(约 0.3 m/s)手持设备行走进行测量(图 2.20b)。图 2.21 展示了使用该仪器测量的一个例子,其中时间轨迹中每个或大或小的峰代表当时太阳辐射方向下冠层的孔隙。沿一个 20 m 的样线(原始记录 200 m 中的一小部分)测量的光通量密度(PPFD)显示,平顶且较大的波峰对应的是树冠之间的大孔隙,小尖峰对应的是树冠内的小孔隙,基线是使用阴影传感器测得的树冠下的漫射辐照度。每个尖峰可被转换成孔隙的大小从而获得孔隙大小的分布,如此得到的孔隙大小分布曲线表征了孔隙率的构成,并且比传统孔隙率测量方法包含更多的信息(Leblanc 等,2002)。因此,除了测量冠层叶面积指数和光合有效辐射吸收比例之外,由 TRAC 仪器测得的孔隙大小分布也可用于:①估计冠层结构参数,

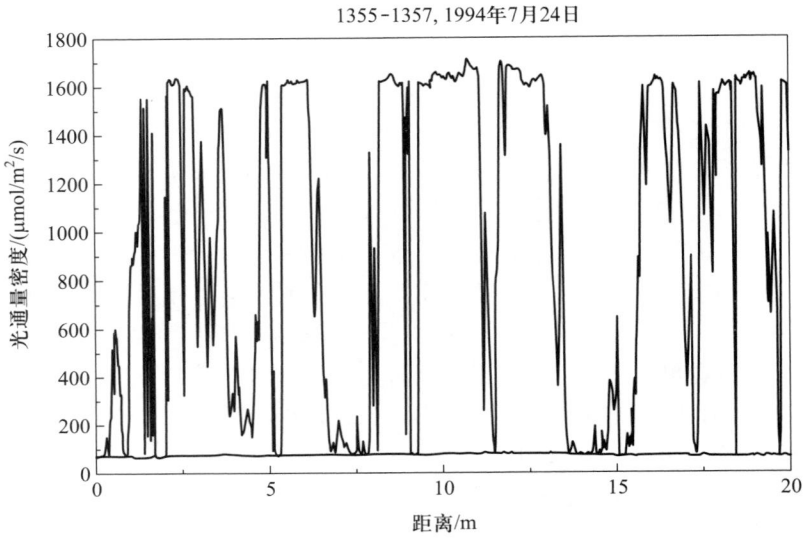

图 2.21　使用 TRAC 测量加拿大 Saskatchewan 地区 Candle 湖周边成熟加拿大短叶松的结果（据 Leblanc 等，2002）

包括叶片聚集度和面积以及叶片大小（Chen 和 Cihlar，1995）；②模拟植物冠层的热点和双向反射分布函数（Chen 和 Leblanc，1997）。

2.2.2.3　叶绿素含量测量仪器

1）SPAD-502 Plus 叶绿素仪

　　SPAD-502 Plus 叶绿素仪是一款小巧轻便的仪器，可在不破坏植物叶片的情况下快速测定植物叶绿素的含量（SPAD-502PCM，2010），由美国 Spectrum Technologies 公司生产。叶绿素含量是植物健康的一个指标，可用于对植物优化施用肥料的时间和数量，获得更高的产量，减轻环境负荷。SPAD-502P 的外观视图和操作方法如图 2.22 所示。SPAD-502DL 叶绿素仪带有内置的数据记录仪，允许用户统计和分析读数，并且可通过 RS-232 端口与计算机或 GPS 连接，得到测量值的位置分布图。
　　使用 SPAD-502 Plus 叶绿素仪测量植物叶片中的叶绿素含量，其测量值是基于叶片在两个不同叶绿素吸收波长区域中透射光的量计算出来的。图 2.23a 显示了使用 80% 的丙酮从两个叶片中提取叶绿素的光谱吸收特性，叶片 B 的叶绿素含量低于叶片 A 的。该图还表明，叶绿素吸收峰位于蓝光和红光区域，绿光区域吸收低，近红外区域几乎不吸收。据此，选择红光区域（吸收高且不受类胡萝卜素影响）和近红外区域（吸收极低）的波段用于叶绿素测量。由于植物叶片的叶绿素含量取决于叶片的营养状况，因此 SPAD-502 Plus 可用于确定植物施氮肥的时间和用量（图 2.23b）。优化施肥不仅能提高产量，而且能减少因过量施肥在土壤和地下水中造成的环境污染。

图 2.22 SPAD-502P 叶绿素仪及其野外操作(由美国 Spectrum Technologies 公司提供)

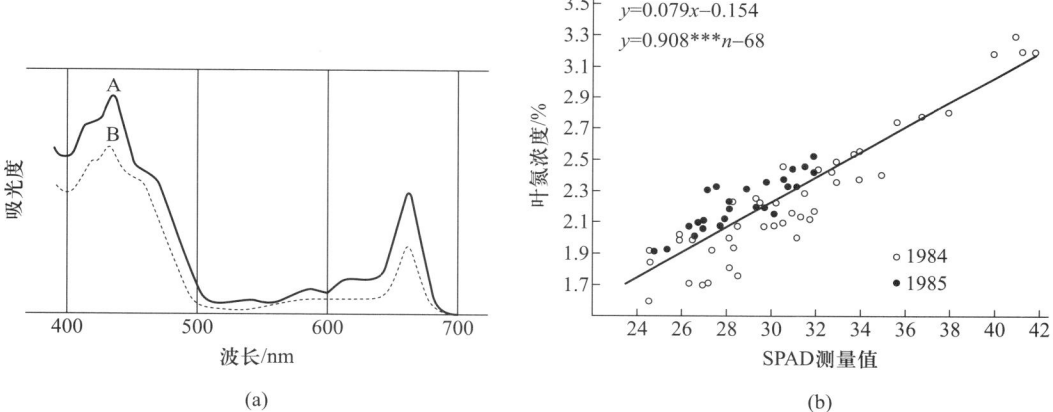

(a)

(b)

图 2.23 (a) 两个叶片样本的叶绿素产生的吸收光谱;(b) SPAD-502 Plus 测量值与叶片氮浓度的相关关系(由美国 Spectrum Technologies 公司提供)

2) CM-1000 叶绿素仪

CM-1000 叶绿素仪也是美国 Spectrum Technologies 公司的产品,仪器的外观和操作如图 2.24 显示。野外探测时,CM-1000 叶绿素仪可以测量 700 nm 和 840 nm 波长的光,以估计叶片叶绿素含量(CM-1000,2013)。该仪器可以测量每个波长的周围光和反射光。叶绿素 a 在 700 nm 处显著吸收红波段能量。因 840 nm 处的近红外波段几乎不受叶绿素含量影响,故可作为测量由叶片结构特征(如叶表面脂质层和绒毛)引起的光谱反射量的指示波段。仪器观测值是根据测量的周围光和反射光数据计算的,测定范围在 0~999。测量值是叶片相对绿度的度量,叶绿素含量越高,相应的测量值越高。

图 2.24 CM-1000 叶绿素仪及其野外使用（由美国 Spectrum Technologies 公司提供）

该仪器使用激光器确定目标，距离 28.4 cm 处视野直径为 1.10 cm，距离 183 cm 处视野直径增大到 18.8 cm。仪器可以显示样本的数量和叶绿素平均值。周围光传感器响应显示为 0~9 的亮度指数（brightness index value，BRT），BRT 值大于等于 1 表示至少有 250~300 μmol/（m² · s）的 PAR（光合有效辐射），这是仪器可用的最低光照水平。在低水平的环境光下，叶绿素指数读数可能是不精确的。充分光照的 BRT 值应该是 7~8，由于 CM-1000 根据 700 nm 和 840 nm 波长的反射光来计算相对叶绿素含量，因此较高的光照水平会使叶绿素含量的观测值分辨率更高。天然太阳光是通过反射率测量叶绿素的最佳光源，因为两种波长的光量大致相等并保持相对恒定（CM-1000,2013）。

3）MC-100 叶绿素浓度计

MC-100 叶绿素浓度计（chlorophyll concentration meter，CCM）是一款手持式仪器，专门用于快速无损测量完整叶片的叶绿素浓度。它是由美国的 Apogee Instruments 公司生产的。图 2.25 展示了 MC-100 叶绿素浓度计的外观和操作。叶绿素浓度含量是植物健康状况的直接指标，通过该仪器测量的数据可以应用到多种作物的生产和研究中，如营养和灌溉管理、病虫害防治、环境适应性评估、作物育种（MC-100,2016），并可利用高光谱数据对叶绿素估算模型进行标定。

叶绿素具有几种不同的光学吸收特征，MC-100 叶绿素浓度计利用这些特征确定相对叶绿素浓度。强吸收波段存在于蓝光和红光波段中，在绿光或红外波段则不强。MC-100 叶绿素浓度计利用光谱吸收率来估算叶组织中的叶绿素含量，两个波段被用于光谱吸收率的测定，一个波段在叶绿素吸收范围内，而另一个波段用于补偿诸如叶片组织厚度带来的差异。该测量仪测量两种波长的光谱吸收率，并计算叶绿素含量指数（chlorophyll content index，CCI；CCI = 931 nm 处的透光率或 CCI = 653 nm 处的透光率），该值与样本中

的叶绿素含量成比例(MC-100,2016)。注意,CCI 值是相对叶绿素值,CCI 与叶绿素浓度呈非线性关系,不同植物物种 CCI 与叶绿素浓度的关系也不相同。MC-100 叶绿素浓度计包括 22 种物种的特定系数方程(MC-100,2016)。用户可以创建其他物种的方程/系数并添加到仪器的数据库中,例如,van den Berg 和 Perkins(2004)使用旧版本的测量仪测量和计算了 98 片糖槭叶片的 CCI 值,并从 98 片叶片样本中提取出了叶绿素含量(μg/mm²)。其测定 CCI 值与提取的叶绿素含量之间的关系如图 2.26 所示。

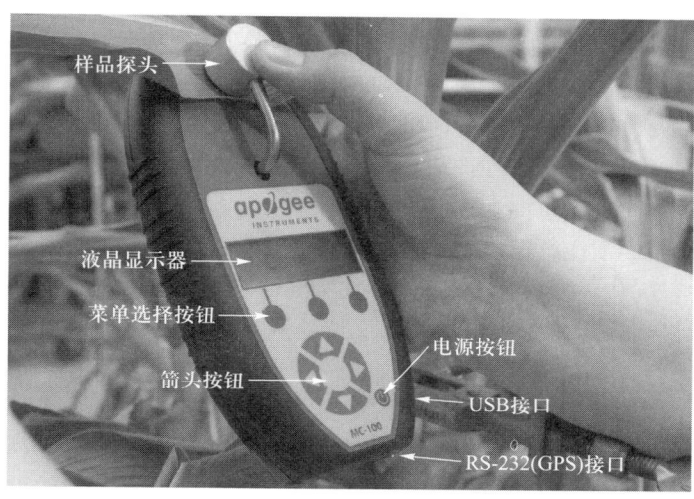

图 2.25　MC-100 叶绿素浓度计及其使用操作(由美国 Apogee Instruments 公司提供)

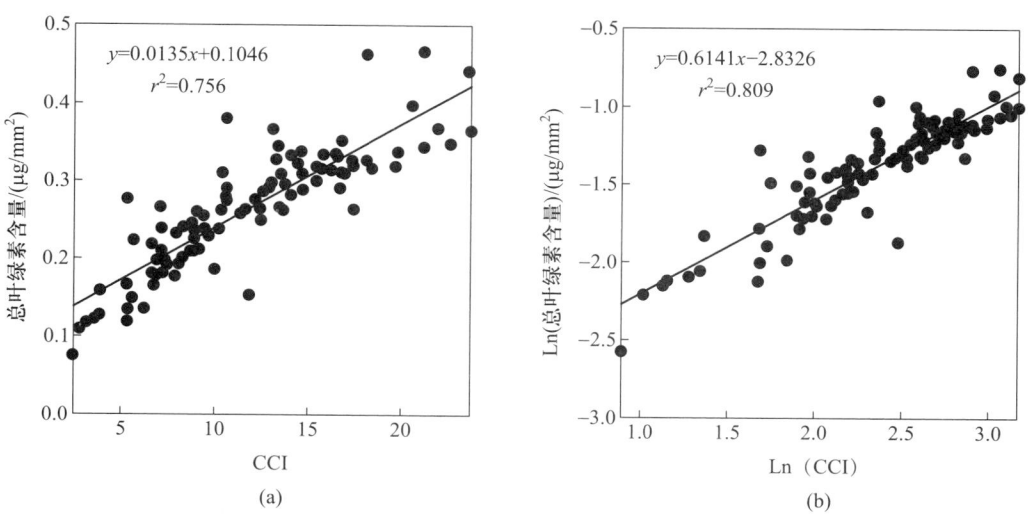

图 2.26　(a) 98 片糖槭叶片 CCI 与总叶绿素含量的线性回归结果;(b) 98 片糖槭叶片 CCI 自然对数值与总叶绿素含量自然对数值的线性回归结果(据 van den Berg 和 Perkins,2004)

2.3　本章小结

　　本章简要介绍了一些常用的现代非成像地物光谱技术（如野外光谱仪）和植物生物学仪器的工作原理、结构以及操作。首先介绍了非成像地物光谱学的定义、发展及作用。其中，非成像地物光谱学的作用包括：①利用地物光谱学技术测量得到的目标光谱信息有助于理解目标光谱特性，并扩展至遥感尺度；②地物光谱学技术可用于对各种遥感传感器系统进行定标以及对机载/星载遥感数据进行大气校正；③地物光谱学技术为基于高光谱遥感的植物理化参数反演模型的构建、修正、测试以及检验提供了方法。然后，简要概述了地物光谱学的基本理论，包括双向反射分布函数和一些基本概念，以及地物光谱测量的基本操作规程，并依次介绍了一些常用的野外光谱仪，包括 ASD FieldSpec® 系列光谱仪、Spectra Vista 公司（GER）系列野外光谱仪、Spectral Evolution 系列野外光谱仪、SpectraScan® 光谱仪（PR-6 系列），以及 Ocean Optics USB2000+（HR2000+）系列定制模块化光谱仪。本章最后介绍了三类植物生物学仪器的基本工作原理、操作规程以及应用情况：①测量植物叶面积和冠层叶面积指数的仪器（如 LAI-2200C 植物冠层分析仪、LI-3000C 便携式叶面积仪和 LI-3100 叶面积仪）；②测量光合速率和光合有效辐射吸收比例的仪器（如 LI-6400 XT 便携式光合作用测量系统）；③测量叶绿素含量和氮含量的仪器（如 SPAT-502 Plus 叶绿素仪、CM-1000 叶绿素仪和 MC-100 叶绿素浓度计）。这些植物生物学仪器常用于测量植物的生物参数，而这些生物参数的测量值可以用于对经验、统计和物理模型进行标定和验证，并最终用于生物参数的遥感反演和填图。

参考文献

 第 2 章参考文献

第3章

成像光谱仪、传感器、系统与卫星

目前,高光谱遥感技术已成功应用于陆地、海洋、大气等多个不同领域,以进行资源和环境监测。为更加高效、合理地利用和分析各种高光谱数据,本章将对机载、星载高光谱传感器及其系统的工作原理、技术特点、研究现状及发展趋势进行介绍。

3.1 成像光谱仪工作原理

成像光谱仪通常使用如电荷耦合器件(charge couple device,CCD)等二维阵列来获得三维光谱数据立方体(两个空间维度和一个光谱维度)。这种光谱立方体可以通过以下两种方式获得:①按照不同的波长依次记录每个波长的图像;②逐条带(通常为单个像元排列形成的条带)记录每个像元的光谱,并依次扫描整个图像,获得光谱图像(Ortenberg,2012;Ben-Dor 等,2013)。而对于第二种成像方式,根据扫描和数据采集的方式不同,又可分为两种常见的成像光谱测定方式,即摆扫式光谱成像法(whiskbroom imaging spectrometry)(图 3.1a)和推扫式光谱成像法(pushbroom imaging spectrometry)(图 3.1b)(Goetz,1992;Gupta,2003;Ortenberg,2012)。

3.1.1 摆扫式成像光谱仪

图 3.1a 显示了摆扫式线阵列成像光谱仪工作原理。这种成像光谱仪以 CCD 线阵排列的光电探测器为核心部件(图 3.1a 的光谱维 λ),通过一个旋转的扫描棱镜控制扫描阵列从视场一端运动到另一端,将地表不同位置的光辐射引入分光器件。辐射分光器件由光栅或棱镜组成。辐射分散后在波长上分离,聚焦于线阵列上。由反射镜收集不同波长范围的辐射然后传递到 CCD 线阵列的不同位置。当传感器随着飞行器向前推进时,系统来回摆动逐行对每个像元扫描成像。由于每个像元的停留时间很短,而信噪比(signal noise ratio,SNR)的增加与积分时间平方根成正比(Goetz,1992),因此这种成像方式获得

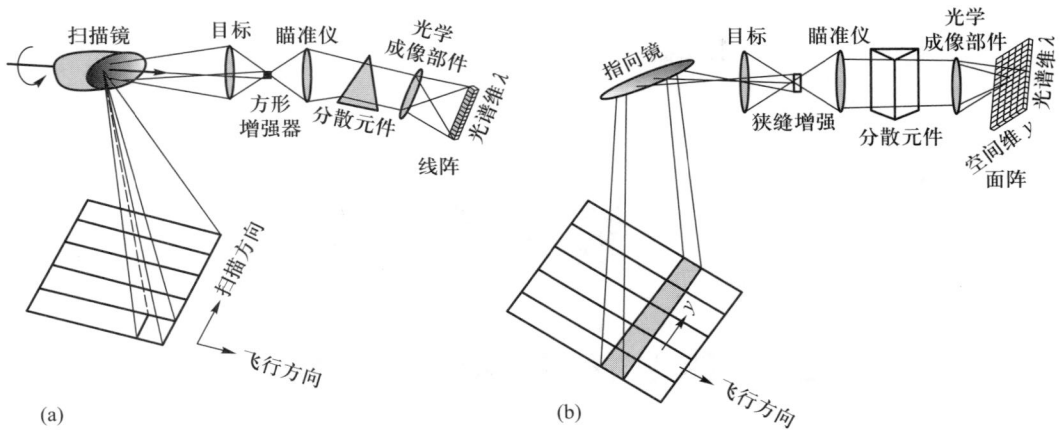

图 3.1   成像光谱仪成像的基本方式：（a）摆扫式线阵，垂直遥感平台飞行方向扫描；（b）推扫式面阵，一个用于光谱维扫描，一个用于推扫线阵完成空间维扫描

的数据通常信噪比较低，难以提高光谱分辨率和辐射灵敏度，且仪器复杂，体积较大。除了上述缺点外，摆扫式成像光谱仪也有一个很大的优点，即这种成像方式所需的探测器件较少，因此与具有数以千计探测器件的面阵成像光谱仪相比，其设计更加简便。经典的摆扫式线性阵列成像光谱仪有 AVIRIS、HyMap 和 Daedalus 系统。

3.1.2   推扫式成像光谱仪

在光谱仪的焦平面上，推扫式成像传感器使用二维 CCD 检测器阵列，分别对应光谱维和空间维（图 3.1b 的光谱维 λ 和空间维 y）。这种成像方式通过飞机或卫星平台的运动达到沿着航迹方向扫描的目的，扫描线频率的倒数等于像元凝视时间（Ortenberg，2012）。推扫式成像光谱仪的光学设计和主要部件如图 3.1b 所示。辐射能量由指向镜（pointing mirror）收集，穿过狭缝后被准直到预定位置，并按波长聚焦在 CCD 阵列上，通过逐行扫描进行成像。通过这种方式，成像探测器元件在 $\lambda \times y$ 区域阵列对各个像元（空间维 y）和各个波段辐射强度（光谱维 λ）进行测量。在线阵推扫式扫描系统中，辐射通过一个正面的光门后，在一定时间（停留时间）被收集，然后电荷快速转移到寄存器，在空闲时被读出（Gupta，2003）。这种成像方式的特点如下：

- 因为拍摄时间较长，信噪比较光机扫描仪高得多，系统的灵敏度和空间分辨率提高；
- 由于 CCD 元件技术较成熟且集成度较高，在可见光范围光谱分辨率可达 1~2 nm；
- 由于运动部件少，相较于摆扫式成像光谱仪，推扫式更轻便。

除了以上优点外，推扫式光谱仪的主要缺点是需要对大量探测器进行校准，而这一工作非常复杂和费时。AIS（机载成像光谱仪）是第一台能够以推扫模式获得地面数据的成像光谱仪。此外，还有 CASI（小型机载成像光谱仪）、FLI（荧光线阵成像光谱仪）、AISA（多用途高光谱航空遥感成像系统）和 HYDICE（高光谱数字图像实验观测系统）等。由于推扫式成像光谱仪采用电子扫描系统，因此非常适于作为星载成像光谱仪。

3.2 机载高光谱传感器/系统

表 3.1 对现有机载高光谱传感器系统的基本技术参数、特性、应用情况、研制时间和生产厂商等信息进行了汇总,并对 23 个重要的机载高光谱传感器系统的概况进行了介绍。

3.2.1 先进机载高光谱成像传感器(AAHIS)

AAHIS(Advanced Airborne Hyperspectral Imaging Sensor) 由位于美国加利福尼亚州圣地亚哥市的 Science Application International Corporation(SAIC)公司研发制造,并由夏威夷的 SETS Technology 公司实际运维。AAHIS 于 1993 年开始设计,1994 年进行第一次测试飞行,目前发展到第三代(AAHIS 3)。AAHIS 传感器采用先进的三维导航和稳定系统,所采集的高光谱数据覆盖可见光和近红外波段。该系统采用带制冷的 CCD 检测器阵列,尺寸为 576 像元×384 像元,其中一半的有源阵列用于图像存储。由软件控制的孔径调节装置、光谱谱形滤波器和高效能 CCD 使传感器具有较高的灵敏度。此外,该机载系统采用了 40°的较宽视场,以确保较大的覆盖面,且结构紧凑,可搭载于多数固定翼和旋翼飞机上,实现 6.5 cm 至 2 m 地面分辨率的成像,因此可适应多种遥感应用环境,包括环境监测、植被分类和污水监测等。

3.2.2 机载成像光谱仪(AIS)

AIS(Airborne Imaging Spectrometer) 是由美国国家航空航天局喷气推进实验室在 20 世纪 80 年代早期研制的首款机载成像光谱仪。AIS 不仅是具有二维面阵探测器阵列的推扫式成像光谱仪,也是首个搭载了混合红外面阵探测器的光谱仪(Goetz,1995)。AIS-Ⅰ使用了一个 32 单元×32 单元的碲镉汞(HgCdTe)阵列,并于 1983—1985 年进行了测试和应用。AIS-Ⅰ在"植被模式"(tree mode)下采集 0.9~2.1 μm 范围的波段,在"岩石模式"(rock mode)下采集 1.2~2.4 μm 范围的波段,共包括 128 个宽度约为 9.3 nm 的波段。该仪器的后续版本 AIS-Ⅱ采用了第二代 64×64 元件,覆盖了 0.8~2.4 μm 的光谱范围,并在 1986—1987 年进行了测试和应用。AIS-Ⅱ的波段宽度为 10.6 nm,飞行高度为 6 km,AIS-Ⅰ的空间分辨率和航拍幅宽分别为 12 m 和 365 m,AIS-Ⅱ空间分辨率不变,航拍幅宽提高至 787 m。表 3.2 对 AIS-Ⅰ和 AIS-Ⅱ的性能参数进行了比较。在应用方面,AIS 是第一个用于直接识别地球表面矿物的遥感系统,并且还可用于植物学研究,例如,从植被冠层中提取生理生化参数(Peterson 等,1988;Wessman 等,1988)。当然,AIS 也有一些缺点,例如,在可见光和短波红外范围缺乏连续的覆盖并且视场角非常窄(Goetz,1995)。

表 3.1 机载高光谱传感器和系统

传感器 （国家）	波段数	光谱范围 /nm	波段宽度 （FWHM）/nm	瞬时视场 /mrad	视场角/(°)	应用	运行 时间	制造商
AAHIS （美国）	288	440~880	3	1	40	沿海环境/植被监测、污水和军事目标检测	1994	SAIC 公司
AIS–Ⅰ	128	990~2100 1200~2400	9.3	1.91	3.7	地球化学、矿物鉴定、蚀变岩石、植	1983—1985	NASA JPL
AIS–Ⅱ （美国）	128	800~1600 1200~2400	10.6	2.05	7.3	物病害	1986—1987	
AISA EAGLE	488	400~970	1.56~9.36		21			
AISA HAWK	254	970~2500	8.5		17.8，24，35.5	水文、地质、农业		Spectral Imaging 公司
AISA DUAL	500	400~2500	3.3,12	1	24，35.5，37.7	和林业	自 1993	
AISA OWL （芬兰）	96	7600~12300	100		24，32.3			
ASAS	29	455~873	15	0.8	25	地表目标双向辐射	1987—1991	NASA GSFC
ASAS（升级后） （美国）	62	400~1060	11.5	0.8	25	测量	自 1992	

续表

传感器（国家）	波段数	光谱范围/nm	波段宽度(FWHM)/nm	瞬时视场/mrad	视场角/(°)	应用	运行时间	制造商
AVIRIS（美国）	224	380~2500	9.7~12.0	1	30	生态学,海洋学,地质学,大气,水,雪,云	1987	NASA JPL
CASI-2	288	400~1000						
CASI-1500	288	380~1050						
SASI-600	100	950~2450	1.8	1.3,1.6	37.8	生态系统,陆地观测	1990	Itres Research Limited 公司
MASI-600	64	3000~5000						
TASI-600（加拿大）	32	8000~1150						
CHRISS（美国）	40	430~860	11	0.05	10	石油渗漏监测,植被,林业调查,海洋水色和环境监测	1992	SAIC 公司
CIS（中国）	64	400~1040	10	1.2×3.6	80	陆表观测	自1993	中国科学院上海技术物理研究所
	24	2000~2480	20	1.2×1.8				
	1	3530~3490	410	1.2×1.2				
	2	10500~12500	1000	1.2×1.2				

续表

传感器（国家）	波段数	光谱范围/nm	波段宽度(FWHM)/nm	瞬时视场/mrad	视场角/(°)	应用	运行时间	制造商
C₂VIFIS（美国）	96	420~870	10	可编程	可编程	农林、地球、海洋环境监测	自 1994	Flight Landata 公司
DAIS-7915（美国）	32	400~1010	10~16					
	8	1500~1788	36					
	32	1970~2540	36	3.3，2.5，5.0	64~78	陆地、海洋环境监测,农林,地质制图	自 1994	GER 公司
	1	3000~5000	2000					
	6	8700~12700	600					
DAIS-16115（美国）	76	400~1000	8				自 1994	
	32	1000~1800	25					
	32	2000~2500	16	3	78	陆地、海洋环境监测,农林,地质制图		GER 公司
	6	3000~5000	333					
	12	8000~12000	333					
	2	400~1000	立体成像					

续表

传感器 （国家）	波段数	光谱范围 /nm	波段宽度 （FWHM）/nm	瞬时视场 /mrad	视场角/（°）	应用	运行 时间	制造商
DAIS-21115 （美国）	76	400~1000				陆地、海洋环境监测,农林,地质制图	自1994	GER 公司
	64	1000~1800						
	64	2000~2500						
	1	3000~5000						
	6	8000~12000						
EPS-H （德国）	76	430~1050						GER 公司
	32	1500~1800						
	32	2000~2500						
	12	8000~12500						
FLI （美国）	288	430~805	2.5	1.3	70	生态系统,陆表观测	1984—1990	Moniteq 公司 和 Itres 公司
GER-63 （美国）	24	400~1000	25		90	环境监测、地质研究	自1986	GER 公司
	4	1500~2000	125	2.5, 3.3, 4.5				
	29	2000~2500	17.2					
	6	8000~12500	750					

续表

传感器（国家）	波段数	光谱范围 /nm	波段宽度（FWHM）/nm	瞬时视场 /mrad	视场角 /(°)	应用	运行时间	制造商
HYDICE（美国）	210	400~2500	3，10~20	0.5	8.94	军民两用、农业、林业、环境以及资源/灾害应用	自1995	Hughes-Danbury Optical System 公司
HyMap（澳大利亚）	32	450~890	15~16	2.5，2.0	61.3			
	32	890~1350	15~16	2.5，2.0	61.3	矿产勘察和环境监测	1996	Integrated Spectronics 公司
	32	1400~1800	15~16	2.5，2.0	61.3			
	32	1950~2480	18~20	2.5，2.0	61.3			
	32	8000~12000	100~200	2.5，2.0	61.3			
HySpex（挪威）	108	400~1000	5.4	0.28，0.56	16			
	160	400~1000	3.7	0.18，0.36	17	高光谱成像系统多种应用，与客户紧密合作设计	自1995	Norsk Elektro Optikk 公司
	182	400~1000	3.26	0.16，0.32	17			
	288	1000~2500	5.45	0.73，0.73	16			
	427	400~2500	3，6.1	0.25，0.25	15			

续表

传感器（国家）	波段数	光谱范围/nm	波段宽度（FWHM）/nm	瞬时视场/mrad	视场角/（°）	应用	运行时间	制造商
ISM（法国）	64	800~1600	12.5	3.3×11.7	40（可选）	地质、云、冰雪、植物冠层化学物质监测	自1991	DESPA
	64	1600~3200	25.0					
MAIS（中国）	32	450~1100	20.0　3	3	90	地质和环境调查	1987—1990	中国科学院上海技术物理研究所
	32	1400~2500	30.0	3	90			
	7	8200~12200	400~800	3	90			
MISI（美国）	70	400~1000	10.0	2	±45	环境保护、水质评估	自1996	罗切斯特理工学院
MIVIS（美国）	20	433~833	20		70	地质和环境研究	1993	Sensys Technologies 公司
	8	1150~1550	50					
	64	2000~2500	8	2				
	10	8200~12700	400~500					
MUSIC（美国）	90	2500~7000	25~70	0.5	1.3, 2.6	化学气体探测、羽流诊断、光谱	自1989	Lockheed Palo Alto Research Laboratory
	90	6000~14500	60~1400					

续表

传感器（国家）	波段数	光谱范围/nm	波段宽度（FWHM）/nm	瞬时视场/mrad	视场角/(°)	应用	运行时间	制造商
PHI（中国）	244	400~850	<5	—	1.1	陆地生态系统和资源清查	自1997	中国科学院上海技术物理研究所
PROBE-1（美国）	128	400~2500	11~18	—	60	地质调查	—	Earth Search Science 公司
ROSIS（德国）	84	430~830	(4~12)	0.56	±16	海岸带叶绿素荧光观测	自1992	DASA/MBB、CKSS 和 DLR 等德国光电子工业和科研机构
SFSI（加拿大）	122	1200~2400	10	0.4	11.7	地质调查和矿产制图	自1994	原加拿大遥感中心
SMIFTS（美国）	100	1000~5200	—	0.66	9.7	地质调查和地表观测	1993	夏威夷大学檀香山分校

续表

传感器（国家）	波段数	光谱范围/nm	波段宽度（FWHM）/nm	瞬时视场/mrad	视场角/(°)	应用	运行时间	制造商
TRWIS-B	90	450~800	4.8	0.4~2	5~25			
TRWIS-II	128	900~1800, 1500~2500	12	0.45	6	植被或矿物定量识别	自1991	TRW公司
TRWIS-III （美国）	128	370~1040	5.25					
	256	890~2450	6.25	0.9	13.1			
VIFIS （英国）	64	420~870	14~Oct	1	31.5	多种环境监测任务	自1991	邓迪大学
WIS-FDU	64	400~1030	7.2~18.5	1.36	10, 15		1992	
WIS-VNIR	129+265	400~1000	5.4~14.4	0.66	19.1	地球表面观测	1994	休斯圣巴巴拉研究中心
WIS-SWIR （美国）	81+90	1000~2500	18.0~37.8	0.66	12		1995	

资料来源：Pu 和 Gong，2000；Kramer，2002；Lucas 等，2004；Qi 等，2012；Ben-Dor 等，2013。

表 3.2　AIS-Ⅰ和 AIS-Ⅱ成像光谱仪性能参数对比

参数	AIS-Ⅰ	AIS-Ⅱ
研发时间(年份)	1983—1985	1986—1987
成像方式	推扫式	推扫式
飞行高度/km	6	6
视场角/(°)	3.7	7.3
扫描幅宽/m	365	787
空间分辨率/m	11.5	12.3
光谱采样间隔/nm	9.3	10.6
光谱范围/nm	990~2400	800~2400
波段数	128	128
探测器阵列	面阵	面阵

资料来源:Vane 和 Goetz(1998);Vincent(1997)。

3.2.3　多用途高光谱航空遥感成像系统(AISA)

AISA（Airborne Imaging Spectrometer for different Applications）是芬兰 Spectral Imaging 公司研制的商用成像光谱仪。AISA 的特色在于能够针对各种应用灵活地调整配置,该仪器在 1993 年初投入使用。AISA 是一种可编程推扫式成像光谱仪(Kramer,2002),其应用领域包括水文、地质、林业和农业。AISA 可搭载在轻型飞机上,理论飞行高度为 1000 m,可获得空间分辨率为 1 m 的数据。AISA 系列由 AISA EAGLE、AISA HAWK、AISA DUAL 和 AISA OWL 等几种型号组成。AISA EAGLE 的光谱范围覆盖 400~1000 nm 的可见光–近红外波段。由于拥有超高的光谱分辨率(3.3 nm)和高达 488 个光谱波段,AISA EAGLE 已成为遥感测绘领域高光谱成像系统的标杆,并可用于检测非常精细的光谱特征。该传感器在信号动态范围、信噪比、成像速率和分辨率等方面均表现出很高的性能。为了满足各种应用场景对视场角的不同需求,AISA EAGLE 提供多种可由用户轻松更换的镜头。AISA HAWK 是首款小型低成本短波红外(970~2500 nm)高光谱传感器,在保持高灵敏度的同时可提供高速数据采集。该款传感器的主要优势在于数据的质量高但成本较低,并且可以快速方便地安装在任何飞机上。AISA DUAL 通过将 AISA EAGLE 和 AISA HAWK 两个传感器安装在一起,实现可见光–近红外和短波红外数据的同时采集。来自该公司的航空热红外高光谱传感器 AISA OWL 是一个快速推扫式高光谱系统,旨在提供最小尺寸的高性能长波红外高光谱成像仪。该传感器覆盖了 7.6~12.3 μm 范围内的 96 个波段,灵敏度较高,能够对气体进行检测和分类。AISA OWL 可以同时记录 384 个像元的所有光谱波段,并且能够保证整个数据立方体以每秒 100 帧的速度存储,因此可以实现在不降低图像质量的情况下对动态目标进行监测。

3.2.4 先进固态阵列成像光谱仪(ASAS)

ASAS(Advanced Solid-state Array Spectroradiometer)是 NASA 戈达德太空飞行中心(Goddard Space Flight Center, GSFC)陆地物理实验室研制和运维的一种机载的多角度成像光谱仪,可获得目标多个方向的辐射观测数据。为研究地表太阳反射辐射的方向异质性,GSFC 对原始仪器进行了多角度修正。它通过 9 位编码器对传感器的观测角进行测量,最大观测角达到 45°,1987 年对其多角度观测功能进行了首次应用(Huegel,1988)。ASAS 采集数据的光谱范围为 455~871 nm,包含了 29 个波段宽度大约为 15 nm 的波段。ASAS 采用带制冷的 512×32 的硅电荷探测器阵列,以推扫模式获得光谱图像数据。探测阵列的第一行和最后两行被清空,其余 29 行用于数字图像数据的采集,在 5000 m 高度视场可达 2200 m,相应的空间分辨率为 4.25m(Irons 等,1990;Kramer,2002)。ASAS 的扫描速率可调,可设置 3 帧/s、6 帧/s、12 帧/s、24 帧/s、48 帧/s、64 帧/s,数据以 12 bit 精度记录。1992 年,ASAS 得到了升级,安装了新型的倾斜观测系统,可实现前倾 75° 和后倾 60° 的倾斜角度观测。与之相适应的,系统采用了一个全新的 CCD 探测器,形成一个新的数据采集系统。升级后的 ASAS 系统能够采集 400~1060 nm 范围内 62 个波段的光谱数据,光谱分辨率为 11.5 nm。ASAS 图像的具体应用包括:森林冠层光谱模型研究、森林生态系统模型中生物物理参数的遥感估算、植被营养活力指数构建、土地覆盖分类、几何配准算法测试以及大气参数反演。

3.2.5 机载可见光/近红外成像光谱仪(AVIRIS)

AVIRIS(Airborne Visible/InfraRed Imaging Spectrometer)传感器是由 NASA JPL 研制搭载在 ER-2 飞机上的传感器,可测量来自地球表面和经大气透射、反射和散射的太阳辐射,是第一个采用摆扫式数据采集的高光谱传感器。AVIRIS 机载系统于 1986 年首飞,在 1989 年全面投入使用,并且自 1992 年以来被不断改进。用户可通过 AVIRIS 测量的光谱数据估算观测目标的组成成分,故可应用于区域尺度研究,包括生态、海洋、地质、积雪水文、云和大气等领域的科学研究和应用(Green 等,1998)。AVIRIS 数据也用于卫星定标、建模、算法研究与验证。基于 AVIRIS 数据的研究主要涉及全球环境气候变化相关的内容(Elvidge 和 Portigal,1990;Melack 和 Pilorz,1990;Gao 和 Davis,1998)。在 380~2500 nm 光谱范围内,AVIRIS 通过扫描光学系统和四个光谱仪,在光谱分辨率约为 10 nm 的 224 个连续光谱波段同时成像,图像幅宽为 614 像元,因此 AVIRIS 的标准图像尺寸为 614 像元×512 行×224 波段。自 1989 年以来,该系统已在不同国家获取超过 4000 幅遥感图像。AVIRIS 采用模块化设计,由 6 个光学子系统和 5 个电气子系统组成,所记录的数据集形成一个图像立方体,其主要的传感器和数据特性列于表 3.3。

表 3.3   AVIRIS 传感器和数据特性

成像方式	摆扫式
扫描频率/Hz	12
分光器	4 台光栅光谱仪（A,B,C,D）
探测器/bit	224 个（32,64,64,64）Si 和 InSb
数位/（mbit/s）	12
数据处理速度	20.4
光谱采集速率	7300
数据容量/GB	>10（>8000 km²）
探测器阵列	线阵
波长范围/nm	400~2500
光谱分辨率（FWHM）/nm	10
校准精度/nm	1
视场角/（°）	30（11 km a 20 km 高度）
瞬时视场/mrad	1.0（20 m a 20 km 高度）
航线长度/km	800

资料来源：Green 等（1998）。

3.2.6   小型机载成像光谱仪（CASI）

　　CASI（Compact Airborne Spectrographic Imager）由位于加拿大阿尔伯塔省卡尔加里市 Itres Research Limited 公司研制。自 1990 年以来,CASI 一直作为商用仪器使用。CASI 仪器涵盖了 385~900 nm 的可见光和近红外波段,波段间隔为 1.8 nm,光谱分辨率为 3~4 nm,共有 288 个波段和 512 个像元(更多 CASI-2 技术参数见表 3.4)。CASI 是一款用于机载遥感应用的轻量级推扫式成像光谱系统。值得注意的是,该仪器既可作为多光谱成像系统,也可以通过高速多点光谱采集成为一台高光谱仪。在多光谱模式下,波段设置可以通过交互式图形化界面进行定义,传感器阵列有 512 个像元,视场角为 34.2°,像元宽度为 0.0012×AGL,像元长度是高度、地面速度、波段数和积分时间的函数。在高光谱模式下,整个波段范围内的光谱都会被仪器记录下来,包括 2 nm 间隔、多达 288 个波段的光谱数据。图像像元大小是观测角、海拔和飞行速度的函数。CASI 系统可选配飞行姿态校正和定标系统。该系统可编程的波段设置和光谱、空间分辨率可调的特点使其适用于各种遥感应用。在水方面的应用包括水体污染检测、蓝藻水华监测、底栖杂草调查以及水深和水底探查;在植被方面的应用包括植物生长分析、物种识别、覆盖度估计、违禁植物监测以及

土壤监测等（Anger 等,1990）。目前,包括 CASI-1500、SASI-600、MASI-600 和 TASI-600 等在内的 20 多套 CASI 系统在政府、教育机构、公司、国际空间机构和军队中得到使用。其中,CASI-1500 是可见光-近红外传感器,其视场范围内阵列像元可高达 1500,使用户能够一次性地获得较大面积的图像,通过固定翼飞机可以获得高达 25 cm 的空间分辨率。SASI-600 是短波红外范围目前为数不多的几款成像光谱仪,可以得到质量较理想的短波红外高光谱图像。MASI-600 是首款专为航空遥感设计的商用中波高光谱传感器,具有可调的光学系统设计,可提供非常清晰的图像和较高的光谱分辨率。由于采用了斯特灵循环冷却的碲镉汞探测器,该传感器还具有较高的信噪比。这款传感器包含 600 像元,光谱范围为 3~5 μm,包含 64 个波段,可以获得优质的中红外图像。TASI-600 是专为航空应用设计的商用推扫式高光谱热红外传感器系统,包含了 32 个可调的光谱波段,光谱范围为 8~11.5 μm,传感器有 600 个像元,适用于包括矿产勘探、地球物理测绘以及地雷和军械检测等应用。

表 3.4　CASI-2 传感器技术参数(加拿大 ITRES)

视场角/(°)	37.8
瞬时视场/mrad	1.3(标准),1.6(定制)
空间采样范围/像元	512
光谱采样范围/波段	288
光谱范围/nm	385~900
光谱分辨率/nm	2.2(650 nm 波长处)
光谱采样间隔/nm	1.8
信噪比(峰值)	420:1
光圈	f/2.8 ~ f/16.0
辐射精度/nm	470~800(绝对精度±2%);385~900(绝对精度±5%)
电源	28VDC/13A
工作温度范围/℃	5~40
质量/kg	55
积分时间/ms	30(空间模式),100(光谱模式)

3.2.7　紧凑型高分辨率成像光谱仪(CHRISS)

CHRISS(Compact High Resolution Imaging Spectrograph Sensor)是由美国加利福尼亚州圣地亚哥 SAIC 公司于 1991—1992 年研制的商用高分辨率成像光谱仪。CHRISS 是一

款垂向观测的推扫式成像光谱仪,能够基于传统的衍射光栅在紫外至红外区域的连续光谱范围内成像,并且具有可调的空间和光谱分辨率,如空间分辨率可在 192～385 阵列像元间调节,光谱维则可在 79～144 个波段间选择。此外,光谱仪 CCD 帧率和噪声水平也可以根据特定的应用进行调整,以获得最佳的分辨率和信噪比(Kramer,2002)。该仪器的应用包括石油渗漏勘测、植被识别、林业调查、海洋水色监测和环境监测等。

3.2.8　数字机载成像光谱仪(DAIS 7915,16115)

DAIS(Digital Airborne Imaging Spectrometer)–7915 是由美国纽约米尔布鲁克的 Geographical Environmental Research(GER)公司研制的一种包含 79 个波段的机电扫描式成像光谱仪。DAIS–7915 传感器的光谱范围覆盖可见光至热红外波段,在 3～20 m 范围具有可变的空间分辨率,具体取决于飞机平台的飞行高度(通常为 1.5～4.5 km)。自 1994 年以来,DAIS 通过德国航空航天中心(German Aerospace Center,DLR)服务于欧洲机载遥感能力建设计划(European Airborne Remote Sensing Capabilities, EARSEC)以及全球范围内的其他应用(Kramer,2002)。DAIS 的图像数据具有 15 bit 的辐射精度,采用 Kennedy 型扫描机构,通过安装在飞机底部开窗的立体多面镜进行扫描。扫描反射镜相对于飞机航向作逆时针旋转,并作垂直航向的逐行扫描。DLR 的 DAIS–7915 由 Dornier DO–228 型飞机搭载,航拍视场角为 26°,单条扫描线包括 512 个像元。传感器的瞬时视场角为 3.3 mrad,从 3 km 的飞行高度能够得到 10 m 的像元分辨率(Carrèreet 等,1995; Schaepman 等,1998)。DAIS–16115 拥有 161 个波段,但辐射精度仍高达 15 bit,所有光谱波段均作空间配准,得到图像立方体。该型号传感器的潜在应用与 DAIS–7915 相同,可用于陆地和海洋生态系统环境监测、植被胁迫研究、农业和林业资源测绘、地质制图、矿物勘探以及为各类地理信息系统应用提供数据。

3.2.9　荧光线阵成像光谱仪(FLI)

FLI(Fluorescence Line Imager)又称可编程多光谱成像仪(Programmable Multispectral Imager,PMI),是由 Moniteq 公司和 Itres 公司为加拿大渔业和海洋部研制的机载成像光谱传感器,于 1984—1990 年投入使用。FLI 的光学色散系统应用了二维 CCD 阵列推扫技术。该仪器作为 CASI 的后继系统,能够以同样的空间模式(spatial mode)和光谱模式(spectral mode)两种方式运行。在空间模式下能够以高空间分辨率对 8 个可选波段进行成像;而在光谱模式下,可以得到 288 个波段的高光谱分辨率成像数据(Kramer, 2002)。该系统由五个独立的光学相机模块组成,具有 1925 个探元和 1.3 mrad 的瞬时视场,通过匹配可以实现 70° 的视场角。该系统不仅可用来探测海洋的叶绿素荧光特性和由海洋浮游植物引起的水体反射光谱变化,还可用于水质、水生植被和陆地植被监测的相关应用。

3.2.10 高光谱数字图像实验观测系统(HYDICE)

HYDICE(HYperspectral Digital Imagery Collection Experiment)是一种机载高光谱成像系统,可提供高空间分辨率和高光谱分辨率的影像数据。该系统由美国 Hughes-Danbury Optical System 公司研制,由美国海军研究实验室(Naval Research Laboratory, NRL)运维。HYDICE 于 1995 年 1 月投入使用,是一种垂直观测的推扫式成像光谱仪。HYDICE 的核心设备是一个带制冷的 320 单元×210 单元的锑化铟(InSb)CCD 传感器(Kramer,2002)。由于 HYDICE 的设计飞行高度为 6 km,可对宽约 1 km 的地表进行扫描来测量太阳的反射辐射。在不同的飞行高度,HYDICE 的像元分辨率从 1 m 至 4 m 不等。该仪器的光谱范围覆盖可见光至短波红外波段(0.4~2.5 μm),光谱分辨率从短波长区域的 3 nm 至长波长区域的 10~20 nm(Shen,1996)(更多技术参数见表 3.5)。仪器的光学系统由一个 27 mm 口径的 Paul Baker 望远镜和一个 Schmidt 双波段棱镜分光仪组成。光通过垂直于航线的窄狭缝进入 HYDICE 分光系统,在飞机行进过程中,每个波段通过逐行推扫获得场景图像。入射光的色散由棱镜实现,检测器同时以 12 bit 精度记录 320 个像元、210 个光谱波段的辐射数据。这些数据可用于以下领域(Kramer,2002):①农业方面的作物分析、病虫害防治、胁迫分析;②林业方面的林木蓄积量监测、栖息地生境监测、虫害监测、造林管理;③环境方面的有毒废物、酸雨、空气污染、富营养化监测,以及水土保持和水污染监测和管理;④资源管理方面的土地利用监测和矿产勘查;⑤测绘方面的区域分类、海洋测深和湿地生境测绘;⑥灾害管理方面的灾害评估和搜救;⑦执法监测等。

表 3.5 HYDICE 仪器技术参数

成像仪类型	推扫式
检测器阵列	320×210(InSb)
积分时间/ms	1.0~42.5
光谱波段	210
数位/bits	12
镜头直径/mm	27
物镜	f/3.0
探测器阵列	面阵
波长范围/nm	400~2500
光谱分辨率(FWHM)/nm	3(VNIR),10~20(SWIR)
校准精度/nm	1
视场角/(°)	8.94

瞬时视场/mrad	0.5
信噪比	250~280(VNR)，100~107(SWIR)，50~80(MWIR)
飞行高度/km AGL	8~10

资料来源：Kramer（2002）。

3.2.11 高光谱制图仪（HyMap）

　　HyMap（Hyperspectral Mapper）成像光谱仪由澳大利亚 Integrated Spectronics 公司研发，由 HyVista Corp 公司运维，是一种摆扫式成像光谱仪。HyMap 在信噪比、图像质量、稳定性、通用性和易用性方面为商用高光谱传感器树立了标杆。该仪器具有超过 500∶1 的极高信噪比，超越了包括 AVIRIS 在内的大多数现有成像光谱仪。HyMap 系列经历了一些演变和发展，在 0.4~2.5 μm 的太阳辐射波长范围内拥有 126 个波段，同时还拥有8~12 μm 范围的 32 个热红外波段。HyMap 高光谱数据在 0.4~2.5 μm 范围内的光谱波段宽度为 10~20 nm，在热红外范围内的波段宽度为 100~200 nm（更多技术参数详见表 3.6）。HyMap 系列机载高光谱传感器的特点是由一套模块化的光机扫描系统、光谱仪和探测器组成。HyMap 传感器需安装在稳定的航空平台上，在飞行期间位置和方向通过差分 GPS 和惯导系统测量（Bucher 和 Lehmann，2000）。HyMap 使用旋转扫描镜记录图像，扫描镜收集到的反射光被系统中四个分光器分散到不同的波长。HyMap 可提供快速、高效的宽视场成像，可以用于矿物勘探和环境监测等应用，目前在欧洲、非洲、美国和澳大利亚开展了 24 项具体的应用（Ben-Dor，2013）。

表 3.6　HyMap 传感器技术参数

成像仪类型	摆扫式
探测器阵列	线阵
波长范围/nm	450~2500，8000~12000
光谱分辨率（FWHM）/nm	15~16(0.4~2.5 μm)，100~200(8.0~12.0 μm)
信噪比	>500∶1
视场角/(°)	60(512 像元交叉轨道)
瞬时视场/mrad	2.5(沿轨道)，2.0(交叉轨道)
空间分辨率/m	3~10
飞行高度/m AGL	1500~5000

资料来源：Kramer（2002）。

3.2.12 高光谱相机(HySpex)

HySpex(HyperSpectral)传感器是由挪威 Norsk Elektro Optikk 公司研制的小型高性能高光谱相机,可用于航空、实验室、工业应用等多种成像光谱的测试场景①。HySpex 高光谱相机系列包括 400~1000 nm 波段范围的 VNIR 和 900~2500 nm 波段范围的 SWIR 两种型号。HySpex 相机的工作原理是由摄像机前置光学器件通过狭缝对观测场景的光线进行收集,通过透射光栅将不同波长分开,然后将光线聚焦在 CCD 探测器上。探测器阵列能够记录整条光谱,可视为一个高光谱图像的切片,通过扫描场景,相邻的切片就能够合成一幅高光谱图像或"数据立方体"。研发 HySpex 高光谱相机的目标是为在线的工业检测、实验室测量、临床医疗诊断提供仪器,同时相机也可以作为机载、星载的遥感传感器使用。

3.2.13 近红外成像光谱仪(ISM)

ISM(Infrared Imaging Spectrometer)由法国 Paris-Meudon 天文台空间研究部(Space Research Department,DESPA)与法国天文学研究所(Institut d'Astrophysique Spatiale,IAS)联合研制,于 1991 年首飞。它的观测谱段包括近红外和中红外的光谱区域,在 0.8 μm 至 3.2 μm 之间设置了 128 个光谱波段。ISM 采用摆扫式机电成像机制获取高光谱图像。ISM 的成像系统由一个光栅分光系统,两个并排的 64 位 PbS 探测器和两个带制冷的 CCD 传感器构成,并且系统自带内定标功能(Kramer,2002)。ISM 高光谱系统可用于地质、云、冰、雪、植被(包括森林和农业)等监测。光谱仪的中红外波段在应用中较有特色,可用于植物冠层组分,包括木质素、氮素和纤维素等的估算和分析。

3.2.14 模块化机载成像光谱仪(MAIS)

MAIS(Modular Airborne Imaging Spectrometer)由中国科学院上海技术物理研究所研制和运维。该仪器是中国第一台真正意义上的成像光谱仪(Tong 等,2014),它具有 71 个光谱波段,前 32 个波段覆盖 0.44~1.08 μm 的光谱范围;另外 32 个波段覆盖 1.50~2.50 μm 的光谱范围,波段宽为 30 nm;其余 7 个波段覆盖 8.2~12.2 μm 热红外谱段。MAIS 采用模块化设计,是光机扫描仪与线阵列探测器的结合。整个系统由 45° 旋转反射镜光机扫描仪、主光学系统、可见光-近红外光谱仪、短波红外光谱仪、热红外光谱仪、数据采集系统、电机驱动和电源系统组成(Wang 和 Xue,1998),每个模块均可单独校准。MAIS 于 1990 年初次投入使用,随后用于地质和环境调查的多项应用。1991 年 9 月至 10 月期间,MAIS 搭载在中国科学院一架 Citation S/II 飞机上,在西澳大利亚 Darwin 和其他几个试验场成功进行了中澳联合遥感观测实验。

---

① http://www.hyspex.no

3.2.15　模块化成像光谱仪(MISI)

MISI(Modular Imaging Spectrometer Instrument)是由美国纽约罗切斯特理工学院研制的成像光谱仪,具有 70 个波段,覆盖400~1000 nm的可见光-近红外区域。MISI 采用线扫描设计,高分辨率波段每次扫描两行,其余波段每次扫描一行。视场被四面棱镜分割为四个离轴(< 2°)焦平面(Kramer,2002),总视场为±45°,适宜的飞行高度一般为 0.3 ~ 3 km。研发 MISI 传感器的目的包括:①用于机载对地观测实验研究;②用于机载/星载传感器飞行性能评估;③作为算法研究、侦察和环境应用的通用光谱图像数据采集平台;④为能源、水质评估和危险废物场管理等领域的图像分析研究提供调查工具等。

3.2.16　多光谱红外相机(MUSIC)

MUSIC(MUltiSpectral Infrared Camera)由位于美国加利福尼亚州的 Lockheed Palo Alto Research Laboratory 于 1989 年研制,最高飞行高度为 20 km。MUSIC 能够测量 MWIR(2.5~7.0 μm)和 TIR(6.0~14.5 μm)范围的红外光谱图像数据(Kramer,2002),空间分辨率为 0.5 mrad,两段红外光谱范围均包含 90 个光谱波段。该传感器由两个平行的光学镜头组成,每个镜头都有独立的光学滤波器和探测器。其中,每个探测器都包含 45 像元×90 像元,共有4050个探测器。探测器阵列采用液氦冷却,因此内部温度极低。所有探测器能在接近极端低温限值时工作,以高达每秒 80 帧的速度并行收集数据(Kramer,2002)。为了使传感器的波段可调($\lambda/\Delta\lambda \sim 100$),每个镜头除了几个光谱带通滤波器外,还配置了一个循环可变滤波器。该系统具有快速查看功能,研制 MUSIC 传感器的目的是开展水汽化学传感、高空羽流监测以及光谱特征提取等方面的工作。

3.2.17　机载高光谱仪(PROBE-1)

PROBE-1 机载高光谱遥感系统由美国 Earth Search Science 公司研制,可记录地表高分辨率光谱反射数据。PROBE-1 的光谱成像范围为 0.4 ~ 2.5 μm,包含 512 像元,128 个波段。像元尺寸根据飞行高度通常为 5~10 m。当飞机向前移动时,通过连续扫描获得 PROBE-1 图像。PROBE-1 较大的成像视场角(60°)使其能够快速大面积地获取数据,这一特点与其他高光谱传感器相比,在成本效益方面具有很大优势。并且,该系统具有较高的信噪比,能够为用户提供高质量的高光谱数据。该系统在智利北部的沙漠地区和加拿大北极地区得到应用,成为裸露地质和蚀变矿物监测的有效工具。

3.2.18　光学反射式成像光谱仪(ROSIS)

ROSIS(Reflective Optics System Imaging Spectrometer)是由德国光电子工业和研究机构(如 DASA/MBB、CKSS 和 DLR)联合研制的紧凑型机载成像光谱仪。传感器经初测通

过和改进后,计划向全世界推广(Kramer,2002)。该传感器利用二维 CCD 阵列成像,包括 512 像元的线阵和 115 个光谱波段,空间分辨率为 0.56 mrad。ROSIS 的波段可在 115 个波段范围中进行定制,并且支持飞行参数预设。仪器辐射分辨率为反照率的 0.05%,每个光学模块视场角均为±16°。其主要工作原理为:首先从分光计入口狭缝中获得地面视场的一个扫描线,经光学准直器形成平行光束投射至反射红外光栅,该光栅将线阵能量分散到预选波段范围的传感器上,再以反向模式通过一个固定折叠镜聚焦在 CCD 探测器阵列上。在每个 CCD 阵列中,一个方向表示扫描线的空间维度,而另一个方向对应于离散的窄波段光谱波段(Kunkel 等,1991)。ROSIS 的设计目标是沿海和内陆水域的精细光谱探测,用于确定监测所需的光谱范围、波段宽、波段数、辐射分辨率以及为避免日光镜面反射的倾斜角度。ROSIS 也可用于监测陆地和大气的光谱特征。鉴于 ESA 和 NASA 对极地航空监测的规划,ROSIS 有望能满足这一需求,成为一款多用途的遥感传感器。

3.2.19 短波红外全谱段成像光谱仪(SFSI)

SFSI(SWIR Full Spectrographic Imager)由原加拿大遥感中心(CCRS)研制,专门针对短波红外光谱区域,主要以研究为目的,于 1994 年 10 月进行首飞测试,并于最近得到改进。该传感器能够获得高空间分辨率(高达 20 cm)和高光谱分辨率(10.4 nm)的信息,在 1219~2405 nm 范围内的 115 个连续波段中采集图像,波段间隔 10 nm。仪器采用二维探测器阵列,能够获得 496 像元×580 线×115 波段的图像立方体(Kramer,2002)。该仪器具有铂硅化物(PtSi)探测器阵列、折射光学器件和透射光栅,并具有俯仰扫描能力,可搭载在多种小型飞机上开展多种飞行任务。SFSI 还开发了电子控制、数据处理和数据记录系统,并可直接对"图像立方体"进行存储。1995 年 6 月在美国内华达州沙漠地区的一次测试中,SFSI 在太阳高度角为 27°的条件下获取的数据在 1.20~1.32 μm 范围内信噪比高达 120∶1,在 1.50~1.79 μm 和 2.0~2.4 μm 范围内信噪比达到 80∶1(Kramer,2002)。该成像仪可在 1.2~1.3 μm 和 1.5~1.7 μm 范围内测量吸收波段的深度,并据此分析大部分地表物质的成分。首次飞行时在方解石和白云石采石场获得了高光谱图像,这两种矿物在 1.7~2.5 μm 范围内存在特有的碳酸盐吸收光谱特性因而得以识别(Rowlands & Neville,1996)。

3.2.20 空间调制傅里叶成像光谱仪(SMIFTS)

SMIFTS(Spatially Modulated Imaging Fourier Transform Spectrometer)是一种带制冷的空间调制傅里叶变换干涉成像光谱仪,由美国夏威夷大学檀香山分校地质和地球物理学系研制。1993 年夏,SMIFTS 原型样机在夏威夷岛上的 Kilauea 火山熔岩场首飞成功。该仪器采用了 256 像元×256 像元的 InSb 探测器阵列,其红外光谱范围为 1.0~5.0 μm,扫描宽度为 256 像元,传感器瞬时视场为 0.5 mrad,但沿着航线方向的瞬时视场可变,以便在特定应用中实现最高的信噪比,并据此验证实现高灵敏度红外成像光谱仪这一想法的可能性。SMIFTS 系统主要由三个子系统组成:一个进行空间干涉调制的 Sagnac 干涉仪,

一个通过傅里叶变换透镜保持光谱特性和宽视场成像的系统,以及一个柱面透镜,用于将能量重新投射在一维的检测器阵列上(Kramer,2002)。经证实,基于 Michelson 干涉仪,傅里叶光谱变换可以从输入源获得干涉图像。SMIFTS 具有较宽的波长范围和视场,可同时测量所有光谱波段。在 SMIFTS 二维探测器阵列上,一个方向包含光谱信息,另一个方向包含空间信息。SMIFTS 常用于大范围场景的监测。

3.2.21　TRW 成像光谱仪(TRWIS)

TRWIS(TRW Imaging Spectrometers)作为商用机载成像光谱仪,由美国加利福尼亚州的 TRW 公司研制,于 1990 年投入应用。此后,TRW 公司设计并研制了五个型号的成像光谱仪,包括 TRWIS－A、TRWIS－B、TRWIS－Ⅱ、TRWIS－Ⅲ 和 SSTI HSI(Kramer,2002)。这些光谱仪的特点和技术参数详见表 3.7 中的介绍和比较。三台 TRWIS－B 仪器和一台 TRWIS－Ⅱ仪器于 1994 年投入实际应用,为植被和矿物的识别和定量监测(如作物健康、生物量和藻类含量等)提供实时的图像数据。

表 3.7　TRWIS 与 HIS 系列仪器性能对比

参数	TRWIS－A	TRWIS－B	TRWIS－Ⅱ	TRWIS－Ⅲ	SSTI HIS
光谱范围/μm	0.43~0.85	0.46~0.88	1.5~25	0.4~2.5	0.4~2.5
光谱通道	128	90	108	384	384
光谱采样间隔/nm	3.3	4.8	12	5.0(VNIR), 6.25(SWIR)	5(VNIR), 6.38(SWIR)
空间像元个数	240	240	240	256	256
瞬时视场/mrad	1.0	1.0	0.5/1.0	0.9	0.06
视场角/mrad	240	240	120/240	230	15.4
孔径/mm	1.5	5	17.5/8.5	20	125
焦距/mm	25	25	70/34	70	1048
焦距比	f/16	f/5	f/5.3; f/4.8	f/3.3	f/8.3
探测器	增强型 CCD	Si CCD	INSb CCD	CCD/HCT	CCD/HCT
量化/bit	8	8	8	12	12
记录介质	磁带	磁带	磁带	数字化	数字化
运行时间(年份)	1990	1991	1992	1995	1996

资料来源:Kramer(2002)。

TRWIS-A 系统最初只是一台实验室样机,使用的第一个传感器阵列仅为一个增强 CCD 电视摄像机,其空间和光谱分辨率受到了增强器与 CCD 之间光纤耦合器的限制。TRWIS-B 使用了一个透视型 CCD 摄像机,性能有所提高,由于成本较低被广泛应用多年。而 TRWIS-Ⅱ系统第一次对短波红外区域进行测量,采用一个定制的红外透镜前光

学系统,一个 SPEX 270M 分光计和一台改进型锑化铟(InSb)相机。红外焦平面阵列采用
一台前视红外相机。CCD 探测器阵列采用液氮制冷,数据采用光谱平场和空间均匀校准
方法进行校准(Kramer,2002)。TRWIS-Ⅲ系统由两台成像光谱仪组成,一台可见光-近
红外光谱仪覆盖 370~1040 nm 的波段范围,光谱分辨率为 5.25 nm,而另一台短波红外光
谱仪覆盖 890~2450 nm 的波段范围,光谱分辨率为 6.25 nm。这两台光谱仪具有相同视
场,经过严格的相互配准。TRWIS-Ⅲ由于采用 TRW 研制的脉冲管制冷机,将短波红外光
谱仪的 CCD 探测器冷却至 115 K,由于具有较长的积分时间和较低的热背景,系统信噪比
较高。基于这种方式获得的图像立方体具有单线 256 像元和 384 个光谱波段。该系统具
有与各种型号飞机平台的接口。TRWIS-Ⅲ具有可变帧率,因此能够在高度为 0.6~12 km
的范围内成像。该仪器的瞬时视场为 0.9 mrad,空间分辨率为 0.5~11 m。该系统还包括
一套导航设备,由一台差分 GPS 和一个惯导传感器(intertial ravigation sensor,INS)组成。
系统的导航数据在 TRWIS-Ⅲ数据的后处理中被用于图像几何校正和地理定位(Sandor-
Leahy 等,1998)。与许多其他航空高光谱仪不同,TRW 成像光谱仪具有飞行定标和校准
能力,无须依靠地面光谱参考目标也能进行辐射校正。

3.2.22　可变干涉滤波成像光谱仪(VIFIS)

　　VIFIS(Variable Interference Filter Imaging Spectrometer)由英国邓迪大学应用物理系
和电子制造部研制,光谱范围覆盖 450~870 nm 的可见光-近红外区域。早在 1991 年 8
月,使用单个模块的原型样机进行了试飞,后来于 1994 年 5 月,开始使用三个模块组合的
仪器进行试飞。VIFIS 的视场由三个同步的 CCD 成像模块组成,即两个可变干扰滤波器
(variable interference filter,VIF)模块(一个可见光滤光片和一个近红外滤光片)和一个无
可见光滤波器的视程仪。测试结果分析表明,这种三个 CCD 阵列混合的仪器具有在单个
波段中获取图像光谱信息和方向信息的潜力。所有 VIFIS 成像仪能够生成一个瞬时二维
图像序列作为同步快摄。在数据采集期间,视频图像也可以在屏幕上实时显示(Kramer,
2002)。VIFTS 还具有第三台全色视频相机,而全色数据能够为两个光谱相机的数据的组
合提供更好的参考,同时还能丰富光谱信息细节内容。VIFIS 能够较灵活地获取高光谱
图像,可用于各种环境监测,如浅层水底、浮游植物生长和分布监测,作物识别,溢油探测
和制图等应用领域。

3.2.23　楔式成像光谱仪(WIS)

　　WIS(Wedge Imaging Spectrometer)由休斯圣巴巴拉研究中心(Hughes Santa Barbara
Research Center,SBRC)研制,于 1992 年试飞。WIS 传感器采用新型的光谱分离技术,其
中光谱分离滤波器与探测器阵列相匹配,通过滤波器实现对空间/光谱信息的二维采样。
为避免使用基于光栅或棱镜等体积庞大的光学元件,创新性地将线性光谱楔形滤波器直
接与一个面阵探测器匹配。楔形滤波器是一种薄膜状的光学器件,它能够传输某中心波
长的辐射及其空间位置,而位于楔形滤波器装置后方的探测器阵列能够接收来自不同中

心波长的辐射,并输出相应场景的采样频谱。该仪器监测场景在一个方向上变化,而在另一个方向上探测器阵列随平台的前向运动扫描滤波器,然后生成每个监测波段的空间图像。因此,WIS 传感器没有对传感器视场内所有空间位置进行同步的光谱采样。相反,传感器利用飞机的前向运动,在 WIS 探测器阵列上"推扫"地面图像,在短时间内(约 1 s)生成每个地面点在所有光谱波段的影像。然后,在后处理中对光谱带进行叠加(Kramer,2002)。表 3.8 对三种 WIS 成像光谱仪的性能进行了比较。

表 3.8　三种 WIS 成像光谱仪性能比较

参数	WIS-FDU	WIS-VNIR		WIS-SWIR	
滤波器	1	1	2	1	2
光谱范围/μm	0.40~1.03	0.40~0.60	0.60~1.0	1.0~1.80	1.80~2.50
波段数	64	129	265	81	90
光谱分辨率/nm	7.2~18.5	9.6~14.4	5.4~8.6	20.0~37.8	18.0~25.0
探测器材质和类型	Si CCD	Si CCD		InSb	
空间像元个数	128	512		320	
瞬时视场/mrad	1.36	0.66		0.66	
视场角(幅宽)/(°)	10, 15	19.1		12.0	
镜头焦距/mm	55, 108	27.4		61.0	
1.5 km 高度空间分辨率/m	0.5~5	1.0		1.0	
数字化/bit	12	12		12	

资料来源:Kramer(2002)。

　　根据不同的光谱观测区域,WIS 图像数据可以做如下应用:①光谱分辨率为 15 nm 的可见光光谱(0.4~0.6 μm)数据可用于监测大多数植被的光谱差异;②光谱分辨率为 6 nm 的红光-近红外光谱(0.6~1.0 μm)数据可用于监测植被胁迫引起的"红边"位移特征;③光谱分辨率为 30 nm 的红外光谱范围(1.2~2.4 μm)可用于监测大多数陆地物质和多种水及水汽的吸收特性,而实际上对大部分应用场景而言,30 nm 的光谱分辨率即能够满足应用需求(Demro 等,1995)。

3.3　星载高光谱传感器/计划

　　在这一节中,对 15 颗重要的星载高光谱卫星传感器(其中 9 颗已发射,未来计划发射 6 颗)的轨道高度、传感器光谱范围、空间/光谱分辨率、幅宽以及瞬时视场等特性进行总结,详见表 3.9(Lucas 等,2004;Staenz,2009;Miura 和 Yoshioka,2012;Qi 等,2012;Ben-Dor 等,2013)。

表 3.9　在轨及未来规划星载高光谱传感器

传感器/卫星 (国家/机构)	发射时间	平台及高度/km	像元尺寸/m	波段数	光谱范围/nm	光谱分辨率 (FWHM)/nm	瞬时视场/μrad	幅宽/km	特性
在轨									
ARTEMS (美国)	2009 年 5 月	TacSat-3	4	400	400~2500	5			10 分钟内确定战术目标
CHRIS (欧洲空间局)	2001 年 10 月	PROBE (580)	18~36	约 63	410~1050	1.25~11.0	43.1	约 17.5	空间/光谱分辨率可变多角度成像，BRDF观测
FTHSI (欧洲空间局)	2000 年 7 月	Mighty SatII (575)	30	150	475~1050	1.7~9.7	50	13	识别军事目标
GLI (日本)	2002 年 12 月	NASDA ADEOS-II (803)	250~1000	36	380~11950	10~1000	313~1250	1600	监测海洋中的碳循环和生物过程
HJ-1A/HSI (中国)	2008 年 9 月	HJ-1A (649)	100	115,128	450~950	5		50, 60	HIS 傅里叶变换，环境和灾害监测
Hyperion (美国)	2000 年 11 月	EOS/EO-1 (705)	30	220	400~2500	10	42.5	7.5	第 1 颗星载高光谱传感器，提升对地观测能力
HySI (印度)	2008 年 4 月	Indian Microsatellite 1 (635)	505.6	64	450~950	8		128	测量植被类型和资源源情况
MERIS (欧洲空间局)	2002 年 3 月	ENVISAT (800)	300	15	390~1040	1.8		1150 (68.5° 视场角)	在光谱波宽度和位置上可编程

续表

传感器/卫星（国家/机构）	发射时间	平台及高度/km	像元尺寸/m	波段数	光谱范围/nm	光谱分辨率（FWHM）/nm	瞬时视场/μrad	幅宽/km	特性
MODIS（美国）	1999 年 12 月	Terra/Aqua（705）	250~1000	36	405~14385	VNIR-SWIR：10~50；TIR：30~360		2330	1~2 天实现全球覆盖，光谱/空间分辨率可变
未来计划中									
EnMAP/HSI（德国）	计划 2017 年	极轨，太阳轨道平台（652）	30	~89　~155	420~1000　900~2450	5~10　10~20	30	30	地球环境监测
FLEX（欧洲空间局）	计划 2016 年	LEO 太阳轨道平台（800）	300	>60	400~1000	5~10	30	390	地球植被健康情况监测
HISUI（日本）	2016 年或以后	ALOS-3（620）	5	4	450~900	60~110		90	可独立或同时运行的多光谱/高光谱成像系统
HyspIRI（美国）	计划 2020 年	LEO 太阳轨道平台（626）	60	>200	380~2500，3000~12000	10		90，600	灾害，生态预测，健康，空气质量和水资源应用
MSMI（南非）		Sunsat（660）	15	200	400~2350	10	22	15	适用于微型卫星成像仪
PRISMA（意大利）	计划 2017 年	太阳轨道平台（620）	30	250	400~2500	10	48.34	30	欧洲和地中海区域观测

资料来源：Lucas 等（2004）；Staenz（2009）；Miura 和 Yoshioka（2012）；Qi 等（2012）；Ben-Dor 等（2013）。

3.3.1 高级应急军用成像光谱仪(ARTEMIS)

ARTEMIS(Advanced Responsive Tactically Effective Military Imaging Spectrometer)由美国 El Segundo 公司在 Raytheon Space and Airborne Systems 机载系统基础上研制,于 2009 年 5 月 19 日搭载于美国空军 TacSat-3 卫星完成发射。该光谱仪采用单个碲镉汞焦平面阵列(HgCdTe Focal Plane Array),光谱分辨率为 5 nm,波段范围覆盖 400~2500 nm 的整个可见光到短波红外区域。ARTEMIS 能够获得地面观测目标每个像元 400 个波段的光谱信息,空间分辨率为 4 m,使其能够用于监测和识别战术目标。ARTEMIS 是第一颗能够在过境 10 分钟内进行侦察的高光谱卫星(ARTEMIS,2015)。该仪器由一台望远镜(直径 35 cm)、一台高光谱成像仪(Hyperspectral Imager,HSI)、一台高(空间)分辨率成像仪(High Resolution Imager,HRI)以及一台能实时处理高光谱影像的处理器(Hyperspectral Imaging Processor,HSIP)组成。由于采用了碲镉汞焦平面阵列,HSI 的观测波长范围能够覆盖可见光-近红外和短波红外的全光谱范围。ARTEMIS 的成功研发表明高光谱图像采集和处理已基本能够满足军事监测的需求。

3.3.2 紧凑型高分辨率成像光谱仪(CHRIS)

CHRIS (Compact High Resolution Imaging Spectrometer)是欧洲空间局(European Space Agency,ESA)于 2001 年 10 月 22 日发射的欧洲 PROBA 计划的星载成像高光谱传感器,是 PROBA-1 卫星(CHRIS-PROBE,2015)的主要载荷。该传感器在英国国家航天中心的支持下研制完成。CHRIS 观测光谱范围覆盖 400~1050 nm 的可见光-近红外区域,可以以 63 个光谱波段、36 m 空间分辨率的模式工作,也能够以 18 个光谱波段、18 m 空间分辨率的最高分辨率模式工作。CHRIS 可在 580 km 的轨道上以 17.5 km 的幅宽进行拍摄,空间分辨率达到 18 m。CHRIS 在 400~1050 nm 的光谱范围内最多可设置 150 个波段。PROBE 的另一个特点是可以进行多角度观测,可以沿轨道方向进行多达五个不同的角度($0°$,$±55°$和$±36°$)观测。光谱分辨率由蓝光区域的 2~3 nm 到 1050 nm 处的约 12 nm 不等,在红边(约 690~740 nm)附近的光谱分辨率约为 7 nm,不同波段可作不同的应用。PROBE 凭借其灵活的姿态控制能力,使其能够获取目标区域 5 个不同角度的图像。在研究和应用方面,CHRIS 的高光谱和多角度观测能力是研究植被双向反射分布函数的重要数据。其他应用还包括沿海和内陆水域监测、教育和公共生活等。由于 CHRIS 拥有有效的数据采集编程和对云的预测能力,自 2002 年以来,用户已获得了大量的数据并开展分析应用。虽然该卫星的设计寿命只有一年,但卫星已正常运行了十余年(CHRIS-PROBE,2015)。

3.3.3 傅里叶变换高光谱成像仪 (FTHSI)

搭载 FTHSI (Fourier Transform Hyperspectral Imager)的 MightySat II 卫星是 1995 年美

国空军计划的第一颗卫星,于 2000 年 7 月成功发射。该传感器光谱范围覆盖470~1050 nm,空间分辨率为 30 m,波段数为 150 个,视场角为 3°。FTHSI 为推扫式设计,线阵包括 1024 个像元。FTHSI 传感器由两部分组成:高光谱成像仪和高光谱仪交互控制板卡(Hyperspectral Instrument Interface Card, HII),方便用户对数据采集的参数进行调节(Yarbrough 等,2002)。FTHSI 是美国国防部唯一的一颗基于最先进的傅里叶变换技术的高光谱传感器,特别在长波红外应用方面可能会比传统的基于色散或光栅原理的传感器具有优势。该仪器具有探测和识别军事目标的能力,包括侦别伪装以及进行地形分类和地面部队可通行性评估等应用能力。其商业应用包括对环境、作物损伤的监测等(Freeman 等,2000)。

3.3.4 全球成像仪(GLI)

GLI(Global Imager)是搭载于日本国家空间开发署(National Space Development Agency of Japan, NASDA)、NASA 和 CNES 在 2002 年 12 月发射的高级地球观测卫星 ADEOS Ⅱ 上的一台重要的光学传感器。GLI 成像光谱仪的光谱范围为 0.38~11.95 μm,共包含 36 个光谱波段。GLI 以交叉镜和离轴抛物面镜作为集光器件,可以将扫描镜设置为倾斜±20°进行观测以避免阳光镜面反射。GLI 有五个焦平面,两个用于 VNIR,两个用于 SWIR,一个用于 MWIR/TIR。两个 VNIR 焦平面分别包含 13 和 10 个波段的检测器,两个 SWIR 焦平面分别包含 4 个和 2 个波段的检测器,MWIR/TIR 焦平面包含 7 个波段的检测器。其中 SWIR 和 MWIR/ TIR 焦平面配置了由多级 Peltier 元件和 Stirling 循环构成的冷却系统,能够将系统温度分别冷却至 220 K 和 80 K。传感器材料方面,VNIR 传感器用的是硅(Si),SWIR 传感器用的是铟镓砷(InGaAs),而 MWIR/TIR 传感器用的是 CMT(GLI,2015)。

GLI 主要用于监测海洋中的碳循环过程。GLI 的 36 个波段中的约 10 个波段分布于 380~865 nm 范围,空间分辨率为 1 km,获得的图像可用于水色遥感。GLI 数据还可用于估测海洋中叶绿素、藻胆素和溶解有机质含量,根据色素对浮游植物进行分类,估测海面温度、云的分布、土地覆盖以及计算植被指数等。

3.3.5 环境减灾星座高光谱成像仪(HJ-A/HSI)

中国的环境卫星 HJ-1A 于 2008 年 9 月 6 日成功发射。HJ-1A 卫星上搭载了中国第一颗卫星高光谱成像仪(Hyperspectral Imager, HSI)(Gao 等,2010)。HSI 波段范围覆盖 450~950 nm 的可见光-近红外区域,影像幅宽达到 50 km,空间分辨率为 100 m。该卫星包含 110 ~128 个波段,±30°的倾斜观测能力和定标功能。HSI 是中国科学院西安光学精密机械研究所研制的傅里叶变换超光谱成像仪。通过傅里叶变换,HSI 具有稳定和高质量的高光谱图像获取能力,这种新的光谱成像技术在出现后不到十年就被用于卫星传感器的研制(Zhao 等,2010)。HSI 由干涉仪、傅里叶反射镜、定标系统、侧摆反射镜以及传感器阵列等部件组成。通常情况下,色散成像光谱仪的数据可通过相对辐射校正和绝对

辐射校正进行处理,但由于 HSI 的数据是经傅里叶变换的,因此还需要进行一系列特殊处理,包括数据预处理、快速傅里叶变换(fast Fourier transportation,FFT)、绝对定标和图像合成(Zhao 等,2010)。HSI 数据每天被大量下载和处理,提供给包括水质、大气污染、洪水、地震等环境和灾害监测领域的用户。

3.3.6 高光谱成像仪(Hyperion)

Hyperion 作为首个卫星高光谱传感器,与先进陆地成像仪(Advanced Land Imager,ALI)和线性成像光谱仪(Linear Etalon Imaging Spectrometer Array Atmospheric Corrector,LAC)一起,作为三个主要传感器搭载于 NASA 新千年计划(New Millennium Program,NMP)地球观测卫星系列中的第一颗卫星 EO-1 上[①],承担着研发和验证基于卫星平台的地球观测高光谱仪的任务,因此具有一些独特的空间、频谱和时间特性。EO-1 于 2000 年 11 月 21 日发射,沿一个 705 km 的圆形太阳同步轨道飞行,倾角为 98.7°。EO-1 与 Landsat 7 经匹配能够获取相同范围的图像以便进行图像之间的比较。Hyperion 作为一种科研级的卫星传感器,继承了 LEWIS 高光谱成像仪的高素质,能够以 30 m 的高空间分辨率获得 0.4~2.5 μm 范围内 220 个波段的高质量光谱数据,并通过推扫方式对 7.5 km× 100 km 的土地面积进行成像观测。

Hyperion 传感器包括一台望远镜和两台光谱仪,分别为可见光-近红外光谱仪和短波红外光谱仪。Hyperion 传感器的三个装置组件沿航天器的主轴放置,包括 Hyperion 传感器组件(Hyperion Sensor Assembly, HSA)、Hyperion 电子组件(Hyperion Electronics Assembly, HEA)和制冷控制组件(Cryocooler Electronics Assembly, CEA)(Folkman 等,2001)。其中,HSA 包括光学系统、冷却装置、飞行校准系统和高速焦平面电子设备;HEA 包括仪器的接口和电子控制设备;而 CEA 是负责控制低温冷却的装置。传感器系统中的二向滤光器将 400~1000 nm 波段范围的太阳光反射到一个 VNIR 光谱仪上,900~2500 nm 波段范围的光线则反射到另一个 SWIR 光谱仪上,而 900~1000 nm 波段范围的 VNIR 和 SWIR 光谱重叠区域则用于两台光谱仪之间的相互校准。VNIR 光谱仪通过将 20 mm 的 CCD 检测器进行 3×3 的组合,能够产生 6 mm 像元阵列的成像能力。Hyperion 在 400~ 1000 nm 范围内光谱分辨率为 10 nm,在 900~2500 nm 范围具有 172 个波段和 10 nm 的光谱分辨率。SWIR 光谱仪中的碲镉汞检测器由先进的 TRW 低温冷却器制冷,在数据采集期间维持 110 K 的温度(Hyperion Summery,2015)。两台光谱仪采用常见的在轨校准系统。Hyperion 获取的高光谱成像数据在探矿、地质、植被、林业、农业和环境管理方面有着广泛的应用。

3.3.7 高光谱成像仪(HySI)

搭载于 IMS-1(Indian Microsatellite 1)上的 HySI 传感器是印度空间研究组织(Indian

---

① http://eo1.gsfc.nasa.gov/

Space Research Organization,ISRO）的低成本微型遥感卫星。HySI 在 450~950 nm 的可见光-近红外光谱范围内工作,共有 64 个波段,光谱分辨率为 8 nm。HySI 使用楔形滤波技术实现光谱分离,通过远焦光学系统收集地球表面反射的太阳光线,聚焦于 APS（Active Pixel Sensor）传感器上（HySI,2015）。APS 检测器包括 256 像元×512 像元,像元大小为 50 μm。传感器在扫描顺轨道方向 260 km（512 个像元）和垂直轨道方向 128 km（256 个像元）的区域时需要的积分时间为 78.45 ms。HySI 研发的总体目标是为发展中国家提供免费的中分辨率遥感图像,其数据可用于资源调查和其他领域的研究。

3.3.8 中分辨率成像光谱仪（MERIS,ESA ENVISAT）

MERIS（MEdium Resolution Imaging Spectrometer）是一个 68.5°视场的推扫式成像光谱仪,搭载于欧洲空间局（ESA）2002 年 3 月发射的极地轨道地球环境观测卫星上,用于测量白天可见光部分地球反射太阳辐射的光谱。MERIS 的空间分辨率为 300 m,可在 3 天内覆盖全球,在 390~1040 nm 的光谱范围内设有 15 个光谱波段,并且波段宽度和位置可进行编程设置。MERIS 的幅宽达到 1150 km,由五个同型号的相机分别成像后组合而成,相邻相机视场之间稍有重叠。每台相机通过光栅光谱仪的入口狭缝沿轨道将地表图像的条带成像到 CCD 阵列上,并通过推扫和分散系统在整个光谱范围内实现成像。CCD 信号需要通过几个步骤处理,以确保图像质量,包括无效条带光谱信号去除、波段光谱积分等。在数字化前,在轨数模设备会预先放大信号并进行增益调整（MERIS,2015）。MERIS 在海岸及陆表得到最高空间分辨率为 300 m 的数据,同时亦能够在轨进行 4 像元×4 像元的平均化处理,生成 1200 m 空间分辨率的连续数据以满足大范围应用（MERIS,2015）。MERIS 的主要任务是海洋水色监测以及海岸带环境监测。海洋水色测量数据可转换成海洋区域内的叶绿素浓度、悬浮泥沙浓度和海洋上空气溶胶含量等。除陆表参数外,MERIS 还能够进行与云、水蒸气、气溶胶以及植被相关的监测。

3.3.9 中等分辨率成像光谱仪（MODIS）

在行星地球计划（Mission to Planet Earth, MTPE）（Wharton 和 Myers,1997）中,地球观测系统（Earth Observation System, EOS）作为主要部分,计划实现利用低轨卫星遥感系统提供至少 15 年的持续对地观测。作为实现这一目标的重要传感器,MODIS（Moderate Resolution Imaging Spectroradiometer）是 NASA 分别在 Terra（EOS AM）和 Aqua（EOS PM）卫星上搭载的旗舰遥感传感器。EOS Terra 卫星于 1999 年 12 月 18 日发射,而 EOS Aqua 于 2002 年 5 月 4 日发射。两颗卫星组网后的轨道设定使其能够实现对地球同一地点每天两次的观测,其中 Terra 每天早晨从北向南穿过赤道,Aqua 每天下午从南向北穿过赤道。MODIS 是拥有 36 个波段的高辐射灵敏度（12bit）高光谱传感器,波段范围覆盖

0.4~14.4 μm 的可见光-近红外、短波红外和热红外光谱范围[1]。在 MODIS 的 36 个波段中,两个波段以星下点 250 m 空间分辨率成像,5 个波段空间分辨率为 500 m,其余 29 个波段空间分辨率为 1000 m。MODIS 运行在 705 km 的轨道上,通过程控电机(设计能够 6 年不间断工作)控制双面扫描镜实现±55°的扫描,使图像幅宽达到2330 km,1~2 天的观测即可覆盖全球。MODIS 光学系统由一套离轴的双镜望远镜系统组成,该系统能够将辐射能量分散到 4 个折射物镜上,分别覆盖可见光、近红外、短波红外和热红外的光谱范围。其中两个碲镉汞焦平面阵列通过高性能的被动辐射式制冷装置实现系统温度稳定在 83 K 左右,用于 20 个红外波段的观测。可见光/近红外波段的观测采用新型光电二极传感器,能够提高辐射转换效率,降低噪声对读数的影响,并显著提升观测的动态范围。MODIS 系统由三套专用的模块组成,包括空间观测模拟组件、前向观测模拟组件和电子组件。其中电子组件用于供电、系统控制、测控和电子标定[2]。

MODIS 系统为全球用户提供了大量、多样化的陆地、大气和海洋的图像数据。这些数据将会提升我们对全球陆地、海洋和大气中发生的动态过程的理解。MODIS 传感器在交互式的地球系统模型研究中起到了至关重要的作用,能够帮助准确预测一些全球变化过程,辅助决策者做出正确的环境保护决策[3]。

3.3.10 环境制图与分析计划(EnMAP)

EnMAP(Environmental Mapping and Analysis Program)是德国原定于 2017 年发射(目前推迟至 2020 年)的用于全球范围地球环境监测的高光谱卫星。EnMAP 采用推扫式成像,测量光谱范围为 420~2450 nm,包括两台独立的光谱仪,谱段范围分别覆盖可见光-近红外(VNIR)和短波红外(SWIR)波段,波段数为 244 个,VNIR 区域的平均光谱分辨率为 6.5 nm,光谱位置精度为 0.5 nm,辐射灵敏度 SNR≥400∶1;SWIR 区域光谱分辨率为 10 nm,光谱位置精度为 1 nm,辐射灵敏度 SNR≥170∶1。EnMAP 的空间分辨率为 30 m× 30 m,每天对地球表面 30 km×5000 km 的区域进行监测,通过最高 30°的多角度遥感观测实现 4 天的重访周期(EnMAP,2015)。EnMAP 卫星计划的主要目标是提供高频度陆地生态系统状态和演变的高光谱遥感影像信息,以支持对全球范围内的植被、岩石、土壤和海岸带等目标,以及相关生物物理、生物化学和地球化学过程的监测,为相关问题的分析提供详细的定量诊断信息,确保地球资源利用的可持续性(Kaufmann 等,2008)。

3.3.11 荧光探测仪(FLEX)

FLEX(FLuorescence Explorer)被设计用于监测全球陆地植被的稳态叶绿素荧光信号(Rascher 等,2008)。荧光是反映植被应激和活力的特异信号,而通过太阳光激发的荧光

---

① http://modis.gsfc.nasa.gov//
② http://modis.gsfc.nasa.gov/
③ http://modis.gsfc.nasa .GOV /

是一种非常微弱的信号,可以基于太阳光谱利用夫琅禾费谱线进行探测,从而实现卫星尺度的观测。ESA 研发的 FLEX 卫星通过荧光 CCD 成像光谱仪、热红外成像辐射计和 CCD 摄像机这三种仪器的组合,可实现对荧光、高光谱反射率以及冠层温度等相关特征的观测。FLEX 卫星在低地球轨道的太阳同步轨道上运行,其荧光 CCD 成像光谱仪能够探测 656.3 nm 处的 H_α 线以及紫外区域中至少一个夫琅禾费谱线(Stoll 等,1999)。此外,热红外成像辐射计可探测植被温度,另一台 CCD 摄像机能够提供云检测和场景识别。FLEX 空间分辨率优于 0.5 km×0.5 km,视场角为 8.4°。FLEX 数据荧光信号的解译较复杂,需要得到其他卫星大气特征(气溶胶)等数据的支持,包括:①400~800 nm反射率数据;②卫星影像反演获得的植被生物特征参数,如叶面积指数、冠层结构、生物量、光合有效辐射等;③视场中方向反射率的测量数据;④关于环境因素和植物生理状态方面的地面数据;⑤用于卫星数据验证的近地荧光测量数据。FLEX 作为地球观测领域中的新型卫星传感器,能够对植被叶绿素荧光进行有效监测,解决与农业、林业和全球变化相关的问题,例如,太阳辐射,臭氧破坏,水源供应,大气温度,空气、水、土壤污染等。

3.3.12　高光谱成像仪组合(HISUI)

HISUI(Hyperspectral Imager SUIte)是日本正在研制,计划搭载于 ALOS-3 卫星上的高光谱传感器(Kashimura 等,2013)。HISUI 传感器由高光谱和多光谱成像光谱仪组成,其中高光谱成像仪具有 30 m 空间分辨率和 30 km 幅宽,覆盖 0.4~2.5 μm 波段范围的可见光及短波红外区域,多光谱成像仪具有 5 m 的空间分辨率和 90 km 的幅宽。为弥补两个成像仪幅宽上的差距,高光谱成像仪具有高达 ±2.75° 的观测角度控制机制(Kashimura 等,2013)。HISUI 在可见光-近红外和短波红外范围的信噪比较高,分别为 450 和 300。为获得较高的信噪比,传感器镜头的直径被设计为 30 cm,狭缝间隙为 30 mm,地面分辨率为 30 m。进入传感器狭缝的光被导入两台光谱仪,一台用于可见光-近红外部分测量,另一台用于短波红外部分测量。两台光谱仪均采用反射光栅系统,在 VNIR 范围得到光谱间隔为 2.5 nm 的数据,在短波红外范围测得间隔为 6.75 nm 的精细光谱数据(Iwasaki 等,2011)。HISUI 合理的光学结构设计使因元件反射引起的杂散光最小化,而通过耦合多光谱仪和高光谱仪,HISUI 能够为用户提供高空间分辨率和高光谱分辨率的数据,这些数据对于地表的精细监测和管理非常有价值,如可用于地物分类和基于光谱响应的变化检测。该数据将用于全球能源、资源、环境、农业和林业的监测。

3.3.13　高光谱红外成像仪(HyspIRI)

HyspIRI(Hyperspectral InfraRed Imager)卫星由 NASA JPL 研制,将用于全球生态系统监测研究,为火山、森林火灾、干旱等自然灾害监测提供关键信息(HyspIRI,2015)。该卫星传感器是 NASA、美国国家海洋和大气管理局(National Oceanic and Atmospheric Administration,NOAA)和美国地质调查局在十年调查报告中建议使用的传感器。HyspIRI 系统包括两台搭载于低地球轨道卫星上的传感器,其中 VSWIR 光谱仪能以 10 nm 光谱分

辨率连续观测 380~2500 nm 范围的可见光至短波红外区间的光谱,而 TIR 多光谱成像仪可测量 3~12 μm 的热红外波段范围的光谱信息。VSWIR 和 TIR 传感器的空间分辨率均为 60 m,但其重访频率不同,分别为 19 天和 5 天。HyspIRI 卫星可视为对搭载于 EO-1 卫星的 Hyperion 高光谱仪和搭载于 EOS Terra 卫星的 ASTER 热红外仪的延续和升级。该卫星在未来有望获得可用于了解全球生态系统状况的重要数据,并可用于评估未来的全球变化。此外,该卫星还具有多方面的潜力,如评价火山爆发前的征兆和将来喷发的可能性,以及野火燃烧释放的碳和其他气体等。因此,HyspIRI 数据可为碳循环和全球生态系统变化相关的各个领域提供重要支持(HyspIRI,2015)。

3.3.14 多传感器微型卫星成像仪(MSMI)

MSMI(MultiSensor Microsatellite Imager)是由南非 SunSpace 实验室等研制的适用于微型卫星的成像光谱仪,包括多台共用镜头的多光谱、高光谱和视频传感器,可用于监测多个尺度的地表变化特征。其中,MSMI 采集的多光谱数据分辨率为 5 m,幅宽约为 25 km,可监测红光波段、近红外波段和 950~970 nm 的水汽波段。MSMI 高光谱数据的光谱范围为 400~2350 nm(表 3.9),为作物健康、营养和水分胁迫监测等应用提供数据。MSMI 由 SunSpace 与 Stellenbosch 大学(Schoonwinkel 等,2005)联合研制,由于具有标准化和模块化的组件与通信系统,其传感器、处理器和大容量存储器能够在小型卫星上重复使用。MSMI 成像仪与一些现有传感器相比具有显著优势,包括传感器的指向观测和高频度重访能力(Mutanga 等,2009)。平台的定向能力使传感器能以不同的视角对同一目标区域进行成像观测,可以捕捉到不同观测角度下图像的变化特点,因此可用于评估双向反射分布效应。与当前多数星载传感器相比,微卫星的高重访周期的特点有助于其对地表动态过程的持续监测,如作物生长过程监测、气候变化对植被的影响等。更重要的是,MSMI 卫星使基于低成本遥感卫星的组网成为可能,未来可以为商业用途和科学用途的用户提供更高频度的遥感数据,为诸如粮食安全监测、入侵物种监测和矿物测绘等相关应用提供支持。MSMI 传感器目前已研制完成并准备发射,但具体发射的时间尚未确定(Staenz 和 Held,2013)。

3.3.15 高光谱先导应用传感器(PRISMA)

PRISMA(Hyperspectral Precursor and Application Mission)是意大利航天局(Italian Space Agency,ASI)研制的一台中分辨率高光谱卫星传感器,于 2019 年发射(Lopinto 和 Ananasso,2013)。PRISMA 可看作是一个大规模应用前进行预研和技术示范的传感器,因此侧重于对星载高光谱传感器系统和数据产品的验证(PRISMA,2015)。PRISMA 作为一种先进的高光谱传感器,其设计基于推扫原理,能以空间分辨率为 30 m 和宽幅 30 km 获取高光谱图像(约 250 个波段)。PRISMA 包括了一台中等分辨率的全色相机和一台高光谱相机。其中高光谱相机能够获得 400~2500 nm 范围(可见光-近红外至短波红外区域)的光谱,光谱分辨率优于 12 nm。高光谱传感器包括可见光-近红外和短波红外两个传感

器,其中可见光-近红外传感器覆盖了 400~1010 nm 的光谱范围,包括 66 个波段;短波红外传感器覆盖 920~2505 nm 的光谱范围,包括 171 个波段。全色相机为单线 6000 像元的检测器,以 6.5 μm 间距推扫成像,成像的空间分辨率为 5 m。PRISMA 同时记录的全色和高光谱数据可进行图像融合(PRISMA,2015)。PRISMA 卫星的总体目标是为欧洲和地中海地区的重点区域提供对地观测数据,获取的图像数据将用于监测土地退化、植被状况、农业领域的产品开发以及自然灾害的监测和管理(Lopinto 和 Ananasso,2013)。

3.4 本 章 小 结

本章简要介绍了当前及未来机载和星载高光谱传感器的工作原理、性能和技术特点。考虑到数据采集原理不同,首先介绍了摆扫式和推扫式两种常用的扫描光谱成像方法。在第 3.2 节中,总结了 23 款重要的机载高光谱传感器的基本技术参数、特点、研发时间和应用领域等,包括 AAHIS、AIS、AISA、ASAS、AVIRIS、CASI、CHRISS、DAIS 7915、16115、FLI、HYDICE、HyMap、HySpex、ISM、MAIS、MISI、MUSIC、PROBE-1、ROSIS、SFSI、SMIFTS、TRWIS、VIFIS 和 WIS。在第 3.3 节中,对 9 种星载高光谱传感器的发射年份、卫星平台、轨道高度、光谱范围、空间/光谱分辨率、幅宽、视场角、传感器特点及应用领域进行了总结,包括 ARTEMIS(TacSat-3 卫星)、CHRIS(PROBA 卫星)、FTHSI(MightySat Ⅱ卫星)、GLI(NASDA ADEOS-Ⅱ卫星)、HJ-A / HSI(HJ-1A 卫星)、Hyperion(EO-1 卫星)、HySI(IMS-1 卫星)、MERIS(ESA ENVISAT 卫星)和 MODIS(Terra/Aqua 卫星)。最后,对六个未来/计划发射的太空高光谱传感器及任务进行了介绍,包括 EnMAP、FLEX、HISUI、HyspIRI、MSMI 和 PRISMA。

参考文献

 第 3 章参考文献

第4章

高光谱图像辐射校正

通常而言,传感器记录的辐射能量不能直接代表地表目标的特性,因为这些响应值受到传感器系统自身、大气以及地形等影响,从而引起辐射测量的误差。因此,为准确、可靠地使用包括成像高光谱数据在内的遥感数据,在进行各类研究和应用之前,有必要对图像数据进行辐射校正,特别是对各种大气的影响进行校正,以得到能够支持各种应用的地表反射率信息。本章中,第 4.1 节阐述为什么要进行高光谱成像数据纠正,第 4.2 节介绍各种大气效应,第 4.3 节介绍传感器系统的辐射测量误差和校正方法,第 4.4 节介绍大气校正算法的原理及方法。本章最后还将对大气校正中大气总体水汽量和气溶胶光学厚度的估算方法进行综述和讨论。

4.1 简　　介

通常情况下,遥感传感器记录的辐射能量值并不能完全代表传感器视场内的地表辐射特性,这是因为传感器系统自身在记录遥感数据时会引入一些辐射误差,同时,记录在遥感图像中的电磁辐射能量在通过大气时也会被改变(Teillet,1986;Moses 和 Philpot,2012)。这些被引入多光谱或高光谱传感器的不同形式的辐射测量误差包括线状或条带状噪声,以及推扫式成像系统中空间与光谱维信息未配准造成的误差等。同时,太阳辐射能量在通过太阳—地表—传感器的传输路径时易受到大气分子和气溶胶散射以及一些气体吸收的影响而发生改变(Liang,2004;Gao 等,2006,2009)(图 4.1)。发生在 $1.00\ \mu m$ 以下短波范围的大气散射(如瑞利散射和气溶胶散射)会改变邻域空间的辐射能量(邻域效应)。因此,在图像上由亮区域包围的暗区域实际上会呈现比真实反射率偏高的反射率(图 4.1a)。在图 4.1a 中,粗实线表示由大气分子和气溶胶散射引起的大气程辐射。而图中辐射的吸收特征包括以 $0.94\ \mu m$、$1.14\ \mu m$、$1.38\ \mu m$ 和 $1.88\ \mu m$ 为中心的水汽吸收带,以 $0.76\ \mu m$ 为中心的 O_2 吸收带和以 $2.08\ \mu m$ 附近为中心的 CO_2 吸收带(图 4.1b)。图像的预处理有时能够恢复定标错误的光谱信息,使其与图像中正确的数据信息兼容。为去除或减少大气对观测目标光

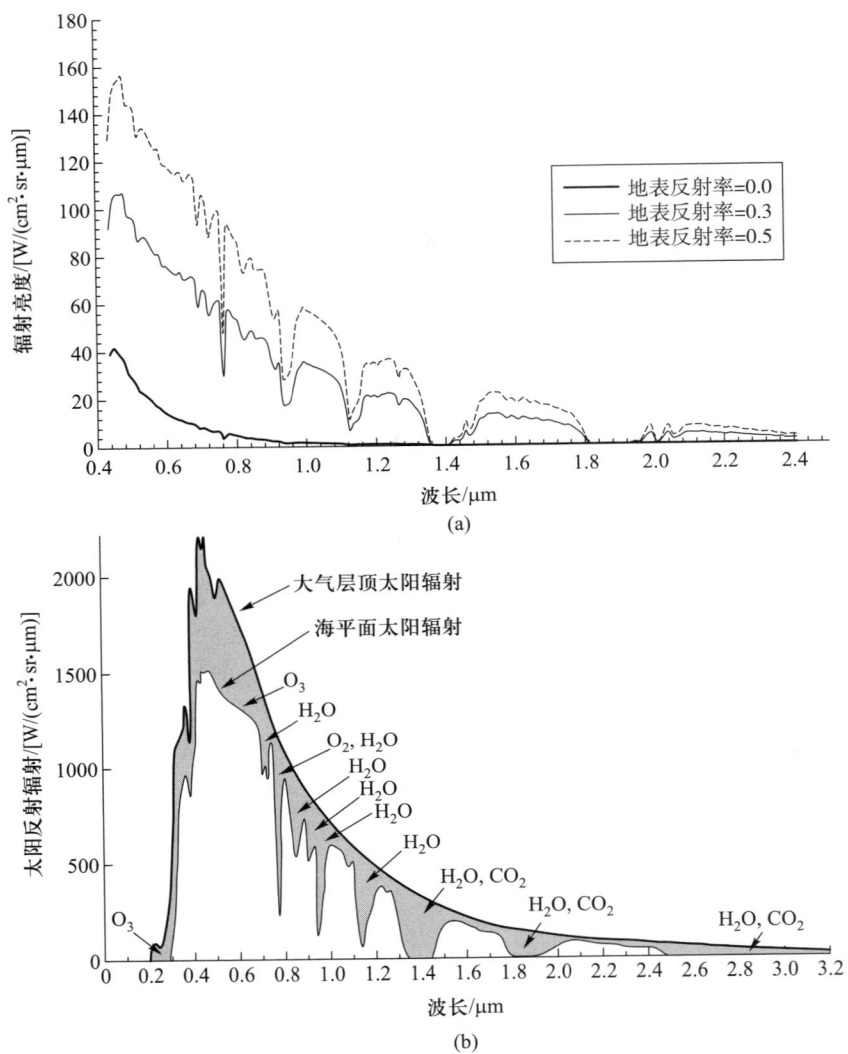

图 4.1　（a）MODTRAN4 模拟的总辐射（分别以 0.0、0.3 和 0.5 的地表反射率和 0.7 水汽为输入参数）；（b）相比大气层顶的太阳辐射，大气的吸收、散射和反射对减弱到达海平面的地球表面太阳辐照度的综合影响（Jensen 等，2007）

谱的影响，可以采用多种方法对遥感数据进行大气校正。相对直接的方法包括早期的经验线法、平场校正法和基于图像的方法，而更复杂的方法包括严格的辐射传输模型方法（Lu 等，2002；Gao 等，2009）。Staben 等（2012）使用经验线法对 WorldView-2 图像进行校正以得到地表反射率。他们选取 19 个独立的地物目标，获取这些地物目标校正后的图像反射率数值，并将其与地面实际测量的反射率数值进行对比，得到 0.94% 和 2.14% 之间的 8 个 WorldView-2 波段反射率数值的均方根误差，其中 NIR 波段的变化最大。研究结果表明，经验线法能够校正 WorldView-2 图像的地表反射率。Perry 等（2000）比较了经验

线法和 ATREM(ATmospheric REMoval algorithm)辐射传输法(Gao 等,1993)大气校正的
结果,发现两种方法均能降低两景 HYDICE 图像中相同目标的表面反射率差异。San 和
Suzen(2010)针对 EO-1 Hyperion 图像,比较了 ACORN(Atmospheric CORrection Now)、
FLAASH(Fast Line-of-sight Atmospheric Analysis of Spectral Hypercubes)和 ATCOR 2、3
(ATmospheric CORrection)四种基于辐射传输模型的大气校正方法在岩石及矿物制图方
面的应用。研究结果表明,四种大气校正方法整体上均能够达到应用要求,其中 ACORN
表现略好于其他方法。在大气校正过程中,O_3、O_2 和其他气体的散射和吸收校正相对容易,
因为这些气体的浓度在空间和时间上相对稳定。最困难和最具挑战性的是如何从图像中直接
估计出气溶胶和水汽含量的时空分布(Liang,2004)。

　　虽然在一些应用中需要准确地去除大气吸收和散射影响,但在一些使用多光谱数据
进行地表观测的工作中可能不需要进行大气校正。例如,大气校正对于某些地表分类和
变化检测并不总是必需的。一些理论分析和研究经验表明,在图像分类和变化检测应用
中,可能仅在必须对某时某地训练数据进行时空扩展时才需要进行大气校正(Song 等,
2001)。例如,在使用最大似然分类算法对单个时相的遥感数据进行分类时通常不需要
进行大气校正(Jensen,2005)。而当应用研究涉及多时相数据时,通常就需要对多时相数
据进行大气校正和辐射归一化,以消除不同大气条件对图像的影响(Nielsen 等,1998;Canty
等,2004;Moses 和 Philpot,2012)。对基于单时相遥感图像的应用研究而言,若需要结合实
地调查数据和光谱图像数据进行诸如植物生物物理参数(如生物量、叶面积指数、叶绿素和
冠层郁闭度)提取等定量分析时,也必须对遥感图像进行大气校正处理(Haboudance 等,
2002;Pu 等,2003)。由于大气的散射和吸收作用对高光谱遥感数据存在较大影响,在地表
反射率反演和大气成分估算等研究中,大气校正是成像高光谱数据处理中非常重要的环节
(Vane 和 Goetz,1993;Green 等,1998)。如果数据没有经过大气校正,那么重要组分之间在
反射率(或发射率)上的细微差异就有可能会丢失(Jenson,2005)。

　　20 世纪 80 年代中期成像光谱数据才开始能够由机载或星载平台采集获得,相比而
言,遥感图像的大气校正则具有较长的历史。因此,本章在详细介绍大气影响以及由传感
器系统引起的辐射误差校正的一般方法之后,将简要介绍主要(典型)高光谱成像数据的
大气校正方法。

4.2　大　气　影　响

　　电磁波在真空中以恒定的 3×10^8 m/s 的光速传播。然而,由于大气并非真空,太阳辐
射作为电磁波的一种形式在"太阳—地表—传感器"的路径上传输时将不可避免地受到
大气的影响。大气对太阳辐射的影响主要包括大气中气体和气溶胶的吸收和散射作用。
这些作用不仅会影响辐射传输的速度,还会影响电磁波的其他一些性质,如波长、能量及
光谱分布。同时,太阳辐射在大气中还可能由于折射而偏离初始的方向。不论机载或星
载平台传感器,传感器系统所记录的辐射能量都是原始辐射能量经过两次大气影响后
(记录发射能量时仅经过一次大气影响)的总辐射能量。因此进入传感器的辐射能量总

会受到大气影响,特别是大气对能量的散射和吸收影响。为更好地理解和利用高光谱遥感数据,本节将从大气影响的基本原理和大气校正的机理出发,简要介绍大气对太阳辐射的影响,并对包括折射、散射、吸收和透射的几种主要大气影响方式进行讨论。

4.2.1　大气折射

光的折射可以定义为光从一种介质进入另一种具有不同密度介质时发生的弯曲现象。当电磁波在具有不同密度的介质中传播速度发生变化时,通常伴随着折射现象的发生。由于大气的密度从大气层顶到地球表面是变化的,具有靠近地表密度逐渐增加的趋势,因此电磁波在大气中传播时就会发生折射。辐射能量的折射可以用折射率 n 来描述,表示光在一定密度的物质(如大气或水)中传播的速度 c_n 与真空中光速 c 的比率(Mulligan,1980):

$$n = \frac{c}{c_n} \tag{4.1}$$

根据公式(4.1),由于光在任何物质中的速度都无法达到真空中的光速,物质的折射率肯定高于1,例如,大气和水的 n 分别为 1.0002926 和 1.33(Jensen,2005)。受物质密度的影响,光在折射率较高的物质(高密度)中传播速度比在折射率较低的物质(低密度)中要慢。

实践中,可以用斯涅尔定律来描述两种媒介折射率(分别为 n_1 和 n_2)和光线入射角(分别为 θ_1 和 θ_2)之间的关系:

$$n_1 \sin \theta_1 = n_2 \sin \theta_2 \tag{4.2}$$

因此,假设两个相邻介质 n_1 和 n_2 的折射率和入射角已知,我们就可以根据三角关系利用斯涅尔定律[式(4.2)]对光线折射进入介质 n_2 的角度进行预测。例如,在图 4.2 中,如果 n_3,n_4 和 θ_3 已知,根据斯涅耳定律就可以很容易地计算出 θ_4。

4.2.2　大气散射

大气散射是大气中的电磁波与气体分子和悬浮颗粒物(气溶胶)相互作用多次反射形成扩散后的结果(Gupta,2003)。与可被预测的大气折射不同,大气散射是无法预测的。根据入射电磁波波长与气体、水汽、悬浮颗粒直径的相对关系,大气散射可分为两种主要的类型:即瑞利散射和米氏散射(有时也称非选择性散射)。

1) 瑞利散射

瑞利散射发生在当气体分子(如 O_2 和 N_2)和大气微粒的直径比入射辐射的波长小得多的时候,通常在大气颗粒直径小于辐射波长十分之一时都会发生。瑞利散射以英国物理学家 Lord Rayleigh 命名(Sagan,1994),是一个不改变物质状态的光学过程。瑞利散射

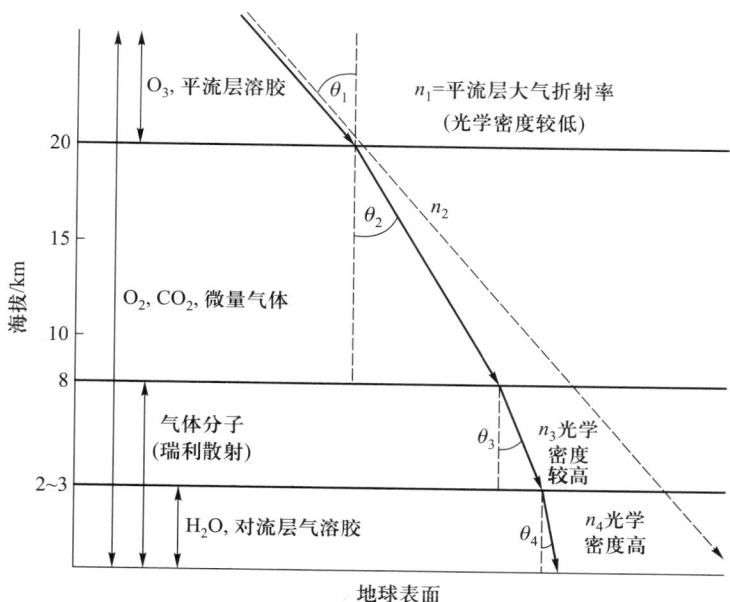

图 4.2 大气的主要子类型以及在不同大气层出现的分子和气溶胶类型的大气折射。图中每层的大气折射率和相应的大气层密度是假设的,仅用于说明(据 Miller 和 Vermote, 2002)

发生在散射颗粒非常小(粒径<1/10 入射波长)并且颗粒表面整体以相同状态发生再辐射的情况下(Barnett,1942)。具体而言,当一束强度为 I 的光照射到任意直径为 d 的颗粒表面发生瑞利散射时,折射率 n 与非偏振光的波长 λ、强度 I_0 符合以下关系(Seinfeld 和 Pandis,2006):

$$I = I_0 \frac{1 + \cos^2\theta}{2R^2}\left(\frac{2\pi}{\lambda}\right)^4\left(\frac{n^2 - 1}{n^2 + 2}\right)^2\left(\frac{d}{2}\right)^6 \tag{4.3}$$

式中,R 为辐射源到颗粒的距离,θ 为散射角。因此,将所有角度平均即可得到瑞利散射的截面公式(Cox 等,2002):

$$\sigma_s = \frac{2\pi^5 d^6}{3\lambda^4}\left(\frac{n^2 - 1}{n^2 + 2}\right)^2 \tag{4.4}$$

公式(4.3)也可以根据与光的电场感应偶极矩成比例的分子极化率 α 有关的折射率改写成针对单个分子的关系式。在这种情况下,以国际单位制给出针对单分子的瑞利散射强度 I 关系式(Blue Sky,2015):

$$I = I_0 \frac{8\pi^4\alpha^2}{\lambda^4 R^2}(1 + \cos^2\theta) \tag{4.5}$$

直角处瑞利散射强度是前向散射强度的一半(图 4.3a)(Blue Sky,2015)。根据公式(4.4)和公式(4.5),瑞利散射效应随波长增加而迅速减小(λ^{-4})(图 4.3b)。例如,波长为

0.4 μm 的蓝光瑞利散射强度约是波长为 0.6 μm 的红光的 5 倍[即 $(0.6/0.4)^{-4} =$
5.06]。0.4 μm 和 0.7 μm 之间的较短波长区域显著地受到瑞利散射的影响,而气溶胶
散射效应也随波长的增加而减少,但减少的速度较慢(通常在 $\lambda^{-2} \sim \lambda^{-1}$)(Gao 等,2009)。
气体分子大部分的瑞利散射发生在距地面 2~8 km 的大气中(图 4.2)。波长较短的紫光
和蓝光相比波长较长的橙光和红光更能被有效地散射,在这种作用下,天空往往呈现出蓝
色(图 4.3a)。

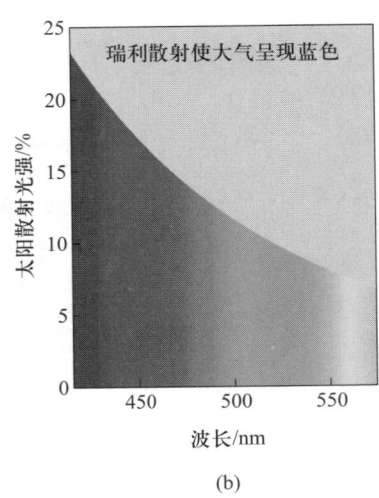

(a)   (b)

图 4.3   (a)(由分子和气溶胶引起的)大气散射(瑞利散射和米氏散射);(b)太阳直射光的瑞利散射强
度与入射波长的四次方(λ^4)呈反比变化。图(a)展示了瑞利散射与米氏散射的方向差异,图(b)指出了
瑞利散射使天空呈蓝色(参见书末彩插)

2) 米氏散射

米氏散射发生在当大气颗粒直径与入射辐射波长较为接近(通常在 0.1~10 倍入射
辐射波长范围内)时。如果同时包括发生在大气底部粒子尺寸大于入射辐射波长 10 倍
时的散射,米氏散射也称为气溶胶散射或非选择性散射(Gupta,2003)。大气中悬浮的尘
粒和水汽分子是发生米氏散射的主要物质,这类物质的散射在大气中高度较低的区域具
有重要影响(图 4.2)。米氏散射产生的能量分布呈现一种类似天线波瓣的形状,较大粒
子的散射呈现更锐利和更大的前波瓣(图 4.3a)(Blue Sky,2015)。与瑞利散射相比,米
氏散射受波长的影响不大。当空气中存在大量颗粒物时,会在日光下产生近乎白色的光
晕。当白光的各个波长都发生均匀散射时,就会形成雾和云所呈现的白光。米氏散射发
生在紫外至近红外的光谱区域中,比瑞利散射对长波长辐射具有更大的影响(Gupta,
2003)。由于大气中的瑞利散射和米氏散射,污染的空气能够产生美丽的日出和日落,这
是因为大气中的烟雾和尘粒越多,紫光和蓝光会被散射掉,只有可见光区域中波长较长的
橙光和红光才能够到达我们的眼睛(Jenson,2005)。

瑞利散射和米氏散射被认为是大气程辐射的主要成分。大气程辐射会严重影响高光谱遥感图像数据目标之间的对比度,从而导致不同目标之间难以区分。

4.2.3 大气吸收

大气吸收是一种大气入射辐射能量被截获的过程。在这一过程中,大气对能量的吸收实质上是辐射能量转换成另一种形式能量的不可逆过程。大气中存在许多不同类型的气体和颗粒物,它们能够吸收和传输不同波长的电磁波能量。在大约 30 种大气气体中,只有 8 种气体的吸收特征在 $0.4 \sim 3.0$ μm 光谱范围中能够通过成像光谱仪(光谱分辨率在 $1 \sim 20$ nm)观察到,包括水汽(H_2O)、二氧化碳(CO_2)、臭氧(O_3)、一氧化二氮(N_2O)、一氧化碳(CO)、甲烷(CH_4)、氧(O_2)、二氧化氮(NO_2)(Gao 等,2009)。吸收波段是指某种物质吸收电磁波辐射能量的波长(或频率)范围。图 4.4 显示了大气中 H_2O、CO_2、O_2、O_3 和 N_2O 等特定气体在整个光谱范围内的吸收情况。在 $0.1 \sim 30$ μm 的光谱区域中约有一半的波段受到大气水汽吸收的影响。大气中各种物质吸收效应的叠加可导致某些波长范围完全被大气"屏蔽"(参见图 4.4 底部)。而在光谱的其他区域中,电磁波可以通过地球大气进行传播。那些能够允许电磁波辐射有效穿过大气层的光谱波长范围称为"大气窗口"。在这些"大气窗口"中,辐射能够通过大气而几乎不存在衰减。

鉴于大气的这一特点,只有大气主吸收带之外受大气吸收影响较小的波长区域可用于遥感。这些窗口存在于可见光、近红外、热红外和微波范围的某些区域。从图 4.4 底部可以清晰看出,光谱的可见光区域是理想的大气窗口,其次是短波红外区域中几个较窄的窗口。在热红外区域中,也存在 $8.0 \sim 9.2$ μm 和 $10.2 \sim 12.4$ μm 这两个被上层大气中的一个臭氧吸收带分隔的重要大气窗口(图 4.2)。如果考虑航空遥感方式,$8 \sim 14$ μm 连续的热红外波段均可被利用。此外,大气对波长大于 20 mm 的微波而言近乎是透明的,电磁波在传输过程中发生的衰减也非常小(Gupta,2003),因此微波遥感是一种较少受大气影响的常用遥感方式。

4.2.4 大气透射效应

如果地球没有大气层包裹,太阳辐射能量将 100% 到达地球表面。然而,由于大气的散射和吸收,并非所有谱段的太阳辐射能量都可以 100% 地通过大气。其中到达地表的太阳辐射能量相对于在大气顶部的太阳辐射能量的比值称为大气透射率 T_λ。大气透射率 T_λ 被定义为一个在距离辐射源 l 位置的辐射能量密度与原始辐射能量密度的比率(Sturm,1992):

$$T_\lambda = \frac{\phi_\lambda(l)}{\phi_\lambda(0)} = e^{-\int_0^l K_\lambda(z) \ dl} \tag{4.6}$$

式中,$K_\lambda(z)$ 是高度 z 处的消光系数。高度 z_0 处的光学厚度 τ_λ 可定义为

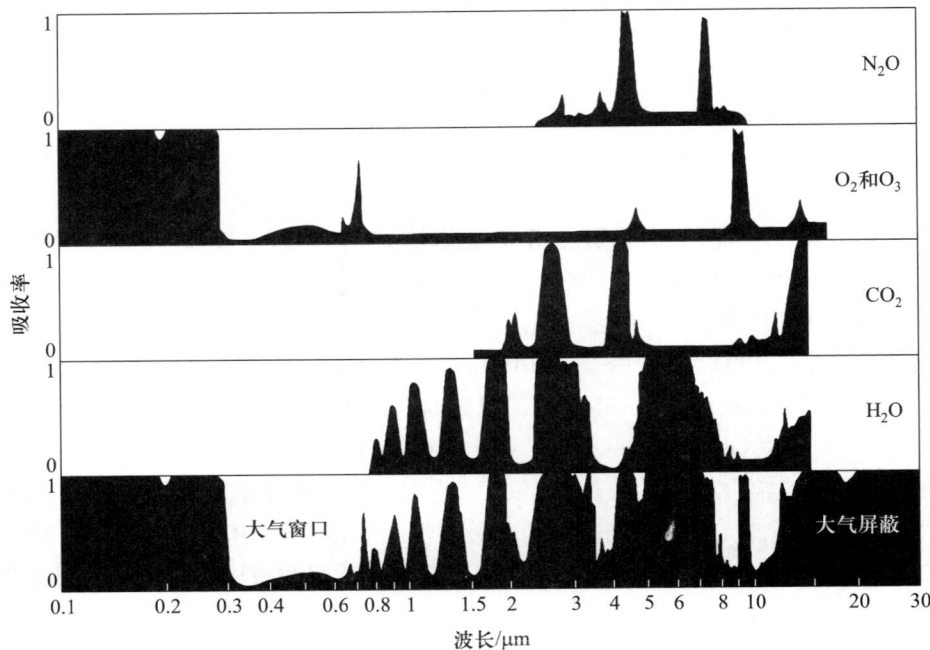

图 4.4   0.1~30 μm 波长范围内大气及大气构成分子（N_2O、O_2、O_3、CO_2 和 H_2O）的吸收特性。最下面的一幅图显示了所有大气构成分子在某一时刻的吸收（据 Jensen，2007；经 Pearson Education 公司授权许可）

$$\tau_\lambda(z_0) = \int_0^{z_0} K_\lambda(z) \, \mathrm{d}z \tag{4.7}$$

由于存在 $\mathrm{d}l = \mathrm{d}z/\cos\theta$ 的关系，某点 0 和以高度 z_0 飞行的传感器之间的透射率 T_λ 可以表示为

$$T_\lambda(z_0, \cos\theta) = \mathrm{e}^{-\int_0^{z_0} K_\lambda(z) \, \mathrm{d}z/\cos\theta} = \mathrm{e}^{-\tau_\lambda(z_0)/\cos\theta} \tag{4.8}$$

式中，θ 表示太阳天顶角。根据 Sturm(1992) 和 Jensen(2005) 的研究，在波长 λ 处的大气光学厚度 τ_λ 等于所有气体成分瑞利散射（$\tau_{R\lambda}$）、气溶胶散射（$\tau_{A\lambda}$）以及水汽（$\tau_{W\lambda}$）、臭氧（$\tau_{OZ\lambda}$）等气体成分吸收的衰减系数之和。

$$\tau_\lambda = \tau_{R\lambda} + \tau_{A\lambda} + \tau_{W\lambda} + \tau_{OZ\lambda} \tag{4.9}$$

每种气体成分的光学厚度都与它的高度 z 和波长 λ 有关。例如，在波长小于 0.8 μm 的可见光-近红外区域，太阳辐射能量的衰减主要由瑞利散射和米氏散射引起，因此其光学厚度主要取决于 $\tau_{R\lambda}$ 和 $\tau_{A\lambda}$。而对于近红外至短波红外区域（波长 0.8~2.5 μm）的能量而言，其光学厚度主要由吸收作用决定（$\tau_{W\lambda} + \tau_{OZ\lambda}$）。

如上所述，大气的散射和吸收具有选择性，这意味着大气的影响与遥感传感器或系统的波长范围密切相关。在可见光和近红外区域，产生大气上行辐射或程辐射的气体分子和气溶胶颗粒的散射效应对遥感数据的影响是加性的（Slater，1980）。由于气体分子在波长小于 0.7 μm 时稳定，并且服从瑞利散射规则，这部分的散射影响是比较容易去除的。

而气溶胶颗粒粒径变化则通常较大,它们对遥感数据的散射影响难以估计和去除(Lu 等, 2002;Liang,2004)。在可见光区域,由于水汽和其他气体的吸收很弱,这些影响可以忽略不计。因此,在对可见光和部分近红外区域的遥感数据进行辐射校正时,应主要关注由气体分子和气溶胶颗粒引起的散射影响。而在短波红外区域,气体分子和气溶胶颗粒的散射影响可以忽略不计,此时大气吸收主要由 H_2O、CO_2、O_2、O_3 和 N_2O 等引起。由于这种吸收效应表现为乘性的,故较难以估计和去除。应注意到大气中 CO_2、O_2、O_3 和 N_2O 等几种吸收成分的含量是相对稳定的,但 H_2O 则表现出时空多变的特点,因此如何准确地估计大气层水汽含量通常是研究多光谱/高光谱遥感数据大气校正算法的关键。

4.3　传感器/系统辐射误差校正

4.3.1　传感器/系统辐射误差简介

在遥感传感器发射至太空或在飞行器上安装之前,通常需要在实验室中进行光谱和辐射定标(称为发射前定标)。然而,在机载或星载传感器的运行过程中,不可避免地会存在诸如光学或电子部件老化以及由于机械振动导致的位偏等,从而使传感器性能发生改变,与其在实验室中标定时的状态产生偏差(Guanter 等,2006),并可能产生光谱和辐射上的误差。对于任何高光谱传感器,这种系统性的误差大致有两种:①由检测器阵列上的坏像元及辐射校正误差引起的图像条带噪声(Goetz 等,2003);②检测器光谱和空间位置配准偏差问题(Yokoya 等,2010)。对于第一种误差,会导致生成的图像出现明显的条带(参见图 4.5a,c 中的条带化效应)。这种由传感器造成的条带同样包含有价值的信息,但需要经过校正使其与同波段经过校准的检测器的数据具有相同的辐射亮度水平(Jenson,2005)。第二种误差是指由于光纤老化、畸变以及推扫系统不完全配准导致的光谱和空间误差。由于高光谱推扫系统的成像过程较复杂,探测器阵列需同时记录垂直轨道像元的光谱信息,较容易出现第二种误差(图 4.6)。光谱误差可形象地用"smile"或"frown"曲线表示。这种偏差在光谱域的位移可视为垂直轨道像元个数的函数。这种偏差实际源于复合传感器中不同探测器垂直轨道位置上非线性的光谱偏移。空间畸变,也称为"keystone"误差,是类似于波段与波段之间的配准错位的误差。空间和光谱的配准误差会使得光谱特征失真,从而降低图像分类性能。

4.3.2　去条带处理

去条带处理,即校正由噪声像元和检测器阵列上不准确的辐射定标导致的高光谱图像条带。下面介绍两种高光谱图像去条带技术:一种适用于陆地,另一种适用于水体。

适用于陆地高光谱影像的去条带技术主要基于 Goetz 等(2003)的研究。此方法假定条带图像中每列的平均值和标准差与整幅图像的全部平均值和标准差相匹配。数学上可

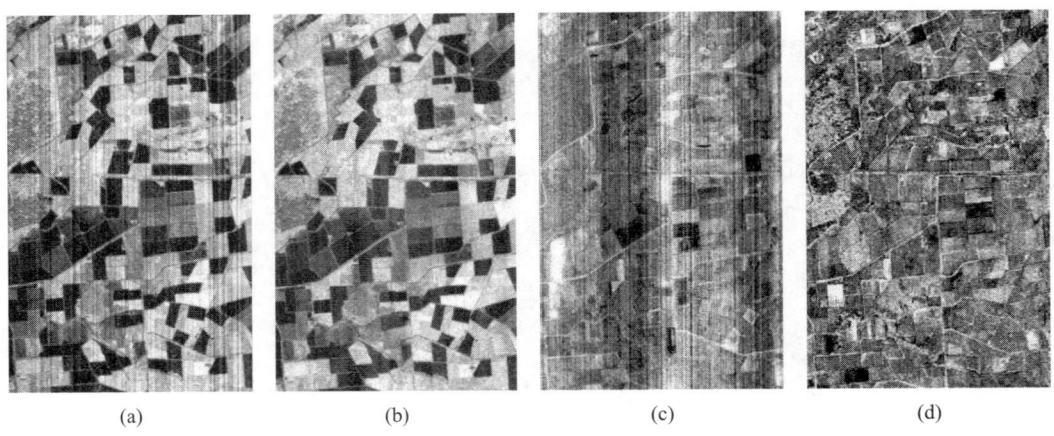

图 4.5　(a)Hyperion 图像的条带噪声;(b)去条带后的 Hyperion 图像;(c)含条带噪声的最大噪声分离 Hyperion 图像;(d)去条带后的 MNF-15 Hyperion 图像。Hyperion 图像于 2002 年 1 月 11 日在澳大利亚新南威尔士州 Coleambally 地区获得(Goetz 等,2003)

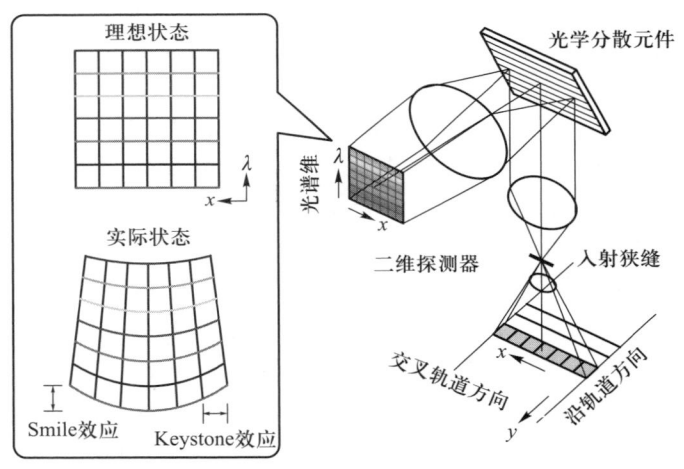

图 4.6　高光谱系统的光谱误差和空间误差("smile"效应和"keystone"效应)(http://naotoyokoya.com/Research.html)(Yokoya 等,2010)(参见书末彩插)

将该过程总结如下:

未经过去条带处理之前,设 X_{ijk} 是波段 k 第 i 行 j 列的像元值(DN 值或反射率);令 μ_k 和 σ_k 分别为第 k 个波段的平均值和标准差,则 μ_{jk} 与 σ_{jk} 分别为第 k 个波段,第 j 列的平均值和标准差。

初始列向量 X_{jk} 与去条带处理后的列向量 X'_{jk} 直接的关系可以表示为线性函数:

$$X'_{jk} = a_{jk}X_{jk} + b_{jk} \qquad (4.10)$$

因此，去条带后的列向量 X'_{jk} 与第 k 个波段具有相同的均值和标准差，即 $\mu'_{jk} = \mu_k$，$\sigma'_{jk} = \sigma_k$。公式(4.10)中，a_{jk} 为增益，b_{jk} 为偏移量。公式(4.10)中，有：

$$\mu'_{jk} = a_{jk}\mu_{jk} + b_{jk} \qquad (4.11)$$

$$\sigma'_{jk} = a_{jk}\sigma_{jk} \qquad (4.12)$$

考虑假设，有：

$$\mu_k = a_{jk}\mu_{jk} + b_{jk} \qquad (4.13)$$

$$\sigma_k = a_{jk}\sigma_{jk} \qquad (4.14)$$

可以得到：

$$a_{jk} = \frac{\sigma_k}{\sigma_{jk}} \qquad (4.15)$$

$$b_{jk} = \mu_k - \frac{\sigma_k}{\sigma_{jk}}\mu_{jk} \qquad (4.16)$$

波段 k 去条带后的像元值 X'_{ijk} 可以通过校正第 j 列的 DN 值或者反射率得到，公式如下：

$$X'_{ijk} = \frac{\sigma_k}{\sigma_{jk}}X_{ijk} + \mu_k - \frac{\sigma_k}{\sigma_{jk}}\mu_{jk}, i = 1, 2, \cdots, N \qquad (4.17)$$

式中，N 为行数。

　　这种技术应用在 Hyperion 高光谱辐射亮度或反射率数据的去条带处理中。去条带图像的质量评估通过检验图像条纹效应和条带图像的高阶最大噪声分离图像进行。图4.5 对 2002 年 1 月 11 日澳大利亚新南威尔士州 Coleambally 的 128 个波段的 Hyperion 图像进行去条带处理，该图像表现出很明显的条带效应(图 4.5a)和很高的 MNF 指数(图4.5c)，相对应的去条带后结果见图 4.5b,d。

　　另一种去条带技术基于由 Zhao 等(2013)提出的垂直方向辐射校正方法(Vertical Radiance Correction，VRadCor)，该方法适用于水域图像的条带去除。根据 Zhao 等(2013)的研究，对 Hyperion 图像水域进行去条带处理时，发现大多数已有的方法多适用于大面积的陆地区域，而不适用于水域环境。例如，在 ENVI 软件(RSI 2005)中有两种算法在去除陆地区域的图像条带时效果很好，包括交叉轨道辐射校正(cross track illumination correction，CTIC)和源自 TM 传感器条带效应去除算法。此外，Hyperion L1R 级数据中(Zhao 等,2013)的条带是使用常规校正和去条带处理(如上述类似的技术)(Goetz 等,2003)后的残留效应。这些残余条带与水体的低信号相比，相对增强了，并且不能通过常规方法彻底去除(Zhao 等,2013)。因此，理想的去条带方法应该在有限的、不均匀区域内去除或压缩高频和低频，同时保留水域上的光谱特征。以下对 VRadCor 去条带技术作简要总结(对于 VRadCor 的详细描述，参见 Zhao 等,2013)。

VRadCor 是一种通过压缩交叉轨道辐射异常来估算加性和乘性校正因子的技术,并且适用于具有不均匀背景的水域。它基于多光谱/高光谱图像的光谱统计特征,是一种对传感器/图像的相对校准算法。条带效应在某些情况下表现为加法特性,某些情况表现为乘法特性,因此综合各种情况,一种通用的去条带算法如下:

$$R_i(\lambda_j) = GAIN_i(\lambda_j)\, Ro_i(\lambda_j)\, + OFFSET_i(\lambda_j) \tag{4.18}$$

式中,R_i 是像元 i 校正后的图像值,Ro_i 是像元 i 的原始值,λ_j 是波段 j 的波长,$GAIN_i$ 和 $OFFSET_i$ 分别是乘性和加性校正因子,表现为线性形式。

VRadCor 方法基于光谱的相关模拟分析模型(correlation simulating analysis model,CSAM)的一般推断(Zhao 等,2005)提出,能够结合空间和光谱信息,假设沿轨迹具有相同统计期望值的相邻像元具有相似的光谱特征。因此,它可以不要求交叉轨道具有相同的前提条件。VRadCor 算法的一般步骤如下:

(1)选择多/高光谱图像 R_{mn},要求波段数 $n \geqslant 3$,样本数 $m \geqslant 2$。

(2)为轨道光谱统计选择一个区域,选择的标准是要求所选区域光谱的统计期望值与图像光谱的均值接近。

(3)计算所选区域每个波段的平均值,记作交叉轨道的光谱均值 S_{mn}(即列均值)。

(4)沿交叉轨道方向平滑轨道方向光谱均值 S_{mn} 以消除/减少相邻像元间的差异。

(5)为达到最优统计结果 S_{mn},假设相邻像元具有相似的光谱曲线,并且根据 CASM 这些光谱曲线间具有线性关系,通过以下表达式计算增益和偏移量:

$$S_i = GAIN_i\, S_0 + OFFSET_i \tag{4.19}$$

式中,S_i 是图像 S_{mn} 中样点 i 的均值,S_0 是用于校正的最优基准光谱,使用方程(4.19),通过 VRadCor 方法可以计算出增益和偏置系数矩阵。

(6)沿 S_{mn} 计算基准光谱 S_0 来校正交叉轨道的辐射异常。为计算基准光谱 S_0,如整幅图像的均值期望为真,则可以将其设为图像第 j 列的均值,否则可用不平坦区域中相邻像元的插值表示[如 Zhao 等(2013)的研究区域]。通常,为获得最优的 S_0 估算,需运行迭代优化算法(Zhao 等,2005)。

(7)利用公式(4.19)计算出的系数矩阵来校正图像。

综上,VRadCor 算法不仅在图像低频分量的校正上比 CTIC 有更好的适用性,对于高频分量,VRadCor 算法也可以作为一个相对校正方法来校正图像的高频条带(Zhao 等,2005)。图 4.7 展示了对 Hyperion 图像(美国佛罗里达州 Clearwater 地区)运用 VRadCor 算法去条带前后图像的比较(Zhao 等,2013)。可以看出,去条带处理后的效果明显,但斑块的异质性仍然保留了。为直观地表现去条带处理前后的效果,图 4.8 展示了 Hyperion 图像第 8 波段沿轨道统计均值的分布情况,可以看出,大约 8 个像元宽度的条带在很大程度上从背景中去除了(Zhao 等,2013)。

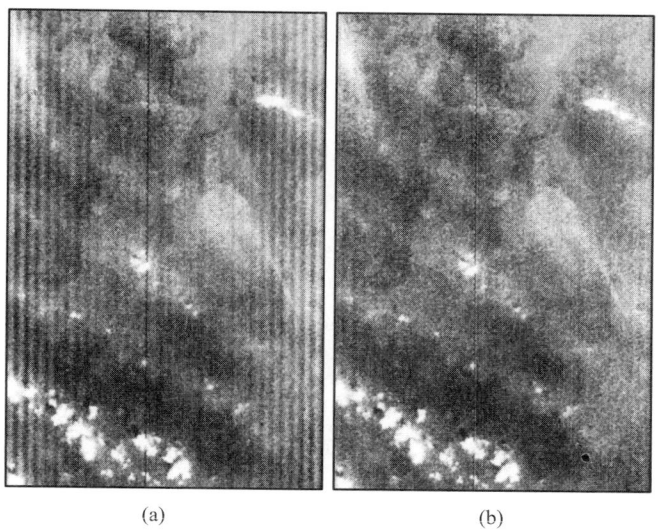

(a)　　　　　(b)

图4.7　Hyperion 图像条纹噪声去除前(a)与去除后(b)的比较(结果经均衡增强)。尽管去条纹处理后,图像内的条纹噪声已显著减少,但某些斑块内的(异质性)仍然保留。Hyperion 图像于2009 年10 月8 日在美国佛罗里达州 Clearwater 地区拍摄(Zhao 等, 2013)(参见书末彩插)

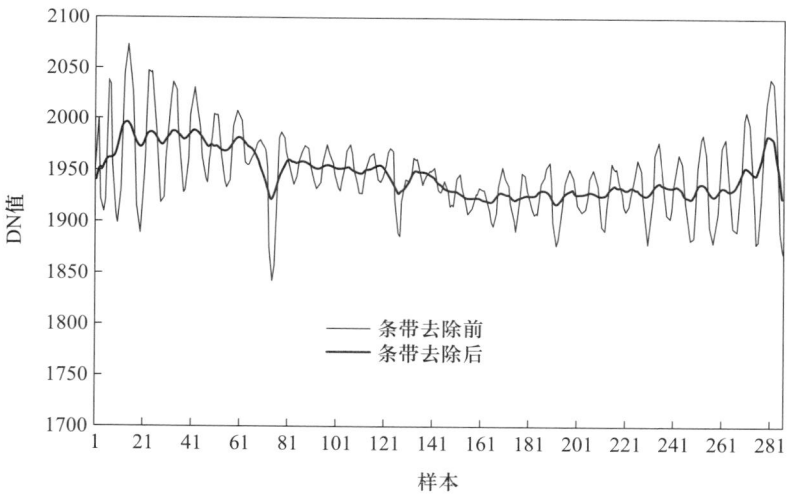

图4.8　Hyperion 图像第8 波段平均值沿轨道交叉分布情况。细曲线和粗曲线分别表示条纹去除前后的 Hyperion 第8 波段平均值。图中显示间隔约为8 个像元的条纹大部分已从不均匀背景中去除(Zhao 等,2013)

4.3.3　校正"smile"和"keystone"误差

研究表明,当前的研究和应用对光谱特征的精度要求越来越高(Green,1998；Mouroulis 等,2000)。一些研究表明,半峰全宽(full width at half maximum,FWHM)为 10 nm、采样间隔为 1 nm 的光谱数据在强水汽吸收带中的辐射亮度会有高达±25%的测量误差(Guanter 等,2007b)。此外,随着光谱分辨率变得越来越高,这种光谱偏差将会更大。例如,Hyperion 高光谱传感器在光谱波长校准中具有高达 2 nm 的移位误差(Ungar 等,2003)。图 4.9 显示了 Hyperion 探测器中"smile"误差的强度(Goetz 等,2003)。图中,将初始表面反射率设置为 50%,模拟生成辐射亮度并通过 MODTRAN4 模型获得反射率数值。结果表明,水汽吸收带周围最大光谱误差达到±10%。Green(1998)对光谱偏移引起的传感器辐射误差进行了详细分析,波段响应函数 FWHM 处光谱的不确定性(即"smile"误差)需要控制在 1%以内。此外,高光谱传感器的最大空间配准误差(即"keystone"误差)要求小于像元大小的 5%(Mouroulis 等,2000)。

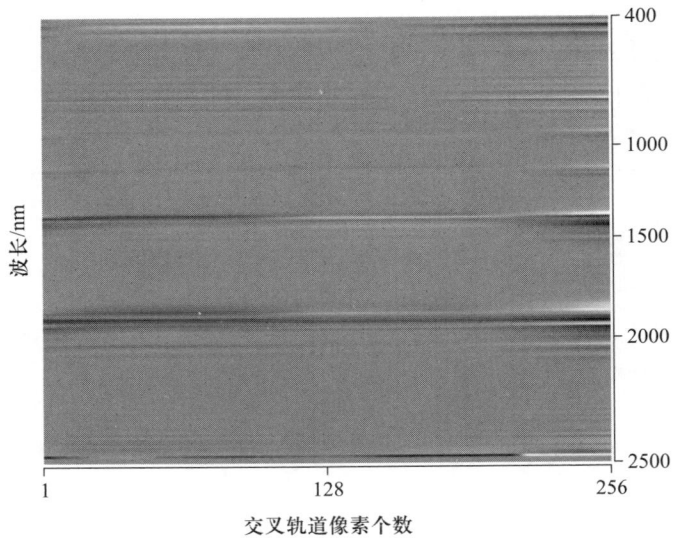

图 4.9　"smile"光谱校正误差的预期误差图像。初始反射率设置为 50%,生成辐射,然后使用 MODTRAN4 反演。水汽波段周围的灰度图像表示±10%误差(Goetz 等,2003)

为了检测和校正光谱偏移(即"smile")误差,多数方法利用 O_2、H_2O、CH_4 和 CO_2 等不同光谱范围的大气吸收带进行校正(Qu 等,2003；Guanter 等,2007b)。例如,在 0.76 μm 附近的 O_2 波段可用于校准 0.6~0.86 μm 波长的光谱,而 1.14 μm 水汽吸收带可用于校准 1.06~1.25 μm 波长的光谱(Qu 等,2003)。通常,当传感器的光谱范围内存在 0.76 μm 附近的 O_2 吸收波段时,会优先选择用于光谱校准。如没有,则考虑 NIR 波段中的 H_2O 吸收波段。优先选择 O_2 吸收带的原因是它在时间和空间上比水汽变化小

（Guanter 等,2007b）。以下介绍三种用于成像传感器误差检测和校正的方法：

（1）由 Goetz 等（2003）和 Qu 等（2003）提出的"平滑度技术"旨在寻找能够产生最平滑的表面反射光谱的光谱偏移进行大气校正。平滑度技术包含了一个高光谱数据高精度大气校正模型（High－Accuracy Atmospheric Correction for Hyperspectral Data，HATCH）（Goetz 等,2003;Qu 等,2003），该方法通过逐列进行大气校正以避免不同标定模型的数据造成的误差。该技术假设光谱偏移在阵列上是线性的,通过在 H_2O 和 O_2 的强吸收带中将中心波长前后移动最大 3 nm,利用 HATCH 模型搜索最平滑的光谱。通过使用不同气体的光谱吸收特征（包括 O_2、H_2O、CH_4 和 CO_2）,HATCH 能够对每个光谱范围分别进行校正。Qu 等（2003）研究表明,这种平滑技术产生的反射光谱比 ATREM 的结果更接近实际。

（2）Guanter 等（2006）提出了一种运用大气吸收特征评估高光谱系统光谱偏移的方法。该方法的基础是利用邻近气体吸收特征来估计使表面反射率误差最小的光谱偏移值,可以通过迭代方式求得偏移值。在大气校正过程中,用上述方法对高光谱辐射传输模型的输出结果进行卷积,便可获得最平滑的表观反射光谱。由于在对光谱标定和大气校正的评价修正过程中会应用该方法,因此最终得到的产品是不受大气和光谱偏移影响的表面反射率数据。为验证该方法并确定其边界条件,对几组光谱偏移值和大气柱水汽含量通过 MODTRAN4 辐射传输模型生成的合成数据进行灵敏度分析。测试结果表明,对于小于 2 nm 的光谱偏移,经该方法修正的光谱偏移误差小于±0.2 nm,对于 5 nm 的极端光谱偏移误差小于±1.0 nm。此外,该方法对水汽含量变化具有较低的敏感性,表明该算法在光谱偏移校正方面是有效的。使用其他几种机载数据（HyMap、AVIRIS 和 ROSIS）和卫星数据（PROBA－CHRIS）进一步测试该方法,结果表明,大气吸收带周围的误差能够被成功地消减,进一步证明了该方法对于不同传感器高光谱图像的光谱校准和大气校正具有较好的鲁棒性（Guanter 等,2006）。

（3）Yokoya 等（2010）提出了一种综合亚像元图像配准和三次样条插值来检测和校正高光谱数据配准偏差的方法。Yokoya 等（2010）针对 Hyperion 可见光和红外数据的校正,分别使用归一化互相关（normalized cross correlation，NCC）和相位相关（phase correlation,PC）的亚像元图像配准技术对光谱图像的配准偏差进行校正,并对方法的精度和鲁棒性进行评估。此外,三次样条插值法由于能够明显改善辐射亮度的测量和配准的精度被而用于校正配准偏差（Feng 和 Xiang, 2008）。两种亚像元图像配准技术通过发现光谱图像中大气吸收带失真的情况检测"smile"误差,通过发现图像所有像元波段间未配准的情况检测"keystone"误差。由于三次样条插值法已被证明可用于光谱预测,并可有效校正辐射测量中的误差以及减小光谱辐射测量的误差（Feng 和 Xiang,2008）,因此可用于改善"smile"和"keystone"误差。图 4.10 显示了使用 Yokoya 等（2010）提出的方法估算和校正"keystone"误差的结果。关于 NCC、PC 和三次样条插值算法和程序的详细介绍可查阅 Yokoya 等（2010）的文献。该方法的验证结果表明,Hyperion VNIR 部分光谱得到了较好修正,精度达到 0.01 像元。此外,该方法在高光谱图像的其他应用中亦能够对"smile"和"keystone"偏差进行有效校正,表明该方法具有较好的鲁棒性。

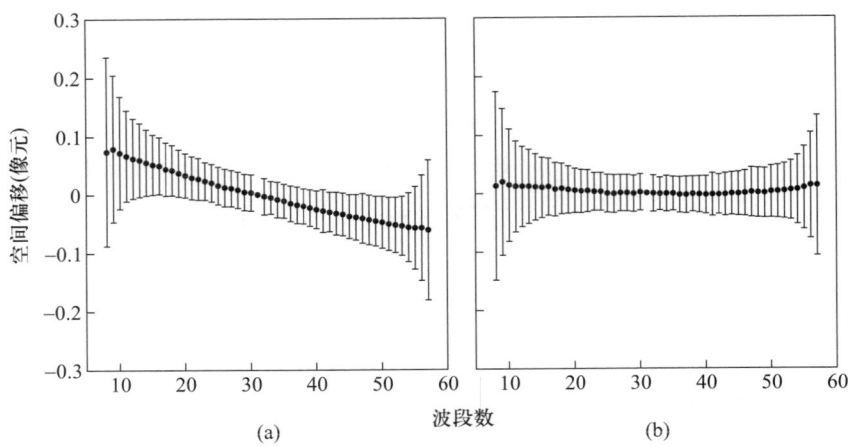

图 4.10　"keystone"畸变校正前(a)和校正后(b)的估计误差图。使用 2002 年 12 月 25 日获取于智利沙漠的 Hyperion 图像检测"keystone"空间匹配误差,图中误差线表示 1 个标准差(Yokoya 等,2010)

4.4　大气校正方法

4.4.1　大气校正方法简介

如前所述,直接使用高光谱遥感(HRS)传感器记录的辐射亮度在很多情况下可能无法有效表示传感器视野内的地表特征。除了 HRS 传感器本身可能引起的辐射误差(第 4.3 节)外,多数 HRS 遥感数据都会受到大气分子、气溶胶散射和气体吸收等影响,包含由大气与辐射过程相互作用引起的误差。因此,通常需要对 HRS 数据进行大气校正(atmospheric correction,AC)才能获得相对准确的地物光谱数据。大多数大气校正方法是通过校正大气效应将高光谱成像仪的原始辐射亮度信息转换为表观反射率信息,可使每个像元的反射率与实验室测得的反射率基本一致(van der Meer 等,2001)。有许多大气校正方法可以用来校正大气的影响,或繁或简,一般可分为两类,即绝对大气校正和相对大气校正。绝对大气校正方法通过消除由大气衰减、地形条件等参数引起的影响,将遥感数字信号转换为表面反射率或辐射亮度。绝对大气校正模型包括 MODTRAN、6S、FLAASH 和 ELC 等。相对大气校正方法对相同研究区域在不同日期获得的图像进行归一化,使图像间光谱具有可比性。相对大气校正方法可利用回归模型进行直方图匹配以及对多时相数据进行归一化处理(Lu 等,2002)。

基于物理过程的大气校正方法(属于绝对大气校正),通常需要使用辐射传输(radiative transfer,RT)模型,以模拟用户定义边界条件下的大气光学效应。在 RT 模型中,到达传感器的总辐射度可以分为四个部分:路径辐射、漫反射辐射、直接反射辐射和邻域反射辐射(van der Meer 等,2001)。这里主要介绍一种简化的 RT 模型(Tanré 等,1986;

Green,1992；Strum,1992；Gao 等,1993；van der Meer 等,2001；Pu 等,2003；Qu 等,2003）。在该模型中,传感器接收的辐射亮度 L_{obs} 可以简化为朗伯体表面反射辐射亮度和大气散射辐射亮度的组合：

$$L_{obs} = L_a + \frac{T_2\rho}{1 - \rho S} \cdot \frac{E_s \cos(\theta_s)}{\pi} \qquad (4.20)$$

式中,T_2 是考虑到总体大气散射效应的太阳—地表—传感器双向透射率；L_a 是由大气散射引起的路径辐射；S 是大气球面反照率；ρ 是地表反射率（来自目标像元及邻域）；E_s 是大气层外的太阳辐射,θ_s 是太阳天顶角。为求地表反射率,可将公式（4.20）写为

$$\rho = \frac{L_{obs} - L_a}{(L_{obs} - L_a) S + T_2 \cdot \dfrac{E_s \cdot \cos(\theta_s)}{\pi}} \qquad (4.21)$$

利于公式（4.21）,通过如 MODTRAD4 等辐射传输模型模拟大气辐射参数 T_2、L_a 和 S,就可将测量的辐射亮度 L_{obs} 转换为地表反射率（假设地表为水平朗伯体表面）。其中,像元辐射亮度 L_{obs} 值可由图像提供商提供的高光谱元数据 DN 值直接转换得到。以下通过一个例子说明该方法的使用。Pu 等（2003）使用 MODTRAN4 以三个表面反射率值（如 0.0、0.3、0.5）作为输入模拟三个区域的传感器的总辐射亮度。同时,还对计算总辐射亮度所需的其他参数进行估算,如水汽（研究中设为 0.7）、气溶胶和大气地理季节模式。在 MODTRAN4 模型使用中,水汽和气溶胶是较关键的参数,因为它们在空间和时间上变化较大,而其他输入参数则相对稳定且容易确定。通过输入三个区域模拟的传感器总辐射,可以求解大气辐射传输模型参数 T_2、L_a 和 S［利用式（4.20）］。在此基础上,Pu 等（2003）针对 AVIRIS 图像像元辐射亮度,依据公式（4.21）和上述求解得到的 T_2、L_a 和 S,成功地将 AVIRIS 图像辐射亮度转换为表面反射率。此外,高精度大气校传输模型 HATCH 也采用方程（4.21）实现 AVIRIS 和 Hyperion 等高光谱图像的反射率计算（Goetz 等,2003）。

根据大气校正模型的特点和复杂度,可将其分为三类:第一类为基于经验/统计模型的方法,包括经验线校准和基于图像/场景内部平均计算的方法。这类大气校正方法不需要任何实地大气观测信息,所需的输入主要来自图像和地面光谱测量。第二类是基于辐射传输机理的模型,包含许多模拟大气参数的子模型。理论上,这类模型可以获得更高的表面反射率估算精度。这类方法/模型（如 ATREM、HATCH 和 FLAASH）通常非常复杂,需要在遥感数据采集的同时获得许多大气参数作为输入（Lu 等,2002）。第三类方法主要是基于直方图匹配和回归方程的相对辐射校正和归一化方法/模型。以下主要从原理、算法、操作步骤和关键输入参数等方面介绍和讨论上述三种大气校正方法/模型。此外,本书第 6 章将介绍处理高光谱图像（包括大气校正在内）的一些相关软件和工具。

4.4.2 基于经验/统计模型的大气校正方法

这种大气校正方法主要包括经验线校准、内部平均反射率和平场校正等方法。实际上,后两种方法多用于从高光谱数据中去除大气效应来获得相对表面反射光谱。

4.4.2.1   经验线校准模型

经验线校准(empirical line calibration,ELC)模型(Conel 等,1987)是应用线性回归模型从高光谱图像中的数字信号直接估算 VNIR / SWIR 光谱区域表面反射率的方法。ELC 模型需要现场或实验室反射光谱中至少包含一个亮目标和一个暗目标。然后,将目标像元的 DN 值相对于现场或实验室光谱作线性回归,以求得方程(4.22)中的增益(斜率)和偏置(截距)系数[即公式(4.22)中 $a(\lambda)$ 和 $b(\lambda)$]。然后将增益和偏置曲线应用于整幅图像来获得表面反射率。该方法产生的光谱曲线与现场或实验室中测量的反射光谱最相似。ELC 模型可表示为

$$L_{obs}(\lambda) = a(\lambda)\rho(\lambda) + b(\lambda) \tag{4.22}$$

式中,$L_{obs}(\lambda)$ 是图像中波长 λ 的传感器像元辐射亮度(或像元 DN 值);$a(\lambda)$ 和 $b(\lambda)$ 分别是波长 λ 的增益和偏移;$\rho(\lambda)$ 是波长 λ 的表面反射率。假如只考虑两个样本(像元)来模拟公式(4.22)的情况,其中已知反射光谱为 $\rho_1(\lambda)$(来自亮目标)和 $\rho_2(\lambda)$(来自暗目标)及对应的传感器辐射亮度 $L_1(\lambda)$ 和 $L_2(\lambda)$(或 DN 值),则未知参数 $a(\lambda)$ 和 $b(\lambda)$ 可从公式(4.24)得到:

$$\hat{a}(\lambda) = \frac{L_2(\lambda) - L_1(\lambda)}{\rho_2(\lambda) - \rho_1(\lambda)} \tag{4.23}$$

$$\hat{b}(\lambda) = \frac{L_1(\lambda)\rho_2(\lambda) - L_2(\lambda)\rho_1(\lambda)}{\rho_2(\lambda) - \rho_1(\lambda)} \tag{4.24}$$

根据公式(4.23)和公式(4.24),对应于传感器辐射亮度为 $L_{obs}(\lambda)$ 的像元的表面反射率 $\hat{\rho}(\lambda)$ 可以表示为

$$\hat{\rho}(\lambda) = \frac{L_{obs}(\lambda) - \hat{b}(\lambda)}{\hat{a}(\lambda)} \tag{4.25}$$

如果考虑多个像元来模拟方程(4.22)的情况,则采用线性最小二乘回归法。在这种情况下,对于波长 λ 已知的多个像元反射光谱分别为 $\rho_1(\lambda),\rho_2(\lambda),\cdots,\rho_N(\lambda)$(实地或实验室测量),相应的传感器辐射亮度分别为 $L_1(\lambda),L_2(\lambda),\cdots,L_N(\lambda)$(或 DN 值)。则未知参数 $[a(\lambda)$ 和 $b(\lambda)]$ 可通过下面的线性方程组(Eismann,2012)求出:

$$L_i(\lambda) = a(\lambda)\rho_i(\lambda) + b(\lambda) \tag{4.26}$$

式中,$i = 1, 2, \cdots, N$. 公式(4.26)可以替换为标准的矩阵向量:

$$\boldsymbol{AX} = \boldsymbol{B} \tag{4.27}$$

其中,

$$A = \begin{bmatrix} \rho_1(\lambda)1 \\ \rho_2(\lambda)1 \\ \vdots \\ \rho_N(\lambda)1 \end{bmatrix}, \quad X = \begin{bmatrix} a(\lambda) \\ b(\lambda) \end{bmatrix}, \quad B = \begin{bmatrix} L_1(\lambda) \\ L_2(\lambda) \\ \vdots \\ L_N(\lambda) \end{bmatrix}$$

可使用矩阵的伪逆逐波长计算线性最小二乘估计(Eismann,2012):

$$X = [A^{\mathrm{T}}A]^{-1}A^{\mathrm{T}}B \tag{4.28}$$

ELC 模型的主要限制是需要已知场景内部分目标物的反射光谱,且已知目标物的面积必须足够大,以确保存在不受背景光谱影响的纯像元。Eismann(2012)指出,ELC 适用于识别场景中的自然地物,如某些非常均匀的土地覆盖类型区域,因为它们的反射光谱可通过光谱仪测定。为获得图像中物质的反射光谱,另一种方法是将地物的样品带回实验室测量其反射光谱。该方法假定整个场景在地形上是平坦的,不存在角度效应(Clark 等,1995;Perry 等,2000)。另外,假如 ELC 标定区域外的大气性质发生变化,则应用此标定的 ELC 模型产生的地表反射率含有此大气变化的特征(Gao 等,2009)。

Pu 等(2008)将 ELC 方法应用于 CASI 高光谱数据的大气校正,结果如图 4.11 所示。研究中使用了 2002 年 7 月 2 日获得的 CASI 图像,FWHM 约 11 nm,空间分辨率为 2 m,包含 48 个光谱带。CASI 图像经验线大气校正中所需明暗目标的地面光谱使用全波段地物光谱仪 ASD(FieldSpec® ProFR)测得。光谱测量的地物目标包括一个白色的目标、一个停车场、干草、密集灌木、水沟、沥青路面和密集橡树的树冠。使用 ASD 测得的停车场和水沟光谱$\rho_1(\lambda)$和$\rho_2(\lambda)$,以及 CASI 图中对应像元的 DN 值$L_1(\lambda)$和$L_2(\lambda)$,利用公式(4.23)、公式(4.24)求得斜率$a(\lambda)$和截距$b(\lambda)$,然后利用公式(4.25)将整幅 CASI 高光谱图像转换为表面反射率图像。选择这六种目标是因为它们代表研究区域内几乎覆盖了从亮目标到暗目标的整个光谱变化范围。图 4.11a,b 分别显示了 6 种地物目标的 CASI-DN 曲线和相应的 ASD 光谱反射曲线。图 4.11c 显示了每个波段的 CASI DN 值和 ASD 反射率数据之间的决定系数(R^2),它们由 6 种样本(图 4.11a,b)逐波段计算得到。图 4.11d 是转换得到的反射率曲线,与图 4.11b 所示的原始 ASD 反射曲线非常接近,除了 700 nm 附近的波段外,该点 R^2 值较低的原因不明(图 4.11c),可能与 CASI 传感器的光谱偏移有关。

4.4.2.2　内部平均反射率模型和平场校正模型

20 世纪 80 年代中期,一些学者相继提出几种基于图像的经验方法来消除高光谱数据中的大气效应。由 Kruse(1988)提出的内部平均反射率(internal average reflectance,IAR)方法和 Roberts 等(1986)提出的平场校正(flat field correction,FFC)方法是两种常见的大气校正模型。Kruse(1988)的 IAR 方法首先通过将高光谱图像中的每个像元光谱中的 DN 值的总和缩放到恒定值来对数据进行归一化。归一化的效果是将所有像元的光谱缩放到几乎相同的总体相对亮度。在去除光谱中的反照率差异之后,将原始数据转换为反射率,以便将各个光谱直接与实验室数据进行比较。Kruse(1988)指出,如果用于计算 IAR 反射光谱的平均光谱本身具有与某种矿物吸收特征类似的光谱特征,便有可能影响

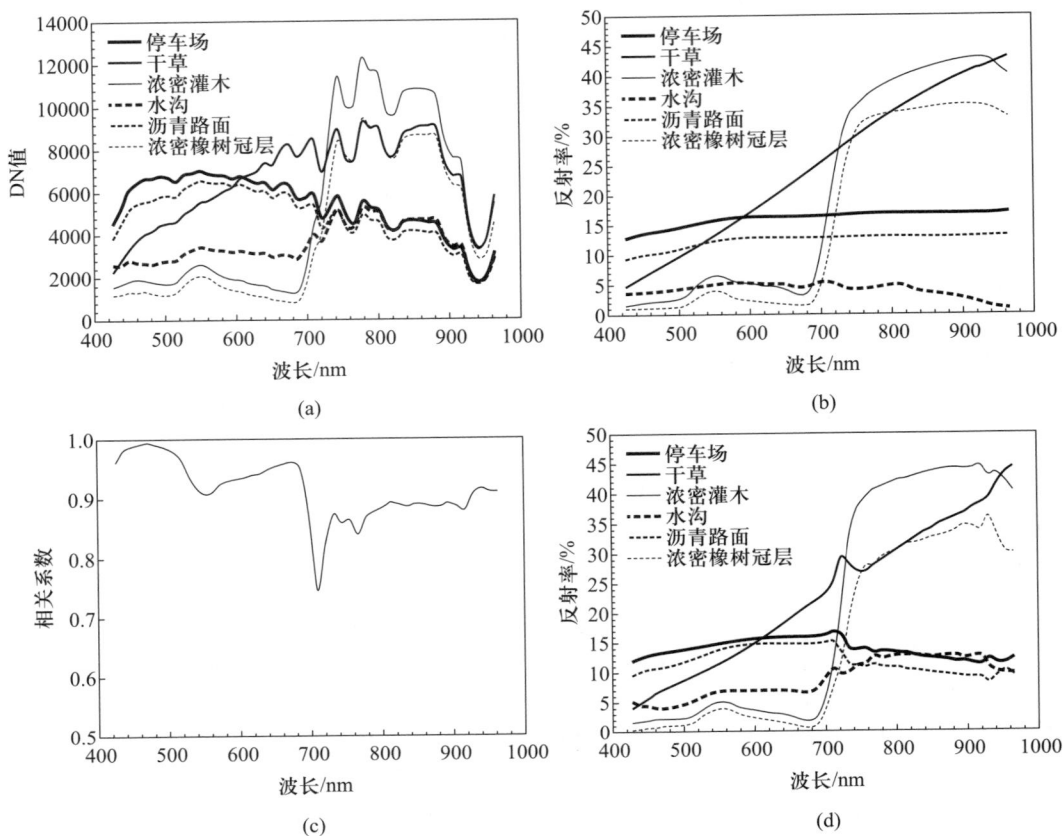

图 4.11　基于经验线校准方法将 CASI 高光谱数据从 DN 值转化为反射率。（a）CASI 原始数据（DN值）；（b）ASD 光谱仪测量的 CASI 图像中选定样本的地面光谱反射率；（c）ASD 光谱反射率数据与CASI 原始数据的波段相关性；（d）CASI 原始数据转化为地表反射率数据（Pu 等，2008）

IAR 反射光谱的可靠性，导致校正后的矿物光谱与实验室光谱测定结果不匹配。当然在通常情况下，因为平均光谱中包含了大气的影响，因此在没有标准板校准数据和先验知识的情况下，IAR 方法在大气校正方面具有较大优势。然而，如果成像区域包含地面高度变化显著的地区，或整幅图像中大气分布不均，则 IAR 技术无法有效地消除大气影响（Kruse，1988）。因此，该方法最适合的区域是没有植被覆盖的干旱地区（Gao 等，2009）。

　　FFC 方法（Roberts 等，1986）需要图像中存在称为"平场"的中性、均匀的区域。该方法通过将图像中所有像元的光谱除以"平场"区域中像元光谱的平均值进行归一化，可以将高光谱数据有效地转换为相对表面反射率数据，并很好地消除大气乘性效应的影响。图像中稳定均匀的"平场"区域需要符合以下要求：①在地形上平坦；②光谱上平坦，即各波长处的光谱反射率均匀，没有显著的吸收特征；③信号清晰，随机噪声影响较小。"平场"区域的平均光谱应该是与大气散射和吸收效应相关的较纯粹的太阳辐射特征。

　　IAR 方法和 FFC 方法都不需要对地面目标的反射光谱进行实地测量。然而，需要注意

的是经这两种方法校正得到的反射光谱经常会带有一些实测光谱中不存在的伪吸收特征。这是因为"平场"中的光谱实际并不是 100% 中性的,通常可能会包含一些地物、植被相关的吸收特征以及噪声(Clark 和 King,1987;Gao 等,2009)。此外,应注意一些波长偏移、增强等方法也会对反射光谱的结果产生影响(Clark 和 King,1987;Carrère 和 Abrams,1988)。

4.4.3　辐射传输方法

20 世纪 80 年代中期,继基于经验统计的大气校正方法外,许多基于辐射传输机理的大气校正模型或方法得到关注,用于处理高光谱图像中的大气吸收和散射影响。基于物理机理的大气校正方法能够克服经验统计模型的一些缺陷,在季节变化、不同地域以及不同大气条件下能够对太阳辐射光谱范围内的绝大部分波段进行地表反射率的高精度反演。通常,基于机理模型的大气校正方法处理高光谱遥感数据需要输入许多大气特征参数。但庆幸的是,物理模型中的许多参数对上行、下行太阳辐射具有相似的影响,而其他一些参数在空间和时间上又相对稳定,可以用标准值进行模拟。因此,大气校正问题实际被简化为对气溶胶光学厚度和大气柱水汽含量两种关键参数的估算(Eismann,2012)。目前,许多基于物理机理的大气校正方法都需要借助如 MODTRAN4 和 6S 等具有鲁棒性的大气辐射传输模型,来获得必要的大气散射和吸收信息。利用基于辐射传输模型的大气校正方法处理一景高光谱图像时,需要输入的信息通常有(Jensen,2005):

- 图像中心点经纬度坐标;
- 图像获取的日期及时间;
- 图像获取的卫星平台高度(如地平面以上 705 km);
- 图像视场区域内地面平均高程(如海拔 100 m);
- 标准大气模式(如中纬度夏季、中纬度冬季、热带);
- 图像的辐射亮度数据[如 ENVI/FLAASH 格式的辐射亮度数据,单位为 $\mu W/(cm^2 \cdot nm \cdot sr)$];
- 波段信息(如平均波长和 FWHM);
- 图像获取时的大气能见度(如 20 km)。

下面各小节将对 ACORN、ATCOR、ATREM、FLAASH、HATCH 和 ISDAS 这 6 种基于辐射传输模型的大气校正方法进行介绍和讨论。

4.4.3.1　ACORN

ACORN(Atmospheric CORrection Now)是美国 Analytical Imaging and Geophysics 公司针对 0.4~2.5 μm 范围的高光谱和多光谱遥感图像开发的一款商业化大气校正软件(ImSpec,2002)。它利用定标数据和 MODTRAN4 辐射传输模型(Berk 等,1999)计算数据中的大气属性变量,并将利用这些大气参量作为模型输入校正遥感数据中的大气影响,在不需要地面实测信息的情况下实现从图像辐射值到表观反射率的转换(地势平坦时即为地表反射率)。

　　ACORN 大气校正方法采用了 Chandrasekhar(1960)提出的辐射传输方程,该方程描述了均质地表平行大气中,太阳辐射、大气和朗伯体地表与传感器探测到的辐射的关系:

$$L_{obs}(\lambda) = \frac{E_s(\lambda)}{\pi}\left(E_{du}(\lambda) + \frac{T_{\theta_s}(\lambda)\rho(\lambda)T_{\theta_v}(\lambda)}{1 - E_{dd}(\lambda)\rho(\lambda)}\right) \tag{4.29}$$

式中,$L_{obs}(\lambda)$ 是到达传感器的总辐射;$E_s(\lambda)$ 是大气层顶的太阳辐照度;$E_{du}(\lambda)$ 和 $E_{dd}(\lambda)$ 分别是大气上行和下行反射率;$T_{\theta_s}(\lambda)$ 和 $T_{\theta_v}(\lambda)$ 分别是大气下行和上行透射率;$\rho(\lambda)$ 是地表光谱反射率(包含尺度变换);λ 是光谱波长。

　　当 $L_a = \dfrac{E_s(\lambda)E_{du}(\lambda)}{\pi}$,$E_s\cos(\theta_s) = E_s(\lambda)$,$S = E_{dd}(\lambda)$,$T_2 = T_{\theta_s}(\lambda)T_{\theta_v}(\lambda)$,忽略波长 λ 时,式(4.29)和式(4.20)等价。

　　在给出式(4.29)中所有参数后,地表光谱反射率 $\rho(\lambda)$ 可由式 4.30 计算:

$$\rho(\lambda) = \frac{1}{\left[\dfrac{(T_{\theta_s}(\lambda)E_s(\lambda)T_{\theta_v}(\lambda))/\pi}{L_{obs}(\lambda) - (E_s(\lambda)E_{du}(\lambda))/\pi}\right] + E_{dd}(\lambda)} \tag{4.30}$$

　　ACORN 利用 MODTRAN4 模拟计算大气气体吸收以及散射影响,生成一系列大气柱水汽含量查找表,将高光谱图像经过定标的星上辐射亮度数据转换为地表反射率数据(ImSpec,2002)。大气柱水汽含量可以根据高光谱数据中位于 0.94 μm 和/或 1.15 μm 处的水汽吸收带进行逐像元的反演(Kruse,2004)。同样,图像获取时刻的能见度可以通过分析 0.4~1.00 μm 的高光谱数据来估算。将估算的水汽含量、气溶胶光学厚度和地面高程输入 MODTRAN4,可以得到大气的双向透射辐射和反射率。在高光谱地质遥感应用方面,ACORN 用于对美国内华达州赤铜矿区域经过辐射定标的高光谱辐射亮度数据(图 4.12a)进行大气校正,其结果明显抑制了大气干扰,使 0.9 μm、2.2 μm 和 2.3 μm 附近的矿物吸收特征清楚可辨(图 4.12b)。在高光谱生态和城市应用方面,图 4.12c 和 图 4.12d 分别显示了美国加利福尼亚州斯坦福 Jasper Ridge 自然保护区及其邻近城市 AVIRIS 图像辐射亮度值和经 ACORN 大气校正后的结果。经过大气校正,植被和人工地表所固有的光谱吸收特征得到突显(ImSpec,2002)。

　　ACORN 的一个重要特点在于它利用全光谱拟合技术解决了大气水汽和地表植被中液态水吸收特征重叠的问题(Kruse,2004)。此外,ACORN 也包含一些其他功能,如光谱增强、人为光谱抑制、波长自动调整、消除噪声波段以及光谱平滑等(Gao 等,2009)。由于 ACORN 是针对一些典型应用场景设计的,因此对烟、雾等大气条件可能无法达到理想的校正效果。ACORN 也可应用于湖泊、河流以及海洋等水体环境,其大气校正的精度取决于光谱定标精度、MODTRAN4 计算精度等因素(ImSpec,2002)。

4.4.3.2　ATCOR

　　ATCOR(ATmospheric CORrection)大气及地形校正模型的发展贯穿了整个 20 世纪90 年代和 21 世纪的前十年(Richter,1990,1996,1998;Richter 和 Schläpfer,2002)。ATCOR 最初由

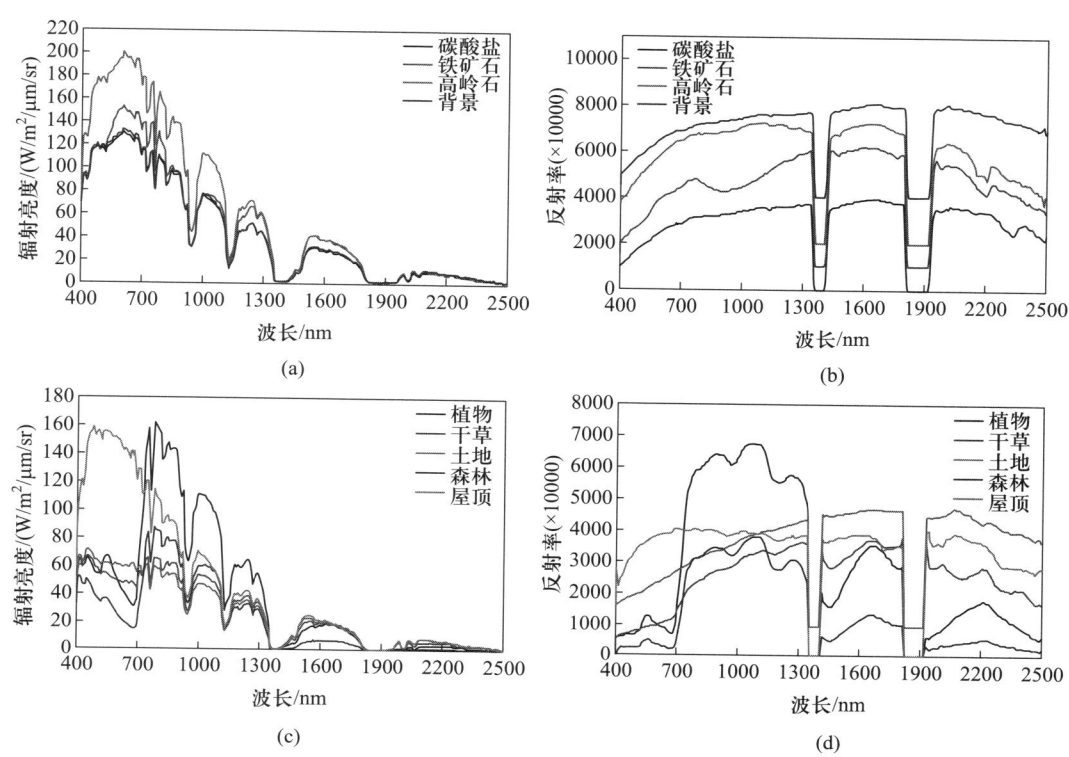

图 4.12 （a）经辐射定标的美国内华达州 Cuprite 地区 AVIRIS 辐射亮度；（b）经 ACORN 大气校正的
（a）数据；（c）经辐射定标的美国加利福尼亚州斯坦福市 Jasper Ridge 生态保护区 AVIRIS 辐射亮度；
（d）经 ACORN 大气校正的（c）数据（由 ImSpec LLC 提供）（参见书末彩插）

德国航空航天中心研发,到目前为止已发布了 ATCOR2、ATCOR3 和 ATCOR4 等多个版本。ATCOR2（"2"代表平面的两个几何自由度）是一种适用于近乎水平地表区域的自适应快速大气校正模型；ATCOR3（"3"代表 x、y、z 三个自由度）是针对崎岖地形表面研发的一款需要输入数字高程模型（digital elevation model, DEM）的大气校正算法；ATRON4（"4"代表 x、y、z 三个自由度和一个扫描角）则适用于处理航空遥感数据。尽管不同版本的 ATCOR 适用条件有所差异,但它们都具有邻近辐射效应校正功能；此外,ATCOR3 和 ATCOR4 不仅具有薄雾和低卷积云层去除功能,还拥有地形校正和双向反射分布函数计算的功能。

　　ATCOR 的主要特征包括（Richter,2004）:

- 基于快速数值计算的邻近效应校正；
- 对恒定或空间变异大气状况（能见度、气溶胶光学厚度）的自适应能力；
- 对传感器辐射数据的在轨（飞行）定标和替代定标；
- 能够校正热光谱范围的地表发射率和温度；
- 考虑 DEM 和地形特征（坡度、坡向）,在地形崎岖地区将大气校正与地形校正结合；

- 基于 0.94 μm 和 1.13 μm 的水汽图逐像元地估算水汽含量；
- 具有薄雾去除功能；
- 具有云阴影去除功能（2004 年以后的 ATCOR 版本中增加）；
- 绘制气溶胶光学厚度、薄雾、云以及云阴影掩膜图。

ATCOR 利用一个查找表对图像 0.4~2.5 μm 范围内的地面反射率和 8~14 μm 范围内的发射率进行计算。算法利用 MODTRAN4+辐射传输模型基于扫描角、扫描线和太阳方位之间的相对方位角以及地面高程等参数进行模拟计算，得到包含程辐射、大气透射、直接和漫反射太阳能量等一系列大气参数的查找表（LUTs）用于大气校正。ATCOR 模型中的大气水汽通常采用 0.94 μm 和 1.13 μm 水汽吸收带中心波长的比值进行反演（Gao 和 Goetz，1990），有时也会加入 DEM 信息。ATCOR4 作为 ATCOR 的最新版本，利用 MODTRAN5 辐射传输模型构建了大型的查找表（Berk 等，2005；Black 等，2014），能够校正大气及地形对机载遥感图像的影响。在这个过程中，ATCOR4 需要反复迭代查找表执行下述步骤：①邻近效应影响的去除；②邻近效应的近似校正；③增强第②步的结果［详细过程请见 Richter（1998）、Richter 和 Schläpfer（2002）］。利用大型查找表数据库可有效减少原本重复而费时的辐射传输模型运算过程。对于用户而言，使用 ATCOR 处理图像之前，需要做的只是根据所使用的传感器波段响应函数进行光谱重采样的工作（Richter 和 Schläpfer，2002）。ATCOR4 能够支持用户对一些由新型机载高光谱传感器拍摄的光学和热光谱区域的全色、多光谱或高光谱图像进行处理。这些机载高光谱成像传感器包括 AVIRIS、HyMap、DAIS-7915、CASI、SASI 和 Daedalus 等（Richte，2004）。图 4.13 展示了 ATCOR 大气校正前后图像的差异，可以看到校正的效果非常明显。

(a)   (b)

图 4.13　（a）含有大量雾霾的未经大气校正的图像；（b）经 ATCOR 大气校正后的图像（由 Leica Geosystems 公司和 DLR 提供）

4.4.3.3 ATREM

ATREM(ATmosphere REMoval)是由美国科罗拉多大学地球空间研究中心(Center for the Study of Earth from Space, CSES)于 20 世纪 90 年代初设计的(Gao 等,1993；Gao 等,2009)。该算法可以不需要地面实测的光谱信息,利用辐射传输模型处理如 AVIRIS 的可见光至短波红外范围的高光谱图像,获得地表反射率(Green 等,1993；Gao 等,2009)。基于 5S(及其后发展的 6S)辐射传输模型(Tanré 等,1986),ATREM 首先估算出大气水汽、气溶胶光学厚度和高程这三个关键的大气特征参数。进而通过这些参数和模型估算大气透过率和程辐射。在此基础上加上太阳高度角,即可将传感器端的辐射亮度测量转换为地表反射率(Eismann,2012)。公式(4.31)~公式(4.33)描述了从传感器辐射亮度转换为地表反射率的过程。根据 Gao 等(1993)和 Tanré 等(1986),表观反射率 $\rho_{obs}^*(\lambda,\theta_v,\varphi_v,\theta_s,\varphi_s)$ 可以表示为

$$\rho_{obs}^*(\lambda,\theta_v,\varphi_v,\theta_s,\varphi_s) = \frac{\pi L_{obs}(\lambda,\theta_v,\varphi_v,\theta_s,\varphi_s)}{E_s(\lambda)\cos(\theta_s)} \tag{4.31}$$

式中,θ_s 和 φ_s 分别是太阳天顶角和太阳方位角；θ_v 和 φ_v 分别是传感器高度角和方位角；L_{obs} 是传感器端观测到的辐射亮度；E_s 是太阳高度角为零时大气层顶的太阳辐射通量；λ 是光谱波长。由于表观反射率在大气层的顶部被传感器接收到,Tanré 等(1986)认为,当假设地表为朗伯体并且忽略邻近效应时,表观反射率 $\rho_{obs}^*(\lambda,\theta_v,\varphi_v,\theta_s,\varphi_s)$ 可用式(4.32)近似计算:

$$\rho_{obs}^*(\lambda,\theta_v,\varphi_v,\theta_s,\varphi_s) = \left[\rho_{atm}^*(\lambda,\theta_v,\varphi_v,\theta_s,\varphi_s) + \frac{T_d(\lambda,\theta_s)T_u(\lambda,\theta_v)\rho(\lambda)}{1-S(\lambda)\rho(\lambda)}\right]T_g(\lambda,\theta_v,\theta_s) \tag{4.32}$$

式中,ρ_{atm}^* 是大气反射率；T_d 和 T_u 分别是下行散射透过率和上行散射透过率；S 是大气半球反照率；ρ 是地表反射率；T_g 是太阳—地表—传感器路径上总的大气透过率。式(4.32)括号内的第一项 ρ_{atm}^* 是大气气体分子和气溶胶的散射贡献部分；括号内的第二项 $T_d T_u\rho/(1-S\rho)$ 是地表反射的贡献部分；T_g 项是所有大气气体的吸收部分(图 4.4)。因此,公式(4.32)清晰地表示了大气散射和吸收两个相互独立的过程。Gao 等(2009)认为,在不考虑这两个过程的耦合影响时,通过简化相关变量,根据公式(4.32)可以计算出地表反射率 ρ:

$$\rho = \frac{\dfrac{\rho_{obs}^*}{T_g} - \rho_{atm}^*}{\left[T_d T_u + S\left(\dfrac{\rho_{obs}^*}{T_g} - \rho_{atm}^*\right)\right]} \tag{4.33}$$

在知晓 ATREM 中传感器端辐射亮度观测 L_{obs} 和公式(4.33)中 T_g、ρ_{atm}^*、T_d、T_u 和 S 等大气参量(由 5S、6S、MOATRAN 等辐射传输模型模拟得到)后,联立公式(4.31)和公式(4.33)就可以估算出地表反射率 ρ。

利用 ATREM 方法,水汽含量的获取量通过计算 0.94 μm 和 1.13 μm 处水汽吸收带

的波段比(即波段中心与两个波段肩部的比值)进行逐像元地反演(Gao 等,1993)。依据反演的水汽含量和观测几何,利用 Malkmus(1967)窄波段光谱模型可以分别模拟七种大气气体(水汽、二氧化碳、臭氧、一氧化氮、一氧化碳、甲烷和氧气)的大气透射光谱(Kruse,2004)。大气分子和气溶胶的散射影响通过 6S 辐射传输模型计算(Tanré 等,1986)。在模拟气溶胶影响(即气溶胶光学厚度)时需要确定气溶胶模型和地表能见度,而估算气溶胶光学厚度需要将传感器端观测的辐射值通过非线性最小二乘拟合转换为 0.40~0.60 μm 范围内的辐射值。基于气压变化确定的地表压力高程(surface pressure elevation)通过 0.76 μm 附近实测辐射数据的氧气吸收线强度进行估算。上述气溶胶光学厚度和地表压力高程都可以通过在由辐射传输模型生成的查找表中搜索得到(Eismann,2012)。表观反射率可用高光谱图像中的实测辐射值除以大气层上方太阳辐照度得到。最终,ATREM 利用这些模拟的数据(包括大气气体透过率、大气分子和气溶胶散射数据)将表观反射率转换为地表反射率。

　　ATREM 输出的结果由一幅水汽分布图像和地表反射率立方体图像(假定成像地区是水平的朗伯体表面)构成。当这种假设不成立时,反演得到的地表反射率就是经过拉伸的地表反射率(scaled surface reflectance),可以进一步通过地形校正转换为地表反射率(Gao 等,2009)。图 4.14 显示了利用 ATREM 校正 AVIRIS 航空高光谱图像得到的地表反射率,图中几种矿物质在 2.1~2.4 μm 区域中的水汽吸收特征(特别是高岭石在 2.2 μm附近的水汽双峰吸收特征)经大气校正后得以恢复(Gao 等,2009)。

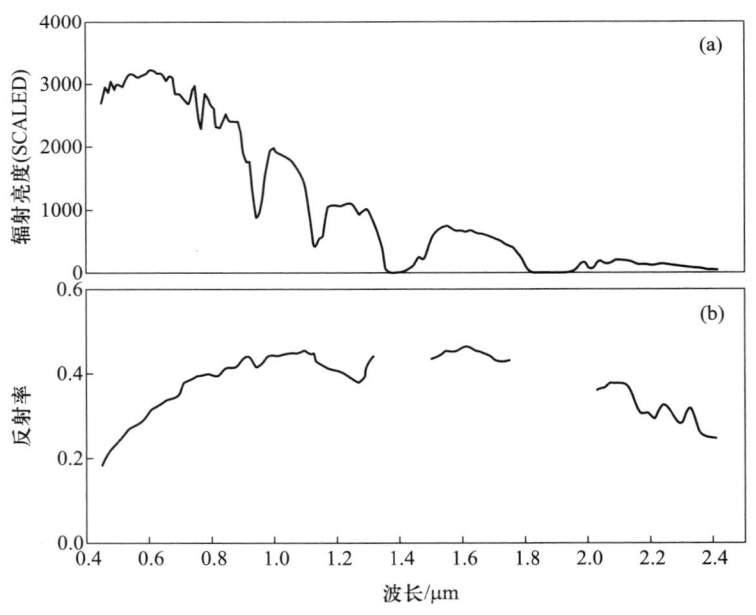

图 4.14   (a)美国内华达州 Cuprite 地区高岭石岩矿覆盖区域的 AVIRIS 辐射亮度(数据收集于 1990年 7 月 23 日);(b)基于 ATREM 辐射传输法大气校正图(a)得到的地表反射率,图中清晰地呈现了 2.17 μm 波段附近高岭石的双峰光谱特征(Gao 等,2009)

ATREM 早期的 3.1 版本被称为波段模型(band model),于 20 世纪 90 年代初期提出,被认为是成像光谱技术进步的重要标志,原因是这一模型使对各种研究和应用类型的光学遥感图像数据,特别是高光谱遥感数据的地表反射率反演成为可能。ATREM 在 20 世纪 90 年代末至 21 世纪初被不断改进,改进的主要内容包括:①使用新的逐行大气透射模型(Gao 和 Davis,1997)和 HITRAN2000 数据库(Rothman 等,2003);②从 5S 辐射传输模型升级为 6S 辐射传输模型,用于模拟包括大气散射影响在内的大气特征;③加入了用于模拟大气 NO_2 引起的 $0.4 \sim 0.8 ~\mu m$ 范围大气吸收效应的新模块。目前,ATREM 的更新版本已经发布给少数用户试用,以期进一步提升 ATREM 反演地表反射率的能力,特别是提高对大气气体吸收特征区域的反演能力(Gao 等,2009)。

4.4.3.4 FLAASH

过去 20 年,由美国空军实验室(Air Force Research Laboratory)、空间卫星指挥部(Space Vehicles Directorate)、Hanscom AFB 公司和 Spectral Sciences 公司等共同研发的 FLAASH(Fast Line-of-sight Atmospheric Analysis of Spectral Hypercubes)大气校正模型,为 VNIR-SWIR($0.4 \sim 2.5 ~\mu m$)的高光谱和多光谱图像提供了快速准确的大气校正方法(Adler-Golden 等,1999;Cooley 等,2002;Perkins 等,2012)。FLAASH 被设计为一款通用的大气校正模型,可以支持多种多光谱/高光谱传感器,包括 HyMap、AVIRIS、HYDICE、Hyperion、PROBE-1、CASI 和 AISA 等高光谱传感器以及 ASTER、IRS、Landsat、RapidEye 和 SPOT 等多光谱传感器。该模型采用了已有的经典算法和一些较新的光谱分析算法(如 Richter,1996;Moses 和 Philpot,2012),并借助 MODTRAN 辐射传输模型的新技术提升其精度和速度(Cooley 等,2002)。所以,通过估算高光谱图像中地表反照率、地面高程、大气柱水汽以及气溶胶和云的光学厚度等大气属性,FLAASH 可以根据物理基础准确地反演地表反射率(Kruse,2004),最终输出的结果除了多光谱/高光谱图像地表反射率以外,还有大气柱水汽图、云图和图像能见度范围等。

FLAASH 提供了基于像元的大气校正方法,在平面朗伯体地表假设下,通过辐射传输计算[类似公式(4.20)和公式(4.29)]将传感器端光谱辐射亮度 L_{obs} 转换为像元地表反射率 ρ。当地表符合朗伯体平面假设时,计算公式可表示如下(Cooley 等,2002;Richter 和 Schläpfer,2002;Perkins 等,2012):

$$L_{obs} = L_a + \frac{a\rho}{1 - \rho_e S} + \frac{b\rho_e}{1 - \rho_e S} \tag{4.34}$$

式中,ρ_e 是空间平均反射率,也包括了由大气散射引起的邻近像元效应(空间邻近像元辐射的贡献);S 是来自地面的大气半球反照率;L_a 是大气程辐射强度;a 和 b 是由大气条件及下垫面几何关系决定的系数;简化起见,公式中省略了波长。公式(4.34)的第二项表示到达地表的辐射(包括来自天空光和太阳直射的辐射)经后向散射直接进入传感器的部分;第三项为经过大气漫散射传输到传感器的地表辐射,包括"邻近像元效应"。假设 $\rho_e = \rho$,就可以忽略邻近效应影响,但在有薄雾或视场内地物对比强烈的情况下,这种方法

可能导致短波范围的大气校正出现明显误差(ACM 用户指南,2009)。

通过输入观测视场角、太阳角度、地表平均海拔,MODTRAN 可以计算出 a、b、S 和 L_a。这些大气特征参数假定了某种特定的大气模式、气溶胶类型和能见度范围。而大气柱水汽和气溶胶光学厚度两种变幅较大的大气参数对 VNIR–SWIR 范围的光谱影响很大(Perkins 等,2012)。为了确定这两项参数,内置于 FLAASH 中的 MODTRAN 算法需要通过波段比值法和反复迭代计算大气柱水汽含量;同时,采用暗像元法反演与气溶胶光学厚度相关的能见度。

FLAASH 通过对空间点扩散函数(spatial point spread function,PSF)进行卷积估算 ρ_e (Perkins 等,2012)。该函数描述了视线路径上不同间隔地面点像元的相对辐射贡献。为保证估算的精度,受云污染的像元需提前剔除。严格地说,式(4.34)中分子和分母中的 ρ_e 是不同的。但是,由于 $\rho_e S$ 通常很小,可以认为分母 PSF 与描述上行漫反射透射的分子 PSF 近似相等,因此利用式(4.34)可以近似求解 ρ_e:

$$L_e = L_a + \frac{(a + b) \rho_e}{1 - \rho_e S} \qquad (4.35)$$

式中,L_e 是经 PSF 卷积的辐射图像。当 a、b、S 和 L_a 由 MODTRAN 计算确定,并基于图像得到 L_e 和 L_{obs},像元地表反射率 ρ 就可以通过公式(4.34)计算得到。

FLAASH 选用两组光谱波段的比值来反演大气柱水汽。这两组光谱波段分别是:以水汽吸收带为中心的水汽吸收波段(通常是 1.3 μm 处的波段)和位于波段边缘的参考波段。当然,这种 FLAASH 默认的波段选择方案用户也可以不采用。为方便快速地反演水汽,FLAASH 通过 MODTRAN 生成了一个二维查找表来加速分析的过程。查找表中包括参考波段与水汽吸收波段的比值以及参考波段的辐射值(Perkins 等,2012)。FLAASH 中气溶胶/薄雾含量通过选择视场内的暗像元进行反演。暗像元基本会选择绿色植被和土壤,这些像元在 0.66 μm 与 2.10 μm 处的反射率比值基本稳定在 0.5(Kaufman 等,1997)。FLAASH 可以利用这个比值关系,在一系列能见度范围(如 17~200 km)对公式(4.34)和公式(4.35)进行反复迭代来反演气溶胶含量。具体而言,FLAASH 会计算出视场内暗像元 0.66 μm 处的平均反射率和 2.10 μm 处的平均反射率比值;并与 Kaufman 等(1997)测得的大约 0.45 的比值进行匹配,通过内插迭代确定获得最佳估计值的能见度范围。但是,注意只有当图像包含 0.66 μm、0.76 μm、1.13 μm 和 2.10 μm 等特定波段时,水汽和气溶胶反演才能够进行。根据相似的方法和 0.762 μm 处氧气吸收波段(与 ATREM 类似),FLAASH 可以估算出地表高程。此外,FLAASH 的一些特性还包括:①校正邻近像元散射影响;②利用水汽、氧气、二氧化碳等分子的强吸收特征对高光谱数据的波长进行重新校正;③校正光谱"smile"效应;④基于高光谱数据本身消除高光谱反射率反演过程中的干扰(Perkins 等,2012)。FLAASH 还可以校正传感器在天底点或倾斜视角下拍摄到的图像(AMC 用户指南,2009)。图 4.15 是利用 FLAASH 校正 Hyperion 图像获得地表反射率的示例。经大气校正后,Hyperion 图像中的地物具有丰富的光谱信息,如玉米呈现绿峰和红谷等典型绿色植被光谱曲线特征,但由于感染病害造成植株长势不佳,因此红波段的强吸收特征不明显(Yuan 和 Niu,2008)。

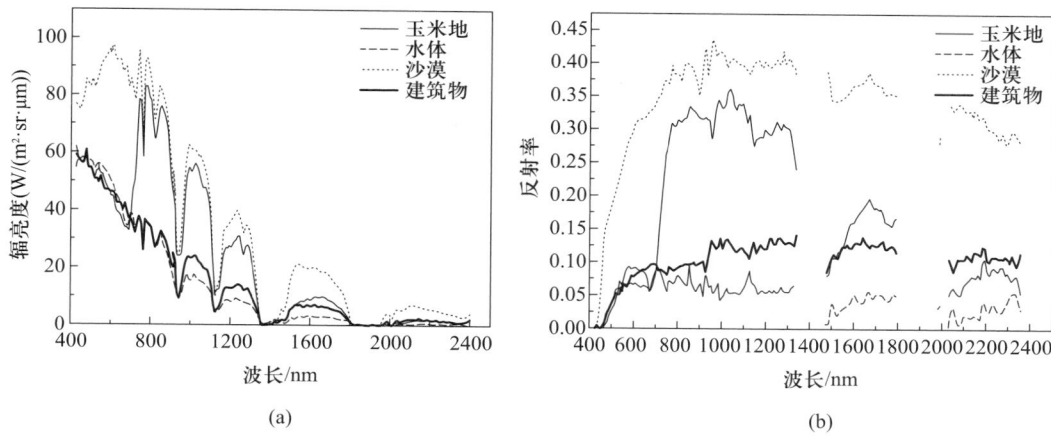

图 4.15 (a) Hyperion 图像 427~2396 nm 中 4 种典型地物(作物、水体、沙漠和建筑物)的传感器入瞳处辐亮度(图像于 2007 年 9 月 10 日在中国甘肃省张掖市采集);(b) FLAASH 大气校正后 4 种典型地物的光谱反射率(Yuan 等,2008)

4.4.3.5　HATCH

HATCH(High-accuracy ATmospheric Correction for Hyperspectral data)是美国科罗拉多大学博尔德分校研发的一款专门用于处理高光谱成像数据的大气校正软件。该软件可以将高光谱图像的辐射信息逐像元地转换为 0.4~2.5 μm 光谱范围的地表反射率信息(Qu 等,2003),从而获得图像高精度的地表反射率数据和大气柱水汽含量图像。作为 ATREM 模型的更新版本,HATCH 不仅增加了一些新功能,同时还采用了新的大气校正和大气辐射传输模拟技术,对 ATREM 的许多方面进行了改进,具体包括:①采用"平滑度检验"(smoothness test)技术和"k 相关法"(correlated-k method)改善对强水汽吸收带和各种大气气体重叠区域的处理效果;②HATCH 的光谱自动校准功能能够解决地表反射率反演中残留的大气特征问题和校准推扫式成像系统因采用"平滑度检验"技术而出现的光谱偏移问题。图 4.16 描述了利用 HATCH 程序反演 Hyperion 高光谱图像得到的地表反射率。

为了提高数据处理速度,HATCH 使用自己的辐射传输模型,与通常使用的 MODTRAN 辐射传输模型略有不同(Berk 等,1999)。在模型中,用于计算传感器端辐射亮度和反演符合平面朗伯体地表假设的地表反射率部分采用了公式(4.20)、公式(4.21)的计算过程。在已知太阳-传感器几何关系和大气水汽的情况下,辐射传输模型反演地表反射率的主要工作量是逐像元地计算 L_a、T_2 和 S 三个参量。为加快计算速度,HATCH 使用了一种名为多格点离散辐射传输(multi-grid discrete ordinates radiative transfer, MGRT)的新方法来求解辐射传输方程(Qu 和 Goetz,1999)。虽然这种新方法仅能得到与 DISORT 精度相当的结果(Stamnes 等,1988),但计算传感器入瞳处辐射亮度观测值的速

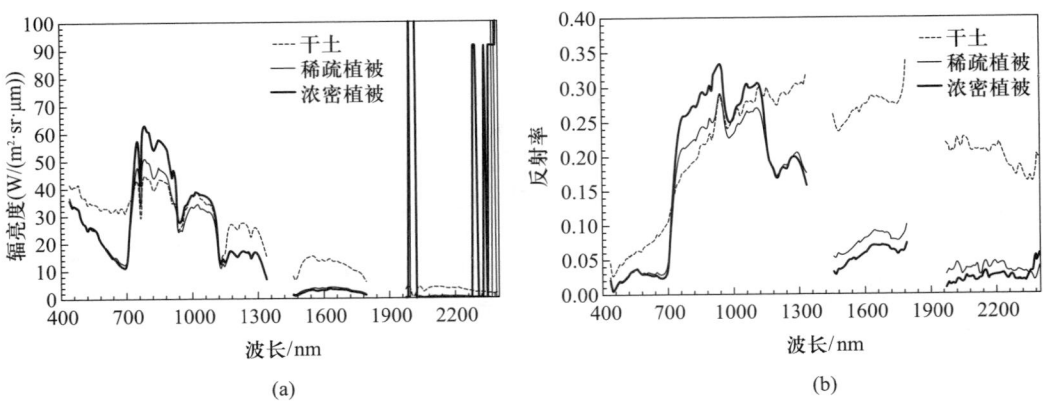

图 4.16　Hyperion 高光谱数据大气校正效果（数据于 2001 年 10 月 9 日采集于美国加利福尼亚大学伯克利分校的 Blodgett 森林研究站）：（a）原始传感器入瞳处辐亮度；（b）基于 HATCH 程序大气校正图（a）得到的地表反射率结果（据 Pu 和 Gong，2004）

度提高了 5～10 倍（Qu 等，2003）。

　　HATCH 使用 k 相关法（Goody 等，1989；Lacis 和 Oinas，1991）计算气体的吸收和透射，该方法可以将窄波段光谱辐射参量（如透过率）的逐行积分转换为在气体吸收系数累积概率分布函数上的积分。HATCH 基于 HITRAN2000 数据库（Rothman 等，2003）通过运行 LBLRTM 算法（Clough 和 Iacono，1995）构建 k 相关的查找表进行透射率计算。由于 HITRAN 数据库与算法是独立的，因此新版本的数据库一经获得，便可以很容易地更新查找表。k 相关法除了可以获得比波段模型（band model）更高的气体吸收、透射参量计算精度外，也能够清晰地表现大气多重散射和吸收的相互作用。因此，学者们期望 k 相关法对这种相互作用的更准确的估算能够提升 HATCH 在短波红外范围的表现（Qu 等，2003）。

　　水汽含量是吸收特征在 0.4～2.5 μm 光谱范围的大气成分中主要的不确定因素。在 HATCH 程序中，设计了一种名为"平滑度检验"的新技术用以避免对地表反射率的线性假定［关于线性假定参见 Gao 等（1993）中反演水汽含量的三波段比值方法］。研究发现，当水汽含量被低估或高估时，地表反射率均无法被正确反演。而大气校正质量不理想时，产生的反射率曲线通常都比固有的地表反射率光谱要粗糙。因此，理想的水汽含量估算结果是使得反演得到的光谱曲线在水汽吸收带部分能够尽量地平滑。"平滑度检验"技术即是在这一背景下被提出的。在各种光谱平滑度检验标准中，HATCH 采用的标准是：对于一个给定的水汽量［公式（4.21）］，先计算 0.8～1.25 μm 范围的地表反射率，然后利用余弦级数构建相应的平滑反射光谱（Qu 等，2003）。将两条光谱之间的均方根误差（root mean square error，RMSE）作为平滑度准则，RMSE 越低，光谱越平滑。图 4.17 给出了从 AVIRIS 图像中反演得到的反射率光谱及其对应的平滑光谱。如图所示，从上往下的第四对光谱中的粗实线光谱对应着利用该技术得到的最适水汽量。水汽量一旦在第一个像元中被计算出来，下一个像元就可以将该值作为初始值进行迭代优化。

　　基于已知的大气吸收特征，平滑度检验技术也被用于光谱校正。通过寻找最平滑的

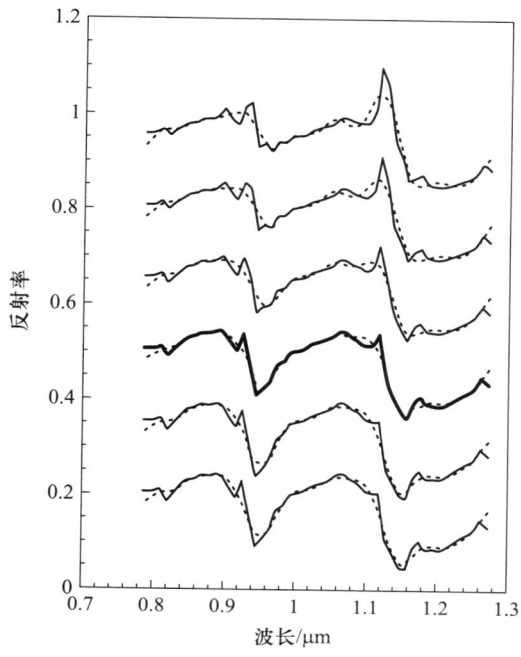

图 4.17 "平滑度检验"技术用于大气水汽反演。从上到下的第四对光谱(粗实线表示)对应由平滑
度检验技术计算的最适水汽量。相邻反射光谱偏移为 0.1(Qu 等,2003)

光谱能够确定波长的偏移校正量,而新的 HITRAN 数据库可以帮助更准确地确定大气气体的吸收位置。与未经过光谱校准处理的数据相比,经过 HATCH 校正的光谱会显著减少大气残留的特征(Qu 等,2003)。对推扫式传感器而言,主要需要校正光谱的"smile"效应。新版本的 HATCH(HATCH-2d)中,上述的这种光谱位移偏差可以得到校正。此外,针对不同光谱区域中 O_2、H_2O、CH_4 和 CO_2 等大气气体的吸收特征,HATCH-2d 也能根据这些特征分别校正不同范围的光谱。例如,HATCH-2d 参考 0.76 μm 附近的 O_2 吸收波段对 0.6~0.86 μm 范围的光谱进行校正;参考 1.14 μm 的水汽吸收带校正 1.06~1.25 μm 范围的光谱(Qu 等,2003)。

4.4.3.6 ISDAS

ISDAS(Imaging Spectrometer Data Analysis System)是原加拿大遥感中心开发的一款图像和光谱分析软件,与 20 世纪 90 年代末兴起的高光谱图像数据高效处理与分析相关的产业有关(Stazne 等,1998)。ISDAS 基于一个商用的图形数据处理应用可视化系统(Application Visualization System,AVS)开发,可以处理从 VNIR 至 SWIR(最长至 2.7 μm 波长)光谱范围的机载和星载的高光谱图像。用户通过使用 ISDAS 系统中的工具可以执行高光谱及其辅助数据处理、大气模型参数的校正、地表反射率转换以及图像数据的交互

式查看和分析等。

ISDAS 工具由四个主要部分组成：数据输入与输出、数据处理、数据可视化和信息提取。Stazne 等（1998）对 ISDAS 工具做了如下概括，并重点强调了数据预处理（包括大气校正）的功能。ISDAS 的数据输入与输出工具可以从各种数据源（不同媒介和格式）获得和输出图像立方体数据以及与其相关的辅助数据。可视化工具能够使用户在 1 维、2 维和 3 维空间环境下高效地查看高光谱数据并进行操作，方便用户对图像立方体数据进行观察并对相关数据进行探索和分析。高光谱数据处理系统的基本功能之一是从立方体数据中提取和分析光谱，而更深入的光谱分析可以通过后处理工具中的可视化工具进行。信息提取工具涉及对光谱图像立方体数据进行分类和制图，有光谱匹配、光谱分离、自动端元选择、交互式端元选择以及参数定量计算等。

数据预处理包括 8 类工具，分别是：

（1）旋转校正工具，用于消除影像立方体中因飞机姿态运动造成的显著影响。

（2）变换工具，用于降低图像立方体光谱维的维数对图像立方体进行变换，达到信息增强的目的。目前执行的变换算法有最大/最小自相关因子法（minimum/maximum autocorrelation factor，MAF）（Switzer 和 Green，1984）、最小噪声分离（minimum noise fraction，MNF）、主成分分析（principal component analysis，PCA）和波段矩分析（band-moment analysis，BMA）（Staenz，1992）。这些变换方法也被用在图像分类，如端元选择中。

（3）去噪工具，用于消除图像立方体中光谱维和空间维的噪声。通过将 MAP、MNF、PCA 与去噪工具结合，可以去除图像中条带噪声等的影响。

（4）SPECAL 工具，用于评价由光谱在波长上的偏移误差（光谱"smile"效应），并基于大气气体吸收特征进行校正。用户可以对图像立方体中给定的光谱范围进行光谱偏移校正。由于 SPECAL 工具与地表反射率反演工具前后关联，因此可以通过迭代执行波长偏移的评价和校正直至获得满意的地表反射率结果。

（5）检测和校正工具，用于对成像光谱仪（如 Hyperion 传感器）波段之间空间配准误差进行检测和校正。校正的方式是利用诸如道路和地面边界等图像局部空间特征对不同波段图像进行匹配，具体方法参见 Neville 等（2004）。

（6）地表反射率反演工具，基于 CAM5S 辐射传输模型（Canadian Advanced Modified 5S）（O'Neill 等，1996）生成的查找表进行地表反射率反演。地表反射率反演工具在高光谱数据分析中起着核心作用，并且是光谱定量分析的物理基础。基于查找表方法，地表反射率反演程序（Staenz 和 Williams，1997）可以显著降低辐射传输模型的运行次数。由模型生成包含 5 个维度的查找表可以得到用于消除大气散射和吸收影响的加性和乘性系数。其中，5 个维度包括波长、像元位置、大气水汽、气溶胶光学厚度和地表高程。此外，地表反射率反演工具还具有以下特征：①对大气气体和气溶胶作高度分层考虑；②基于图像对大气水汽含量进行估算；③邻近效应去除；④基于朗伯体假设校正坡度和坡向影响；⑤选择合适的大气层外太阳辐射方程分析（Stazne 等，1998）。不论对单条光谱还是整景图像都可以通过前向（传感器端辐射亮度估算）和后向（地表反射率估算）的两种模式进行计算。

（7）后处理工具，用于去除数据定标和大气校正过程中干扰的影响。这一方法选择一些光谱呈水平状的目标在模拟反射率和实测反射率之间构建一个最优的拟合方程，并

求得用于校正波段与波段间偏差的增益和偏置系数(Staenz 和 Williams,1997)。此外,工具还提供了最小二乘平滑、高斯、三角、指数和矩形卷积核等几种方法用于反射率的后处理过程(Stazne 等,1998)。

（8）光谱模拟工具,用于模拟各种用户定义的现有的或未来的传感器光谱数据。该工具可根据传感器的波段中心波长、半高波宽以及相关的光谱响应曲线对波段的光谱特征进行模拟。图 4.18 是利用 ISDAS 系统中数据预处理的几种工具处理 Hyperion 高光谱数据的结果(Khurshid 等,2006)。图 4.18a 比较了原始的(虚线表示受"smile"效应影响的光谱)和经增益-偏置校正后的(实线代表经过校正的光谱)植被像元和土壤像元的光谱;而图 4.18b 是根据图 4.18a 样本反演得到的地表反射率光谱。

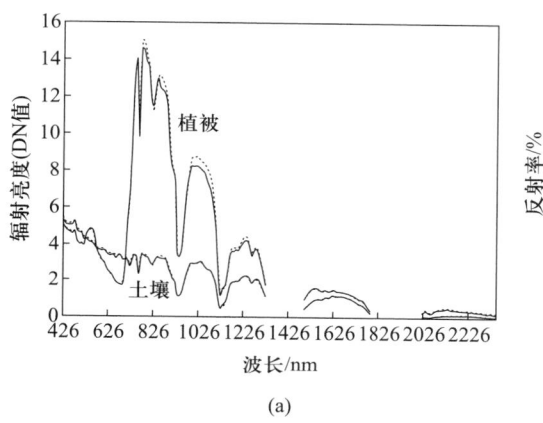

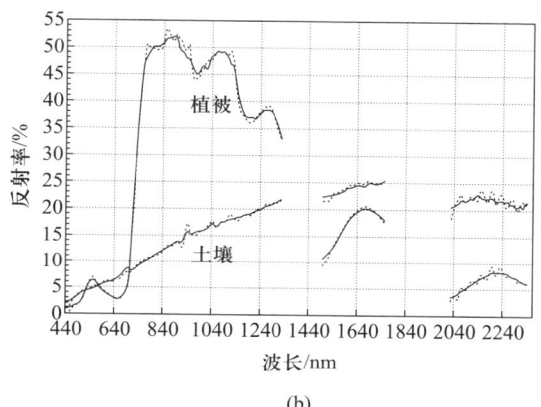

(a)　　　　　　　　　　　　　　(b)

图 4.18　Hyperion 图像内植被和土壤像元在 ISDAS 大气校正前(a)和大气校正后(b)的辐射光谱比较(数据于 2002 年 6 月 30 日收集于 Indian Head,Saskatchewan)。图(a)呈现了"smile-frown"增益和偏置校正前后的结果,其中,实线代表校正后结果,虚线表示未经校正的"smile-frown"影响结果。图(b)是未后处理(虚线)和经后处理(实线)的大气校正结果(Khurshid 等,2006)

ISDAS 系统通过集成许多工具,实现包括高光谱及其相关数据的读入、传感器光谱波段偏移校正、地表反射率反演、数据的交互式查看和分析,以及定性和定量的信息提取和分析。这些工具能够兼容不同高光谱遥感数据源(如 AVIRIS、CASI、PROBE-1 和 SFSI),并支持精准农业、森林监测、地质勘探以及环境监测等领域的应用(Stazne 等,1998;Nadeau 等,2002;Khurshid 等,2006)。

4.4.3.7　几种基于辐射传输理论的大气校正方法比较

在介绍 6 种常用的基于辐射传输模型的大气校正算法后,表 4.1 中将这些算法的主要特点、大气水汽含量和气溶胶光学厚度的估算方法、开发者以及参考文献进行总结。基于有限的对这几种大气校正算法进行的比较研究发现,当输入相同或相似的参数时,这些模型在地表反射率反演、大气水汽含量和气溶胶光学厚度估算方面的能力是比较接近的(表 4.2)。

表 4.1 六种适用于高光谱图像的基于辐射传输模型的大气校正方法

大气校正方法	特点和关键特性	水汽/气溶胶评估方法	开发者	文献
ACORN	基于 MODTRAN4＋的地面反射率反演方法,对地表植被液态水与液态水吸收重叠特征进行光谱拟合,可用于光谱增强	利用高光谱遥感数据,在像素水平上使用 940 nm 或 1150 nm 的水汽吸收波段进行水汽估计。通过分析 400～1000 nm 区域内的高光谱数据空间和光谱信息可估计能见度	美国 Analytical Imaging and Geophysics 公司	Chandrasekhar (1960);ImSpec (2002)
ATCOR	基于 MODTRAN4＋,包括大气校正和地形校正功能。程序采用了一个大型数据库以避免耗时的迭代。对邻近效应、地形和 BRDF 效应进行校正	采用以 940 nm/1130 nm 为中心波段的波段比值技术,在像元水平上进行水汽反演。在 MODTRAN4＋中使用气溶胶模型估计气溶胶光学深度	德国航空航天中心	Richter (1990,1996,1998); Richter 和 Schläpfer (2002)
ATREM	以 5S 和 6S 为基础,在缺少现场测量的情况下,高光谱遥感数据中得到地表反射率和水汽图像。新版本采用逐行大气透射率模型和 HITRAN2000 数据库	使用三波段比值法,在 0.94 μm 和 1.13 μm 水汽吸收波段从像元水平上计算水汽量。在 0.40～0.60 μm 光谱范围内拟合传感器段辐射值,采用非线性最小二乘法对气溶胶光学深度进行估计	美国科罗拉多大学地球空间研究中心	Gao 等 (1993);Gao 等 (2009)
FLAASH	基于 MODTRAN4＋的地表反射率反演方法,能够校正视场中邻近像素散射。对高光谱传感器波长进行校准,修正光谱"smile"误差,并基于数据本身去除反射率反演中的伪影	两组光谱波段的辐射率平均值:一组以 1.13 μm 为中心的波段吸收"波段段或一组,以及一组取自该波段两侧的参考波段。采用暗像元在 0.66 μm 处平均反射率与 2.10 μm 处的平均反射率之比对气溶胶光学厚度进行估计	美国空军实验室、空间卫星指挥部、Hanscom AFB 公司和 Spectral Sciences 公司	Adler-Golden 等 (1999);Cooley 等 (2002);Perkins 等 (2012)
HATCH	利用 HATCH 辐射传输模型提取高光谱遥感图像中的地表反射率和水汽图像,用 k 相关法计算气体的吸收和透过率,使用已知大气吸收特征进行光谱校准,修正由推扫模式"smile"现象引起的光谱偏移误差	水汽含量是用一种称为"平滑度检验"光谱匹配技术进行估计。HATCH 使用AFGL 标准气溶胶数据对流层气溶胶进行分析,HATCH 的一个新建是允许不同类型的气溶胶混合,例如,将沿海地区的海洋和城市气溶胶混合	美国科罗拉多大学博尔德分校	Qu 和 Goetz (1999);Qu 等 (2003)

续表

大气校正方法	特点和关键特性	水汽/气溶胶评估方法	开发者	文献
ISDAS	以 MODTRAN4 和 CAM5S 为基础,在没有地面测量的情况下获得地表反射率,建立在可视化应用系统上,校正视场中相邻像元的光散射。利用气体吸收特性重新校准高光谱传感器波长,修正光谱"smile"误差和"keystone"空间匹配误差	根据 1130 nm 水汽吸收波段,结合曲线拟合技术,从数据本身逐像元估算大气水汽含量。在 MODTRAN4 中使用气溶胶模型对气溶胶光学深度进行估算	原加拿大遥感中心	Staenz 和 Williams (1997);Stazne 等 (1998)

表 4.2 不同大气校正方法在地表反射率和水汽含量反演性能方面的对比

大气校正方法	成像区域特征	高光谱数据	大气校正结果	大气校正方法的性能评价	文献
FLAASH vs. ATCOR2	成像区域位于热液蚀变区 Gumuşhane 省(土耳其)。该地区观察到的水热蚀变类型有叶状、泥质、丙基、铁氧化和硅化等	EO-1 Hyperion 高光谱图像数据。从实验室 ASD 地物光谱测量	从 Hyperion 数据中得到两个基于辐射传输模型大气校正方法的地表反射率	利用这些热液蚀变区获得的六种矿物实测反射率数据,研究了从 Hyperion 图像单个像素中得到的地表反射率。从 ASD 和成像光谱中提取的 5 个光谱参数是:①正常光谱曲线的一般形状和对称性;②连续统去除光谱的位置的波段深度;③在连续统去除光谱中,诊断吸收光谱的深度;④归一化吸收深度;⑤连续统去除光谱吸收特征光谱分析中所使用的位置。根据对图像反射率数据进行的 5 个参数的结果,分别由 FLAASH 和 ATCOR2 给出了相似的结果。理想的地表反射率数据以及与地面真实反射率接近的数据。然而,FLAASH 的效果优于 ATCOR2	Kayadibi 和 Aydal (2013)
ACORN vs. FLAASH vs. ATCOR2-3	成像区域位于土耳其 Anatolia 中部由稀疏植被覆盖的变质岩	EO-1 Hyperion 高光谱图像数据,ASD 地物光谱测量数据	从 Hyperion 数据和大气校正光谱中提取到的表面反射率	采用两种方案,分别对不同波长的光谱和光谱吸收特性进行了对比分析,并对四种不同的大气校正方法进行了评价。研究结果表明,通过岩体和矿物学调查,对所有四种大气校正方法都成功获取到地面反射率,其中 ACORN 的性能略好	San 和 Suzen (2010)

续表

大气校正方法	成像区域特征	高光谱数据	大气校正结果	大气校正方法的性能评价	文献
ACRON vs. ATCOR4 vs. ATREM vs. CAM5S (ISDAS) vs. FLAASH vs. HATCH	用于创建合成数据集合表的表面光谱信息。来自在美国科罗拉多州 Morgan 测定的土壤和植被两种野外光谱,转换为与实际 AVIRIS 2001 波长设置匹配的格式	合成的 AVIRIS 数据,运行得到的 MODTRAN4 合成的 ARIVIS 数据,用于参考反射光谱和水汽含量	利用六种基于辐射传输模型的大气校正方法,从合成 AVIRIS 数据中得到反射率和水汽含量	合成 ARIVIS 图像通过每个选定的大气校正方法运行,并将结果(检索的表面反射率和水汽含量)与初始光谱信息(用于判断检索反射率)进行比较。为了判断检索反射率的性能,使用的六种大气校正方法能够在整个光谱区域上反演表面反射率,因此没有一种方法对不同方法进行组合。为了检验大气校正方法在水汽反演中的性能,构建了各场景下真实水汽反演的二维散点图。结果表明,在水汽含量反演中,选择较优的大气校正方法的顺序为:ACORN = ATCOR(最优)>HATCH>CAM5S>ATREM>FLAASH(最差)	Ben-Dor 等 (2005)
ACORN vs. ATREM vs. FLAASH	AVIRIS 成像区域位于美国科罗拉多博尔德,区域中包含典型的砾石地貌	AVIRIS 机载高光谱数据,ASD 地物光谱测量	除了校正的地表反射率,还得到了其他数据产品。每一种大气校正方法都会产生几种产品:ACORN 还可以选择产生一个液态水分布图,而 FLAASH 会产生一个云掩膜	根据类似的参数使用每个软件校正 AVIRIS 数据。使用了三种大气校正方法,所有校正后的反射率都与特定材料相似,并且通常与已知光谱匹配。这三种模型在使用相同的参数时都会产生相似的地表反射率,但也存在一些差异。在 AVIRIS 飞行过程中获得的地物光谱测量值在绝对反射率范围内,有大约 5% 的光谱测量值差异。综上所述,ATREM,ACORN 和 FLAASH 产生了类似的大气校正结果	Kruse (2004)
ATREM vs. FLAASH	两景 AVIRIS 图像覆盖美国加利福尼亚州 Moffett Field 和 Jasper Ridge,分别包含丘陵山地和城市区场景	机载 ARIVIS 和 HYDICE 数据,该研究不需要参考光谱	除了从 ARIVIS 和 HYDICE 数据中获得的表面反射率外,两个大气校正方法还产生了综合柱层水汽,场景型气溶胶类型和能见度的图	使用 AVIRIS 校正模型获得的柱层水汽和地表反射率,比较了从两种大气校正模型在干燥、清晰的条件下都能得到相似的柱层水汽和地表反射率,但在潮湿、模糊的条件下会有所不同。根据地表反射率检索中特定输入参数的敏感度,大气校正模型输入的某些变化会产生接近 0.1 的检索反射率差异。处理高光谱数据立方体的计算结果表明,优化后的 FLAASH 模型在计算代价上与 ATREM 模型相似	Griffin 和 Burke (2003)

理论上,基于辐射传输模型的大气校正算法能去除传感器测得的辐射能量中大气气体分子和大气粒子散射和吸收的影响,获得准确的地表反射率。然而,实现这样精确的校正需要获得现场实测的大气信息作为模型的输入。而实际上,许多应用研究特别是对历史遥感数据进行校正和分析时通常无法获取现场实测的大气参数,这就成了此类模型应用的主要限制因素。因此,许多研究人员往往只使用由一些商业软件(如 ENVI 中的 FLAASH 大气校正算法)提供的一些可选的基本大气模式和参数。应注意到这种大气校正的结果不一定会令人满意,校正的过程也可能会造成信噪比降低。例如,Pu 等(2015)在利用 WorldView-2 图像识别城市树种的研究中,评价了大气校正算法的作用。在无可用现场实测大气参数信息的情况下,利用 FLAASH 算法进行大气校正,并比较了不同大气校正算法的效果。研究结果表明,基于 ELC 的大气校正算法能够获得比 FLAASH 更理想的结果,这可能是由于 ELC 使用的经验线性方程不需要知晓地表特征和大气条件这些先验知识。

4.4.4　相对大气辐射校正方法

正如前面的部分中论述的,绝对大气辐射校正是利用经验统计的或基于物理辐射传输模型的大气校正算法将高光谱图像 DN 值转换为地表反射率。这些绝对大气校正的结果在高光谱遥感研究和应用中非常重要,但并非所有的研究或应用都需要使用绝对大气校正方法处理高光谱遥感图像。对于某些研究和应用需求,采用一些相对大气校正方法和归一化方法即可满足需要,如基于单景高光谱图像识别地表特征,以及利用多时相遥感图像进行特征变化检测等(Song 等,2001)。另外,一些研究之所以不使用绝对大气校正方法是因为这些方法所需的特定信息和地面数据并非总能获取到(Du 等,2002)。因此,本小节将介绍两种相对大气校正的方法,分别是基于直方图调整的单景图像校正方法和基于回归模型的多时相图像归一化方法。

基于直方图调整的单景图像大气校正方法依据如下假设发展而来:图像近红外和中红外(> 0.7 μm)部分的光谱反射率由于不受大气散射影响无须校正,而可见光(0.4~0.7 μm)部分的光谱反射率由于强烈地受大气影响因而需要校正。算法主要分两步:第一,计算多光谱/高光谱遥感数据的直方图,确定每个可见光波段的最小值;第二,利用简化公式:*output DN = input DN-bias*,校正大气散射(程辐射)的影响,其中 *bias* 通常指定为暗像元的散射值。大气散射影响一般会导致图像在可见光范围(如 TM 1~3 波段)具有更高的最小 DN 值,因此可以通过确定图像可见光部分的最小值,利用第二步的公式消除图像可见光范围内的大气影响。目前,有多种方法可以确定可见光波段的最小值,例如,可以通过估算可见光波段的直方图来确定暗目标(如深而清澈的水体)的 DN 值(Lu 等,2002)。实际应用中,常假定每个可见光波段像元的最小 DN 值为零,如最小 DN 值的像元辐射亮度值不为零,就认为是大气散射或薄雾影响的结果(Jensen,2005)。因此,只要减去图像内暗像元的辐射亮度值就可以校正大气的影响。

多时相图像归一化方法是使用回归模型将一个日期的图像与另一个日期的图像进行归一化,以便使不同时相的遥感图像具有近似相同的辐射特性。多时相遥感数据常用于

土地利用覆盖变化和其他地表特征的变化检测研究,但获取到的遥感数据往往无法准确对应每年的同一时间,同时太阳角度、大气条件以及土壤湿度等因素在不同时间也会发生变化(Lu 等,2002)。多时相图像归一化方法通过从多时相图像中选择一个时间的图像作为参考图像,利用线性回归模型将其他时相的图像的辐射水平归一化至为参考图像的相似水平。这种相对大气归一化方法本质上是经验性的,并且假设不同时相图像之间存在简单的线性关系,且稳定特征在图像中占据主导。在归一化过程中,假设一些地物目标的伪不变辐射特征(pseudo-invariant feature,PIF)在时相间不发生变化,是稳定的常数。基于这一假设就需要从多时相图像中识别出 PIF,并通过这些 PIF 构建回归方程。为确保该方法的有效性,识别的 PIF 应具有两个特征(Song 等,2001;Jensen,2005):①PIF 的光谱特征基本不随时间改变,如深而清澈的水体、裸土、大型屋顶等;②由于环境胁迫和植被物候会引起植物光谱随时间的变化,因此 PIF 一般不包含或仅包含极少量的植被,有时图像中一些年际间几乎无变化且受干扰很小的成熟森林也可选作 PIF。现有的相对大气归一化方法都需要辨识 PIF,随着方法的发展也出现了一些能有效获得 PIF 的方法。例如,二维散点图法(Song 等,2001;Du 等,2002)可以帮助有效确定 PIF 像元,具体就是让一个坐标轴代表一个时相的图像,另一个坐标轴代表另一个时相的图像。将图像所有像元 DN 值在这个坐标系中绘制二维散点图,则所有不变特征的 DN 值会形成一个"脊线",这条"脊线"实际也就定义了不同时相的图像间的线性关系。如图 4.19 所示的"脊线"区域可能存在一些 PIF 像元。当理想的 PIF 识别出来后,通过将归一化图像(DN_x)和参考图像(DN_y)的 PIF 值进行关联就可以构建出线性回归模型,通常描述为:$DN_y = a \cdot DN_x + b$,其中回归模型的斜率 a 是一个乘性分量(增益),能够归一化不同时相图像由于太阳角度、

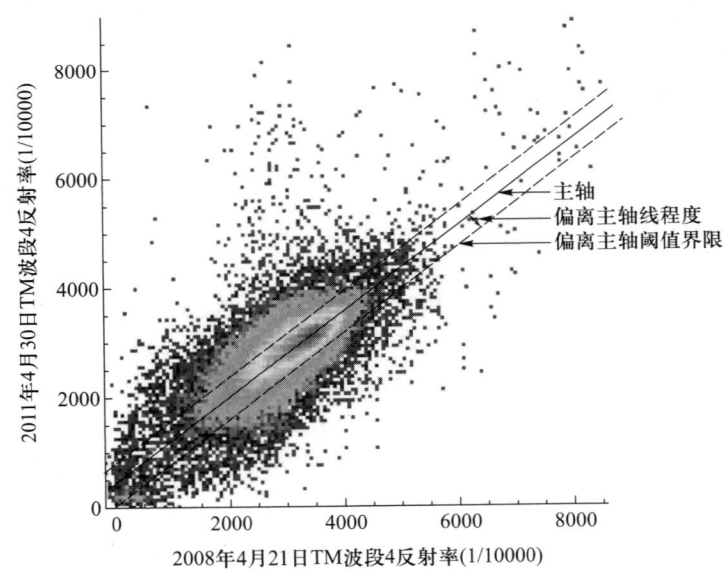

图 4.19　两景 Landsat TM 图像(2008 年 4 月 21 日和 2008 年 4 月 30 日)的第 4 波段散点图。图中呈现了主轴和两条阈值线之间的"脊线"区域。根据实际应用情况,利用与主轴的垂直偏离确定阈值(参见书末彩插)

大气条件等变化产生的差异;截距 b 是一个加性分量(偏置),可以归一化多时相数据间大气程辐射的差异。一旦计算出参数 a 和 b,就可以利用回归方程将某个时相图像的所有像元 DN 值归一化到参考图像的水平上。但应注意图像不同波段的 a 和 b 不同,每个光谱波段都必须单独进行归一化校正。同时,PIF 和图像像元值可以是 DN 值、辐射亮度或反射率。

4.5　大气水汽和气溶胶估算方法

如前所述,大气水汽和气溶胶含量在空间和时间上都是可变的,因此它们被认为是高光谱图像大气校正的两个关键因素。本节将简要介绍和讨论一些具有理论和实际意义的高光谱图像水汽含量和气溶胶光学厚度反演方法。这些方法之所以能够被不断应用,不仅在于它们能提高大气校正的精度和反演地表反射率,而且还在于它们可以为其他应用提供大气柱水汽含量、气溶胶光学厚度等信息。

4.5.1　大气水汽含量

反演高光谱图像大气水汽含量的两种通用方法是吸收差异法(differential absorption)和光谱拟合法(spectral fitting)。吸收差异法是一种相对简单实用的方法,可以较快速地确定吸收波段的水汽含量。一般来讲,在吸收差异法中,大气水汽吸收特征波段的实测辐射值与其邻近参考波段的辐射值之间的比值被用于检测相对吸收强度(Schläpfer 等,1998)。然后,可以使用线性或非线性模型将这个比值直接用于水汽含量的反演。此类方法包括窄/宽波段法(Frouin 等,1990)、连续统内插波段比值法(Green 等,1989;Bruegge 等,1990)、三波段比值法(Gao 等,1993)、线性回归比值法(Schläpfer 等,1996)和大气预处理吸收差异法(Schläpfer 等,1998)。光谱拟合法是基于光谱辐射传输模型模拟的光谱与传感器实测光谱进行匹配,以确定高光谱图像的水汽含量。常见的光谱拟合技术有曲线拟合法(Gao 和 Goetz,1990)、平滑度检验法(Qu 等,2003)和波段拟合法(Guanter 等,2007b)。考虑到上述光谱拟合方法需要用户具备大气辐射传输模型、光谱模拟、线性和非线性最小二乘拟合等方面的知识和经验,加之这类方法的运算较为耗时,因此本节不对其做进一步介绍,感兴趣的朋友可以通过参考相关文献进行学习。

4.5.1.1　窄/宽波段法

窄/宽波段法(narrow/wide,N/W)是由 Frouin 等(1990)提出的一种估算多光谱/高光谱图像空间总水汽含量的方法。该方法用到宽、窄两个光谱波段,这两个波段在 0.94 μm 附近水汽吸收峰值处具有相同的中心波长,图 4.20a 显示了两个波段的位置及波段宽度。窄波段与宽波段的比值 $R_{N/W}$[式(4.36)]是一个与地表反射率无关的值,用以计算沿光线辐射路径积分的水汽含量估计值,其表达式如下:

$$R_{N/W} = \frac{L_{narrow}}{L_{wide}} \tag{4.36}$$

式中，L_{narrow}是窄波段平均辐射观测值；L_{wide}是宽波段平均辐射观测值。这种方法主要适用于多光谱数据，当用于高光谱数据时需要将光谱波段平均为窄波段和宽波段。$R_{N/W}$与总水汽含量的探空测量值之间存在较好的指数关系，误差在 10%～15% 的可接受范围内（Frouin 等，1990）。

Frouin 等（1990）证实了窄/宽波段法可以在晴天的海洋及陆地机载试验中有效反演大气水汽含量。但当气溶胶层较厚时，通过该方法反演的海洋上空水汽含量可能会存在 20% 的低估。总之，窄/宽波段法具有运算简便的优势，虽无法像卫星微波遥感技术那样可以在大多数天气条件下使用，但也是陆地范围大气校正中的一种值得信赖的方法。

4.5.1.2 连续统内插波段比值法

连续统内插波段比值法（continuum interpolated band ratio，CIBR）（Green 等，1989；Bruegge 等，1990）基于 0.94 μm 处水汽吸收带中心辐射观测值和吸收带两侧连续统上（图 4.20b）的辐射值构建，通过在两个相邻连续统辐射值之间进行线性内插估算水汽吸收波长位置的连续统辐射值。Green 等（1989）首次报告了 CIBR 方法反演 AVIRIS 大气柱水汽总量的情况。Bruegge 等（1990）基于探空等观测验证了该方法的准确性。CIBR 的比值 R_{CIBR} 由波长 λ_1 和 λ_2 处内插的连续统辐射值与波长 λ_0 处的水汽吸收波段辐射值构建，公式如下：

$$R_{CIBR} = \frac{L_{\lambda_0}}{w_{\lambda_1} L_{\lambda_1} + w_{\lambda_2} L_{\lambda_2}} \tag{4.37}$$

$$w_{\lambda_1} = \frac{\lambda_2 - \lambda_0}{\lambda_2 - \lambda_1} \tag{4.38}$$

$$w_{\lambda_2} = \frac{\lambda_0 - \lambda_1}{\lambda_2 - \lambda_1}. \tag{4.39}$$

式中，L_{λ_0}、L_{λ_1} 和 L_{λ_2} 依次是传感器测得的 λ_0、λ_1 和 λ_2 波长处的辐射值。

由图 4.20b 可以发现，当水汽含量降低时，L_{λ_0} 减小，同时 λ_1 和 λ_2 处的辐射值没有明显变化。大量的模拟和试验证实了比值 R_{CIBR} 与大气柱水汽含量（W）关系密切，可通过式（4.40）近似计算（Carrère 和 Conel，1993；Liang，2004）：

$$R_{CIBR} = e^{-\alpha W^\beta} \tag{4.40}$$

式中，α 和 β 均为系数。

Carrère 和 Conel（1993）基于一景美国加利福尼亚州 Salton Sea 地区的 AVIRIS 图像比较了 CIBR 和 N/W 两种方法反演大气柱水汽总量的效果。基于 LOWTRAN7 辐射传输模型进行误差分析，CIBR 方法对除能见度误差外的干扰均不敏感。此外，采用 Reagan 太阳辐射计对水汽含量进行同步实测，发现 N/W 方法反演的水汽含量更接近实测。

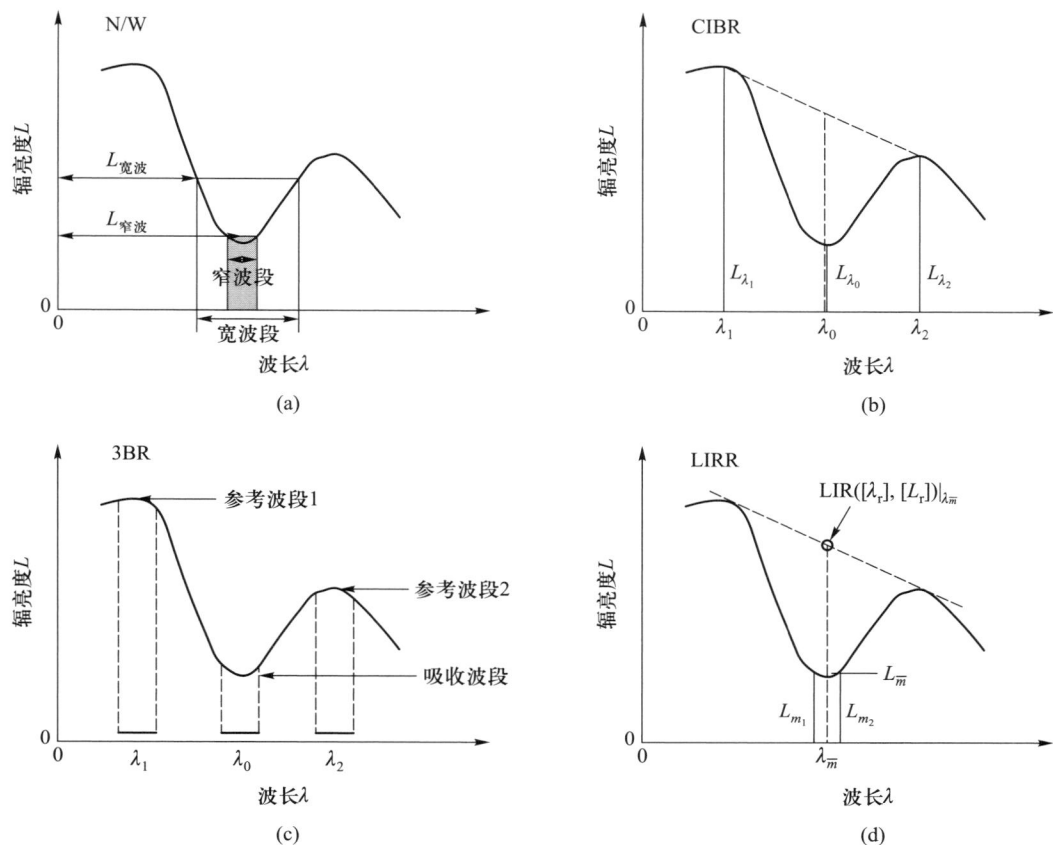

图 4.20 四种吸收差异法反演大气水汽含量(使用模拟的光谱辐射数据)。(a)窄/宽波段法(N/W):含有吸收特征的相对窄的波段和含有吸收特征的相对宽的波段;(b)连续统内插波段比值法(CIBR):两个参考波段和两个参考波段中间的吸收波段;(c)三波段比值法(3BR):吸收波段波长位置及其相邻波段波长位置;(d)线性回归比值法(LIRR):线性回归线和测量的吸收波段波长平均位置

4.5.1.3 三波段比值法

三波段比值法(three-band ratioing,3BR)实际是 CIBR 方法在 $w_{\lambda1} = w_{\lambda2} = 0.5$ 情况下的一种特殊计算。Gao 等(1993)首次报告了利用 3BR 方法和 AVIRIS 高光谱图像在 0.94 μm 和 1.14 μm 水汽吸收特征逐像元地估算水汽含量。该方法的提出主要基于两方面考虑:一是普通土壤和岩石在 0.94 μm 和 1.14 μm 水汽吸收范围的光谱反射率几乎呈线性变化(Gao 等,1993);二是这两个波段的透射率对典型大气条件下的水汽含量变化敏感(Gao 和 Goetz,1990)。该方法的优势是可以消除地表反射率影响,得到两个大气水汽吸收波段的透过率(图 4.20c)。当然,水汽反演精度不仅依赖于使用的光谱模型,也取决

于使用的大气温度、气压等参数(Gao 和 Goetz,1990)。

例如,Gao 等(1993)在反演 AVIRIS 图像水汽含量时,首先通过计算 0.945 μm 附近的 5 个 AVIRIS 波段表观反射率均值,获得 0.94 μm 水汽波段的平均表观反射率。然后,依次以 3 个邻近波段取平均的方法计算了 0.865 μm 和 1.025 μm 这两个 0.94 μm 前、后波段的平均表观反射率。在此基础上,将 0.94 μm 水汽中心波段的平均表观反射率除以水汽吸收波段前、后两个波段的平均表观反射率,获得三波段比值。最后,通过比较观测的平均透过率(相当于三波段比值)和通过大气模型和光谱模型计算的平均透过率理论值,估算太阳—地表—传感器路径上的水汽量。同样,基于类似的过程也可以计算 1.14 μm 水汽波段的太阳—地表—传感器路径上的水汽含量(Gao 等,1993)。而0.94 μm 和 1.14 μm 波段的平均水汽含量将作为对应像元的水汽含量最佳估算值。需要指出的是,3BR 方法在实际使用时,可以通过调整水汽吸收波段及其两侧波段的中心波长和波宽来减小可能的误差影响。

4.5.1.4   线性回归比值法

Schläpfer 等(1996)提出的线性回归比值法 (linear regression ratio,LIRR)是 CIBR 的一种扩展。该算法考虑尽可能多的波段,将水汽吸收带(如 0.94 μm)周围的一组参考波段作线性回归,以其回归线作为类似连续统方法中的内插线 $LIR([\lambda_r][\lambda_r])$ (如 CIBR 和图 4.20b 提及的方法),比值 R_{LIRR} 定义为

$$R_{LIRR} = \frac{L_{\bar{m}}}{LIR([\lambda_r],[L_r]) \mid \lambda_{\bar{m}}} \tag{4.41}$$

式中,$L_{\bar{m}}$ 是水汽吸收波段平均辐射值;$LIR([\lambda_r],[L_r]) \mid_{\lambda_{\bar{m}}}$ 是波长为 $\lambda_{\bar{m}}$ 的线性回归线 $LIR([\lambda_r],[L_r])$ 的估计值(图 4.20d)。

Schläpfer 等(1996)比较了包括 N/W、CIBR 和 LIRR 等一些吸收差异方法估算 AVIRIS 图像水汽含量的精度,结果表明,只有 LIRR 可用于反演水面上方的水汽含量。这是因为 LIRR 能够捕捉到 0.73 μm 波段附近较弱的水汽吸收,该波段噪声误差水平较低,约为 7%。而 0.94 μm 的吸收带由于缺乏湖面反射辐射的测量,所有吸收差异水汽反演方法在该波段的误差达到 30% 甚至更高。对于植被上空的水汽含量,所有的方法都能够有效反演,并获得比较理想的精度。相对而言 CIBR 和 LIRR 的估算精度较高,CIBR 的误差为 6.7%,LIRR 的误差为 2.6%。

4.5.1.5   大气预处理吸收差异法

理论模拟和实验结果均表明 CIBR 仅在高反射背景条件下能较好地反演水汽含量,在低反射背景条件下反演水汽量容易出现较大误差(Schläpfer 等,1998),并导致对暗表面水汽含量的低估(Gao 和 Goetz,1990)。采用 N/W 法估算低反射背景的高光谱影像水汽含量时,也会产生与 CIBR 类似的结果。针对上述问题,Schläpfer 等(1998)基于物理辐

射传输模型设计了一种吸收差异方法——大气预处理吸收差异法（atmospheric pre-corrected differential absorption，APDA）。该方法能够利用传感器测量的表观反射率对低反射背景下水汽量反演的误差进行校正。事实上，这里的"预处理"指每个波段的传感器辐射值 L（包括参考波段和水汽吸收波段）都需要扣除相应的大气程辐射。而将这种"预处理"后的传感器辐射值代入 LIRR 方程[式（4.41）]就形成了类似 R_{LIRR} 的 APDA 比值指数 R_{APDA}：

$$R_{APDA} = \frac{[L_{\bar{m}} - L_{\overline{atm,\bar{m}}}]_i}{LIR([\lambda_r]_j, [L_r - L_{atm,r}]_j)|_{\lambda_{\bar{m}}}} \qquad (4.42)$$

式中，$LIR([x],[y])|_a$ 表示通过 $x = a$ 求经过点 (x,y) 的回归线（类似图 4.20d 中的线）；括号中的参数分别表示中心波长和测量波段（i）和参考波段（j）大气预处理后的辐射值。

众所周知，大气程辐射 L_{atm} 与地面反射率无关，但对大气成分特别是气溶胶含量和水汽含量敏感。方法中的大气预校正项 $L_{atm,i}$ 是海拔、气溶胶含量、波段位置以及水汽含量的函数（Schläpfer 等，1998）。通过辐射传输模型（如 MODTRAN4）可以模拟地表反照率为零时不同高度和水汽含量下传感器入镜处的全部辐射，即 $L_{atm,i}$（详细过程可参见 Schläpfer 等，1998）。如果预处理的传感器辐射值仅使用一个测量波段和两个参考波段，那么 R_{APDA} 的形式就与 R_{CIBR} 类似[公式（4.37）]。Schläpfer 等（1998）使用 APDA 方法处理 1991 年和 1995 年的两景 AVIRIS 图像，发现该方法反演的大气柱水汽总量的精度与探空实测数据非常接近，误差仅在±5%左右。

4.5.2　大气气溶胶

大气气溶胶（灰尘、烟雾和大气污染物颗粒）是通过散射和吸收大气传输路径上的太阳辐射对遥感信号产生强烈影响的。校正大气气溶胶影响需要计算遥感图像中气溶胶含量或气溶胶光学厚度的分布。本小节着重介绍两种在高光谱图像中经常使用的大气气溶胶含量和气溶胶光学厚度反演方法，包括稠密植被暗目标法（Kaufman 和 Tanré，1996）和 550 nm 处气溶胶光学厚度法（550 nm 处 AOT）（Guanter 等，2007a、b）。

4.5.2.1　稠密植被暗目标法

由于气溶胶在低反射的地表背景中有强烈影响，所以可以利用图像内最暗的像元估算气溶胶量。根据公式（4.32）能够近似计算低反射表面的表观反射率，并基于此反演气溶胶程辐射和光学厚度。程辐射对表观反射率的影响主要体现在波长较短的可见光区域和地表反射率较低的空间区域（如 $\rho < 0.05$）。例如，烟雾对可见光区域影响很大，而且这种影响随着波长增加而降低。程辐射对地表反射率在中红外（2.23 μm）和在近红外等地表反射率背景较高的区域均影响较弱。由于许多地表覆盖类型（植被、水体和某些土壤）在红光（0.60~0.68 μm）和蓝光（0.4~0.48 μm）波段呈暗色。长波（2.2 μm 或 3.7 μm）

范围的反射率对气溶胶散射不敏感(由于长波比多数气溶胶粒子尺度更大),但对地表特性敏感。因此,基于蓝光、红光波段和 2.2 μm 处短波红外波段受大气影响存在显著差异的规律,Kaufman 和 Tanré(1996)基于大气辐射传输模型设计了能够直接估算气溶胶含量和光学厚度的暗像元法。这种方法可以在拥有可见光波段(如 0.41 μm、0.47 μm 和 0.66 μm)和中红外波段(如 2.23 μm)的多光谱、高光谱图像中使用。

Kaufman 和 Tanré(1996)基于提取自美国中部 Landsat TM 图像和 AVIRIS 图像的 2.2 μm、0.47 μm 和 0.66 μm 处地表反射率,利用 DDV 方法对稠密植被区域上空的气溶胶含量和光学厚度进行反演(图 4.21)。这些区域包括森林、作物种植区、裸土、居民区和水体。经过与地面实测数据对照,红波段(0.66 μm)和蓝波段(0.47 μm)地表反射率反演的不确定性分别为+ 0.005 和+ 0.01(Kaufman 等 1997)。在 DDV 中,气溶胶影响 $\Delta\rho^*$ 与气溶胶光学厚度直接相关,可以根据式(4.43)计算:

$$\Delta\rho^* = \rho^*(aerosol) - \rho^*(no\ aerosol) \tag{4.43}$$

式中,$\rho^*(aerosol)$ 是图像辐射数据经公式(4.32)转换的大气层顶表观反射率。由于 $\rho^*_{2.23}$ 几乎不受气溶胶影响,所以 0.47 μm 和 0.66 μm 处的 $\rho^*(no\ aerosol)$ 可以通过 ρ_{22} 和 $\rho^*_{0.47}$(no aerosol)或 $\rho^*_{0.66}$(no aerosol)之间的线性关系[如图 4.21 中 $\rho_{0.47}=(0.25+0.08)\rho_{2.23}$ 和 $\rho_{0.66}=(0.50+0.11)\rho_{2.23}$]估算得到。Kaufman 等(1997)指出,对陆地模型而言,即使气溶胶含量较高(气溶胶光学厚度在 0.5~0.55 μm),气溶胶对 2.2 μm 处的影响 $\Delta\rho^*$ 也非常小;对森林和非常稠密的植被类型来讲,这种影响接近零($\Delta\rho^*_{2.2} \leq -0.002$);对沙和土来讲,这种影响会略微升高至 $\Delta\rho^*_{0.22}=-0.01$。同时,气溶胶对蓝波段和红波段的影响分别是

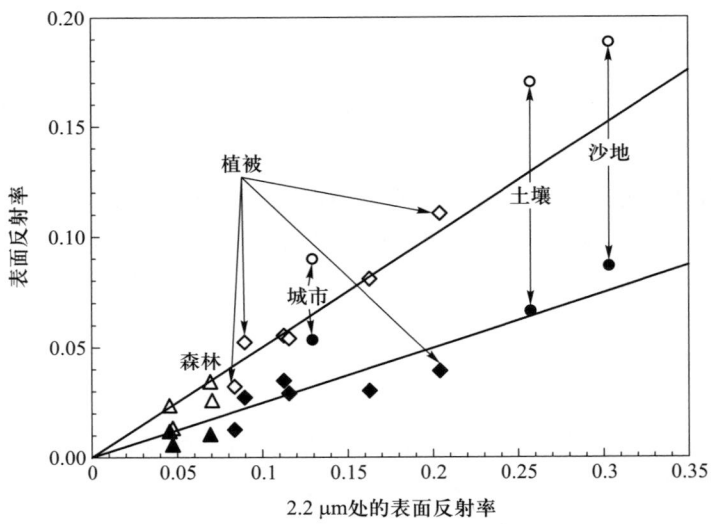

图 4.21　地物在 0.47 μm(实心填充)和 0.66 μm(空心填充)的平均地表反射率与其在 2.2 μm 的平均地表反射率的散点图。数据来源于美国大西洋中部地区的 Landsat TM 图像和 AVIRIS 图像,并通过太阳光度计从地面测量的气溶胶光学厚度和光学属性数据对其进行大气校正。图中标出了已知 5 种地表覆被类型及两条回归关系线($\rho_{0.47}/\rho_{2.23}=0.25$ 和 $\rho_{0.66}/\rho_{2.23}=0.5$)(Kaufman 和 Tanré,1996)

$\Delta\rho_{0.47}^* \sim 0.03$ 和 $\Delta\rho_{0.66}^* \sim 0.02$。由于亮地表(土壤)的蓝波段和红波段受气溶胶影响要小于暗地表(稠密植被),使得暗地表的气溶胶反演更加精确,因此将这种气溶胶反演方法称为稠密植被暗目标法(dark dense vegetation technique,DDV)(Kaufman 等,1997)。关于气溶胶对地表反射率的影响 $\Delta\rho^*$ 以及气溶胶性质的详细讨论可以参考 Fraser 和 Kaufman (1985)的研究。

4.5.2.2 550 nm 处气溶胶光学厚度法

Guanter 等(2007a,b)对 550 nm 处气溶胶光学厚度法进行了详细介绍。该算法可以将气溶胶总量通过反演 550 nm 处气溶胶光学厚度进行参数化。该方法假定 30 km × 30 km区域上空的气溶胶光学厚度在空间上不变。图像区域 550 nm 处的气溶胶光学厚度的估算,需要在图像中从最纯的植被像元到最纯的裸土像元中间选择一组有明显光谱差异的 5 个像元作为参考像元,通过多参数反演这些参考像元的传感器端辐射值进行计算。这组理想的参考像元应该是纯植被像元、纯裸土像元和植被与裸土以不同比例混合的 3 个中间状态的像元(Guanter 等,2007a)。算法包含四步(Guanter 等,2007b):

第一步,通过辐射传输模型模拟产生一组传感器端辐射亮度值。这一步通过构建一个查找表来实现。图 4.22 显示了一系列样本 550 nm 处气溶胶光学厚度和能见度之间的关系,这些数据的模拟选择了乡村气溶胶模式和大气夏季模式(Guanter 等,2007b)。将视场角设置为 0°,地面高程设定为提取自数字高程模型的平均高程,大气柱水汽设置为2.0 g/cm^2(大气柱水汽对气溶胶散射几乎没有影响)。注意,这里 5 个参考像元要求在视场角 0°~5°和平均高程±10%的范围中选择。这些简化处理在很大程度上减少了计算时间(Guanter 等,2007b)。

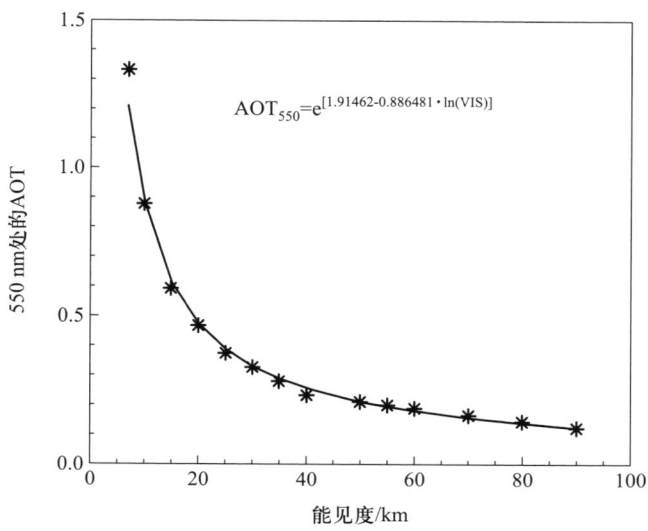

图 4.22 550 nm 处气溶胶光学厚度与能见度之间的函数关系(数据模拟使用 MODTRAN4 乡村气溶胶模式和夏季大气模式)(Guanter 等,2007b)

　　第二步,计算每个参考像元的地表反射率,以便使用公式(4.20)模拟像元的传感器端辐射亮度。每一个参考像元的地表反射率 ρ 都可以通过两个端元的线性组合得到,表达如下:

$$\rho = C_v \rho_{veg} + C_s \rho_{soil} \qquad C_{v,s} > 0, \rho \in [0,1] \tag{4.44}$$

式中,ρ_{veg} 和 ρ_{soil} 分别是植被和裸土的反射光谱,$C_{v,s}$ 是相应的权重系数。注意,这里 $C_{v,s}$ 不必为真实丰度,总的 $C_{v,s}$ 允许大于 1.0。依据这种混合像元的假设,图像中任何陆地像元都可以通过这种线性组合来表征。在可见光-近红外范围一般通过这种简化处理均可以获得理想的模拟效果;但在 SWIR 范围情况要复杂一些,需要更进一步研究(Guanter 等,2007b)。

　　第三步,计算这 5 个参考像元对应的能见度,用于最终估算 550 nm 处的气溶胶光学厚度,同时得到 5 对 $C_{v,s}$ 系数。为了实现目的,在 11 个维度(其中 1 个维度是 550 nm 处气溶胶光学厚度,其余 10 个维度是 5 个参考像元的 $C_{v,s}$ 系数)的参数空间中使用 Powell 最小化方法(Press 等,2007)进行求解。根据要求通过程序分析要使设计的优化函数(Press 等,2007)δ^2 最小,表达如下:

$$\delta^2 = \sum_{pix=1}^{5} \sum_{\lambda_i} \frac{1}{\lambda_i^2} [L^{SIM}|_{pix,\lambda_i} - L^{SEN}|_{pix,\lambda_i}]^2 \tag{4.45}$$

式中,L^{SIM} 是使用公式(4.20)模拟的一组传感器端辐射亮度;λ_i 对应波段 i 的中心波长;L^{SEN} 是传感器测量的辐射值。通过一些模拟值和 Guanter 等(2007b)建议的 23 km 能见度的观测发现,NDVI 和 $C_{v,s}$ 之间存在较好的线性关系(图 4.23),可以作为分析的初始条件。

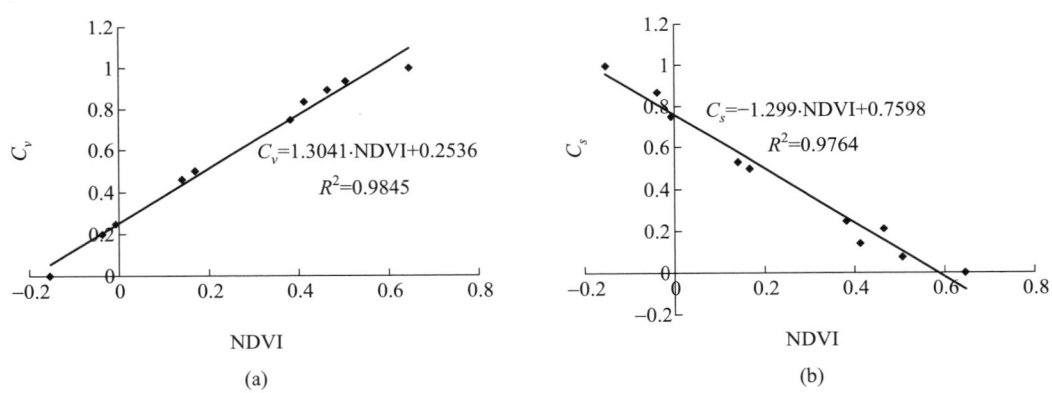

图 4.23　NDVI 和 $C_{v,s}$ 系数的线性关系(Guanter 等,2007a)

　　第四步,利用一个特殊的转换方程(类似图 4.22 中的方程)将 5 个参考像元反演得到的能见度转换为 550 nm 处的气溶胶光学厚度。

　　Guanter 等(2007a,b)将上述方法用于反演两种成像光谱数据 550 nm 处的气溶胶光学厚度。经过大量的地面测量验证,证明该算法是可行的。在基于 MERIS 数据的应用中,Guanter 等(2007a)发现,相比地面实测的气溶胶光学厚度,从 MERIS 中反演得到的气溶胶光学厚度的均方根误差在 440 nm、550 nm 和 870 nm 处分别为 0.085、0.065 和

0.048。在基于 CASI-1500 数据的应用中,Guanter 等(2007b)证实了地面实测的气溶胶光学厚度与 CASI 反演得到的气溶胶光学厚度之间具有很好的相关性,Pearson 相关系数 R^2 高达 0.71。

4.6　本章小结

　　遥感数据与陆表特征无法做到完全一致,它受到传感器自身噪声、大气状况、和地形引起的辐射误差影响。在本章的开始,着重论述了辐射校正和大气校正对高光谱遥感应用的重要性和必要性。在具体介绍各种大气校正方法前,先对一些理论概念和大气特性的规律(包括透射率)及影响进行了解释和讨论,以便读者能更好地理解并对各种大气影响进行有效校正。这部分介绍的大气影响包括瑞利散射、米氏散射、各种气体的吸收和折射等。接下来主要介绍了用于校正由传感器或系统引起的辐射误差。主要技术方法包括去条带、检测和校正"smile"效应和"keystone"效应。在第 4.4 节,针对不同大气校正方法的原理、技术和算法进行了详细的介绍和讨论,具体包括三类大气校正方法:①基于经验/统计和基于图像的大气校正方法(ELC、IAR 和 FFC);② 基于物理模型的大气校正方法(ACORN、ATCOR、ATREM、FLAASH、HATCH 和 ISDAS);③相对/归一化的大气校正方法。表 4.1 总结了 6 种基于物理模型的大气校正方法的特点、重要参数以及参考文献等;表 4.2 列举了不同大气校正方法之间相互比较的概况。本章最后,分别对 5 种大气柱水汽含量的反演方法和两种气溶胶光学厚度或气溶胶含量的反演方法进行了简单介绍;同时也指出这两种大气参数的反演是大气校正过程中最棘手的,也是最具挑战的。5 种水汽含量反演方法包括窄/宽波段法(N/W)、连续统内插波段比值法(CIBR)、三波段比值法(3BR)、线性回归比值法(LIRR)和大气预处理吸收差异法(APDA);两种反演气溶胶光学厚度的方法为稠密植被暗目标法(DDV)和 550 nm 处气溶胶光学厚度法(550 nm 处 AOT)。

参考文献

 第 4 章参考文献

第 5 章

高光谱数据分析技术

　　遥感技术获取的高光谱数据包含大量的物质成分信息。然而,这些丰富且有价值的信息却通常隐藏在海量的高光谱图像数据中。由于高光谱数据相比多光谱数据具有高维度和相邻波段相关性高的特点,目前许多应用于处理多光谱数据的有效方法在分析高光谱数据时效果却不甚理想。除此之外,鉴于高光谱数据自身的特殊性,许多研究提出了一些如光谱求导处理和诊断光谱提取等方法,专门针对高光谱数据处理。因此,本章结合这些方法的历史、现状和发展情况,对一些常见的高光谱图像处理技术和方法进行介绍。其中,第 5.2~5.5 节介绍光谱微分分析、光谱相似性度量、光谱吸收特征提取和波段位置变量测定以及高光谱植被指数等方法。第 5.6 节介绍高光谱数据变换方法和特征提取方法。第 5.7 节对一些光谱解混算法做了回顾,特别是针对线性光谱解混方法做了具体介绍。第 5.8 节介绍一些传统的分类算法以及神经网络、支持向量机等一些先进的分类算法。此外,更多关于高光谱数据分析方法在地质、植被、环境和其他领域的应用情况将在本书最后三章进一步介绍和讨论。

5.1　简　介

　　成像光谱仪获取高光谱数据之后,需要首先对成像数据进行光谱精度和辐射精度的校准和校正。光谱处理的技术方法以及辐射校正的相关内容参见第 4 章。尽管遥感图像中基于物质本身独一无二光谱特征的高光谱数据包含着丰富的关于物质特征光谱信息,但这种有用的信息通常隐藏在高光谱图像所包含的巨大数据量中。因此,尽管一些分析方法在某些特定的遥感应用中非常有效,但如何从海量的高光谱数据中根据其光谱特征的微妙变化进行分类,识别特定目标,分析有价值的光谱特性以及估算与反演特定的植被物理性质等,目前仍面临很大的挑战(Eismann,2012)。高光谱数据的特性也产生不同的处理问题,必须利用一些数学形式和方法来解决(Plaza 等,2009)。因此,在过去三十年中,许多图像处理技术,特别是针对高光谱数据的处理技术得到较快的发展,并应用于各

种高光谱数据的处理及信息提取研究中(Schaepman 等,2009)。这些处理技术和算法包括光谱微分分析(如 Tsai 和 Philpot,1998)、光谱匹配(如 van der Meer 和 Bakker,1997a)、光谱吸收特征和波长位置变量提取(如 Clark 和 Roush,1984)、光谱解混(Adams 等,1986)、光谱指数分析(如 Pu 和 Gong,2011)、光谱转换和特征提取(如 Eismann,2012)、图像分割与分类(如 Jia 等,1999;Xu 和 Gong 等,2007;Plaza 等,2009)。下文将介绍并讨论这些用于高光谱成像数据处理和信息提取技术和算法。这些技术需要特定的处理软件和硬件平台(Plaza 和 Chang,2007),相关软件和工具将在下一章中介绍。

5.2　光谱微分分析

微分光谱是两个连续的或相邻的窄波段光谱反射率之差与其波长间隔的归一化比值。由于地面实测的光谱数据或成像光谱仪获得的地面数据受地形背景、大气、观测几何位置产生的光照变化等影响,仪器获取的光谱很少是来源于一个单独的物体目标(Pu 和 Gong,2011)。因此,光谱微分分析被认为是去除或减少这种低频背景光谱对目标光谱影响的理想工具(Demetriades-Shah 等,1990;Tsai 和 Philpot,1998)。对于一阶和二阶微分光谱,可以应用有限逼近(Tsai 和 Philpot,1998)从高光谱数据中计算获得:

$$\rho'(\lambda_i) \approx [\rho(\lambda_{i+1}) - \rho(\lambda_{i-1})]/\Delta\lambda \tag{5.1}$$

$$\rho''(\lambda_i) \approx [\rho'(\lambda_{i+1}) - \rho'(\lambda_{i-1})]/\Delta\lambda$$
$$\approx [\rho(\lambda_{i+1}) - 2\rho(\lambda_i) + \rho(\lambda_{i-1})]/\Delta\lambda^2 \tag{5.2}$$

式中, $\rho'(\lambda_i)$ 和 $\rho''(\lambda_i)$ 分别是一阶微分和二阶微分; $\rho(\lambda_i)$ 是波段 i 的反射率; $\Delta\lambda$ 是相邻波长 λ_{i+1} 和 λ_{i-1} 的间隔,在本例中等于两倍的波段宽度。当开展光谱微分分析时,需要光谱分辨率高于 10 nm 且光谱波段连续。图 5.1 显示了红枫冠层实测高光谱的原始反射率及其一阶和二阶微分光谱。

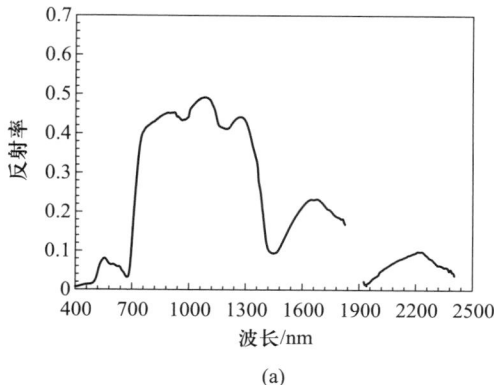

(a)

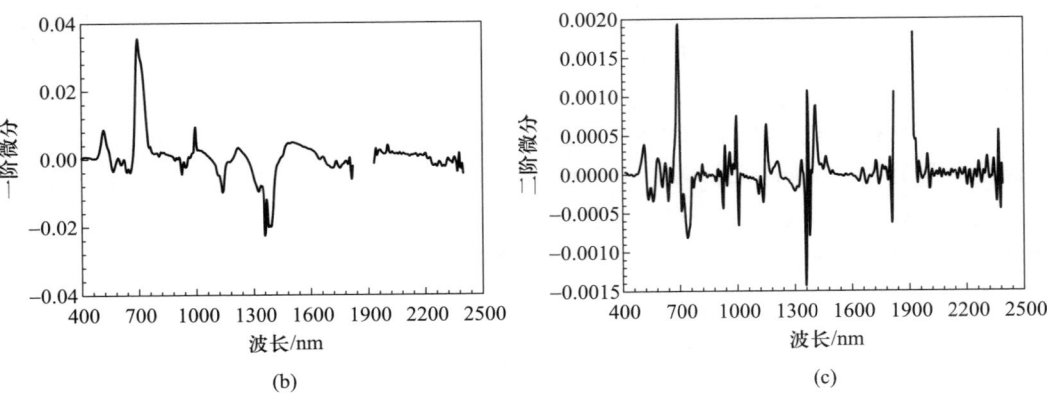

图 5.1　红枫(*Acer rubrum*)反射率(a)及反射率一阶微分(b)和反射率二阶微分(c)。数据在美国佛罗里达州坦帕市使用 ASD 光谱仪实测获得

　　微分分析受高光谱数据信噪比的影响较大,光谱处理过程中,低阶微分受噪声影响比高阶微分小,因此广泛应用于高光谱数据处理。例如,Gong 等(1997,2001)和 Pu(2009)研究发现,树冠光谱的一阶微分处理可以显著提高美国加利福尼亚州北部的 6 种针叶树种和佛罗里达州坦帕市区的 11 种城市树种的识别准度。

5.3　光谱相似性度量

　　最简单的光谱相似性度量是用于分类的高光谱数据的二元编码,所得到的编码被认为包含可以支持物质识别的曲线形状信息。一组参考曲线被编码成这样的二元链,并用于与测试光谱的二元链比较,进行分类。对两条光谱二元链(一条为参考二元链,另一条为未知目标的二元链)进行比较,当差异值最小时,认为两者之间拥有最大的相似性。虽然这种编码方法可以降低计算工作量,但无法体现光谱的精细差异,因此不能区分光谱形状相似但绝对值存在差异的光谱曲线。因此该方法未被广泛应用。目前,已发展出两类光谱匹配或光谱相似性测量的方法,分别是确定性经验度量法(deterministic-empirical measure)和随机度量法(stochastic measure)。两种光谱相似性度量法都能够有效利用光谱的亮度差异对两条光谱的相似度进行评价。确定性测量包括光谱向量在高光谱空间中的光谱角制图、欧氏距离测量和光谱矢量的交叉相关光谱匹配。通过随机度量(如光谱信息散度)评估目标端元光谱反射率值统计分布(van der Meer,2006)的方法。下面对常用的四种光谱相似度测量(即交叉相光谱匹配、光谱角制图、欧氏距离和光谱信息散度)方法进行比较。首先,两条光谱特征曲线(光谱向量包括 DN 值,辐射度或反射率) $\rho_r = [\rho_{r1}, \rho_{r2}, \ldots, \rho_{rL}]^T$ 和 $\rho_t = [\rho_{t1}, \rho_{t2}, \ldots, \rho_{tL}]^T$ 分别被假设为一条参考光谱(已知用于表征目标光谱)和一条未知光谱,L 表示光谱维数,即高光谱波段数。

5.3.1 交叉相关光谱匹配

van der Meer 和 Bakker(1997a)在考虑了测试光谱和未知光谱之间的相关关系时,基于相关分析开发了一种交叉相关光谱匹配(cross-correlogram spectral matching,CCSM)技术。通过计算未知(ρ_t)光谱和参考(ρ_r)光谱之间的不同匹配位置处的叉相关系数来构建交叉相关图(即 CCSM)并用于高光谱数据处理。根据 van der Meer 和 Bakker(1997a),交叉相关系数定义为

$$r_m(\rho_r,\rho_t) = \frac{n \sum \rho_r \rho_t - \sum \rho_r \sum \rho_t}{\sqrt{\left[n \sum \rho_r^2 - \left(\sum \rho_r \right)^2 \right] \left[n \sum \rho_t^2 - \left(\sum \rho_t \right)^2 \right]}} \qquad (5.3)$$

式中,在每个匹配位置 m 处的交叉相关系数 r_m 相当于线性相关系数,定义为协方差与标准偏差之和的乘积之比;n 是计算 CCSM 时的有效波段数,L 是波段总数($n < L$)。交叉相关系数的统计学意义可以通过以下的 t 检验来评估:

$$t = r_m \sqrt{\frac{n-2}{1-r_m^2}} \qquad (5.4)$$

根据自由度($n-2$)和显著性水平 α,$t_{\alpha(n-2)}$ 值可从 t 分布表中查表获得,如果 $t > t_{\alpha(n-2)}$,则在特定匹配位置 m 处的两条光谱在显著性水平 α 下显著相关,否则不显著。为了进一步帮助判断目标光谱是否属于参考光谱,考虑从两条光谱计算出的相关曲线是否在匹配位置左右对称进行判断(van der Meer 和 Bakker,1997b)。对称性可通过偏度来衡量,偏度的计算方法是匹配点位置 $+m$ 的交叉相关系数减去匹配点位置 $-m$ 的叉相关系数,称为校正偏度:

$$AS_{ke} = 1 - \frac{|r_{+m} - r_{-m}|}{2} \qquad (5.5)$$

式中,r_{+m},r_{-m} 分别为匹配点 $+m$ 和 $-m$ 处的相关系数,当 $AS_{ke} = 1$,相关图谱曲线关于峰值左右对称;若 AS_{ke} 越趋向于 0,则相关图谱曲线的峰值越偏斜。

图 5.2 显示了使用计算 CCSM 的光谱重采样的 AVIRIS 波段的结果通过光谱形状匹配进行矿物制图的可行性。根据图 5.2 b 测试光谱(像元)结果,与其他两种矿物明矾和水铵长石(vander Meer 和 Bakker,1997a)相比,高岭石相关图的峰值更高,且在统计上具有显著性和对称性,所以目标光谱被判定为高岭石。

5.3.2 光谱角制图

光谱角制图(spectral angle mapper,SAM)[①]将光谱视为空间中维度等于高光谱波段

---

① 也称光谱角匹配(spectral angle matching,SAM)。——译者注

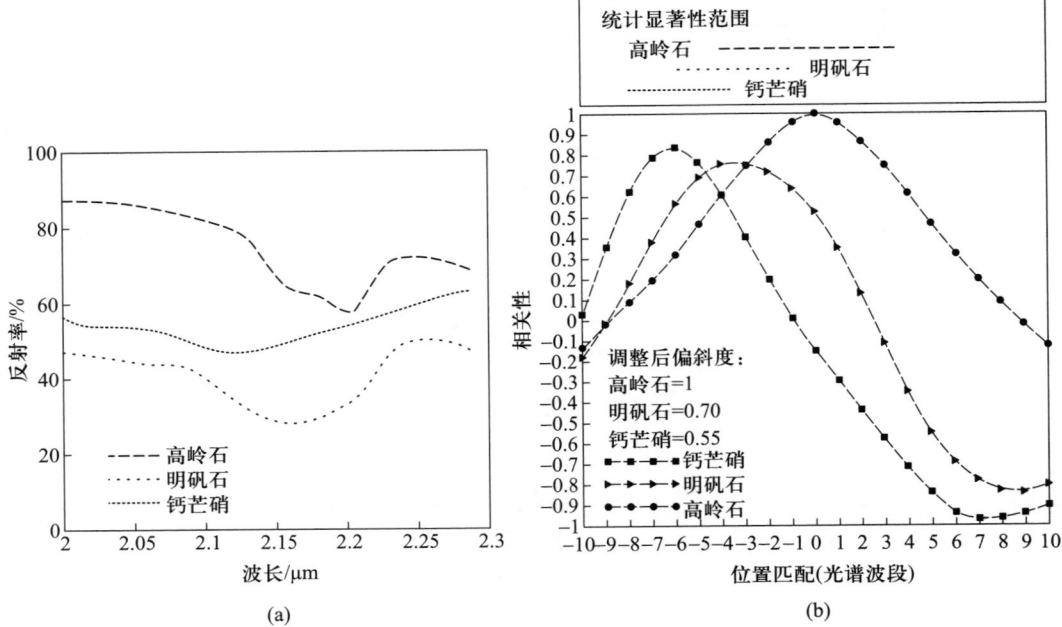

(a) (b)

图 5.2 (a)高岭石参考光谱与明矾石和水铵长石测试光谱对比图;参考光谱和测试光谱重采样为
AVIRIS 波段反射率及其对应的互相关图。图例中虚线和点线表示在 $\alpha = 0.05$ 时互相关最显著的匹配位
置。如图(b)所示,高岭石完全匹配,但明矾石和水铵长石的斜峰值与高岭石完全不同(van der Meer 和
Bakker,1997)

(L)的矢量,通过计算两条光谱之间的矢量角度来确定参考和目标光谱之间的光谱相似
度(Kruse 等,1993)。SAM 可以实现对测试的图像光谱与参考光谱之间光谱相似性的快
速填图,这些参考光谱可以是实验室或地面实测的光谱数据,也可以从图像中直接提取。
该算法假设图像数据是经过噪声去除和条带辐射校正处理的"表观反射率"数据。SAM
算法的原理可以使用图 5.3 来说明。图 5.3 将二维散点图上两个波段的参考光谱和测试
光谱考虑为两个点(以空心圆点表示)。根据 Kruse 等(1993)的描述,穿过每个光谱点和
原点的直线包含该物质所有可能的像元位置,它们分别表示像元处在不同光照条件下的
情况。弱光照的像元比具有相同光谱信号但更强光照的像元更接近原点(即暗点)。另
外,值得注意的是,光谱矢量之间的角度是相同的,它与矢量的长度无关,这意味着 SAM
算法可将这种几何解释推广至 L 维。为了确定两个光谱向量之间的光谱相似度,SAM(以
弧度为单位)实际上使用以下公式计算两个光谱点积的反余弦(一条作为参考光谱,另一
条作为测试光谱)。

$$SAM(\rho_t, \rho_r) = \alpha = \cos^{-1}\left[\frac{\sum_{i=1}^{L}\rho_{ti}\rho_{ri}}{\left(\sum_{i=1}^{L}\rho_{ti}^2\right)^{\frac{1}{2}}\left(\sum_{i=1}^{L}\rho_{ri}^2\right)^{\frac{1}{2}}}\right] \tag{5.6}$$

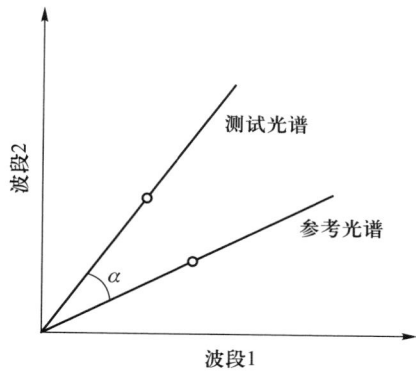

图5.3 光谱角制图原理。相同的材料在不同的光照下由连接原点(暗)的光谱矢量表示,并通过代表实际光谱的点投射

这种光谱相似度测量受增益因子影响较小,因为两个光谱向量之间的角度相对于向量的长度是不变的。因此,采用这种方法,实验室的标准光谱就可用于与受地形光照影响的图像表观反射光谱进行比较,进行目标或某些物质的识别(Kruse 等,1993)。

5.3.3 欧氏距离

二维像元或 L 维特征空间中的参考光谱与目标光谱之间的欧氏距离(ED)如式(5.7)所示:

$$ED(\rho_t, \rho_r) = \Big[\sum_{i=1}^{L} (\rho_{ti} - \rho_{ri})^2 \Big]^{\frac{1}{2}} \qquad (5.7)$$

欧氏距离是一种基于几何的矢量距离的通用度量,可推广到 L 维空间(Kong 等,2010),测量值越小,表示两个像元光谱越相似。如果 ρ_t 和 ρ_r 采取相同的归一化处理,L 维特征空间中两个像元之间 ED 测量可以从光谱角度测量导出(Chang,2003):

$$ED(\rho_t, \rho_r) = \sqrt{2 - 2\sum_{i=1}^{L} \rho_{ti}\rho_{ri}} = \sqrt{2(1 - \cos(SAM(\rho_t, \rho_r)))}$$
$$= 2\sqrt{(1 - \cos(SAM(\rho_t, \rho_r)))/2} = 2\sin(SAM(\rho_t, \rho_r)/2) \qquad (5.8)$$

ED 测量与 SAM 相比,主要区别在于 ED 考虑了两个向量(光谱)之间的亮度值差异,而 SAM(以及 CCSM)与亮度值无关(van der Meer,2006)。

5.3.4 光谱信息散度

光谱信息散度(spectral information divergence,SID)测量(Chang,2000)计算由两个像元的光谱特征产生的概率分布之间的距离,定义为

$$SID(\rho_t,\rho_r) = D(\rho_r \parallel \rho_t) + D(\rho_t \parallel \rho_r) \tag{5.9}$$

式中,

$$D(\rho_t \parallel \rho_r) = \sum_{l=1}^{L} q_l D_l(\rho_t \parallel \rho_r) = \sum_{l=1}^{L} q_l [I_l(\rho_r) - I_l(\rho_t)] \tag{5.10}$$

以及

$$D(\rho_r \parallel \rho_t) = \sum_{l=1}^{L} p_l D_l(\rho_r \parallel \rho_t) = \sum_{l=1}^{L} p_l [I_l(\rho_t) - I_l(\rho_r)] \tag{5.11}$$

从矢量的光谱特征的概率向量 $\boldsymbol{p} = (p_1, p_2, \ldots, p_L)^{\mathrm{T}}$ 和 $\boldsymbol{q} = (q_1, q_2, \ldots, q_L)^{\mathrm{T}}$ 导出 ρ_r 和 ρ_t,这里 $p_k = \rho_{rk} / \sum_{l=1}^{L} \rho_{rl}$, $q_k = \rho_{tk} / \sum_{l=1}^{L} \rho_{tl}$, $I_l(\rho_t) = -\log q_l$, $I_l(\rho_r) = -\log p_l$。注意,式 (5.10)、式(5.11)表示 ρ_t 与 ρ_r 的相对熵(用符号 $\parallel$ 表示)。还需注意的是,通过 SID 测量的两个像元矢量的光谱特征之间的光谱相似性是基于它们相应的光谱特征来反映概率分布之间的差异。与分析向量之间角度和光谱距离几何特征的 SAM 和 ED 相比,SID 测量两个像元矢量之间的概率分布差异(Chang,2003)。因此,SID 方法被认为在捕捉光谱变异信息方面比 ED 和 SAM 方法更为有效。

van der Meer(2006)使用由褐铁矿、高岭石、蒙脱石和石英特征描述的水热蚀变系统的人工合成高光谱数据和真实高光谱数据比较了 CCSM、SAM、ED 和 SID 四种光谱相似性测量法计算已知光谱与未知目标光谱间的相似性。基于真实的高光谱数据 AVIRIS 得到的研究结果表明,SAM 比 SID 和 CCSM 产生更多混合光谱(即类重叠);而 SID 对四种目标矿物的识别比 CCSM 更有效,这是因为当目标矿物与地面矿物一致时,SID 识别效果明显优于 CCSM 方法。

5.4　光谱吸收特征和波段位置变量

光谱吸收(诊断)特征的确定与分析是识别感兴趣目标所具有的某些本质属性的第一步。而通过对这些吸收特征进行定量描述,高光谱数据可用于对物质进行分类和成分分析。光谱吸收特征是由物质内在性质和外在因素共同决定的,包括电子运动、分子振动、化学成分丰度、颗粒大小和物理结构以及表面粗糙度。第 1 章图 1.5~图1.7 显示了一些实验室光谱和成像光谱中矿物和植物的主要吸收和反射特征。

Clark 和 Roush(1984)提出的连续统去除技术可以从原始光谱反射率曲线归一化后的每个吸收峰确定这些吸收的特性。如图 5.4 所示,连续统通过手动或自动找到沿着曲线的极大值点(局部最大值)并用线段连接这些点,通过将每个波段位置处的原始光谱值除以相应波长位置处的线段上的值,获得归一化曲线(Pu 等,2003b),也可以通过从面积 B 中减去面积 A 来定义不对称性(图 5.4)(Kruse 等,1993)。图 5.4 所示的方法可用于确定像元中某些化合物的丰度。例如,Pu 等(2003b)探讨了这些吸收参数与不同染病阶段的栎树含水量的相关性。

一些吸收和反射特征也可以通过模型模拟得到。在此情况下,一些与吸收和反射特

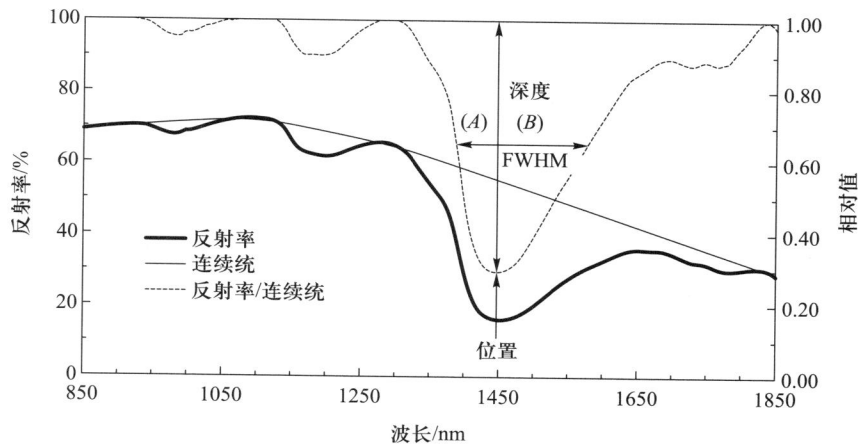

图 5.4　经连续统去除(Clark 和 Roush,1984)处理的沿海橡树叶片的部分光谱及其三种光谱吸收特征:深度、宽度和位置。吸收谷深度是光谱最低值;宽度定义为吸收谷深度一半处的宽度(FWHM);位置是最深吸收位置的波段波长;面积(*A* 或 *B*)用于计算吸收谷深度两侧的不对称性(据 Pu 等,2003b)

征的模拟值相结合的特征变量往往与波段位置的变化有关。例如,从 670 nm 到 780 nm 之间的植物光谱中提取波长位置变量中较为重要的红边光学参数已被许多研究人员广泛地应用到模型建立过程中,有几种方法可用于从高光谱数据中提取红边光学参数,如四点插值法(Guyot 等,1992)、高阶多项式拟合(Pu 等,2003a)、拉格朗日插值法(Dawson 和 Curran,1998)、反高斯模型拟合法(Miller 等,1990)和线性外推法(Cho 和 Skidmore,2006)。下文将介绍并讨论提取红边参数的五种方法的原理和算法。所有提取的参数均可用于反演植被的生物物理参数和生物化学参数(Pu 等,2003)。

5.4.1　四点插值法

　　Guyot 等(1992)提出了一种四点插值法(four-point interpolation)来找出红边和红谷位置上拐点的波长位置。红边位置(REP)被定义为最大一阶导数光谱的波长位置,该方法假设红边反射率曲线可简化为一条集中在 670～780 nm 范围中点附近的直线(图 5.5),REP 内插位于 700 nm 和 740 nm 之间,包括两个步骤:①计算红边拐点处的反射率[ρ_i,式(5.12)];②计算反射率拐点处的波长[λ_i,式(5.13)]:

$$\rho_i = \frac{\rho_1 + \rho_4}{2} \tag{5.12}$$

$$\lambda_i = \lambda_2 + (\lambda_3 - \lambda_2)\frac{\rho_i - \rho_2}{\rho_3 - \rho_2} \tag{5.13}$$

式中,λ_1,λ_2,λ_3 和 λ_4 分别为 670 nm、700 nm、740 nm 和 780 nm 处波长;ρ_1,ρ_2,ρ_3 和 ρ_4 分别为相应波长处的反射率。相应地,另一个红边参数红谷位置(RWP)(λ_0)也可以由

式(5.14)计算获得:

$$\lambda_0 = \lambda_1 + (\lambda_2 - \lambda_1)\frac{\rho_i - \rho_2}{\rho_3 - \rho_2} \tag{5.14}$$

在实际应用中,可能不存在完全相同波长的波段,对于这种情况,也可以选择具相似波长的 4 个波段代入式(5.13)。例如,Pu 等(2003)选择了高光谱图像 Hyperion 中 671.62 nm、702.12 nm、722.80 nm 和 783.48 nm 的 4 个波长用于提取红边参数。利用这种插值方法计算的 REP 最初用于估算叶片叶绿素含量和植被冠层叶面积指数。

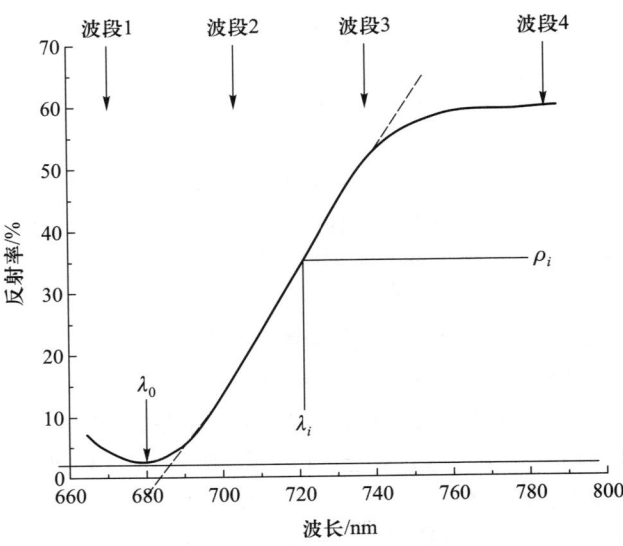

图 5.5　四点插值法。四个点的波长分别为 670 nm、700 nm、740 nm 和 780 nm(据 Guyot 等,1992)

5.4.2　高阶多项式拟合

处于红波段最小反射率和近红外波段最大反射率"肩峰"处的波长之间的红边反射率曲线可以用五阶多项式方程(Pu 等,2003)拟合得到:

$$\rho = a_0 + \sum_{i=1}^{5} a_i \lambda^i \tag{5.15}$$

式中,λ 表示位于 660~780 nm 区域内波段的波长。在高阶多项式方程拟合红边反射曲线之后,根据红边参数的定义来计算红边光学参数。例如,Pu 等(2003)选择了 Hyperion 卫星高光谱图像在 631.45~783.48 nm 的 13 个波段的波长数据进行五阶多项式拟合,得到的红边反射曲线如图 5.6 所示。对于 13 个 Hyperion 波段,五阶多项式模型的 R^2 达到 0.998 以上。该方法的优点在于,可以通过取五阶多项式曲线的导数而不是逐波段取差值或比值来创建连续的导数曲线。

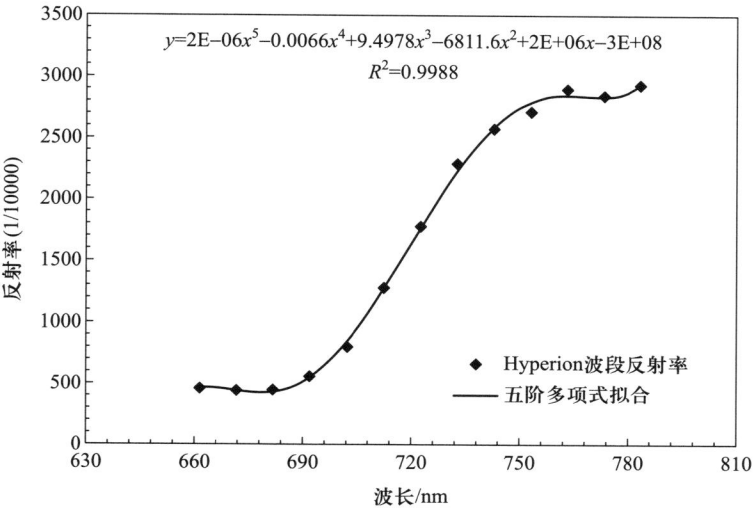

图 5.6　高阶多项式拟合法计算红边参数。图中利用 Hyperion 661.45~783.48 nm 范围的 13 个光谱波段进行五阶多项式拟合（Pu 等,2003a）

5.4.3　拉格朗日插值法

Dawson 和 Curran(1998)开发了一种基于三点拉格朗日内插确定粗略采样光谱中红边位置的快速技术。该方法以围绕植被光谱红边反射率的一阶导数最大值为中心的三个波段,通过一阶导数值拟合抛物线,然后根据拉格朗日方程计算获得二阶导数以确定最大斜率位置(如 REP)(图 5.7):

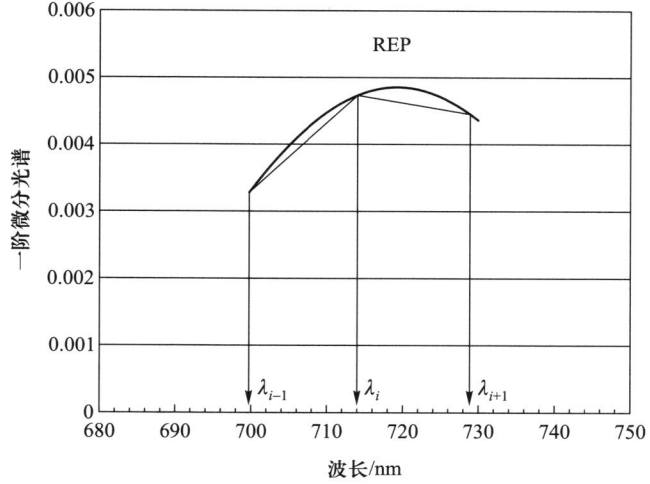

图 5.7　基于三点的拉格朗日插值法确定红边位置(Dawson 和 Curran,1998)

$$REP = \frac{A(\lambda_i + \lambda_{i+1}) + B(\lambda_{i-1} + \lambda_{i+1}) + C(\lambda_{i-1} + \lambda_i)}{2(A+B+C)} \tag{5.16}$$

其中,

$$A = \frac{D_{\lambda(i-1)}}{(\lambda_{i-1} - \lambda_i)(\lambda_{i-1} - \lambda_{i+1})}$$

$$B = \frac{D_{\lambda(i)}}{(\lambda_i - \lambda_{i-1})(\lambda_i - \lambda_{i+1})}$$

$$C = \frac{D_{\lambda(i+1)}}{(\lambda_{i+1} - \lambda_{i-1})(\lambda_{i+1} - \lambda_i)} \tag{5.17}$$

式中,$D_{\lambda(i-1)}$,$D_{\lambda(i)}$ 和 $D_{\lambda(i+1)}$ 分别是在光谱最大斜率的红边位置周围波长 λ_{i-1},λ_i 和 λ_{i+1} 处的一阶导数值。

由于该技术较为简单而且不需要光谱的先验知识,加之对波段没有等间距的要求,使其能够非常灵活而有效地应用在当前最新的机载和星载成像光谱红边移动探测的研究中(Dawson 和 Curran,1998)。为了测试此技术,Pu 等(2003)使用两种方法来获得一阶导数的三个波段,一种方法使用从多项式拟合曲线(第二种方法)计算的三个一阶导数波段(713 nm、720 nm 和 727 nm),另一种方法则使用 Hyperion 702.12~742.80 nm 范围内 5 个连续波段计算得到的三个一阶导数(712.29 nm、722.46 nm 和 732.63 nm)。

5.4.4　反高斯模型拟合法

基于 Bonhan-Carter(1988)和 Miller 等(1990)研究,红边反射率的光谱形状可以近似用反高斯(inverted-Gaussian,IG)函数的一半来描述(图 5.8),因而得到 IG 模型代表红边位置如下:

$$R(\lambda) = R_s - (R_s - R_0) \exp\left(\frac{-(\lambda_0 - \lambda)^2}{2\sigma^2} \right) \tag{5.18}$$

式中,R_s 是最大或者"肩峰"光谱反射率;R_0 和 λ_0 分别是最小光谱反射率和对应波长(即 RWP);λ 是波长,σ^2 是高斯函数方差系数。第 5 个相关参数是 λ_p(即 REP),计算式为

$$\lambda_p = \lambda + \sigma \tag{5.19}$$

IG 模型可通过对光谱数据进行数值计算、迭代优化及线性拟合得到相应特征参数(Miller 等,1990),然后成功应用于室内光谱(Miller 等,1990)和机载成像光谱数据分析(Patel 等,2001)。其中 R_s 和 R_0 的最佳估计值可用于转换方程(Miller 等,1990):

$$B(\lambda) = \left\{ -\ln\left[\frac{R_s - R(\lambda)}{R_s - R_0} \right] \right\}^{\frac{1}{2}} \tag{5.20}$$

计算得到由波长 λ 的函数值 $B(\lambda)$,进而利用 685~780 nm 光谱范围内反射光谱数据

得到 B 与 λ 之间的最佳线性关系($B=a_0+a_1\lambda$)。最优拟合系数 a_0 和 a_1 与 IG 模型光谱参数的关系为

$$\lambda_0 = \frac{-a_0}{a_1} \tag{5.21}$$

$$\sigma = \frac{1}{\sqrt{2}\,a_1} \tag{5.22}$$

Pu 等(2003)利用线性拟合方法对 Hyperion 数据确定和测试了这两个红边参数。利用这种方法和 670~685 nm、780~795 nm 光谱区域的平均反射率可以得到 R_0 和 R_s。在研究中,通过使用 Hyperion 卫星高光谱图像的 13 个波段的反射率拟合 IG 模型,为每个光谱样本提取这两个红边参数。

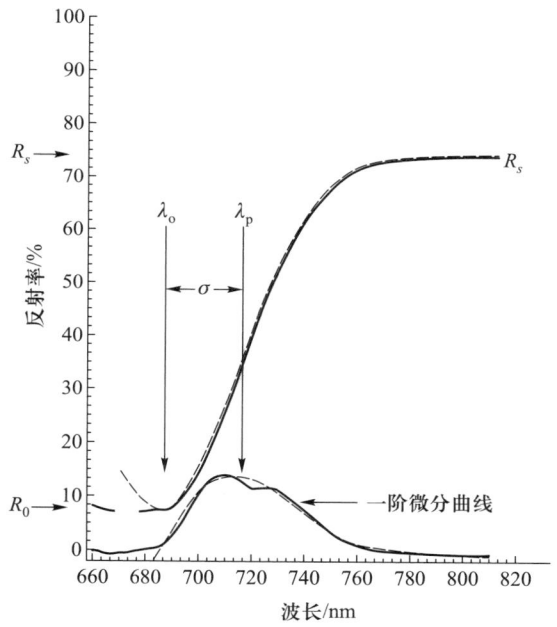

图 5.8 *Quercus macrocarpa* 的实测红边反射光谱(实线)及最佳 IG 模型拟合红边光谱(虚线)。下方曲线表示实测的和 IG 模型拟合的一阶微分红边光谱(Miller 等,1991)

5.4.5 线性外推法

Cho 和 Skidmore(2006)提出从高光谱数据中提取 REP(最大一阶导数)的方法。该方法利用红边区域 680~700 nm 和近红外 725~760 nm 波段附近一阶导数光谱反射率和式(5.23)、式(5.24)定义的直线方程进行线性外推,由两条线交点处[式(5.25)]的波长位置确定红边位置(图 5.9)。一阶导数反射(FDR)光谱的两条直线定义如下:

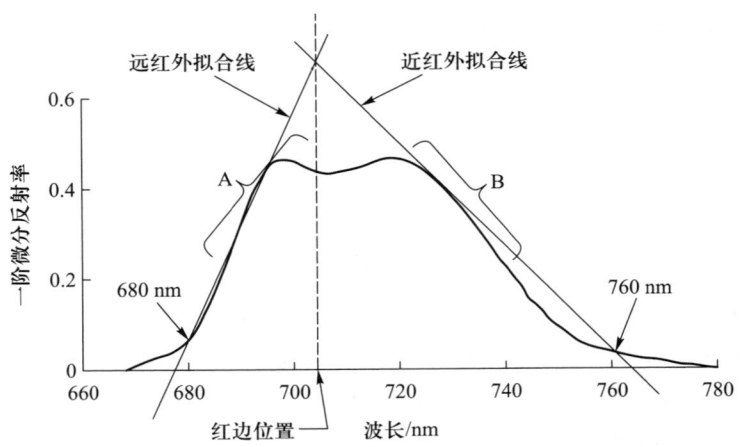

图 5.9　线性外推法计算红边位置：一阶微分光谱在远红光和近红外两侧外推的两条直线的交点位置的波长（Cho 和 Skidmore，2006）

红端直线方程：

$$FDR = m_1\lambda + c_1 \tag{5.23}$$

近红外端直线方程：

$$FDR = m_2\lambda + c_2 \tag{5.24}$$

式中，m 和 c 分别表示直线的斜率和截距。在交点处，两条线具有相等的 λ（波长）和 FDR 值。因此，交点处 λ 的 REP 可以由式（5.25）计算：

$$REP = \frac{-(c_1 - c_2)}{m_1 - m_2} \tag{5.25}$$

该技术只需要四个坐标点（或波段）来计算 REP。例如，需要在 680 nm 和 700 nm 附近的两个波段，以计算红端直线的 m_1 和 c_2，并且需要在 725 nm 和 760 nm 附近的其他两个波段来计算近红外端直线的 m_2 和 c_2。为了测试该方法对植物叶片氮浓度的敏感性，Cho 和 Skidmore（2006）在 679.65 nm 和 694.30 nm 处确定红端光波段，在 732.46 nm 和 760.41 nm或 723.64 nm 和 760.41 nm 处确定了近红外端波段作为最佳组合以计算三个光谱集（黑麦冠层、玉米叶和混合草叶光谱）对氮素敏感的红边拐点参数。实验结果表明，使用这种新方法提取的宽/窄光谱波段 REP 与大叶片氮浓度变化范围呈现高度相关；通过分析新方法计算的 REP 以及传统技术（包括四点插值、多项式和反高斯拟合）计算的 REP 与不同生育期的玉米叶片的氮素浓度及低氮浓度的草叶氮素浓度之间的相关性发现，新方法计算的 REP 取得的效果比较理想。

为评估四点插值法、多项式拟合、拉格朗日技术和 IG 模型这四种技术用于确定红边光学参数的性能，Pu 等（2003a）对从 Hyperion 反射率图像中提取出的森林叶面积指数和两个红边参数（即红边位置和红谷位置）进行了相关性分析。结果表明，四点插值法是从 Hyperion 数据中提取两个红边参数最实用和最合适的方法，因为它只需要四个波段和一个简单的插值计算；多项式拟合方法是一种较为直接的方法，但是只在高光谱数据中具

有实用价值,并且该方法需要较长的计算时间;拉格朗日技术仅适用于一阶导数光谱可计算的情况;而应用 IG 模型方法需要对 Hyperion 数据进行进一步的测试。

除了用于提取两个红边光学参数的五种方法之外,Pu 等(2004)还提出从 0.4~2.5 μm 的反射曲线上定义的"10 个斜坡"中提取 20 个光谱变量(10 个最大一阶导数值加上相应的 10 个波段位置变量),用于估计橡树树叶相对含水量(relative water contain,RWC)(见图 5.10 中的"10 个斜坡")。20 个光谱变量的定义与红边 1D 和 REP 的定义类似(Pu 等,2004)。分析结果表明,部分一阶导数最大值和一阶导数最大值波段位置与橡树叶的 RWC 之间存在高度的相关性。①研究评估 306 个叶片光谱,其中叶片包含了橡树树叶健康、染病和新死亡等各个状态。通过计算叶片光谱 RWC 在 1200 nm、1400 nm 和 1940 nm 附近吸收谷两侧的 1D 值,发现 1200 nm 谷的右侧以及 1400 nm 和 1940 nm 谷两侧的 WP 与 RWC 具有高相关性。②由分析 260 个绿色和绿黄色叶(仅包括健康和染病)的光谱样本可以发现,在 1400 nm 谷的右侧、1940 nm 谷的左侧以及红谷位置的 WP 与 RWC 有稳定的相关性。

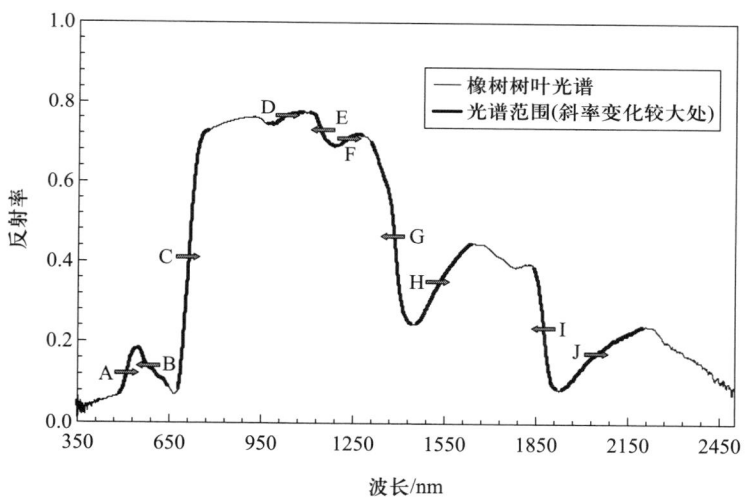

图 5.10　光谱反射率曲线上显示的 10 个光谱"斜边"(Pu 等,2004)

5.5　光谱植被指数

虽然高光谱数据支持光谱微分分析,但像多光谱数据一样,高光谱数据也可用于构建各种形式差值或比值光谱指数。利用多光谱数据构建的各种光谱植被指数(vegetation index,VI),能够减弱光谱的背景影响,例如,减弱大气和土壤背景对目标光谱的影响。因此,在植被和其他遥感应用中,这些植被指数通常优于单个波段。当使用高光谱数据进行植被指数分析时,高光谱遥感数据能够有助于选择更加灵敏的光谱波段来构建多种植被指数。例如,对于多光谱数据,可以选择的波段大多只有红波段和近红外波段等,而使用高光谱数据则可以选择许多窄波段的红光和近红外波段组合(Gong 等,2003)。利用高光

谱数据构建的光谱称为窄波段光谱指数(Zarco-Tejada 等,2001;Eitel 等,2006;He 等,2006)。表 5.1 列出了 82 种高光谱植被指数,由更新 Pu 和 Gong(2011)汇集的高光谱植被指数而得。这些高光谱指数反映了现有新构建的窄波段指数。构建这些植被指数的目的是用于从高光谱数据中提取和评估植物的生物物理和生物化学参数。例如,Pu 和 Gong(2011),根据植被指数的特点和功能将 82 种植被指数分为五类,方便读者查询和使用,分别包括植被结构(如 LAI、郁闭度、绿色生物量和植物物种等)、色素(如叶绿素、类胡萝卜素和花青素)、其他生化参数(如纤维素、氮素等)、水分和胁迫状况敏感指数。本书第 8 章将介绍这些植被指数在植被高光谱遥感方面的应用情况。

表 5.1　82 个高光谱植被指数

光谱指数	特点和功能	定义	文献
结构(LAI、冠层郁闭度、绿色生物量、植物种类相关等)			
1DL_DGVI(1st-order derivative green VI derived using local baseline)	量化植物冠层 LAI 和绿盖度变化	$\sum_{\lambda_{626}}^{\lambda795} \left| R'(\lambda_i) - R'(\lambda_{626}) \right| \Delta\lambda_i$	Elvidge 和 Chen (1995)
1DZ_DGVI(1st-order derivative green VI derived using zero baseline)	量化植物冠层 LAI 和绿色部分覆盖度变化	$\sum_{\lambda_{626}}^{\lambda795} \left| R'(\lambda_i) \right| \Delta\lambda_i$	Elvidge 和 Chen (1995)
ARVI(atmospherically resistant VI)	动态范围与 NDVI 相似,但对大气影响的敏感性比 NDVI 低,相差 4 倍	$\{R_{NIR} - [R_{red} - \gamma(R_{blue} - R_{red})]\}/\{R_{NIR} + (R_{red} - \gamma(R_{blue} - R_{red}))\}$	Kaufman 和 Tanré (1992)
ATSAVI(adjusted transformed soil-adjusted VI)	受土壤背景影响较小,在估计均匀冠层方面表现较好	$a(R_{800} - aR_{670} - b)/[(aR_{800} + R_{670} - ab + X(1 + a^2)]$, $X = 0.08$, $a = 1.22$, $b = 0.03$	Baret 和 Guyot (1991)
EVI(enhanced VI)	估算植被 LAI、生物量和含水量,能够提高生物量较高区域的估算敏感性	$2.5(R_{NIR} - R_{red})/(R_{NIR} + 6R_{red} - 7.5 R_{blue} + 1)$	Huete 等 (2002)

续表

光谱指数	特点和功能	定义	文献
EVI2(two-band enhanced VI)	与 EVI 相似,但不包括蓝色波段,适合经过大气校正的数据	$2.5(R_{NIR}-R_{red})/(R_{NIR}+2.4R_{red}+1)$	Jiang 等(2008)
GI(greenness index)	估计叶片和冠层水平的生物化学成分和 LAI	R_{554}/R_{677}	Zarco-Tejada 等(2005)
LAIDI (LAI determining index)	对冠层水平的 LAI 变化敏感,饱和点 >8	R_{1250}/R_{1050}	Delalieux 等(2008)
MSAVI(improved soil adjusted vegetation index)	在冠层尺度比 SAVI 更敏感	$0.5[2R_{800}+1-((2R_{800}+1)^2-8(R_{800}-R_{670}))^{1/2}]$	Qi 等(1994)
MSR(modified simple ratio)	与植被参数的线性相关性高于 RDVI	$(R_{800}/R_{670}-1)/(R_{800}/R_{670}+1)^{1/2}$	Chen(1996); Haboudane 等(2004)
MTVI1(modified triangular VI 1)	比 TVI 更适合 LAI 估计	$1.2[1.2(R_{800}-R_{550})-2.5(R_{670}-R_{550})]$	Haboudane 等(2004)
MTVI2(modified triangular VI 2)	保持对 LAI 的敏感性并对叶绿素影响不敏感	$\{1.5[1.2(R_{800}-R_{550})-2.5(R_{670}-R_{550})]\}/\{(2R_{800}+1)^2-[6R_{800}-5(R_{670})^{1/2}]-0.5\}^{1/2}$	Haboudane 等(2004)
NDVI(normalized difference vegetation index)	能够较好地响应绿色生物量的变化,对中、低密度的植被更有效	$(R_{NIR}-R_{red})/(R_{NIR}+R_{red})$	Rouse 等(1973)
NRI(normalized ratio index)	一种对(小麦)生物量、氮浓度和作物高度敏感的指标	$(R_{874}-R_{1225})/(R_{874}+R_{1225})$	Koppe 等(2010)
OSAVI(optimized soil-adjusted vegetation index)	与 MSAVI 类似,但更适于农业应用	$1.16(R_{800}-R_{670})/(R_{800}+R_{670}+0.16)$	Rondeaux 等(1996)

续表

光谱指数	特点和功能	定义	文献
PSND（pigment-specific normalized difference）	用于在叶片或冠层水平上估算 LAI 和 Cars	$(R_{800}-R_{470})/(R_{800}+R_{470})$	Blackburn (1998)
PVI$_{hyp}$（hyperspectral perpendicular VI）	通过减小土壤背景对植被光谱的影响，更有效地量化较低范围的植被含量	$(R_{1148}-aR_{807}-b)/(1+a^2)^{1/2}$, $a=1.17, b=3.37$	Schlerf 等 (2005)
RDVI（renormalized difference VI）	适用于从低到高值区间的 LAI	$(R_{800}-R_{670})/(R_{800}+R_{670})^{1/2}$	Roujean 和 Breon (1995); Haboudane 等 (2004)
SAVI（soil adjusted VI）	与 NDVI 相似，但更适合植被覆盖度较低的区域	$(R_{NIR}-R_{red})(1+L)/(R_{NIR}+R_{red}+L)$	Huete (1988)
sLAIDI（normalization/standard of the LAIDI）	能够对饱和点>8 的冠层 LAI 变化敏感	$S(R_{1050}-R_{1250})/(R_{1050}+R_{1250})$, $S=5$	Delalieux 等 (2008)
SPVI（spectral polygon vegetation index）	用于估算叶面积指数和冠层厚度	$0.4[3.7(R_{800}-R_{670})-1.2\|R_{530}-R_{670}\|]$	Vincini 等 (2006)
SR（simple ratio）	与 NDVI 类似	R_{NIR}/R_R	Jordan (1969)
VARI（visible atmospherically resistant index）	对小麦冠层覆盖度变化敏感，但对大气影响不敏感	$(R_{green}-R_{red})/(R_{green}+R_{red}-R_{blue})$	Gitelson 等 (2002)
VARI$_{green}$（visible atmospherically resistant index for green ref）	估计绿色植被组分时最小化大气影响；与 NDVI 相比，VF 值大小适中	$(R_{green}-R_{red})/(R_{green}+R_{red})$	Gitelson 等 (2002)
VARI$_{red-edge}$（visible atmospherically resistant index for red edge ref）	与 VARI$_{green}$ 类似	$(R_{red-edge}-R_{red})/(R_{red-edge}+R_{red})$	Gitelson 等 (2002)

续表

光谱指数	特点和功能	定义	文献
WDRVI(wide dynamic range VI)	估算 LAI、植被覆盖度、生物量;效果优于 NDVI	$(0.1R_{NIR}-R_{red})/(0.1R_{NIR}+R_{red})$	Gitelson (2004)
色素(叶绿素、类胡萝卜素和花青素)			
ACI(anthocyanin content index)	基于糖槭叶反射率对花青素进行估算	R_{green}/R_{NIR}	van den Berg 和 Perkins (2005)
ARI(anthocyanin reflectance index)	从叶面绿色区域反射率变化中估算花青素含量	$ARI=(R_{550})^{-1}-(R_{700})^{-1}$	Gitelson 等 (2001)
BGI(blue green pigment index)	估算叶片和冠层叶绿素和类胡萝卜素含量	R_{450}/R_{550}	Zarco-Tejada 等(2005)
BRI(blue red pigment index)	估算叶片和冠层叶绿素和类胡萝卜素含量	R_{450}/R_{690}	Zarco – Tejada 等(2005)
CARI(chlorophyll absorption ratio index)	能够在叶片水平上量化叶绿素浓度	$(\|(a\,670+R_{670}+b)\|/(a^2+1)^{1/2})\times(R_{700}/R_{670})$, $a=(R_{700}-R_{550})/150$, $b=R_{550}-(a\times550)$	Kim 等(1994)
Chl$_{green}$(chlorophyll index using green reflectance)	估算不含花青素叶片中的叶绿素含量	$(R_{760-800}/R_{540-560})-1$	Gitelson 等 (2006)
Chl$_{red-edge}$(chlorophyll index using red edge reflectance)	估算不含花青素叶片中的叶绿素含量	$(R_{760-800}/R_{690-720})-1$	Gitelson 等 (2006)
CI(chlorophyll index)	估算阔叶树叶片的叶绿素含量	$(R_{750}-R_{705})/(R_{750}+R_{705})$; $R_{750}/[(R_{700}+R_{710})-1]$	Gitelson 和 Merzlyak (1996); Gitelson 等 (2005)
CRI(carotenoid reflectance index)	估算叶片类胡萝卜素含量	$CRI_{550}=(R_{510})^{-1}-(R_{550})^{-1}$; $CRI_{700}=(R_{510})^{-1}-(R_{700})^{-1}$	Gitelson 等 (2002)

续表

光谱指数	特点和功能	定义	文献
DD(double difference)	估算植物叶片类胡萝卜素含量	$(R_{750}-R_{720})-(R_{700}-R_{670})$	le Maire 等（2004）
DmSR(modified simple ratio of derivatives)	在叶片水平上定量估算叶绿素含量	$(DR_{720}-DR_{500})/(DR_{720}+DR_{500})$，其中 DR_1 为参考波长 1 的一阶微分值	le Maire 等（2004）
EPI(Eucalyptus pigment indexes)	与叶绿素 a、总叶绿素和类胡萝卜素含量具有较好的相关性	$a\times R_{672}/(R_{550}\times R_{708})^{\beta}$	Datt（1998）
LCI(leaf chlorophyll index)	对叶绿素吸收引起的反射率变化较敏感，能够估算高等植物中的叶绿素含量	$(R_{850}-R_{710})/(R_{850}+R_{680})$	Datt（1999）
mARI(modified anthocyanin reflectance index)	从叶片绿色部分反射率变化中估算花青素含量	$mARI=[(R_{530-570})^{-1}-(R_{690-710})^{-1}]\times R_{NIR}$	Gitelson 等（2006）
MCARI(modified chlorophyll absorption in reflectance index)	能够响应叶绿素的变化并估算叶绿素的吸收	$[(R_{701}-R_{671})-0.2(R_{701}-R_{549})](R_{701}/R_{671})$	Daughtry 等（2000）
MCARI1(modified chlorophyll absorption ratio index 1)	对叶绿素的影响不甚敏感；对绿色 LAI 变化更敏感	$1.2[2.5(R_{800}-R_{670})-1.3(R_{800}-R_{550})]$	Haboudane 等（2004）
MCARI2(modified chlorophyll absorption ratio index 2)	保持对 LAI 的敏感性并较少受叶绿素影响	$\{1.5[2.5(R_{800}-R_{670})-1.3(R_{800}-R_{550})]\}/\{(2R_{800}+1)^2-[6R_{800}-5(R_{670})^{1/2}]-0.5\}^{1/2}$	Haboudane 等（2004）
mCRI(modified carotenoid reflectance index)	估算叶片类胡萝卜素含量	$mCRI_G=((R_{510-520})^{-1}-(R_{560-570})^{-1})\times R_{NIR}$，$mCRI_{RE}=((R_{510-520})^{-1}-(R_{690-700})^{-1})\times R_{NIR}$	Gitelson 等（2006）
mND_{680}(modified normalized difference)	能够对叶片中较低含量的叶绿素进行量化	$(R_{800}-R_{680})/(R_{800}+R_{680}-2R_{445})$	Sims 和 Gamon（2002）

光谱指数	特点和功能	定义	文献
mND$_{705}$(modified normalized difference)	能够量化叶片中较低含量的叶绿素，性能优于 mND$_{680}$	$(R_{750}-R_{705})/(R_{750}+R_{705}-2R_{445})$	Sims 和 Gamon (2002)
mSR$_{705}$(modified simple ratio)	能够对叶片中较低含量的叶绿素进行量化	$(R_{750}-R_{445})/(R_{705}+R_{445})$	Sims 和 Gamon (2002)
MTCI(MERIS terrestrial chlorophyll index)	对树苗树冠中的叶绿素含量进行量化	$(R_{750}-R_{710})/(R_{710}-R_{680})$	Dash 和 Curran (2004)
NAOC(normalized area overreflectance curve)	量化叶绿素含量，对农作物敏感	$1-\dfrac{\int_a^b Rd\lambda}{R_{max}(a-b)}$	Delegido 等 (2010)
NPCI(normalized pigment chlorophyll ratio index)	评估叶层类胡萝卜素/叶绿素比值	$(R_{680}-R_{430})/(R_{680}+R_{430})$	Peñuelas 等 (1994)
NPQI(normalized phaeophytinization index)	能够在叶片水平上检测叶绿素和类胡萝卜素浓度与叶绿素浓度的比值	$(R_{415}-R_{435})/(R_{415}+R_{435})$	Barnes 等 (1992)；Peñuelas 等 (1995b)
PBI(plant biochemical index)	能够根据卫星高光谱数据对叶片总叶绿素和氮浓度进行反演	R_{810}/R_{560}	Rama Rao 等 (2008)
PhRI(physiological reflectance index)	估计作物冠层的 FPAR 和 N 胁迫	$(R_{550}-R_{531})/(R_{550}+R_{531})$	Gamon 等 (1992)
PRI(photochemical/physiological reflectance index)	估算叶片类胡萝卜素含量	$(R_{531}-R_{570})/(R_{531}+R_{570})$	Gamon 等 (1992)
PSSR(pigment specific simple ratio)	估算叶片类胡萝卜素含量	R_{800}/R_{675}；R_{800}/R_{650}	Blackburn (1998)

续表

光谱指数	特点和功能	定义	文献
PSND（pigment specific normalized didderence）	估算叶片类胡萝卜素含量	$(R_{800}-R_{675})/(R_{800}+R_{675})$；$(R_{800}-R_{650})/(R_{800}+R_{650})$	Blackburn（1998）
RARS（ratio analysis of reflectance spectra）	估算叶片类胡萝卜素含量	R_{760}/R_{500}	Chappelle 等（1992）
RGR（red∶green ratio）	通过绿和红波段估算花青素含量	R_{Red}/R_{Green}	Gamon 和 Surfus（1999）；Sims 和 Gomon（2002）
SIPI（structural independent pigment index）	估算叶片类胡萝卜素含量变化；与类胡萝卜素与叶绿素比值有关	$(R_{800}-R_{445})/(R_{800}-R_{680})$	Peñuelas 等（1995a）
TCARI（transformed chlorophyll absorption ratio index）	对叶绿素含量变化敏感，较少受 LAI 和太阳天顶角变化影响	$3[(R_{700}-R_{670})-0.2(R_{700}-R_{550})(R_{700}/R_{670})]$	Haboudane 等（2002）
TCI（triangle chlorophyll vegetation index）	对叶片和冠层的叶绿素含量进行定量反演	$[(R_{800}+1.5\times R_{550})-R_{675}]/(R_{800}-R_{700})$	Gao（2006）
TVI（triangular VI）	表征叶片色素吸收的辐射变化，注意到叶绿素浓度增加也会导致绿波段反射率降低	$0.5[120(R_{750}-R_{550})-200(R_{670}-R_{550})]$	Broge 和 Leblanc（2000）；Haboudane 等（2004）
VOG1（vogelmann red edge index 1）	能够响应叶片叶绿素浓度、冠层叶面积和含水量的综合效应	R_{740}/R_{720}	Vogelmann（1993）
其他生化参数			
CAI（cellulose absorption index）	响应纤维素和木质素吸收，能够区分植物凋落物和土壤	$0.5(R_{2020}+R_{2220})-R_{2100}$	Nagler 等（2000）

续表

光谱指数	特点和功能	定义	文献
DCNI(double-peak canopy nitrogen index)	响应作物冠层氮素含量变化	$(R_{720} - R_{700})/[(R_{700} - R_{670})(R_{720} - R_{670}+0.03)]$	Chen 等(2010)
NDLI(normalized difference lignin index)	能够定量响应天然植被灌木冠层木质素含量变化	$[\log(1/R_{1754}) - \log(1/R_{1680})]/[\log(1/R_{1754})+\log(1/R_{1680})]$	Serrano 等(2002)
NDNI(normalized difference nitrogen index)	能够定量响应天然灌木植被冠层的氮含量变化	$[\log(1/R_{1510}) - \log(1/R_{1680})]/[\log(1/R_{1510})+\log(1/R_{1680})]$	Serrano 等(2002)
RDVI(renormalized difference vegetation index)	能够量化植被中多种化学物质的变化	$(R_{NIR} - R_{red})/R_{NIR}+R_{red})^{1/2}$	Roujean 和 Breon (1995)
		水	
DSWI(disease water stress index)	在冠层尺度探测作物水分胁迫	$(R_{802}+R_{547})/(R_{1657}+R_{682})$	Galvão 等(2005)
LWVI-1(leaf water VI 1)	一个形如 NDWI 的变量,用于估算叶片含水量	$(R_{1094}-R_{893})/(R_{1094}+R_{893})$	Galvão 等(2005)
LWVI-2(leaf water VI 2)	一个形如 NDWI 的变量,用于估算叶片含水量	$(R_{1094}-R_{1205})/(R_{1094}+R_{1205})$	Galvão 等(2005)
MSI(moisture stress index)	探测叶片含水量变化	R_{1600}/R_{819}	Hunt 和 rock (1989)
NDII(normalized difference infrared index)	探测叶片含水量变化	$(R_{819}-R_{1600})/(R_{819}+R_{1600})$	Hardinsky 等(1983)
NDWI(ND water index)	能够提高叶片和冠层植被水分反演精度	$(R_{860}-R_{1240})/(R_{860}+R_{1240})$	Gao (1996)
RATIO$_{1200}$(3-band ratio at 1.2 μm)	估算<60%的叶片相对含水量	$2*R_{1180-1220}/(R_{1090-1110}+R_{1265-1285})$	Pu 等(2003b)
RATIO$_{975}$(3-band ratio at 975 nm)	估算<60%的叶片相对含水量	$2*R_{960-990}/(R_{920-940}+R_{1090-1110})$	Pu 等(2003b)

续表

光谱指数	特点和功能	定义	文献
RVI$_{hyp}$(hyperspectral ratio VI)	定量估算冠层 LAI 和水分含量	R_{1088}/R_{1148}	Schlerf 等 (2005)
SIWSI(shortwave infrared water stress index)	估算叶片或冠层尺度的水分胁迫,特别适用于半干旱环境中	$(R_{860}-R_{1640})/(R_{860}+R_{1640})$	Fensholt 和 Sandholt (2003)
SRWI(simple ratio water index)	探测叶片或冠层的植被含水量	R_{860}/R_{1240}	Zarco-Tejada 等(2003)
WI(water index)	量化叶片尺度相对含水量	R_{900}/R_{970}	Peñuelas 等 (1997)

胁迫

光谱指数	特点和功能	定义	文献
PSRI(plant senescence reflectance index)	对类胡萝卜素/叶绿素的比值敏感,可用于定量分析叶片衰老和果实成熟	$(R_{680}-R_{500})/R_{750}$	Merzlyak 等 (1999)
RVSI(red-edge vegetation stress index)	能够在冠层尺度评估植被群落胁迫	$[(R_{712}+R_{752})/2]-R_{732}$	Merton 和 Huntington (1999)

资料来源:Pu 和 Gong(2011)。

注:如果公式中的变量未指定波长,则该变量可用于多光谱和高光谱数据。

　　基于实验室或野外光谱观测以及机载、星载的高光谱数据构建的高光谱植被指数(hyperspectral vegetation indice,HVI)常用于估算和反演生物物理和生物化学参数。在常见绿色植被光谱率反射曲线上,有许多吸收和反射特征/波段(参见图 5.11 中的一些特征),这些特征/波段构成了以表 5.1 中构建的大多数 HVI 的光谱基础。许多有关生物物理结构方面的 HVI 依赖于近红外和红波段反射特性的组合,这是因为当 LAI、冠层覆盖度和绿色生物量增加时,细胞结构引起的散射和叶绿素吸收随之增高,导致近红外波段反射率升高而红波段反射率降低,因此,这种类型的 HVI 主要是在可见光和近红外区域,特别是一些典型的蓝光、红光和近红外波段的窄波段构成。色素和其他生化组分相关的 HVI 则依赖于可见光区域由各种色素(叶绿素、类胡萝卜素和花青素)引起的吸收和反射波段/特征,特别与叶绿素 a 和 b 相关的蓝光和红光窄波段。其他化学物质如木质素和纤维素与中红外区域的一些光谱吸收带有关,对水分敏感的 HVI 包括一些胁迫 VI,它们都与几个显著的水汽吸收带相关(如 975 nm、1200 nm、1400 nm 和 1900 nm 波段)。基于这种典型吸收窄波段构建的各种类型的 HVI 如图 5.11 所示。

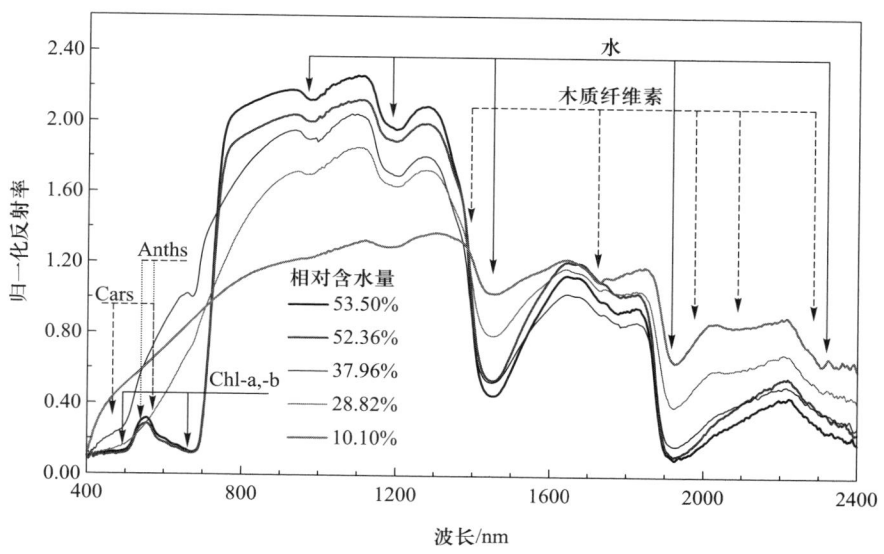

图 5.11　沿海橡树叶片光谱反射率吸收特性。图中描述了由类胡萝卜素(Cars)、花青素(Anths)、叶绿素(Chl-a,Chl-b)、水和木质纤维素产生的光谱吸收特性及其位置(参见书末彩插)

5.6　高光谱变换与特征提取

高光谱数据中包含几十至几百个窄波段,相邻光谱波段之间具有较强的相关性以及较高的冗余度,因此在高光谱数据用于信息建模、图像分类和光谱解混分析之前通常需要进行数据变换,特征提取(如波段选择)或其他数据降维(dimensionality reduction,DR)处理。高光谱数据的降维一般使用各种数据变换和特征提取技术,其中图像数据变换通常考虑使用统计去相关的方法将数据转换为一组不相关的数据以供分析。此类变换包括两种常用的方法,即基于数据方差的主成分分析和基于信噪比的最大噪声分离变换(Chang,2013)。特征提取变换使用一定的标准产生一组特征向量,使这些特征向量能够代表原数据。例如,小波分解系数的能量特征针对相似特征和细节特征在每个尺度上进行计算,并且用于形成能量特征向量(Pu 和 Gong,2004)。本节将主要介绍并讨论主成分分析、最大噪声分离和独立分量分析等高光谱数据变换方法,以及典范判别分析和小波变换等特征提取方法。

5.6.1　主成分分析

主成分分析(principal camponents analysis,PCA)技术已广泛应用于降低高光谱数据的数据维数和特征提取,如 Gong 等(2002)、Pu 和 Gong(2004)基于此方法估算叶片或冠层生理生化参数。PCA 利用特征值来确定有意义的主成分图像,以便通过选择与较大特征值对应的主成分来实现数据降维。

假设 $Z = \{x_i\}_{i=1}^N$ 是一组 L 维图像元向量，u 是从样本集 Z 获得的平均值，$u = \left(\dfrac{1}{N}\right) \sum\limits_{i=1}^N x_i$，设 X 为 $X = (x_1, x_2, \cdots, x_N)$ 形式的样本数据矩阵。通过公式 $\sum = \left(\dfrac{1}{N}\right) [XX^T] = \left(\dfrac{1}{N}\right) \left[\sum\limits_{i=1}^N (x_i - u)(x_i - u)^T\right]$ 可以得到 Z 的样本协方差矩阵。主成分分析变换实际上是对样本协方差矩阵 $\sum$ 进行对角化变换，并确定特征值 $\{\sigma_l^2\}_{l=1}^L$ 和对应特征向量 $\{\beta_l\}_{l=1}^L$ 的计算过程。为了计算样本协方差矩阵的特征值和特征向量，需要求解特征方程：

$$\det(\sigma^2 I - \sum) = 0 \tag{5.26}$$

来获得特征值 $\{\sigma_i^2\}_{i=1}^L$，其中 $\det(A)$ 表示矩阵 A 的行列式，I 是 $L \times L$ 的单位矩阵。如果 Σ 满秩，L 的非零解存在，其中每个特征值 σ_i^2 表示特征向量方向数据的方差。因此，为解方程式(5.26)，需求解：

$$\beta^T \sum \beta = D_\sigma$$
$$\beta^T \beta = I \tag{5.27}$$

式中，$\beta = (\beta_1, \beta_2, \cdots, \beta_L)$ 是单位特征向量，D 是具有方差 $\{\sigma_i^2\}_{i=1}^L$ 的对角矩阵(即相应的特征值)：

$$D_\sigma = \begin{bmatrix} \sigma_1^2 & 0 & \cdots & 0 \\ 0 & \sigma_2^2 & \cdots & 0 \\ \vdots & \vdots & & \vdots \\ 0 & 0 & \cdots & \sigma_L^2 \end{bmatrix} \tag{5.28}$$

式中，$\{\sigma_i^2\}_{i=1}^L$ 是特征值，如果它们被排列成 $\sigma_1^2 \geqslant \sigma_2^2 \geqslant \cdots \geqslant \sigma_L^2$，就可以通过式(5.29)将每个数据样本 x_i 转换成新的数据样本 $y_i (i = 1, 2, \cdots, N)$：

$$Y = \beta^T Z \tag{5.29}$$

如果选择前 $q(q < L)$ 个主成分中基于较大方差的标准选择与较大特征值对应的主成分，则可实现高光谱降维。在 PCA 中，如果协方差矩阵由相应的相关系数矩阵代替，则称为标准化主成分分析(standarized principal component analysis, SPCA)。相关系数矩阵 R 可以由协方差矩阵 Σ 转换得到：

$$R = D_\sigma^{-\frac{1}{2}} \sum D_\sigma^{-\frac{1}{2}} \tag{5.30}$$

从 R 和参考方程式(5.26)~式(5.28)，通过式(5.31)，每个样本 x_i 可以被转换为数据样本 $y_i^{SPCA} (i = 1, 2, \cdots, N)$：

$$Y^{SPAC} = (D_\sigma^{-\frac{1}{2}} \beta)^T Z \tag{5.31}$$

式中，Z 是标准化形式的输入矩阵。

5.6.2 基于信噪比的图像变换

主成分分析的目的是根据高光谱图像中的最大方差找到主成分,由于主成分分析并不总能稳定地产生随成分数目增加图像质量逐渐下降的主成分图像,因此,Green 等(1988)提出了一种最大噪声分离(maximum noise fraction,MNF)变换方法,以保证信噪比随主成分数量增加而增加。Lee 等(1990)后来的研究显示,MNF 实际上进行了单位方差噪声白化和主成分分析两个过程。因此,MNF 也称为噪声调整主成分变换(noise-adjusted principal component,NAPC)。然后选择高光谱数据中信噪比最高的几个成分用于进一步分析,例如,用于确定混合光谱分析的端元光谱(Pu 等,2008;Walsh 等,2008)和高光谱数据镶嵌(Hestir 等,2008)等。

5.6.2.1 最大噪声分离

为解决 PCA 主成分排序与图像质量顺序不一致的问题,Green 等(1988)使用类似于PCA 的方法,即最大噪声分离,它基于另一个标准信噪比对图像质量进行描述。MNF 的想法可以简单描述为:假设第 l 个波段的图像可以由 N 维列向量表示,$\mathbf{Z}_l = (x_{l1}, x_{l2}, \cdots, x_{lN})^{\mathrm{T}}$,这里 $l = 1, 2, \cdots, L$ 为波段;N 是图像总像元数量。因此,可建立以下关系:

$$\mathbf{Z} = \mathbf{S} + \mathbf{N} \tag{5.32}$$

式中,$\mathbf{Z}^{\mathrm{T}} = (\mathbf{Z}_1, \mathbf{Z}_2, \cdots, \mathbf{Z}_L)$ 和 $\mathbf{Z}_l = (x_{l1}, x_{l2}, \cdots, x_{lN})^{\mathrm{T}}$,是 L 波段的高光谱图像数据矩阵,$\mathbf{S}^{\mathrm{T}} = (S_1, S_2, \cdots, S_L)$ 和 $\mathbf{N}^{\mathrm{T}} = (N_1, N_2, \cdots, N_L)$ 是不相关信号和噪声的数据矩阵。因此,可以得到三个相应的协方差矩阵:

$$Cov(\mathbf{Z}) = Cov(\mathbf{S}) + Cov(\mathbf{N}) = \sum = \sum_S + \sum_N \tag{5.33}$$

式中,$\sum_S$ 和 $\sum_N$ 是 $\mathbf{S}$ 和 $\mathbf{N}$ 数据矩阵的信号和噪声协方差矩阵。l 波段的噪声分量可以定义为

$$\mathbf{NF}_l = Var(\mathbf{N}_l) / Var(\mathbf{Z}_l) \tag{5.34}$$

$\mathbf{NF}_l$ 为噪声方差与波段 l 的总方差的比率。式中,$Var(\mathbf{Z}_l) = \left(\dfrac{1}{N}\right) \sum\limits_{i=1}^{N} (x_{li} - u_l)^2$ 和

$u_l = \left(\dfrac{1}{N}\right) \sum\limits_{i=1}^{N} x_{li}$。MNF 的目的是找到线性变换

$$\mathbf{Y}_l^{MNF} = (\mathbf{W}_l^{MNF})^{\mathrm{T}} \mathbf{Z}, \qquad l = 1, 2, \cdots, L \tag{5.35}$$

使噪声分量 $\mathbf{Y}_l^{MNF} = (y_{l1}^{MNF}, y_{l2}^{MNF}, \cdots, y_{lN}^{MNF})^{\mathrm{T}}$ 在与 $\mathbf{Y}_j^{MNF}, j = 1, 2, \cdots, l$ 正交的所有线性变换分类中数值最大。为获得最大噪声分量 $\mathbf{Y}_l^{MNF}, l = 1, 2, \cdots, L$,可以首先使用类似于 PCA 的方法找到特征向量矩阵($\mathbf{W}$)和一组对应矩阵 $\sum_N \sum^{-1}$ 的特征值,然后根据 MNF 变换的定义,按

以下顺序排列一组特征值：$\lambda_1^{nf} \geqslant \lambda_2^{nf} \geqslant \cdots \geqslant \lambda_L^{nf}$ 使 MNF 组分显示稳定增加的图像质量。为方便表示，式（5.35）中的变换矩阵 W_l^{MNF} 可在 MNF 变换矩阵中表达如下：

$$Y^{MNF} = W^T Z \tag{5.36}$$

式中，$W = (W_1^{MNF}, W_2^{MNF}, \cdots, W_L^{MNF})$。因此公式（5.34）的标准形式也可表示为

$$NF_l = \frac{Var(N_l)}{Var(Z_l)} = \frac{Var(N_l)}{Var(S_l) + Var(N_l)} = \frac{1}{SNR_l + 1} \tag{5.37}$$

式中，$SNR_l = Var(S_l)/Var(N_l)$，是 l 波段的信噪比。由式（5.35）可知，信噪比随着主成分个数的增加而逐渐增加。

5.6.2.2 噪声调整主成分变换

Lee 等（1990）等改进了 Green（1988）关于 MNF 的分析过程，称为噪声调整主成分变换（noise-adjusted principal component，NAPC）。首先求得单位方差下每个波段图像的白化噪声方差，然后基于白化噪声图像进行 PCA 变换。据 Lee 等（1990）和等式（5.34），由 Roger（1994）提出的用于实现 NAPC 变换的快速算法总结如下：

（1）根据 $\sum_N$ 计算其正交归一化特征向量矩阵 E 及其特征值的对角矩阵 D_n：

$$E^T \sum_N E = D_n, \quad E^T E = I \tag{5.38}$$

（2）构造重归一化矩阵 $F = E D_n^{-1/2}$（也称白化矩阵），得到：

$$F^T \sum_N F = I, \quad F^T F = D_n^{-1} \tag{5.39}$$

式中，I 是单位矩阵，$\sum_N$ 是非奇异矩阵（Roger，1994）。

（3）转换数据协方差矩阵 $\sum$ 为噪声数据协方差矩阵 $\sum_{adj}$，得到：

$$\sum_{adj} = F^T \sum F \tag{5.40}$$

（4）根据 $\sum_{adj}$ 计算特征向量矩阵 G：

$$\Delta_{adj} = G^T \sum_{adj} G, \quad G^T G = I \tag{5.41}$$

式中，Δ_{adj} 是特征值的对角矩阵。

（5）最后，NAPC 变换矩阵 H 可以通过式（5.40）和式（5.41）得到：

$$H = FG = E D_n^{-1/2} G \tag{5.42}$$

此时，公式中从 H 中推导获得的 $\{W_l^{NAPC}\}_{l=1}^L$ 作为 NAPC 的变换向量（5.42）。公式（5.36）中 $H = (W_1^{NAPC}, W_2^{NAPC}, \cdots, W_L^{NAPC})$ 与 $\{W_l^{MNF}\}_{l=1}^L$ 相似，那么转换图像的 $\{W_l^{NAPC}\}_{l=1}^L$ 也按 SNR 的降序排列。公式（5.36）中的 MNF 变换和公式（5.42）中的 NAPC 变换通过保留 q 个最大 SNR 的投影向量 $\{W_l^{MNF}\}_{l=L-q+1}^L$ 和 $\{W_l^{NAPC}\}_{l=1}^q$ 来实现数据降维。

为获取 MNF 变换（Green 等，1988）或改进后的 NAPC 变换（Lee 等，1990；Roger，

1994;Chang 和 Du,1999),需要预估这些未知的协方差矩阵 Σ 和 Σ_N。通常,在常规的 PCA 过程中,使用 $\boldsymbol{X}=(x_1,x_2,\cdots,x_N)$ 的样本协方差矩阵估计 Σ。然而,原始数据每个波段中存在的随机噪声在较低灵敏度检测器获取的 SNR 较低的波段中特别突出,这对于 Σ_N 的估计是一个挑战。关于估计噪声协方差矩阵的方法,有研究建议使用传感器暗电流来记录系统噪声,但此方法可能不具有普适性。近邻差分法可用于估算多光谱和高光谱数据中的噪声协方差(Green 等,1988;Lee 等,1990;Chang 和 Du,1999)。该方法通常适用于具有椒盐噪声的空间均匀区域,而不适用于信号变化容易被误认为噪声的空间不均匀区域。因此,在包含异质区域的图像上应用近邻差分方法搜索噪声可能并不合适。Roger (1996)利用由图像协方差矩阵"残余信息主成分"(residual–scaled principal component, RPC)变换得出噪声估计值的方法被称为"残差分析法"。实验结果表明,这种方法可以有效用于高光谱图像数据(如 AVIRIS)处理。在无法分离噪声或必须从图像中导出噪声时,RPC 变换可以实现对 MNF 或 NAPC 变换进行快速而简单的近似计算。RPC 变换在普通 PCA 之外的计算成本主要体现在对图像协方差矩阵的计算。Roger 和同事提出了计算噪声协方差矩阵的另一种方法,称为波段噪声估计法(inter/intra–band prediction noise estimation method)(Roger 和 Arnold,1996)。他们利用波段之间(光谱)和波段内部(空间)相关性和线性回归去除图像数据的相关性。将每个波段分解成去除相关性的小段。该方法在多个 AVIRIS 图像的均匀和非均匀区域中均能获得较好的效果,并且对于辐射和反射(大气校正)高光谱图像也表现良好。

5.6.3 独立成分分析

主成分变换和基于信噪比的主成分(即 MNF 和 NAPC)变换是基于二阶统计量进行的,这意味着高光谱图像需服从多元正态分布的假设。而且,通过二阶统计量转换的常规 PC、MNF 和 NAPC 图像之间是不相关的。然而,如果高光谱图像数据是非正态分布的,则图像将呈现更高阶的统计矩,并且基于主成分图像的基础二阶统计量不一定是统计独立的。对于这种情况,独立成分分析(independent component analysis,ICA)试图在一组归一化矢量上寻找光谱的不同线性分解,使得到的变换分量不仅去除相关性,而且在统计学上彼此独立(Eismann,2012)。在过去 20 年中,ICA 在盲源分离、信道均衡、语音识别、功能磁共振成像和高光谱图像等方面的应用使其受到广泛的关注。ICA 的关键思想是假定数据是一组独立信号源的线性混合,因此可以利用交互信息的统计独立性(Chang,2013)对信号源进行分解。本节将介绍和讨论 ICA 变换的原理和算法,并简要描述一种数值实现算法 FastICA。有关 ICA 的更多信息,读者可以查阅更详细的参考资料,如 Hyvärinen 和 Oja(2000)、Hyvärinen 等(2001)和 Falco 等(2014)。

假设 $\boldsymbol{x}$ 是一个随机向量,由一个混合矩阵 $\boldsymbol{A}$ 与一个随机源向量 $\boldsymbol{s}$ 混合而成:

$$\boldsymbol{x}=\boldsymbol{A}\boldsymbol{s} \tag{5.43}$$

这里,$\boldsymbol{x}=(x_1,x_2,\cdots,x_n)^{\mathrm{T}}$ 是观测数据向量(即 n 个线性混合);$\boldsymbol{A}$ 是包含 a_{ij},$i,j=1,$ $2,\cdots,n$ 元素的未知混合矩阵;$\boldsymbol{s}=(s_1,s_2,\cdots,s_n)^{\mathrm{T}}$ 是未知的源向量。通过估算 $\boldsymbol{A}$ 的解混

矩阵(也称 $\boldsymbol{W}$),表示独立成分的 s 向量可由式(5.44)求得:

$$s = \boldsymbol{W}\boldsymbol{x} \tag{5.44}$$

式中,$\boldsymbol{W}$ 是 $\boldsymbol{A}$ 的逆矩阵,$(\boldsymbol{W} \cong \boldsymbol{A}^{-1})$,被称为"分离矩阵"或者"解混矩阵"。ICA 的目的是找到一个分离矩阵,使得变换随机过程的成分 s 在统计学上独立。为了估计分离矩阵 $\boldsymbol{W}$,需要满足以下假设和条件(Falco 等,2014):①源向量是统计独立的;②独立成分必须具有非高斯分布;③未知混合矩阵 $\boldsymbol{A}$ 应该为方阵且满秩。

获取 ICA 模型分离矩阵 $\boldsymbol{W}$ 的关键是需要源数据为非高斯分布。实际上,如果数据不具有非高斯的特点,基本不可能实现上述分析(Hyvärinen 和 Oja,2000)。在此需要一个随机变量对非高斯性进行度量。有两种常用的非高斯性测量指标:第一种是经典的峰度或四阶累积量;第二种是负熵。在下文中,利用最小交互信息量与负熵联合构建 ICA 模型。为简化处理过程,假设一个以随机变量为中心(期望为 0)并且方差为 1 的随机变量 s。

在介绍非高斯误差测量的 ICA 算法前,首先要讨论 ICA 估算交互信息的最小化方法。

"交互信息"是 n 个自由变量的独立自然量度,使用微分熵的概念,n(标量)个随机变量 s_i($i=1,2,\cdots,n$)之间的交互信息 I 可以定义为

$$I(s_1,s_2,\cdots,s_n) = \sum_{i=1}^{n} H(s_i) - H(\boldsymbol{s}) \tag{5.45}$$

式中,$H(\boldsymbol{s})$ 是由密度 $p(\boldsymbol{s})$ 决定的随机向量 $\boldsymbol{s}$ 的微分熵:

$$H(\boldsymbol{s}) = -\int p(\boldsymbol{s}) \log p(\boldsymbol{s}) \mathrm{d}\boldsymbol{s} \tag{5.46}$$

Cover 和 Thomas(1991)研究发现,交互信息的一个重要性质可通过线性变换公式(5.44)获得:

$$I(s_1,s_2,\cdots,s_n) = \sum_{i=1}^{n} H(s_i) - H(\boldsymbol{x}) - \log|\det\boldsymbol{W}| \tag{5.47}$$

如果选择了成分 s_i,变量就被去相关并缩放至单位方差,而熵和负熵之间的差异仅体现在常数项和符号上:

$$I(s_1,s_2,\cdots,s_n) = C - \sum_{i=1}^{n} J(s_i) \tag{5.48}$$

式中,C 是独立于 $\boldsymbol{W}$ 的常数,公式(5.48)显示了负熵和交互信息之间的基本关系。负熵可以定义为

$$J(\boldsymbol{s}) = H(\boldsymbol{s}_{gauss}) - H(\boldsymbol{s}) \tag{5.49}$$

式中,$\boldsymbol{s}_{gauss}$ 是形如协方差矩阵 $\boldsymbol{s}$ 的高斯随机变量。负熵通常是非负的,并且只有在随机变量服从高斯分布时为 0。根据等式(5.48),定义一组最大负熵和的正交向量方向 $\{\boldsymbol{w}_i\}_{i=1}^{n}$ 将使变换后的图像对波段统计值的依赖最小化。为便于计算式(5.48),实际经常使用以

下的近似公式:

$$J(s) \propto \left[E\{G(s)\} - E\{G(v)\} \right]^2 \tag{5.50}$$

式中，s 是标准化的非高斯变量；v 是期望值为 0 和具有单位方差的标准化高斯变量；G 是一个非二次函数，公式(5.50)计算的近似值精度可通过选择下面不同的 G 值得到改善：

$$G_1(s) = \frac{1}{a_1} \text{logcosh}(a_1 s) \tag{5.51}$$

其中，$1 \leqslant a_1 \leqslant 2$，且

$$G_2(s) = -e^{-s^2/2} \tag{5.52}$$

作为 ICA 的快速计算算法，FastICA 针对期望值极值 $E\{G(\boldsymbol{w}^{\mathrm{T}}\boldsymbol{x})\}$ 的问题，通过最大化负熵来有效地寻找变换方向 $\{\boldsymbol{w}_i\}_{i=1}^n$ (Eismann, 2012)，这一过程可由 $G(s)$ 的导数 $g(s)$ 表示：

$$g_1(s) = \tanh(a_1 s) \tag{5.53}$$

$$g_2(s) = se^{-s^2/2} \tag{5.54}$$

FastICA 算法可以用两种不同的方式预测独立成分(Falco 等, 2014)：

1) 第一种方法：正交化

(1) 随机选择初始权重向量 $\boldsymbol{w}$。
(2) $\boldsymbol{w}_{i+1} \leftarrow E\{\boldsymbol{x}g(\boldsymbol{w}_i^{\mathrm{T}}\boldsymbol{x})\} - E\{g'(\boldsymbol{w}_i^{\mathrm{T}}\boldsymbol{x})\}\boldsymbol{w}_i$
(3) $\boldsymbol{w}_{i+1} \leftarrow \boldsymbol{w}_{i+1} - \sum_{j=1}^{i} (\boldsymbol{w}_{i+1}^{\mathrm{T}} \boldsymbol{w}_j) \boldsymbol{w}_j$ $\qquad$ (5.55)
(4) 重复步骤(2)和(3)直至收敛。

式中，$E\{\boldsymbol{x}g(\boldsymbol{w}_i^{\mathrm{T}}\boldsymbol{x})\} = \frac{1}{N} \sum_{j=1}^{N} \boldsymbol{x}_j g(\boldsymbol{w}_i^{\mathrm{T}} \boldsymbol{x}_j)$ ；$g'(s)$ 是 $g(s)$ 的一阶导数。

2) 第二种方法：对称正交化

前两步与第一种方法相同，第三步替换为

$$\boldsymbol{W} = (\boldsymbol{W}\boldsymbol{W}^{\mathrm{T}})^{-\frac{1}{2}} \boldsymbol{W} \tag{5.56}$$

式中，$\boldsymbol{W} = (\boldsymbol{w}_1, \boldsymbol{w}_2, \cdots, \boldsymbol{w}_n)^{\mathrm{T}}$。

第一种方法是使用 Gram-Schmidt 方法进行正交化，逐一预测 IC，而第二种方法并行估计所有的 IC，使得运算速度更快(Faclo 等, 2014)。此外，还有许多其他算法可用于估算 IC，例如，广泛使用的特征矩阵的联合近似对角化(joint approximate diagonalization of eigenmatrices, JADE)、非参数的 ICA 以及采用收缩策略的 ICA 新方法 RobustICA，在这种方法中峰度是被最优化的通用对比函数，对该方法感兴趣的读者可以参阅 Faclo 等

（2014）的文献。

运行 FastICA 算法（也适用于其他算法）后，可以生成 n 个 IC。然而，FastICA 也有一些问题需要注意：①FastICA 生成 IC 的方式与 PCA 或 NAPC 的特征值或 SNR 的值减小的顺序排序不同，它不一定按照信息的重要性排序；②FastICA 在重复多次运算中产生的 IC 不一定按照相同的顺序出现，主要原因是在 FastICA 中用于生成 IC 的初始投影单位矢量是随机生成的，因此由 FastICA 产生 IC 的先后顺序与重要性无关（Chang，2013）。为使 FastICA 能更有效地实现数据降维，Chang（2013）提出了三种 ICA 的改进方法：统计优先 ICA-DR 方法、随机 ICA-DR 方法和带初始条件的 ICA-DR 方法，三种方法的详细介绍请读者参阅 Chang（2013）的文献。

5.6.4　典范判别分析

典范判别分析（canonical discriminant analysis，CDA）是类似 PCA 和 MNF 变换的数据降维技术，相当于典范相关分析（Pu，2012），可以用来确定一组数量化变量与一组分类变量之间在低维空间的关系（Khattree 和 Naik，2000，Zhao 和 Maclean，2000；Pu 和 Liu，2011）。给定一个分类变量和多个数量化变量，CDA 能够得到典范变量，这些变量是数量化变量的线性组合，组合的方式与 PCA 非常相似，前几个主成分中包含了最大的信息量。CDA 受到主观和先验知识的影响，而 PCA 则进行自动数据变换，将大部分数据方差集中在前几个主成分中。然而，与 PCA 和 MNF 等高光谱图像数据降维和特征提取方法不同，CDA 用于高光谱数据降维和特征提取等分析的研究和应用还相对较少（van Aardt 和 Wynne，2007；Alonzo 等，2013；Rinaldi 等，2015）。鉴于 CDA 具有通过数据转换提取特征并降维的独特能力，本小节简要介绍其原理和算法。

CDA 的目标是搜索自变量的线性组合，以实现类间最大分离。新的变换变量被称为典范变量。参考 Khattree 和 Naik（2000）以及 Johnson 和 Wichern（2002），CDA 假设 g 个独立群体：$G_1, G_2, \cdots, G_g$ 具有相应的群体平均向量 $\boldsymbol{\mu}_1, \boldsymbol{\mu}_2, \cdots, \boldsymbol{\mu}_g$ 和共同方差-协方差矩阵 $\boldsymbol{\Sigma}$，适用于总体平均值中心向量 $\bar{\boldsymbol{\mu}} = \dfrac{1}{g} \sum\limits_{i=1}^{g} \boldsymbol{\mu}_i$ 和个体平均向量 $\boldsymbol{\mu}_1, \boldsymbol{\mu}_2, \cdots, \boldsymbol{\mu}_g$ 的差异度量。定义一个矩阵 $\boldsymbol{M}$：

$$\boldsymbol{M} = \sum_{i=1}^{g} (\boldsymbol{\mu}_i - \bar{\boldsymbol{\mu}})(\boldsymbol{\mu}_i - \bar{\boldsymbol{\mu}})^{\mathrm{T}} \tag{5.57}$$

并以有效方式将其与常用协方差矩阵 $\boldsymbol{\Sigma}$ 进行比较，可以选择向量 $\boldsymbol{a}$ 来最大化 $\boldsymbol{a}^{\mathrm{T}} \boldsymbol{M} \boldsymbol{a} / \boldsymbol{a}^{\mathrm{T}} \sum \boldsymbol{a}$。为实现这一点，从群体中令 $\boldsymbol{x}$ 为 1 个 p（维）向量。如果 $\boldsymbol{a}$ 非零，则 $\boldsymbol{a}$ 为 $\boldsymbol{u}_1$，产生第一个典范变量 $Can_1 = \boldsymbol{u}_1^{\mathrm{T}} \boldsymbol{x}$，可以被解释为这些 g 群体的单一最佳线性分类器。第二个典范变量，即 $Can_2 = \boldsymbol{u}_2^{\mathrm{T}} \boldsymbol{x}$，以相同的方式选择，但需与第一个规范变量正交，可被解释为 g 群体的次优线性分类器。通过类似的方式，可以得到 $r = \min(p, g-1)$ 个互不相关的典范变量。

实际上，大小为 $n_1, \cdots, n_g$ 的独立样本 $\{\boldsymbol{x}_{11}, \boldsymbol{x}_{12}, \cdots, \boldsymbol{x}_{1n_1}\}$，$\cdots$，$\{\boldsymbol{x}_{g1}, \boldsymbol{x}_{g2}, \cdots, \boldsymbol{x}_{gn_g}\}$ 是从

g 个独立群体中抽样得到的, g 个群体的平均向量和共同方差-协方差矩阵 Σ 都是未知的。在这种情况下,由 $\bar{\boldsymbol{x}}_i = \dfrac{1}{n_i}\sum_{j=1}^{n_i}\boldsymbol{x}_{ij}$, $i=1,2,\cdots,g$, 估计所有总体平均中心 $\boldsymbol{\mu}_i$, 通过公式:

$$\bar{\boldsymbol{x}} = \frac{1}{\sum\limits_{i=1}^{g} n_i}\sum_{i=1}^{g}\sum_{j=1}^{n_i}\boldsymbol{x}_{ij} = \frac{1}{\sum\limits_{i=1}^{g} n_i}\sum_{i=1}^{g} n_i\,\bar{\boldsymbol{x}}_i$$ 和样本方差-协方差矩阵推算总体方差-协方差矩阵

Σ ,其中 $\boldsymbol{E}_w$ 是合并的类内平方与叉积和矩阵,定义为

$$\boldsymbol{E}_w = \sum_{i=1}^{g}\sum_{j=1}^{n_i}(\boldsymbol{x}_{ij}-\bar{\boldsymbol{x}}_i)(\boldsymbol{x}_{ij}-\bar{\boldsymbol{x}}_i)^{\mathrm{T}} \tag{5.58}$$

此外,通过 $\boldsymbol{Q}_b$ 估算真实的群体间平方与叉积和矩阵 $\boldsymbol{M}$, $\boldsymbol{Q}_b$ 是类间平方与叉积和矩阵,计算公式如下:

$$\boldsymbol{Q}_b = \sum_{i=1}^{g} n_i(\bar{\boldsymbol{x}}_i-\bar{\boldsymbol{x}})(\bar{\boldsymbol{x}}_i-\bar{\boldsymbol{x}})^{\mathrm{T}} \tag{5.59}$$

基于 CDA 的目标,即使得类间方差尽可能大,类内方差尽可能小,通过选择 $\boldsymbol{\beta}$ 使目标函数 $\boldsymbol{\lambda}$ 最大化

$$\boldsymbol{\lambda}(\boldsymbol{\beta}) = \frac{\boldsymbol{\beta}^{\mathrm{T}}\boldsymbol{Q}_b\boldsymbol{\beta}}{\boldsymbol{\beta}^{\mathrm{T}}\boldsymbol{Q}_w\boldsymbol{\beta}} \tag{5.60}$$

$$\boldsymbol{Q}_w^{-1}\boldsymbol{Q}_b\boldsymbol{\beta} = \boldsymbol{\lambda}\boldsymbol{\beta} \tag{5.61}$$

式中, $\boldsymbol{\beta}$ 是对应于 $\boldsymbol{Q}_w^{-1}\boldsymbol{Q}_b$ 的 r 个非零特征值且使 $\boldsymbol{\lambda}$ 最大化的特征向量(Xu 和 Gong, 2007)。如将 r 个非零特征值从大到小排列 $\lambda_1 \geqslant \lambda_2 \geqslant \cdots \geqslant \lambda_r$,则 $\beta_1 \geqslant \beta_2 \geqslant \cdots \geqslant \beta_r$ 是相应典范变量的系数。由于 CDA 的基本目标是使得高光谱数据在降维的同时保持不同类别间具有最大的可分性,因此,我们感兴趣的是评估与前几个特征向量对应的典范变量。有一些方法可用来进行典范相关性检验,检验这些典范变量和 0 是否存在显著差异,以辅助选择重要的典范变量(Khattree 和 Naik, 2000),例如,可以使用 p 值来测试典范变量是否与一组分类变量显著相关。

5.6.5 小波变换

小波变换(wavelet transform,WT)是一种相对较新的信号处理工具,提供了一种在不同尺度(分辨率)和位置上分析信号的方法。WT 已经有效应用于很多遥感应用领域,例如降维和数据压缩(Mallat, 1998;Bruce 等, 2002)、纹理特征分析(Fukuda 和 Hirosawa, 1999)和特征提取(Pittner 和 Kamarthi, 1999;Ghiyamat 等, 2015)。这得益于 WT 可以将频谱信号分解为小波母函数下一系列位移和尺度缩放信号,并且在每个尺度上,可自动检测不同波段光谱信号的局部能量变化(由"峰谷"表示),并进一步为高光谱数据分析提供有用信息(Pu 和 Gong, 2004)。连续小波变换(continous wavelet transform,CWT)可以分析连续尺度上的信号,包括单维和多维信号,如高光谱图像立方体。离散小波变换(discrete

wavelet transform, DWT)可以利用在离散的尺度下[通常是二的指数次幂(2^j, $j=1,2,$ $3,\cdots$)]分析信号,并且可以使用各种快速算法和特有的硬件实现变换(Bruce 等,2001)。下文将简要描述 WT 算法和小波变换能量特征向量的计算方法。

WT 可以对频谱信号的各个位置进行多尺度分解(Rioul 和 Vetterli, 1991; Mallat, 1989)。通过伸缩和平移小波母函数,可以得到高光谱图像像元光谱信号的一组小波母函数$\{\psi_{a,b}(\lambda)\}$:

$$\psi_{a,b}(\lambda) = \frac{1}{\sqrt{a}}\psi\left(\frac{\lambda-b}{a}\right) \tag{5.62}$$

该函数具有约束条件:$\int_{-\infty}^{+\infty}\psi(\lambda)\mathrm{d}\lambda = 0$;此处,$a>0$,$b$ 是一个实数。变量 a 是特定母函数的缩放因子,b 是沿着函数范围的位移变量(Bruce 等,2001)。确定移位因子 b 和缩放因子 a 后 WT 的 $f(\lambda)$ 可以由下式确定:

$$Wf(a,b) = \langle f,\psi_{a,b}\rangle = \int_{-\infty}^{+\infty}f(\lambda)\frac{1}{\sqrt{a}}\psi\left(\frac{\lambda-b}{a}\right)\mathrm{d}\lambda \tag{5.63}$$

公式(5.63)是 CWT 计算公式。对于 CWT,由于尺度系数 a 和移位系数 b 都是实数,所以能量系数 $Wf(a,b)$ 是连续的。由 $f(\lambda)$ 函数的 $W_{j,k}$ 表示的 DWT 由 $f(\lambda)$ 与尺度函数(即小波母函数)$\phi(\lambda)$ 的标量积定义(Simhadri 等,1998):

$$W_{j,k} = \langle f(\lambda),\phi_{j,k}(\lambda)\rangle \tag{5.64}$$

其中,小波母函数$\phi_{j,k}(\lambda)$可以由式(5.65)计算:

$$\phi_{j,k}(\lambda) = 2^{\frac{-j}{2}}\phi(2^{-j}\lambda-k) \tag{5.65}$$

式中,j 是第 j 个分解尺度,k 是第 j 尺度的第 k 个小波系数。与 CWT 不同,DWT 的尺度为 $a = 2,4,8,\cdots,2^j,\cdots,2^J$。

DWT 在快速小波算法的研发中得到广泛使用。小波分解系数可以利用快速小波算法进行计算,这种快速算法将离散的卷积与共轭滤波器函数 h 和 g(即低通和高通滤波器的有限脉冲响应)串联在一起,主要公式如下(Mallat,1998;Hsu 等,2002):

$$cA_{j+1}[k] = \sum_{n=-\infty}^{+\infty} h[n-2k]\,cA_j[n] \tag{5.66}$$

$$cD_{j+1}[k] = \sum_{n=-\infty}^{+\infty} g[n-2k]\,cA_j[n] \tag{5.67}$$

式中,cA_j 是尺度为 2^j 的系数;cA_{j+1} 和 cD_{j+1} 分别是尺度 2^{j+1} 的分量。事实上,原始信号 s 总可以表示为系数 cA_L。因此,cA_L 的多级正交小波分解由包含尺度为 $2^L<2^j\leqslant2^J$ 的信号 s 的小波系数以及最大尺度的近似值 2^J 组成:

$$[\{cD_j\}_{L<j\leqslant J}, cA_J] \tag{5.68}$$

图 5.12 显示了通过多级小波分解的终端节点的结构。如果 cA_j 的长度为 n,则可以

看出,利用小波分解中将 cA_{j+1} 的长度减小到 $n/2$ 的采样过程中实现了 cA_j 的数据量减少。理论上,最大分解级数可以是 $J=\log_2(N)$,其中 N 是输入原始信号的长度。然而,实际上最大数目还取决于选择的母函数(例如,当选择母函数 Daubechies 3,$N=167$ 时,最大数量级数 J 为 8)。

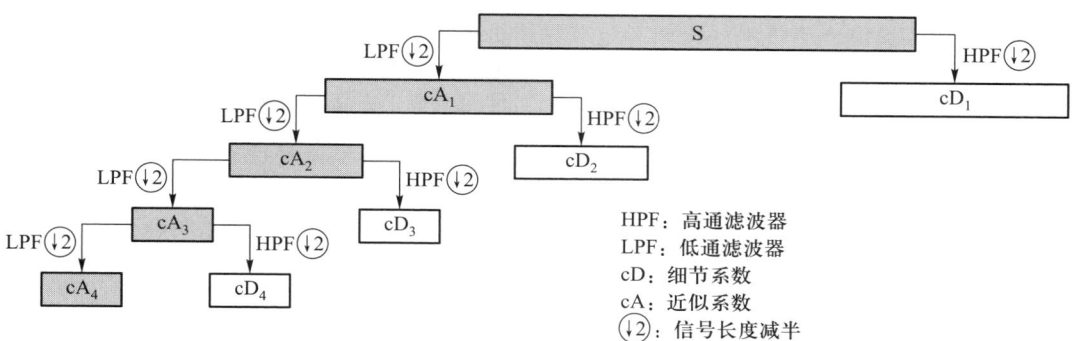

图 5.12 多级小波分解的终端节点($J=4$)的结构图

一般而言,使用小波分解方法首先分解高维像元信号,然后选择所需的几个小波系数以执行数据降维而不会丢失重要信息。由于每个小波系数与不同位置和尺度信号的能量直接相关,所以最好的小波特征可以是小波系数或能量,或者两者任意组合的子集(Zhang 等,2006)。实际上,不是用所有小波系数来确定最佳子集,而是基于它们的能量来筛选小波系数。因此,舍弃具有低于能量阈值的小波系数并不会造成明显的信号损失(Peng 等,2009)。例如,Okamato 等(2007)发现,在特定情况下 213 个系数中的 50 个占总能量的 99.7%。为了优化降维和从高光谱数据中进行特征提取,可以使用部分或全部的从每个像元光谱导出的小波系数计算能量特征向量。$1\times(J+1)$ DWT 能量特征向量 $\overline{F}=\{F_j\}_{j=1}^{J+1}$:

$$F_j = \sqrt{\frac{1}{K}\sum_{k=1}^{K} W_{jk}^2} \tag{5.69}$$

式中,K 是分解尺度 j 处的系数数量,k 则是 j 处第 k 个系数;J 是最高分解水平;来自 J 个水平的细节系数和最终近似系数的特征向量长度为 $(J+1)$。据此,小波能量特征向量可为分解高光谱能量信息提供工具(Bruce 等,2001;Zhang 等,2006)。

5.7 光谱混合分析

图像分类是多光谱/高光谱图像表面信息提取最常用的方法,不论是基于随机理论、统计特性,还是通过概率统计或判别函数,这些方法最终需要对每个像元的类别进行判定。因此使用这些方法,无论表面物质的组成性质如何,都能被分至确定的类别中。然而事实上,由于自然界中几乎不存在单一物质的自然表面,由遥感传感器记录的像元反射率很少仅由单一物质组成(van der Meer 等,2001)。因此,遥感传感器观察到的电磁辐射是

多种不同性质表面物质的光谱混合。

　　为使遥感数据能够识别各种"纯物质",并确定其空间比例或丰度信息,必须理解并建立光谱混合模型。混合建模是根据纯端元光谱计算混合信号的前向过程,而光谱解混则为反过程,即根据混合像元信号计算纯端元的百分比(或丰度)。光谱混合有两种类型:线性光谱混合和非线性光谱混合。一个标准的线性光谱解混技术假设光谱仪收集的光谱可由相应比例或丰度端元光谱经过线性组合得到。此类模型在数据采集过程中假设较少发生二次反射或多次散射过程,因此得到的光谱可以是目标物质光谱信号的线性组合,并以混合像元的形式被记录(Ben-Dor 等,2013)。而非线性光谱混合模型则假设辐射的一部分在被传感器收集之前经过多次散射,而这种假设与实际情况较为接近。因此,非线性光谱解混方法可以更好地表征某些端元混合光谱的组成(Guilfoyle 等,2001)。上述两种光谱混合模型都是描述光谱混合过程的重要工具,虽然 Sasaki 等(1984),Zhang 等(1998)和 Arai(2013)等研究了非线性光谱混合模型,但自 20 世纪 80 年代以来线性光谱混合(linear spectral mixing,LSM)方法广泛应用于提取混合像元的各种成分比例或丰度信息。因此,下文主要讨论 LSM 的光谱解混算法。

　　LSM 模型主要基于以下三个假设:①光谱信号是每个瞬时视场中有限数目端元与其占比的线性组合(Ichoku 和 Karnieli,1996);②瞬时视场中的端元是空间分散且不存在多重散射的均质表面(Keshava 和 Mustard,2002);③相邻像元的辐照能量不影响目标像元的光谱信号(Miao 等,2006)。图 5.13 说明了线性光谱混合和解混的原理,其中多个光谱分量或成分的相对或绝对比例(或丰度)共同决定了观测到的图像反射率。在过去 30 年中,许多建模技术和算法被用于进行 LSM 分析(Ichoku 和 Karnieli,1996)。无约束 LSM 是最常见的形式(如 Gong 等,1994;Pu 等,2008);和为 1 的约束方法要求各端元比率(分量)之和为 1 或接近 1(如 Smith 等,1990;Adams 等,1993);完全约束法将端元丰度进一步约束为正值(如 Adams 等,1986;Brown 等,2000)。此外,许多学者提出了多端元光谱混合分析方法(如 Painter 等,1998;Roberts 等 1998)、混合调谐匹配滤波技术(如 Boardman 等,1995;Andrew 和 Usting,2008,2010)和约束能量最小化方法(如 Farrand 和 Harsanyi,1997)等可以用于高光谱数据光谱解混的分析方法。在一些研究中,一些学者也测试人工神经网络算法对像元进行解混以获得各物质的丰度(如 Foody,1996;Flanagan 和 Civco,2001;Pu 等,2008),以下将介绍这些算法。

5.7.1　传统光谱解混建模技术

　　令 ρ 为高光谱或多光谱图像 $L×1$ 维的反射率(或 DN 值)像元向量,L 为波段数。假设 M 是 $L×p$ 的光谱特征矩阵,令 F 是与像元向量 ρ 有关的 $p×1$ 维端元丰度向量。线性混合模型假设像元矢量的光谱特征由图像端元的光谱特征线性叠加,可以描述为

$$\rho = MF + \varepsilon \tag{5.70}$$

其中,

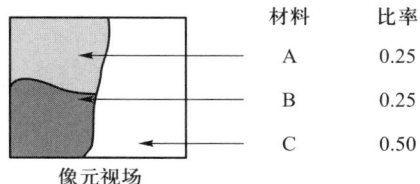

A、B、C三种材料的混合像元

材料	比率
A	0.25
B	0.25
C	0.50

像元视场

各种材料/端元的特征光谱

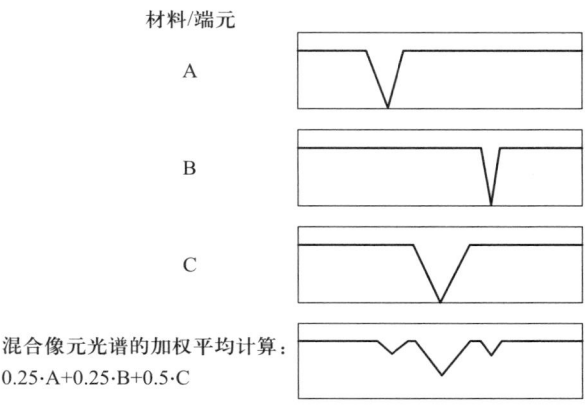

材料/端元

A

B

C

混合像元光谱的加权平均计算：
$0.25 \cdot A + 0.25 \cdot B + 0.5 \cdot C$

图 5.13　线性光谱混合与解混原理（图中混合像元包含 A、B、C 三种端元组分）（van der Meer 等，2001）

$$\boldsymbol{\rho} = \begin{bmatrix} \rho_1 \\ \rho_2 \\ \vdots \\ \rho_L \end{bmatrix}, \quad \boldsymbol{M} = \begin{bmatrix} m_{11} & m_{12} & \cdots & m_{1p} \\ m_{21} & m_{22} & \cdots & m_{2p} \\ \vdots & \vdots & & \vdots \\ m_{L1} & m_{L2} & \cdots & m_{Lp} \end{bmatrix}, \quad \boldsymbol{F} = \begin{bmatrix} f_1 \\ f_2 \\ \vdots \\ f_p \end{bmatrix}, \quad \boldsymbol{\varepsilon} = \begin{bmatrix} \varepsilon_1 \\ \varepsilon_2 \\ \vdots \\ \varepsilon_L \end{bmatrix}$$

分别是反射率像元向量、光谱特征向量、目标端元丰度向量和一个 $L \times 1$ 维的加性噪声矢量，$\boldsymbol{\varepsilon}$ 代表模型误差。当 $L > p$ 时，特别是在高光谱数据中 $L \gg p$ 的情况下，可以通过最小二乘法求解［公式（5.70）］（即光谱解混过程）（如 Adams 等，1989；Sohn 和 McCoy，1997）。一幅图像中，可以通过两种方式获得端元光谱特征矩阵 $\boldsymbol{M}$：①使用纯像元光谱；②对于一组训练像元，使用不同端元的已知丰度通过最小二乘法求得矩阵 $\boldsymbol{M}$。对于①，下面将介绍像元纯度指数（pixel purity index，PPI）和 N-Finder 技术。对于②，基于一组训练像元和不同端元（$\boldsymbol{F}$）的已知丰度，使用公式（5.70），矩阵 $\boldsymbol{M}$ 可以近似为 $\hat{\boldsymbol{M}}$：

$$\hat{\boldsymbol{M}} = \boldsymbol{\rho} \, \boldsymbol{F}^{\mathrm{T}} \, (\boldsymbol{F} \, \boldsymbol{F}^{\mathrm{T}})^{-1} \tag{5.71}$$

因此，在获得高光谱数据的光谱特征矩阵 $\boldsymbol{M}$ 之后，以下四个传统的光谱解混模型可以从混合像元 $\boldsymbol{\rho}$ 中估算端元丰度向量 $\boldsymbol{F}$。

1) 模型 I : 无约束最小二乘(ULS)线性解混

使用最小二乘误差作为求解 LSM 方程[式(5.70)]的最优准则，$\boldsymbol{F}$、$\hat{\boldsymbol{F}}_{\mathrm{ULS}}$ 的无约束最小二乘估计可以通过以下最小化平方误差函数得到(Heinz 和 Chang,2001):

$$\min_{\mathrm{F}}\{(\boldsymbol{\rho}-\boldsymbol{M}\boldsymbol{F})^{\mathrm{T}}(\boldsymbol{\rho}-\boldsymbol{M}\boldsymbol{F})\} \tag{5.72}$$

$$\hat{\boldsymbol{F}}_{\mathrm{ULS}} = (\boldsymbol{M}^{\mathrm{T}}\boldsymbol{M})^{-1}\boldsymbol{M}^{\mathrm{T}}\boldsymbol{\rho} \tag{5.73}$$

式中，$\boldsymbol{F}_{\mathrm{ULS}}$ 是图像像元矢量 $\boldsymbol{\rho}$ 的函数。

2) 模型 II : 分量和为 1 的约束最小二乘(SCLC)线性解混

求解方程(5.70)时对丰度向量 $\boldsymbol{F}$ 不进行任何约束。为最终找到 $\boldsymbol{F}$ 在约束(和为 1)下的最小二乘估计，可以首先考虑为 SCLS 线性混合问题(Heinz 和 Chang,2001;Chang 等,2004):

$$\min_{\mathrm{F}}\{(\boldsymbol{\rho}-\boldsymbol{M}\boldsymbol{F})^{\mathrm{T}}(\boldsymbol{\rho}-\boldsymbol{M}\boldsymbol{F})\},服从 \sum_{j=1}^{p} f_j = 1 或 \boldsymbol{1}^{\mathrm{T}}\boldsymbol{F} = 1 \tag{5.74}$$

这里，$\boldsymbol{1}^{\mathrm{T}} = \underbrace{(1,1,\cdots,1)}_{p}$ 是比率之和为 1 的统一向量。

将 $\boldsymbol{F}$、$\hat{\boldsymbol{F}}_{\mathrm{SCLS}}$ 之和为 1 为约束条件得到最优的最小二乘估计值代入公式(5.74)，得到:

$$\hat{\boldsymbol{F}}_{\mathrm{SCLS}} = \hat{\boldsymbol{F}}_{\mathrm{ULS}} + (\boldsymbol{M}^{\mathrm{T}}\boldsymbol{M})^{-1}\boldsymbol{1} \cdot [\boldsymbol{1}^{\mathrm{T}}((\boldsymbol{M}^{\mathrm{T}}\boldsymbol{M})^{-1}\boldsymbol{1})](1-\boldsymbol{1}^{\mathrm{T}} \cdot \hat{\boldsymbol{F}}_{\mathrm{ULS}}) \tag{5.75}$$

3) 模型 III : 非负约束最小二乘(NCLS)线性解混

由公式(5.75)求得的 SCLS 基于约束条件 $\sum_{j=1}^{p} f_j = 1$，不能保证丰度非负，即对所有 $1 \leqslant j \geqslant p$ 都有 $f_j \geqslant 0$。然而，与产生封闭解的 SCLS 方法不同，NCLS 方法没有解析解，因为丰度非负的约束(abundance non-negativity constraint,ANC)由一组线性不等式规定(Heinz 和 Chang,2001)。通常，NCLS 问题可以描述为以下的优化问题:

$$\min_{\mathrm{F}}\{(\boldsymbol{\rho}-\boldsymbol{M}\boldsymbol{F})^{\mathrm{T}}(\boldsymbol{\rho}-\boldsymbol{M}\boldsymbol{F})\},服从 \boldsymbol{F} \geqslant 0 \tag{5.76}$$

为了在式(5.76)基础上由 $\boldsymbol{F}$ 的非负约束最小二乘(LS) 估计 $\hat{\boldsymbol{F}}_{\mathrm{NCLS}}$ 求解式(5.70)，需引入拉格朗日乘数向量 $\boldsymbol{\lambda} = (\lambda_1, \lambda_2, \cdots, \lambda_p)^{\mathrm{T}}$。最后，可以通过区分与拉格朗日乘数向量相关联的拉格朗日函数来获得两个迭代方程(Heinz 和 Chang,2001;Chang 等,2004):

$$\hat{\boldsymbol{F}}_{\mathrm{NCLS}} = (\boldsymbol{M}^{\mathrm{T}}\boldsymbol{M})^{-1}\boldsymbol{M}^{\mathrm{T}}\boldsymbol{\rho} - (\boldsymbol{M}^{\mathrm{T}}\boldsymbol{M})^{-1}\boldsymbol{\lambda} = \hat{\boldsymbol{F}}_{\mathrm{ULS}} - (\boldsymbol{M}^{\mathrm{T}}\boldsymbol{M})^{-1}\boldsymbol{\lambda} \tag{5.77}$$

$$\boldsymbol{\lambda} = \boldsymbol{M}^{\mathrm{T}}(\boldsymbol{\rho} - \boldsymbol{M}\hat{\boldsymbol{F}}_{\mathrm{NCLS}}) \tag{5.78}$$

NCLS 最优解 $\hat{\boldsymbol{F}}_{\mathrm{NCLS}}$ 和拉格朗日乘数向量可以通过迭代方程(5.77)和方程(5.78)求解获得,详细的 NCLS 迭代算法见 Chang(2003)。

4)模型Ⅳ:完全约束最小二乘(FCLS)线性解混

FCLS 问题如下:

$$\min_{\mathrm{F}}\{(\boldsymbol{\rho} - \boldsymbol{M}\boldsymbol{F})^{\mathrm{T}}(\boldsymbol{\rho} - \boldsymbol{M}\boldsymbol{F})\},\text{服从}\sum_{j=1}^{p}f_j = 1 \text{ 和 } \boldsymbol{F} \geqslant 0 \tag{5.79}$$

为解决 FCLS 问题[即公式(5.79)],Chang 等(2004)通过引入新的特征矩阵 $\boldsymbol{N}$,比率之和为 1 的约束(abundance sum-to-one constraint,ASC)体现在光谱特征矩阵 $\boldsymbol{M}$ 中。$\boldsymbol{N}$ 的定义为

$$\boldsymbol{N} = \begin{bmatrix} \delta\boldsymbol{M} \\ \boldsymbol{1}^{\mathrm{T}} \end{bmatrix} \tag{5.80}$$

其中,$\boldsymbol{1}^{\mathrm{T}} = \underbrace{(1,1,\cdots,1)}_{p}$,矢量 $\boldsymbol{S}$ 为

$$\boldsymbol{S} = \begin{bmatrix} \delta\boldsymbol{\rho} \\ 1 \end{bmatrix} \tag{5.81}$$

公式(5.80)和公式(5.81)中的参数 δ 用于控制 ASC 在 FCLS 解中的影响。根据 Heinz 和 Chang(2001)、Chang 等(2004),可以基于公式(5.80)和公式(5.81),利用 $\boldsymbol{N}$ 和 $\boldsymbol{S}$ 替换 NCLS 解中式(5.77)和式(5.78)使用的 $\boldsymbol{M}$ 和 $\boldsymbol{\rho}$,从而求解 FCLS。FCLS 的算法总结如下:

(1)指定参数值(较小的值,如 10^{-6})和误差公差 e;

(2)使用公式(5.73)产生无约束最小二乘解 $\hat{\boldsymbol{F}}_{\mathrm{ULS}}$;

(3)迭代方程(5.77)和方程(5.78)中 $\boldsymbol{M}$ 和 $\boldsymbol{\rho}$ 由 $\boldsymbol{N}$ 和 $\boldsymbol{S}$ 替换[式(5.80)和式(5.81)],直到算法收敛于 e。

另外,FCLS 方程(5.79)也可以通过使用二次规划(QP)算法来得到(Li,2004)。

5.7.2 基于人工神经网络的线性光谱解混

除了上述 4 种模型之外,对于方程(5.79),完全约束最小二乘(FCLS)也可以通过前向人工神经网络算法来解决。前向人工神经网络是用于混合像元分解的非线性方法(Rumelhart 等,1986;Pao,1989)。人工神经网络的详细算法将在第5.8节中介绍。在分层结构中,除了将输入层中连接到高光谱数据的特征值节点外,每个节点的输入是上层节点的加权和。最后一层的节点输出一个对应于混合像元端元丰度分数相似度的向量。虽然输入层和输出层之间可以有多个隐藏层,但是对于大多数学习目的而言,一个隐藏层通常

就足够了。网络的学习过程由学习率和动量系数控制,需要根据测试结果经验性地规定。通过已知丰度的端元进行迭代训练,当网络输出满足最小误差准则或最佳测试精度时,网络训练终止。然后可以应用经过训练的网络来估计高光谱图像场景中混合像元中每个端元的丰度。

5.7.3　多端元光谱混合分析

上节提到的 LSM 模型方法相对简单,具有明确的物理意义,并能对多光谱或高光谱数据进行混合像元的丰度测量。然而,简单 LSM 也存在一些限制(Pu 和 Gong,2011): ①LSM 中使用的端元数对于每个像元都是相同的,无论端元中表示的物质是否存在于每个像元中;②不能解释这些物质之间的光谱差异是可变的;③LSM 不能有效地解释物质之间微小的光谱差异;④LSM 端元的最大数量受图像数据中波段数量的限制(Li 和 Mustard,2003)。针对这些问题,Roberts 等(1998)提出了一种使图像中每个像元的端元数量可变的方法来改进 LSM,即多端元光谱混合分析(multiple end-member spectral mixture analysis,MESMA)。该方法的基本思想是对来自总样本中各种端元的各个子集进行多次混合,并将"最佳适合"结果作为特定像元的最终解。最佳适合结果可能是错误最小或最合理的终端组合。一般而言,MESMA 克服了 LSM 模型的某些限制,例如,图像数据中端元数量不受波段数量限制。

根据 Roberts 等(1998),MESMA 方法的一般过程为从一系列备选的两端元模型开始,根据选择标准评估每个模型。如果需要,构建包含更多端元的候选模型(如创建备选三端元模型和四端元模型)。三种选择标准可以用于评估候选端元模型的选择:①分量标准:考虑仪器噪声允许 1% 的误差,只有当模型的端元分量在-0.01 和 1.01 之间才选择;②均方根误差准则:仅当均方根误差低于阈值(如 0.025)时才选择模型;③残差标准准则:在高光谱波段上,采用残差阈值评估任何波段残差是否超过绝对阈值,而残差计数用于计数残差连续波段超过阈值的次数(Roberts 等,1998)。Roberts 等(1998)使用 AVIRIS 高光谱数据测试 MESMA 的结果表明,该技术能够区分许多不同类型的植被光谱,同时对一些典型的混交林空间分布进行监测。Roessner 等(2001)基于城市环境下端元组合的可行性对光谱解混中的端元组合和选择作了进一步的限制。

5.7.4　混合调谐匹配滤波技术

混合调谐匹配滤波(mixture tuned matched filtering,MTMF)是一种先进的光谱解混算法,不需要视场内所有物质已知并且识别出端元(Boardman 等,1995)。因此,MTMF 最初称为部分解混,它提供了一种只解决与特定的观测目标直接相关部分的数据反演方法。图 5.14 说明了具有四种背景物质和两个感兴趣目标的场景,解决问题的关键是找到将背景数据差异隐藏的适当投影方法,同时使目标端元间的光谱差异最大化(Boardman 等,1995)。MTMF 独立地处理每个端元,并且在每个像元处将像元模拟为端元和未知背景物质的混合。MTMF 为每个端元输出匹配滤波(matched filter,MF)分数和"infeasibility"值。

MF 分数类似于简单光谱混合分析中的端元分量,是对像元内感兴趣物质占比的估计;而"infeasibility"是衡量某个像元包含感兴趣物质可能性的指标。当 MF 分数高而"infeasibility"值低时,像元有可能包含感兴趣物质(Andrew 和 Ustin,2008)。MTMF 已被证明是一种非常有用的用于检测与背景略有不同特定物质的工具。例如,使用机载高光谱图像数据(如 AVIRIS 和 HyMap),MTMF 可以成功地识别各种入侵物种,包括柽柳(Hamada 等,2007)、多年生胡椒草(Andrew 和 Usting,2008,2010)和旱雀麦(Noujdina 和 Ustin,2008)。

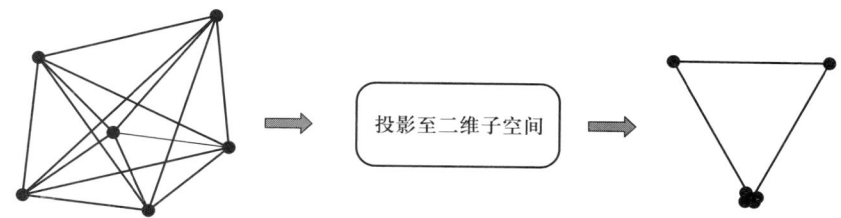

图 5.14 基于 MTMF 的光谱解混示意图(据 Boardman 等,1995)

MTMF 算法的数据处理过程包含三个步骤(Boardman 等,1995):①从高光谱原始数据(如 AVIRIS 数据)中反演地物表观反射率;②使用最大噪声分离变换或其他方法确定像元纯度;③进行部分解混(相当于图像中每个像元针对每个端元计算 MF 分数和"infeasibility"值)。在步骤①中,通过使用大气校正方法(如 FLAASH),先将高光谱数据转换为地表表观反射率;在步骤②中,使用 MNF 对数据进行降维和噪声白化处理,目的是将物体地表反射率数据转换为具有零均值,每个波段中的噪声不相关且具有单位方差。然后,使用像元纯度指数索引方法,在前几个 MNF 图像中识别每个投影中的极值像元。视场中最纯净的像元被快速识别,然后将场景中最纯净的像元与目标光谱进行比较,如果与目标光谱较相似,则进行识别并与其他纯像元分离。在步骤③中,数据被投影到最优目标子空间后,将光谱解混处理应用于该数据。最终,基于高光谱图像绘制感兴趣目标的丰度图。

5.7.5 约束能量最小化

类似于 MTMF 方法,Farrand 和 Harsanyi(1997)提出的约束能量最小化(constrained energy minimization,CEM)方法是 LSM 方法的扩展,它逐像元地最大化目标特征的响应,并抑制背景特征的响应。CEM 技术基于线性算子,该线性算子使高光谱图像中的总能量最小化,同时对感兴趣特征的响应被限制在期望的恒定水平(Resmini 等,1997)。该方法假设目标物和背景特征线性混合。CEM 的结果是一个矢量分量图像,与通过解混获得的端元丰度图像类似,根据 Farrand 和 Harsanyi(1997)的研究,CEM 技术的关键在于找到向量 w 且根据非目标物背景特征增强已知的目标特征向量 d。CEM 方法受到两个约束,第一个约束是最小化全部像元的总输出能量。因此,跨越波长范围的独立像元能量和可由标量值 y_i 表示,y_i 为 r_i 内每个光谱波段响应的加权和,y_i 可以更准确地表示为

$$y_i = \sum_{k=1}^{l} w_k \, r_{ik}, i = 1, 2, \cdots, q \tag{5.82}$$

式中，$\boldsymbol{w} = (w_1, \cdots, w_k, \cdots, w_l)^{\mathrm{T}}$ 是权重向量；l 是光谱波段数；q 是像元总数；r_{ik} 是在像元 i 波段 k 中记录的辐射亮度值。公式(5.82)可用矢量符号表示为

$$y_i = \boldsymbol{w}^{\mathrm{T}} \boldsymbol{r}_i, i = 1, 2, \cdots, q \tag{5.83}$$

第二个约束是当应用于目标像元光谱时，在波长范围内各像元的能量和为 1（即 $y_i = 1$，或 $\boldsymbol{w}^{\mathrm{T}} \boldsymbol{d} = 1$）。

这个约束最小化问题可以理解为

$$\boldsymbol{w} = \frac{\boldsymbol{\Phi}^{-1} d}{d^{-1} \boldsymbol{\Phi}^{-1} d} \tag{5.84}$$

式中，$\boldsymbol{\Phi}^{-1}$ 是目标区域观测像元矢量 $(r_1, \cdots, r_i, \cdots, r_q)$ 样本相关矩阵的逆矩阵。为了更精确地计算 $\boldsymbol{\Phi}^{-1}$，可以通过使用前 p 个特征向量近似获得相关矩阵 $\boldsymbol{w}$。以矢量形式描述该近似方程为

$$\hat{\boldsymbol{\Phi}} = \widetilde{\boldsymbol{V}} \, \widetilde{\boldsymbol{\Lambda}} \, \widetilde{\boldsymbol{V}}^{\mathrm{T}} \tag{5.85}$$

式中，$\widetilde{\boldsymbol{V}} = (\widetilde{v}_1, \cdots, \widetilde{v}_i, \cdots, \widetilde{v}_p)$ 是 $l \times p$ 矩阵，列是 p 个显著特征向量 $(p < l)$，$\widetilde{\boldsymbol{\Lambda}} = diag(\lambda_1, \cdots, \lambda_i, \cdots, \lambda_p)$ 是 $p \times p$ 对角矩阵，然后将 $\widetilde{\boldsymbol{\Lambda}}$ 的替代矩阵 $\boldsymbol{\Lambda}^{-1} = diag(\lambda_1^{-1}, \cdots, \lambda_i^{-1}, \cdots, \lambda_p^{-1})$ 代入等式(5.85)可以求得样本相关矩阵的逆矩阵 $\hat{\boldsymbol{\Phi}}^{-1}$（Farrand 和 Harsanyi，1997）。

样本相关矩阵[从方程(5.85)导出]的逆矩阵被认为是正交背景子空间的最优估计，因此当背景特征未知时，CEM 算法可以获得正交子空间投影（orthogonal subspace projection, OSP）算法的最优预测模型（Resmini 等，1997）。因此，在高光谱图像序列中对每个像元应用 CEM 算子[方程(5.84)]将会最好地抑制未知的和非目标背景端元，从而突出目标端元的光谱特征，并提供每个像元中目标物质丰度的最优估计（Resmini 等，1997）。

5.7.6 端元提取

合理确定端元是光谱混合分析成功的关键（Gong 等，1994；Tompkins 等，1997）。确定端元包括确定端元的数量以及相应的光谱特征。光谱库中的光谱可以用作端元，但是它们必须与传感器有对应关系，以便在 HRS 中进行光谱匹配和解混分析。因此，在处理大量图像数据时，基于光谱库的端元确定方法也许不可行（Veganzones 和 Graña，2008）。大多数光谱解混技术采用基于图像的端元提取方法，这种方法大多基于数据在特征空间的凸面几何分布假设。从图 5.15 可以看出，假设图像中的像元特征空间由单纯形（simplex）占据，单纯形是最简单的几何形状，可以包含给定尺寸的空间（Winter 和 Winter，2000）。例如，简单几何图形可以是一维、二维和三维的线、三角形和四面体，而端元通常位于这些简单几何图形的顶点位置。位于顶点的像元是非混合或单一的，因此这

些像元仅由一个端元构成。位于简单图形顶点位置的点集(即端元组)具有以下三个特性:①它们是数据中具有最强代表性的点集;②如果数据点云被转换或缩放,那么相同的像元是端元;③无论数据如何变换,端元的同一性不会改变。第三个特性对高光谱数据处理极其重要,因为这使得在高光谱数据处理过程中可以利用正交子空间投影来降低图像维度。

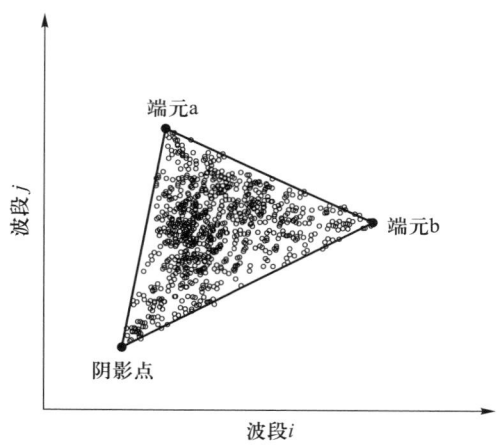

图 5.15　两个波段的二维散点图,呈现三角形结构

在过去 20 年中,许多研究提出了多种算法从高光谱场景中提取端元。大多数算法在特征空间中通过搜寻简单图形的顶点来找端元光谱(Boardman,1995)。下文将介绍两种广泛应用的方法,在多数遥感图像处理软件中可以直接使用,即像元纯度指数(Boardman等,1995)和 N-Finder 技术(Winter,1999)。一些文献还介绍其他多种技术,包括迭代误差分析(iterative error analysis, IEA)(Neville 等,1999)、实时自适应光谱识别系统(optical real-time adaptive spectral identification system, ORASIS)(Bowles 等,1995)、凸锥分析(convex cone analysis, CCA)(Ifarraguerri 和 Chang, 1999)、自动化形态学端元提取(automated morphological end-member extraction, AMEE)(Plaza 等,2002)、模拟退火算法(simulated annealing algorithm, SAA)(Bateson 等,2000)和新的基于虚拟维数(virtual dimensionality, VD)的方法或最小误差高光谱信号识别(hyperspectral signal identification by minimum error, HySime)(Sánchez 和 Plaza,2014),对这些技术感兴趣的读者,可参阅相关参考资料。

5.7.6.1　像元纯度指数

在端元提取的方法中,最重要并广泛使用的方法是像元纯度指数(pixel purity index, PPI)(Boardman 等,1995)。该方法包括以下三个步骤:第一步,通过 MNF 变换降低数据维度并进行噪声白化处理。第二步,将所有数据点重新投影到 N 维特征空间中,计算每个投影中的极值像元,经过多次重复投影之后,识别为极值像元的次数达到阈值的像元被确定为纯度最高的像元。第三步,将这些潜在的端元光谱利用交互式 N 维可视化工具进行显示,通过实时旋转和对数据立方体中的极值像元进行视觉识别,确认最终的端元光

谱。为加快 PPI 流程,Chang 和 Plaza(2016)提出了一种实现 PPI 的快速迭代算法(fast iterative PPI, FIPPI),在几个方面对 PPI 进行了改进:①生成适当的端元初始集合以加速进程;②基于虚拟维度预测端元的数量。FIPPI 是一种无监督的迭代算法,通过改进每个迭代规则,直到获得一组理想的端元(Chang 和 Plaza,2006)。

5.7.6.2　N-Finder

该方法的输入数据需要是光谱图像立方体,不需要压缩数据或对样本进行稀疏处理。N-Finder 由 Winter(1999)提出,需要搜索整个数据集以找到那些可用于描述场景中各种混合像元的纯像元,这些纯像元通过数据集内"膨胀化"的 单纯形来确定具有最大值的单纯形。为此,首先对原始图像用 MNF 方法进行降维。随后,将随机选择的图像像元作为初始样本。为改善端元的估算效果,需要对图像中每个像元进行评估,判断其作为纯像元或近似纯像元的可能性。这个过程需要将每个像元作为端元计算体积,令 E 为:

$$E = \begin{bmatrix} 1 & 1 & \cdots & 1 \\ e_1 & e_2 & \cdots & e_p \end{bmatrix} \tag{5.86}$$

式中,e_i 是端元列向量,p 是端元数量。由端元形成的单纯形体积与 E 的行列式值成正比(Plaza 等,2004)

$$V(E) = \frac{1}{(p-1)!}\text{abs}(|E|) \tag{5.87}$$

为优化初始体积估计,需要通过替换该端元并重新计算体积来计算每个端元位置和体积。如果某像元的替换使体积增加,则用该像元代替原来的端元。将此过程迭代至没有端元再被替换为止(Winter,1999)。

5.8　高光谱图像分类

传统的多光谱分类器可用于高光谱图像分类和专题信息提取,但它们的分类效率可能不如用于多光谱数据的。这是因为高光谱图像分类面临以下困难:①高光谱数据的高维度,②相邻波段的高相关性,且训练样本数量相对有限。为解决这些问题,在分类之前需要进行图像降维和特征提取等预处理。通过 PCA、基于信噪比的最大噪声分离(MNF)变换和独立成分分析等图像变换降低高光谱图像的维度,使得传统的多光谱分类器能有效地用于高光谱数据分类。特征提取方法如 PCA(或 MNF)、Fisher 线性判别分析(LDA)、典范判别分析(CDA)和小波变换等已经应用于数据转换和特征变量提取,以便将传统的分类器用于高光谱数据分类。特征提取处理(包括特征变量的计算与选择)是通过最大化全体数据集的有序方差,或训练样本类间方差与类内方差比值,或转化为变换后的能量特征等方式实现的。迄今为止,已有学者提出许多分段式的多光谱分类器和高级分类器,专用于处理训练样本有限时的高光谱数据,适用于对高光谱数据进行分类和专

题信息提取。由于第5.6节介绍了与高光谱图像降维和特征提取相关的重要算法和方法,本节将主要介绍分类器,如 segPCA、最大似然分类(MLC)以及人工神经网络(ANN)和支持向量机(SVM)等高级算法。

5.8.1　分段式多光谱分类器

Jia 和 Richards(1999)提出了一种分段主成分变换(segPCA)方法。segPCA 可以通过基于高光谱数据相关矩阵的"分段属性"将波段光谱分段为 K 段来实现,图5.16显示了由四段(VIS、NIR、MIR1 和 MIR2)波段组成的相关矩阵,每块中波段间高度相关。根据 Jia 和 Richards(1999)的研究,segPCA 的一般步骤:首先,将完整的高光谱数据分为若干段,高度相关的波段被归为一段,令 $n_1, n_2, \cdots, n_K$ 分别是 $1, 2, \cdots, K$ 段中的波段数,接着对每段数据分别执行 PCA 变换。然后,使用每段数据的前几个主成分方差信息或可分离性,可以从每个主成分中选择特征。选取的特征又可被重新组合并再次转换,以进一步压缩数据。通常,可以重复该过程直至达到所需的数据缩减比率,在这一过程中重要的信息基本会被保留。segPCA 的主要优点在于节省了转换的计算时间,与原始数据维度和正交属性相比较,由于通过 segPCA 方法最终选定的特征维度较低,因此对于数量相对有限的训练样本可以用大多数多光谱分类器进行分类研究。

另一种方法,惩罚判别分析(penalized discriminant analysis,PDA)通过抑制类内方差和提高 LDA 的性能,从而更有效地处理波段间的高度相关性(Yu 等,1999)。Fisher LDA 和 CDA 通过对连续线性的数据组合进行搜索,在保证所有类型的类内方差处于相似水平的同时,期望尽可能多地扩展不同类型的聚类中心,以实现训练样本类间方差与类内方差的比值最大化(Yu 等,1999;Xu 和 Gong,2007;Pu 和 Liu,2011)。当然,这种方法要求训练数据统计值的估计是可靠的。

此外,segLDA 首先将整个光谱划分为 K 段,每段光谱的相关矩阵都包含一组连续的高度相关的光谱波段(图5.16)。将第 k 段光谱的维数表示为 I_k,并且 $I_1 + \cdots + I_k + \cdots + I_K = I$(原始数据维度),对于每段光谱波段,子空间中的类间协方差矩阵和类内协方差矩阵的维度等于子块的波段数。然后,将 LDA 应用于每段光谱以生成新的分量图像(特征)[具有最小值($C-1$, I_k)的数量],其中 C 是类别数,I_k 是子块 k 中的波段数。基于 k 个子块($k = 1, 2, \cdots, K$)中每段光谱的图像在特征空间中的投影,可以选择每段前几个特征图像来生成一个新的特征组合,这些特征随后可以用于分类,或选择更多的特征图像[小于最小值($C-1$, I_k)],从而形成一个新的子空间。LDA 可多次应用以降低数据维数从而获得用于最终分类的最佳正交子空间集。PDA 通过向类内协方差矩阵引入惩罚矩阵 $\boldsymbol{\Omega}$,以惩罚在 LDA 下具有较高类内方差的情况,但同时保留较高类间方差的波段。惩罚矩阵的功能可以通过几何解释来理解(Yu 等,1999),它不均匀地平滑了高光谱空间中各类的类内变化。segPDA 和分段 segCDA 在应用 PDA 之前的分割过程与 segLDA 类似,只是 PDA 在对类内协方差矩阵的估算过程中增加了一个惩罚项。与 segPCA 类似,segLDA、segCDA 和 segPDA 均可显著节省计算时间。

Xu 和 Gong(2007)比较了几种用于 Hyperion 数据降维的特征提取算法。这些方法包

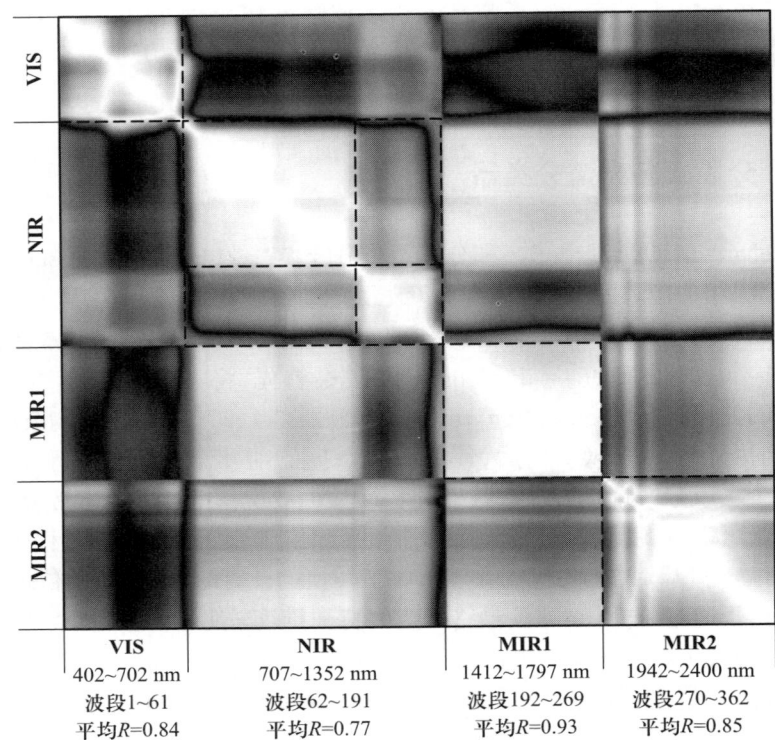

VIS
402~702 nm
波段1~61
平均R=0.84

NIR
707~1352 nm
波段62~191
平均R=0.77

MIR1
1412~1797 nm
波段192~269
平均R=0.93

MIR2
1942~2400 nm
波段270~362
平均R=0.85

图 5.16　458 个高光谱波段的相关性矩阵灰度图像(相关性绝对值取值范围:0~1)。虚线框表示不同光谱段(VIS:402~702 nm,NIR:707~1352 nm,MIR1:1412~1797 nm,MIR2:1942~2400 nm)的相关矩阵。白色对角线表示相关性为 1 的最高相关性;色调越暗,相关性绝对值越小

括 PCA、segPCA、LDA、segLDA、PDA 和 segPDA。所选的特征采用最小距离分类器对 Hyperion 图像进行分类。使用 segPDA、segLDA、PDA 和 LDA 方法得到了相似的分类精度,而 Xu 和 Gong(2007)提出的 segPDA 和 segLDA 方法有效提高了计算效率。同时,这两种方法利用特定的波段内和波段间协方差信息,在分类精度方面都优于 segPCA 和 PCA。与 Xu 和 Gong(2007)的结论相似,Pu 和 Liu(2011)基于实测高光谱数据对 13 种树种分类时也发现,segCDA 优于 segPCA 和 segSDA(逐步判别分析)。根据 Pu 和 Liu(2011)的研究,CDA 或 segCDA(在有限的训练样本条件下)可广泛应用于基于多光谱/高光谱遥感图像的森林覆盖类型分类、物种识别和其他土地利用/覆盖分类等研究和应用,这两种方法在图像分类上的特征选择能力优于 PCA 和 SDA。

　　Jia 和 Richards(1994)将传统的最大似然分类器改进为适用于高光谱数据分类的简化最大似然分类(simplified maximum likelihood classification,SMLC),SMLC 可以显著缩短计算时间并有效使用有限数量的训练样本。SMLC 方法首先使用光谱相关矩阵(图5.16)将整个光谱空间分割成若干子空间,然后使用传统的 MLC 来对高光谱图像场景进行分类。根据 Jia 和 Richards(1994)的研究,SMLC 分类器的原理如下。

　　传统的 MLC 假设每种光谱类别的概率呈多元正态分布,其维度等于光谱波段数,其

判别函数为

$$g_i(\boldsymbol{x}) = -\ln\left|\sum_i\right| - (\boldsymbol{x}-\boldsymbol{m}_i)^{\mathrm{T}}\sum_i^{-1}(\boldsymbol{x}-\boldsymbol{m}_i) \quad i=1,2,\cdots,C \tag{5.88}$$

式中，$\boldsymbol{x}$ 是像元亮度矢量；$\boldsymbol{m}_i$ 是第 i 类像元光谱矢量均值；$\sum_i$ 是大小为 $N\times N$ 的协方差矩阵，N 是光谱波段总数，C 是可标记像元类别的数量。根据 MLC，一般决策规则为

$$\text{如果 } g_i(\boldsymbol{x}) > g_j(\boldsymbol{x}) \quad \text{对于所有 } j(j\neq i), \text{则 } \boldsymbol{x}\in\omega_i \tag{5.89}$$

式中，ω_i 是光谱类别 i。标准分类器广泛应用于波段数 N 很小时，如 TM 数据和 SPOT HRV 数据。然而，随着 N 的增加，会出现两个问题：①由于分析复杂度与 N 的二次方相关，计算时间显著增加；②一些较小的类别可能没有足够的训练样本用于最大似然统计量 $\boldsymbol{m}_i$ 和 $\sum_i$ 的可靠估计。为解决这些问题，Jia 和 Richards(1994) 改进了 MLC 方法，称为简化最大似然判别函数(如 SMLC)。

考虑全部 N 个波段之间的全局相关矩阵，K 个子组(例如图 5.16 中的四个子组)形成 K 个区段，在每个区段 $k(k=1,2,\cdots,K)$ 内对每类都作正态性假设，令：

$$\boldsymbol{y}_i = (\boldsymbol{x}-\boldsymbol{m}_i) \tag{5.90}$$

将 y_i 表示为一组独立矢量：$\boldsymbol{y}_i = [\boldsymbol{y}_{i1}^{\mathrm{T}}, \boldsymbol{y}_{i2}^{\mathrm{T}}, \cdots, \boldsymbol{y}_{iK}^{\mathrm{T}}]^{\mathrm{T}}$。$\boldsymbol{y}_{ik}^{\mathrm{T}}(k=1,2,\cdots,K)$ 对应于所选的区段 k。因此，其协方差矩阵的行列式值等于 k 对方块协方差矩阵行列值的乘积：

$$\left|\sum_i\right| = \prod_{k=1}^{K}\left|\sum_{ik}\right| \tag{5.91}$$

$$\ln\left|\sum_i\right| = \sum_{k=1}^{K}\ln\left|\sum_{ik}\right| \tag{5.92}$$

通过分块矩阵单独求逆得到：

$$\boldsymbol{y}_i^{\mathrm{T}}\sum_i^{-1}\boldsymbol{y}_i = \sum_{k=1}^{K}\boldsymbol{y}_{ik}^{\mathrm{T}}\sum_{ik}^{-1}\boldsymbol{y}_{ik} \tag{5.93}$$

结合式(5.90)~式(5.93)，式(5.88)可重写为

$$g_i(\boldsymbol{x}) = -\sum_{k=1}^{K}\left\{\ln\left|\sum_{ik}\right| + (\boldsymbol{x}-\boldsymbol{m}_i)^{\mathrm{T}}\sum_{ik}^{-1}(\boldsymbol{x}-\boldsymbol{m}_i)\right\}$$
$$i=1,2,\cdots,C; k=1,2,\cdots,K \tag{5.94}$$

将 $\boldsymbol{x}$，$\boldsymbol{m}_i$ 和 $\sum_i$ 的维数降低为第 k 个分段大小 $n_k(n_k<N)$，就可以使分类时间以二次函数的速度减少。同时，每类所需的训练像元数(n_k)可被认为是最大区段中的波段数，比使用所有波段所需的训练像元数小得多。

5.8.2　人工神经网络

经过标准化的数据预处理，人工神经网络技术可以处理任意观测尺度的数据。人工神经网络方法已被证明，即使训练样本量很小，也能取得较好的效果。因此，算法已广泛应用于多种空间数据的综合分析，包括用于多/高光谱数据的分类和预测。Rumelhart 等

（1986）基于误差后向传播神经网络提出了广泛使用的广义增量规则（generalized delta rule，GDR），具有前馈功能的分层网络体系结构如图 5.17 所示。以前馈方式排列和连接的网络让人想起生物神经网络，可将高光谱数据或其提取/变换的特征分为 m 类。在图中，基本元素是节点"o"和连接"→"。节点分层排列，每个节点都是一个处理单元，每个输入节点接受与一组输入变量相对应的值（如波段反射率），每个节点都会生成一个输出值，根据节点所在的层，其输出可以用作下一层中所有节点的输入，连续层中节点之间通过权重系数连接，隐藏层的数目可以大于一层。在输出层中，对应于单个类的节点都会得到该类的隶属度值[0,1]。

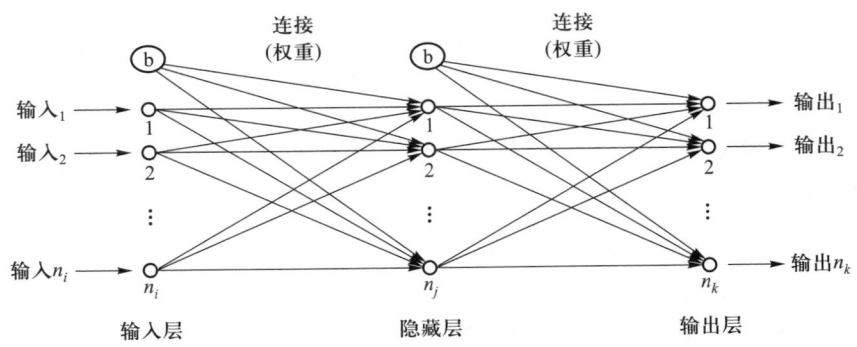

图 5.17　三层结构的前馈神经网络。"o"表示神经网络的节点，"→"表示节点间的连接

　　除了输入层中的节点以外，每个节点都会从上一层的所有节点获得输出，并使用上一层输出的线性组合作为网络输入。对于层 j 中的节点，其网络输入是

$$\mu_j = \sum w_{ji} x_i \tag{5.95}$$

式中，w_{ji} 是从输入层 i 到其连续层 j 两个节点之间的连接；x_i 表示来自前一层 i 所有节点的输出。

　　层 j 中节点的输出为

$$o_j = f(\mu_j) \tag{5.96}$$

其中，f 是采用 S 形函数作为激活函数：

$$o_j = \frac{1}{1 + e^{-(\mu_j + \theta_j)/\theta_0}} \tag{5.97}$$

式中，参数 μ_j 用于沿水平轴向激活函数的阈值或偏差，θ_0 的作用是修改 S 形的形状，当该值较低时，倾向于使得激活函数具有阈值逻辑单元的特征，而高于 θ_0 值导致较为平缓的（激活）函数变化值（Pao，1989）。本质上，节点函数由公式（5.95）和公式（5.97）表示，适用于除输入层以外的任何层中的任何节点。对于任何特定的节点，通过前一层节点的输出替换公式（5.95）中的 x_i。

　　将样本 $\boldsymbol{X}_p$ 作为输入，并使网络在所有连接和所有节点的阈值中调整权重，以便从输出节点获得所需的输出 $\boldsymbol{Y}_p$，当网络完成了这种调整，就会呈现另一对 $\boldsymbol{X}_p$ 和 $\boldsymbol{Y}_p$，并使网络

学习这种关系。事实上,训练要求网络找到一组权重和偏差,以使输入-输出更好地对应。获得权重和偏差的过程是网络学习,这与监督训练的过程基本相同。在网络训练期间,一般情况下,输出 $O_p = \{o_{pq}\}$ 将不会与期望值 Y_p 相同,因此,对于每个 X_p,误差平方和为

$$E_p = \sum_{q=1}^{k} (y_{pq} - o_{pq})^2 \tag{5.98}$$

式中,k 是输出节点数,平均系统误差为

$$E = \frac{1}{n} \sum_{p=1}^{n} \sum_{q=1}^{k} (y_{pq} - o_{pq})^2 \tag{5.99}$$

式中,n 是样本数。

对于 GDR,通过改变权重来获得最佳权重集合,从而尽可能快地减小误差 E_p,网络训练的目的是通过增量变化 $\Delta_p w_{ji}$ 实现权重和阈值的收敛,这些增量变化与公式(5.95)~公式(5.98)中偏微分方程 $-\partial E_p / \partial w_{ji}$ 成比例。从输出层开始,GDR 将"误差"向后传播到先前的层,这个称为误差后向传播(error back-propagation,BP)过程。根据 Pao(1989):

$$\Delta_p w_{ji} = \eta\, \delta_{pj} o_{pi} \tag{5.100}$$

式中,η 是学习率常数,$\delta_{pj} = -\partial E_p / \partial \mu_j$ 是偏导数。如果第 j 个节点位于输出层中,则将 j 替换为 q,表示输出层中的第 q 个节点,并且:

$$\delta_{pq} = (y_{pq} - o_{pq}) o_{pq} (1 - o_{pq}) \tag{5.101}$$

如果第 j 个节点在内层,那么有

$$\delta_{pj} = o_{pj} (1 - o_{pj}) \sum_{q=1}^{k} \delta_{pq}\, w_{qj} \tag{5.102}$$

新的权重 w_{ji} 通常由两部分组成:旧权重加上权重的变化量。由于较大的 η 对应于更快的学习,但可能导致系统振荡,Rumelhar 等(1986)建议在新权重改变量中加入前一次网络学习迭代的权重改变量的一部分,从而获得新的权重 w_{ji}:

$$w_{ji}(n+1) = w_{ji}(n) + \eta\, (\delta_j o_i) + \alpha \Delta w_{ji}(n) \tag{5.103}$$

式中,数量 $(n+1)$ 表示网络学习的第 $(n+1)$ 次迭代。α 为动量系数。$\Delta w_{ji}(n)$ 是训练集中所有样本计算第 n 步的权重变化量,阈值 μ_j 以类似的方式得到改进。

总之,神经网络方法不是一个线性过程。学习过程包括从随机权重开始的网络,一次使用一个训练样本作为网络输入,以前馈的方式评估输出,通过比较网络输出与样本实际值之间的差异执行误差后传过程,网络针对特定样本对于网络中的每个 w_{ji} 计算 $\Delta_p w_{ji}$,对所有训练样本重复该过程以得到 Δw_{ji} 所有权重。这种迭代训练一直持续到每个训练样本的网络输出等于或接近已知的输出值。然而,学习并不能保证达到全局最优(Pao,1989;Eberhart 和 Dobbins,1990)。通常,η 和 α 可以是[0,1]范围内的任何值,隐藏层数和每个隐藏层的节点数是可变的,迭代次数也可变,因此,很难获得全局最优解。

目前,大多数遥感图像分类方法都采用 BP 学习算法或多层感知器进行监督学习分类(Mas 和 Flores,2008;Xiao 等,2008)。BP 是众所周知的人工神经网络训练算法,是最

容易理解和最常用的算法。然而,它存在几个缺点,例如:①在误差最小时收敛得很慢;②控制训练过程的参数很难设置。此外,还有其他三种类型的人工神经网络:①径向基函数(radial-basis function,RBF)网络;②自适应共振理论(adaptive resonance theory,ART);③自组织映射(self-organizing map,SOM)网络,可用于多光谱/高光谱数据分类。如果训练集是线性可分的,则采用 RBF 构造的 ANN 分类器相对简单。RBF 的主要思想是将分类问题映射到高维空间,根据 Cover(1965)的可分性定理,与高维空间非线性复杂模式分类的问题相比,低维空间更容易出现线性可分的情况。该算法的概念和方法参见 Mas 和 Flores(2008)。ART 由 Carpenter 和 Grossberg(1995)提出,是一种自组织,表现为无监督学习的递归神经网络。ART 可用于解决塑性稳定性难题(即大脑快速稳定学习的能力,且不忘记以前获得的知识)。因此,ART 网络包括一个捕获刺激信息的短期记忆和一个存储学习信息的长期记忆机制(Mas 和 Flores,2008)。信息在学习期间从短期记忆流向长期记忆,在回忆期间反向流动。长期记忆是以不同层次神经元之间连接权重的形式实现的(Carpenter 和 Grossberg,1995)。SOM 中的神经元相互竞争激活。在 SOM 的不同模型中,Kohonen 模型最受欢迎(Kohonen,2001),它捕获了大脑中认知地图的主要特征,但仍然在计算上易于处理。SOM 的主要目标是将任意维度的输入信号映射到一维或二维输出,是完全无监督的学习方式,具体详见 Kohonen(2001)。

5.8.3　支持向量机

支持向量机(support vector machine,SVM)作为一种新型分类方法,已成功应用于高光谱遥感数据的分类。一般来讲,分类器首先对各个类的密度进行建模,然后找到一个分类的分界面。然而,利用高光谱数据进行分类时容易受 Hughes 现象的影响(Hughes,1968)(即对于有限数量的训练样本,分类准确率随维度的增加反而降低)。而 SVM 方法不受此限制的影响,因为它通过优化过程直接寻找分界面(超平面),即从处在类边界的一组训练样本中找到所谓的"支持向量"。这一特点与高光谱图像处理非常契合,因为与数据维度相比,通常只有一组有限的训练样本适合定义分类的分界面。SVM 的性质使其可以很好地应用于高光谱图像分类,因为 SVM 可以:①有效处理高维数据;②有效处理噪声样本;③仅使用特征明显的样本作为构建分类模型的支持向量。SVM 是基于核方法的分类器,需要将原始输入特征空间的数据映射到高维度的核特征空间,然后在该空间中求解线性问题(Burges,1998)、下文根据 Burges(1998)、Melgani 和 Bruzzone(2004)、Pal 和 Watanachaturaporn(2004)以及 Bruzzone 等(2007)的研究,简单介绍 SVM 的基本思想。

5.8.3.1　线性 SVM 可分离的情况

简单起见,考虑一个二分类问题,假设训练样本由来自 d 维特征空间的 N 个向量 $x_i \in \Re^d (i=1,2,\cdots,N)$ 组成。每个训练样本(即每个向量 x_i)属于由 $y_i \in \{-1,+1\}$ 标记的两类中的任一类。SVM 分类器的目标是最大化分离边界的距离。假设训练样本是线性可分的,意味着至少找到一个由权重向量 $w \in \Re^d$ 定义的线性分离的超平面(确定分类平面的

方向)和一个能无误差地区分两类训练样本(图 5.18a)的标量 $b \in \mathfrak{R}$(确定平面与原点的偏移)是可行的。因此,可以使用这样的超平面 $\boldsymbol{w} \cdot \boldsymbol{x} + b = 0$ 来分离两类训练样本:

$$\begin{cases} \boldsymbol{w} \cdot \boldsymbol{x}_i + b \geq +1, & y_i = +1 \\ \boldsymbol{w} \cdot \boldsymbol{x}_i + b \leq -1, & y_i = -1 \end{cases} \qquad (5.104)$$

不等式(5.104)可以组成一个单一的不等式,例如,

$$y_i(\boldsymbol{w} \cdot \boldsymbol{x}_i + b) - 1 \geq 0 \quad i = 1, 2, \cdots, N \qquad (5.105)$$

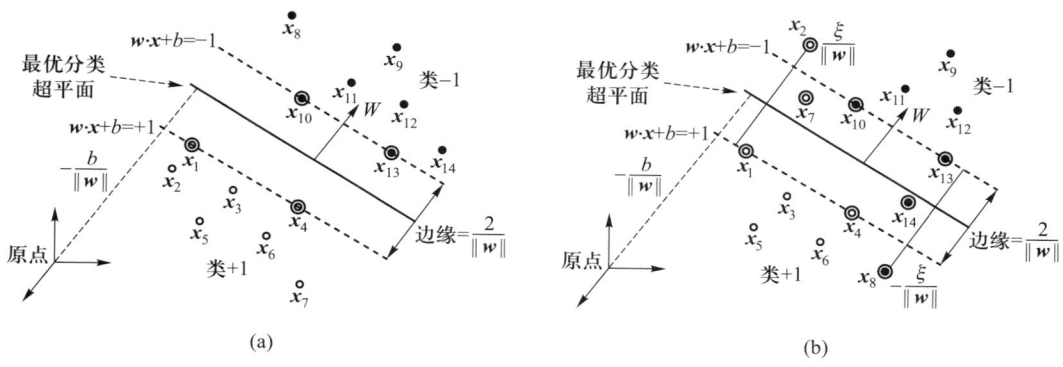

图 5.18 (a)线性可分情况下的最优分离超平面;(b)线性不可分情况下最优分离超平面。白色圆圈和黑色圆圈分别指分离情况"+"和"−"。最优分离超平面由支持向量(由圆圈表示)决定

基于函数符号 $\{f(\boldsymbol{x})\}$ 来定义决策规则,其中 $f(\boldsymbol{x})$ 是与超平面相关的判别函数,被定义为

$$f(\boldsymbol{x}) = \mathrm{sing}(\boldsymbol{w} \cdot \boldsymbol{x} + b) \qquad (5.106)$$

式中,$\mathrm{sing}(\cdot)$ 是 signum 函数。如果元素 ≥ 0,则返回 $+1$;否则,返回 -1。

SVM 分类器的目的是找到能将最近的训练样本与超平面之间的距离最大的最优超平面。为此,可以通过对超平面参数 $\boldsymbol{w}$ 和 b 的缩放将该距离表示为 $\dfrac{1}{\|\boldsymbol{w}\|}$,使得两类间距为 $\dfrac{2}{\|\boldsymbol{w}\|}$(图 5.18)。边界的概念是研究 SVM 方法的一个关键点,因为它是其分类能力的衡量指标(Vapnik,1998),这意味着边界越宽预期分类结果越好。因此,对于标准二次规划(quadratic programming,QP)的优化方案,可以通过最大化 $\dfrac{2}{\|\boldsymbol{w}\|}$ 来确定最优超平面,算法如下:

$$\begin{cases} \min\limits_{\boldsymbol{w}, b}\left\{\dfrac{1}{2}\|\boldsymbol{w}\|^2\right\} \text{受限于:} \\ y_i(\boldsymbol{w} \cdot \boldsymbol{x}_i + b) \geq 1 \quad i = 1, 2, \cdots, N \end{cases} \qquad (5.107)$$

对应公式(5.107)中对偶问题的解可通过 $\boldsymbol{w}$ 和 b 最小化原始拉格朗日公式,并通过 α

最大化原始的拉格朗日公式获得:

$$\begin{cases} \max_{\boldsymbol{\alpha}}\left\{ \sum_{i=1}^{N} \alpha_i - \frac{1}{2} \sum_{i=1}^{N} \sum_{j=1}^{N} \alpha_i\, \alpha_j\, y_i\, y_j (\boldsymbol{x}_i \cdot \boldsymbol{x}_j) \right\}, \text{服从} \\ \sum_{i=1}^{N} \alpha_i\, y_i = 0 \text{ 且} \alpha_i \geqslant 0, \quad i = 1,2,\cdots, N \end{cases} \tag{5.108}$$

式中, $\alpha_i (i = 1, 2, \cdots, N)$ 是未知的拉格朗日乘数,且可使用 QP 技术进行估计(Vapnik, 1998)。

根据 Karush-kühn-Tucker(KKT) 最优条件(Cristianini 和 Shawe-Tayor,2000),与非零乘法器 α_i 值相关联的训练样本被称为支持向量(例如,图 5.18a 中 $\boldsymbol{x}_1$、$\boldsymbol{x}_4$、$\boldsymbol{x}_{10}$ 和 $\boldsymbol{x}_{13}$)。这些支持向量距最优分离超平面(即边缘边界)有 $\dfrac{1}{\|\boldsymbol{w}\|}$ 的距离,而剩余的训练样本与分类无关 (Bruzzone 等,2007)。然后应用与最优超平面相关的决策规则将数据向量分类为 +1 和 −1:

$$f(\boldsymbol{x}) = \text{sign}\left\{ \sum_{i \in S} \alpha_i\, y_i (\boldsymbol{x}_i \cdot \boldsymbol{x}) + b \right\} \tag{5.109}$$

式中, S 是对应于非零拉格朗日乘数 α_i 的训练样本子集(支持向量)。

5.8.3.2 线性 SVM 不可分的情况

线性 SVM 可分的情况是 SVM 的理想情况,在这种情况下,假设所有训练样本都可以根据线性分离超平面分为两类。然而,在获得训练数据时由于噪声等原因很少出现这种理想情况,这意味着在实际数据分类中很难满足这样的理想条件(图 5.18b)。为了解决线性不可分的问题,最优分离超平面需要通过最小化代价函数的方法确定,包括两个标准,即边缘最大化和误差最小化(Melgani 和 Bruzzone,2004)。考虑到数据集因误分而出现的噪声或误差,引入一个松弛变量(slack variable) $\xi_i \geqslant 0, i = 1, 2, \cdots, N$,将公式(5.105)变为

$$y_i(\boldsymbol{w} \cdot \boldsymbol{x}_i + b) - 1 + \xi_i \geqslant 0 \tag{5.110}$$

那么,线性不可分条件下的优化问题就变成了:

$$\begin{cases} \min_{\boldsymbol{w}, b, \boldsymbol{\xi}}\left\{ \frac{1}{2} \|\boldsymbol{w}\|^2 + C \sum_{i=1}^{N} \xi_i \right\}, \text{服从} \\ y_i(\boldsymbol{w} \cdot \boldsymbol{x}_i + b) \geqslant 1 - \xi_i \text{ 且} \\ \xi_i \geqslant 0, \quad i = 1, 2, \cdots, N \end{cases} \tag{5.111}$$

式中, C 是常数,表示惩罚调整参数。具有上述弹性约束(即 ξ_i)的 SVM 被称为软边界 SVM,而等式(5.107)称为硬边界 SVM。在软边界 SVM 中,一组支持向量会包括落在上下边缘(界)上和之间的训练样本,以及落在"错误侧"的样本(例如,在图 5.18b 中的 $\boldsymbol{x}_1$、$\boldsymbol{x}_2$、$\boldsymbol{x}_4$、$\boldsymbol{x}_7$、$\boldsymbol{x}_8$、$\boldsymbol{x}_{10}$、$\boldsymbol{x}_{13}$ 和 $\boldsymbol{x}_{14}$)。从等式(5.111)可以看出,当 $C \to 0$ 时,即使 $\xi_i > 0$,最小化问题

不会受错误分类的影响;当 $C \rightarrow \infty$, ξ_i 的值接近零时,最小化问题归结为线性可分的情况。因此, C 值越高,与错误分类样本相关的惩罚越大,使其类似于方程中的目标函数(5.108),线性不可分离情况下的双重最优化问题可描述为:

$$\begin{cases} \max_{\boldsymbol{\alpha}} \left\{ \sum_{i=1}^{N} \alpha_i - \frac{1}{2} \sum_{i=1}^{N} \sum_{j=1}^{N} \alpha_i \alpha_j y_i y_j (\boldsymbol{x}_i \cdot \boldsymbol{x}_j) \right\} ,服从 \\ \sum_{i=1}^{N} \alpha_i y_i = 0 和 0 \leqslant \alpha_i \leqslant C, \quad i = 1, 2, \cdots, N \end{cases} \tag{5.112}$$

因此可以看出,除了拉格朗日乘数 α_i 受惩罚值 C 限制外(Pal 和 Watanachaturaporn,2004),线性不可分情况的双重最优化问题的目标函数与线性可分的情况相同。在获得公式(5.112)的解之后,决策规则也与公式(5.109)中定义的一样。

5.8.3.3　非线性 SVM:核函数法

在许多情况下,线性分离超平面不能实现正确的分类,而这些问题可以通过非线性的分离超平面解决。事实上,目前发现大多数高光谱数据分类在本质上是非线性的。对于这种情况,可以考虑将数据通过适当的非线性变换 $\boldsymbol{\Phi}(\cdot)$ 映射到更高维的特征空间 $\boldsymbol{\Phi}(\boldsymbol{x}) \in \Re^{d'}(d'>d)$,其中分类超平面可以使用上述方法,即通过由权重向量 $\boldsymbol{w} \in \Re^{d'}$ 和偏差 $b \in \Re$ 定义的最优超平面来确定。在较高维的空间,数据呈展开状态,基于可分性模式的 Cover 定理可构建线性分类超平面(Cover,1965)。例如,图 5.19a 显示(相对较低的维度)输入空间中的两类数据可能不能被线性超平面分离,但是非线性超平面可将其分离。然而,将非线性数据映射[通过 $\boldsymbol{\Phi}(\cdot)$]到(相对)较高的维度空间时,也可以找到线性分离的超平面(图 5.19b)。对于非线性可分离数据,为了找到分离超平面,可以通过用变换空间[$\boldsymbol{\Phi}(\boldsymbol{x}_i) \cdot \boldsymbol{\Phi}(\boldsymbol{x}_j)$]中的内积代替原始空间$(\boldsymbol{x}_i, \boldsymbol{x}_j)$中内积的方法解决对偶问题。在这一点上,主要问题包括 $\boldsymbol{\Phi}(\boldsymbol{x})$ 的显式计算,该问题通常较难解决甚至可能无解(Melgani 和 Bruzzone,2004)。为解决这个问题,内核法提供了一种较为有效的方法。内积核函数的公式是 Mercer 定理的特殊情况(Pal 和 Watanachaturaporn,2004),假设存在这样一个核函数 K:

$$K(\boldsymbol{x}_i, \boldsymbol{x}_j) = \boldsymbol{\Phi}(\boldsymbol{x}_i) \cdot \boldsymbol{\Phi}(\boldsymbol{x}_j) \tag{5.113}$$

利用核函数可以很容易地简化对偶问题的解,因为它避免了在变换空间[$\boldsymbol{\Phi}(\boldsymbol{x}_i) \cdot \boldsymbol{\Phi}(\boldsymbol{x}_j)$]内的内积计算。因此,非线性情况下的双重优化问题可以表示为

$$\begin{cases} \max_{\boldsymbol{\alpha}} \left\{ \sum_{i=1}^{N} \alpha_i - \frac{1}{2} \sum_{i=1}^{N} \sum_{j=1}^{N} \alpha_i \alpha_j y_i y_j K(\boldsymbol{x}_i, \boldsymbol{x}_j) \right\} 服从 \\ \sum_{i=1}^{N} \alpha_i y_i = 0 且 0 \leqslant \alpha_i \leqslant C \quad i = 1, 2, \cdots, N \end{cases} \tag{5.114}$$

因此,与上述其他两种情况类似,双重优化问题可以通过等式(5.114)最大化的拉格朗日乘数法来解决。相应的决策规则可表示为

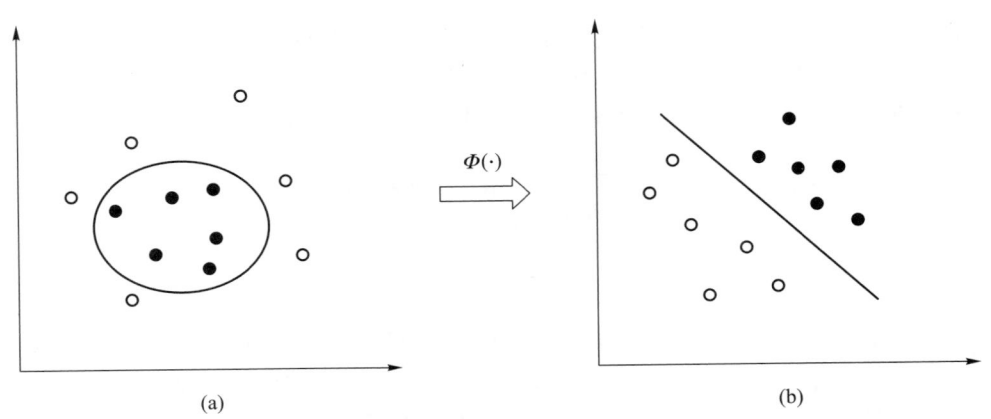

图 5.19   非线性情况下最优分离超平面。将图(a)非线性数据[通过 $\boldsymbol{\Phi}(\cdot)$]映射到高维特征空间后,可找到线性分离的超平面(b)

$$f(\boldsymbol{x}) = \text{sign}\Big\{ \sum_{i \in S} \alpha_i \, y_i K(\boldsymbol{x}_i, \, \boldsymbol{x}) + b \Big\} \tag{5.115}$$

对于基于核函数的解,选择合适的核函数至关重要,因为判别函数 $f(\boldsymbol{x})$ 的形式依赖于核函数的种类。几个常用的核函数(① ~ ⑤)归纳如下:

① 线性核函数: $\boldsymbol{x} \cdot \boldsymbol{x}_i$;

② p 阶多项式核函数: $(\boldsymbol{x} \cdot \boldsymbol{x}_i + 1)^p$;

③ 径向基核函数: $\mathrm{e}^{-\frac{\| x - x_i \|^2}{2\sigma^2}}$;

④ S 形(Sigmoid) 核函数: $\tanh(k(\boldsymbol{x}_i, \boldsymbol{x}_j) + \Theta)$;

⑤ 样条核函数: $1 + (\boldsymbol{x} \cdot \boldsymbol{x}_i) + \dfrac{1}{2}(\boldsymbol{x} \cdot \boldsymbol{x}_i)(\boldsymbol{x} \wedge \boldsymbol{x}_i) - \dfrac{1}{6}(\boldsymbol{x} \wedge \boldsymbol{x}_i)^3$。

p 阶多项式,径向基和 S 形核函数需要用户定义的参数(例如 p、σ、k 和 Θ)和调整参数 C 值,这些参数需要根据具体的问题来设置。

5.8.3.4   SVM 多类分类情况

如前三种情况讨论的,SVM 本质上是为了解决二分类问题而提出的,其类别标签可以是+1 或−1,然而在高光谱遥感数据的一般分类问题中,在许多情况下需要同时区分两种以上的类别,因此有必要考虑与二分类问题相关联的 SVM 组合策略,以解决基于高光谱遥感数据的多类分类问题。一些研究学者提出了根据二分类 SVM 生成多类 SVM 的方法(例如,Melgani 和 Bruzzone,2004;Bruzzone 等,2007;Patra 和 Bruzzone,2012;Sun 等,2013;Li 等,2014)。这些方法一般包括基于并行策略的方法(如一对多和逐步分类等)和基于树型层次的方法(Melgani 和 Bruzzone,2004;Pal 和 Watanachaturaporn,2004)。然而,研究多类 SVM 方法仍然是一个持续的研究方向。关于多类 SVM 方法/策略的详细介绍,读者可以参考上文提到的参考文献。

SVM 方法可以显著提高高光谱数据的分类精度。例如,Melgani 和 Bruzzone(2004)测

试了四种 SVM，包括"一对多""一对一""二元分层树平衡分支"和"二叉树"算法的多类分类。他们将这些算法应用于农业区域包含九种地物类型的 AVIRIS 图像上，并将其表现与径向基函数神经网络（radial basis function neural network，RBF-NN）和 K-最近邻算法（K-nearest neighbor，KNN）进行比较。他们的研究结果表明，通过使用多类 SVM 算法，可以实现超过 90% 的总体精度，比 NN 和 KNN 算法的精度提高 7%~12%。Pal 和 Mather（2004）和 Camps-Valls 等（2004）在高光谱数据分类方面比较了多分类 SVM 方法、NN 算法以及其他分类算法。他们的研究结果表明，多类 SVM 方法优于其他分类器。Sun 等（2013）的研究提出了一种新的半监督方法，该方法将成对二分类 SVM 分类器合并为多类分类器，用于解决高光谱数据的分类问题。他们的实验结果表明，这种方法可以实现更高的分类精度，并可为高光谱数据的分类提供有效的方法。

5.9　本 章 小 结

　　在本章中，简要介绍、讨论和综述了高光谱数据分析、处理技术和方法。本章首先讨论了高光谱数据处理技术和方法的重要性和必要性，然后介绍了一阶和二阶光谱微分分析，并将微分光谱的敏感性与高光谱数据的信噪比进行比较。为了有效识别和进行地物分类监测，第 5.3 节介绍并讨论了四种光谱相似性度量方法，包括光谱角制图、欧氏距离和交叉相关光谱匹配技术这三种确定性测量，以及光谱信息散度这种随机测量方法。为从高光谱数据中提取光谱吸收特性（诊断特征）和一些位置（波长）变量用于估算和地质和植被参数并进行制图，第 5.4 节介绍了连续统去除技术和红边光学参数的五种确定方法（包括四点插值法、五阶多项式拟合、拉格朗日插值、反高斯建模和线性外推法），以及利用高光谱曲线 10 处"斜坡"的位置变量确定方法。第 5.5 节总结了 82 种高光谱植被指数（表 5.1）。在第 5.6 节中，主要介绍了二阶统计变换的原理和算法：基于数据方差的主成分分析和基于信噪比的最大噪声分离变换（包括最大噪声分离变换、噪声调整主成分变换）和独立主成分分析的算法原理，用于高光谱数据的降维过程。此外，本节还介绍了典范判别分析和小波变换等用于高光谱数据特征提取的方法。在光谱解混技术的内容中，介绍了四种传统的线性光谱解混模型，以及人工神经网络、多端元光谱混合分析、混合调谐匹配滤波和约束能量最小化的算法原理，并介绍了像元纯度指数和 N-Finder 这两种用于确定端元的技术。在本章最后一节，介绍并讨论了基于传统分类器的算法，包括 segPCA、segLDA、segPDA、segCDA 和 SMLC，以及两种先进的机器学习方法（人工神经网络和支持向量机）。

参考文献

第 5 章参考文献

第 6 章

高光谱数据处理软件

现有遥感图像处理软件通常是专为处理和分析多光谱数据设计和开发的。与之不同，高光谱数据具有数据量大、数据维度高和相邻波段间相关性高等特点。这些特点导致现有的遥感图像处理软件在用于处理高光谱数据时往往效果不佳甚至根本无效。在过去的 30 年里，专业软件研究和开发人员为提高高光谱数据处理的效率和效果，针对高光谱数据处理和分析的特点专门设计和开发了一些软件和系统。为方便读者了解并能在应用中对这些软件加以选择，本章对目前一些主流的高光谱处理软件及系统的主要功能和特点进行介绍。

6.1 简　　介

高光谱数据通常包含巨大的数据量，具有高维度和相邻波段间相关性高等特点，因此有必要开发专门的软件工具用于高光谱数据的处理，使隐藏在数据中的丰富信息可以被展示、提取、解译和利用。在过去的 30 年中，已出现大量可用于多光谱/高光谱数据分析的软件工具和系统，涉及商业、政府和学术等多个领域（Boardman 等，2006）。其中，一些软件和工具是商业性的，而另外一些是公开免费的，但这些软件的功能和目的都是为了对从实验室、实地、机载和星载平台收集的各种高光谱数据进行有效处理，以满足研究和应用的需要。这种软件系统一般有两种形式，包括一些大型图像和空间数据处理系统（例如，Exelis Visual Information Solutions 公司的 ENVI 和 Hexagon Geospatial 公司的 ERDAS IMAGINE），或是独立用于处理与分析高光谱数据的软件系统（例如，Spectral Evolution 公司的 DARWin 和 USGS 的 PRISM）。本章中介绍的大多数软件系统都处于不断升级和新旧更替中。本章基于公开的资料和与软件开发者的通信交流信息，可能无法充分反映各种软件和系统处理与分析高光谱数据方面的功能。读者如需更详细的了解，可以仔细查看软件说明，或直接联系软件供应商。

本章重点介绍软件系统的主要功能和特点，而非分析原理和算法。关于原理和算法读者可以参考其他文献或本书第 4、5 章的相关内容。同时，本章还会回顾各款软件和系

统的发展过程。在第 6.2 ~ 6.6 节中,主要对五种主要的软件系统进行介绍,即 ENVI、ERDAS IMAGINE、IDRISI、PCI Geomatics 和 TNTmips(按产品缩写字母排序)。此外,在第 6.7 节中还对其他 12 种软件进行简要介绍(即 DARWin、HIPAS、ISDAS、ISIS、MATLAB、MuiltSpec、ORASIS、PRISM、SPECMIN、SPECPR、Tetracorder 和 TSG)。

6.2 ENVI

ENVI 是一款重要的商业遥感图像处理软件,初期侧重通过独特而强大的模块实现对高光谱数据的处理和分析(Boardman 等,2006)。ENVI 最初由 RSI 公司于 1977 年开发,目前隶属于美国 Exelis Visual Information Solutions 公司[①]。目前,ENVI 已经是一个功能广泛而通用的遥感图像处理软件,处理遥感数据的范围也早已超越初期的高光谱数据,能够对多光谱、雷达图像等多种遥感数据类型进行处理。ENVI 中用于处理和分析高光谱数据的模块包括了针对实地、机载和星载等不同场景下高光谱数据的可视化、处理和分析。本节主要基于 ENVI 5.1 版本介绍高光谱数据处理和分析工具的主要功能和特点,相关的处理和分析工具读者可以很容易地在光谱图像窗口视图(图 6.1)或经典 ENVI 视图主标题栏的下拉菜单中找到。

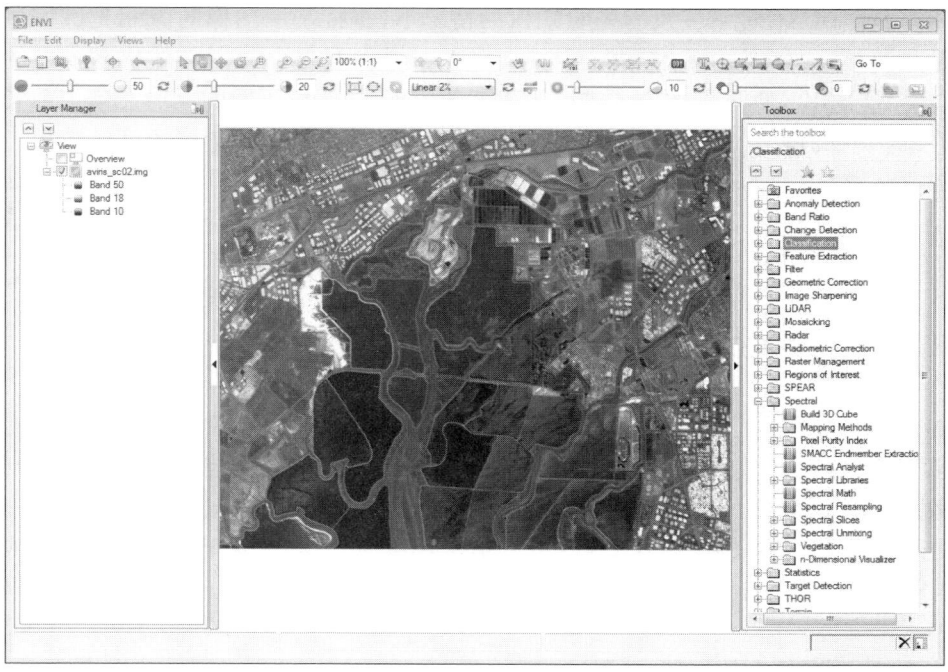

图 6.1 ENVI 5.1 软件的图像可视化界面。软件界面中的工具箱/光谱菜单列出了多种用于处理和分析高光谱数据的工具/模块(经 Exelis Visual Information Solutions 公司授权)

---

① http://www.exelisvis.com

6.2.1　大气校正

大气校正是遥感数据预处理的重要步骤,能分析得到图像的地表反射率,尤其对于高光谱图像的分析非常重要。ENVI 提供了一个大气校正模块,包括两类校正工具:快速大气校正(QUick Atmospheric Correction,QUAC)和基于大气辐射传输方程的 FLAASH(Fast Line-of-sight Atmospheric Analysis of Spectral Hypercubes)校正模型,可用于获得多光谱和高光谱图像的地表光谱反射率。使用大气校正模块(需要购买单独的许可),用户可以准确地补偿大气的影响。由于一些大气参数,如水汽含量、气溶胶分布和能见度等,实际难以直接测量,因此希望从图像的信息中进行推断。高光谱图像提供丰富的光谱信息,可用于在像元水平上估测大气水汽吸收(Exelis,2015)。利用这些大气参数,通过运行 QUAC 和 FLAASH 大气校正模型就可以从多光谱和高光谱的辐射亮度图像中计算得到表面反射率。

FLAASH® 作为一款重要的大气校正工具,能够校正可见光-近红外、短波红外至 3 μm 的光谱数据。FLAASH 能够校正大多数高光谱和多光谱数据。在通常情况下,由于高光谱图像包含一些特定波长的信息,可用于反演大气中的水汽和气溶胶含量。FLAASH 能够很好地校正垂直或倾斜拍摄的图像。与 FLAASH 类似,QUAC 也是一款大气校正工具。QUAC 能够在没有先验知识的情况下,直接基于图像的像元光谱信息对大气参数进行估计,进而进行大气校正。与 FLAASH 或其他基于辐射传输机理模型的方法相比,QUAC 采用一种近似的方式进行快速大气校正,一般校正后的反射光谱与前者的结果存在约 15% 的偏差(Exelis,2015)。同样,QUAC 也适用于各种拍摄角度的数据。甚至在传感器未做辐射或波长校准,或太阳辐照度未知的情况下,仍可用 QUAC 得到相对准确的反射光谱(Exelis,2015)。关于使用上述两种模型进行大气校正的具体过程,请读者参阅 ENVI 用户手册。

6.2.2　图像立方体构建及光谱曲线绘制

在 ENVI 的光谱工具箱中,用户可以通过图像立方体工具构建一个具有三维展示效果的多光谱或高光谱数据。在这种三维透视的界面下,软件会构建一个类似光谱剖面的 RGB 图像。光谱剖面可被拉伸并应用于用户选择的色阶进行渲染,最终形成一个三维彩色的光谱图像立方体。此外,在 ENVI 的光谱工具箱中,光谱剖面工具能以波段号或波段中心波长为水平轴,为任何多光谱、高光谱数据中的指定像元绘制光谱曲线。

6.2.3　数据变换

为降低高光谱数据的维数,从高光谱数据中提取特征需要各种数据变换和特征提取算法。ENVI 系统的数据变换工具箱提供了三种主流的数据变换技术:主成分分析、最小噪声分离变换和独立成分分析(Exelis,2015)。

其中,主成分分析能够通过数据变换产生相互独立的输出波段,用于分离噪声信息,减少数据维数。主成分波段是原始光谱波段的线性组合,通过主成分变换,用户可以计算得到与输入波段相同数量的输出波段。其中,第一主成分波段包含最大的数据方差,第二主成分波段包含第二大的数据方差,以此类推。最后的主成分波段通常是噪声,因为它们的方差很小。由于各主成分波段之间互不相关,所以主成分变换可能会产生比原始的光谱彩色合成图像颜色更丰富的彩色图像。ENVI 标准版软件可以完成正向(即从原始数据得到主成分变换数据)和反向主成分变换(即将主成分图像变换回原来的数据空间)。

最小噪声分离变换源自对 Green 等(1988)方法的改进,被纳入 ENVI 标准版软件,本质上是一个特定的主成分变换:①利用主成分的噪声协方差矩阵,分离得到数据中的噪声(又称为白化噪声),使得变换后的数据包含单位方差的噪声,且消除了波段间相关性。②将原始图像经过噪声白化处理的主成分变换数据根据噪声标准差进行尺度变换。这一步用户可将数据空间分为两个部分:一部分是特征值较大的主成分图像(信号部分),另一部分是噪声图像。通常用户可以只使用其中的信号部分略去噪声部分,提高光谱处理效果。最小噪声分离变换工具可以通过正向变换分离噪声,确定哪些波段包含主要的图像信息,并通过逆变换,在恢复原始图像时滤去噪声信号,达到降噪和平滑的目的。

独立成分分析变换作为一种 ENVI 图像变换工具可应用于多光谱和高光谱数据,将一组混合的随机信号转换成相互独立的组分(Exelis,2015)。这是一种用于盲源信号分离的工具,能够适用于没有任何关于混合信号先验信息的情况。如上一章所述,独立成分分析可以适用于非高斯假设的独立信号,并利用高阶统计量对数据特别是非高斯分布的高光谱数据的重要特性进行描述。独立成分分析可以用于识别用户感兴趣的特性,即使它们只占图像的一小部分像元。独立成分分析在遥感中的应用包括降维、图像特征提取、异常和目标检测、特征分离、分类、端元提取、降噪和制图等。在 ENVI 系统中,与主成分变换的正变换和反变换类似,用户可进行独立成分分析的正反变换(Exelis,2015)。同时,独立成分分析也可以通过 ENVI 中的 SPEAR 工具实现,可以根据用户需要减少 IC 波段的维度,生成用户所需的 IC 图像。

6.2.4 端元提取

在 ENVI 系统中,可使用由最小噪声分离变换生成的最小噪声分离变换图像、像元纯度指数(PPI)工具,以及光谱工具箱中的 n-D 可视化工具,进行端元提取。PPI 工具用于在多光谱或高光谱图像中寻找光谱端元(纯光谱像元)。PPI 通常在最小噪声分离变换图像上运行,其结果通常被用作 n-D 可视化工具的输入,以进一步确定端元像元(光谱)。通过将像元反复投影在随机多维坐标空间中可计算多维散点的 PPI,n-D 可视化工具能够标记每个投影下位于矢量空间边缘的像元,并记录每个像元被标记的次数。根据每个像元被标记的次数,产生像元纯度图像。在像元纯度图像中,较高的值表示相对较纯净的像元;相反,较低值或 0 值的像元被认为是混合像元。

在 ENVI 中,用户可选择直接保存 PPI 结果至磁盘,或在内存中直接运行 PPI,但前提是计算机具有足够的内存(Exelis,2015)。使用快速 PPI 计算时,用户可以选择将结果输

出为新文件或将添加至已有文件的波段中。

n-D 可视化工具是 ENVI 系统中的一个人机交互工具,用于在多维空间中定位、识别、聚类及像元纯度分析等。n-D 可视化工具旨在帮助用户在光谱空间中以点云形式对图像像素光谱数据进行可视化。用户通常对最小噪声分离变换图像使用 n-D 可视化工具,根据 PPI 确定纯像元。在 n-D 可视化工具中,用户可以交互式地在 n-D 空间中旋转数据,为像元加上类标签,以及对类进行合并等。随后,用户可以将选定的类导出为感兴趣区域(ROI),并将其作为分类、线性光谱分解等应用的输入。用户可以旋转散点图并查看所选端元的光谱,这一功能方便用户在确定光谱分类前对光谱进行预览。

在 ENVI 的光谱工具箱中,光谱沙漏向导(Spectral Hourglass Wizard)功能能够引导用户逐步执行一个通用的光谱处理过程,从高光谱或多光谱图像中识别光谱端元。向导在每步中均有详细说明,其流程是根据高光谱数据的像元光谱特性,在数据内找到纯度最高的像元(端元),并对它们进行定位和丰度计算。向导中每个步骤实际上都执行了光谱工具箱中的一个独立功能。在 ENVI 系统的光谱工具箱中还提供了光谱分析工具 SMACC(Sequential Maximum Angle Convex Cone),能够在整个图像中找到光谱端元并进行丰度计算。该工具针对经过校准的高光谱数据,相比光谱沙漏向导,能够更快速和自动地定位光谱端元,但精度稍低(Exelis,2015)。

6.2.5 光谱分解

在 ENVI 中,光谱分解工具包含在光谱工具箱(Spectral toolbox)的制图工具(Mapping Tools)中。ENVI 光谱分解工具包括全端元分解[线性光谱分解(Linear Spectral Unmixing,LSU)]和部分端元分解[匹配滤波(Matched Filtering,MF)或混合调谐匹配滤波(Mixture-Tuned Matched Filtering,MTMF)]。其中,线性光谱分解方法假定图像每个像元的反射率是像元内各个物质(或端元)反射率的线性组合。LSU 工具有无约束或部分约束两种模式。在无约束情况下,丰度可以假定为负值,且不受端元丰度之和为 1 的约束。此外,ENVI 还支持端元可选、权重可调的线性混合算法,允许用户在丰度之和为 1 的约束下对某物质成分丰度的权重进行设定(Exelis,2015)。LSU 工具还支持对 MNF 数据的分解。

在端元不确定或仅关注部分端元时,ENVI 提供 MF、MTMF 以及约束能量最小化(constrained energy minimization,CEM)光谱分解工具。MTMF 或 MF 利用部分端元的信息进行解混分析,查找特定端元的丰度。MF 技术能够最大化已知端元的响应,抑制随机干扰的响应,从而能够较好地匹配已知端元的信号。这种方法在不需要知晓图像场景中所有端元信息的情况下,能够基于光谱库或图像端元光谱快速检测特定的物质。然而,MF 技术在检测一些稀有物质时会出现一些偏差情况。CEM 技术与 MF 相似,其中唯一需要的信息是监测目标物质的光谱。CEM 基于特定的约束条件使用有限脉冲响应(finite impulse response,FIR)滤波器,以最小化探测目标以外的干扰(Exelis,2015)。

6.2.6 目标探测

在光谱工具箱中,ENVI 系统提供了多种目标探测工具。目标探测向导(Target Detection Wizard)能够引导用户一步一步地搜索高光谱或多光谱图像中的特定目标。目标可以是一种感兴趣的材料或矿物,也可以是一种物体(如军用车辆)。目标探测是在图像中匹配已知目标光谱,用于检测像元或亚像元目标的过程。在 ENVI 中,自适应相干估计(adaptive coherence estimator, ACE)算法是一种优秀的亚像元目标探测算法,在多个应用中表现突出。为方便用户通过特征匹配定位图像中目标,ENVI 提供了 THOR 工作流程,该流程可使用各种目标探测算法搜索目标。在探测到目标后,工作流能够引导用户综合各个目标检测算法产生规则图像并得到目标探测结果图。此外,光谱工具箱还提供了 BandMax 目标查找工具。例如,通过 BandMax 向导可使用 SAM 目标查找器(SAM Target Finder)逐步在高光谱图像中查找特定目标,该向导能够帮助用户优选波段以提高分类精度。

ENVI 的光谱工具箱还提供了基于 Reed-Xiaoli Detector(RXD)算法的 RX 异常检测功能,能够检测待测区域与相邻像元或整个数据集之间的光谱或颜色差异(Exelis,2015),适合探测与图像背景存在差异的光谱目标。一些分析结果表明,该方法在发现精细光谱特征方面非常有效。在 ENVI 中可以通过 THOR 和 SPEAR 工具实现 RXD 算法,对光谱图像中与背景差异显著的对象进行定位,引导用户详细查看和分析各个异常目标,并判断是否为感兴趣目标。

6.2.7 制图和判别方法

ENVI 提供了各种光谱制图方法,制图效果取决于数据的类型、质量和对结果的要求(Exelis,2015)。除第 6.2.5 小节中介绍的光谱分解方法(即 LSU、MF、MTMF 和 CEM)外,光谱工具箱中还有许多其他制图和判别方法可供选择,包括光谱角制图(SAM)、光谱特征拟合函数(spectral feature fitting, SFF)连续去除工具和 THOR 变化探测工具等。SAM 是一种将图像光谱与已知光谱进行匹配的方法,该方法将光谱视为以波段数为维度的向量进行处理,通过计算光谱向量之间的光谱角来确定两条光谱之间的相似性,在监测具有显著光谱特性的目标方面具有很好的效果。SFF 作为一种基于吸收特征的方法,利用 SFF 和最小二乘法对图像光谱与图像参考端元进行匹配。物质的光谱特征通常具有多重吸收,多范围 SFF 允许用户定义每个端元吸收特征的多个不同波长范围,并利用连续统去除法提取吸收特征。用户还可以赋予各个光谱范围不同的权重。当然,多范围 SFF 比单个范围 SFF 更耗时,但可以产生更准确的结果。此外,ENVI 光谱工具箱还提供一个单独的连续去除工具,以进行反射光谱标准化处理,方便用户提取单个吸收特征。连续统是用直线线段连接光谱局部最大值的一个凸形包络。对于一个吸收特征,由于始末光谱值位于连续统包络线上,因此输出的结果被标准化为 1.0(Exelis,2015)。

THOR 和 SPEAR 是 ENVI 光谱工具箱中的两个变化检测工具。THOR 变化检测工作

流程用于识别同一区域不同时间两幅图像之间的变化特征。THOR 支持高光谱数据,其输入的数据至少包括两个波段。与 THOR 工具类似,SPEAR 变化检测工具是另一种同一区域不同时间图像变化特征检测的方法。SPEAR 工具提供绝对和相对两种变化检测形式,绝对变化检测强调变化,例如,森林到草原的变化;而相对变化检测则只关注是否发生变化而不关注变化的类型。

6.2.8   植被分析和植被抑制

ENVI 光谱工具箱中提供的植被分析工具能够针对农业胁迫、火灾和森林健康等场景进行分类(Exelis,2015)。用户可使用植被指数(vegetation index,VI)工具进行植被指数计算。通常来说,用户应首先使用植被指数计算器计算 VI 图像,然后使用植被分析工具进行分析。每种植被分析工具基于三类 VI 特征集中的某些特征,产生一幅能够表征一些植物特征或状态的图。光谱工具箱中的 SPEAR 植被描绘工具能够帮助用户快速辨识植被,并反映其活力状态(Exelis,2015)。

光谱工具箱中的植被去除工具基于红波段和近红外波段的信息,用于从多光谱或高光谱图像中去除植被信号。该方法有助于更好地呈现地质和城市特征,对于中等空间分辨率(30 m)图像中的稀疏植被具有较好的去除效果。因此,该方法常用于稀疏植被区域的岩石制图和特征增强。而对于中等分辨率图像的稠密植冠层区,该方法主要用于线性特征增强。

6.3   ERDAS IMAGINE

ERDAS IMAGINE 是一套可用于遥感数据生成、可视化、定位、坐标转换/建模、分类和压缩等各种地理空间应用的软件,由 Hexagon Geospatial 公司(原 ERDAS 公司)开发,最初于 1978 年发布。作为标准的 ERDAS IMAGINE 产品功能之一,IMAGINE 光谱分析模块包括了一系列高光谱数据处理工具和软件,用于成像光谱数据分析、处理和解译(IMAGINE Spectral Analysis,2006)。软件针对常用目标识别应用能够实现一些简便易用的图像预处理功能。在 IMAGINE 光谱分析模块中,一些针对高光谱数据的特定分析算法通过图形化界面形成工作流,能够实现包括光谱分析、异常检测、目标探测、特定物质分析识别和大气校正等一系列功能。

6.3.1   IMAGINE 光谱分析工作站

IMAGINE 软件的光谱分析工作站提供了一种便捷的方式对光谱进行全面分析。该工作站可由 ERDAS IMAGINE 的光谱分析菜单进入,为所有工作流和预处理功能提供交互式界面。图 6.2 显示了 IMAGINE 光谱分析工作站界面的基本布局,主要由数据库、工作空间、主视图、缩放视图、概览图和光谱图等几部分组成。界面布局可由用户根据习惯

进行调整。该工作站为分析者提供了一个能够方便地对高光谱图像和光谱库数据进行操作和分析的环境。交互式界面用户能够方便地使用特定工具对图像、光谱及其他数据进行显示和分析。该工作站包括异常检测、目标探测、物质识别及制图等光谱观察和分析模块,以及包括大气校正和最小噪声分离等图像预处理模块。

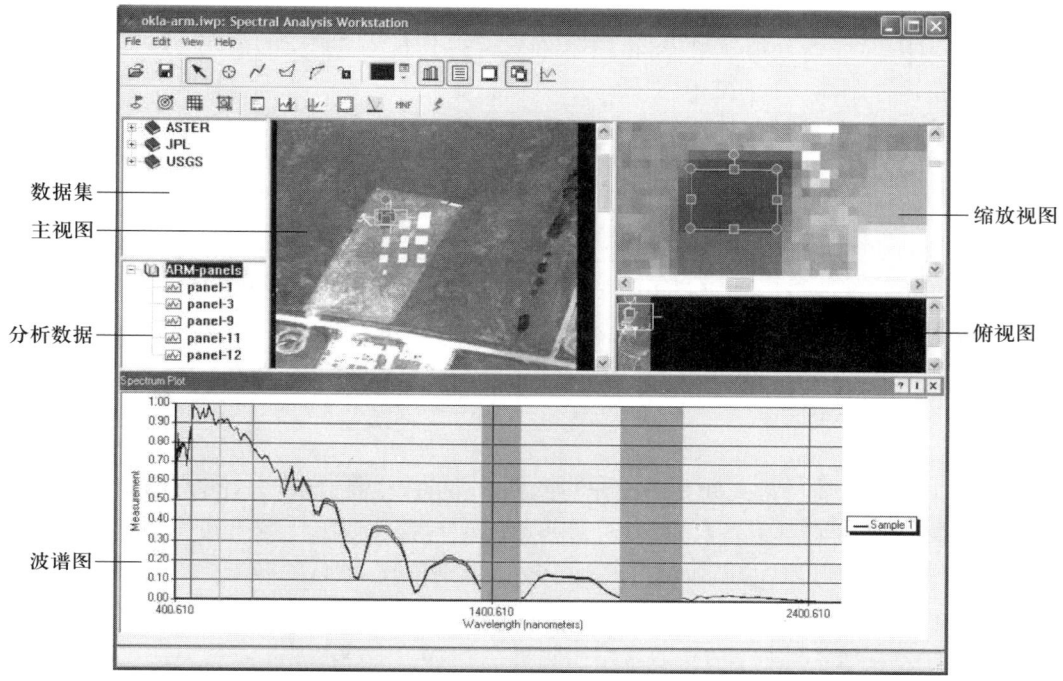

图 6.2　IMAGINE 光谱分析工作站基本布局(由 ERDAS IMAGINE 提供)

6.3.2　异常检测

在 IMAGINE 光谱分析工具中,异常检测模块能够对输入的高光谱图像进行分析,识别那些光谱特征偏离图像中大多数像元的位置。在异常检测中,用户无须具备高光谱数据预处理方面的知识。使用工具创建异常区域的掩膜后,用户可以通过使用查看器工具对掩膜图像上的光谱进行显示和分析。异常检测功能通过正交子空间投影(OSP)算法,将像元向量投影到正交于干扰信号的子空间,从而最小化背景信号,最大限度地提高所需特征的信噪比,实现异常检测。

6.3.3　目标检测

目标检测工具用于在多光谱/高光谱图像中搜索频度极低的特定感兴趣目标。在一些特殊场景中,用户只知道低频度分布的感兴趣目标光谱特性,但不清楚背景光谱的特点。该功能同样利用了 OSP 技术,对于检测自然环境中的人工目标非常有效。在实际应

用中,通常目标光谱是从分析图像中提取的,但如果目标光谱来自光谱库或不同的图像,必须先使用大气校正工具对图像数据进行校正。

6.3.4   物质制图

在 IMAGINE 光谱分析模块中,物质制图工具基于感兴趣物质的输入光谱对已知特定物质的分布进行制图。物质制图工具采用约束能量最小化方法实现目标光谱响应的最大化,同时抑制未知背景影响。CEM 算法不响应低频度物质特征,因此该算法适合于寻找场景中主要分布的物质,如矿物分布或稀疏植被等监测制图。CEM 算法能够根据光谱感兴趣目标进行监测,无须知晓背景信息。使用足够数量具有光谱代表性的像元便可以计算背景图像的协方差,而图像的相关矩阵决定了 CEM 技术制图的能力,可以通过主成分分析的前几个特征向量得到相关矩阵的估计值。关于 CEM 工具的更多详细信息可参见相关文献(IMAGINE Spectral Analysis,2006)。

6.3.5   物质识别

物质识别工具通过将未知光谱像元与已知光谱的候选物质进行比较,可用于识别物质像元或感兴趣区域(AOI)。该算法计算一个相似性指数值来比较未知光谱与每种已知物质的光谱,结果以排名的形式给出。对于物质识别工具,默认的匹配标准是光谱相关制图算法(spectral correlation mapper,SCM),同时 IMAGINE 的光谱分析模块亦提供了光谱角制图(SAM)算法。然而,SAM 通常给出远低于 SCM 的结果,因此通常不推荐使用。

SAM 算法计算每个像元的参考光谱和图像光谱之间形成的角度(详见上一章 SAM 算法介绍),算法结果值在 0 到 1 之间,其中 1 代表最佳匹配结果。在 IMAGINE 光谱分析模块中,参考光谱可以来源于实验室测量,也可以是现场测量的光谱,或直接提取自图像,并假设数据已转换为表面反射率。该工具输出一个灰度值,表示参考光谱与每个像元光谱间(在 n 维空间中)的角度距离。SCM 算法是 SAM 方法的一个改进版本,以两条光谱的平均值为基准对数据进行了标准化(de Carvalho Jr.和 Meneses,2000)。与 SAM 相比,该算法克服了 SAM 的两点不足:①SAM 算法假设像元光谱间正负相关都可接受,但这并不总是成立;②SAM 很难区分黑色材料与阴影区域,因为 SAM 只量化矢量方向而不具体测量值之大小,故此点在实践中往往存在问题。

6.3.6   大气校正

在 IMAGINE 光谱分析软件中,高光谱图像数据的大气校正目前主要有内部平均相对反射率(internal average relative reflectance,IARR)、改进的平场校正和经验线校准方法(IMAGINE Spectral Analysis,2006)。本书第 4 章介绍了此三种经验方法的详细算法和原理(第 4.4.2 节)。当用户无法给出图像中的光谱控制点时,建议使用 IARR 方法。平场校正需要用户定义图像中具有近似水平特征的光谱区域;在经验线方法中,用户使用一些

光谱对(例如,可以从图像中提取,来自光谱库或实地光谱测量)绘制回归线,再基于回归线对数据进行校正,用户应尽量使用来自亮、暗两个区域的光谱定义每个波段的回归线。

6.4 IDRISI

　　TerrSet 软件(地理空间监测与建模系统)中的 IDRISI 图像处理工具由包括遥感图像增强、转换和分类的一组程序组成,可用于高光谱数据处理(Eastman,2001)。IDRISI 系统在 20 世纪 80 年代中期由美国克拉克大学克拉克实验室开发,为业界提供了当时市场上最全面的遥感图像处理系统。图 6.3 展示了一个通过 TerrSet 程序计算 AVIRIS 高光谱数据的连续统深度特征,并对照美国地质调查局光谱库进行分析的示意图。本节主要介绍 TerrSet 系统中涉及高光谱图像分析的功能和特征,主要包括高光谱数据特征提取、图像分类(软、硬两种分类方式)以及光谱吸收特征提取。

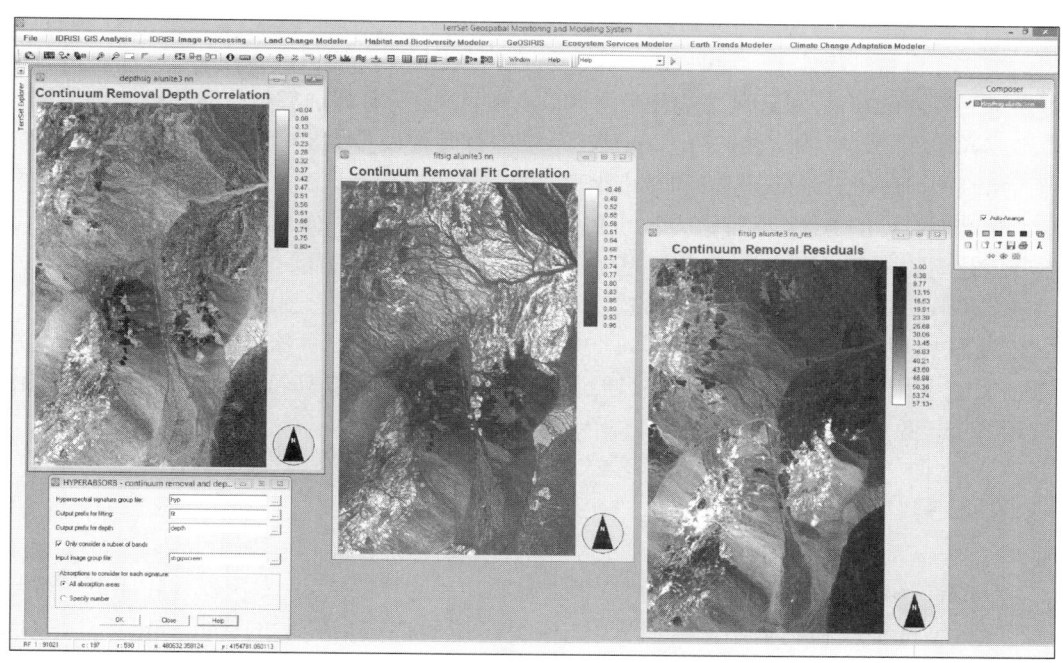

图 6.3　基于美国地质调查局光谱库数据和 AVIRIS 图像利用 TerrSet 软件计算连续统深度特征(由美国克拉克大学克拉克实验室提供)

6.4.1　高光谱特征提取

　　在 TerrSet 系统中,HYPERSIG 程序可用于从高光谱图像或光谱库中提取光谱特征,用于高光谱图像的分类。其中,基于高光谱图像的特征提取需要在图像中划定测试样本

点,根据这些样本的统计特性进行特征提取。由于高光谱图像涉及的波段数较多,其特征提取和分类的程序与处理多光谱数据的程序不同。对于一个非监督流程,HYPERAUTOSIG 流程能够基于特征能量的概念进行光谱特征发现。

高光谱图像分类还可以利用特定的地物光谱库进行。这些光谱库中的光谱通常在没有大气干涉的实验室环境中以非常严格的方式测得,具有很高的精度。因此,为有效利用光谱库,需要考虑一些重要问题,如去除那些大气衰减很强的波段。一个简单的方法是,首先去除大气衰减明显的波段,然后对受大气影响较弱的波段进行大气校正。如果基于光谱库提取光谱特征,TerrSet 通常假设高光谱图像已进行大气校正。TerrSet 中 SCREEN 模块能够筛选图像质量受大气散射影响较大的波段,而 ATMOSC 模块可用于其余波段,以校正大气吸收和散射。光谱库可从一些研究性网站获得,如美国地质调查局光谱实验室[①]。

6.4.2   高光谱图像分类

当高光谱特征确定后,就可以基于这些特征进行图像分类。TerrSet 为高光谱图像分类提供了一系列的算法,大致可分为硬分类和软分类两类,所有算法都与前述的基于图像训练样本或光谱库的特征提取相兼容。TerrSet 系统中有两种硬分类器可用于高光谱图像分类:光谱角制图(HYPERSAM 算法)和最小距离分类(HYPERMIN 算法)。光谱角制图法是一种专为光谱库设计的方法(尽管该方法也可用于提取自图像的特征)。HYPERMIN 算法基于标准化距离的原理进行分类,专用于基于图像训练样本提取的特征。

在 TerrSet 系统中,高光谱图像的软分类器包括:①基于线性光谱解混的 HYPERUNMIX 算法,算法原理与多光谱数据处理相同。②HYPEROSP 算法,该算法在 HYPERUNMIX 算法的基础上,利用正交子空间投影方法,通过降低光谱混合效应提高特定目标识别的信噪比。HYPEROSP 的分类结果是一幅表示目标出现程度的估计图像。

6.4.3   吸收特性提取

TerrSet 还特别提供了一种称为 HYPERABSORB 的算法模块,专门设计用于基于光谱库的吸收特征提取和矿物制图工具,类似于美国地质调查局开发的 Tetracorder 算法(将在第 6.7 节中介绍)。HYPERABSORB 算法特别关注与特定物质相关的吸收特性,并已被证明在干旱区和地外行星的矿物制图中非常有效(Eastman,2001)。在 TerrSet 中,HYPERABSORB 算法通过一个连续统去除和深度分析的过程(图 6.3),可用于计算高光谱图像(如 AVIRIS 图像)像元吸收特性的强度(与光谱库中已知矿物吸收特性比较)。例如,HYPERSORB 算法在提取光谱的吸收深度和面积后,可将这些参数与光谱库中的参数进行对比,进行丰度估计。

---

①   http://speclab.cr.usgs.gov

6. 5　PCI Geomatica

PCI Geomatics 公司创立于 1982 年,是遥感和图像处理方面的标杆企业,为超过135 个国家的测绘行业提供标准化解决方案。PCI Geomatics 公司还为用户提供遥感、数字摄影测量、地理空间分析、镶嵌、制图等工具。但是 PCI Geomatics 公司的高光谱图像分析模块被认为是遥感软件中较为经典的工具,尽管这些工具在较长时间内少有更新。高光谱图像分析工具主要包括数据可视化、数据压缩、大气校正、光谱解混、光谱角制图、端元选择和光谱制图等功能,下面基于 PCI Geomatics(2004)简要介绍数据可视化、大气校正以及高光谱混合像元分解、制图分析等功能。

6.5.1　数据可视化

PCI Geomatica 通过以下工具实现高光谱数据集的可视化:三维数据立方体工具、缩略图查看器和波段循环工具。其中三维数据立方体是较为常见的高光谱图像显示方法。三维数据立方体可加深用户对数据结构的了解,方便评估视场内端元的类型和光谱特征。在 PCI Geomatica Focus 中,能够以三个维度显示、旋转高光谱立方体数据并进行数据挖掘(图6.4)。

PCI Geomatica Focus 中的缩略图工具是对多波段栅格数据进行可视化的另一种方式。

图 6.4　Geomatica 9.1 软件呈现的 3D 高光谱数据立方体(由 PCI Geomatics 公司提供)

该工具允许用户在高光谱图像中同时显示所有波段或某一组波段。实际处理中受噪声或大气影响较为严重的波段很容易受到忽视,而该工具可有效克服此类问题。成像高光谱的色彩通常需要指定三个波段作为颜色分量进行显示,而 PCI Geomatica Focus 的波段循环工具提供了一个快速对波段循环组合进行色彩合成的方法,方便用户实时观察增减波段对颜色合成的影响(PCI Geomatics,2004)。

6.5.2　大气校正

PCI Geomatica 大气校正方法包括简单的大气校正(经验/统计方法)和基于物理模型的大气校正。FTLOC 工具是一种基于图像的大气校正方法(详见第 4.4.2 节)。FTLOC能够寻找高光谱图像中光谱较为平坦的目标,并据此弱化大气的辐射影响。FTLOC 校正后的图像反射光谱更接近地面或实验室测量结果。另一个简单的大气校正方法是经验线校准(EMPLINE 工具)(详见第 4.4.2 节),可将高光谱数据转换为表面反射率。使用该方法需要获得图像数据中两个或多个目标的反射光谱作为参考(通常通过实测获得),计算每个波段的回归线,并根据回归线的斜率和截距得到相应的表观反射率。

在基于模型的大气校正方法方面,Geomatica 9 版本采用的模型是基于原加拿大遥感中心的成像光谱仪数据分析系统(ISDAS)研发的。通过采用星上辐射亮度查找表(ATRLUT)将输入的亮度数据转换为反射率数据或进行反向转换。

6.5.3　高光谱的解混与制图

高光谱图像分析算法主要包括端元选择(end-member selection,ENDMEMB)、光谱线性分解(spectral linear unmixing,SPUNMIX)和光谱角制图(详见上一章)。作为光谱线性分解的第一步,Geomatica 9 中的 ENDMEMB 工具通过迭代误差分析计算得到高光谱图像中的一组端元光谱。Geomatica 9 中的 SPUNMIX 工具可以根据 NDMEMB 工具获得的一组端元光谱对一幅高光谱图像进行线性解混。SPUNMIX 产生的成分图(fraction-map)中像元值表示各端元的贡献率。Geomatica 9 中的光谱角制图技术能够基于一组已知类别或材料的参考光谱对高光谱图像进行分类,这种分类将与像元具有最小光谱角度的类型标记为像元的类别。

6.6　TNTmips

TNTmips 是 MicroImages 公司的 Lee D.Miller 博士和 Michael J.Unverferth 博士于1986 年研发的第一款地图和影像处理系统软件(Map and Image Processing System,MIPS)。1993年,MIPS 更名为 TNTmips®,可以同时在 Windows 系统和 Mac 系统下运行[①]。TNTmips 提供

---

①　http://www.microimages.com/info/index.html

了专业的交互分析工具,使用户可对高光谱数据的光谱范围和光谱分辨率等信息进行充分挖掘。用户可以使用软件查看和保存光谱图像,并将图像中的光谱与光谱库中的光谱进行比较(Smith,2013)。TNTmips 高光谱分析工具的功能主要包括三波段假彩色图像的快速波段选择和显示、基于等面积归一化和平场法的即时大气校正、内置超过 500 种矿物的 USGS 光谱库,以及基于图像或光谱库数据的光谱制图。这些工具包括主成分分析、最小噪声分离变换等数据压缩工具,包括光谱纯度指数和 n 维可视化功能的端元光谱识别工具,包括光谱角制图或自组织图分类器等高光谱图像分类工具,包括线性解混或匹配滤波的光谱解混工具,以及包括连续统去除法的光谱吸收特征提取方法,可对单条光谱或整幅图像进行分析。下面对 TNTmips 软件高光谱数据处理的几种工具进行简要介绍。

6.6.1 高光谱图像浏览工具

在高光谱图像可视化方面,TNTmips 软件自带一款独特的自动化图像浏览工具。用户可以使用该工具为某个样区自动创建所有可能的 RGB 波段组合图像(HA Guides,2015)。同时,可以通过动画序列形式预览这些波段组合的图像,并选择用于分析、显示的最佳波段组合。图 6.5 展示了该高光谱图像浏览工具。

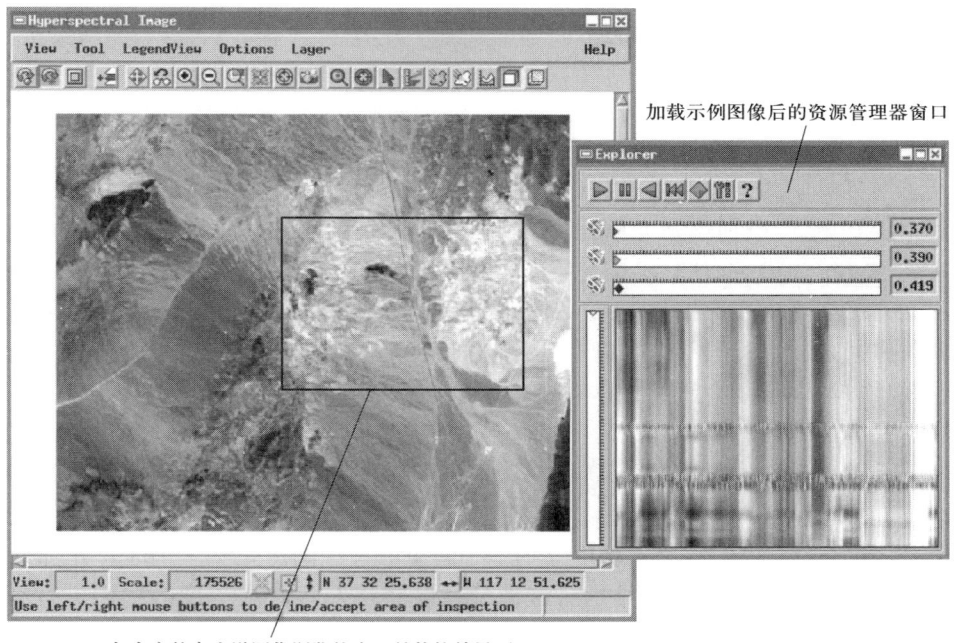

图 6.5 TNTmips 浏览工具(由 MicroImages 公司提供,www.microimages.com)

6.6.2 大气校正

TNTmips 软件的高光谱分析程序包括一些通用的经验型大气校正方法:平场校正(flat

field correction，FFC）和等面积归一化（equal area normalization，EAN）。FFC 方法（详细介绍见第 4.4.2 节）基于用户指定区域的平均光谱来减小大气及太阳辐照度的影响。在区域选择上，用户应考虑地形和光谱平坦的地区。使用合适的平场光谱，处理过程能尽可能多地消除大气和太阳辐照度的影响。如果场景内地形高度幅度变化大，或场景中大气分布不均匀，那么校准后的图像光谱仍会包含残留的地形和大气影响（Smith，2013）。

　　EAN 方法是 TNTmips 软件默认的大气校正方法，原理与第 4.4.2 节介绍的 IAR 相同。EAN 产生的光谱代表相对于平均光谱的反射率，在理想情况下与真实光谱反射率一致。然而，一旦高光谱图像存在较大的高程差异或大气分布差异影响，则该方法可能不适用（Smith，2013）。

6.6.3　高光谱图像变换

　　在 TNTmips 软件中，有两种图像变换方法，即主成分分析（PCA）和最小噪声分离（MNF），可将高光谱图像转换为较低维度的数据集。PCA 变换工具是 TNTmips 的标准图像变换方法，通过降低数据冗余获得一组新图像波段。MNF 程序基于 TNTmips 系统亮度值的空间变化来估计每个图像波段的噪声（Smith，2013）。

6.6.4　高光谱解混与制图

　　TNTmips 的高光谱分析工具支持用户深入探索高光谱图像，包括光谱角制图、交叉相关和自组织映射分类器、基于线性光谱混合分解或匹配滤波的子像元光谱解混分析。混合像元解混工具中的像元纯度指数（PPI）和 n 维可视化工具方便用户选择和确定端元光谱。其中，PPI 能够识别端元光谱；n 维可视化工具多用于评价 PPI 的结果，用户可利用该工具构建 n 维光谱散点图，确定最终的端元光谱。同时，高光谱分析工具还支持基于地面实测光谱或者光谱库数据（如 USGS 光谱库）进行光谱解混分析。在端元光谱确定后，用户就可以通过线性光谱混合分解和匹配滤波两种光谱解混方法进行高光谱图像解混。有关这两种方法的详细介绍参见本书上一章。

　　在图像分类方面，高光谱分析工具提供了包括光谱角制图（SAM）、交叉相关光谱匹配（CCM）和自组织映射分类器（SOMC）等多种分析算法。有关 SAM 和 CCM（CCSM）算法的详细介绍可参考本书上一章。SOMC 分类器是一种非监督的高光谱图像分类算法（Smith，2013）。SOMC 中常用于确定类别中心向量的神经网络是一个 16×32 的节点阵列（512），其中每个节点代表一个类别。这种分类器能够对各种高丰度的物质进行有效的识别（Smith，2013）。TNTmips 软件中可用的光谱匹配工具有 SAM、CCM 和波段映射方法。光谱匹配程序能够有效识别高光谱图像中某些特定的物质。其中，波段制图法通过连续统去除法根据吸收特征的位置和相对深度对光谱进行匹配。

　　以上介绍的五种主流遥感软件（ENVI、ERDAS IMAGINE、IDRISI、PCI Geomatica 和 TNTmips）的高光谱分析工具的各种主要功能和特点总结见表 6.1。这些功能和特点有助于读者在处理高光谱数据时快速找到需要的功能。下一节将介绍 12 种可用于处理高光谱数据（包括地面实测的和实验室测量的高光谱数据）的辅助性软件。

表 6.1 主要高光谱数据处理与分析工具/软件的功能与特点

工具/软件	开发者(ULR)	功能与特点
ENVI	Exelis Visual Information Solutions 公司 (http://www.exelisvis.com/)	(1)具有两种用于反演地表光谱反射率的大气校正工具:快速大气校正模块(QUAC)和 FLAASH 模块。(2)能够建立三维图像立方体并绘制光谱曲线。(3)包含三种流行的数据变换技术:主成分分析、最小噪声分离和独立成分分析。(4)能够结合 MNF 图像、像元纯度指数、n 维可视化和 SMACC 工具确定和提取端元。(5)具有光谱解混工具:线性光谱解混和谱匹配混波或谱匹配滤波方法。(6)具有目标检测功能:ACE 检测算法和 RXD 算法。(7)具有制图和分类方法:光谱角制图、连续统去除、多光谱特征提取滤波方法以及 THOR 和 SPORE 变化检测工具。(8)包含植被分析与抑制功能
ERDAS IMAGINE	Hexagon Geospatial (原 ERDAS)公司 (http://www.hexagongeospatial.com)	(1)异常检测:正交子空间投影技术(OSP)。(2)目标检测:OSP。(3)材料映射:约束能量最小化算法。(4)物质识别:光谱相关映射器和光谱角映射器。(5)大气校正:经验算法(内部平均相对反射率、改进的平场校正和经验校准)
IDRISI	美国克拉克大学克拉克实验室 (https://clarklabs.org/terrset/)	(1)高光谱特征提取:HYPERSIG 和 HYPERAUTOSIG 程序。(2)高光谱图像分类:两种硬分类器,即光谱角制图(HYPERSAM 算法)和最小距离分类(HYPERMIN 算法);两种监督软分类器,即线性光谱混解(HYPERUNMIX 算法)和正交子空间投影(HYPEROSP 算法)。(3)吸收特性的提取:连续介质去除和深度分析(HYPERABSORB 算法)
PCI Geomatica	PCI Geomatics 公司 (http://www.pcigeomatics.com/)	(1)支持数据可视化,包括三种高光谱数据可视化工具:三维数据立方体(3D Data Cube)、缩略图查看器(Thumbnails Viewer)和波段循环(Band Cycling)工具。(2)包含大气校正模块,包括经验/统计方法的 FTLOC 工具和经验线校准的 EMPLINE 工具)和基于物理模型的方法。(3)高光谱解混和制图的 ENDMEMB、SPUNMIX 和 SAM 工具
TNTmips	MicroImages 公司 (http://www.microimages.com/)	(1)包含可用于高光谱图像可视化的高光谱资源管理工具。(2)包含大气校正模块,有两种经验型大气校正模块。(3)包括高光谱图像变换方法:主成分分析和最小噪声分离变换方法、交叉相关光谱匹配、自组织映射分类器和连续统去除方法,以及基于线性光谱解混或匹配滤波的亚像元光谱制图(像元纯度指数)和用于确定端元光谱元的 n 维可视化工具

6.7　高光谱数据处理的其他软件工具和程序

6.7.1　DARWin

　　DARWin SP 是美国 Spectral Evolution 公司①于 2010 年研发的一款专用于 Spectral Evolution 野外便携式光谱仪的数据采集软件。该软件界面简单,便于研究人员在野外从事如岩矿种类识别、植被研究和土壤分析等工作。以 DARWin SP 软件处理地面实测高光谱数据为例,下文对该软件的光谱曲线平滑、实时岩矿识别、光谱库构建、植被指数计算等工具进行简要介绍。

6.7.1.1　设置平滑滤波宽度

　　在 DARWin 软件中,用户可以根据需要调整平滑滤波的波段数(默认是 11 个波段),得到平滑的光谱,通常使用的波段数越多,平滑度越高。

6.7.1.2　EZ-ID 快速物质识别工具

　　DARWin SP 软件中的 EZ-ID 工具可帮助 oreXpress 光谱仪的用户快速识别矿物等目标物。在使用 oreXpress 光谱仪对某一目标进行测量时,测得的光谱可以迅速地与已知的岩矿光谱库(如美国地质调查局的光谱库,或 SPECMIN 光谱库,具体详见下一章)甚至用户自定义的光谱库进行匹配(DARWin SP,2015)。EZ-ID 工具还为用户提供了一个构建光谱库的模块,方便用户创建新库或将光谱添加到已有的光谱库中。EZ-ID 工具的应用范围很广,包括植被、土壤、作物健康、材料识别、塑料物识别和矿物识别等(DAPWin SP,2015)。

6.7.1.3　植被指数

　　就植被分析而言,DARWin 软件可计算多种窄/宽波段植被指数,并为用户提供了一种灵活的植被指数定义和波段设置功能(DARWin SP Manual,2015)。DARWin 内置了18 个宽波段和窄波段植被指数,可从测量的光谱中直接进行计算,包括归一化植被指数(normalized difference vegetation index, NDVI)、绿色比值植被指数(green ratio vegetation index,GRVI)、简单比值植被指数(simple ratio vegetation index,SR)、差值植被指数

---

　　① http://spectralevolution.com

(difference vegetation index, DVI)、土壤调节植被指数(soil adjusted vegetation index, SAVI)、红绿波段比值指数(red green ratio, Red/Green)、大气阻抗植被指数(atmospherically resistant vegetation index, ARVI)、绿色归一化植被指数(green normalized difference vegetation index, Green NDVI)、增强型植被指数(enhanced vegetation index, EVI)、修正土壤调节植被指数 2(modified soil adjusted vegetation index type Ⅱ, MSAVI2)、红外比率植被指数(infrared percentage vegetation index, IPVI)、总绿度植被指数(summed green vegetation index, Sum Green)、光化学植被指数(photochemical reflectance index, PRI)、红边归一化植被指数(red edge normalized vegetation index, NDVI705)、水波段指数(water band index, WBI)、归一化水指数(normalized difference water index, NDWI)、光合有效辐射(photosynthetically active radiation, PAR)和归一化氮指数(normalized difference nitrogen index, NDNI)(DARwin SP, 2015)。

6.7.2　HIPAS

HIPAS(Hyperspectral Image Processing and Analysis System)是由原中国科学院遥感与数字地球研究所[1]于 1991 年基于 IDL 开发的,能够在 Windows NT 工作站上运行的遥感数据处理软件系统。HIPAS 系统具备对多光谱/高光谱传感器数据(如 MAIS 和 PHI 等数据)的快速处理能力,并提供多种算法(Zhang 等, 2000)。得益于 HIPAS 系统,中国的高光谱遥感研究和应用在岩矿识别与制图、农情调查、城市和湿地遥感研究等方面得到了很大的发展。

HIPAS 系统以面向对象的思路设计,主要包括七个主要功能模块:数据输入与输出、数据预处理、常规图像处理、光谱分析、数据交互分析、光谱库工具和高级工具。其中,数据预处理工具包括几何校正、系统辐射校正、噪声去除、图像浏览和光谱模拟工具;光谱分析工具由光谱滤波和变换、光谱解混、光谱匹配以及参数定量估计等工具组成。HIPAS 系统可以完全兼容如 ENVI、ERDAS 等一些高级的专业商用软件,同时还兼容 Photoshop® 等普通图像处理系统(Yu 等, 2003)。

目前,HIPAS 已不再更新,相关功能被整合至新研发的 HypEYE 高光谱处理与分析系统中。在 HypEYE 系统中,原有的高光谱处理与分析功能得到显著增强。此外,即将上市的 HypEYE 系统是基于 C++、GDAL 和 QT 构建的,因此可以为用户提供便捷的高光谱图像数据挖掘工具。HypETE 系统在数据可视化、降维、混合像元分解、高光谱图像分类和目标检测等方面具有特色。新系统包含升级后的高光谱数据处理功能,例如:①包括端元提取、丰度估计等步骤的混合像元分解流程;②高光谱图像分类包括了许多先进的机器学习算法,如 SVM、同质性目标提取及分类(extraction and classification of homogeneous object, ECHO)等(Landgrebe, 1980);③包括 RX、ACE、CEM 和 TCIMF 等多种高光谱图像目标检测算法(以上信息为本书原著作者浦瑞良教授根据与原中国科学院遥感与数字地球研究所多位研究人员的交流整理)。

---

① http://www.radi.cas.cn

6.7.3 ISDAS

如第 4.4.3.6 小节介绍的,原加拿大遥感中心(现名为加拿大测绘和地球观察中心; CCMEO)结合 20 世纪 90 年代末高光谱图像数据处理和分析的行业状况,开发了一款遥感图像及光谱分析系统,命名为 ISDAS(Imaging Spectrometer Data Analysis Systems)(Stazne 等,1998)。ISDAS 系统包括四个主要部分,即数据输入输出、数据预处理、数据可视化和信息提取。用户可以利用这些工具处理高光谱数据及相关辅助数据、去除传感器噪声、将传感器辐射亮度转为地表反射率、消除 BRDF 影响、交互式数据查看与分析、传感器性能评估以及定性和定量信息的提取(Boardman 等,2006)。本书第 4.4.3.6 小节概述了这些工具的应用。目前,PCI 将大部分 ISDAS 工具整合至 Geomatica 系统中,而 Vexcel 公司(微软)使用 ISDAS 工具构建了一个基于并行计算的图像快速分析系统,用于岩矿制图(Boardman 等,2006)。

6.7.4 ISIS

ISIS 2.0 是美国地质调查局于 1989 年开始为美国国家航空航天局开发的一款软件(ISIS,2015)。ISIS 2.0 最初是在 VAX/VMS 环境下以 Fortran 和 C 语言开发,是一款免费的专业数字图像处理软件包。ISIS 的特点是它能够对多种类型的数据进行联合分析,进行对比度调整、拉伸、图像运算、滤波和统计分析等(ISIS,2015)。ISIS 可以处理由成像光谱仪获取的二维和三维立方体图像。ISIS 也常用于处理 NASA 和国际宇航行星观测项目获取到的数据,包括来自 Lunar Orbiter、Apollo、Voyager、Mariner 10、Viking、Galileo、Magellan、Clementine、Mars Global Surveyor、Cassini、Mars Odyssey、Mars Reconnaissance Orbiter、MESSENGER、Lunar Reconnaissance Orbiter、Chandrayaan、Dawn、Kaguya 和 New Horizons 等传感器探测的数据(ISIS,2015)。ISIS 支持辐射定标、多光谱数据波段间配准、正射校正、图像镶嵌以及地形建模等(ISIS,2015)。

ISIS 软件中的许多功能可用于处理高光谱图像数据(ISIS,2015),如显示工具(图像立方体的显示)、滤波器工具(对图像立方体进行滤波得到边缘平滑立方体)、傅里叶变换工具、辐射校正工具和图像镶嵌工具。ISIS 软件的最新版本是 ISIS 3.0,基于 C++ 语言开发,采用了新的数据文件格式和用户界面。尽管这款软件早期主要侧重于图像的几何分析,但对高光谱数据的处理功能是其未来改进的方向(Boardman 等,2006)。

6.7.5 MATLAB

MATLAB[①] 的图像处理工具箱为图像处理、分析、可视化和算法开发提供了一个全面

---

① http://www.mathworks.com/products/image/

的支持。这个工具箱多用于处理多光谱图像,其中的某些工具也可用来处理高光谱图像,用户可借助该工具箱进行图像分析、图像分割、图像增强、降噪、几何变换和图像配准等操作。但是,多数学者偏向于在 MATLAB 环境下开发自己的高光谱图像处理与分析工具,如 MATLAB 高光谱图像分析工具箱(Hyperspectral Image Analysis Toolbox, HIAT)(Arzuaga–Cruz 等,2004;Rosario–Torres 等,2015)、MATLAB 高光谱工具箱(MATLAB Hyperspectral Toolbox)(MHT,2015)以及分析多光谱/高光谱图像 MATLAB 工具箱(Ahlberg,2006)。下面对 HIAT 工具箱和 MATLAB 高光谱工具箱在高光谱图像处理与分析方面的主要功能和特点做简要介绍。

　　HIAT 是一个算法集合,扩展了 MATLAB 对多光谱/高光谱图像数值分析的能力。HIAT 是由 CenSSIS(Center for Subsurface Sensing and Imaging Systems)开发的一个软件工具库[①](Rosario–Torres 等,2015)。HIAT(V2.0)工具箱可以在 MATLAB 6.5 下运行,但在 MATLAB 7.2 下兼容性更强(Rosario–Torres 等,2015)。HIAT(V2.0)的高光谱图像处理包括以下功能:①图像增强(预处理);②特征选择/提取;③分类或混合像元分解;④图像后处理。

　　在 HIAT 工具箱中,图像增强预处理工具通过分辨率增强和主成分分析等方法可在空间和光谱上对高光谱图像进行增强(Rosario–Torres 等,2015);特征选择/提取算法基于主成分分析、判别分析、奇异值分解等方法提供了高光谱图像数据降维功能(Arzuaga–Cruz 等,2003);图像分类包括 Fisher 线性判别法、光谱角度检测和模糊最大似然等方法;光谱解混由不同约束规则的算法构成。为提高图像分类精度,后处理技术可将图像纹理信息综合到分类图中(Rosario–Torres 等,2015)。

　　开源的 MATLAB 高光谱工具箱包括各种高光谱数据挖掘算法。该工具箱以学习和研究为目的设计,包含了当前最先进的处理和分析算法,工具箱中一些最重要的算法包括目标监测、混合像元分解和物质丰度填图、自动变化检测和可视化等。更详细的信息可查阅 MHT(2015)。

6.7.6　MultiSpec

　　MultiSpec 是一款图像处理系统,可用于交互式地分析地球观测的多光谱图像数据(如 Landsat 系列数据)以及机载/星载高光谱图像(如 AVIRIS 和 Hyperion)(Landgrebe 和 Biehl,2011)。此外,MultiSpec 在医学图像处理等其他领域也具有重要的应用价值。MultiSpec 由美国普渡大学 LARSYS 多光谱图像数据分析系统发展而来,可在 Macintosh 或 PC Windows 系统上运行。LARSYS 作为 20 世纪 60 年代研发的第一批遥感多光谱数据处理系统,为用户提供了一个可用于教学和研究的工具,更为研究者提供了一种无须编程就可使用的遥感数据处理工具(Boardman 等,2006)。随着高光谱处理与分析的新算法不断涌现,MultiSpec 会定期更新,更多的信息可在相关网址[②]查询。

---

① http://www.censsis.neu.edu/software/hyperspectral/Hyperspectoolbox.html

② https://engineering.purdue.edu/~biehl/MultiSpec/index.html

MultiSpec 当前版本的主要特点/功能包括：支持多种格式的数据、显示选定波段的多光谱图像和直方图绘制、图像文件格式转换、波段运算、ISODATA 无监督分类、训练/测试样本统计、特征选择和提取、像元或选定区域光谱曲线图绘制、高光谱数据可视化等等（Landgrebe 和 Biehl，2011）。为了从已有波段中创建新的特征，需要计算已有波段的线性组合并基于主成分变换等方法进行特征提取。MultiSpec 在光谱特征优选方面的特点在于：①使用 5 种统计距离寻找最佳特征子集；②直接基于训练样本确定决策边界并进行特征优选；③基于判别函数进行波段优选。在 MultiSpec 系统中，有 6 种分类算法可用于多光谱图像和高光谱图像分类，分别是最小距离分类、关联分类、匹配滤波、Fisher 线性判别、最大似然分类和 ECHO 光谱/空间分类。

6.7.7　ORASIS

ORASIS（Optical Real-Time Adaptive Spectral Identification System）是美国海军研究实验室[①]于 20 世纪 90 年代中期开发的一款软件。ORASIS 集成了许多算法，并能够通过算法组合采用一种与 PPI 或 N-Finder（第 5.7.5 节）不同的方法挖掘场景数据生成一组端元（Bowles 等，2003；Bowles 和 Gillis，2007）。根据 Bowles 和 Gillis（2007）的描述，ORASIS 以高光谱数据中不同形式混合光谱为线索，能够通过智能外推寻找到比数据集内任何像元都更接近纯物质的光谱端元。ORASIS 通过预筛选、基准选择、端元选择和分解模块等算法能够进行自动目标识别（异常检测）、数据压缩和地形分类等应用。

ORASIS 系统的预筛选模块有两个主要功能：①使用一组具有代表性的样本集代表较大的原始图像光谱；②将图像每个像元的光谱准确地与样本集中的某一条光谱样本关联。因此，预筛选需要执行两步操作：第一，样本选择；第二，光谱替换。在预筛选完成后，ORASIS 系统执行的下一步工作是将一组样本映射到一个合适的低维子空间中。ORASIS 系统有两种可用于确定最优子空间的方法（Bowles 和 Gillis，2007）。目前，寻找端元的算法有很多。ORASIS 系统中的端元选择模块非常宽松地将端元定义为那些能将数据特征涵盖在内的"最佳"单形顶点。这种方法原理上与像元纯度指数（PPI）和 N-Finder 等端元算法相似，属于线性解混模型，但不同于 PPI 和 N-Finder 的是，ORASIS 不要求端元必须是真实的数据点（Bowles 和 Gillis，2007）。端元确定后的最后一步是利用 ORASIS 算法中的分解模块估计高光谱图像混合像元的端元丰度。用户可以在分层模块中使用无约束分解和约束分解的方法进行像元解混和端元丰度计算。

ORASIS 软件包中的这些算法已在自动识别目标、数据压缩和地形分类等领域得到应用。就高光谱图像数据的应用而言，比较受欢迎的应用之一是自动识别目标（automatic target recognition，ATR）。数据压缩也是 ORASIS 的开发主旨之一，软件最初就被设计用于压缩高光谱图像，减少存储空间，减少传输时间。借助解混模型，ORASIS 系统还能够实现地形分类（Bowles 和 Gillis，2007）。

---

① http://www.nrl.navy.mil

6.7.8 PRISM

PRISM(Processing Routines in IDL for Spectroscopic Measurements)是美国地质调查局在 SPECPR(Clark,1993)和 Tetracorder(Clark 等,2003)等已有程序的基础上开发的一款能够分析各种来源光谱数据(如实验室测量、野外采集、机载以及星载传感器采集)的软件系统(Kokaly,2011)。PRISM 1.0 版本可以在 Windows 7 64 位操作系统计算机上完整安装的 ENVI 4.8+IDL 8.0 中运行(Kokaly,2011)。通常,用户可利用 PRISM 功能将某些未知成分的物质光谱与已知的物质光谱(参考光谱)进行对比来识别与描述这些物质。此外,PRISM 还包含一些其他功能,如数据库光谱文件(SPECPR)的储存、ENVI 光谱库的导入/导出、地面实测光谱的输入与处理、光谱校正、光谱运算、交互式连续统去除与光谱特征比较、成像光谱数据地表反射率校准和基于光谱特征的物质识别与制图(Kokaly,2010,2011)。总体而言,PRISM 程序可以划分为四类:①ViewSPECPR 模块;②光谱分析功能;③图像处理功能;④目标识别算法(MICA)。

启动 ENVI 后,在 ENVI 的程序菜单栏可以找到 PRISM 的下拉菜单,里面包括 View Specpr File、Spectral Analysis、Image Processing、MICA、PRISM Help 和 About PRISM 六项。单击 View Specpr File 选项可以运行 ViewSPECPR 模块。ViewSPECPR 模块包括许多程序,用户可在该模块中读出 SPECPR 文件内容,并对选定的 SPECPR 文件进行制图和其他操作(如执行连续统去除)[①]。PRISM 的光谱分析模块也可以进行多种光谱分析操作,如从 SPECPR 文件导入/导出数据、管理和编辑 SPECPR 记录以及对存储在 SPECPR 记录中的光谱进行代数、卷积和插值运算等(Kokaly,2011)。此外,PRISM 系统还包括一些适用于 ASD 光谱数据的附加分析程序,如将 ASD 二进制文件导入 SPECPR,将相对于参考板的光谱测量值转换为反射率,以及校准 ASD 光谱仪不同检测器之间的偏移。存储在 SPECPR 文件中的光谱以及经 PRISM 程序处理的光谱都可以方便地使用 ENVI 的光谱处理功能或其他光谱分析程序进行处理。PRISM 的图像处理功能采用辐射传输场地定标(radiative transfer ground calibration,RTGC),可用于处理高光谱影像光谱数据。RTGC 基于经验线方法和定标场实测数据拟合修正因子,通过卷积对成像光谱数据进行反射率转换。此外,PRISM 还包括光谱插值和卷积功能,可以将 USGS 光谱库中的数据转换为形如 AVIRIS 和 HyMap 成像光谱仪的光谱反射率数据(Kokaly,2011)。

PRISM 系统的 MICA 模块允许用户将已知物质的参考光谱与单条光谱、多条光谱乃至是整个高光谱立方体影像进行匹配,来识别物质和填图(Kokaly,2011)。MICA 的核心特点是对吸收特征进行连续统去除分析,使提取的吸收特征(如吸收特征位置和吸收深度)能够用于物质识别。MICA 是参考 Tetracorder 算法开发的(Clark 等,2003),但包含一些能够方便用户对特征权重和约束条件控制的附加选项。因此,MICA 在图像处理和 GIS 软件集成方面的能力十分强大(Kokaly,2011)。

[①] 有关 ViewSPECPR 模块的详细描述可以阅读 Kokaly(2005,2008,2010,2011)的报告。

6.7.9　SPECMIN

SPECMIN 是美国 Spectral International 公司①研发的包含参考矿物光谱库的矿物光谱识别系统。该系统适用于可见光-近红外至中红外的光谱范围,内置了多种矿物的参考光谱库、波长搜索/匹配表、数据库内矿物的物理属性,以及具有红外活性矿物的相关文献。自动光谱匹配表由矿物光谱吸收特征和相关的矿物类型记录构成。特征分析表包括了各种岩矿的光谱诊断吸收特征。SPECMIN 不仅可以处理各种光谱仪的测量数据,而且还可以将处理的光谱作为参考分析高光谱遥感影像。

目前,Spectral International 公司发布了两个版本的 SPECMIN 软件(SPECMIN Pro 和 SPECMIN IP),以方便地球科学研究者使用(ESSN,2015)。其中,SPECMIN Pro 包含了一个超过 1500 种岩矿类型的光谱库,这些光谱都是由全谱段的 ASD FieldSpec Pro 光谱仪和 PIMA-Ⅱ短波红外光谱仪测定的,是目前 SPECMIN 最全面的版本。用户可以通过 SPECMIN Pro 的自定义功能将 SPECMIN Pro 的专有数据集与新的光谱一起导入光谱数据库中,可按种类、类别或波长对这些光谱数据进行搜索。应用 SPECMIN Pro 的案例近年不断增多,包括各种类型的矿床(如钻石、普通金属和稀有金属)、矿山废渣、天然和人为的酸水排放、土壤等。SPECMIN IP 是专为对图像处理感兴趣的用户设计的一款精简版 SPECMIN 软件,包括在遥感和地理信息系统数据库中进行光谱比较,对比已知矿物光谱和其他能够引起光谱响应的物质。相比 SPECMIN Pro,SPECMIN IP 自带的光谱数据库信息量较少,并且不具备对全谱段的搜索和匹配能力。

6.7.10　SPECPR

SPECPR(SPECtrum Processing Routines)是由美国地质调查局光谱实验室②开发的一款用于光谱处理的大型交互式软件系统。它在光谱反射率数据的处理和分析方面作了优化,被设计用于分析实验室、野外、望远镜和星载传感器的光谱数据。由于软件优化了光谱反射率的处理与分析过程,SPECPR 可以处理多达 4852 个数据点的一维数组。该软件的处理和分析工具包括代数运算、三角函数、对数和指数运算以及一些更专业的函数计算(Clark,1993)。相关网站③上给出了有关 SPECPR 软件的特点、分析程序和制图功能的详细信息。

SPECPR 项目是由美国麻省理工学院华莱士天文台于 1975 年在 Harris 2024 电脑上开发的。在 1984 年,该项目被移至美国丹佛的 USGS 系统。此后,为提高 SPECPR 在高分辨率光谱研究、吸收波段分析、混合辐射传输模型以及光谱数据库管理等方面的功能,

---

① http://www.spectral-international.com
② http://speclab.cr.usgs.gov/software.html
③ http://speclab.cr.usgs.gov/specpr.html

USGS 为 SPECPR 开发了许多分析程序。SPECPR 的最新版本仅更新到 2012 年,因此,SPECPR 最新的适用范围是支持对成像光谱立方体数据的分析(Clark,1993),并适用于陆地和行星遥感领域的任何标准数据类型。

6.7.11 Tetracorder

Tetracorder 是 USGS 光谱实验室[①]开发的一款面向公共领域应用分析的软件程序。该系统基于多种物质(包括矿物、植被、雪和工程材料)的光谱库(Clark 等,2007),利用各种高光谱数据(如实验室和野外测量的光谱反射率数据、机载和星载传感器采集的高光谱图像)进行地物识别和端元丰度提取,以及图像成分分析(Clark 等,2003;Livo and Clark 2014)。Tetracorder 的一个重要特点是地物识别。如果光谱包含某些诊断特征,那么地物的识别较为准确,否则就需要对识别的结果进行另外的验证(Livo 和 Clark,2014)。Tetracorder 的识别功能是通过专家系统识别地物光谱的一套算法(Clark 等,2003)。根据用户定义的规则,算法可以通过训练对地物的诊断吸收特征进行比较。在使用高光谱数据进行地物的识别和制图时,每个吸收特征都应与对应的连续统进行标准化,通过乘一个常数项进行缩放,使其深度能够匹配对应的参考吸收特征(Dalton 等,2004)。Tetracorder 系统的主要算法是基于连续统去除光谱特征的最小二乘改进算法。除应用于高光谱遥感外,Tetracorder 也可用于传统的遥感分析。这是因为其中的某些算法,如匹配的滤波器,也适用于多光谱数据的处理。

Tetrocoder 算法独特的一面还表现在地物识别步骤上。通常,算法会先将光谱划分为诊断特征波长区域,然后在不同的光谱区域对算法进行测试。这样就可以对多种地物的光谱特性进行分析与识别,而无须进行光谱解混(Boardman 等,2006)。根据这些算法所得结果进行排序并选择一个最佳结果作为答案。Tetracorder 通过比较(成像或非成像)光谱仪测量的(未知)光谱和地物光谱库中特征明显的参考光谱,最大限度地提高了地物识别的能力和精度。目前,Tetracorder 的制图应用涉及地球观测,乃至整个太阳系的行星观测,包括对生态系统、陆地和海洋的灾害监测,以及岩矿制图等(Livo 和 Clark,2014)。

除了 Clark 等(2003)介绍的 Tetracorder 特征外,一些新的特征也加入系统中,包括模糊逻辑等(Clark 等,2010)。当前版本的 Tetracorder 系统(Livo 和 Clark,2014)的主要算法包括光谱比值分析、改进的最小二乘光谱特征拟合算法、红边或蓝边光学参数提取方法等。此外,更多的附加算法与特征提取和连续统去除有关,包括模糊分析、约束分析和识别分析算法等。

6.7.12 TSG

TSG(The Spectral Geologist)是澳大利亚 CSIRO 地球科学与资源工程中心(CSIRO

---

① http://speclab.cr.usgs.gov/software.html

Earth Science and Resource Engineering Division）于 20 世纪 90 年代开发的一款专用于处理和分析野外或实验室测量光谱数据的软件①，可用于 CSIRO 的 PIMA 和 PIMA－Ⅱ手持光谱仪，并通过 Integrated Spectronics 公司被成功地商业化。现在，TSG 已成为地质行业进行岩矿和土壤光谱反射率数据分析的标准工具（TSG，2015）。TSG 软件包可以在 Windows 环境下运行，软件菜单控件提供了一系列直观的操作功能。自 20 世纪 90 年代原型系统开发以来，TSG 得到了较大的发展，增加了许多新的高级处理功能，包括生产力工具、辅助矿物解译工具、批处理功能、支持新的波长范围和新的显示模式（TSG，2015）。2004 年以后，TSG 发展成为由五个可扩展程序（如 TSG Lite、TSG Pro、TSG Core 和 TSG Viewer）的组合，可以满足不同类型用户多种层次的需求。TSG Pro 和 TSG Lite 有五个屏幕窗口和一个浮动窗口，而 TSG Core 有七个屏幕窗口和两个浮动窗口。用户通过这些屏幕窗口可以在不同层次上详细查阅数据，如从单条光谱到数千条光谱数据的概览（TSG，2015）。

在 TSG 组件中，TSG Lite 是适用于小规模数据分析的入门级 TSG，其功能与 TSG Pro 类似。TSG Pro 是使用最普遍的 TSG 版本，其功能适用于大多数光谱地质应用，包括基于 TSATM 的辅助矿物学解释。TSG Core 是 TSG 的高级版，具有包括岩心和碎屑图像的 HyLogging 数据处理能力，同时也内置了生产力工具（TSG，2015）。TSG Viewer 是一个低成本的 TSG 版本，旨在将已解译的光谱数据分发给公司和组织内的非专业用户，达到培训的目的。TSG 组件包含许多重要的功能。其中，TSG 显示工具可以借助 TSG 中不同的显示选项来比较样本光谱及辅助数据。用户利用这些工具不仅可以分析样品的矿物组分，了解它们在一个钻孔或一个研究区域的变化情况，而且还可以观察它们在钻孔和钻孔之间或工作区内的矿物特性变化。自动识别工具能够帮助用户解译项目中的光谱（TSG，2015）。TSG 的光谱运算工具为用户提供了许多不同的光谱数据处理和分析算法，对岩矿光谱的具体特征进行量化。此外，TSG 内置的光谱库还包含常见的矿物和 USGS 收集的参考样本光谱。

上面仅对 12 种高光谱数据处理与分析工具和程序（DARWin、HIPAS、ISDAS、ISIS、MATLAB、MultiSpec、ORASIS、PRISM、SPECMIN、SPECPR、Tetracorder 和 TSG）进行了简单介绍，这些软件的主要功能和特点总结于表 6.2，方便读者找到适合的高光谱数据处理工具与程序。

表 6.2　高光谱数据处理及分析软件工具和程序的功能及特点

工具/软件	开发者（ULR）	功能/特点
DARWin	美国 Spectral Evolution 公司（http://spectralevolution.com）	（1）支持不同滤波器的光谱曲线平滑。（2）现场快速（实时）目标识别工具（包括植被类型、土壤类型、作物健康、原材料和塑料鉴定、矿物识别等）。（3）植被分析功能：能够根据高光谱数据计算 18 个宽波段和窄波段植被指数

① http://thespectralgeologist.com

工具/软件	开发者（ULR）	功能/特点
HIPAS	原中国科学院遥感与数字地球研究所（http://www.radi.cas.cn/）	（1）支持数据输入和输出。（2）包含数据预处理功能（几何校正、辐射校正、噪声去除、图像浏览和光谱仿真等）。（3）支持常规图像处理（图像变换、图像滤波、图像分类和配准工具）。（4）支持光谱分析（频谱滤波与变换、光谱分解与匹配、参数定量估计）。（5）包含交互式分析工具（光谱/空间轮廓和光谱切片，注释工具和ROI工具）。（6）包含光谱数据库工具。（7）具有一些先进的分析工具（包括图像融合）
ISDAS	原加拿大遥感中心（现名为加拿大测绘和地球观察中心）	（1）数据的输入和输出。（2）数据预处理（主要传感器，校准和大气建模伪影去除工具；最小/最大自相关因子，最小噪声分离，主成分分析和带矩分析；光谱/空间域中的噪声去除工具；光谱微笑−皱眉检测和校正工具，梯形检测和校正工具；具有CAM5S RT模型的表面反射率检索工具；光谱模拟工具。（3）数据可视化（1D、2D和3D显示工具和操作环境）。（4）数据信息提取（光谱匹配、光谱分解、自动端元选择、交互式端元选择、定量估计和计算器等）
ISIS	美国地质调查局（https://isis.astro-geology.usgs.gov/）	（1）显示工具（例如，显示和分析立方体足迹）。（2）过滤工具（例如，过滤立方体，平滑但保留边缘）。（3）傅里叶变换工具（例如，在立方体上应用傅里叶变换）。（4）辐射和光度校正（例如，为线扫描仪器创建平场图像）。（5）镶嵌（例如，使用地图投影立方体的列表创建镶嵌）
MATLAB	美国Mathworks公司（http://www.mathworks.com）	Matlab HIAT功能包括：（1）图像增强（预处理、分辨率增强和PCA滤波增强）。（2）用于特征选择和提取的主成分分析（PCA、判别分析、奇异值分解和信息散度分析等）。（3）分类/光谱分解（Fisher线性判别、角度检测和模糊最大似然；光谱分解算法：非负且总和为1约束条件，非负且总和小于或等于1约束条件，非负最小二乘，以及总和约束算法）
MultiSpec	美国普渡大学（https://engineering.purdue.edu/~biehl/MultiSpec/index.html）	能够显示多光谱图像多个选定通道，计算和绘制直方图，根据现有通道创建新的数据通道，使用ISODATA聚类算法分析数据，选择和提取特征，对数据文件中的指定区域进行分类，显示当前选定像元的光谱值或选定区域的均值±SD的曲线图，并显示字段或类的相关矩阵
ORASIS	美国海军研究实验室（http://www.nrl.navy.mil/）	能够产生一组用于光谱解混的端元，ORASIS的四个组成部分为Prescreener（作为示例选择过程的第一步和作为替换过程的第二步）、基础选择、端元选择和分解模块

续表

工具/软件	开发者（ULR）	功能/特点
PRISM	美国地质调查局（http:// speclab.cr.usgs.gov/ software.html）	（1）ViewSPECPR 模块，列出 SPECPR 文件的内容、对 SPECPR 文件进行选择、绘图和操作（例如，在记录上执行连续统去除）。（2）光谱分析（用于从 SPECPR 文件导入/导出数据、管理和编辑 SPECPR 记录的各种光谱分析功能，以及将卷积、插值函数等应用于 SPECPR 数据记录中存储的光谱）。（3）图像处理功能（应用 RTGC 辐射传输方法校正高光谱成像数据）。（4）材料识别和表征算法 MICA（通过对吸收特征进行连续统去除分析来识别和表征材料）
SPECMIN	美国 Spectral International 公司（http://www. spectral-international. com/）	具有参考矿物光谱库（使用现有光谱库并创建定制光谱库）和矿物光谱识别系统［包括识别和分析各种类型的矿床（如金刚石、常见金属和贵金属）、矿山和矿物废料、自然和人为引起的排酸和土壤等］
SPECPR	美国地质调查局（http:// speclab.cr.usgs.gov/ software.html）	对实验室、野外、望远镜和航天器的光谱图像数据进行分析，能够处理多达 4852 个数据的一维数据，包含数据处理和分析工具，如加法、减法、乘法、除法、三角函数、对数和指数函数等
Tetracorder	美国地质调查局（http:// speclab.cr.usgs.gov/ software.html）	包括比值光谱处理，改进的最小二乘光谱特征拟合算法，红边或蓝边光学参数提取等。还包括更多的算法，如基于模糊逻辑的连续统去除及特征提取算法，采用模糊逻辑、约束分析和识别算法等
TSG	澳大利亚 CSIRO 地球科学与资源工程中心（http:// thespectralgeologist.com/）	分析矿物、岩石和土壤，包括钻芯和碎屑的现场或实验室光谱仪数据。TSG 显示工具（不仅分析每个样品的矿物组合及变化，而且还观察井下矿物特性的特定变化）。自动识别工具。光谱计算选项（包括许多不同的处理和分析方法，如与特定矿物组成相关的诊断吸收波段）

6.8　本章小结

　　本章简要介绍了主要的和辅助性的高光谱数据分析处理软件、程序和系统。本章首先介绍了开发高光谱数据处理软件系统和工具的重要性和必要性。然后，在第6.2~6.6节中介绍了五款主要的软件系统，它们是 ENVI、ERDAS IMAGINE、IDRISI、PCI Geomatica 和 TNTmips。这些软件在图像和空间数据分析处理的功能基础上都包含专用的高光谱数据处理功能。其中，ENVI 的高光谱数据处理能力相对全面，从立方体图像的可视化到图像预处理，再到高光谱信息的提取、解译和应用。当然，这五款软件作为商业产品都已在全球发售。第6.7节按产品缩写字母的顺序依次介绍了 12 种辅助性的小软件工具和程

序,包括 DARWin、HIPAS、ISDAS、ISIS、MATLAB、MuiltSpec、ORASIS、PRISM、SPECMIN、SPECPR、Tetracorder 和 TSG。它们属于占用内存空间相对较小的独立产品,并且多数只用于处理高光谱数据。在政府的支持下,大部分此类产品可在公共领域免费使用。本章将这些主要的和辅助性的软件和系统的主要功能和特点总结在表 6.1 和表 6.2 中。读者可以通过浏览这两个表,快速获知这些软件和系统的相关功能和特点。

参考文献

 第 6 章参考文献

第7章

高光谱技术在地质学和土壤学中的应用

与多光谱遥感相比,高光谱遥感技术更适合于地质和土壤方面的应用研究,这主要是由于许多矿物/岩石和土壤类型在太阳反射光谱中存在特定的诊断吸收特征。自从 20 世纪 80 年代初高光谱遥感技术问世以来,结合不同的分析技术和研究方法,许多学者利用高光谱数据针对地质和土壤科学中的问题开展了大量研究。本章将对包括在实验室内和野外现场测量的高光谱数据以及机载、星载高光谱成像数据在地质和土壤中的应用研究进行综述。第 7.2 节将总结和讨论各种矿物/岩石物质的光谱特性。第 7.3 节将介绍有关高光谱数据的分析技术,包括吸收特征提取、高光谱矿物指数、光谱匹配方法、光谱解混技术、光谱建模方法以及一些更高级的高光谱数据处理方法在矿物和岩石制图方面的应用情况。第 7.4 节将讨论并综述土壤光谱特性以及如何基于高光谱技术进行土壤成分分析及制图。最后,第 7.5 节将简要介绍高光谱遥感技术应用于地质研究的三个典型案例。

7.1 高光谱地质及土壤研究简介

使用传统手段开展矿物和岩石勘探及制图工作通常耗时费力,且代价高昂(Ramakrishnan 和 Bhariti, 2015)。多光谱遥感技术(包括机载和星载平台)能够探测几个可见光区域的宽波段(通常波段宽度大于 50 nm),由于可以探测短波红外及热红外范围,因此可用于区分岩石和矿物并进行制图(如 Hewson 等,2005)。然而,由于多光谱传感器的光谱分辨率较低(空间分辨率通常也较低),因此难以用于对矿物/岩石进行分类及成分估计。自从 20 世纪 80 年代初,成像光谱及高光谱遥感出现以来,已有许多关于高光谱数据应用于地质研究的论文发表。由于大量矿物质在太阳反射光谱中存在独特的光谱吸收波段,因此高光谱成像数据可用于地质、土壤识别和制图等方面的研究。80 年代初期,许多具有地质背景的研究人员利用高光谱成像数据(如来自 AIS 传感器的)开展了矿物识别和地质制图研究(Hewson 等,2005)。由于高光谱传感器能够获得与实验室实测相似的具有连续光谱(通常波段的半高波宽小于 10 nm)的成像数据,因此可用于对矿物和岩石进行识别和精细

制图。目前在大量地质和土壤科学调查中已使用了各种高光谱成像数据用于确定矿物分布（Green 等,1998）。为评估高光谱技术在地质和土壤识别、制图方面的潜力,研究人员已广泛尝试利用如 AVIRIS、HYDICE、DAIS、HyMAP 等机载高光谱传感器和如 EO-1 Hyperion 等星载高光谱传感器进行研究。其中,有几篇综述文章概述了过去二十年在地质和土壤领域运用高光谱遥感技术的大量案例,例如,高光谱遥感在地质学中的应用（Cloutis, 1996）、在矿物勘探上的应用（Sabins, 1999）,以及遥感和地理信息系统在矿产资源制图中的应用（Rajesh, 2004）、在土壤性质研究中的应用（Ben-Dor 等, 2009）和在地质方面的应用（van der Meer et al., 2012；Ramakrishnan and Bhariti, 2015）。此外,在本书第 1.3.1 节已介绍过高光谱遥感在地质和土壤中的应用,介绍了美国地质调查局的科学家利用可见光至近红外、短波红外和热红外遥感数据展开地质遥感研究的开创性工作（如 Hunt, 1977；Hunt 和 Hall, 1981；Salisbury 等, 1989）,他们进行的矿物和岩石的光谱测量,为理解和评估机载和星载高光谱遥感技术在地质和土壤科学上应用的可行性奠定了基础。

在地质领域使用高光谱数据有一个优点,即各种矿物和岩石在光谱上通常具有明确的诊断（吸收）特征,能够用于确定其化学成分和相对丰度（Crósta 等, 1997）。因此,利用高光谱传感器获得的反射光谱,能用于识别宽波段的多光谱传感器无法识别的地表及土壤特性,并且可以对一些传统分析方法进行有效补充。然而,高光谱遥感数据应用于矿物、土壤勘探和制图研究也存在一些局限性:①与多光谱遥感数据一样,高光谱遥感数据对地表的穿透能力有限,在可见光-短波红外区域具有若干微米的穿透深度;在热红外区域穿透深度为几厘米;而在微波区域穿透深度则为几米（过度干旱区域）（Rajesh, 2004）。因此,在多数情况下,高光谱数据用于地质学研究需要一些间接的信息和线索,如研究区域的地质背景、蚀变区以及岩石类型等。因此,在地质学应用研究中,应尽可能发挥高光谱数据在对矿物独特的诊断光谱特征提取和制图方面的优势。②由于各种矿物、岩石间光谱吸收特征差异较小,如要从高光谱数据中准确提取细微的诊断光谱信息,就需要对高光谱数据进行准确的辐射校正,补偿大气衰减的影响等。而在多光谱遥感研究中,此类问题的影响相对较小。③针对上文提及的关于高光谱地质应用技术和理论方面的挑战,本书第 5 章中所介绍的高光谱数据处理算法和技术可以为问题的解决提供必要的方法。但同时读者还应注意,上层的矿物或土层通常是不完全裸露的。部分或完全覆盖的枯枝落叶层、植被覆盖等也会增加矿物、岩石和土壤监测制图的难度。对这种情况,需要采用特殊的算法和技术来分析处理各种高光谱数据,以改进矿物勘探和地质、土壤制图的精度。因此,本章接下来的部分,在总结和讨论各种矿物、岩石的光谱特性基础上,从应用的角度对高光谱遥感应用在地质领域的相关方法和技术进行评述,并介绍一些研究案例。

7.2 矿物/岩石的光谱特征

在过去三十年中,科学家一直致力于研究矿物的光谱特征,并利用它们进行遥感矿物的制图与识别,确定地球表面的成分（Hunt, 1977；Clark, 1999；Eismann, 2012；van der

Meer 等，2012）。由于地球表面的矿物质具有多样性，相应的光谱特征也具有多样性。因此，基于实验室内和室外光谱测量，开展矿物（以及岩石和土壤）的光谱特性分析非常必要。矿物的光谱特性基本可通过可见光至短波红外（0.4~2.5 μm）范围光谱反射率曲线中的光谱吸收（诊断）波段来描述（Hunt，1977；Clark，1999）。这种吸收通常包括两个过程：电子跃迁和分子振动。虽然 Burns（1993）研究了电子跃迁过程的细节，Farmer（1974）分析了分子振动过程以弄清矿物吸收特征的基本原理，但 Hunt（1977）和 Clark（1999）在矿物光谱测量方面做了更多工作，分析和总结了矿物光谱中吸收波段和原因（如图 7.1 所示的矿物光谱中的吸收波段）。因此，下文综述由这两个过程引起的一些常见矿物的光谱吸收特征，并讨论采用高光谱图像对常见矿物识别和制图的可能性。

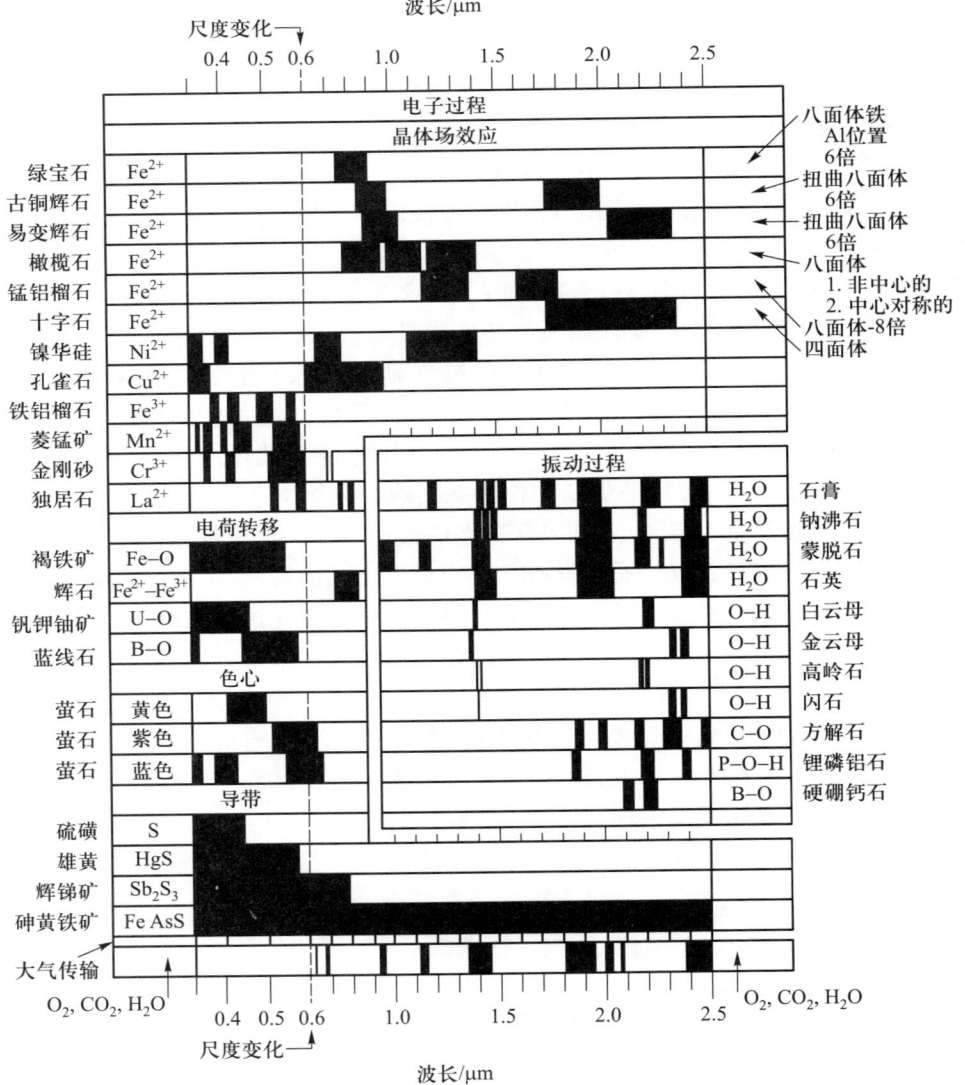

图 7.1　矿物光谱主要吸收特征。可以依据这些波长吸收特征从反射和发射光谱中获得矿物的化学信息（Hunt，1997）

7.2.1　电子跃迁过程引起的光谱吸收特性

在可见光至近红外范围内,光谱特性主要受电子状态变化过程的影响,如过渡金属 Fe、Cr、Co 和 Ni 的离子跃迁和电荷转移过程(Eismann,2012)。此外,在可见光光谱范围内呈现的称为"色心"的电子现象也影响一些有色材料的光谱吸收特性。

7.2.1.1　晶体场效应

通常,孤立的原子和离子具有离散的能级。在特定波长处吸收光子从某一能级向较高能级跃迁,而在特定波长发射光子,则会导致向较低的能级跃迁。因此,与光子的吸收和发射相关的两个变化都被称为跃迁(Hunt,1977)。在晶体场中,过渡金属离子(如 Fe^{2+} 和 Fe^{3+})表现出分裂的轨道能级,并且可以在与这些能级间的电子跃迁相关的频率下吸收电磁辐射(Eismann,2012)。由于晶体场随着矿物晶体结构的变化而变化,分割的数量也随之变化,因此相同离子(如 Fe^{2+})可能会产生不同的吸收特征,从而使利用高光谱遥感技术进行特定矿物识别成为可能(Clark,1999)。

橄榄石是一种重要的成岩矿物,其光谱显示了一个以 1.0 μm 为中心的非常宽的吸收区,至少由三个独立的特征组成(Hunt,1977;King 和 Ridley,1987)(图 7.1)。以往的光谱研究表明,1.0 μm 波段处的吸收特征位置随 Mg/Fe 值的变化而变化,变化的总位移为 30 nm(King 和 Ridley,1987;Cloutis,1996)。此外,通过一些橄榄石样品还观察到 0.65 μm 处的波段具有微弱的吸收特征(King 和 Ridley,1987;Sunshine 和 Pieters,1990)。这些吸收特征结果表明,我们有可能在高光谱数据(光谱分辨率至少优于 30 nm)中识别和监测橄榄石矿物,并评估与橄榄石矿物相关的一些主要和次要的阳离子丰度(Cloutis,1996)。

青铜矿和白铁矿都属于辉石矿物,这些矿物是地质勘查的重要矿物,因为它们通常与铂族元素和铬铁矿的沉积有关(Cloutis,1996)。青铜矿和白铁矿光谱在 1.0 μm 和 1.8 μm附近(约 2.0 μm)具有吸收特征(图 7.1)。这两个特征都是由位于两个可能位点之一的配位亚铁离子的过渡态引起的(Hunt,1977)。由于主要化学元素的特性(如铁、镁和钙),这些波段的位置可以发生高达 500 nm 的变化(Cloutis 和 Gaffey,1991)。辉石光谱的绝对反射率值取决于晶粒尺寸,辉石的总反射率随矿物(以及其他镁铁矿物)的晶粒尺寸减小而增加。以往的研究表明,高光谱遥感数据可用于提取物成分信息,从而可应用于解决各种地球化学问题(Cloutis,1996)。

这五种矿物——镍华(Ni^{2+})、黄铜矿(Cu^{2+})、铁铝榴石(Fe^{3+})、菱锰矿(Mn^{2+})和刚玉(Cr^{3+})的光谱偶尔出现过过渡态金属离子(Hunt,1977)。这些特征是该离子晶体场跃迁的特性。镍华具有从基态跃迁到三个上层能级的离子,这种跃迁是自旋容许跃迁,因此会在 0.4 μm、0.74 μm 和 1.25 μm 波段附近产生吸收特征。与铜离子相关的硅孔雀石在 0.8 μm 波段处存在强烈的吸收特征,这是由于离子从基态到上层能级的自旋容许跃迁。

由于各种矿物中存在较多铁离子(Fe^{3+})的跃迁,因此出现了许多对相关光谱特征的研究。这些吸收特征的位置可从铁铝榴石光谱中观察到(图7.1),同时在石榴石和绿柱石的光谱中也能清楚观察到 Fe^{3+} 的吸收特征。菱锰矿的吸收特征是由于在蓝-绿光谱范围内存在锰离子跃迁。对于这种情况,尽管是自旋禁阻跃迁,但吸收特征仍出现在约 0.34 μm、0.37 μm、0.41 μm、0.45 μm 和 0.55 μm 的光谱波段附近(图7.1)(Hunt,1977)。图7.1中显示了刚玉石矿物由于离子跃迁在 0.4 μm 和 0.55 μm 附近产生的吸收特征。

7.2.1.2　电荷转移

一些矿物质的吸收特征也可能由电荷转移引起。电荷转移或元素间电子跃迁是指吸收的能量引起电子在相邻离子间或离子和配体间发生迁移过程(Hunt,1977)。电荷转移同样也发生在不同价态的相同金属离子之间,如 Fe^{2+} 和 Fe^{3+} 之间以及 Mn^{3+} 和 Mn^{2+} 之间的电荷转移。通常,由电荷转移引起的这种特征吸收波段为高光谱数据识别不同矿物提供了诊断特征。相比由晶体场效应引起的吸收强度,由电荷转移引起的吸收强度通常强至数百到数千倍(Hunt,1977;Clark,1999)。吸收波段的中心通常发生在紫外波段,吸收波段两翼则延伸至可见光区域。氧化铁和氢氧化物的红色主要是由于电荷转移的吸收引起。据了解,陆面地表物质的光谱最常见的特征(吸收波段)之一是光谱强度从可见光到紫外线迅速降低,并且该强度衰减的现象在风化物质的光谱特征中尤其明显(Hunt,1977;Morris 等,1985)。这种现象是由于在结晶场效应下会形成较大的晶界比例,进而降低磁耦合强度和光谱吸收强度(Morris 等,1985)。因此,铁氧化物的反射光谱具有形状随晶粒尺寸显著变化的强吸收波段(Clark,1999)。

例如,图7.1展示了褐铁矿、辉石和钒钾铀矿三种矿物由于不同类型的电荷转移引起的吸收特征(0.4 μm 波段附近):褐铁矿光谱的强吸收特征是由 Fe—O 尾部的电荷转移而引起,而在较长波长处的额外吸收波段是由晶体场效应引起的。对辉石光谱而言,其 0.7 μm 处的吸收特征主要由亚铁离子和三价铁离子之间的电荷转移引起,而钒钾铀矿在 0.3~0.53 μm 范围内的光谱吸收特征由铀和氧原子间至少三个电荷的转移引起。

7.2.1.3　色心

一些有色物质在可见光波段的光谱特征是由于"色心"电子现象引起的。色心是由缺陷晶体的辐射能量(如通过太阳紫外辐射形式)所引起。缺陷晶体本质上具有晶格缺陷,从而会干扰晶体的周期性,而这种干扰通常由杂质引起(Clark,1999)。这种晶格缺陷可以产生分立的能级,而激发的电子可以落入其中,并且可以与晶格缺陷结合(Hunt,1977)。而电子进入缺陷的晶格需要光子能量。许多不同类型的晶格缺陷已被广泛研究,但最常见的是"F型"的色心。例如,萤石的黄色、紫色和蓝色通常由天然晶体中的色心引起(图7.1)(Hunt,1977)。

7.2.1.4 导带跃迁

在一些矿物中,有两个可供电子停留的能带:一个称为"导带"的较高能量区域,里面的电子可在晶格中自由移动;另一个称为"价带"的较低能量区域,其中电子附着于特定的离子或键(Hunt,1977;Clark,1999)。这两个能带之间存在一个能量区,即"禁带"或能带间隙。金属通常具有非常窄的禁带间隙或不存在禁带间隙,而介电材料通常具有非常宽的禁带间隙。在半导体中,禁带间隙的宽度处于金属和电介质之间,对应于可见光-近红外波长光子的能量,并且光谱在这种情况下近似为阶跃函数(Clark,1999)。对于这种情况,导带的边缘通常在可见近红外波段具有强烈的吸收界。该吸收界的清晰度是物质纯度和结晶度的函数(Hunt,1977)。图 7.1 中的三种矿物:硫(S)、辰砂(HgS)和锑酸盐光谱显示了清晰的吸收界,使得在短波段处导带中的强吸收特性转变为长波段处禁带中的完全透射(Hunt,1977)。从图 7.1 可以看出,砷黄铁矿的光谱覆盖了整个可见光-近红外光谱范围的吸收带。

7.2.2 振动过程引起的光谱吸收特性

中红外谱段的光谱反射率特性受水、羟基、碳酸盐和硫酸盐的分子振动特性影响较大(Hunt,1977;van der Meer,2004)。受散射影响,振动特征通常呈现为光谱的反射最小值(Eismann,2012)。Clark(1999)的研究表明,分子或晶格中的键能类似于负重的弹簧系统,而整个系统具有振动特点。每个弹簧的强度(分子中的键能)和负重的质量(分子中每个元素的质量)决定了振动的频率。通常,具有 N 个原子的分子存在 $3N-6$ 种基本振动模式。其他额外的振动,包括基本模式倍数的振动和不同基本模式组合的振动,都被称为倍频振动(overtone)。当两种或更多种不同的基本振动或倍频振动出现时,这些振动的相互作用会产生倍频振动组合的谐振特性(combination tone feature)(Hunt,1977)。因此,任何物质的基本振动的类型和能级是由组成物质的原子类型、数量及其空间关系和结合力强弱决定的(Hunt,1977)。此外,根据观察,用于激发所有重要物质的基本振动模式所需的能量落在中远红外区域,而在近红外区域观察到的通常是高频的基频振动、倍频振动及其组合产生的特征。因此,中红外区域不同振动类型的诊断特征为地表物质高光谱识别和制图提供了依据。

7.2.2.1 分子水振动过程

矿物中由水分子振动过程在中红外范围产生的诊断吸收特征主要位于 1.875 μm、1.454 μm、1.38 μm、1.335 μm 和 0.9442 μm 波段附近,而这些振动过程主要由倍频振动和与具有三种基本振动模式的液态水相关联的振动组合产生。由于矿物中各种分子水的振动组合和倍频振动,某些矿物质(如石膏、天然石、非蒙脱石和石英)中的光谱振动(吸收)特征如图 7.1 所示。例如,水可以作为其结构必需的特定位点处的个体或分子簇存

在于矿物质中,如石膏等水合物;水也可能被禁锢在晶体结构的液体中,如乳白色石英(Hunt,1977)。

7.2.2.2 羟基振动过程

羟基(—OH)基团虽只有一个基本的拉伸模式,但其吸收光谱位置取决于附属的离子(通常为金属离子)。确切地说,这个振动特征的位置取决于—OH 直接附属的金属阳离子,以及该离子在物质中的位置(Hunt,1977)。例如,滑石的光谱曲线在 2.719 μm、2.730 μm 和 2.743 μm 处存在三个强烈的特征吸收。而这些特征波段位于中红外区域之外主要是由羟基的基本拉伸模式所致。因此,在中红外区域观察到的是由于—OH 伸缩的第一次倍频振动产生的吸收特征(如 1.4 μm 波段附近),或由于 X—OH 弯曲振动与基本振动拉伸的组合波段(其中 X 通常为 Al 或 Mg),或由于与一些晶格或振动模式组合的 OH 拉伸(Hunt,1977)。2.0 μm 区域附近组合波段中的 OH 基本拉伸模式成对出现,如较短的波长通常在 2.2 μm 或 2.3 μm 附近。更强烈的特征位置出现在 2.2 μm 附近,主要取决于是否存在铝元素,而在 2.3 μm 附近取决于是否存在镁元素(Hunt,1977;Eismann,2012)。在图 7.1 中,白云母、芒硝、高岭石和角闪石等矿物呈现出不同的振动(吸收)特征,这是由不同环境和各种矿物中羟基的倍频振动和组合引起的。

7.2.2.3 碳酸盐、硼酸盐和磷酸盐的振动过程

碳酸盐、硼酸盐和磷酸盐的光谱曲线也存在振动引起的诊断吸收波段(Clark,1999)。由于碳酸根离子内振动组合以及倍频振动的影响,特征吸收波段主要位于 1.6 μm 和 2.5 μm 之间的中红外区域。这些特征通常较为独特(Hunt,1977),观察到的吸收由二维的 CO_3^{2-} 引起。碳酸盐通常与水无关,因此通常不会有强烈的水分混淆光谱。在中红外光谱区域,碳酸盐通常显示一系列特征波段(如方解石)(图 7.1),较长波段处的两个特征加倍明显,并且相比短波段处的三个特征更加强烈。光谱在短波长侧通常呈现一种"肩部"的形态。加倍可以解释为简并效应的提升(Hunt,1977)。磷铝石呈现的光谱特征是由 P—O—H 基团的运动(振动)引起。而硬硼酸钙石的光谱特征可归因于 BO_3^{3-} 的倍频振动,与碳酸盐的光谱由 CO_3^{2-} 振动引起类似(图 7.1)(Hunt,1977)。

7.2.3 蚀变矿物的光谱吸收特性

水热蚀变特征通常出现在氧化铁和硫酸盐矿物质上,整个可见光和近红外范围(0.4~1.1 μm)都会产生特有的光谱特征(Hunt,1977;Clark,1999)。此外,在构成蚀变矿物和岩石的一些分子群中发生的振动过程会引起中红外区域(1.1~2.5 μm)的光谱特征,也能提供非常有用的信息(Hunt 和 Hall,1981;Hutsinpiller,1988;Kruse,1988)。因此,水热蚀变矿物/岩石的光谱吸收特征也是由电子过程和振动过程引起的,仍然可以

通过与金属离子(可见光-近红外波段范围)和水、羟基(中红外区域)相关的两种过程来解释。这些过程在上述两小节已做介绍。本节主要列举一些典型的蚀变矿物及其在中红外波段(1.1~2.5 μm)的反射率最小值位置,给出相关吸收波段的强度信息(表 7.1)并做简要的讨论。

表 7.1 典型蚀变矿物及反射最低点位置

蚀变矿物	反射最低点(μm)和相对强度	文献来源
叶蜡石	1.332(w);1.345(vw);1.361(w);1.392(vvs);1.420(m);1.92(vb);2.062(m);2.080(m);2.166(vvs);2.205(sh);2.319(s);2.346(w);2.390(ms)	
高岭石	1.330(sh);1.357(m);1.394(vs);1.403(m);1.413(vvs);1.820(w);1.840(w);1.914(vb);2.090(sh);2.120(sh);2.162(vs);2.194(sh);2.209(vvs);2.322(w);2.357(w);2.382(ms)	
明矾石	1.317(w);1.335(mw);1.355(w);1.375(sh);1.424(vvs);1.430(sh);1.458(sh);1.476(vs);1.682(sh);1.762(vs);1.930(sh);1.960(w);2.010(vs);2.060(w);2.152(sb);2.165(sb);2.178(s);2.208(vvs);2.317(vs)	Hunt(1979)
白云母	1.412(vs);1.842(w,b);1.912(mb);2.120(sh);2.208(vvs);2.240(sh);2.348(s);2.376(sh)	
蒙脱石	1.408(vs);1.455(sh);1.899(vvs,b);1.940(b,sh);2.070(vw,b);2.090(w.vb);2.205(vvs);2.232(sh)	
黄钾铁矾	1.468(sh);1.475(vvs);1.849(vs);1.862(vs);2.230(b,sh);2.264(vvs)	
石膏	1.375(sh);1.443(vvs);1.486(vs);1.533(s);1.745(vs);1.772(sh);2.075(vs);2.125(w,sh);2.176(sh);2.215(m);2.265(mw)	
方解石	1.770(vb);1.875(ms);1.993(ms);2.153(mw);2.305(sh);2.337(vvs)	
亚氯酸盐	2.23~2.25(sh);2.29~2.32(vs);2.36~2.38(w);2.42~2.43(sh)	
绿帘石	2.2(sh);2.25(sh);2.33~2.35(vs)	
绢云母	2.120(sh);2.208(ws);2.240(sh);2.348(s);2.376(sh)	Hutsinpiller(1988)
白云母	类似菱铁矿	
伊利石	类似菱铁矿	
菱镁矿	2.305;2.235;2.137;(仅2.1~2.5 μm)	
白云石	2.318;2.265;2.146;(仅2.1~2.5 mm)	Kruse(1988)
菱铁矿	2.329;2.252;2.183;(仅2.1~2.5 mm)	
地开石	1.41;2.20	Hunt 和 Hall(1981)

注:s,强;m,中等;w,弱;v,非常;sh,肩峰;b,宽。

根据 Hunt(1979)、Hunt 和 Hall(1981)、Hutsinpiller(1988)以及 Kruse(1988)等已发表的数据,表 7.1 列举了典型的蚀变矿物及其反射率最小值的位置。这些反射率最小值主要与中红外区域内的羟基的倍频振动和波段组合相关的振动过程有关。许多水热蚀变矿物光谱在 1.4 μm、1.76 μm 和 2.0 ~ 2.4 μm 附近区域存在明确的光谱特征。Hunt(1979)的研究表明,对遥感应用而言,2.2 μm 波段的光谱特征意义重大,是蚀变矿物的常见特征。这些特征可用于区分非蚀变矿物,因为非蚀变矿物光谱在 2.4 μm 附近具备明显光谱特征。此外,如要区分不同的蚀变矿物,至少需要波段宽度窄于 0.1 μm 的两个波段(一个位于 2.166 μm 附近,另一个在 2.21 μm 附近)。

7.3   地质应用中的分析技术和方法

本节将对六种分析技术和方法进行介绍和综述,它们采用多种技术、算法和模型,专门用于高光谱数据集(包括实验室和现场光谱测量以及机载和星载高光谱成像数据)的矿物识别和制图。大多数分析方法/技术的原理和算法已在本书第 5 章介绍和讨论,所以对算法和模型详细原理较感兴趣的读者,请参阅第 5 章。本节将重点介绍高光谱数据在矿物学方面应用的方法和技术。同时,对这些方法/技术在应用中的特点、优点和局限性做简要小结。

7.3.1   矿物光谱的吸收特征提取

由于不同的高光谱数据具有诊断光谱吸收特征,研究者已经提出了各种技术和方法用于处理成像高光谱数据,以获得地表成分信息。成像高光谱数据分析中用于矿物/岩石识别和制图的诊断吸收特征(如吸收波段位置、深度及不对称性)提取方法主要包括:①基于光谱连续统去除直接提取吸收特征的方法(Clark 和 Roush 1984);②相对吸收波段深度方法(Crowley 等,1989);③光谱特征拟合或最小二乘光谱波段拟合技术(Clark 等,1990,1991);④简单线性插值技术(van der Meer,2004);⑤光谱吸收指数方法(Huo 等,2014)。以下,将对五种技术/方法及其在矿物/岩石识别和制图中的应用进行综述和讨论。

连续统针对感兴趣的特定吸收特征,定义吸收特征两端光谱曲线的高值点(局部最大值)并在这些点之间拟合直线段,从而形成连续统包络。Clark 和 Roush(1984)提出的通过连续统去除技术直接提取吸收特征的方法已在第 5.4 节中有所描述,感兴趣的读者可以阅读该节相关内容。

许多地质学家利用一些高光谱数据分析技术,如不同的吸收特征提取方法,开展了各种表面材料的识别和制图研究工作。Kruse(1988)利用二次多项式模拟在选定波段范围(不存在已知吸收特征的波段)内相对均一的连续统光谱,并将多项式函数计算值除以 AIS 高光谱数据以获取连续统去除后的光谱数据。基于连续统去除后的光谱曲线,可以定义最强吸收特征为最大深度的波长位置,同时也可以识别吸收波段位置、吸收深度和波段宽度。结合内华达州和加利福尼亚州 Grapevine Mountains 北部获得的 AIS 数据,通过

识别丝云母矿物在 2.21 μm、2.25 μm 和 2.35 μm 波段的吸收特征,绘制了石英-丝云母-黄铁矿的蚀变带区域;基于 2.21 μm 波段处单一吸收特征,绘制了含蒙脱石矿物的泥质蚀变区域;结合 2.34 μm 和 2.32 μm 波段处的诊断吸收特征,绘制了方解石和白云石矿物的分布区域。研究结果表明,利用 AIS 数据获取的制图区域与现场调查吻合良好。然而,当使用连续统去除技术提取吸收特征时,由于某一波段范围内受多个吸收特征影响,提取的特征可能是不同因素综合影响的结果。对于这种情况,Zhao 等(2015)提出了一种新的光谱特征提取方法,即参考光谱背景去除法(reference spectral background removal, RSBR)。对于给定的参考光谱背景,RSBR 可以消除多余贡献因子的影响,提取目标贡献因子的吸收特征。因此,一些基本的吸收特征参数,包括吸收中心、吸收宽度和吸收深度可以利用 RSBR 方法提取。实验结果表明,RSBR 可以有效提取目标物质的吸收特征,也可以获得更加精确的吸收特征参数。RSBR 可用于消除大量背景物质(如植被和土壤)的影响,并提取潜在目标(蚀变矿物)的吸收特征。然而,RSBR 在处理多个端元问题时有局限,因此当需要对高光谱数据作混合像元分解时,情况会比较复杂。在植被区域(绿色或干旱的植被),通常使用传统连续统去除技术提取的吸收特征(例如,2.20 μm 处 Al—OH 光谱特征)会减弱。为减小植被覆盖对 2.20 μm 处 Al—OH 特征深度的影响,Rodger 和 Cudahy(2009)提出了植被校正连续统深度(vegetation corrected continuum depth,VCCD)方法。该方法使用多元线性回归模型,该模型以连续统去除波段深度(continuum removed band depth,CRBD)为独立变量,通过正演模拟得到模型系数。他们利用模拟数据以及在澳大利亚昆士兰州伊萨山获取的 HyMap 高光谱数据对 VCCD 方法进行了测试,并利用从伊萨山地区采集的植物样本对结果进行了验证。结果表明,通过 VCCD 方法修正后的 2.20 μm CRBD 的 R^2 相比未修正的大 2~4 倍。

通过利用印度东部 Noamundi 矿化带地区的 Hyperion 高光谱数据,结合对 Hyperion 数据进行连续统去除后提取的吸收特征,Magendrana 和 Sanjeevi(2014)研究了不同铁矿石的等级划分。他们发现,基于 Hyperion 图像像元提取的铁矿床光谱曲线在 850~900 nm 和 2150~2250 nm 波段呈现较强的吸收特征,与典型的铁矿石光谱特征相符;从 Hyperion 数据提取的吸收特征与从矿面获得的矿石样品中的氧化铁和氧化铝浓度相关性较好。实验结果表明,氧化铁浓度与 NIR 吸收特征深度($R^2 = 0.883$)、与 NIR 吸收特征宽度($R^2 = 0.912$)、与 NIR 吸收特征面积($R^2 = 0.882$)都具有显著的相关性。为利用可见光-近红外及中红外光谱范围的实验室及机载高光谱数据估算黏土和碳酸钙($CaCO_3$)含量,Gomez 等(2008)对连续统去除和偏最小二乘回归(partial Least-squares regression,PLSR)两种方法的性能进行了比较和评估。他们将光谱连续统去除后 2206 nm 和 2341 nm 波段的吸收特征与黏土、$CaCO_3$ 浓度进行关联分析,同时利用可见光-近红外及中红外光谱范围的光谱信息和 PLSR 方法预测黏土和 $CaCO_3$ 浓度。研究表明,当使用机载 HyMap 反射率数据时,PLSR 比连续统去除法估算精度更高。在美国内华达州南部雪松山地区关于水铵长石矿物制图的研究中,Baugh 等(1998)首先利用连续统去除方法提取了 AVIRIS 高光谱数据各像元的水铵长石中铵盐在 2.12 μm 波段的吸收特征,然后应用实验室分析进行线性校准,将 2.12 μm 的波段深度特征转换为铵盐浓度,用于对研究区域中的矿物进行制图,结果显示基于成像光谱数据开展遥感地质制图研究是可行的,并提出了可以扩展至对

在中红外区域存在吸收特征的其他矿物进行制图的方法。

吸收波段相对深度(relative absorption band-depth,RBD)技术主要用于检测矿物的诊断吸收特征(Crowley 等,1989),并创建如波段比值图像等 RBD 图像,从而为辐射校正后的高光谱数据提供对矿物吸收强度的半定量测量。为得到 RBD 图像,可以将吸收波段肩部一些波段的反射率数值相加,然后除以吸收波段最小值附近的一些波段的反射率以获得 RBD 图像(Crowley 等,1989)。通常而言,RBD 图像可以提供局部的连续统校正,以去除一些波段的辐射偏移和大气效应影响。因此,所得的 RBD 图像可以提供相对于局部连续统的吸收特征深度信息,可用于识别具有与特定矿物相关的吸收波段。结合中红外波段区域(1.2~2.4 μm)的 AIS 图像数据,通过使用 RBD 方法,Crowley 等(1989)成功识别了 Ruby Mountains 地区的许多岩石和土壤物质,包括风化的石英-长石伟晶岩、大理石的几种成分,以及云母片岩体下的土壤。他们认为:①RBD 图像对特定的矿物吸收特征具有高度敏感性;②RBD 技术特别适用于检测由土壤产生的较弱的中红外区域光谱特征,意味着该技术可以改善在半干旱地区对岩石结构细节的制图结果。

Clark 等(1990)提出了最小二乘拟合方法,结合成像高光谱数据提取矿物和植被的吸收特征。该方法首先对观测和参考光谱进行连续统去除,以更好地拟合观测数据,然后将波谱库中的参考光谱与实测高光谱曲线进行最小二乘拟合。根据 Clark 等(1990),可以通过添加一个简单的常数 k,以改善参考光谱吸收特征的对比度:

$$L'_c = (L_c + k)/(1.0 + k) \tag{7.1}$$

式中,L'_c 是改进后的连续统去除光谱。该方程可以写成另外一种形式:

$$L'_c = a + b\,L_c \tag{7.2}$$

式中,$a = k/(1.0+k)$,$b = 1.0/(1.0+k)$。在公式(7.2)中,为实现对观测光谱的最佳拟合,需要确定合适的 a 和 b。而 a 和 b 的数值可以通过标准的最小二乘法进行拟合(Clark 等,1990)。该方法的优点在于可以拟合所有数据点得到复杂的波谱形状。该算法可以计算特定吸收特征的波段宽度,拟合度以及波段中心连续统反射率。波段宽度和拟合度图像可用于对特定矿物进行制图。相比一些简单的方法,这种方法得到的矿物分布细节清晰且噪声较小(Clark 等,1990)。因此,矿物吸收特征的组合可以用来绘制地质单元图。

最小二乘拟合技术广泛应用于连续统去除光谱及原始光谱中多个吸收特征的提取方面(Clark 等,1991)。对于多重吸收特征拟合,基本算法仍然相同,通过对多种矿物进行拟合和比较,以确定光谱中存在的矿物吸收特征。这种技术的新版本极大地提高了两种矿物的辨识能力。通过使用矿物光谱对该算法进行测试,实验中添加了程度可控的噪声,证明使用多个诊断吸收特征能够在更低的信噪比水平上区分矿物光谱(Clark 等,1991)。嵌入在 ENVI 软件(Exelis,2015)中的光谱特征拟合是一种基于吸收特征的方法,用于将图像光谱与参考光谱端元进行匹配,与美国地质调查局发展的技术相似(Clark 等,1990,1991)。SFF 要求用户从图像或光谱库中选择参考端元(矿物),从参考和未知的光谱中进行连续统去除操作,并对每个参考端元光谱进行缩放(通过加上类似的常数 k),并对光谱进行匹配。首先从一个端元频谱中减去连续统去除的频谱,然后将其反转并将连续统(背景)置零,从而创建每个被选端元(矿物)的"比率"图像(Exelis,2015)。然后,SFF 会

逐波段地计算每个参考端元和未知光谱之间的最小二乘拟合。总均方根(RMS)误差用于形成每个端元的 RMS 误差图像。缩放图像与 RMS 误差图像的比率图像形成一幅"拟合"图像,该图像是未知光谱逐像元匹配参考光谱的度量。此外,ENVI 软件中的多范围光谱特征拟合功能还允许用户定义围绕每个端元吸收特征(Exelis,2015)的波长范围,这与 Clark 等(1991)的多重吸收特征拟合方法类似。而 SFF 和多范围 SFF 方法都是应用于对连续统去除后的光谱数据的分析。

通过利用 AVIRIS 高光谱数据和最小二乘波段拟合算法,Crowley(1993)研究了 Death Valley 盐湖地区的蒸发岩矿物的光谱吸收特征。蒸发岩矿物在 AVIRIS 光谱波段范围内存在可用于制图的光谱吸收特征。在研究中,利用遥感技术确定了 8 种不同的矿物,包括三种硼酸盐、水硼钙石、柱硼镁石和水硼钠镁石,这些矿物以前在该地区未被报道过(Crowley,1993)。制图结果表明,AVIRIS 等成像光谱观测数据在研究盐湖化学方面具有很大潜力。利用东加利福尼亚州 Bodie 和邻近派拉蒙矿区的 AVIRIS 影像数据,以及最小二乘拟合和光谱角制图(SAM)两种算法,Crósta 等(1998)绘制了水热蚀变矿物的分布图,并比较了两种算法的性能。实验结果表明,两种算法都产生了令人满意的结果,但最小二乘拟合方法能够比 SAM 方法确定更多的矿物种类。结果还表明,来自 5 个地区岩石样品的实验室光谱可以在一定程度上与图像矿物光谱匹配。

van der Meer(2004)提出了一种简单线性插值法(simple liner interpolation method,SLIM),从连续统去除的图像光谱中计算吸收特征参数(吸收波段位置和深度)。图 7.2 展示了基于连续统去除光谱的 SLIM 方法过程,算法简要介绍如下。

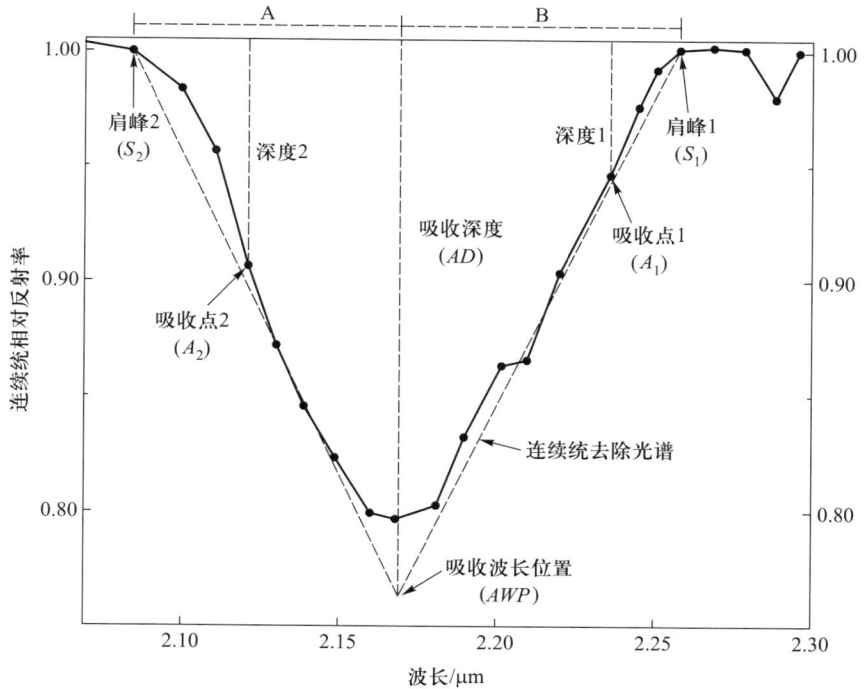

图 7.2 基于简单线性插值法的吸收光谱特征(吸收波段波长位置和深度)提取(据 van der Meer,2004)

为计算吸收特征的两个距离系数(C_1和C_2),首先需要确定进行分析的波段。这些波段可以基于先验知识,目视观察辨识吸收特征的"肩部"位置所得。根据定义,图 7.2 显示了两个肩部波段的位置:短波段肩部位置(表示为 S_2)和长波段肩部位置(表示为 S_1)。接下来选择位于 S_1 和 S_2 之间的两个波段(在图 7.2 中表示为 A_1 和 A_2)作为可用于线性插值的吸收波段。两个距离系数 C_1 和 C_2 则可通过以下公式计算得到:

$$C_1 = \sqrt{(Depth_1)^2 + (S_1 - A_1)^2} \tag{7.3}$$

$$C_2 = \sqrt{(Depth_2)^2 + (S_2 - A_2)^2} \tag{7.4}$$

参考图 7.2,可以使用参数 C_1、C_2、A_1 和 A_2 作为内插吸收波长位置(AWP):

$$AWP = A_1 - \left[\frac{C_2}{C_1 + C_2} \times (A_1 - A_2) \right] \tag{7.5}$$

或

$$AWP = A_2 + \left[\frac{C_1}{C_1 + C_2} \times (A_1 - A_2) \right] \tag{7.6}$$

因此,可以推导出相关的吸收波段深度(AD):

$$AD = \left[\frac{S_1 - AWP}{S_1 - A_1} \right] \times Depth_1 \tag{7.7}$$

或

$$AD = \left[\frac{AWP - S_2}{A_2 - S_2} \right] \times Depth_2 \tag{7.8}$$

吸收特征的不对称因子计算方法如下:

$$asymmetry = A - B = (AWP - S_2) - (S_1 - AWP) \tag{7.9}$$

根据式(7.9),对于理想的对称吸收特征,计算得到的数值为 0。而当吸收特征偏向较长波段时,计算得到的数值为负值,当吸收特征偏向较短波段时,计算得到的数值则为正值。线性技术的一个优点是不熟悉编程语言的用户(例如,使用 ENVI 系统的频波段数学运算符)也能够方便操作实现(van der Meer, 2004)。

通过使用简单线性插值法基于 1995 年获取自美国内华达州 Cuprite 矿区的 AVIRIS 图像数据,van der Meer(2004)从高光谱图像中获取了吸收波段位置、深度和不对称性特征。所提出方法的敏感性分析结果表明,该方法可以较好地估计吸收波长位置,但是估计的吸收波段深度对所选择的输入参数比较敏感(如肩部波段和吸收波段)。测试结果表明,得到的包括深度、位置和吸收不对称性等参数图像,经由经验丰富的遥感地质专家解译后,可提供关于地表矿物的关键信息。此外,高光谱图像吸收波段的深度和位置特征能够与样品的化学特性相关联,因此可以弥合地球化学现场调查与高光谱遥感观测之间的差距(van der Meer, 2004)。

光谱吸收指数(spectral asorption index, SAI)定义为局部最小反射率 M 点反射率值与光谱吸收基线比值的倒数,吸收基线由 P_1 和 P_2 两个肩部位置波段确定(图 7.3)(Huo 等,2014),可以表述为

$$SAI = \frac{S\rho_{\lambda_1} + (1-S)\rho_{\lambda_2}}{\rho_{\lambda_m}} \tag{7.10}$$

式中,S 是对称性,定义为$(\lambda_2-\lambda_m)/(\lambda_2-\lambda_1)$,$\rho_{\lambda_1}$、$\rho_{\lambda_2}$ 和ρ_{λ_m} 分别是 P_1、P_2 和 M 处的反射率数值。基于 HyMap 数据和 SAI 等光谱吸收特征,Huo 等(2014)对中国天山山脉东部土墩矿区多种矿物进行了识别和制图。研究涉及了方解石、富铝白云母、花岗岩和叶蛇纹石等蚀变矿物,给出了这些矿物的相对丰度。制图结果表明,光谱吸收波段深度和 SAI 与其他光谱吸收特征相比,在反映矿物相对丰度方面基本一致。虽然 SAI 模型重点在于研究单一光谱吸收特征,但在实际地质应用中,难以对那些光谱吸收特征类似的矿物(如绿泥石与亚氯酸盐)进行区分(Huo 等,2014)。

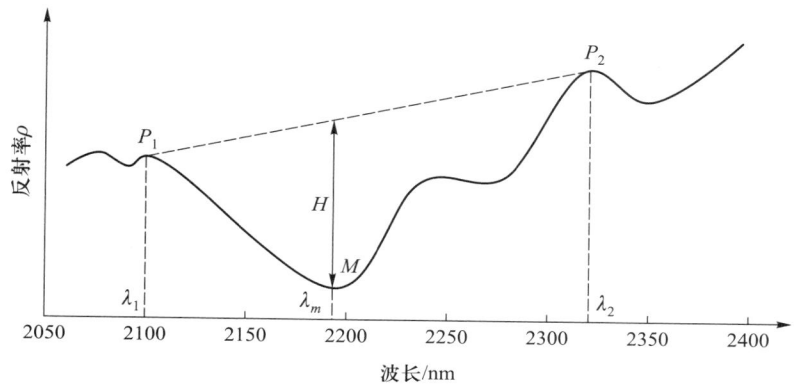

图 7.3 光谱吸收指数的概念图(据 Huo 等,2014)

7.3.2 基于高光谱矿物指数的矿物识别和分布制图

高光谱矿物指数或高光谱波段比值能够突出一些重要的光谱特征(如矿物光谱吸收特征)。这种波段比值技术(光谱植被指数)不仅广泛应用于植物光谱分析(Pu 和 Gong,2011),而且还应用于矿物光谱分析,进行矿物、土壤和岩石的识别与制图研究(van Ruitenbeek 等,2006;Henrich 等,2012)。表 7.2 列出了提取自机载和星载高光谱传感器(包括 AVIRIS、CASI-1500、DAIS-7915、HYDICE、HyMap 和 Hyperion 等)的 23 个高光谱矿物指数,用于对矿物和岩石分布进行制图(Henrich 等,2009,2012)。这些矿物指数大多以相应的矿物/岩石命名。

表 7.2 高光谱矿物指数

矿物指数	公式	适用的传感器
蚀变矿物	$R_{1600-1700}/R_{2145-2185}$	AVIRIS,DAIS-7915,HYDICE,HyMap,Hyperion
明矾石/高岭石/叶蜡石	$(R_{1600-1700}+R_{2185-2225})/R_{2145-2185}$	AVIRIS,DAIS-7915,HYDICE,HyMap,Hyperion
角闪石	$R_{2185-2225}/R_{2295-2365}$	AVIRIS,DAIS-7915,HYDICE,HyMap,Hyperion

续表

矿物指数	公式	适用的传感器
角闪石/MgOH	$(R_{2360-2430}+R_{2185-2225})/R_{2295-2365}$	AVIRIS，DAIS-7915，HYDICE，HyMap，Hyperion
碳酸盐岩	$R_{10250-10950}/R_{10950-11650}$	DAIS-7915
碳酸盐岩/绿泥石/绿帘石	$(R_{2360-2430}+R_{2235-2365})/R_{2295-2365}$	AVIRIS，DAIS-7915，HYDICE，HyMap，Hyperion
白云石	$(R_{2185-2225}+R_{2295-2365})/R_{2235-2365}$	AVIRIS，DAIS-7915，HYDICE，HyMap，Hyperion
绿帘石/绿泥石/角闪石	$(R_{2185-2225}+R_{2360-2430})/(R_{2235-2365}+R_{2295-2365})$	AVIRIS，DAIS-7915，HYDICE，HyMap，Hyperion
氧化铁	$R_{1600-1700}/R_{760-860}$	AVIRIS，DAIS-7915，HYDICE，HyMap，Hyperion
亚铁	$(R_{2145-2185}/R_{760-860})+(R_{520-600}/R_{630-690})$	AVIRIS，DAIS-7915，HYDICE，HyMap，Hyperion
硅酸亚铁	$R_{2145-2185}/R_{1600-1700}$	AVIRIS，DAIS-7915，HYDICE，HyMap，Hyperion
主体岩石	$R_{2145-2185}/R_{2185-2225}$	AVIRIS，DAIS-7915，HYDICE，HyMap，Hyperion
高岭石	$R_{2235-2365}/R_{2145-2185}$	AVIRIS，DAIS-7915，HYDICE，HyMap，Hyperion
红土	$R_{1600-1700}/R_{2145-2185}$	AVIRIS，DAIS-7915，HYDICE，HyMap，Hyperion
白云母	$R_{2235-2365}/R_{2185-2225}$	AVIRIS，DAIS-7915，HYDICE，HyMap，Hyperion
多硅白云母	$R_{2145-2185}/R_{2185-2225}$	AVIRIS，DAIS-7915，HYDICE，HyMap，Hyperion
富石英岩石	$R_{10950-11650}/R_{8925-9275}$	DAIS-7915
绢云母/白云母/伊利石/闪长岩	$(R_{2145-2185}+R_{2235-2365})/R_{2185-2225}$	AVIRIS，DAIS-7915，HYDICE，HyMap，Hyperion
硅2	$R_{8475-8825}/R_{8925-9275}$	DAIS-7915
硅3	$R_{10250-10950}/R_{8125-8475}$	DAIS-7915
简单比率 Eisen 氢氧化物指数	R_{MIR}/R_{RED}	AVIRIS，DAIS-7915，HYDICE，HyMap，Hyperion，CASI1500
简单比率氧化铁	R_{RED}/R_{BLUE}	AVIRIS，DAIS-7915，HYDICE，HyMap，Hyperion，CASI1500
简单比率铁矿物	R_{SWIR}/R_{NIR}	AVIRIS，DAIS-7915，HYDICE，HyMap，Hyperion，CASI1500

资料来源：Henrich 等(2012)。

　　许多地质学家使用已有的高光谱矿物指数或提出新的矿物指数进行研究。例如,利用 AIS 机载高光谱数据,Feldman 和 Taranik(1988)利用波段比值、主成分分析和信号匹配三种算法对美国内华达州 Hot Creek 山脉 Tybo 矿区的水热蚀变矿物进行制图。其中,波段比值利用高反射波段作为分子,将吸收特征中某一波段作为分母计算得到。由于其算法简单,计算量小,非常具有优势。该研究将 2095 nm 波段反射率作为比值的分子,将那些在高岭石、蒙脱石、白云母、斜发沸石和方解石吸收特征内的波段作为分母以获得波段比值特征。不同方法对比分析结果表明,特征匹配算法是识别蚀变矿物的最有效的方法,能够将 AIS 图像光谱与光谱库中参考光谱进行匹配,从而识别矿物。主成分分析方法制图结果精度其次,而波段比值方法制图精度较差。此外,尽管利用波段比值方法可以分析矿物的差异,但在绘制矿物类型图时还需要一些矿物学的先验知识。

　　利用波段范围为 $1.3 \sim 2.5\ \mu m$ 的高光谱相机 HySpex SWIR-320m 获取的高光谱图像数据,Baissa 等(2011)研究了大西洋边缘阿加迪尔盆地侏罗纪时代的碳酸盐岩样本。高光谱图像为通过成岩相特征识别不同碳酸盐矿物提供了一种可能性。研究提出了一种碳酸盐高光谱指数,称为归一化碳酸盐指数(normalized difference carbonate index,NDCI),以捕捉碳酸盐反射光谱的总体形状特征,并获得其他附属矿物的丰度。NDCI 的计算需找出碳酸盐吸收波段的最小反射波段 ρ_{min} 和 2100 nm 到 2400 nm 之间的最大反射波段 ρ_{max},指数定义为

$$NDCI = \frac{\rho_{max} - \rho_{min}}{\rho_{max} + \rho_{min}} \tag{7.11}$$

　　实验结果表明,当光谱分辨率高于 5 nm 时,NDCI 指数可有效描述结晶的各个阶段,而且其监测不受单一状态或样品表面几何形状或碳酸盐矿物质的结晶状态影响(Baissa 等,2011)。

　　利用 Hyperion 数据集和光谱角制图算法、归一化烃指数,Zhang 等(2014)提取了特定矿物的端元光谱,对碳酸盐矿物丰度进行制图,并探测了土壤中的碳氢化合物。烃指数(*HI*)算法最初由 Kühn 等(2004)提出。*HI* 可以通过公式(7.12)计算:

$$HI = (\lambda_B - \lambda_A)\frac{R_C - R_A}{\lambda_C - \lambda_A} + R_A - R_B \tag{7.12}$$

式中,λ_A 和 R_A、λ_B 和 R_B、λ_C 和 R_C 分别是每个特征位置的波长和反射率(参见 Kühn 等,2004)。R_A、R_B、R_C 构建了归一化烃指数(normalized hydrocarbon index,NHI),定义为 $NHI = HI/R_B$。他们的研究表明,在检测煤气层地质微量渗漏时,*NHI* 指数比 *HI* 更有用。他们发现 Hyperion 数据具有识别煤气层变化和微渗漏的能力,利用高光谱遥感进行煤气层勘探是一种可行、有效且低成本的方法。

　　测量白云母矿物 2200 nm 附近吸收特征的波长位置对于绘制水热蚀变矿物非常有用(van Ruitenbeek 等,2006)。在利用 HyMap 机载高光谱数据对澳大利亚西部皮尔巴拉地区 Soansville 绿岩带火山岩的研究中,van Ruitenbeek 等(2006)提出了一种基于高光谱波段比值提取矿物诊断光谱特征并绘制白云母矿物的替代方法。van Ruitenbeek 等(2006)首先用两波段比值(L_{2168}/L_{2185} 和 L_{2005}/L_{2079},其中 L_λ 是 HyMap 高光谱数据在波长 λ 处的辐

射值)作为独立自变量通过逻辑回归方程估计了白云母存在于岩石样本中的概率。然后，他们使用多元回归法确定波段比和地面岩石样品测量的白色云母吸收波长之间的关系，可以利用这一关系在包含白云母最高概率的区域中推断白云母的预测波长。结果表明，①机载成像光谱数据计算得到的波段比值适用于反映光谱特征微小的位移，如火山岩中白云母吸收特征的波长位置；②可以通过多重线性回归方程和两个波段比值估计吸收波长。

7.3.3 基于光谱匹配方法的矿物识别与制图

高光谱分析技术有两大类：光谱匹配技术和高光谱解混技术，这些技术广泛应用于基于高光谱数据的矿物识别和制图研究中（van der Meer 等，2012）。光谱匹配技术旨在计算参考光谱（通常来自光谱库或已知物质的实测光谱）与测试光谱（通常是图像像元光谱）之间的相似性。光谱匹配最常见的技术之一是光谱角制图（SAM）（Kruse 等，1993a），将两条光谱视为 n（波段）维空间中的向量，通过计算向量之间的角度作为相似性度量。当角度较小时，测试（像元）样本最有可能是相应的参考样本类型。另一种基于图像和参考光谱的匹配算法是交叉相关光谱匹配技术（CCSM）（van der Meer 和 Bakker，1997）。此外，Chang（2000）还提出一种称为光谱信息散度（SID）的随机测度方法。有关三种光谱相似性度量方法的详细介绍，读者可以查阅第 5.3 节的内容。通过使用模拟和实测高光谱数据（AVIRIS 数据），van der Meer（2006）比较了已知参考光谱和未知目标光谱（高光谱数据）之间的 SAM、欧氏距离测量（ED）、CCSM 和 SID 四种光谱相似性度量方法在监测和区分由明矾石、高岭石、蒙脱石和石英组成的水热蚀变矿物体系上的性能。基于 AVIRIS 数据的研究结果表明，相较于 SAM、CCSM 和 ED 方法，SID 对四种目标矿物的制图更有效，而 CCSM 优于 SAM 方法。尽管在 van der Meer（2006）的研究中，SID 显示出最佳的性能，但在文献中没有找到关于该方法在地质材料高光谱识别和制图中的实际应用。因此，下文主要综述了 SAM 和 CCSM 方法在矿物学高光谱制图中的应用研究。

7.3.3.1 光谱角制图

许多研究应用 SAM 法基于实测、机载或星载高光谱传感器数据进行矿物、岩石类型识别和制图。Felman 和 Taranik（1988）使用 AIS 数据和波段比值、主成分分析、特征匹配三种方法对美国内华达州 Hot Creek 山脉 Tybo 矿区的水热蚀变矿物类型进行制图。在该区域，他们通过野外制图和实验室分析研究，确定了高岭石和蒙脱石-斜发沸石蚀变带和石灰岩的组成。光谱匹配算法需要对参考和待测（像元）光谱进行二进制编码，然后将两个二进制编码的矢量进行比较，并基于阈值进行识别和分类（Felman 和 Taranik，1988）。结果表明，光谱匹配算法在蚀变矿物区分方面最为有效。PCA 是另一种有效的方法，而波段比值方法的效果最差。Crósta 等（1998）使用 AVIRIS 数据对加利福尼亚东部的 Bodie 和邻近派拉蒙矿区的水热蚀变矿物类型进行制图。研究中，他们采用了两种光谱分析算法，即 SAM 和 Tricorder，比较了它们在矿物识别和制图方面的性能。Tricorder 光谱分析方法由美国地质调查局提出，利用 USGS 光谱库中光谱和多种诊断光谱特征来

分析多种矿物组成(Clark 等,2003)。分析结果表明,两种算法似乎在地质勘察和制图应用方面都产生了令人满意的结果。但与 SAM 相比,Tricorder 能识别更多的矿物种类。他们将研究区五个岩石样品的实验室光谱与相应像元分类算法识别的矿物光谱进行比较,结果表明,两种光谱具有较好的一致性。Baugh 等(1998)也采用 AVIRIS 数据和 SAM 方法对内华达州南部雪松山脉水热蚀变火山岩中的铵盐矿物(水铵长石)进行制图。SAM 方法通过计算测试光谱(AVIRIS 像元)和参考光谱(实验室光谱)之间的"角度"以确定它们之间的相似性,输出相似性的灰度图像,低值表示与目标光谱匹配较好。分析结果表明,AVIRIS 高光谱数据可以用于地球化学制图研究,而 SAM 方法适用于在中红外光谱区域具有吸收特征的矿物制图研究。Kruse 等(2003)分别采用 AVIRIS 以及 Hyperion 数据对内华达州 Cuprite 和加利福尼亚州与内华达州 Death Valley 北部地区的矿物进行制图,利用 SAM 和 MTMF 方法对碳酸盐岩、绿泥石、绿帘石、高岭石、褐铁矿、水铵长石、白云母、水热石英和沸石等矿物进行分析制图。结果表明,Hyperion 数据可以呈现与机载 AVIRIS 数据相似的基本矿物特征信息,但数据较低的信噪比对光谱细节的反映能力有限。为评估不同参考光谱来源对 SAM 矿物制图结果的影响,Hecker 等(2008)分别使用来自机载高光谱数据的参考光谱、地面实测光谱(便携式光谱仪)和 USGS 标准光谱库的三个矿物端元图像来分析不同来源的参考光谱对 SAM 分类结果的影响。结果表明,不同来源的参考光谱对 SAM 矿物制图结果有强烈影响,而这一影响可以通过适当的预处理减弱,例如,取特定光谱子集进行分析和光谱连续统去除等。使用特定子集(即将波长范围限制在诊断吸收特征附近)可以获得最佳结果,实验结果表明,如果在 SAM 制图时排除一些干扰非诊断波段,制图结果将得到改善。

为改善 SAM 方法和高光谱地质制图效果,一些研究对 SAM 方法进行了改进(Oshigami 等,2013,2015)。例如,利用机载高光谱传感器 HyMap 获得的短波红外区域反射率数据,Oshigami 等(2013)应用改进的光谱角制图(modified spectral angle mapper,MSAM)和连续统去除方法对美国内华达州 Cuprite 地区的水热蚀变矿物以及结晶花岗岩矿物进行制图。MSAM 使用新的光谱参数(Kodama 等,2010)计算差光谱矢量之间的角度,通过从光谱反射率(S)中减去光谱平均反射率(S_m)得到新的光谱参数(S')(即 $S' = S - S_m$)。由于 MSAM 方法计算的光谱角度范围为 $0 \sim \pi$,所以该光谱角度范围是由 SAM($0 \sim \pi/2$)计算的光谱角度范围的两倍。由于具有更宽的光谱角度范围,该方法可以有效提高矿物的制图精度。在这项研究中,他们首先采用连续统去除作为预处理步骤,用以强调反射光谱中吸收峰的形状和位置,从而实现高精度分类(Oshigami 等,2013)。研究中的制图结果与现场勘测结果一致,并与岩石样品 X 射线衍射分析和光谱测量的结果一致。研究结果进一步表明,连续统去除和 MSAM 方法具有简单、高精度的优势,两者结合首次成功区分了纳米比亚南部水热蚀变矿物(如高岭石和叶蜡石、高铝、白云母和锂云母等结晶花岗岩相关矿物)。

7.3.3.2 交叉相关光谱匹配技术

已有一些学者基于高光谱数据利用交叉相关光谱匹配技术开展了矿物制图方面的应

用研究。van der Meer 和 Bakker(1997)基于美国内华达州 Cuprite 矿区 1994 年的 AVIRIS 数据,使用 CCSM 方法对该地区的地表矿物成分进行精确制图。该方法主要通过对交叉相关图中三个参数(匹配位置零点处相关系数、偏度值和显著性)进行逐像元评估,通过决策理论进行判断。决策理论不仅可以对结果分类进行验证,还可以给出结果的可靠性和准确性(van der Meer 和 Bakker, 1997)。为对希腊 Lesvos 岛屿水热蚀变带区域进行矿物识别和制图,Ferrier 等(2002)分别采用 SAM 和 CCSM 两种定量技术对 Landsat TM 图像和地面光谱数据进行分析,能够清楚地确定蚀变区内高品级高岭石和明矾石的存在和分布。

7.3.4　利用混合像元分解方法估算矿物丰度

考虑到多数成像观测像元实际上是多种地质成分(矿物)的混合,应用高光谱解混技术有助于提高地质制图中各种矿物识别和制图的准确性。像元的高光谱解混是通过反转端元线性混合(在一些研究中也考虑非线性光谱混合)过程以求出端元比例。通常,首先需找到纯矿物/端元的独特光谱观测值(来自光谱库或实测光谱或直接来自成像光谱),其次是将混合像元解混为(线性或非线性)端元/材料光谱的组合。本部分综述了包括线性光谱混合模型、多端元光谱混合分析和两种部分解混模型(混合调谐匹配滤波和约束能量最小化)。有关四种光谱解混方法更详细的介绍可以参阅本书第 5.7 节。下文主要综述四种光谱混解方法在地质高光谱制图中的应用研究情况。

7.3.4.1　线性光谱混合(LSM)

LSM 模型是常用于各种高光谱数据的传统光谱混合模型。从 20 世纪 90 年代初期开始,该模型已用于估算和绘制各种矿物/岩石的丰度。例如,Mustard(1993)使用 LSM 模型和 AVIRIS 数据研究美国加利福尼亚州内华达山脉与卡维亚蛇纹岩相关的土壤、草地和基岩的端元特征。在光谱混合模型中,基于五个光谱端元和一个用于表征阴影的端元,LSM 模型就能够解释数据中几乎所有的光谱变化,并且可以得到关于几种地表覆盖类型区域分布的信息。其中三个端元被证明准确表征了绿色植被、干草和裸地。对于其他三个端元,尽管它们的光谱差异非常小,但其空间分布仍能得到准确解释并与实际调查一致。Bowers 和 Rowan(1996)通过使用 AVIRIS 数据和线性高光谱解混方法,研究加拿大哥伦比亚省东南部的碱性化合物岩石类型。其中,端元光谱主要为光谱差异明显的矿物单元、植被和积雪。这些端元中,四种端元用于反映研究区域内 McKay 组内的矿物学变化,可能代表沉积或蚀变相的水平和垂直变化(Bowers 和 Rowan, 1996)。端元的空间分布与已有的地质图基本一致。而在一些地方,基于 AVIRIS 高光谱图像得到的结果甚至比地质图的结果更准确。最近,为了对叶片和矿物混合光谱进行解混,对矿物的覆盖比例进行评估,Chen 等(2013)采用新型光谱混合模型(SMM)进行了方解石和绿色单层叶片的光谱混合实验。与传统的线性光谱模型相比,新模型考虑了叶片的透射率。SMM 模型被应用于 EO-1 Hyperion 高光谱数据对碳酸盐矿物含量的反演研究中。反演结果表明,

植物叶片覆盖比例的测量值与 Hyperion 图像反演结果基本一致,平均相对误差小于10%,同时该方法被证明具有较强的鲁棒性。此外,对中国河北省栾平地区碳酸盐矿物覆盖比例的反演结果表明,当不同占比的植物叶片与方解石矿物重叠时,随叶片覆盖面积比例增加,方解石矿物在 2.33 μm 附近的吸收深度会降低,但吸收位置保持不变(Chen 等,2013)。通过使用覆盖印度东部 Namenda 地区矿化带的高光谱图像数据(EO-1 Hyperion),Magendran 和 Sanjeevi(2014)公布了一项关于铁矿石等级划分的制图研究结果。基于校准后的高光谱数据提取得到的光谱参数(如吸收深度、宽度、面积和波长位置),他们利用相关分析和光谱解混技术对矿石样品中的氧化铁和氧化铝(脉石)浓度进行了估算和制图。结果表明,氧化铁浓度与提取的光谱参数之间存在显著的相关性,解混得到的铁矿丰度图有助于评估研究区铁矿石的等级。此外,该研究也证明了使用 Hyperion 图像数据区分各种铁矿石等级的可行性。

7.3.4.2 多端元光谱混合分析(MESMA)

在 LSM 的框架下,多端元光谱混合分析(multiple end-member spectral mixture analysis,MESMA)提供了一种对图像进行混合像元分解时允许改变端元类型数量的方法。MESMA 可以克服 LSM 模型的局限性,例如,端元总数不受图像数据中波段数量限制。该方法的基本思想是在每个像元内从研究区总端元集的多个端元子集进行多次解混,并将"最佳拟合"结果作为像元解混的最终结果(Roberts 等,1998)。在利用成像光谱数据的地质制图研究中,通常一定的区域包含多种矿物(端元),但对特定的像元而言,可能只包含少数几种矿物,而 MESMA 正是针对这种情况进行矿物制图的有效技术。一些研究人员已经利用这项技术开展了相关应用研究。例如,Bedini 等(2009)基于 HyMap 短波红外成像光谱数据和 MESMA 方法,对西班牙东南部地区 Rodalquilar 火山口附近的水热蚀变矿物(黏土和明矾石)、与土壤相关的黏土、碳酸盐和安山石等矿物的空间分布进行制图。在研究中,他们使用从图像中提取的 9 组端元,基于覆盖占比与 RMSE 标准确定 2~5 个端元子集 MESMA 模型,用于矿物特征识别,并解决了表面矿物和植被覆盖混合的问题。基于现场光谱测量的验证结果,该方法能够改善 Rodalquilar 火山口水热蚀变带矿物识别效果。研究还表明,MESMA 是半干旱地区地质应用中有效的解混技术。Shuai 等(2013)利用 MESMA 方法和干涉成像光谱仪(interference imaging spectrometer,IIM)获得的高光谱数据绘制月球表面斜长石、立方辉石和橄榄石的分布,并对 MESMA 技术进行了改进。由嫦娥一号搭载的 IIM 传感器获得了月球表面 480~960 nm 范围内的高光谱数据,其中主要矿物质可以通过 32 个高光谱波段来识别(Shuai 等,2013)。他们改进 MESMA 技术以绘制月球表面矿物分布图的原因是考虑了风化的影响,这种风化使得矿物的纯光谱在不同水平发生模糊,从而使矿物产生不同的端元。算法的主要改进在于假设一个像元中所有的端元光谱可能受同一因素的影响。在该项研究中,假设所有矿物的光谱(空间分辨率为 200 m)受到亚铁离子(SMFe)的影响。考虑六个空间风化水平,改进的 MESMA 中具有六个混合模型,而对于三端元模型来说,混合模型数将达 216 个(Shuai 等,2013)。结果表明,改进的 MESMA 方法是能够考虑空间风化水平的月球矿物定量制图方法。

7.3.4.3　混合调谐匹配滤波(MTMF)

MTMF 是一种先进的高光谱解混算法,它不需要场景中所有的物质都已知且有已识别的端元(Boardman 等,1995)。MTMF 已被证明是一种可用于探测与背景区别不大的特定材料的强大工具。将其应用于高光谱地质制图中,可以忽略其他背景矿物而直接用于对感兴趣端元/矿物进行识别制图。已有很多研究使用 MTMF 和机载或星载高光谱图像数据对特定矿物类型进行识别和制图。例如,在使用多种光谱传感器(包括 EO-1 ALI、Hyperion 和 Terra ASTER)的矿物制图中,Hubbard 等(2003)使用了一系列光谱分析方法,包括 SAM 和 MTMF,对安第斯山脉的水热蚀变岩石进行识别和制图。分析结果表明,ALI、ASTER 和 Hyperion 影像的组合能有效用于绘制南美 Altiplano 高原地区水热蚀变岩石的各种矿物分布。在三个传感器中,Hyperion 图像数据对校准和提高多光谱矿物制图精度具有重要作用。Kruse 等 (2003)通过使用 MTMF 和 AVIRIS、EO-1 Hyperion 高光谱图像数据,对美国内华达州 Cuprite 地区的矿物类型(包括碳酸盐、绿泥石、绿帘石、高岭石、明矾石、水铵长石、白云母、热液石英和沸石等)进行识别和制图。他们对比机载 AVIRIS 与星载 Hyperion 数据结果发现,Hyperion 能够提供类似于 AVIRIS 的基本矿物信息。分析结果表明,卫星高光谱传感器不仅可以获得有用的矿物信息,也指出未来星载传感器需要提高信噪比,以达到与目前机载高光谱传感器(如 AVIRIS)相同的矿物制图精度(Kruse 等,2003)。同样使用 MTMF 方法,Kruse 等(2006)基于 AVIRIS 和 EO-1 Hyperion 高光谱图像确定位于阿根廷里约内格罗河附近罗斯梅内可斯地区的矿物类型(包括赤铁矿、针铁矿、高岭石、地开石、明矾石、叶蜡石、白云母/绢云母、蒙脱石、方解石和沸石等)并进行制图。两种高光谱传感器得到的矿物制图结果与现场勘察验证结果以及使用 ASD 地物光谱仪的光谱测量结果非常一致,表明高光谱遥感在地质制图和矿物勘探方面具有巨大的潜力。最近,Bishop 等(2011)、Kodikara 等(2012)和 Zadeh 等(2014)利用 EO-1 Hyperion 高光谱数据和 MTMF 对各种矿物进行识别和制图。Bishop 等(2011)利用 SAM 和 MTMF 两种方法对中国普朗山区两个目标地区的泥质蚀变,含氧化铁和硫酸盐的矿物进行区分和制图。结果表明,MTMF 结果中的可行性值将有助于降低 SAM 有关的错误结果。Kodikara 等(2012)通过分析确定了肯尼亚东非裂谷马加迪湖蒸发岩沉积物中的马加迪矿床、黑硅石和火山凝灰岩。他们的分析结果表明了高光谱遥感作为一种有效的技术,不仅可以在这种环境中对地表进行制图,而且可以找到适于工业露天采矿的潜在位置。Zadeh 等(2014)在伊朗中部火山沉积复合体周围的斑岩铜矿床周围对蚀变矿物进行了区分和制图。结果表明,Hyperion 数据在识别和绘制各种类型的蚀变带矿物分布方面非常有效,但需要对数据进行适当的预处理。研究中利用该方法可以有效绘制包括白云母、伊利石、高岭石、绿泥石、叶蜡石、黑云母、赤铁矿、黄钾铁矾、针铁矿、钾盐矿、碳酸钙、亚铁酸盐等水热蚀变岩石的各种矿物分布。

7.3.4.4 约束能量最小化(CEM)

由 Farrand 和 Harsanyi (1997) 提 出 的 约 束 能 量 最 小 化 (constrained energy minimization, CEM)方法是传统光谱混合方法的扩展。与 MTMF 方法类似,CEM 方法基于一个线性算子,可以使高光谱图像序列中的总能量最小化,同时也能对目标特征的响应限制在所需的恒定水平(Resmini 等,1997)。CEM 可以使逐个像元最大限度地提高目标特征的响应,并抑制不需要的背景响应。对于 CEM 方法更详细的介绍,读者可以阅读第 5.7 节。在使用高光谱数据对特定区域进行地质制图时,"目标特征"可以是人们希望绘制的感兴趣矿物,而"不需要的背景特征"可以是人们不关注的矿物。研究人员已成功使用 CEM 方法进行高光谱矿物丰度估算和制图。例如,Farrand 和 Harsanyi(1997)利用 AVIRIS 高光谱数据和 CEM 方法对美国爱达荷州北部 Coeur d'Alene 河岸洪泛区的铁质河床沉积物丰度进行估算和制图。这些区域的沉积物受到爱达荷州凯洛格镇周边采矿活动释放微量金属元素的污染。该研究根据实验室和图像目标特征使用 CEM 方法得到丰度图像,通过阈值设置产生一组由铁质沉积物光谱响应主导的光谱特征(Farrand 和 Harsanyi, 1997)。实验结果表明,CEM 方法在用于铁质沉积物制图时能够得到非常好的效果。然而,非常有必要通过严格的定量阈值来改进 CEM 方法的目标识别效果。基于美国内华达州 Cuprite 矿区获得的 HYDSETI 数据,Resmini 等(1997)同样使用了 CEM 方法对明矾石、高岭石和方解石等矿物进行制图。交叉验证结果表明,CEM 产生的矿物制图结果与其他方法的制图结果一致。线性光谱解混和主成分分析也产生了与 CEM 类似的结果。而 CEM 作为一种强劲而快速的制图技术,在不需要其他背景成分/矿物的先验知识条件下就能够对目标矿物进行制图。最近,基于 Hyperion 高光谱图像和地面光谱测量,Li 等(2014)比较了光谱角制图(SAM)、正交子空间投影(OSP)、约束能量最小化(CEM)、自适应相干/余弦估计(ACE)、自适应匹配滤波器(AMF)和椭圆形轮廓分布(ECD)六种地质制图技术对森林地区植被覆盖下的微小蚀变岩石目标检测和制图方面的能力。通常,蚀变岩石的暴露部分较小,分布稀疏,在植被密集的情况下难以直接辨别。制图结果表明,ACE 和 AMF 可能适用于植被覆盖较小区域的地质目标检测;研究还发现,CEM 对蚀变岩石敏感,而 SAM、OSP 和 ECD 的表现较差。

7.3.5 利用光谱建模进行矿物丰度估算和制图

在可见光-近红外和中红外(0.4~2.5 μm)光谱范围内,矿物反射光谱包含关于吸收物质的组成和晶体结构的信息(Hunt, 1977; Clark, 1999; Sunshine 等, 1990)。因此,可以使用高光谱遥感数据提取和拟合矿物的吸收特征(Sunshine 等, 1990)。为了对矿物的吸收特征进行拟合,发展了一些如高斯模型等技术。在过去 20 年中,改进的高斯模型(modified Gaussian model, MGM)(Sunshine 等, 1990; Sunshine 和 Pieters, 1993)被应用于对地球陆表和外星球表面矿物的制图和成分估计。与其他拟合模型相比,MGM 模型更契合晶体场理论,因此可能更有效(Sunshine 等, 1990)。本小节将首先介绍 MGM 算法,并

简要回顾该方法在高光谱矿物成分分析和制图上的应用。由于 MGM 模型是传统高斯模型(Gaussian model，GM)的改进版本，因此首先介绍 GM 模型。

GM 模型基于以下假设：在可见光－近红外至中红外光谱范围中观察到的吸收特征由固有高斯形状的吸收波段组成(Sunshine 等，1990)。基于统计中心极限定理，以中心(平均值)μ、宽度(标准偏差)σ 和强度(振幅)s 为单位，随机变量 x 中的高斯分布 $g(x)$ 可以表示为

$$g(x) = s \cdot \exp\left\{\frac{-(x-\mu)^2}{2\sigma^2}\right\} \tag{7.13}$$

基于可见光－近红外和中红外区域光谱吸收曲线与高斯分布曲线之间形状的一致性，可以利用高斯函数在某些约束条件下对给定矿物的光谱特征进行拟合(Yang 等，2010)。同时，一些研究者也给出了吸收波段曲线具有高斯分布特征的理论解释(例如，Sunshine 等，1990；Clénet 等，2011)。因此，GM 方法可以用于利用高光谱数据进行矿物成分分析和制图。然而，根据 Sunshine 及其同事使用 GM 模型分析辉石矿物(斜辉石和斜方辉石)吸收光谱获得的实验结果发现，由于电子跃迁($如 Fe^{2+}$)引起的吸收光谱不适用于高斯模型描述(如矿物辉石的吸收光谱)。对于这种情况，他们认为在晶体场地中，平均键长会由随机热振动的变化而变化，因此电子跃迁吸收波段的随机变量[式(7.13)中的 x]不是吸收能量，而是平均键长(Sunshine 等，1990)。因此，基于 Sunshine 等(1999)对平均键长的理解，不仅可以应用统计学的中心极限定理，还可以考虑用平均键长来描述矿物的吸收波段。因此，基于晶场体理论，电子跃迁吸收的特征(Burns，1970；Marfunin，1979)表明，吸收能量(e)与平均键长(r)之间的关系可由能量定律表示：$e \propto r^n$，在此基础上，将基于电子跃迁吸收能量作为随机变量的 GM 模型修改为基于吸收平均键长作为随机变量的模型，称为改进的高斯模型 $m(x)$：

$$m(x) = s \cdot \exp\left\{\frac{-(x^n-\mu^n)^2}{2\sigma^2}\right\} \tag{7.14}$$

相比公式(7.13)，改变($x^n - \mu^n$)则会改变分布的对称性，即分布的左翼和右翼的相对斜率。在此情况下，模拟结果将有更多机会符合光谱吸收曲线的实际特性。实际操作中，等式(7.14)中的指数 n 的数值可依据经验确定。基于 Sunshine 及其同事使用不同 n 值对斜方辉石矿物 0.9 μm 处吸收特征拟合的实验结果(最优 RMS 残差)(Sunshine，1990；Sunshine 和 Pieters，1993)，$n=-1$ 时[式(7.15)]可以产生最佳拟合效果(图 7.4)：

$$m(x) = s \cdot \exp\left\{\frac{-(x^{-1}-\mu^{-1})^2}{2\sigma^2}\right\} \tag{7.15}$$

如图 7.4 所示，与透射吸收特征一样，$n \approx -1$ 能得到最小的 RMS 残差。图 7.4 比较了各种分布模型模拟 0.9 μm 阳离子反射吸收波段的匹配结果。结果表明，GM 模型($n=1.0$)拟合得最差，但当使用不同的 n 值时，可以观察到结果得到逐步改进(例如，$n=-0.2$)，直到达到最佳拟合($n=-1.0$)。对 MGM 模型开发、建模参数设置和迭代/调整(中心、幅度和宽度)感兴趣的读者，请参阅 Sunshine 等(1990)文献的附录材料。

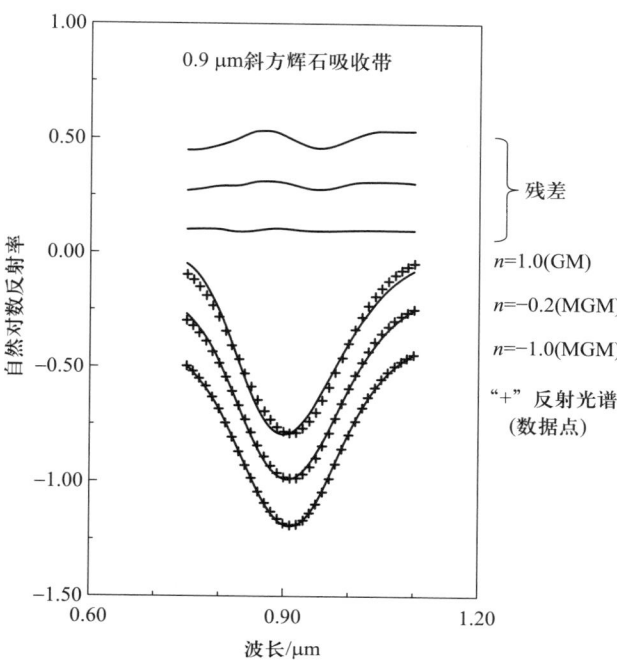

图 7.4　在公式(7.14)中改变 n 值拟合得到的 0.9 μm 处斜方辉石吸收特征之间的残差。所有情况下,$n=-1$ 时产生最佳拟合效果(Sunshine 等,1990)

　　为测试矿物吸收波段的 MGM 去卷积能力,Sunshine 及其同事使用 MGM 模型进行解混和估算斜方辉石(Opx)和单斜辉石 (Cpx)的丰度,前者 Opx 来自北卡罗来纳州韦伯斯特地区,后者 Cpx 来自夏威夷火山弹物质(Sunshine 等,1990;Sunshine 和 Pieters,1993)。由于 Opx 和 Cpx 组成不同,它们的吸收波段的波长位置也不同。将这些矿物(Opx 和 Cpx)样品研磨粉碎并用乙醇萃取筛得到 45~75 μm 粒径的分离物。此外,为进行矿物高光谱解混,他们制备了两种辉石的几种混合物。为此,他们首先得到了辉石矿物混合物(Opx 和 Cpx)以及纯净辉石矿物的光谱曲线,从而可以将 MGM 和 GM 模型用于拟合和解混纯净或者混合辉石矿物(Opx 和 Cpx)的吸收波段,从而进行解混和估算 Opx 和 Cpx 的丰度。

　　图 7.5 给出了纯辉石(Opx 和 Cpx)的光谱曲线以及使用 MGM 模型的拟合结果,用于比较使用 GM 模型(图 7.6)和 MGM 模型(图 7.7)的辉石(Opx 和 Cpx)混合物的拟合和解混结果(即相应的吸收波段的中心位置,宽度和深度)。图 7.6 显示了两种辉石以两种不同比例混合在约束条件下使用 GM 模型拟合和提取的结果。图 7.7 给出了两种辉石以两种不同比例混合使用无约束条件下的 MGM 模型拟合和提取的结果(与图 7.6 中辉石混合物一致)。从图 7.7 中,将无约束拟合得到的分布与用于得到这些混合物的 Opx 和 Cpx 光谱直接对应(图 7.5)。与预期的规律一致,Opx/Cpx 为 75/25 的混合物中,Opx 的吸收特征比更显著,而在 Opx/Cpx 为 25/75 的混合物中,Cpx 的特性主导了光谱特征。与图 7.6 中受约束的 GM 模型结果相比,图 7.7 所示的结果表明,无约束的 MGM 模型可以

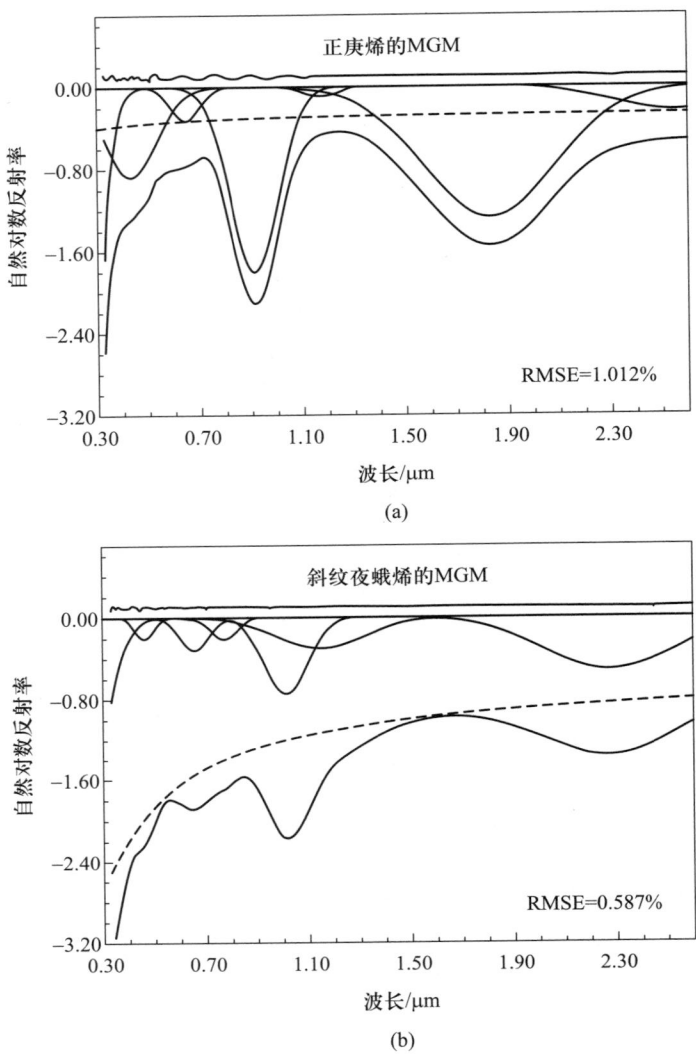

图 7.5　辉石反射光谱的 MGM 模型（45~75 μm 粒径）：（a）Opx；（b）Cpx。1.0 μm 和 2.0 μm 附近的两个吸收特征仅需要单一分布。从图的顶部到底部（同样针对图 7.6 和图 7.7）依次是模拟光谱与真实光谱间的残差（偏差 10%）、独立 MGM 分布吸收波段、连续统或基线（虚线表示）、模拟光谱叠加在真实光谱上（Sunshine 等，1990）

正确地识别和表征混合光谱中叠加的吸收特征。因此，MGM 模型可以用于将反射光谱建模为一系列经修正的高斯曲线，其中每条曲线以中心波长位置、宽度和深度为特征。

　　使用这种建模方法可以区分和量化存在于矿物反射光谱中的特征吸收波段，以分析和评估地球陆表和外星球表面的矿物学特征。与其他光谱分析方法相比，MGM 去卷积分析具有许多优点（Cloutis，1996）：①其数学基础更多依赖于电子吸收的物理过程；②MGM 可用于通过一系列修正的高斯曲线将反射光谱简化，减少高光谱数据大小；③MGM 分析对粒径变

化相对不敏感;④MGM分析可以直接应用于光谱库中的数据,从而简化光谱搜索。

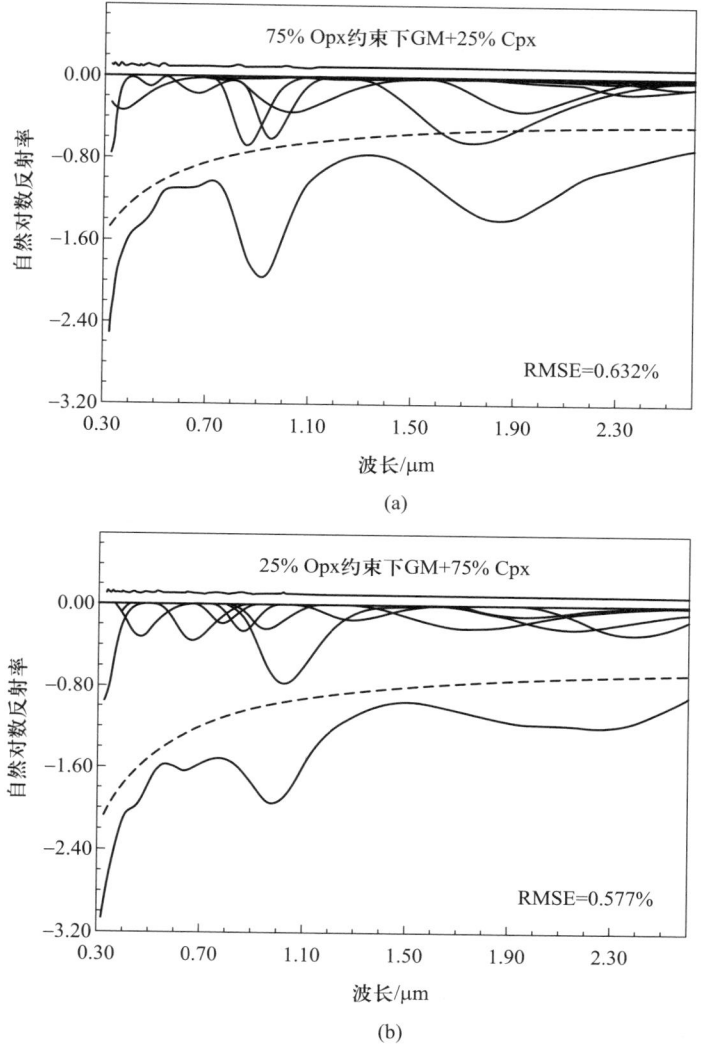

图 7.6 (a)75%Opx+25%Cpx 混合反射光谱(45~75 μm 粒径)的 GM 模型。(b)25%Opx+75%Cpx 混合反射光谱(45~75 μm 颗粒)的 GM 模型。这些模型被约束在以辉石端元光谱确定的波长为中心的高斯分布上。这些辉石混合光谱模型仅在这样的约束下才表现良好(Sunshine 等,1990)

鉴于 MGM 方法的优点,有大量使用 MGM 方法对实验室和地表矿物反射光谱测量进行光谱去卷积分析的研究。Mulder 等(2013)基于实验室和实地光谱测量数据,使用 MGM 去卷积方法对 2.1~2.4 μm 波段范围的吸收特征进行分析,对至少包含两种矿物成分的混合物进行解混和丰度估计。研究区位于摩洛哥北部北纬 34.0° 和西经 4.50° 的区域,面积 15000 km^2。研究人员对野外实验区存在的包括高岭石、二八面云母(伊利石)、绿土、方解石和石英等矿物混合物进行光谱测量。他们首先通过 MGM 建模方法对矿物

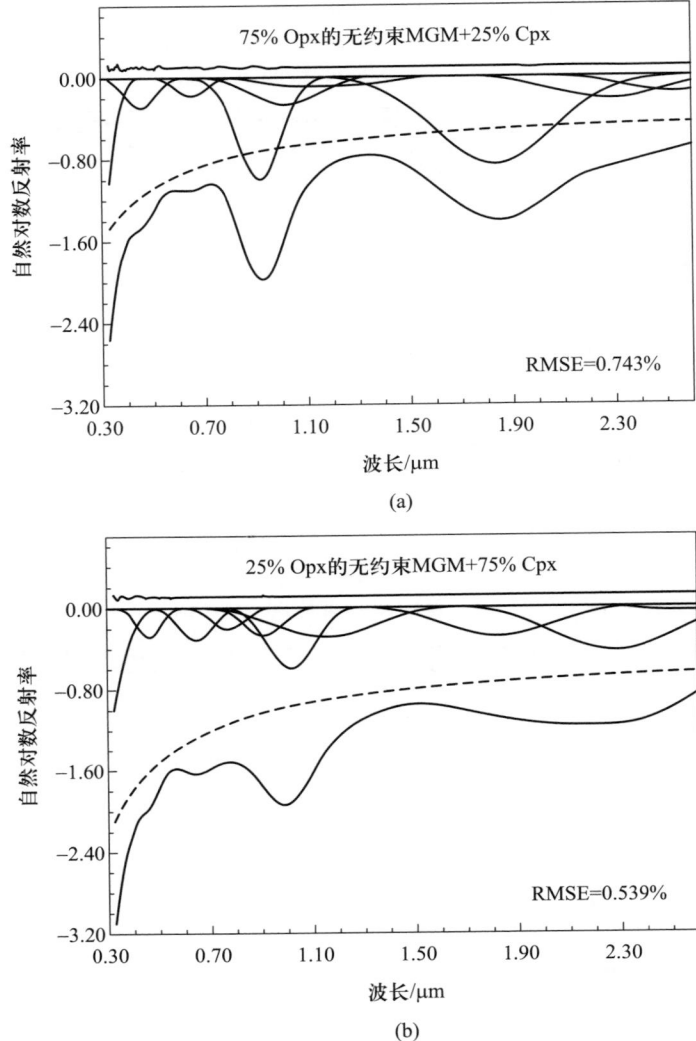

图 7.7   （a）75%Opx+25%Cpx 混合反射光谱（45～75 μm 粒径）的 MGM 模型。（b）25%Opx+75%Cpx 混合反射光谱（45～75 μm 颗粒）的 MGM 模型。不同于图 7.6 中的 GM 模型，这些无约束的 MGM 拟合仍能反映每个样品中两种辉石矿物的比例（Sunshine 等，1990）

混合物的吸收特征进行了参数化，然后使用将这些参数作为输入的回归模型来分析并预测矿物的丰度。交叉验证结果表明，高岭石、二八面云母、蒙脱石和方解石的光谱预测 RMSE 小于 9 wt.%，而对实测样品而言，丰度 RMSE 小于 8 wt.%。Mulder 等（2013）提出的矿物光谱解混方法可以在复杂混合物中同时量化两种以上的矿物，这使矿物丰度分析的前景更加广阔。在通过反射光谱法分析镁铁矿物组成时，Clénet 等（2011）考虑了所有涉及斜方辉石、单斜辉石和橄榄石混合物的可能性，在原始 MGM 方法的基础上实现了一项自动程序（Sunshine 等，1990）。该程序主要包括：①设置高斯参数初始化 MGM 程序；②对光谱

的形状进行自动分析;③利用光谱最大值调整的二阶多项式处理连续统,并利用镁铁矿物简单混合物的实验室结果对高斯参数进行初始设置;④在矿物学分类基础上根据光谱学理论评估返回的 MGM 结果,进行验证或舍弃。研究结果表明,MGM 输出的关于辉石和橄榄石的化学成分的信息比较正确,这表明 MGM 在矿物高光谱详细制图方面非常有潜力。这一版本的 MGM 模型实现了(Clénet 等,2011)完全的自动化,并且可以处理大量的高光谱成像数据。随后,Clénet 等 (2013)在两种场景下继续测试改进版本的 MGM 表现:①基于 HyMap 数据分析地球上阿曼蛇绿岩中的 Sumail 地层,②基于集成的可见光-近红外至中红外区域观测仪在火星大流沙地带应用新版本的 MGM 方法监测火山物质。在第一种场景中,他们能够清楚地区分地幔和地壳部分;对于第二种情况,结果与以前的工作一致,而且橄榄石似乎比以前在火山体的中心部分的丰度更高。这两个研究案例表明这种新的 MGM 方法在岩性地质制图方面的潜力。

为评估 MGM 和 SAM 在月表物质高光谱混合建模方面的效用,Kodikara 等(2016)使用像元纯度指数(PPI)提取了研究区域的光谱纯像元(端元),使用 MGM 方法确定了所选端元光谱的矿物学特征并利用 SAM 方法进行矿物制图。制图结果表明,光谱去卷积的 MGM 建模与 SAM 光谱匹配方法的组合是表征月球表面组成的有效方法。MGM 作为光谱去卷积的建模方法能够识别和区分高铬和低钙辉石以及斜长石。SAM 法能够监测来自 MGM 确定特征的矿物。矿物的光学常数是可用于描述介质中光吸收(k)和折射(n)的程度。Trang 等 (2013)采用参数化的方法确定天然橄榄石在可见光-近红外范围和中红外区域($0.6 \sim 2.5~\mu m$)光谱范围的 k,将其作为镁橄榄石数量和合成辉石的函数,采用多种硅灰石和铁硅灰石的大量样本进行训练,以期得到稳健的光学参数。橄榄石光谱在布朗大学 NASA/Keck RELAB 实验室和 USGS 图书馆实测得到,而合成辉石光谱数据也是在 RELAB 实验室实测得到的(Trang 等,2013)。Trang 等(2013)采用 MGM 方法对电子跃迁的中红外区域吸收过程进行建模以得到 k 参数的谱,发现他们的拟合程序稳定且一致地表征了橄榄石和辉石的 k 谱。他们用回归分析求解每个高斯函数中的参数,并将光谱连续统作为表征矿物成分的函数。结果表明,研究中得到的光学参数可用于计算该行星矿物的比例和组成。

7.3.6 基于先进技术和方法的矿物制图

一些先进的技术和算法,如机器学习方法可以直接用于识别矿物/岩石,并基于实验室和实地光谱测量或机载、星载高光谱成像数据进行地质制图。针对不同的高光谱数据集,许多研究已使用人工神经网络、光谱专家系统和支持向量机方法开展地质制图。本部分将结合各种高光谱数据综述三种先进技术和方法在矿物学制图中的应用研究。

7.3.6.1 人工神经网络(ANN)

第5.8.2 小节介绍了普通 ANN 算法和其他三种类型 ANN 算法(径向基函数网络、自适应共振理论和自组织映射)的原理。因此,若读者需了解 ANN 算法,请阅读相关章节。

当应用 ANN 方法进行矿物成分分析及制图时,通常使用连续统去除技术或建模技术从高光谱数据中选择特定波段反射率或提取吸收特征作为输入特征;单个隐藏层(或可能使用不止一个隐藏层)通常采用不同的节点;输出节点响应矿物/岩石端元数量的丰度。其他网络结构参数,如学习率、动量系数和迭代次数通常依据经验确定。Yang 等(1999)使用 AVIRIS 高光谱数据比较了后向传播神经网络(BPN)与 SAM 的地质制图能力。研究区域是美国内华达州 Cuprite 矿区。该区域包含水热蚀变及未蚀变的岩石。监测区域中这些蚀变的岩石可以细分为三个可监测类型:硅化岩、光化岩和泥化岩。考虑到 AVIRIS 数据具有 40 个中红外波段,他们采用了包含 40 个隐藏节点的单隐层分层神经网络。网络节点使用增益系数为 1 的标准 S 形传递函数。训练网络涉及 800 次后向传播学习算法迭代,学习速率和动量系数分别为 0.1 和 0.9。实验结果表明:①BPN 模型中训练集未发生错误分类,而 SAM 模型则出现了 17% 的错误分类;②BPN 的验证准确率也远高于 SAM 的准确度(86% vs. 69%)。在研究中,BPN 较好的表现可能是因为该方法擅长处理复杂的变量关系(如 40 个维度)和数据集主要是矿物的纯像元。因此,BPN 应用于成像光谱数据进行矿物制图时具有优异的分类能力。在利用机载高光谱图像数据监测岩石和蚀变矿物时,Arvelyna 等(2011)也利用并比较了 BPN 和 SAM 方法的性能。研究中,他们采用了纳米比亚南部 Warmbad 区的 HyMap 高光谱数据,该数据的红外波段范围为 2.01 μm 至 2.48 μm。研究使用 USGS 光谱库数据和特定的地物光谱从 HyMap 图像中识别出 16 种纯光谱端元。研究区 Warmbad 地区东北部主要有变辉长岩、辉长岩、苏长岩和伟晶岩侵入体,而西南部主要分布有花岗闪长岩、花岗岩和闪长岩。研究中,他们使用了具有 Logistic 激活函数和一个隐藏层的前馈方法应用 BPN 法。结果表明,BPN 法产生的制图结果比 SAM 法好。利用 BPN 结合 PPI 输入和实测光谱,在结果图上可以清晰地看到岩石和蚀变矿物的空间分布。研究利用 BPN 方法识别了如伟晶岩、绢云母、绿泥石-绿帘石蚀变岩和角闪石等各种矿物的特征,可用作 Warmbad 区及其附近区域的神经网络光谱库(Arvelyna 等,2011)。

Patteti 等(2015)使用实验室光谱和 EO-1 Hyperion 卫星高光谱数据和新特征调谐 ANN 分析矿物端元成分并进行地质制图。ANN 模型基于从矿石和岩石光谱中提取的吸收特征,而不是像标准分类算法那样使用原始的高光谱波段反射率。该技术将输入特征进行降维,能够抑制噪声波段的影响。在研究中,使用从实验室提取的大量矿石材料光谱特征作为输入特征训练 ANN 模型。这些矿物光谱能够表征印度地区包括铁、锰、铜、铀和铝土矿等常见的矿物和岩石成分。ANN 模型的输入特征是利用高斯或 MGM 方法从实验室光谱提取的特征(即吸收波段参数),包括来自每个矿物光谱各吸收特征的波段中心、宽度和强度参数。然后将经过训练的 ANN 模型应用于 Hyperion 高光谱图像端元分类,模型训练集和测试集的分类精度分别达到近 97% 和 71%。实验结果表明,使用实验室光谱训练后的 ANN 模型,Hyperion 图像端元分类现场验证结果的总体精度为 67%。因此,ANN 模型作为一个有潜力的方法,未来可用于矿物/矿石的勘探和鉴定。

7.3.6.2 光谱专家系统

本部分简要介绍两个光谱专家系统并综述其应用情况。Spectral Expert® 光谱专家系统由美国 Horizon GeoImaging 公司开发,能够从可见光-近红外和中红外区域反射光谱及高光谱图像中提取关键的光谱特征并对物质进行识别和制图(Kruse,2008)。在这一系统中,光谱吸收特征能够从光谱库中自动提取,提取的光谱诊断特征则发展成为"规则"。这些规则可以由非专业人士使用并通过匹配单个特征参数或通过均方根误差方法来识别物质。基于光谱系统,光谱样本对于光谱库中的每个未知特定材料或高光谱图像的识别结果是 0.0(无匹配)至 1.0(完全匹配)之间的分数。此外,该系统还创建了基于特征的混合指数评分标准,有助于理解光谱混合的问题。

根据 Kruse(2008)的研究,建立光谱专家系统主要包括:①提取和分离各反射吸收特征;②使用一些参数和光谱变异性来表征这些特征;③自动建立规则来描述光谱特征;④通过将吸收特征与定义的规则匹配来识别未知物质。构建系统的规则建立在对实验室光谱、现场测量光谱或机载/星载高光谱数据进行分析和提取吸收波段特征(参数)的基础上。通过把特征提取和规则应用于未知光谱,以确定未知光谱(像元)的性质。光谱专家系统的特征匹配规则基于经验概率构建。经验概率也称为确定性概率,是对未知光谱拟合程度的一种经验性度量。同时,也可以通过计算特征混合指数(feature based mixture index, FBMI)辅助评价系统中基于特征的方法是否有效。FBMI 能够计算光谱特征的残差,较高的 FBMI 值表明感兴趣的目标物质不在规则库中或存在影响光谱特征的其他未知物质。通过比较已知和未知光谱之间的均方根(RMS)误差来确定拟合使用的特征数量和波长范围。为计算 RMS,对光谱进行连续统去除处理。最后,该系统将基于特征的光谱分析算法与基于 RMS 的光谱分析算法以加权方式与包括光谱角度制图、二进制编码和光谱特征拟合等其他算法结合进行分析。

光谱专家系统由 Kruse(2008)使用 1997 年 6 月 19 日在美国内华达州的 Cuprite 地区获得的 AVIRIS 数据和 USGS 光谱库进行了测试验证。近 30 年来,内华达州 Cuprite 已被广泛用作遥感仪器和方法验证的测试地点。测试结果表明,相比基于统计的高光谱分析方法,光谱专家系统为全面分析高光谱数据提供了一种有效的补充方法。然而,在该测试中出现的高光谱信息的变化特点和光谱混合问题也会使分析复杂化,而光谱专家系统中的变异性和分离性分析工具有助于处理这些问题。简言之,光谱专家系统最适用于具有独特光谱特征的端元,例如,从光谱库或成像高光谱数据中筛选得到的高质量反射光谱信息。

Kruse 等(1993b)通过使用 Spectral Expect 的早期版本,将 AVIRIS 成像光谱数据和地物光谱测量数据结合,使用常规地质制图方法,分析美国加利福尼亚州和内华达州死亡谷北端的基岩和表层地质。在该研究中,光谱专家系统基于一套最常见矿物的实验室光谱对吸收特征进行表征,针对光谱显著吸收波段特征建立了光谱分析的广义知识库和规则,成功利用包含 224 个波段的 AVIRIS 数据识别了不同的矿物类型。将光谱专家系统与线性光谱解混技术结合,能够清楚地分析碳酸盐、铁氧化物和绢云母的分布和丰度。

　　不同于 Kruse（2008）提出的光谱专家系统只考虑可见光－近红外和中红外（0.4~2.5 μm）的光谱范围，Chen 等（2010）发展了一个基于规则的系统，能够将这一范围的高光谱数据和热红外（8.0~13 μm）多光谱数据结合，在内华达州 Cuprite 地区对该系统进行评估。他们开发该系统的主要目标是根据这些波段区域的光谱特征实现矿物和岩石的自动识别，系统和规则与以下因素有关，包括：①反射光谱和发射光谱分析；②光谱特征匹配算法；③决策规则。根据 Chen 等（2010），光谱专家系统规则可以从可见光－近红外和中红外及热红外范围的岩石光谱分析发展得到，这些光谱特征与组成岩石矿物的原子和分子相互作用或振动过程有关。例如，氧化铁、羟基和碳酸盐矿物在可见光－近红外和中红外范围中呈现吸收特征；大多数硅酸盐矿物在热红外区域具有光谱特征（Hunt，1980；Chen 等，2010）。在他们的研究中，反射光谱（0.4~2.5 μm）从 AVIRIS 数据提取，而发射光谱（0.8~13 μm）则从 MASTER 数据得到。虽然传感器在 0.4~13 μm 区域中获得了 50 个波段，但只有 10 个波段在热红外区域（8~13 μm）可用于分析。Chen 等（2010）的分析表明，来自两种传感器的数据能够反映与岩石组成明显有关的光谱特征。

　　光谱角制图（SAM）和光谱特征拟合（SFF）算法（参见第 7.3.1 节和第 7.3.3 节中关于两种算法和应用的详细介绍）已在不同程度上实现了对岩石和矿物的成功识别和监测。当反照率较低光谱特征相对平坦时，SAM 在识别矿物和岩石方面相比 SFF 方法具有一定的优势，而利用高光谱数据对具有较强的诊断吸收特征的矿物和岩石进行识别和制图时，SFF 则表现出较好的性能。在研究中，由于 AVIRIS 数据在可见光－近红外和中红外范围表现出较强的吸收特征，使用 USGS Tetracorder 系统（Clark 等，2003）基于最小二乘法拟合的 SFF 程序比较 AVIRIS 每个像元光谱和参考光谱的诊断吸收特征。对于 MASTER 数据，由于像元光谱不存在强吸收特征，因此使用 SAM 算法来比较观测光谱与参考光谱。对于在热红外区域（如石英特征）中具有较强发射特征的像元，亦使用最小二乘拟合法确定最小发射率的波长。

　　因此，系统根据输入光谱的性质采用不同的光谱特征匹配算法（SFF 和 SAM）作为分析规则，而这种决策规则由层次结构组成。在研究中，决策规则包括光谱反射率和 AVIRIS 可见光－近红外范围和中红外区域中的诊断吸收特征，并且确定了 MASTER 热红外光谱中最小值的位置。决策规则将每个图像像元划归到多类中的某一类，或者如像元未能达到预定的置信度阈值，则被划为"未知"类。在研究中，为了简化规则，对于 SAM（热红外光谱）和 SFF（可见光－近红外和中红外范围），置信度阈值分别设置为 0.1 和 0.5（Chen 等，2010）。Chen 等（2010）分别使用 1996 年 6 月 19 日和 1999 年 6 月 9 日在研究区采集的 AVIRIS 和 MASTER 数据对这套光谱专家系统规则进行测试，得到的地质图与已有的地质图一致，并为未标明的岩石区域提供了额外的信息。与其他制图方法（如 SAM、SFF、最小距离和最大似然分类方法）相比，基于规则的光谱专家系统表现出更高的整体性能。在矿物学制图研究中，光谱专家系统由于整合不同光谱区域（如可见光－近红外、中红外区域和热红外区域）信息，相比单独使用各波段信息准确性显著提高。

7.3.6.3 支持向量机(SVM)

大量关于 SVM 算法的内容已在第 5.8.3 节中介绍。因此,若读者需要了解 SVM 的基本算法,请参阅具体章节。类似于 ANN 方法,SVM 也可以直接应用于高光谱矿物/岩石识别和制图。通常,将根据特征提取技术选择高光谱波段反射率或提取的光谱维信息作为输入特征。训练和测试数据可以来自光谱库或实际光谱测量或直接来自高光谱图像。使用 SVM 对矿物/岩石进行分类有几种不同的方法,在第 5.8.3 节中有简要介绍。下文主要介绍基于 SVM 方法进行矿物高光谱识别和制图的两个应用案例。通过使用独立的光谱库和基于高光谱图像,Murphy 等(2012)对 SAM 和 SVM 两种分类技术在西澳大利亚 Hamersley 省西安格拉斯矿垂直矿井区域识别和岩石类型监测方面的性能进行了评估和比较。他们首先使用实测光谱库识别岩石类别,并比较了 SAM 与 SVM 的性能。然后,他们将 SAM 和 SVM 应用于从垂直矿井获取的高光谱图像,以识别和监测岩石类型。在研究中,他们的目的是利用已知岩石类型(样本)的图谱,将整个矿面的高光谱图像区分为含矿和非含矿岩石。高光谱图像采用可见光-近红外(400~970 nm)传感器和中红外(971~2516 nm)传感器获取,分别以 2. 22 μm 和 6. 35 μm 的光谱分辨率以及 6 cm 和 12 cm的空间分辨率获取。SVM 利用核函数扩展算法进行非线性分类,算法能够找到使两个线性可分点集之间分离程度最大的分离决策表面。分类时还采用了分类端元概率估计的方法,对于两类及两类以上的问题特别有效。在研究中,应用两种方法来解决多类问题:①一对全体(one against all),针对每类与其余类进行分类,②一对一 (one against one),首先对所有类别进行两两分组,然后进行逐对分类。将前者用于光谱库分类,后者用于高光谱图像分类。分析结果表明,与 SAM 法相比,当从相同类型的数据中选择训练光谱时,SVM 表现更好;但是当从不同传感器在不同条件下获得的独立光谱库中选择训练光谱时,SVM 表现不佳。此外,阴影对两种方法的岩石分类具有很大影响。

与 Murphy 等(2012)的工作不同,为了提高用于矿物识别和制图的 SVM 方法性能,Kolluru 等(2014)针对高光谱数据开发了基于 SVM 的降维和分类框架(SVM-based dimensionality reduction and classification,SVMDRC),并在西班牙 Rodalquilar 区的 Los Tollos 地区进行测试。该区域中明矾石、高岭石和植被覆盖稀少的伊利石占主导地位。机载高光谱图像通过具有 126 个连续光谱波段的 HyMap 传感器得到,覆盖了可见光-近红外和中红外光谱范围(0. 45~2. 5 μm),光谱分辨率为 15~20 nm。研究方法分为 SVMDRC 和 SVMC 两部分。SVMDRC 采用 HyMap 降维后数据进行分析,而 SVMC 则直接应用于高光谱图像进行分类。研究采用了改进的"broken stick"规则(Bajorski,2009)用于 HyMap 数据自动降维处理。基于相同的训练数据,SVMC 将高光谱图像分类为三种矿物,精度为 64. 70%,而 SVMDRC 精度提高至 82. 35%。两者的比较结果清楚地表明,在 SVM 方法中引入高光谱降维处理可以有效改善特征的可分离性,提高分类精度。

表 7.3 总结了上述六种分析方法,读者可以通过表中索引快速浏览高光谱矿物识别和制图的六种方法的特点。

表 7.3 六种高光谱数据地质分析技术的特点及优缺点

分析方法	技术/算法	特点及优缺点	研究案例
吸收特征提取	（1）连续统去除（包括二阶多项式模拟连续统、参考光谱背景去除（RSBR）、植被校正连续统深度（VCCD））；（2）相对吸收深度（RBD）方法；（3）光谱特征拟合（SFF）或最小二乘光谱拟合技术（最小二乘拟合）；（4）一种简单的线性插值技术；（5）光谱吸收指数（SAI）	（1）RSBR 可以消除广泛的背景（如植被和土壤）对提取潜在目标（矿物）的吸收特征的影响。当处理与高光谱数据相关的问题时情况更加复杂，处理多类端元问题存在局限性。（2）RBD 图像可以提供局部连续校正，以消除微小的波段辐射偏移，以及数据集中像素大气效应，特别适合于检测微弱的短波红外光谱特征。（3）最小二乘拟合技术可以对复杂的波段形状进行拟合。（4）线性分析技术可被不熟悉编程语言的用户实现。然而，估计的吸收带深度对输入参数较敏感。（5）尽管 SAI 及其模型侧重于单条光谱的吸收特征，但在实际地质应用中，很难对具有相似光谱吸收特征的矿物进行区分和分类	Clark 和 Roush（1984）；Kruse（1988）；Zhao 等（2015）；Rodger 和 Cudahy（2009）；Crowley 等（1989）；Clark 等（1990，1991）；van der Meer（2004）；Huo 等（2014）
光谱矿物指数	（1）23 种高光谱矿物指数（HMIS）；（2）归一化碳酸盐指数（NDCI）；（3）烃指数（HI）和归一化烃指数（NHI）	（1）HMIS 使用简单的算法，并且仅需非常少的计算时间。然而对于一些 HMIS，某些矿物学先验知识对于矿物种类的制图是必要的。（2）当高光谱数据的光谱分辨率为 5 nm 以上时，NDCI 是研究结晶构相的有效方法。（3）煤层气地质微渗漏的 NHI 指数比 HI 指数更有用，利用高光谱数据进行煤层气勘探是可行、有效和低成本的	Henrich 等（2012）；Feldman 和 Taranik 1988；van Ruitenbeek 等（2006）；Baissa 等（2011）；Zhang 等（2014）
光谱匹配方法	（1）光谱角制图（SAM）；改进的光谱角制图（MSAM）；（2）交叉相关光谱匹配（CCSM）；（3）光谱信息散度（SID）	（1）SAM 方法较简单，对增益因子不敏感，因为两条光谱向量之间的角度相对于矢量的长度是不变的；MSAM 方法的主要优点是简单且能够对蚀变矿物进行高精度的识别。（2）CCSM 可以通过决策理论来检验，不仅允许对结果分类的验证，而且还可以检验结果的可靠性和准确性。（3）SID 是概率和随机性测度指标	Kruse 等（1993a）；Crósta 等（1998）；Hecker 等（2008）；Oshigami 等（2013，2015）；van der Meer 和 Bakker（1997）；Ferrier 等（2002）；Chang（2000）

续表

分析方法	技术/算法	特点及优缺点	研究案例
光谱混合分析方法	(1)线性光谱混合(LSM);(2)多端元光谱混合分析(MESMA);(3)混合调谐匹配滤波(MTMF);(4)约束能量最小化(CEM)	(1)易于理解,使用简单,但没有考虑材料之间光谱差异是可变的,不能有效解释材料之间细微的光谱差异,以及端元最大数目受限于图像数据中的波段数目。(2)尽管任何混合像元光谱可以用相对较少的端元建模,但端元的数目和类型在图像上是可变的。所有可能的模型子集都是基于最大覆盖的优化选择。(3)MTMF保留了匹配滤波和线性解混技术的优点,并具有检测光谱中细微变化的能力。(4)CEM只需要对目标矿物的光谱进行制图,且不需要其他背景及矿物的先验知识,但有必要在更严格的定量阈值设置上进行改进,以确定图像上更丰富的目标材料	Mustard(1993);Chen等(2013);Roberts等(1998);Shuai等(2013);Boardman等(1995);Bishop等(2011);Kodikara等(2012);Zadeh等(2014);Farrand和Harsanyi(1997);Resmini等(1997)
光谱建模方法	改进的高斯模型(MGM)	与其他光谱分析方法相比,MGM分析有许多优点:(1)具有更坚实的数学基础以及基于电子吸收的物理过程。(2)可以通过将光谱反射率简化至一系列几乎没有信息损失的高斯曲线来降低高光谱数据维数。(3)MGM分析对粒度变化不敏感。(4)MGM分析可直接应用于光谱库数据,简化光谱搜索	Sunshine等(1990);Sunshine和Pieters(1993);Clénet等(2011,2013)
先进的分类方法	(1)人工神经网络(ANN);(2)光谱专家系统;(3)支持向量机(SVM)	(1)具有处理吸收光谱和矿物/岩石性质之间复杂(非线性)关系的能力,但对神经网络结构参数进行严格确定。(2)在具有良好光谱特征的独特端元时工作最佳,应用方面更倾向于从光谱库或成像数据中获得独特、高质量的反射光谱。(3)当从同一类型数据中选择训练数据时,支持向量机的性能更好,但在不同条件不同传感器的数据训练时情况有所不同	Yang等(1999);Arvelyna等(2011);Patteti等(2015);Kruse(2008);Chen等(2010);Murphy等(2012);Kolluru等(2014)

7.4 高光谱在土壤学中的应用

7.4.1 土壤光谱特征

土壤光谱特征由其物理和化学性质决定,并且主要受土壤的组成成分影响,包括水分含量、有机物含量、质地、结构、铁含量、矿物组成、黏土矿物的类型和土壤表面条件等

（de Jong 和 Epema，2001；van der Meer，2001；Eismann，2012）。在可见光和近红外区域直至 1.0 μm 范围内与铁相关的电子跃迁是决定土壤光谱反射特性的主要因素。矿物成分的主要吸收诊断特征出现在 2.0~2.5 μm 的中红外光谱区域。在 2.74 μm 处强烈的羟基振动也会影响含羟基矿物的光谱特征。此外，根据 van der Meer（2001）的观点，黏土、云母和碳酸盐等层状硅酸盐在中红外区域也具有诊断吸收特性。有机质对土壤的光谱反射特性有非常重要的影响，甚至超过 2% 的有机质含量就会对光谱反射率有显著影响，使土壤的总反射率降低，而且诊断吸收特征有时也会被完全遮蔽。从土壤反射曲线可以看出，限制和游离的水在 1.4 μm 和 1.9 μm 波段处的两个显著的吸收特征。而几个不太明显的水吸收特征可以在 0.97 μm、1.20 μm 和 1.77 μm 处找到。通常，增加水分含量会导致土壤总反射率降低，增加土壤颗粒尺寸也会导致反射率降低。

　　Stoner 和 Baumgardner（1981）研究了从美国和巴西收集的 485 个土壤样品的光谱反射特征，这些土壤样品代表了 10 个土壤分类学的 30 个子类。他们使用室内光谱仪测量了这 485 个土壤样品 0.52~2.32 μm 范围的双向反射光谱。基于曲线形状中吸收波段存在与否，以及土壤有机质和氧化铁含量，可以确定五种不同土壤光谱反射曲线形式。他们以一种类似于土壤分类学的方法在亚纲级别根据均匀土壤的性质对这些曲线开展了进一步研究。分析结果表明，五种类型的土壤反射光谱曲线可能代表天然广泛存在的土壤样品光谱特征。图 7.8 显示了五种类型的土壤反射光谱曲线。图中，A 类型表现出较低的整体反射率，特征曲线存在于 0.5~1.3 μm 范围，在 1.45 μm 和 1.95 μm 处存在两个强吸水波段。B 类型的特点是总反射率高，特征曲线在 0.5~1.3 μm 呈上凸状。除了两个强吸水波段之外，由于在相对较厚的水膜透射光谱中观察到吸收波段，所以在 1.2 μm 和 1.77 μm 处还呈现两个较小的水吸收波段。C 类型曲线的形状可能受铁元素影响，其特征在 0.7 μm 处存在较小的三价铁吸收和 0.9 μm 处较强的铁吸收波段。在这种类型的曲线中可以看到 2.2 μm 的羟基吸收波段，但它们的出现并不稳定。D 类型通常具有比有机物质主导光谱更高的总体反射率，并且在 0.5~0.75 μm 处呈现略微下凹的形状，在 0.75~1.3 μm 呈上凸状。以铁为主的 E 类型光谱是独特的，超过 0.75 μm 波长后反射率随着波长的增加而减小。在这种曲线中，由于中红外区域光谱的强吸收，使得 1.45 μm 和 1.95 μm 的水吸收特征几乎消失了（Stoner 和 Baumgardner，1981）。许多其他研究中也描述了土壤在太阳光谱谱段中的反射性质和特征（例如，Condit，1970；Hunt，1980；Ben-Dor 等，1999）。

7.4.2　土壤高光谱应用研究综述

　　许多技术和算法已在实验室、现场测量以及机载、星载平台高光谱数据中得到应用，以进行土壤性质的监测和制图。这些方法包括光谱混合分析算法（SMA、MESMA、MTMF 和 ISMA）、光谱特征拟合（SFF）、多元回归和偏最小二乘回归（PLSR）技术以及土壤水分高斯模型（SMGM）（Whiting 等，2004）。除迭代光谱混合分析算法（interative linear spectral unmixing analysis，ISMA）外，所有高光谱解混算法和 SFF 已在第 5 章介绍。输入土壤监测模型的高光谱数据形式可以是波段反射率、导数光谱、比值指数以及吸收波段特

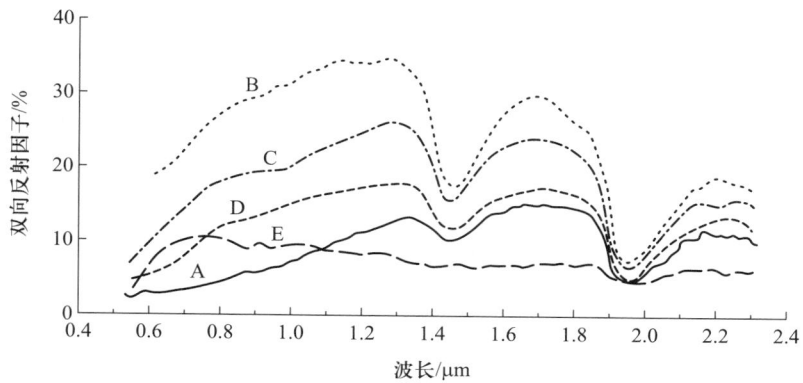

图7.8 典型土壤双向反射光谱。曲线A:细质地、高有机质含量(>2%)的发育土壤;B:低有机物含量(<2%)、低氧化铁含量(<1%)的未发育土壤;C:低有机质含量(<2%)、中等氧化铁含量(1%~4%)的发育土壤;D:高有机质含量(>2%)、低氧化铁含量(<1%)的中等质地土壤;E:高氧化铁含量(>4%)的细质地土壤(Stoner 和 Baumgardner,1981)

征等。相对于昂贵的物理和化学土壤分析方法,400~2500 nm 可见光-近红外和中红外范围的高光谱技术已被证明是一种很好的替代方法。下文主要对土壤高光谱应用进行综述。

7.4.2.1 土壤退化(盐碱化、侵蚀和沉积)

土壤退化是严重的全球环境问题之一,气候变化和人类活动都可能加剧土壤退化。例如,由干旱和半干旱地区的气候变化或农业地区的人类农业活动引起的土壤盐碱化,是最重要的土地退化问题之一。土壤退化可能包括物理、化学和生物退化,例如,有机物损失,土壤肥力下降,结构状况下降,侵蚀,盐度、酸度或碱度的不利变化,以及有毒化学物质,污染物或洪水的影响。与多光谱遥感技术相比,高光谱遥感技术已经显示出更强劲的能力来更好地研究和评估土壤退化问题(Hill 等,1995)。许多研究人员使用各种高光谱数据(基于实验室、实地、机载、星载的成像光谱仪)对土壤退化现象的性质和范围进行了多方面研究。通过综合利用 HyMap 高光谱数据、实地光谱测量和数字地形数据,Taylor 等(2001)使用 MTMF 方法对澳大利亚新南威尔士州中心流域 Dicks Creek 的旱地各种盐度指标进行制图,这些指标包括作为盐源的泥石流沉积物、退化土壤剖面以及与排水沟密切相关的盐生植物和芦苇群落分布。Dicks Creek 流域旱地盐度的特征可以表现为表层盐渍周围出现具有独特光谱特征的蒙脱石黏土。研究结果表明,综合 HyMap 高光谱图像和数字地形数据能够区分盐水渗漏周围的暴露土壤,监测水文地理相关的独特植被群落并进行制图。Dehaan 和 Taylor(2002,2003)使用 HyMap 图像、实地光谱测量和 MTMF、SFF 方法对盐渍土和相关植被进行评估,用于表征澳大利亚维多利亚州 Tragowel 平原 Pyramid Hill 试验场灌溉土壤盐渍化的空间分布状况并进行制图。同时,也对从 HyMap

图像提取光谱端元并进行制图的策略做了评估。实验结果表明,①该方法可以提取与地表土壤盐分相关的三种盐渍土壤端元;②使用 SFF 方法得到的分布图准确反映了植被和土壤盐渍化指标的分布情况;③使用实地实测或 Hymap 图像光谱可以在物种水平上识别盐碱植被;④高光谱土壤类型制图的能力比土壤盐分监测能力更有用;⑤实地和图像光谱反映的盐渍化土壤和植被指标等级均呈现与实际勘测一致的空间分布。Dutkiewicz 等(2006)比较了两种机载传感器(HyMap 和 CASI)和一种卫星传感器(Hyperion)在区分澳大利亚南部旱地盐度方面的能力。不同盐度的三种覆盖类型包括多年生盐藻灌木 *Halosarcia pergranulata*、耐盐草、海大麦草(*Hordeum marinum*)和成盐盆地。对三种传感器图像使用部分光谱解混技术(即 MTMF 模型)绘制表面盐度分布图。结果表明,使用石膏 1750 nm 吸收特征就可以鉴别盐田,但需要全波长光谱来对盐生植物进行制图。此项研究表明:①航空高光谱图像解译的方式可以改善传统土壤和盐度制图方法以及对植被和矿物表面盐度指标的区分;②图像的季节性对于捕捉有效的诊断光谱差异非常重要,这与 Ghosh 等(2012)、Pang 等(2014)以及 Moreira 等(2015)的研究类似。此外,Weng 等(2010)使用实地光谱测量和 Hyperion 光谱数据对中国黄河三角洲地区的土壤盐渍化进行评估和制图。在研究中,土壤盐度光谱指数(salinity spectral index,SSI)由 2052 nm 和 2203 nm 的连续统去除后的反射率构成,这些波段的光谱吸收特征受盐渍土壤影响。基于实测光谱的 SSI 和土壤盐分含量(soil salt content, SSC)之间存在较强的相关性($R^2 =$ 0.83),基于 Hyperion 图像数据得到的盐度图通过现场实测数据验证[RMSE = 1.921 (SSC),$R^2 = 0.63$],证明了方法在大尺度范围 SSC 预测方面的可行性。

为评估土壤侵蚀状况,Hill 等(1994,1995)利用 AVIRIS 数据对光谱混合模型进行参数化。研究中土壤状况和侵蚀制图的分析涉及三个阶段:AVIRIS 数据的辐射校正;原始图像光谱分解的光谱混合建模;利用最小欧氏距离分类器的分类制图。在法国南部地中海盆地的研究区域,他们估计了地表母质(包括岩石碎片)和土壤颗粒的相对丰度。土壤侵蚀状态(未受干扰、略微退化、严重退化)以土壤物质和成岩物质相对量函数进行制图(图 7.9)。结果表明,不同的侵蚀水平可以达到约 80% 的精度,表明该方法优于基于 Landsat-TM 图像的方法(Hill 等,1995)。结果还表明,研究中提出的这种方法在实际应用中具有一定潜力,能够监测与沙漠化有关的侵蚀过程和植被覆盖变化(Hill 等,1994)。Malec 等(2015)基于航空 HyMap 数据和模拟的 EnMap 星载高光谱数据评估 EnMAP 传感器在哥斯达黎加圣荷西附近地区覆盖层分布监测的能力。该地区有分布广阔的咖啡种植园和有放牧活动的山地。土壤侵蚀可以与光合植被(PV)、非光合植被(NPV)和裸露土壤(BS)的相对覆盖度关联,因此可以将这些参数整合至土壤侵蚀模型中(Malec 等,2015)。在研究中,首先基于模拟的 EnMap 图像数据计算 PV、NPV 和 BS 三个端元的分布比例进行 MESMA 分析。然后根据 MESMA 创建的覆盖占比来计算土壤覆盖因子。结果表明,利用模拟 EnMAP 图像能够得到高质量的光谱端元,并能够将估计的相对覆盖度输入土壤侵蚀评估模型。

图 7.9　基于 AVIRIS 图像的法国南部地区 4 种土壤退化(侵蚀)分类图。Ⅰ:未侵蚀,Ⅱ:轻微退化,Ⅲ:严重退化,Ⅳ 和 Ⅴ 类别是裸露的泥灰岩和石灰岩的基岩。分类图中的空白区域是未经光谱混合分解处理的植被覆盖大于 50% 的地区(Hill 等,1995)(参见书末彩插)

7.4.2.2　土壤有机质和土壤有机碳

　　土壤有机质(soil organic matter, SOM)和土壤有机碳(soil organic carbon, SOC)是全球碳循环中的主要组成部分,其中 SOC 库存的微小变化就可能影响陆地生态系统与大气之间二氧化碳通量(Stevens 等,2006)。由于 SOM 可以通过高光谱遥感很好地进行评估(Ben-Dor 等,2009),因此这一方面开展了大量的研究。例如,Stevens 等(2006,2008)使用实验室和实地光谱测量数据以及 CASI(405~950 nm)和 SASI(900~2500 nm)航空高光谱数据,对比利时耕地土壤的 SOC 进行研究和制图。研究表明,即使在土壤 SOM 和

SOC 含量较低(SOC 的平均值范围从 1.7%至 3.0%)的情况下,高光谱遥感也具有巨大的潜力能够监测它们。他们使用逐步回归和偏最小二乘回归(PLSR)将光谱与 SOC 关联。CASI 机载成像光谱传感器由于光谱范围窄效果不佳。而将 CASI 与 SASI 结合能够得到更好的效果。机载传感器数据对 SOC 含量光谱响应的降低可能与土壤质地和土壤含水量的变化有关。虽然 SOC 预测结果的 RMSE 为 0.17%,为实验室 RMSE 的两倍,但 Stevens 等(2006,2008)等认为经处理后的 SOC 图像是可靠的,并且首次给出了研究区域 SOM 的空间分布。为利用相对快速和经济的方法对区域尺度 SOM 进行监测和制图,Wang 等(2010)利用 Hyperion 高光谱数据,发展了基于图像对象的 SOM 估算模型,对中国陕西省北部衡山县的 SOM 进行制图。研究中,他们通过对图像进行多尺度分割,提出了土地退化光谱响应单元(land degradation spectral response unit,DSRU)。他们采用多元回归和模糊逻辑分析建立波段反射率和土壤采样 SOM 之间的关系,该模型的确定系数(R^2)由尺度为 25 时的 0.562 增加至尺度为 100 时的 0.722(尺度的含义参考 eCognition 7.0 软件中的定义)。基于 Hyperion 图像和 DSRU 模型得到的 SOM 估测结果与现场调查和 Kridge 插值的结果一致。因此该模型提供了一种快速、高效、准确的大面积 SOM 监测方法。Matarrese 等(2014)利用 CASI-1500 高光谱数据和现场光谱测量,对意大利 Apulia 地区测试区域的 SOC 含量特征进行了评估。他们使用 CASI 获得的导数光谱与 SOC 现场测量值进行相关分析。初步结果显示,航空高光谱传感器能够显著响应 SOC 的变化,是一种可以在区域尺度上快速进行 SOC 监测的有效方法。

7.4.2.3　土壤水分

水被认为是土壤系统中最重要的组成部分之一(例如,Stoner 和 Baumgardner,1981),并且已有研究用高光谱数据进行了土壤水分估计分析(例如,Whiting 等,2005;Demattê 等,2006;Finn 等,2011)。例如,Demattê 等(2006)基于实验室光谱测量(0.45~2.50 μm),发展了一种土壤水分估计模型,能够利用光谱反射和土壤线技术(由红和近红外波段定义)来区分不同的水分含量。在研究中,随着土壤水分丧失,以 1.4 μm 和 1.9 μm 为中心的吸收波段会表现出更小而窄的凹特征,而 2.20 μm 波段的吸收特征会提高(Demattê 等,2006)。他们的结果表明,土壤矿物学参数可以同时采用湿样和干样的光谱测量进行评估。他们通过分析认为,1.55~1.75 μm 波段的反射强度可以区分土壤水分,也可以利用以 1.40 μm、1.90 μm 和 2.20 μm 为中心的吸收波段特征发展多元回归模型($R^2 = 0.98$)以分析土壤水分。Whiting 等(2004)基于实验室测量的大范围土壤样品光谱,通过反高斯函数对连续统光谱进行拟合,提出了一种稳定的光谱建模方法来估计土壤水分含量。土壤样品来自美国加利福尼亚州 Central Valley(高黏土含量,低碳酸盐)和西班牙 La Mancha(低黏土含量,高碳酸盐)。土壤水分高斯模型[soil moisture Gaussian model,SMGM;类似于第 5 章的方程(5.18)]针对 2.80 μm 处的水吸收区域建模估计土壤含水量(图 7.10)。该模型估算水分含量的确定系数 R^2 达到 0.94,RMSE 为 2.7%,而当区分不同类型土壤样品时,R^2 甚至达到 0.94~0.98,RMSE 为 1.7%~2.5%。因此,SMGM 提供了实用有效的土壤含水量估计方法,也可用于去除高光谱图像中的土壤水分影响。Whiting 等(2005)将 SMGM 方法应用于

AVIRIS 和 HyMap 高光谱图像,以准确估计土壤表面含水量。Finn 等(2011)基于多元回归采用 2005 年和 2007 年获得的机载高光谱短波红外数据(0.94~1.70 μm 的 85 个波段反射率)估计美国佐治亚州 Little River Experimental Watershed 流域的三个不同深度(5.08 cm、20.32 cm 和 30.48 cm)的土壤水分。结果表明,高光谱数据与 5.08 cm 深度土壤水分之间呈现显著的统计相关(两个采样年份的 R^2 值均高于 0.7)。而 20.32 cm 深度和 30.48 cm 深度的土壤水分估计精度明显低于 5.08 cm 深处结果。

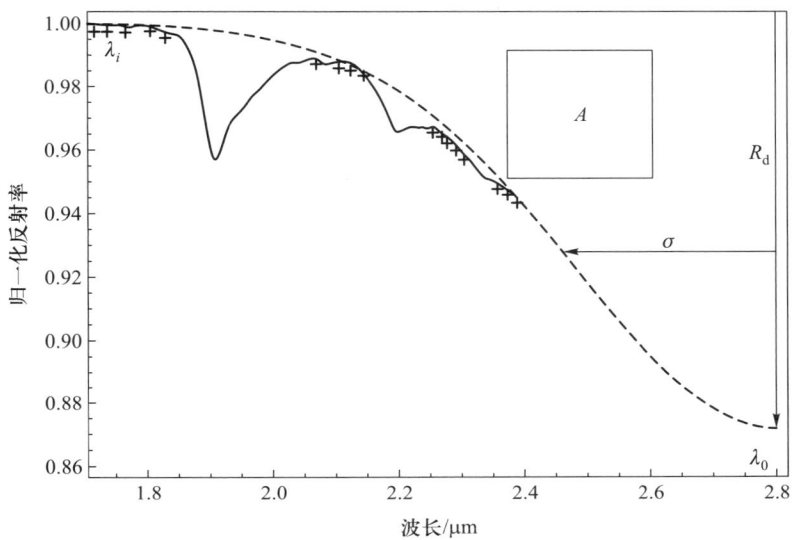

图 7.10 从最大反射率(λ_i)位置到最长波长(2.8 μm 处水分吸收中心)位置,反高斯函数(虚线)拟合到归一化的自然对数光谱(虚线)的凸包点(+)。外推函数中心(λ_0)以确定函数的幅度或深度(R_d),以及到拐点的距离(σ)。沿函数曲线积分计算函数一侧的面积(A)。归一化光谱是通过每个波段的光谱反射率除以该波段的最大反射率计算的(经 Elsevier 许可,转载自 Whiting 和 Ustin,2014)

最近,为估计植物冠层下的土壤水分,Song 等(2014)基于合成孔径雷达和 Hyperion 数据建立了一种半经验的土壤水分模型,以期在中国西北部的黑河流域农业区域对植被覆盖区土壤水分进行估算。该模型基于先进的 AIEM(advanced integrated equation model)模型、微波冠层散射(Michigan microwave canopy scattering, MIMICS)模型(Ulaby 等,1990)和水云模型(Attema 和 Ulaby,1978),使用实地测量数据进行模型研究。研究结果中土壤水分的估计值和实测值之间平均绝对偏差和平均绝对相对误差分别为 0.051 cm³/cm³ 和 19.7%。该研究还表明,与多光谱遥感数据相比,高光谱数据在植被冠层含水量反演方面具有优势。

7.4.2.4 土壤污染

土壤的反射光谱还能对土壤中的各种污染物进行评估,基于实验室、野外和航空成像高光谱数据的分析均表明,高光谱技术在土壤污染评估方面具有重要潜力。例如,矿产废

弃物表面黄铁矿氧化过程可能会产生酸性水,随着废水排放而逐渐中和,因此可将含铁矿物作为土壤污染的指标,而这些含铁矿物的光谱都是独特的。Swayze 等(2000)根据这一原理在美国科罗拉多州 Leadville 附近的 Gulch 基地使用 AVIRIS 成像数据评估矿山废物。他们的初步结果认为,高光谱可用于快速筛查整个矿区表面酸水的潜在来源和监测矿山废物或未开采地区的产酸矿物。在美国的该项研究后,欧洲 MINEO 项目(使用先进地球观测技术评估和监测欧洲采矿活动对环境的影响)(Chevrel 等,2003)使用 HyMap 高光谱数据调查了欧洲境内的六个矿区,包括葡萄牙、英国、德国、奥地利、芬兰以及格陵兰地区的土壤污染状况。该研究以主要微量元素为潜在污染的间接指标,利用 HyMap 数据对长期重金属污染的范围和类型进行监测。在该项目中,将这些检测图与地理信息系统中的其他相关信息结合,进行污染物建模,污染风险建模和场地恢复或变化检测,获得了较理想的结果(Chevrel 等,2003)。这些结果对环境影响评估,历史采矿场的环境监测和补救措施规划等都有重要意义。酸性矿井水(acid mine drainage,AMD)由于对矿山周围环境(如水体和土壤)的影响,是另一个采矿业的主要关注问题。为了绘制区域尺度尾矿矿物分布图并确定 AMD 的来源,Zabcic 等(2014)在西班牙 Sotiel-Migollas 对机载 HyMap 高光谱在 AMD 监测方面的能力进行评估。他们直接从图像中提取了 26 个光谱端元,这些端元主要代表了不同矿物混合物。矿物分布图通过 Rogge 等(2006)提出的 ISMA 方法生成,能够逐像元得到由 ISMA 预测的最丰富的端元。该分析可用于估计矿物 AMD 溶液的金属、硫酸盐和 pH 值指标。通过对比现场收集的样品和相关的 X 射线衍射测量,pH 值估计结果与实测结果分布一致。因此,该结果能够提供有关尾矿的 pH 值现况信息,从而有助于了解矿区可能发生的不同类型的氧化反应(Zabcic 等,2014)。

7.4.2.5 土壤分类和制图

使用可见光-近红外和中红外区域(0.4~2.5 μm)高光谱数据可以极大提高数字土壤制图的准确性(如 Lagacherie 和 Gomez,2014)。Demattê(2002)在巴西圣保罗州的 Bauru 地区收集土壤样品,对样品进行实验室反射光谱测量并进行光谱分析(覆盖 0.40~2.50 μm)。这些样品被鉴定为 Typic Argiudoll(TR)、Typic Eutrorthox(LR)、Typic Argiudoll(PE)、Typo Haplortox(LE)、Typic Paleudalf(PV)和 Typic Quartzipsamment(AQ)。研究结果表明:①不同土壤之间的光谱差异可以较好地通过光谱曲线形状得到识别,其差异主要反映在光谱吸收强度和角度上;②光谱曲线形状主要受土壤有机质、铁、粒度和矿物成分影响;③相同组的具有不同黏土纹理的土壤可以在光谱反射率上得到区分。研究中这些实验室光谱测量数据可以表征和区分大部分的土壤类型。基于这些土壤光谱数据,Demattê 等(2004)还评估了巴西该地区的土壤类型和土壤耕作制度。土壤样品为玄武岩、页岩等呈九个层序分布,在不同土壤深度对光谱反射曲线进行测评,以使用类似常规土壤分类的方法确定土壤类别。在研究中,Demattê 等(2004)得到以下结论:①对不同深度所有光谱曲线同时进行分析时,土壤类别的测定最准确;②可监测最重要的土壤属性包括有机质、总铁、粉粒、砂粒和矿物,它们显著影响着反射光谱的强度和光谱特征,并能够表征和区分土壤类型;③通过光谱分析得到的土壤分界和土壤类型与常规方法结果相

似,因此研究表明实验室测量的光谱数据可用作土壤调查的辅助方法,并可用于对不同的土壤耕作制度进行分类。

另外,航空和卫星高光谱图像数据在土壤制图方面亦被证明具有潜力(例如,Hively等,2011;Gasmi 等,2014)。Mustard(1993)通过使用获取自美国加利福尼亚州 Fresno 附近内华达山脉西部山麓的 AVIRIS 高光谱图像,采用光谱混合分析技术识别和绘制了五种端元的分布和丰度,并对辐射变化效应进行建模。五种端元包括干草、绿色植被和三种加入 0.01% 反射率"阴影"模拟的土壤类型。这种高光谱解混方法成功地将光照、干草和绿色植被与三种土壤类型端元分开。研究中,Mustard(1993)发现,三种土壤端元之间的区别非常小,但在覆盖度图像中观察到的空间分布显示出一些可解释的模式。因此,尽管会受到如植被等变化较大复杂表面组分影响,高分辨率高光谱数据在识别土壤组成的微小差异方面仍具有很大价值。为比较地壳和下层土壤的物理和水文特性,对地中海土壤表面结构进行制图,De Jong 等(2011)使用地物光谱测量确定了硬质和非硬质土壤表面的光谱特征($0.40 \sim 2.5 \ \mu m$),并进一步评估 HyMap 航空高光谱传感器图像在监测硬质土壤形成方面的潜力。硬质与非硬质土壤表面在总体光谱反射率间存在显著差异。约 60% 的硬质土壤样本在 $2.2 \ \mu m$ 附近的黏土矿物吸收波段呈现更强的吸收特征。为分析航空高光谱成像数据,他们以实测光谱作为参考光谱,采用了 SFF 和线性高光谱解混算法评估研究区域表面硬质土壤制图的可能性。结果表明,尽管硬质和非硬质土壤表面的光谱差异较小,但在农田内部对硬质和非硬质土壤进行识别和制图仍是可行的;但对于自然地区,由于 HyMap 图像中景观过于分散,一般无法进行此类制图。Gasmi 等(2014)在地中海地区(突尼斯 Oued Milyan 平原)面积 $210 \ km^2$ 的区域中使用 Hyperion 卫星高光谱图像(30 m 空间分辨率,信噪比约 50:1)分析了黏土和碳酸钙($CaCO_3$)两种土壤参数,以分析土壤侵蚀风险。研究使用偏最小二乘回归(PLSR)法监测在研究区域收集的 124 个土壤样品的黏土和 $CaCO_3$ 含量,而在 $210 \ km^2$ 广阔的研究区域中为开展土壤组成和空间结构分析等研究提供了良好的条件。研究结果表明,Hyperion 数据可用于在裸露的土壤上监测黏土和 $CaCO_3$ 含量,相应的 R^2 值分别为 0.71 和 0.79。结果还表明,Hyperion 卫星数据为大面积土壤制图提出了一种替代的方法。

7.5 高光谱地质学应用:案例研究

本部分综述及总结了三个使用高光谱解混和光谱匹配技术进行矿物识别和制图的典型应用案例,分别是:案例一,多种地表物质制图;案例二,地表水热蚀变矿物制图;案例三,火山硫化物沉积物制图。

7.5.1 案例一:基于 HyMap 数据吸收特征的地表制图研究

本案例研究总结了 Hoefen 等(2011)发表的与阿富汗投资生产相关的矿产制图工作(见 Peters 等,2007)。在该项研究中,Hoefen 等(2011)利用阿富汗戴孔迪地区的 HyMap

高光谱数据,探索大型锡(Sn)-钨(W)矿化过程和相关的蚀变地带,检测可能指示过去矿化过程的矿物存在,并发表矿物学分析结果。

7.5.1.1　研究区、高光谱数据和图像预处理

该项研究的研究区域为距阿富汗喀布尔西南约 200 km 的戴孔迪(Daykundi),一些学者认为此处可能有与古近纪和新近纪火山岩相关的锡(Sn)和钨(W)沉积物以及其他潜在资源(Peters 等,2007)。2007 年,在美国地质调查局针对 Katawaz 和 Helmand 盆地石油和天然气资源评估项目的资助下,他们获得了阿富汗大部分地区的航空高光谱(HyMap)数据。数据获取时间为 2007 年 8 月 22 日至 10 月 2 日,共收集了 218 条飞行线(207 条标准飞行线和 11 条校准线),面积达 438012 km²。随后,通过一系列步骤将 HyMap 辐亮度数据校正为地表反射率数据,这些步骤包括:①使用 ACORN 辐射校正模型将辐射数据转换为表观反射率。②大气校正后的表观反射率数据进一步利用地面标定点的反射率测量数据进行经验校准。在阿富汗收集了五个地点的校准光谱,包括坎大哈航空基地、巴格拉姆空军基地、马扎里沙里夫机场以及喀布尔的两个休耕地。③采用额外的校准步骤解决部分由校准点和调查区域之间的大气差异。

7.5.1.2　制图方法

校准后的 HyMap 反射率数据使用物质材料识别和表征算法(material identification and characterization algorithm, MICA)进行处理,MICA 是美国地质调查局光谱处理软件 PRISM 的一个模块(见本书第 6 章详细介绍)。MICA 模块将 HyMap 数据的各个像元的反射光谱与参考光谱库中的矿物、植被、水和其他物质材料等条目进行比较。参考光谱库中包括 97 个具有明显特征的矿物种类和地表目标物质的参考光谱。研究者采用 MICA 模块对 HyMap 数据进行两次制图,以得到两类吸收特征不同矿物及其他成分分布图:①将 MICA 应用于具有可见光近红外吸收特征的矿物子集,产生含铁矿物及其他物质 1-μm 分布图;②再次针对在中红外区域具有吸收特征的矿物子集,产生碳酸盐、页硅酸盐、硫酸盐、蚀变矿物质等物质材料的 2-μm 图。然后,对两个制图结果中的一些矿物类型进行组合(例如,所有蒙脱石或所有高岭土),以减少矿物类型的数量。1-μm 制图结果能够识别一些具有类似吸收特征的几种矿物,如类型 1 的 Fe^{3+} 和类型 2 的 Fe^{3+}。对于 2-μm 制图结果,由于组成略有不同但光谱特征相似的矿物质不容易区分,一些类别由几种具有类似光谱的矿物组成,例如,存在“绿泥石或绿帘石”的类别。当 HyMap 像元光谱不能与任何参考光谱相匹配时,像元被定义为“未分类”类别。

7.5.1.3　制图结果

图 7.11 和图 7.12 分别展示了 Daykundi 地区根据 HyMap 高光谱数据生成的含铁矿物(1-μm 图)和碳酸盐、层状硅酸盐、硫酸盐、蚀变矿物及其他物质(2-μm 图)的分布结

果。两幅分类结果图有助于识别不同岩性，显示不同矿物在区域中的空间关系和趋势，可用于提高未来矿物制图的准确性。与其他矿物数据源比较的结果表明，Daykundi 目标区域的高光谱数据与该地区各种岩性参数呈良好的相关性。

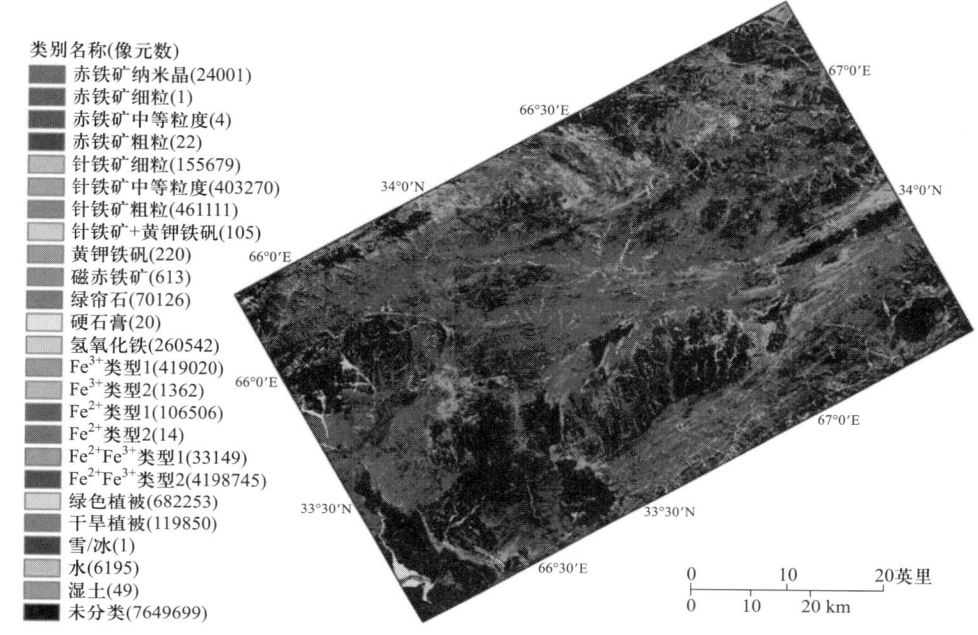

类别名称(像元数)
- 赤铁矿纳米晶(24001)
- 赤铁矿细粒(1)
- 赤铁矿中等粒度(4)
- 赤铁矿粗粒(22)
- 针铁矿细粒(155679)
- 针铁矿中等粒度(403270)
- 针铁矿粗粒(461111)
- 针铁矿+黄钾铁矾(105)
- 黄钾铁矾(220)
- 磁赤铁矿(613)
- 绿帘石(70126)
- 硬石膏(20)
- 氢氧化铁(260542)
- Fe^{3+}类型1(419020)
- Fe^{3+}类型2(1362)
- Fe^{2+}类型1(106506)
- Fe^{2+}类型2(14)
- $Fe^{2+}Fe^{3+}$类型1(33149)
- $Fe^{2+}Fe^{3+}$类型2(4198745)
- 绿色植被(682253)
- 干旱植被(119850)
- 雪/冰(1)
- 水(6195)
- 湿土(49)
- 未分类(7649699)

图 7.11 基于 HyMap 图像由 MICA 模块制作的 Daykundi 地区含铁矿物及其他物质的分类图（Hoefen 等，2011）（参见书末彩插）

7.5.1.4 结论

矿物学制图的结果表明，①对主要的变化区可以使用 HyMap 和实地光谱进行监测；②更大的应用前景在于 HyMap 制图结果可以与脉石矿物、沉积矿物或与宿主岩性相关的矿物相关联，应用于详细的地质制图和地球化学研究。

7.5.2 案例二：基于机载 AVIRIS 和星载 Hyperion 遥感图像的地表水热蚀变矿物制图研究

在这个案例研究中，主要介绍 Kruse 等（2003）发表于 *IEEE Transactions on Geoscience and Remote Sensing* 上的工作，关于使用机载和星载高光谱（AVIRIS 和 Hyperion）数据对地表水热蚀变矿物进行制图。在他们的工作中，报道了高光谱图像处理和矿物制图的一般流程。

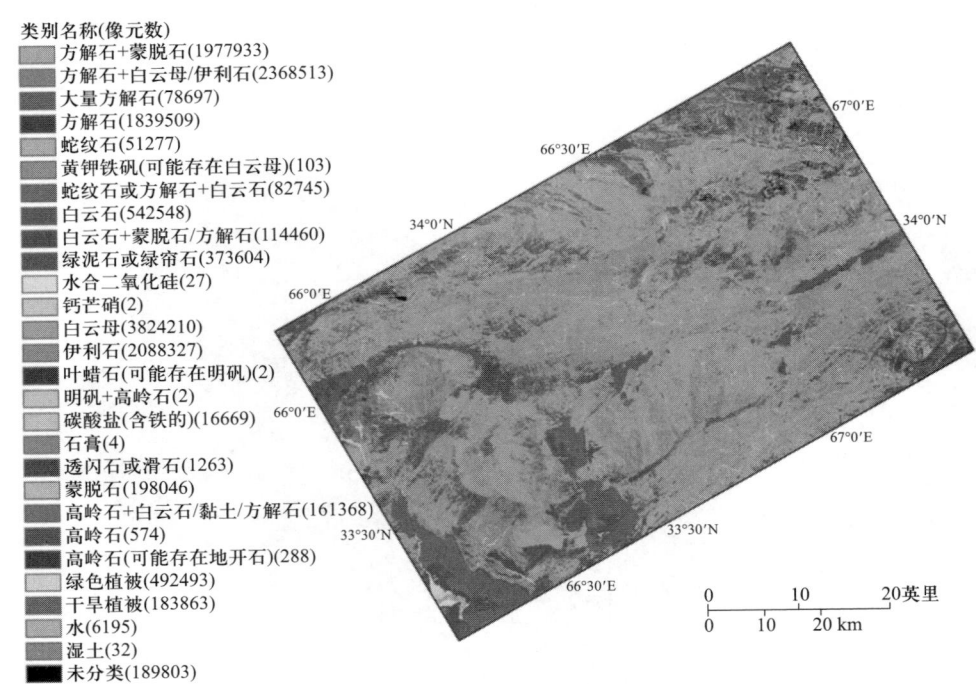

类别名称(像元数)
方解石+蒙脱石(1977933)
方解石+白云母/伊利石(2368513)
大量方解石(78697)
方解石(1839509)
蛇纹石(51277)
黄钾铁矾(可能存在白云母)(103)
蛇纹石或方解石+白云石(82745)
白云石(542548)
白云石+蒙脱石/方解石(114460)
绿泥石或绿帘石(373604)
水合二氧化硅(27)
钙芒硝(2)
白云母(3824210)
伊利石(2088327)
叶蜡石(可能存在明矾)(2)
明矾+高岭石(2)
碳酸盐(含铁的)(16669)
石膏(4)
透闪石或滑石(1263)
蒙脱石(198046)
高岭石+白云石/黏土/方解石(161368)
高岭石(574)
高岭石(可能存在地开石)(288)
绿色植被(492493)
干旱植被(183863)
水(6195)
湿土(32)
未分类(189803)

图 7.12   基于 HyMap 图像由 MICA 模块制作的 Daykundi 地区碳酸盐、层状硅酸盐、硫酸盐、蚀变矿物及其他物质的分类图(Hoefen 等,2011)(参见书末彩插)

7.5.2.1   研究区域和高光谱数据

研究区位于美国内华达州 Cuprite 地区,该区域是火山岩中相对较少受干扰的酸-硫酸盐热液系统,具有包括高岭石、明矾石和水热硅石的大量裸露蚀变矿物,因此是使用机载高光谱数据和星载高光谱数据监测地表水热蚀变矿物的理想研究区域。该区域自 20 世纪 80 年代初以来一直被用作地质遥感测试站点,已有较多的研究工作在此地开展(例如,van der Meer,2004;Kruse,2008;Kodama 等,2010)。研究中用到的高光谱数据为 1997 年 6 月 19 日获得的 AVIRIS 航空高光谱数据以及 2001 年 3 月 1 日获取的 Hyperion 卫星数据。

7.5.2.2   制图方法

研究中用于矿物学识别和监测的方法和工具都在 ENVI 软件系统中实现(参见第 6 章中的更多细节内容)(图 7.13)(Kruse 等,2006),具体包括以下步骤:①高光谱数据预处理,包括辐射校正;②反射率数据线性变换,噪声最小化处理及数据降维;③光谱纯像元确定;④端元(矿物)光谱的识别和提取;⑤特定图像端元(矿物)的空间制图和丰度估算。

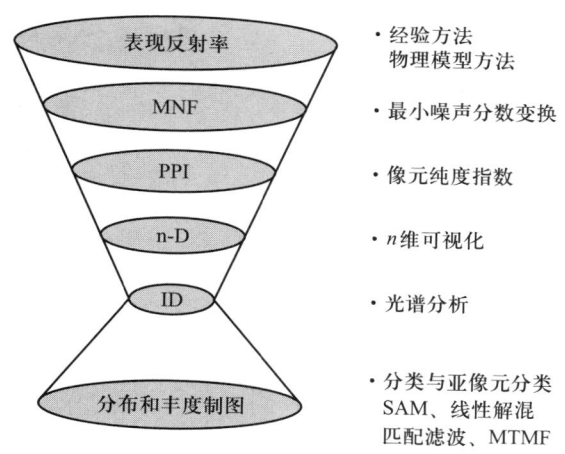

图 7.13 AIG 高光谱数据处理流程。图中,沙漏颈部描述的是大型高光谱图像数据集经一系列空间和光谱数据降维方法处理后得到的少数具有代表性的关键光谱。然后,将基于像元的光谱制图方法应用于整个(HSI)数据集(Kruse 等,2003)

在步骤①中,高光谱数据预处理使用经验方法(如 IAR)或基于模型的方法(如 ACORN)将原始数据校正为表观反射率(地面反射率)数据(参见本书第 4 章相关内容介绍)。在步骤②中,使用 MNF 变换进行光谱压缩,噪声抑制和降维。然后,将低维 MNF 特征数据(通常是前几个特征)进一步处理,步骤③和④使用 ENVI 中的 PPI 和 n 维散点制图工具自动定位及提取纯像元端元光谱(如高岭石、铝铁矿、白云母、二氧化硅、水铵长石和方解石)。此外,还使用目视判读和光谱库比对鉴定端元光谱。在步骤⑤中利用 SAM 和 MTMF 完成丰度估算和矿物制图。

7.5.2.3 结果

研究选择了覆盖短波红外范围(2.0~2.4 μm)的光谱波段,因为这些波段容易受水、羟基、碳酸盐和硫酸盐分子的振动特征影响(Hunt, 1977; van der Meer, 2004),并且可以使用 MNF 线性变换处理这些波段。结果表明,在具有大致相同的空间范围和光谱范围条件下,AVIRIS 数据包含了比 Hyperion 数据更多的信息。对于 2.0~2.4 μm 范围的光谱数据,MNF 分析分别指示 AVIRIS 数据大约有 20 个特征维度,Hyperion 数据有六个特征维度。这些特征包含了大部分的光谱信息。将这些低维 MNF 特征输入 ENVI 系统中的 PPI 和 n 维散点制图工具,能够获得纯矿物端元光谱,并用 MTMF 制图算法来产生所选矿物的分布和丰度结果(图 7.14)。比较 AVIRIS 和 Hyperion 矿物制图结果,发现采用 AVIRIS 作为 Hyperion 的"真实数据"时,Hyperion 通常会识别出与 AVIRIS 类似的矿物监测结果。同时也发现许多像元在 Hyperion 上未被分类,这可能是由 Hyperion 传感器的信噪比低于 AVIRIS 传感器所致。

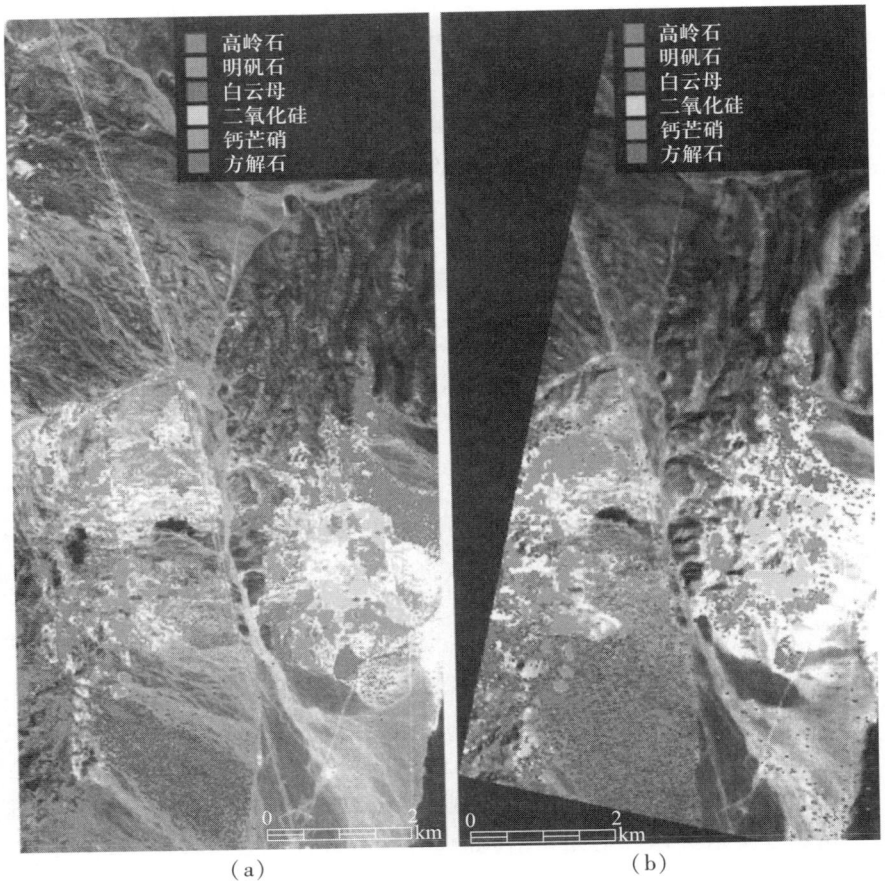

图 7.14　基于美国内华达州 Cuprite 矿区 AVIRIS 图像(a)和 Hyperion 图像(b)的 MTMF 矿物制图。彩色像元表示浓度高于 10% 时光谱显著的矿物(Kruse 等,2003)(参见书末彩插)

7.5.2.4　结论

使用 Hyperion 中红外区域光谱仪(2.0~2.4 μm)的矿物监测结果表明,Hyperion 数据可产生有用的矿物学信息。然而,由于 Hyperion 传感器的信噪比较低,与 AVIRIS 相比被识别的端元较少。同时,精度评估和误差分析也表明,使用 Hyperion 数据识别一些特定已知的矿物较为困难。因此,他们建议未来的高光谱卫星传感器的信噪比性能应显著高于现有水平(基于暗电流测试结果至少达到 100∶1)(Kruse 等, 2003)。

7.5.3　案例三:基于 HyMap 图像的火山硫化沉积物制图研究

在案例三中,简要介绍 van Ruitenbeek 等(2012)发表于 *Ore Geology Reviews* 的研究。van Ruitenbeek 等（2012）利用航空和野外高光谱技术监测与火山沉积硫化物

（volcanogenic massive sulfide，VMS）相关的远古水热体系，特别对西澳大利亚 Panorama 研究区白云母矿物的分布进行制图。在他们的工作中，报道了从航空高光谱图像中得到白云母分布图，并将其与实地观测、地球化学和氧同位素分析结合的相关分析结果。

7.5.3.1　研究区域和高光谱数据

Panorama 研究区位于西澳大利亚 East Pilbara Terrane 的 Soansville Greenstone 地带。澳大利亚 Pilbara Terrane 是最好的 VMS 型矿床之一，并且许多学者从矿化的角度对其进行了广泛的研究。在当前的半干旱气候下，该地区土壤和沉积物覆盖稀少，风化程度较低，植被覆盖度较低，基岩矿裸露明显。研究在火山岩层序和邻近区域获取了四幅航空高光谱（HyMap）图像，每幅图像大约覆盖 2.5 km×22 km，具有 5 m 空间分辨率，2200 nm 附近具有 20 nm 光谱分辨率。此外，在实验室使用便携式红外矿物分析仪测量了 223 个未风化的火山岩样品的光谱，便携式红外矿物分析仪的光谱范围在 1300~2500 nm，2200 nm 处光谱分辨率为 7 nm。反射光谱主要用于目视解译白云母和绿泥石，以及确定矿物的丰度。

7.5.3.2　制图方法

根据 van Ruitenbeek 等（2006）基于随机理论的方法，采用 HyMap 波段比对白云母进行制图，将 HyMap 图像处理并转换为两幅图像：①保证白云母存在的从 0 到 1 的概率图像；②标示出白云母 2200 nm 处（范围 2195~2225 nm）吸收特征波长位置的吸收波长图像。研究使用 HyMap 波段比逻辑回归模型估算白云母存在概率的第一幅图像（覆盖了白云母 2200 nm 处和三齿稃植被接近 2050 nm 处的吸收特征）。基于 HyMap 图像波段比特征的多元线性回归模型计算第二幅图像，以估计岩石 2200 nm 附近的吸收特征。然后，使用模板匹配方法（van Ruitenbeek 等，2008）对白云母概率图像和吸收波长图像进行逐像元分类。将白云母矿物的丰度图与已有的热液蚀变图进行比较，并利用地球化学和水热蚀变岩氧同位素地热测量研究的温度估算结果对两者之间的差异进行了解释。通过实地调查验证，基于 HyMap 两幅图像能够得到较为满意的制图精度。

7.5.3.3　结果

来自 HyMap 高光谱图像 2200 nm 处吸收特征的白云母分布图（图 7.15）显示了火山岩序列内白色云母的不同化学分区，其中白云母概率图像分为六个光谱组（1，2a，2b，3a，3b，4），代表不同类型的白云母及其丰度。根据图 7.15 中的铝含量，确定了三个不同的区域，即富含铝白云母区、与热液流体 K 变化相关的贫铝白云母区、与横向流动和上升流体密切相关的高至中等铝含量白云母区域。

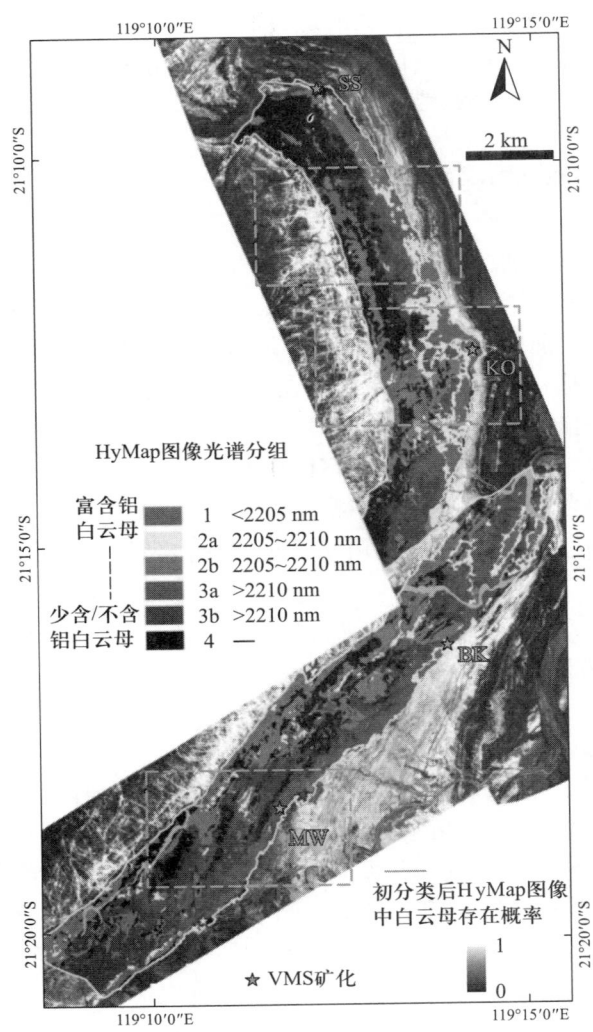

图 7.15　白云母种类分布图（基于 HyMap 图像的 2200 nm 光谱吸收特征制作）。白云母灰度概率图
展现了沉积分层和纹理。VMS 沉积物：SS 代表 Sulphur Springs，KC 代表 Kangaroo Caves，BK 代表
Breakers，MW 代表 Man O'War（van Ruitenbeek 等，2012）（参见书末彩插）

7.5.3.4　结语

　　van Ruitenbeek 等（2012）的研究结果展示了高光谱数据在对白云母矿物分布、表征
热液系统和重建流体路径方面制图的潜力。使用高光谱数据可以进行区域尺度白云母矿
物的制图研究。因此，可以通过对潜在矿化热液排放区域进行识别和制图指导 VMS 矿床
的勘探。

7.6　本　章　小　结

　　本章开篇介绍了可见光-近红外和中红外光谱范围高光谱遥感技术在地质学和土壤学应用方面的原理、可行性、优势和局限性，概述了矿物/岩石的光谱特征和性质。矿物/岩石的主要光谱特征一般由电子跃迁和振动两个过程引起，形成光谱中的吸收带或反射最小值。随后，介绍了六类高光谱应用在地质学的技术和方法，对矿物和岩石的成分估计和制图方法进行了综述，并总结了方法的特点、优点和局限性（表7.3）。六类高光谱分析技术和方法包括：①连续统去除的光谱吸收特征提取方法（包括 SFF、最小二乘拟合、简单线性插值和光谱吸收指数等）；②高光谱矿物指数；③光谱匹配技术（包括 SAM、CCRM 和 SID）；④高光谱解混技术（包括 LSM、MESMA、MTMF 和 CEM 等）；⑤光谱建模方法（MGM 模型）；⑥三种先进技术和方法（ANN、光谱专家系统和 SVM）。第7.4节回顾了高光谱遥感在土壤科学中的应用，包括对土壤光谱特征的总结和讨论，以及高光谱遥感在土壤成分估算和制图方面的应用概况。这一部分主要涉及与土壤退化（盐碱化、侵蚀和沉积）、土壤有机质和土壤有机碳、土壤水分、土壤污染和土壤分类制图等相关问题的监测和制图。在第7.5节中，介绍了三个典型的基于高光谱遥感技术的矿物学应用研究案例。

参考文献

 第 7 章参考文献

第 8 章

高光谱植被遥感应用

植被在 0.4~2.5 μm 光谱范围的反射光谱中存在许多特殊的、可用于诊断的吸收特征,因此植被和生态成为高光谱遥感应用研究的一个重要领域。自 20 世纪 80 年代初以来,与高光谱在地质和土壤中的应用类似,许多高光谱植被遥感分析技术和方法得到发展。根据使用的高光谱数据类型(包括实验室、实测、航空、航天高光谱数据)的不同,本章将从不同角度对植被高光谱遥感研究进行介绍。

第 8.2 节介绍典型绿色植物的光谱特征,包括绿色叶片结构和植物光谱反射曲线;第 8.3 节介绍 9 种适于利用高光谱数据提取和估算植物生理生化参数的分析技术和制图方法;最后两部分介绍各种高光谱数据在植物理化参数估算和制图中的应用实例。

8.1 简　　介

作为一种先进的遥感技术,成像高光谱技术由于能够获得从可见光红外光谱范围内的许多连续窄波段(小于 10 nm 波段宽)图像数据(Goetz 等,1985),正受到越来越多的关注。这些数据由于具有足够高的光谱分辨率能够直接识别通常宽度为 20 ~ 40 nm 不等的光谱吸收诊断特征(Hunt,1980)。因此,高光谱遥感技术的重要性不仅在于能够得到图像每个像元全谱段的光谱信息,还在于能够提高对地物的识别精度和量化估算能力,如识别矿物、水体、植被、土壤以及人造材料等目标,并且具有分析其物理和化学性质的能力。20 世纪 80 年代初期,高光谱遥感技术在探矿中得到发展和应用(Goetz 等,1985)。1988 年以后,高光谱遥感技术在地质学、植被与生态系统、大气科学、水文学和海洋学等多个领域得到广泛应用。

生态系统和陆表植被研究是高光谱遥感应用的重要领域(Green 等,1998)。植物的光谱特性很大程度上取决于其生物物理和生物化学特性(如植物色素),而基于高光谱数据的植被光谱吸收特征诊断,可用于植被生物参数提取(Wessman 等,1989;Pu 和 Gong,2004;Cheng 等,2006;Asner 和 Martin,2008),包括叶面积指数、鲜/干生物量、光合有效辐

射吸收比率、水分含量、色素（如叶绿素）、冠层结构和群落类型等。这些参数均能与遥感数据,特别是高光谱数据关联(Johnson 等,1994)。研究表明,植物反射光谱曲线中"吸收峰和吸收谷"特征的存在是由于植物所含色素（如叶绿素）、水分及其他化学成分产生的诊断光谱（吸收）特征影响。相对于传统宽波段遥感数据,高光谱数据是估算植物叶片和冠层尺度上生物化学参数含量或浓度(Peterson 等,1988;Johnson 等,1994;Darvishzadeh 等,2008;Asner 和 Martin,2008),以及 LAI、植物种类组成和生物量等生态系统成分(Gong 等,1997;Martin 等,1998;le Maire 等,2008)的有效监测工具。例如,使用高光谱传感器可以测量并提取某些与植物胁迫和健康关联的红边光学参数(Miller 等,1990,1991;Pu 等,2004)。通过使用高光谱遥感光谱分辨率高的特性可以对一些假设进行检验并将结果有效地应用到地表生态系统的研究中,帮助我们定量描述一些生物现象和过程。

搭载在不同平台上的高光谱传感器（如 AVIRIS、CASI 和 Hyperion）能够为用户提供各种高光谱分辨率影像数据,与宽波段(50~200 nm)光谱数据相比,这些连续窄波段(1~10 nm)光谱数据为植物特性的遥感估算和生态系统评价提供了新的途径,具有潜力。除了在植被分类与物种识别的研究和应用外,高光谱遥感技术也能够用于陆地生态系统研究中,进行生物参数的估算和生态系统功能的评价。本章首先对植被典型生物物理和生物化学参数的光谱特征进行介绍;其次,对高光谱遥感技术在提取与估算植物生物参数方面的适用性和有效性进行评述。此外,本章还将介绍一些基于高光谱遥感技术的生物物理和生物化学参数估算的研究案例。

8.2 典型绿色植物的光谱特征

8.2.1 叶片结构和植物光谱反射曲线

叶片是植物光合作用的主要器官。虽然植物叶片存在多种解剖结构,但其基本组成的单元十分相似,而叶片的光学性质变化即是因为这些基本组成单元在叶片内的不同排列造成的(Verdebout 等,1994)。图 8.1 展示了典型叶片结构的横截面,从图中可以看出,细胞壁及一些特殊细胞组成的结构单元支撑着叶片。然而,叶片结构因植物种类及其生长环境条件不同存在差异。通常,植物叶片由外表皮、气孔细胞、气孔和细胞间隙组成。大多数植物叶片具有明显的两层结构,一层由位于叶肉上部的栅栏薄壁组织细胞组成,另一层由位于叶肉下部的形状不规则、排列松散的海绵组织细胞组成。绿色植物叶片内的光合过程主要依赖于栅栏薄壁组织叶肉细胞和海绵组织叶肉细胞这两种类型(Jensen,2007)。其中栅栏薄壁组织叶肉细胞内的叶绿素浓度或含量主要决定了可见光范围的太阳光吸收和反射,而海绵组织叶肉细胞则主要决定近红外范围的太阳光吸收和反射。

健康绿色叶片的光学特性主要受植物色素浓度（如叶绿素）、其他生物化学成分、含水量以及叶片结构参数控制(Lichtenthaler,1987;Gitelson 等,2001,2009;Blackburn,2007;Jensen,2007;Ustin 等,2009)。因此,叶片光谱特征可以具有很大的差异性,同时植被反射率也是由叶片、冠层以及植被所处环境共同作用的复杂过程的结果。植被对大部

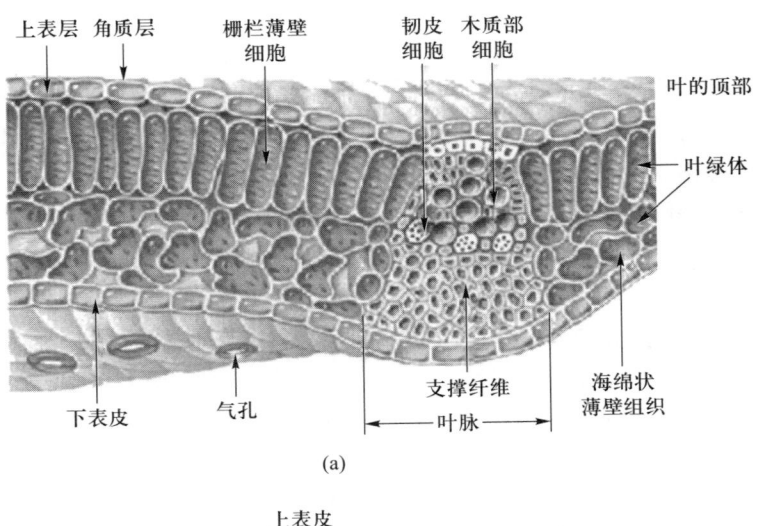

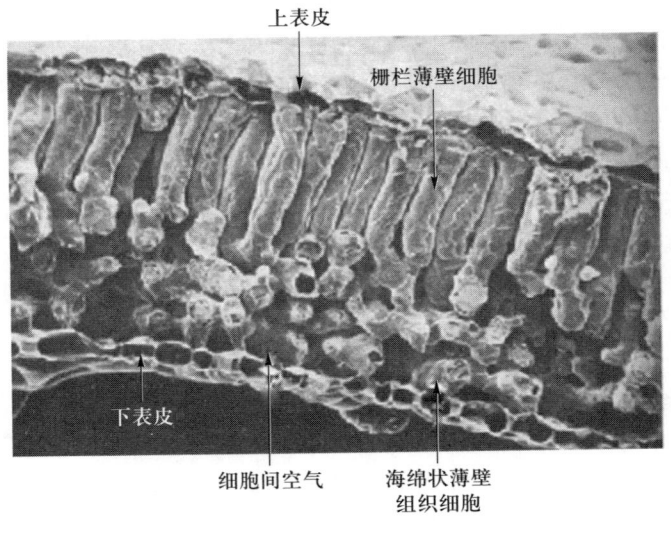

图 8.1　典型健康绿色叶片横截面示意图：模拟叶片（a）和真实叶片（b）。揭示了决定植被光谱特性的主要结构成分（据 Jensen，2007；经 Pearson Education 公司授权许可）

分光谱范围的太阳辐射敏感，从紫外光到短波红外光谱，几乎涵盖可见光、近红外和中红外光谱范围（0.4～2.5 μm）；植物通过吸收辐射（可见光范围的太阳能量）驱动其生长必需的光合过程。太阳辐射和植物之间的相互作用可以大致分为三个部分，即热效应、光合作用和光敏效应（Kumar 等，2001）。Kumar 等（2001）的研究指出，植物吸收的大约 70%的入射太阳辐射最终被转化为热量用于维持植物自身温度以及蒸腾作用（热效应）；大约28%的太阳能量（称为光合有效辐射）被植物色素系统用于光合过程；植物吸收的紫外辐射（大致占吸收的入射太阳辐射总能量的 2%）用于产生长波段范围的荧光（光敏效应）

（Eismann，2012）。当太阳光到达叶片表面后，入射的太阳能量会发生反射、吸收或透射，而叶片对光谱吸收、反射和透射的量和性质是由入射辐射的波长、入射角度、叶片表面粗糙度和结构（如叶片表皮的蜡质层和纤毛）以及叶片生物物理和生物化学参数决定的。图 1.7（第 1 章）展示了典型的叶片光谱曲线，并详细地分析了由色素、水分及其他化学成分和植物细胞结构产生的主要吸收和反射光谱特征及位置。不同植物种类和来自不同环境条件下的植物叶片可能具有不同的吸收和反射强度。典型的叶片光谱曲线包括三个光谱范围：可见光（$0.4 \sim 0.7$ μm）、近红外（$0.7 \sim 1.3$ μm）和中红外（$1.3 \sim 2.5$ μm）（图 1.7）。下面对这三个光谱区间的吸收、反射以及透射特性进行详细介绍。

8.2.1.1 可见光区域的多种植物色素吸收作用

在可见光区域，由于叶片色素的强吸收作用导致植物光谱表现出较低的反射和透射特性（表 8.1 和图 8.2；也可参考图 1.7 和图 5.11）。植物对可见光的吸收与电子跃迁有关，包括叶绿素和类胡萝卜素在内的色素通过吸收具有特定光能的光，导致其分子结构内部发生电子跃迁。尽管植物叶片含有如叶绿素、类胡萝卜素、花青素、藻红蛋白以及藻蓝蛋白等可见光范围具有调控作用的色素，但由于叶绿素含量是类胡萝卜素含量的 $5 \sim 10$ 倍，所以叶绿素对光谱的影响占有主导地位（Belward，1991）。例如，绿色植物光谱反射曲线在 420 nm、490 nm 和 660 nm 附近出现的吸收峰主要是由叶绿素的强吸收引起的。此外，植物的光合作用主要依赖叶绿素对蓝紫光和红光而非绿光的吸收，所以大多数植物呈现出绿色。在光合过程中，叶绿素（叶绿体）利用吸收的光能将二氧化碳和水转化为碳水化合物，这些由光合作用合成的有机成分是植物维持自身生长发育必需的物质。

表 8.1　叶片生物化学参数光谱吸收特征

波长/nm	生物化学参数	电子振动或化学键振动
430	叶绿素 a[*]	电子跃迁
460	叶绿素 b	电子跃迁
640	叶绿素 b	电子跃迁
660	叶绿素 a	电子跃迁
910	蛋白质	C—H 伸缩，三级倍频
930	油	C—H 伸缩，三级倍频
970	水、淀粉	O—H 弯曲，一级倍频
990	淀粉	O—H 伸缩，二级倍频
1020	蛋白质	N—H 伸缩
1040	油	C—H 伸缩，C—H 变形
1120	木质素	C—H 伸缩，二级倍频
1200	水、纤维素，淀粉，木质素	O—H 弯曲，一级倍频

续表

波长/nm	生物化学参数	电子振动或化学键振动
1400	水	O—H 弯曲, 一级倍频
1420	木质素	C—H 伸缩, C—H 变形
1450	淀粉, 糖, 水, 木质素	C—H 变形, O—H 伸缩, C—H 变形
1480	纤维素, 水	伸缩倍频
1490	纤维素, 糖	O—H 伸缩, 一级倍频
1510	蛋白质, 氮	N—H 伸缩, 一级倍频
1530	淀粉	O—H 伸缩, 一级倍频
1540	淀粉, 纤维素	O—H 伸缩, 一级倍频
1580	淀粉, 糖	O—H 伸缩, 一级倍频
1690	木质, 淀粉, 蛋白质, 氮	C—H 伸缩, 一级倍频
1730	蛋白质	C—H 伸缩
1736	纤维素	O—H 伸缩
1780	纤维素, 糖, 淀粉	C—H 伸缩, 一级倍频/O—H 伸缩/H—O—H 变形
1820	纤维素	O—H 伸缩/C—O 伸缩, 二级倍频
1900	淀粉	O—H 伸缩, C—O 伸缩
1924	纤维素	O—H 伸缩, O—H 变形
1940	水、木质素、蛋白质、氮、淀粉、纤维素	O—H 伸缩, O—H 变形
1960	糖, 淀粉	O—H 伸缩, O—H 旋转
1980	蛋白质	N—H 不对称
2000	淀粉	O—H 变形, C—O 变形
2060	蛋白质, 氮	N≡H 旋转, 二级倍频/N≡H 旋转/N—H 伸缩
2080	糖, 淀粉	O—H 伸缩, O—H 变形
2100	淀粉, 纤维素	N≡H 旋转/C—O 伸缩/C—O—C 伸缩, 三级倍频
2130	氮	N—H 伸缩
2180	蛋白质, 氮	N—H 旋转, 二级倍频/C—H 伸缩/C≡O 伸缩/C—N 伸缩
2240	蛋白质	C—H 伸缩
2250	淀粉	O—H 伸缩, O—H 变形
2270	纤维素, 糖, 淀粉	C—H 伸缩/O—H 伸缩, CH₂ 旋转/CH₂ 伸缩
2280	淀粉, 纤维素	C—H 伸缩, CH₂ 变形, CH₂ 变形
2300	蛋白质, 氮	N—H 伸缩, C≡O 伸缩, C—H 旋转, 二级倍频
2310	油	C—H 旋转, 二级倍频

波长/nm	生物化学参数	电子振动或化学键振动
2320	淀粉	C—H 伸缩,CH_2 变形
2340	纤维素	C—H 伸缩/O—H 变形/C—H 变形/O—H 伸缩
2350	纤维素,氮,蛋白质	CH_2 旋转,二级倍频,C—H 变形,二级倍频

资料来源:Williams 和 Norris(1987);Card 等(1988);Curran(1989);Elvidge(1987,1990)。

* 一些化学物质波段具有较强的吸收特征。

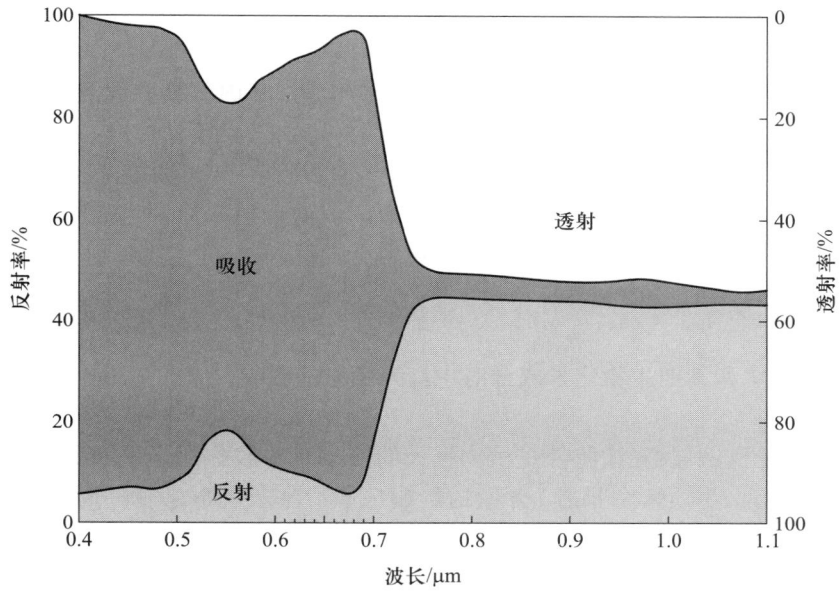

图 8.2 大须芒草叶片表面的半球反射率、透射率和吸收光谱特性(实验室环境测量)。在可见光-近红外光谱范围,反射率和透射率曲线几乎呈镜像关系(Walter-Shea 和 Biehl,1990)

　　植被在可见光区域的光谱吸收特征随季节变化而改变。随着叶片的衰老,叶绿素的降解速度快于类胡萝卜素,这时类胡萝卜素和叶黄素对可见光的光谱特征影响占主导作用(Kumar 等,2001)。类胡萝卜素和叶黄素对蓝光的吸收以及绿光和红光的反射导致叶片呈现黄色。随着叶片的凋零,褐色素(单宁酸)逐渐产生,导致叶片可见光区域的反射率和透射率降低。对于健康绿色植被,当光谱反射率从红波段范围进入近红外波段范围(660~780 nm)时,光谱反射率值由低值急剧升高,这种植被特有的光谱特征被称为红边(位于 700~725 nm)。当绿色植物的叶绿素浓度和水分含量发生变化时,红边位置会随之改变。当植物处于健康状态且具有高的叶绿素浓度时,红边位置向长波方向移动;反之,红边位置向短波方向移动。为了准确确定红边位置,在一定的光谱范围中测定光谱分辨率非常高的光谱是必需的,本书第 5 章对红边位置的提取方法有详细介绍。

8.2.1.2　内部细胞结构对近红外区域的多次散射

典型健康植被叶片在 0.7~1.3 μm 的近红外光谱反射率显著增加(图 1.7 和图 5.11),这部分光谱通常具有高反射、高透射和低吸收的特点(图 8.2)。叶片吸收、散射、反射和透射的实际比例因植物种类不同而变化,并且还取决于叶片的内部结构。叶片的近红外反射光谱也随植物生长、发育和衰老的过程发生变化。叶片中海绵组织控制着近红外部分的反射能量(Jensen,2007)。海绵组织通常位于栅栏组织下面,由如图 8.1 所示的许多细胞和细胞间隙组成。由于近红外反射率主要受复杂的细胞结构和多次散射的影响,因此该段范围的光谱特性主要由叶肉层细胞间隙的分布和细胞的形状、大小以及排列决定。例如,当叶片的叶肉层更加致密或含水量更大时,其内部细胞间隙变得相对较小,这样的叶片具有更高的透射辐射和相对较小的散射辐射。相反,叶片内海绵组织层拥有更多的空气间隙,因此可以产生更多的空气-水界面,从而引起更多的散射(Gausman 等,1970;Kumar 等,2001)。植被冠层在近红外光谱区域的反射率通常远高于单个叶片的反射率,这是因为当近红外辐射穿透叶片进入冠层后,冠层内部的多重反射作用产生了额外的辐射能量(Belward,1991)。

8.2.1.3　水和其他生物化学成分对中红外辐射的吸收

在中红外光谱区域,光谱特性受植物强大的液态水吸收作用影响和其他叶片生物化学成分(如纤维素、木质素和果胶)含量的影响(表 8.1)。表中,大部分其他类型的叶片化学成分的吸收特征波长均位于中红外光谱范围。1.3~2.5 μm 范围的中红外反射率与植被冠层叶片水分含量之间存在较强的相关性。图 5.11 清晰地反映了叶片反射率随叶片相对含水量变化而改变。水对光谱的吸收是由水分子的振动与转动状态改变引起的,不同于电子跃迁产生的色素的吸收(Belward,1991)。中红外区域的反射率通常远小于近红外区域,且由于中红外区域水的吸收十分强烈,以至于这种吸收带来的滞后效应对处于主要的水吸收波段的光谱也产生影响,导致在中红外光谱范围内植被叶片内液态水主导的水汽吸收波段位置与大气水汽吸收波段位置略有差异。因此,叶片水分含量的增加不仅降低了水分吸收波段的反射率,而且也造成其他光谱区域反射率的降低(Kumar 等,2001)。然而,随着绿色叶片逐渐干枯,它的光谱特性逐渐受纤维素、木质素和果胶含量影响,因而在 1.8~2.5 μm 的光谱范围表现出诊断特征。

8.2.2　植物生物物理参数的光谱特征

典型植物生物物理参数的光谱反射特征(表 8.2)已成为植物物光谱研究的一个重要主题,这些参数包括叶面积指数、比叶面积、冠层郁闭度、植被类型、生物量、光合有效辐射吸收比例(fPAR 或 fAPAR)以及能够反映光合作用效率的除植物自身呼吸以外的净初级生产力(net primary productivity, NPP)。通过多光谱/高光谱遥感数据直接或间接反演植

物理化参数对评估植物和生态系统的状况和生产力非常有效。表 8.2 总结了典型植物生物物理参数的光谱特征。

表 8.2 典型植物生理生化参数

生物参数	定义及介绍	光谱性质与特征
生物物理参数		
叶面积指数	单位面积植物冠层中所有叶片的单侧总面积	可见光区域色素光谱吸收特性和短波红外区域含水量及其他生物化学物质有助于提取与监测植物的 LAI 和覆盖度
特定叶面积	单位叶片干质量投影叶面积（cm^2/g）	SLA 与水吸收带不直接相关，但它与叶化学和光合过程及叶片结构性质相关
树冠郁闭度	植物冠层垂直投影覆盖的土地面积百分比	类似于 LAI
种类	各种植物种类和种类组成	由于植物的物候、生理、叶片结构、生物化学和生态系统类型存在差异和变化，不同植物类型之间存在光谱差异
生物量	单位面积植被绝对数量（通常被认为是地上生物量）	光谱能够响应植物的吸收和反射，LAI、林分/群落结构、物种和物种组成以及图像纹理信息
净初级生产力	生态系统积累能量或生物量的速率，除去用于呼吸过程的能量，通常对应于光合作用速率	可见光和 NIR 光谱反映 LAI 或冠层光吸收的植被状况及其随时间变化的情况
fPAR 或 fAPAR	可见光区域吸收光合有效辐射有效分数	在可见光 400~700 nm 部分能量被包括叶绿素 a、b，类胡萝卜素和花青素等植物色素吸收用于光合作用过程的部分
生化参数		
叶绿素（叶绿素 a、b）	绿色色素叶绿素 a 和 b，用于植物光合作用（mg/m^2 或 $nmol/cm^2$）	Chl-a 吸收特征接近 430 nm 和 660 nm，并且 Chl-b 吸收特征接近 450 nm 和 650 nm（Lichtenthaler，1987；Blackburn，2007）
类胡萝卜素	任何黄色、红色色素，包括胡萝卜素和叶黄素（mg/m^2）	蓝色区域类胡萝卜素吸收特征活体内接近 445 nm（Lichtenthaler，1987），而原位类胡萝卜素吸收波长为 500 nm 甚至更长
花青素	各种水溶性色素，赋予花卉和其他植物从紫色和蓝色到大部分红色的颜色（mg/m^2）	花青素吸收特征活体内在 530 nm 处，但原位花青素吸收在 550 nm 附近（Gitelson 等，2001，2009；Blackburn，2007）

续表

生物参数	定义及介绍	光谱性质与特征
氮	植物营养元素(%)	N 吸收特征的中心波长接近 1.51 μm、2.06 μm、2.18 μm、2.30 μm 和 2.35 μm
磷	植物营养元素(%)	在 0.40~2.50 μm 范围内没有直接和显著的吸收特征,但它间接影响其他生化组分的光谱特征
钾	植物营养元素(%)	叶片钾浓度仅对巩膜透明细胞壁产生轻微影响,因此对近红外反射率有影响
水	叶片或冠层含水量或浓度(%)	这些吸收特征的中心波长接近 0.97 μm、1.20 μm、1.40 μm 和 1.94 μm
木质素	一种复杂的聚合物,是木材的主要非碳水化合物成分,与纤维素结合,硬化并增强植物细胞壁(%)	木质素吸收特征的中心波长接近 1.12 μm、1.42 μm、1.69 μm、1.94 μm、2.05~2.14 μm、2.27 μm、2.33 μm、2.38 μm 和 2.50 μm(Curran, 1989;Elvidge, 1990)
纤维素	一种由葡萄糖单元组成的复杂碳水化合物,是大多数植物中形成细胞壁的主要成分(%)	纤维素吸收特征的中心波长接近 1.20 μm、1.49 μm、1.78 μm、1.82 μm、2.27 μm、2.34 μm 和 2.35 μm。
果胶	半乳糖醛酸聚合物,常见于细胞壁和相邻细胞之间的中间层	纤维素吸收特征的中心波长接近 1.40 μm、1.82 μm 和 2.27 μm
蛋白质	一组包含碳、氢、氧、氮的复杂有机大分子(通常含硫),由一个或多个氨基酸链组成(%)	蛋白质吸收特征的中心波长接近 0.91 μm、1.02 μm、1.51 μm、1.98 μm、2.06 μm、2.18 μm、2.24 μm 和 2.30 μm

资料来源:主要参考 Pu 和 Gong(2011)。

8.2.2.1   叶面积指数、比叶面积和树冠郁闭度

叶面积指数(leaf area index,LAI)、比叶面积(specific leaf area,SLA)和树冠郁闭度(crown closure,CC)是定量描述生态系统尤其是陆地生态系统能量和物质交换特征的重要植物冠层结构参数(Pu 和 Gong,2011)。这些特征涉及光合作用、呼吸作用、蒸腾作用、碳和营养循环以及雨水截留等方面。LAI 定量表征了单位土地面积上存在于植物冠层中的鲜叶片数量;SLA 描述了植物冠层中单位叶面积的叶片干重;CC 定量描述了植物冠层中鲜叶垂直投影面积的百分比。植物叶片的生理和结构特征决定了除绿光波段以外的其他可见光波段呈现典型的低反射特征。而植物近红外的高反射特征使得光学遥感技术可以获得更详细的植被信息(包括植物生长状况以及光合有效的植物冠层结构等),从而帮助人们理解植物生态系统与大气之间的物质交换(Zheng 和 Moskal,2009)。随着

LAI 和 CC 的不断增加,植物反射光谱的许多吸收特征因振幅、宽度或位置的增大而趋于明显。这些诊断(吸收)特征,包括色素引起的可见光区域的诊断特征和含水量及其他生物化学成分引起的短波红外区域的诊断特征(Curran,1989;Elvidge,1990)(表 8.1),能够用于 LAI 和 CC 的估算以及制图。与 LAI 和 CC 不同,SLA 的光谱特性与植物全谱段的水分吸收带并没有直接联系,但 SLA 反映的叶片结构属性使其与包括叶片化学物质和光合过程等存在整体关联(Wright 等,2004;Niinemets 和 Sack,2006)。由于 SLA 与叶片水分含量和叶片厚度决定的近红外光谱反射率有关(Jacqumoud 和 Baret,1990),所以在叶片尺度上,SLA 与叶片光谱反射率高度相关(Asner 和 Martin,2008)。光学遥感,特别是高光谱遥感的目标是通过测量得到的 LAI、SLA 和 CC 等生物物理参数,实现对植物叶片和冠层尺度的光谱反演,从而能够对植被和生态系统进行定量描述。

8.2.2.2   植物种类和组成

在不同植物种类间,甚至单个植物冠层内部,叶片光谱都发生着变化,这不仅由于叶片内部结构和生物化学成分(例如,水、叶绿素含量、叶附生菌覆盖以及虫害)存在差异(Clark 等,2005),而且受植物种类的物候/生理变化的影响。植物种类间特定的生物化学特征与叶片化学成分有关(Martin 等,1998)。对单个物种而言,生物化学和结构属性的相对重要性也取决于测量的波长、像元大小以及生态系统类型(Asner,1998)。例如,生长在美国佛罗里达州坦帕的沙栎(*Quercus geminata*)一般在每年 4 月初更换老叶,比该地区其他种类的栎树大约晚一个月,导致这种沙栎在四月与其他种类的栎树具有不同的光谱特征(Pu 和 Landry,2012);Asner 等(2008)利用遥感技术从夏威夷森林本土及其他外来物种中识别出入侵物种。他们的研究证明,存在于不同物种间的冠层光谱特性与叶片色素(叶绿素和类胡萝卜素)、营养成分(N 和 P)、结构(SLA)属性以及冠层 LAI 的相对差异有关。由于高光谱数据能够识别植被吸收特征,而这些特征又与不同的植物种类有关(Galvão 等,2005),因此,基于高光谱遥感的植物物种识别重点在于确定用于种类识别的最佳波段。

8.2.2.3   生物量、NPP 和 fPAR(或 fAPAR)

植物生物量一般使用单位生物量密度和植物生长面积进行计算。单位地上生物量(above-ground biomass AGB)(包括植物的叶、枝和茎)可以借助光学遥感技术进行估算(Zhang 和 Ni-meister,2014)。通常,森林的生物量与其组分结构(包括 LAI 和冠层结构信息,如冠层郁闭度和树高)有关;当然,这些组分结构可以利用光学遥感数据,特别是HRS 数据直接估算得到。而冠层叶片的生物量则通过单位面积上的叶片干重(LMA,g/m^2;或转换的比叶面积 SLA)和 LAI 间接推算(le Maire 等,2008)。因此,基于 LAI、SLA 和 CC 三种生物物理参数的光谱响应,可利用高光谱遥感对它们进行估算,进而计算AGB。由于植被指数能够弱化太阳辐照度、太阳角度、传感器视场角、大气和土壤背景等影响,增强植被信息,在高光谱植被遥感中应用广泛。然而,由于可用于构建植被指数的

窄波段非常多,所以挑选合适的波长和波段宽度对于准确估算生物物理参数就显得极为重要。例如,在某些生物物理参数的研究中,利用高光谱数据构建的窄波段(10 nm)植被指数往往能够得到比标准的红/近红外、绿/近红外以及各种 NDVI 形式(如 NDVI$_{green}$)等宽波段(如 TM 波段)植被指数更理想的结果(Gong 等,2003;Hansen 和 Schjoerring,2003)。

光合有效辐射吸收比率(fPAR)定量描述了光合作用中叶片吸收的太阳辐射比例。它与冠层结构(如 LAI 和 SLA)、植被组分的光学特性(如色素对光的吸收特性)、大气条件以及角度效应有关。植物色素(叶绿素 a、叶绿素 b、类胡萝卜素和花青素)、叶片水分和氮含量吸收了可见光区域的大部分太阳辐射能量用于光合作用。植被指数特别是高光谱植被指数常用于估算大面积,乃至全球范围的 fPAR 或 fAPAR(Tan 等,2013;Dong 等,2015)。尽管 LAI 是确定 fPAR 的冠层结构参数之一,但由于 fPAR 是一个辐射量,而 LAI 与辐射的关系表现为非线性,因此,植被指数通常对 fPAR 比对 LAI 更敏感(Walter-Shea 等,1997)。光能利用率是用于描述植被将光能转化为有机物的系数,当赋予它一个经验值时,利用遥感估算得到的 LAI 和 fPAR 同样可以间接估算 NPP(Gower 等,1999)。

8.2.3 植物生化参数的光谱特征

表 8.2 列出了一些典型的植物生物化学参数,包括几种重要色素(叶绿素、类胡萝卜素和花青素)、营养物质(氮、磷和钾)、叶片或冠层含水量和其他生物组分(如木质素、纤维素、果胶和蛋白质等)。列表中各个生化组分的光谱特性不仅有助于利用高光谱数据对它们进行监测和制图,而且对理解生物物理参数与光谱吸收特征之间的内在关系也十分必要。下面对这些生物化学参数的光谱属性和特征进行综述和讨论。

8.2.3.1 色素:叶绿素、类胡萝卜素和花青素

叶绿素(Chls、Chl-a 和 Chl-b)是地球上最重要的有机分子,因为它不仅是最重要的色素,而且是光合过程的主要成分;其中,叶绿素 a 和叶绿素 b 在高等植物中最常见。类胡萝卜素(Car)是植物色素中的第二大类色素,由胡萝卜素和叶黄素组成的。花青素(Anths)是存在于植物叶片内的第三大类色素,是一种黄酮类水溶性色素,目前对花青素的形态和生物学作用机制还未有一致性的解释(Blackburn,2007)。在可见光区域,特别是蓝波段和红波段范围,大部分太阳辐射被 Chls 和其他色素吸收,并转化为化学能。当这些色素吸收辐射能量时,色素分子之间发生共振传递,π 电子发生跃迁(Kumar 等,2001)。图 8.3 展示了单个色素的光谱吸收波段位置。如图所示,有机体内的叶绿素 a 吸收特征位于 430 nm 和 660 nm 附近,叶绿素 b 的吸收特征位于 450 nm、650 nm 附近(Lichtenthaler,1987;Blackburn,2007)。然而,近地实测的色素吸收位置与实验室测定相比会发生一定程度偏移。近地实测的叶绿素 a 的吸收特征位于 450 nm 和 670 nm。有机体内类胡萝卜素的蓝光区域吸收特征位于 445 nm,β 胡萝卜素的蓝光吸收位置位于 470 nm(Lichtenthaler,1987;Blackburn,2007);但地面实测的类胡萝卜素的吸收位置却位

于 500 nm,甚至波长更长的波段。类似的还有,有机体内花青素的绿光范围吸收特征位于 530 nm,但地面实测的结果却出现在 550 nm 附近(Gitelson 等,2001,2009;Blackburn,2007;Ustin 等,2009)。除此之外,较高等的植物体中,叶黄素的吸收峰值分别出现在 425 nm、450 nm 和 475 nm(Belward,1991)。通常,叶绿体内有效色素包括叶绿素(65%)、类胡萝卜素(6%)和叶黄素(29%);当然,在叶绿体内,这些色素含量所占的百分比也是高度变化的(Gates 等,1965)。

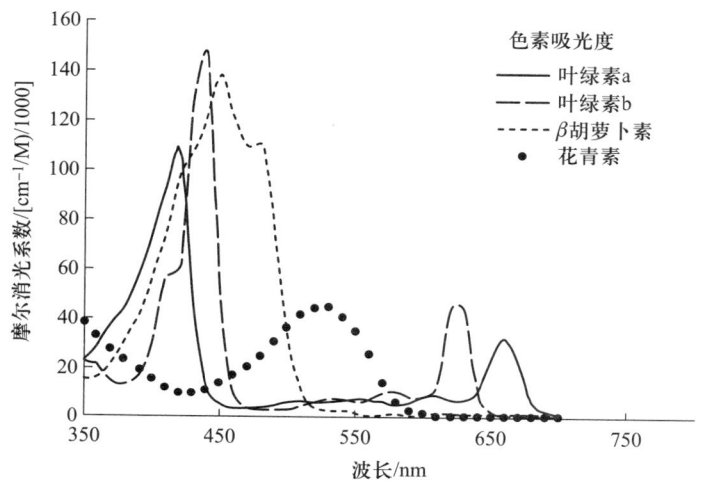

图 8.3　植物主要色素的吸收光谱(Blackburn,2007)

8.2.3.2　营养物质:氮、磷、钾

叶片和冠层氮(N)含量是植物生长的重要营养元素,它与植物的各种生态和生化过程有关(Martin 等,2008)。磷(P)和钾(K)是第二和第三大限制性营养元素,在植物生长的各个阶段都必不可少,常用于细胞分裂、脂肪形成、能量传输、种子发芽、开花和结果等生长过程(Milton 等,1991;Jokela 等,1997)。在三种基本营养元素中,N 的一些显著吸收特征表现在可见光、近红外和中红外波段范围。如表 8.1 所示,氮的吸收特征分别位于 1.51 μm、2.06 μm、2.18 μm、2.30 μm 和 2.35 μm 附近。由于许多生化物质(如叶绿素和蛋白质)都含有 N 元素,因此它们的光学性质实际是由植物叶片氮含量决定的。N 的增加对蛋白质在 2.054 μm 和 2.172 μm 处吸收作用形成的 2.1 μm 处总吸收特征具有一致性,这一观察为基于干叶或碾磨叶片光谱利用蛋白质吸收特征反演 N 含量提供了基础(Kokaly,2001)。尽管 P 元素在可见光、近红外和中红外光谱范围并未直接表现出某些显著的吸收特征,并且这些吸收特征对于预测 P 元素的作用也尚未清楚,但是 P 元素仍然间接地影响着一些生化物质的光学特性。Milton 等(1991)发现,缺磷植物的光谱某些位置会发生变化,这些变化通常包括绿光和黄光部分的抬高,以及叶绿素吸收波段中心位于 0.68 μm 位置含向长波(红边)方向发生偏移。Milton 等(1991)的研究表明,磷的缺乏

会抑制红边向长波段方向移动；Mutanga 和 Kumar（2007）在估算叶片磷含量的研究中也证实了这个发现。叶片钾含量仅对针叶形态产生影响，因而影响到植物针叶近红外反射率。这是因为当植物叶片的高钾需求受到遏制时，叶片厚壁组织细胞壁会加厚，导致叶片具有相对较高的近红外反射率（Jokela 等，1997）。

8.2.3.3 叶片含水量

估算植物叶片水分量是高光谱遥感研究的一个重要领域（Goetz 等，1985；Curran 等，1997）。植物叶片含水量决定着红外辐射的吸收，而先前的植株水分状况评估主要依赖 0.4~2.50 μm 光谱范围的水分吸收带。根据 Curran（1989）的研究和表 8.1 的内容，植物水分吸收特征的中心波长分别位于 0.97 μm、1.20 μm、1.40 μm 和 1.94 μm 附近。一般来讲，绿叶和黄叶的叶片含水量变化能够引起这些水分吸收波段的光谱反射率迅速达到饱和，并且完全占据主导（Elvidge，1990）。植物烘干样品 1.78 μm 处的吸收特征主要是由其他化学物质（纤维素、糖和淀粉）（Curran，1989）而非水分主导的（Palmer 和 Williams，1974）。然而，在鲜叶中，1.78 μm 的吸收特征却与叶片相对含水量密切相关（Tian 等，2001）。由于叶片水分吸收影响在 1.0 μm 以后的波长占主导，并且掩盖了 1.0 μm 波长以后的生物化学组分信号（Curran，1989；Elvidge，1990），因此生物化学组分光谱分析时，水分在鲜叶组织会产生较干叶组织更大的影响。除了水是红外辐射的强吸收物质以外，新鲜植物的细胞结构对光的散射作用同样会掩盖微弱的生物化学吸收特征（Kumar 等，2001）。

8.2.3.4 其他生化组分：木质素、纤维素、果胶和蛋白质

木质素是一种复杂的苯丙聚合物，占植物干重的 10% 到 35%，是纤维素和半纤维素分解的屏障。纤维素广泛存在于植物的细胞壁中，是一种 D-葡萄糖聚合物，它占据大多数植物干重的 1/3 到 1/2（Colvin，1980；Crawford，1981；Elvidge，1990），主要功能是保护和加强植物结构。果胶是半乳糖醛酸聚合物，常存在于细胞壁和相邻细胞间，在水果中含量特别丰富（Elvidge，1990）。植物绿叶中最丰富的含氮化合物是一种二磷酸核酮糖氧合酶的蛋白质，它作为光合固碳过程中起关键作用的酶，占绿叶氮含量的 30% 到 50%（Elvidge，1990）。这些生化组分的光谱吸收特性大多位于短波红外光谱范围（1.00~2.50 μm）。例如，参考 Curran（1989）的研究，从表 8.1 和图 8.4 可以看出，木质素吸收特征的中心波长位于 1.12 μm、1.42 μm、1.69 μm 和 1.94 μm 附近；纤维素吸收特征的中心波长位于 1.20 μm、1.49 μm、1.78 μm、1.82 μm、2.27 μm、2.34 μm 和 2.35 μm 附近；果胶吸收特征的中心波长位于 1.40 μm、1.82 μm 和 2.27 μm 附近；蛋白质吸收特征的中心波长位于 0.91 μm、1.02 μm、1.51 μm、1.98 μm、2.06 μm、2.18 μm、2.24 μm 和 2.30 μm 附近；而烘干植物组织木质纤维素的诊断吸收特征位于 2.09 μm 波段（Elvidge，1990）。上述吸收特征位置主要是由吸收峰的谐波和倍频的特征形成（Kumar 等，2001）。

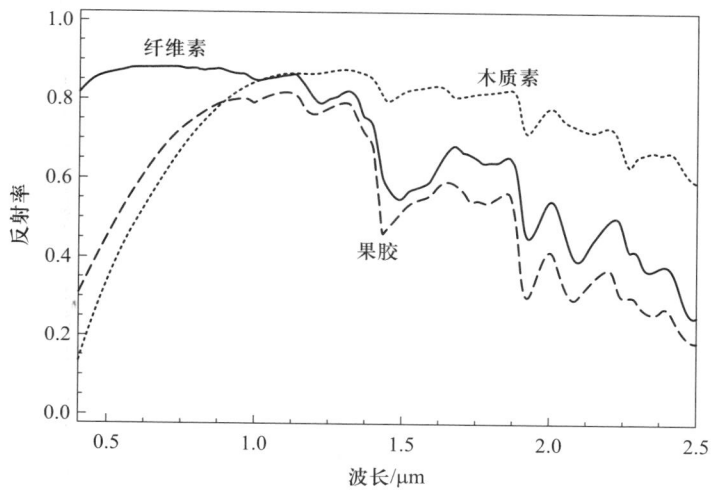

图 8.4 纤维素、木质素和果胶 3 种干植被成分的反射光谱（据 van der Meer, F. D., 2001，经 Springer 公司授权许可）

8.3 植被应用中所需的分析技术和方法

本节将对 9 种基于高光谱数据（包括实验室测量和实地测量的光谱数据以及机载和星载高光谱图像）提取和估算植被理化参数以及植被制图的高光谱分析技术与方法进行综述。在本书第 5 章中有对这些分析技术与方法的详细介绍，感兴趣的读者可以参阅。本节主要对高光谱植被遥感方法的应用和原理进行介绍。这 9 种方法包括植物光谱导数分析、植物光谱吸收特征和波长位置变量提取与分析、光谱植被指数分析、植物光谱解混、植物光谱匹配分析、植物光谱分类、经验/统计分析方法、基于物理过程的建模和生物参数制图方法。下面将对这 9 种技术方法在植被应用中的特点、优势以及存在的局限进行简单评述。同时，表 8.3 也对这些技术方法的主要特点、优势与缺点、影响植被识别预测和制图的主要因素，以及相关已开展的研究进行了总结。

8.3.1 植物光谱导数分析

使用一阶和二阶光谱导数计算公式［式(5.1)和式(5.2)］，可以从植物光谱曲线（实验室测量或实地测量的光谱、成像高光谱数据集）中计算出相应的一阶和二阶导数光谱。由于地面实测光谱或地面成像高光谱数据常受到由地形背景、大气、观测几何引起的光照变化的干扰(Pu 和 Gong, 2011)，所以光谱导数分析被认为是消除或减弱低频（如土壤和大气的线性影响）光照变化对目标光谱（如非线性的植物光谱曲线）影响的有效手段。然而，光谱导数技术对高光谱数据的信噪比非常敏感，并且高阶光谱导数容易受噪声影响(Cloutis, 1996)。所以在植物光谱分析中，低阶导数（如一阶导数）因对噪声不太敏感而更有效。同时，在进行光谱导数分析时，应保证光谱分辨率高于 10 nm 且波段连续。

表 8.3　适用于高光谱数据的生物参数提取和植被制图技术与方法

技术与方法	特点	优缺点	注意事项	应用实例
1. 植物光谱导数分析	两个连续/相邻窄波段的波段归一化值	去除或减小低频变化对目标光谱的影响，但对高光谱数据的信噪比较敏感，高阶光谱导数处理对噪声敏感，通常一阶导数高光谱优于高阶导数光谱	光谱分辨率优于 10 nm，并且波段连续	Gong 等（1997）；Asner 等（2008）；Wang 等（2008）；Pu（2009）
2. 植物光谱吸收特性和波长位置变量分析	使用连续统去除技术提取吸收带特征，包括吸收带深度、宽度、位置、面积和不对称性。波长位置变量包括 0.4~2.5 μm 光谱范围内的红边位置变量光学参数和其他位置变量	连续统去除技术可以自动或手动执行，提取的吸收特征分析结果通常优于直接使用波段反射率的结果。人工方法费时费力，特别对于不太明显的吸收带。对于红边光学参数数据提取技术，四点插值法和多项式拟合法优于其他方法	光谱分辨率优于 10 nm，并且波段连续；需要存在强吸收波段	Belanger 等（1995）；Pu 等（2003a）；Pu 等（2003b）；Pu 等（2004）；Galvão 等（2005）；Cho 等（2008）；Huber 等（2008）
3. 光谱植被指数分析	计算两个波段比率或两个或多个以上波段的归一化值	使用方便，能够有效减小太阳角，大气，阴影、地形的影响，然而不同土地覆盖类型的植被指数图像通常无法有效使用	指数构建需要确定合适的波段	参见第 5 章表 5.1 中的应用实例
4. 植物光谱解混	将一个像元内的不同材料（端元）的光谱记为光谱响应。利用线性或非线性光谱混合模型从混合像元中提取光谱端元图像	丰度图像表示每个端元的面积比例，但是比例区域在混合像元内的位置未知，有时难以获得端元光谱并知晓场景中所有端元	识别端元并提取光谱	Roberts 等（1998）；Asner 和 Heidebrecht（2003）；Pu 等（2008c）；Pignatti 等（2009）；Andrew 和 Ustin（2010）
5. 植物光谱匹配分析	用 n 维角度（或距离、相关性、概率分布的差异）将较小的角度、相关与参考光谱匹配，以较小的距离（更短的距离）、更高的相关性或更小的差异表示与参考光谱的匹配程度	SAM 是一种光谱分类方法，对场景中光照变化引起的曲线幅度差异不敏感，但它对波段噪声很敏感。这些光谱匹配方法（SAM、ED、CCSM 和 SID）的准确性直接受到传感器的观测几何和目标大小影响	确定适合的角度（或距离、相关性、差异）用于识别和制图	Lass 和 Prather（2004）；Pengra 等（2007）；Pu 等（2008b）；Narumalani 等（2009）

续表

技术与方法	特点	优缺点	注意事项	应用实例
6.植物光谱分类	使用监督/非监督方法。参数/非参数算法将一个像元或图像对象分到某个类中。在执行高光谱数据分类之前通常需要进行降维和特征提取	分类通常以统计/概率或分类规则为基础;由于高光谱数据相对高维,经常难以收集足够的训练样本用于监督或无监督样本标记	为特定任务选择合适的方法/分类器并收集足够的训练样本	Camps-Valls 等(2004);Underwood 等(2003, 2007);Pu 等(2008c);Pu 和 Liu(2011)
7.经验/统计分析方法	单变量和多变量统计分析利用光谱反射、植被指数或导数光谱等特征变换形式从高光谱数据中提取叶片,冠层或植物群落水平的 VIS、NIR 和 MIR 波段特征与生物参数进行关联,用于参数估计或识别	这些方法相对简单,建模结果通常具有较高的估计精度。然而,经验或统计关系通常针对特定场地、物种和相关领域,无法直接应用到其他领域。多元线性回归分析存在两个局限,即波段过度拟合,参数相互关联和吸收带大量测量生物参数减少少数不相关的共谱变量	避免过度拟合(使用大样本量或降维变量/波段);精确地测量生物参数和光谱变量	Peterson 等(1988);Johnson 等(1994);Bolster 等(1996);Asner 和 Martin(2008);Huber 等(2008)
8.基于物理过程的建模	模型包括辐射传输模型和几何光学模型,依赖于底层物理和叶片内部结构的复杂性,因此具有鲁棒性。基本包括三种类型的辐射传输模型,即叶片模型(如 PROSPECT)、冠层模型(如 SAIL)和叶片冠层耦合模型(如 PROSAIL)。辐射传输模型已被用于计算冠层向前向计算反射率,并在反演中估计叶片或冠层的化学和物理参数	从理论上讲,它们可以克服统计方法的许多局限性,但模型的结构复杂,并且对于缺乏植物光学背景的人而言往往在很难理解模型内在的物理和生物学含义。此外,反演植被属性的模型往往比较困难,如果缺少某些关键参数在较好保证模型的精度	从观测到的反射率数据反演植被特征的三种有效反演方法包括迭代优化、LUT 和 ANN	Verhoef(1984);Jacquemoud 和 Baret(1990);Baret 等(1992);Asner(1998);Dawson 等(1999);Ganapol 等(1999);Dash 和 Curran 等(2004);Malenovsky 等(2007);Jacquemoud 等(2009);Omari 等(2013)
9.生物参数制图方法	使用生物参数预测模型来定量或预测的生物参数,然后将预测的生物参数进行分类或密度分割形成几个类别以变成生物参数专题图	高光谱图像数据很容易用于分析生物物理和生物化学参数(生物参数)的空间分布,可以用高光谱图像数据在像元尺度上对个体生物量进行估计和制图	建立了能够基于像元生物化学参数的精确生物参数预测	Wessman 等(1989);Curran 等(1997);Pu 等(2003c);Hernández-Clemente 等(2014)

光谱导数分析技术在利用高光谱数据提取和估算植被生物物理和生物化学参数方面有许多成功的案例。例如，Gong 等（1997）和 Pu（2009）的研究表明，相比高阶导数光谱和原始光谱反射率，利用一阶导数光谱分析，可显著提高对美国加利福尼亚州北部 6 种常见的针叶树种和佛罗里达州坦帕市的 11 种城市树种的识别精度。Wang 等（2008）通过结合地面实测光谱与机载成像光谱对美国密苏里州中部的公共草地内的一种入侵草种（Sericea lespedeza）进行了监测。在他们的研究中，红-近红外波段范围（650~800 nm）的光谱一阶导数最大值被用于区分密苏里州牧草中的入侵物种。通过对光谱一阶导数最大值使用一种简单的阈值分割，成功识别出研究区内不同大小的入侵草种。Asner 等（2008）利用 AVIRIS 高光谱图像在夏威夷本土树种和引进（或入侵）树种之间进行了光谱可分性研究，以监测入侵树种。他们发现冠层光谱信号（包括原始光谱反射率、一阶和二阶导数光谱）间的差异与叶片的色素（Chls 和 Cars）、营养元素（N、P）、冠层结构（比叶面积）以及冠层 LAI 的相对差异有关。而这种相对差异有助于从本土树种中分离出入侵树种。

8.3.2　植物光谱吸收特性和波长位置变量分析

植物光谱曲线上存在着许多光谱诊断吸收波段。它们或由植物色素（如叶绿素和类胡萝卜素）引起，出现在可见光范围；或由水分和其他化学成分（如木质素、纤维素和果胶等）引起，出现在短波红外光谱区域。对植物光谱曲线的每一个吸收峰进行归一化可以形成这些吸收特征的定量表征方法。基于 Clark 和 Roush（1984）提出的连续统去除技术可以自动或手工执行一些吸收特征的提取工作（详见第 6 章），这些特征包括：吸收波段深度、宽度、位置、面积和不对称性。从植物光谱曲线中提取出来的这些特征可被用于反演一系列生物参数，并且估算结果往往优于直接使用原始光谱反射率的反演结果。例如，Pu 等（2003b）报道了这些吸收特征与不同染病阶段橡树叶片相对含水量之间的相关性。Galvâo 等（2005）利用连续统去除法从 EO-1 Hyperion 数据中提取出一些吸收特征，并结合其他光谱指数，成功识别生长在巴西东南部的 5 个甘蔗品种。同样是利用连续统去除方法，Huber 等（2008）从 HyMap 高光谱数据中成功估算出混交林冠层叶片的生物化学组分（氮和碳的浓度及水分含量）。

与吸收波段特征类似，光谱波长位置变量也可通过模拟的方法提取得到，它们在估算一系列植物生物参数方面也十分有用。植物红边光学参数是最普遍的波段位置变量。第 5 章介绍了 5 种红边参数（如红边位置和红谷位置）的计算方法，包括四点插值法（Guyot 等，1992）、多项式拟合法（Pu 等，2003a）、拉格朗日插值法（Dawson 和 Curran，1998）、反高斯模型拟合法（Miller 等，1990）和线性外推法（Cho 和 Skidmore，2006）。红边光学参数可用于估算叶绿素浓度（Belanger 等，1995；Curran 等，1995）、营养成分含量（Gong 等，2002；Cho 等，2008）、叶片相对含水量（Pu 等，2003b，2004）和森林 LAI（Pu 等，2003a）。除此之外，Pu 等（2004）曾设计从 0.4~2.5 μm 全谱段光谱曲线的"10 个斜坡"中提取出 20 种光谱变量（包括 10 个最大一阶导数及其对应的 10 个波长位置变量），并用它们预测橡树叶片的相对含水量。结果表明，这 20 种光谱变量中，有些变量与叶片相对含水量之间具有高相关性。

8.3.3 光谱植被指数分析

光谱植被指数的优势在于使用方便,并且大多数光谱植被指数在减小因太阳角、大气、阴影以及地形对目标光谱(即植被光谱)造成的影响方面也有作用。值得注意的是,对不同地表覆盖类型而言,植被指数图像中植被指数的概率分布往往是非正态的。光谱植被指数是否具有鲁棒性主要取决于用于指数构建的波段是否合理。然而,相比多光谱数据,高光谱数据拥有更多的机会去灵活地选择波段,构建出合适的高光谱植被指数(HVI)。简言之,利用多光谱数据构建植被指数时,可能只有红波段和近红外波段这一种选择;而在使用高光谱数据时,我们就可以在红波段至近红外波段范围内选择不同的窄波段构建多种相似的高光谱植被指数(Zarco-Tejada 等,2001;Gong 等,2003;Eitel 等,2006;He 等,2006)。表 5.1(第 5 章)列举了 82 种近年发展出来的窄波段高光谱植被指数。这些高光谱植被指数在高光谱遥感提取和估算植物生物物理和生物化学参数研究方面被频繁使用。为便于读者了解每类高光谱植被指数,我们根据这 82 种 HVI 的特征和功能,将它们划分至下面 5 个类型中:表征植被结构(如 LAI、CC、绿色生物量、植被种类等)、色素(如叶绿素、类胡萝卜素和花青素等)、其他生化组分(如木质纤维素和 N 等)、水分和胁迫。对这 82 种高光谱植被指数感兴趣的读者可以参考本书第 5 章的内容,表 5.1 中列出了各种 HVI 的定义、功能和特点。这 82 种高光谱植被指数可用于各种高光谱数据的植物生物参数估算和制图研究。

Gong 等(2003)和 Weihs 等(2008)利用从 Hyperion 和 HyMap 高光谱数据中计算得到的 PVI_{hyp}、SR、NDVI、RDVI 以及 RVI_{hyp},开展森林冠层 LAI 的估算和制图研究。He 等(2006)和 Darvishzadeh 等(2008)使用 RDVI、MCARI2 和 NDVI 植被指数对草地生态系统的 LAI 进行了估算。Delalieux 等(2008)利用 LAIDI 和 sLAIDI 植被指数预测果树的 LAI。Li 等(2008)利用 CASI 高光谱图像计算的 MTVI2 植被指数绘制出农业区的 LAI 分布图。此外,ATSAVI、LWVI-1、LWVI-2、NDVI、SR、TVI、mSR_{705} 等一些植被指数也被用于植物种类和组成的识别与制图。Galvão 等(2005)基于 EO-1 高光谱图像计算得到的 LWVI-1、LWVI-2 和 NDVI 植被指数,对分布于巴西南部的 5 种甘蔗品种成功地进行了区分。Hestir 等(2008)利用 HyMap 机载高光谱数据计算的 mSR_{705} 植被指数完成了入侵物种分布图的绘制。此外,Lucas 和 Carter(2008)基于 HyMap 高光谱图像计算得到的各种简单比值植被指数对密西西比河霍恩岛的维管植物物种丰富度进行了评价。而 EVI、mND_{705}、mSR_{705}、NDVI、SR 和 WDRVI 等植被指数在高光谱遥感估算植被生物量方面也十分有用。Hansen 和 Schjoerring(2003)、le Maire 等(2008)采用各种窄波段版本 NDVI 和 SR 形式的植被指数,分别对小麦和阔叶林的生物量成功地进行了估算。

许多高光谱植被指数的构建是为了估算植物色素,特别是叶绿素(Chl-a 和 Chl-b)、类胡萝卜素和花青素。例如,Peñuelas 等(1995a)提出 SIPI 指数用于估算类胡萝卜素。Blackburn(1998)利用多种高光谱植被指数,包括 SR、PSND 和 SIPI,分别在叶片和冠层尺度上对一种草(*Pteridium aquilinum*)的叶绿素和类胡萝卜素进行了估算。Asner 等(2006)研究了气候变化过程中冠层上部叶片叶绿素和类胡萝卜素含量随 PRI 和 CRI 的变化,他

们发现 PRI 和 CRI 对入侵树种和本地树种之间光利用效率的差异表现出敏感性。因此，这两种植被指数可用于将入侵树种 *Myrica faya* 识别出来。Gitelson 等（2001,2006）基于地面实测的树叶光谱，提出了用于估算叶绿素、类胡萝卜素和花青素含量的 mCRI、ARI 和 mARI 植被指数。Rama Rao 等（2008）提出了植物生物化学指数（plant biochemical index，PBI）植被指数，是由 810 nm 和 560 nm 反射率得到的一个简单比值，具有估算不同各种作物叶片总叶绿素和氮浓度的潜力。研究发现，基于航空高光谱图像估算植物生物化学参数时，利用该指数能够有效提高估算精度。Hatfield 等（2008）利用 PSND 和 PRI 对农作物的色素做出了准确估算。le Maire 等（2008）分别利用地面实测和 Hyperion 高光谱数据计算得到的 NDVI 和 SR 高光谱植被指数对阔叶林叶片叶绿素含量进行了估算。Chappelle 等（1992）推荐使用 R_{760}/R_{500} 对类胡萝卜素进行定量估算。在花青素估算方面，Gamon 和 Surfus（1999）使用红波段和绿波段反射率的比值，即 $R_{600-700}/R_{500-600}$ 来估算叶片尺度的花青素含量。但 Sims 和 Gamon（2002）的研究指出，利用高光谱数据估算类胡萝卜素含量和花青素含量比估算叶绿素含量更困难。

也有许多研究人员利用窄波段植被指数估算植物叶片与冠层尺度的水分含量。例如，Peñuelas 等（1993,1996）曾将非洲菊、胡椒、豆类和小麦的 950~970 nm 范围光谱反射率作为描述植被水分状态的指示因子开展研究，结果表明，970 nm（水分吸收波段之一）与 900 nm 的反射率比值（即 R_{970}/R_{900}，也称为水分指数）能够紧密响应相对含水量、叶水势、气孔导度和细胞壁弹性的变化。Cheng 等（2006）和 Clevers 等（2008）基于 AVIRIS 高光谱图像数据，利用 NDWI、WI 和 SIWSI 对不同冠层场景下的植被水分含量做了预测。Colombo 等（2008）基于机载高光谱图像，利用 SRWI、NDII 和 MSI 这 3 种植被指数估算了杨树林的叶片和冠层含水量。Pu 等（2003b）利用高光谱数据计算的 $RATIO_{1200}$（1200 nm 处的三波段比）和 $RATIO_{975}$（975 nm 处的三波段比）对海岸橡树叶片含水量进行了估算。

此外，还有一些高光谱植被指数被专门提出用以估算营养物质和其他化学组分，如木质素和纤维素浓度。这些高光谱指数有纤维素吸收指数（cellulose absorption index，CAI）、归一化氮指数（normalized difference nitrogen index，NDNI）、归一化木质素指数（normalized difference lignin index，NDLI）、窄波段 NDVI、植物生物化学指数和窄波段 SR。Serrano 等（2002）提出 NDNI 和 NDLI 植被指数，并基于 AVIRIS 高光谱图像估算了丛林植被中氮和木质素浓度。Gong 等（2002）、Hansen 和 Schjoerring（2003）利用窄波段的 NDVI 和 SR 对针叶树种的营养物质（N、P、K）浓度和小麦的含氮水平进行了估算。Rama Rao 等（2008）使用高光谱数据计算的 PBI 对棉花和水稻的叶片 N 浓度进行了估算。

8.3.4   植物光谱解混

与实验室和地面测量得的纯物质光谱反射率不同，大部分遥感数据都存在光谱混合的问题（Pu 和 Gong，2011）。对于这种情况，特别是高光谱图像数据，光谱解混技术十分重要，它不仅能够从遥感像元中识别各种"纯物质"端元，而且可以确定这些"纯物质"端元所占像元的空间比例。在高光谱植被遥感中，混合像元中的"纯物质"被认为是纯的

（或同质的）植被类型,或者是具有相似光谱的个别植物物种,或是同种植物健康等级相同的特定群体。通过模拟光谱混合过程,解混模型可以用于反演这些"纯物质"（即植被类型、植物物种或植物某一特定的健康水平）的光谱特性和空间分布比例。光谱混合模型一般包括线性和非线性两种。这两种模型都可以描述光谱混合的过程。自 20 世纪 80 年代后期开始,线性光谱混合模型及其解混广泛应用于提取混合像元内各种组分的丰度。Sasaki 等（1984）和 Zhang 等（1998）在研究中提出了非线性混合模型。同时,还有一些高光谱混合分解方法,包括多端元光谱混合分析（MESMA）（Roberts 等,1998）、混合调谐匹配滤波（MTMF）（Boardman 等,1995）以及约束能量最小化（Farrand 和 Harsanyi,1997）均得到了发展。此外,在一些研究中（Flanagan 和 Civco,2001；Pu 等,2008a）,人工神经网络算法也被用于混合像元解混问题,获取端元丰度。对光谱混合模型、端元光谱确定和端元光谱提取的方法感兴趣的读者可以参阅本书第 5 章内容。

线性光谱混合模型被许多学者用于分析高光谱数据,以估算一般植被覆盖或某一特定植物种类的丰度（Asner 和 Heidebrecht,2003；Miao 等,2006；Judd 等,2007；Hestir 等,2008；Walsh 等,2008；Pignatti 等,2009）。基于神经网络的非线性光谱混合模型也曾在某些高光谱研究中被用于估算某一特定植物种类的丰度（Pu 等,2008c；Walsh 等,2008）。而 MESMA 方法已经被部分学者应用推广到各种环境的植物监测制图中。Roberts 等（1998,2003）曾使用 MESMA 方法和 AVIRIS 高光谱图像绘制了南加利福尼亚州丛林的植被种类和土地覆盖类型分布图。Li 等（2005）和 Rosso 等（2005）同样利用 MESMA 方法和 AVIRIS 高光谱图像分别绘制了中国海岸带的盐沼植被分布图和美国加利福尼亚州旧金山湾的沼泽植被分布图。Fitzgerald 等（2005）也使用 MESMA 方法和高光谱数据进行了棉花冠层多重阴影部分的监测制图研究。当然,MTMF 方法也被证实是一个强有力的光谱解混工具,它对背景信息存在微弱差异的特定目标具有很强的监测能力。例如,MTMF 方法在基于机载高光谱图像（如 AVIRIS 和 HyMap）的入侵物种监测和制图方面有许多成功的案例,其中包括绘制柽柳（Hamada 等,2007）、多年生胡椒（Andrew 和 Ustin,2010）和黑雀麦（Noujdina 和 Ustin,2008）的入侵物种分布图。

端元丰度代表端元在混合像元中所占的面积比例,虽然作为光谱解混的一个结果被求解出来,但端元的各组分在混合像元内的具体位置却始终无法知道。混合像元光谱解混的关键在于确定合适的或纯的端元并提取它们的光谱以用于训练和测试目的。

8.3.5　植物光谱匹配分析

与光谱解混方法应用于高光谱植被遥感类似,光谱匹配分析技术大多基于高光谱数据集计算的不同相似性度量方法来识别植被类型（包括健康等级）、植物种类或某一特定的种群,并进行监测制图。这些相似性度量方法包括光谱角制图（Kruse 等,1993）、欧氏距离（Kong 等,2010）、交叉相关光谱匹配（van der Meer 和 Bakker,1997a）和光谱信息散度（Chang,2000）,它们能够有效地利用两种光谱（一种光谱作为参考基准,另一种光谱用于测试）间的细微光谱差异。本书第 5 章对上述 4 种相似性度量方法做了详细介绍以供读者参阅。通常认为,光谱角制图是一种物理性的光谱分类方法,它对场景内光照变化所

产生的光谱差异不敏感。但值得注意的是,这些光谱匹配技术的应用精度受传感器观测几何和目标大小的影响。但这种影响可以在进行光谱匹配前,通过光谱归一化处理而得到控制(Pieters,1983)。一般来讲,这种光谱匹配技术在监测目标组分变化方面比识别未知目标组分方面更受青睐(Yasuoka 等,1990)。通常,光谱匹配技术通过 n 维光谱角度(或距离、互相关性、概率分布的差异)将像元光谱与参考光谱进行匹配,若两者具有较小的光谱角度(或较短的光谱距离,较高的互相关性,较低的差异)则说明像元光谱越接近于参考光谱;反之,则表示与参考光谱不匹配。而光谱匹配技术应用于植被类型或物种的高光谱遥感监测和制图研究的关键在于如何划定光谱角(或距离、相关性、差异)的阈值。

光谱相似性度量方法或匹配技术在植被类型或植物种类识别与监测制图研究中得到广泛应用。Pu 等(2008b)在使用光谱分析监测海岸橡树叶片健康状况的研究中,通过将已知与水分胁迫有关的染病叶片光谱与未知的叶片光谱进行匹配,基于交叉相关光谱对健康叶片和染病叶片进行了区分。Narumalani 等(2009)使用 AISA 机载高光谱图像和光谱角制图技术,对美国内布拉斯加州北普拉特河冲积平原沿岸包括柽柳、俄罗斯橄榄树、加拿大蓟和麝香蓟 4 种主要入侵物种进行了定量监测和制图,总体精度为 74%。基于 SAM 匹配技术和机载高光谱图像数据。Lass 和 Prather(2004)对佛罗里达大沼泽地内的巴西胡椒树分布进行了探测。Hiranno 等(2003)对混有入侵物种 *Colubrina asiatica* 的湿地植被进行了监测制图。此外,Pengra 等(2007)使用交叉相关光谱匹配分析 Hyperion 数据,对入侵物种 *Phragmites australis* 在沿海湿地的分布进行了监测制图,总体精度达 81.4%。

8.3.6 植物光谱分类

通常,植物光谱解混和匹配分析均可视为光谱分类方法。而本部分植物光谱分类的内容更着重于介绍和总结目前的一些能够直接应用于一系列生物参量监测和植被类型识别的高级分类方法。像监督分类和非监督分类这些传统的多光谱分类方法,在应用于高光谱图像的植被分类以及植被专题信息制图时同样具有潜力。但将这些传统分类方法直接应用于高光谱数据时或许效果会不理想,主要原因是高光谱数据具有维度高,相邻波段高度冗余和训练样本有限的特点。因此,在植被高光谱分类研究中为避免类似问题,可以采用两类高光谱数据处理方法:①采用常规有效的数据变换方法和特征提取技术从高维度的高光谱数据中提取出低维变量和特征;②基于现有的数据变换算法或分类器结合分段方法直接执行植被光谱分类。高光谱数据经过变换和提取一旦变为低维特征,那么多数常用的传统分类方法(如最大似然和最小距离分类器)可直接用作植物光谱分类研究。这些数据变换和特征提取的方法包括主成分分析、最大噪声分离、独立成分分析、线性判别分析、典范判别分析和小波变换。而分段的数据变化方法和分类器包括 segPCA、segLDA、segCDA、segPDA(惩罚判别分析)和简化 MLC,它们能够直接应用于高光谱植物分类。通常,与数据变换方法及分段的分类器相匹配的高光谱数据分段计算是基于波段相关矩阵进行分析的,这种矩阵可以从高光谱数据的单波段 DN 值或反射率中计算得到(Pu 和 Liu,2011)。本书第 5 章对上述数据变化和特征提取技术以及分段的数据变化方

法和分类器做了详细的介绍和讨论。同时,一些如人工神经网络和支持向量机等常用于高光谱植被分类研究的高级分类算法也在第 5 章进行了介绍。

将植被光谱分类算法和分类器应用于高光谱植被分类的研究有很多。例如,Pu 和 Liu(2011)基于地面实测的高光谱数据,采用 segCDA、segPCA、segSDA 和 segMLC 分类器,识别了分布在美国佛罗里达州坦帕市的 13 类树种。他们的研究表明,segCDA 要优于 segPCA 和 segSDA,因为 segCDA 在选择用于植被光谱分类分析的特征方面更优于 PCA(或 segPCA)以及 SDA(或 segSDA)。因此,他们建议在有限的训练样本条件下,可以将 CDA(或 segCDA)广泛地应用于多光谱/高光谱遥感森林覆盖类型监测制图、树种识别以及其他土地利用/土地覆盖分类的工作中。Underwood 等(2003,2007)利用从 AVIRIS 高光谱图像数据中转换得到的多个 MNF,基于 MLC 分类器对加利福尼亚州海岸地区的 3 种外来植物物种进行了分类。Pu 等(2008c)利用从 CASI 高光谱图像中提取的几幅相位相关图像,通过人工神经网络和线性判别分析算法绘制了入侵物种柽柳的分布图。Camps-Valls 等(2004)使用支持向量机对 6 类作物的 HyMap 高光谱分类结果的性能和鲁棒性进行了评价,并将分类结果与广泛使用的人工神经网络和模糊识别算法结果进行比较,结果表明,支持向量机得到的分类结果在分类精度、简便性和鲁棒性方面均优于人工神经网络和模糊识别算法。

在实际高光谱图像分类中,由于高光谱数据的高维度特征,所以要获取用于监督分类和标记非监督光谱聚类的大量训练样本是相当困难的。因此,基于高光谱数据的植被类型区分和植物种类识别的效果主要在于选择合适的分类方法以及针对特定目的收集足够的训练样本。

8.3.7　经验/统计分析方法

经验或统计分析方法包括单变量和多变量回归分析,这些回归分析模型建立在植物叶片或冠层,甚至是群落尺度上的生物物理、生物化学参数与光谱反射率、植被指数、导数光谱或光谱特征之间的联系(Peterson 等,1988;Wessman 等,1988;Johnson 等,1994;Grossman 等,1996;Gitelson 和 Merzlyak,1997;Gong 等,1997;Martin 和 Aber,1997;Martin 等,1998;Galvão 等,2005;Colombo 等,2008;Darvishzadeh 等,2008;Hestir 等,2008;Huber 等,2008)。通过选择少量能够解释生物化学含量或浓度变化的窄波段反射率或光谱变量(如导数光谱)和多元回归或逐步多元线性回归方法,能够构建起两者之间的关系方程(Johnson 等,1994;Curran 等,1997)。经过训练和标定的多元回归方程就可以用于估算其余样本(或像元)的生物化学参数浓度或含量。在这一过程中,如能对训练样本进行严格的把控(如使用随机抽样法获得训练样本),就可以使估算生物化学参数的经验统计模型具有高度的可靠性和重复性。

Curran(1989)指出,在基于高光谱数据进行上述反演时,首先需要了解应用多变量回归分析方法的 4 个主要假设,事实上很多情况下它们并不总是成立或容易被忽视。这 4 个假设包括:①光谱反射率或其他形式光谱变量与生物化学参数浓度或含量之间存在近似线性关系;②能够从高光谱数据中提取出感兴趣的植被光谱;③光谱与生物化学成分

之间的关系不会被其他因素干扰,这些因素有物候、冠层几何结构以及太阳-地表-传感器三者间的观测几何;④生物化学浓度或含量能够被准确测量。第一种假设通常可以满足,而第二种假设是否满足则取决于通过光谱解混方法提取的感兴趣植物光谱的精度(见第8.3.4节)。倘若研究对象为单一植物物种,则第三种假设可以满足,否则在冠层尺度上非常容易违反假设(例如,不同树种具有不同的冠层几何结构)。而第四种假设也存在许多问题,如处于活体状态的生物化学成分与离体状态的成分之间存在显著差异。因此,实验室测得的生物化学成分浓度与大田实测值之间具有明显的差异性。这是因为分离的生物化学成分在进行如氧化、水解或变性等处理后,其物理性质可能会发生改变(Kumar 等,2001)。此外,水吸收作用的影响会极大地掩盖位于波长长于 $1.0\ \mu m$ 的生物化学光谱信号(Tucker 和 Garratt,1977;Curran,1989;Elvidge,1990),所以在对生物化学测量值进行光谱分析时,鲜叶组织比干组织(或烘干或碾磨细的叶片)往往会有更多的问题。

也有许多研究基于多元线性回归法,利用不同遥感平台的高光谱数据变换或提取的波段反射率、导数光谱或其他光谱特征对生物化学参数的浓度或含量进行估算。这些研究通常可以分为两类,即叶片尺度上的生物化学参数浓度或含量的光谱估算和冠层尺度上的估算。叶片尺度上的研究是使用实验室或野外地物光谱仪测量叶片光谱并进行生物化学参数的估算;而冠层尺度上的研究是利用机载或星载高光谱数据估算生物化学参数(Peterson 等,1988;Gastellu-Etchegory 等,1995;Kupiec 和 Curran,1995)。Johnson 等(1994)基于 MLR 建立了森林冠层化学成分与 AVIRIS 波段反射率之间的回归模型,用以估算生物化学参数的浓度。Matson 等(1994)证实森林冠层生物化学参数能够反映森林生态系统过程的信息,而这些生化参数中的一部分可以通过 AVIRIS 和 CASI 机载高光谱遥感数据反演得到。他们发现波段中心位于 $1525\sim1564\ nm$ 范围的一阶导数光谱在全氮反演方面作用显著。Gitelson 和 Merzlyak(1996,1997)分析了 R_{NIR}/R_{700}、R_{NIR}/R_{550} 两个植被指数与叶绿素含量之间的相关性,证实两种植被指数对估算枫树和栗树两类落叶树的叶绿素含量非常有效。Huber 等(2008)利用 MLR、连续统去除方法和归一化的 HyMap 光谱数据,分别估算了叶片氮和碳的浓度以及混交林冠层的水分含量。

这样的统计回归方法也可用于估算或选择一些生物物理参数。例如,Martin 等(1998)利用森林树种间特定的化学物质组成之前基于高光谱数据(AVIRIS)建立的反演关系对森林树种进行了识别,结果表明,11 种森林植被类型(包括落叶或针叶的单一树种以及两者的混交林)的总体分类精度达 75%。Galvão 等(2005)将多重判别分析法应用于 EO-1 Hyperion 高光谱图像,成功识别出分布于巴西东南部的 5 种甘蔗品种,分类精度达 87.5%。

然而,尽管统计回归分析在高光谱反演植被生物参数方面取得了丰硕的成果,但多变量回归法仍存在许多问题(Curran,1989),具体包括:

(1)波段的过度拟合。标定方程中波段数量与训练样本个数相差甚大。一般来讲,训练样本个数相对于波段数量要少得多。尤其是选择了过多的与目标化学成分不存在因果联系的波段反射率时会出现这种情况,原因在于这些波段噪声的模式与化学浓度数据相符。然而,波段间过度拟合带来的风险会随着使用这些波段数量的增加趋于明显。

(2)生物化学参数的互相关性。一些生物化学参数之间存在很强的互相关性。例

如,淀粉的浓度常常与 0.66 μm 附近的反射率具有相关性,可能是由于淀粉浓度与叶绿素浓度相关造成的,而叶绿素的吸收波段在 0.66 μm 附近。

(3)吸收波段缺失。标定的 MLR 方程中未包含某些特殊生物化学参数的已知吸收波段。这可能是由于那些光谱比较接近的吸收特征干扰引起,但基于目前的近地、机载或星载高光谱数据很难证实这种影响(Curran,1989)。

偏最小二乘(PLS)回归分析作为一种统计分析方法,可以有效解决各光谱变量集合内部高度线性相关的问题,它将大量共线性的光谱变量减少到不多的几个不相关的潜在变量或主成分。主成分代表了存在于光谱反射率中的相关结构信息,能够用于预测因变量(即生物参数)(Darvishzadeh 等,2008)。PLS 回归通过数据压缩减少自变量的个数,随后通过与生物参数的最小二乘拟合得到回归系数。最近,学者们越来越倾向使用 PLS 法构建高光谱变量与一些生物参数的反演模型。例如,Asner 和 Martin(2008)利用 PLS 法和冠层辐射传输模型对实测叶片光谱及从澳大利亚热带森林中的 162 树种中获得的生物参数(Chl-a、Chl-b、Cars、Anths、H_2O、N、P 和 SLA)进行了分析。他们指出,利用地面实测的鲜叶全谱段光谱反射率可以估算热带森林树种的一组叶片参数。Hansen 和 Schjoerring(2003)利用大田实测的小麦冠层光谱数据构建了两波段的归一化差异植被指数,并将其与 PLS 法结合用于估算小麦冠层鲜生物量和 N 水平。他们认为,PLS 分析是开展高光谱数据分析的一个有用的估算工具。Bolster 等(1996)利用近红外反射率数据预测温带森林木本植物的干叶、鲜叶及碾磨后叶片的氮、木质素和纤维素浓度,发现 PLS 的表现总是优于 MLR。

单变量及多元回归分析均为相对简单的分析方法,它们的模拟结果常具有较高的预测精度。然而,由于植被冠层结构和传感器观测几何随研究地点及物种不同而发生变化,所以这种受限于研究地点、植物物种以及传感器类型的经验或统计关系往往无法直接应用于其他研究区域。

8.3.8　基于物理过程的建模方法

由于经验或统计方法缺乏鲁棒性且有特定的应用场景,因此在过去二三十年间,基于物理过程的建模方法如辐射传输模型已受到学者越来越多的青睐。人们利用模拟光谱或真实的高光谱图像数据,基于物理模型来反演生化参数,例如,SAIL(Scattering by Arbitrary Inclined Leaves)冠层光谱模型(Verhoef,1984;Asner,1998)和 PROSPECT 叶光谱模型(Jacquemoud 和 Baret,1990)。物理建模方法建立在由生物物理、生物化学以及冠层结构因素等描述的各种叶片或冠层散射和吸收模型的理论基础上。这些模型包括辐射传输模型和几何光学模型,考虑了叶片内部结构复杂的物理机理,具有更强的鲁棒性,并且有潜力替代经验/统计分析方法(Zhang 等,2008a,2008b)。在植被遥感背景下,这样的模型先被用于正演叶片或冠层的反射率和透射率,再利用得到的反射率和透射率反演叶片或冠层的化学和物理性质(Pu 和 Gong,2011)。例如,许多学者利用模拟光谱或高光谱图像数据基于物理模型对叶片或冠层尺度上的色素等生物化学参数进行了估算(Asner 和 Martin,2008;Feret 等,2008;Croft 等,2013;Zou 等,2015)。

　　大多数物理模型是辐射传输模型（RT 模型），并分为叶片和冠层两个尺度。RT 模型主要模拟 0.4~2.5 μm 光谱范围内的叶片反射率和透射率。考虑叶片光学属性的主要 RT 模型有 PROSPECT 模型及其改进版本（Jacquemoud 和 Baret，1990；Jacquemond 等，1996；Fourty 等，1996；Demarez 等，1999；le Maire 等，2004；Zarco - Tejada 等，2013）、LIBERTY（Leaf Incorporating Biochemistry Exhibiting Reflectance and Transmittance Yields）模型（Dawson 等，1998；Coops 和 Stone，2005）和 LEAFMOD（Leaf Experimental Absorptivity Feasibility MODel）模型（Ganapol 等，1998）等。考虑冠层光学特性的常用 RT 模型有 SAIL 模型（Verhoef，1984；Asner，1998）和它的改进版本，这些改进版本包括 SAILH（Kuusk，1985）、GeoSAIL（Verhoef 和 Bach，2003）、2M-SAIL（Weiss 等，2001；le Maire 等，2008）和 4SAIL2（Verhoef 和 Bach，2007）。它们能够用于解释植被冠层内的某些异质性。其他重要的冠层反射率 RT 模型包括适合于行播作物的 FCR（fast canopy reflectance）（Kuusk，1994）、NADIM（new advanced discrete model）（Jacquemoud 等，2000；Ceccato 等，2002）、MCRM（Markov-chain canopy reflectance model）（Kuusk，1995）（Cheng 等，2006）；以及 4 种用于描述不连续森林冠层的模型，包括 DART（discrete anisotropic radiative transfer）（Demarez 和 Gastellu - Etchegorry，2000）、SPRINT（spreading of photons for radiative interception）（Zarco-Tejada 等，2004a）、FLIM（forest light interaction model）（Zarco-Tejada 等，2004b）和 FLIGHT（three-dimensional forest light interaction）（Koetz 等，2004）。此外，过去二十年，学者们也提出了一些叶片-冠层耦合模型，包括 PROSAIL（Baret 等，1992；Broge 和 Leblance，2000）、LEAFMOD+CANMOD（Ganapol 等，1999）、LIBERTY+FLIGHT（Dawson 等，1999）、LIBERTY + SAIL（Dash 和 Curran，2004）、PROSPECT + DART（Malenovsky 等，2007）和 PROSPECT+FLAIR（Omari 等，2013）。从已有的综述中可以发现，在大多数 RT 模型中，最常用的、最重要的叶片、冠层以及叶片-冠层耦合的 RT 模型分别是 PROSPECT、SAIL 和 PROSAIL 模型以及它们的改进版本（Jacquemoud 等，2009）。

　　PROSPECT 叶片光学模型，包括最新版本 PROSPECT-4 和 PROSPECT-5（Feret 等，2008），能够提供叶片组分特定的吸收和散射系数，已被广泛应用并取得良好的验证效果。由 Verhoef（1984）设计的 SAIL 冠层模型则属于一种冠层四流（four-stream）辐射传输模式。Kussk（1991）在 SAIL 模型的基础上加入热点效应从而对 SAIL 模型进行了改进。PROSAIL、PRODART、PROFLAIR 和 PROFLIGHT 这些叶片-冠层耦合光学模型，能够通过模拟冠层反射率光谱及其方向变化来描述叶片生物化学参数（主要是叶绿素、水和干物质含量）及冠层结构参数（主要是 LAI、SLA、LAD 和相对叶尺寸）。叶片-冠层耦合模型及其他 RT 模型有助于我们理解存在于冠层尺度上的大量影响因素是如何影响叶片反射特性（Demarez 和 Gastellu-Etchegorry，2000）。我们也可以通过这些耦合模型发展和修正一些对冠层结构、光照几何关系、土壤等因素不敏感的光谱指数（Broge 和 Leblanc，2000；Daughtry 等，2000）。当然，这些耦合模型也常应用于高光谱遥感的植物色素（如叶绿素和类胡萝卜素含量）监测制图研究（Haboudane 等，2002；Zarco-Tejada 等，2005a；Hernández 等，2012，2014）。

　　几何光学（geometric-optical，GO）模型也属于一类 RT 模型，但它更强调冠层结构对

模拟结果的影响;因此,GO 模型能够有效地捕捉反射辐射的角度分布模式,目前已得到广泛应用(Chen 和 Leblanc,2001)。当然,GO 模型也有许多类型,其中最著名和重要的是李小文和 Strahler(1985)发展的 Li−Strahler 模型。Li−Strahler 模型将植物冠层描述为一种形如圆锥体或圆柱体的不透明几何形状,冠层的阴影直接投射在地面上。通常,GO 模型多用于描述稀疏的森林或灌木结构,而阴影在这些植被场景中扮演了重要的角色。

发展物理模型的目的是利用观测的反射率数据反演植被特征参数。目前,基于物理模型的反演方法有 3 种类型:迭代优化法(Goel 和 Thompson,1984;Liang 和 Strahler,1993;Jacquemoud 等,2000;Meroni 等,2004)、查找表(look−up table,LUT)法(Knyazikhin 等,1998;Weiss 等,2000;Combal 等,2002;Gastellu−Etchegorry 等,2003;Omari 等,2013;Ali 等,2016)和人工神经网络技术(Gong 等,1999;Walthall 等,2004;Schlerf 和 Atzberger,2006)。迭代优化法无法保证得到稳定和最佳的反演结果。此外,传统的迭代方法不仅耗时,而且在处理大型数据集时常常需要简化模型,从而导致反演精度降低,难以在大区域开展植物生物物理和生物化学参数的反演工作(Houborg 等,2007)。LUT 方法通过一个由模拟的冠层结构反射系数和辐射特性组成的数据库进行反演。虽然它可以克服迭代优化法的部分缺陷,但数据库的构建十分复杂,需要足够多且可靠的地面实测数据支撑。在辐射传输模型正演和反演模型中提出的人工神经网络技术,有望降低反演的复杂度,但其内部结构尚不清楚。通常来讲,为有效训练人工神经网络和详细表征查找表参数变化,这些方法通常需要大量模拟冠层反射光谱数据以达到较高的反演精度。这就增加了确定最合适的 LUT 条目的计算时间和进行人工神经网络训练的时间(Kimes 等,2000;Liang,2004)。

8.3.9   生物参数制图方法

成像光谱技术为研究植物生物物理和生物化学参数的空间分布提供了理想的数据源。机载或星载成像光谱数据的出现,使进行像元基础的生物参数估算和制图成为可能。生物参数制图的实用方法主要包括以下步骤:

(1)可以使用经验/统计方法或辐射传输模型或几何光学模型,结合像元值(即各种形式的光谱变量,如 DN 值、波段辐射值、波段反射率、导数光谱以及植被指数等)和模拟的或测量的生物参数,来构建生物参数预测模型。

(2)使用步骤(1)中经过标定的预测模型以及光谱变量(作为输入参数)逐像元地估算像元的生物参数值。

(3)采用集群算法或密度分割算法将生物参数的像元预测值划归为某个类型,得到生物参数的空间分布。

(4)有时为更加精确地绘制植物生物参数空间分布图,有必要进行光谱解混处理。计算像元内各个端元的丰度信息[作为步骤(2)的输入参数],再重复步骤(1)和(2)的过程,就可以得到更精确的植物生物参数空间分布信息。

过去二三十年间,许多研究人员成功地使用经验/统计方法或物理模型实现了对植物生物参数的高光谱遥感反演与制图。例如,Wessman 等(1989)利用 AIS 航空机载成像光谱数据对美国威斯康星州黑鹰岛上森林冠层木质素浓度和氮素矿化速率进行监测制图。

他们将 AIS 像元导数光谱设为自变量,将木质素浓度和氮素矿化速率设为因变量,通过逐步回归模型来预测像元的植物生物化学参数。然后,将木质素浓度和氮素矿化预测值分为八类,以绘制相应的木质素浓度和氮素矿化率的分布图(图 8.5)。如图 8.5a 所示,森林冠层木质素浓度从左到右横贯黑鹰岛的变化反映出当地土壤质地的连续性变化,这种变化源自早先冰川后期河滩泥沙分选过程。利用预测得到的森林冠层木质素浓度作为回归模型的输入参数,可以计算出像元氮素矿化速率,得到年度氮素矿化速率在黑鹰岛上的空间分布图(图 8.5b)。Curran 等(1997)也通过相似的植物生物化学参数制图技术,利用 AVIRIS 高光谱图像数据对美国佛罗里达州盖恩斯维尔地区的湿地松人工林的叶绿素、氮素、木质素和纤维素含量进行了监测制图(图 8.6)。研究中,他们首先计算了 AVIRIS 高光谱图像的一阶微分光谱,然后通过逐步回归分析筛选出 5 个波段位置的一阶微分光谱特征,并基于这些特征构建了 4 种植物生物化学参数的多变量回归模型。图 8.6 展示了 4 种植物生物化学参数的空间分布情况。

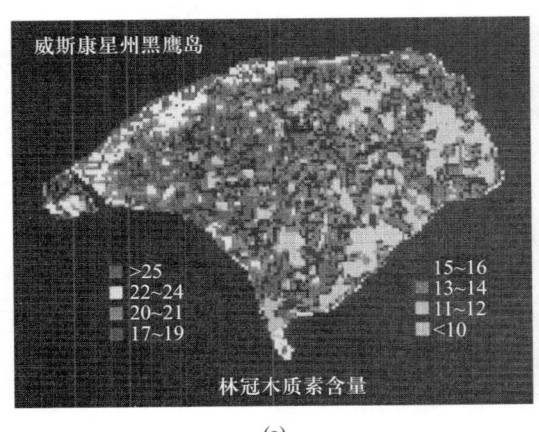
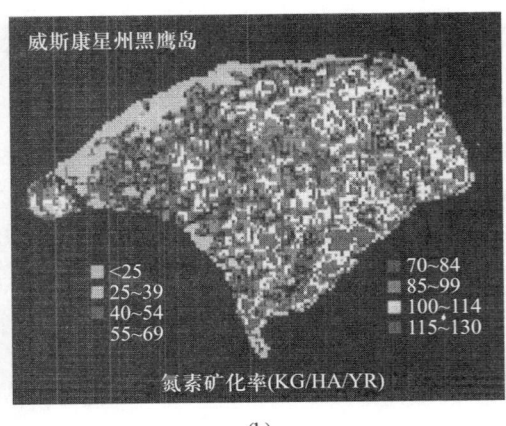

(a)　　　　　　　　　　　　　　　　(b)

图 8.5　(a)基于美国威斯康星州黑鹰岛 AIS 数据的植被冠层木质素浓度(%)空间分布图;(b)基于植被冠层木质素浓度预测值估计的年氮素矿化率(Wessman 等,1989)

　　Gong 等(1994)利用 CASI 和 AVIRIS 航空机载高光谱数据对 *Pinus ponderosa* 的森林冠层郁闭度进行了研究。他们采用光谱解混分析方法计算出包括松树在内的 5 个组分的 5 类端元丰度图像。对松木丰度图像进一步分类就可以绘制出单一森林类型的冠层郁闭度分布图。Pu 等(2003c)对 AVIRIS 高光谱数据进行处理分别得到原始辐射(original radiance,OR)数据、校正后的辐射(corrected radiance,CR)数据及地表反射率(surface reflectance,SR)数据,通过下述步骤对阿根廷两个地区的针叶林 LAI 进行填图:

　　(1)利用 OR、CR 和 SR 图像中 15~225 个均质像元,提取出与 70 个 LAI 测量样区一一对应的像元光谱,并计算每一个样区的平均光谱。

　　(2)分析每个波段与 LAI 实测值的相关性,选择相关性大的波段构建 LAI 预测模型。

　　(3)从 AVIRIS 的 OR、CR 和 SR 图像中选择出 20 个波段。选择时考虑 3 种不同的标

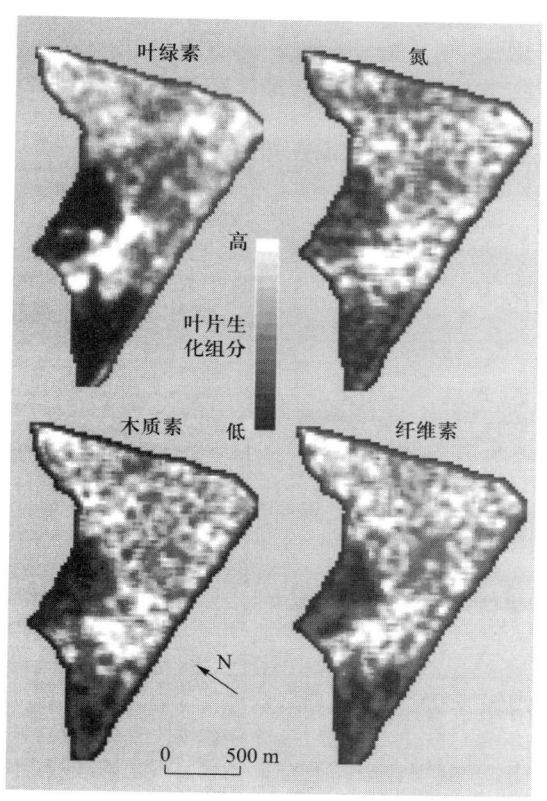

图 8.6　基于 AVIRIS 高光谱图像计算的约 2 km² 的湿地松冠层叶绿素、氮素、木质素和纤维素含量分布图（Curran 等，1997）

准：①依据相关系数图，从每个波段组中选择 2~3 个波段（Jia 和 Richards，1999）；②选择相关性曲线峰值对应的波段；③选择已知吸收特征所对应的波段。

（4）利用逐步回归方法，从步骤（3）得到的 20 个波段中确定一组最佳波段（10 个波段），用于构建 LAI 估算模型。根据每类 AVIRIS 数据建立的 LAI 预测模型估算 LAI 并进行填图。

（5）根据 LAI 预测值的大小划分为 6 个等级，对每个等级赋予相应的颜色，并添加图例。

图 8.7 展示了 6 个等级的 LAI 预测值分布情况。从图中可以发现，基于地表反射率得到的针叶林冠层 LAI 分布比其他两种光谱变量更加真实可靠。

Hernández-Clemente 等（2014）利用 2 m 空间分辨率的 AHS（Airborne Hyperspectral Scanner）高光谱图像（光谱范围 0.43~12.5 μm，38 个波段）和 PROSPECT-5+DART 耦合模型，对包括 40 年生 *Pinus nigra* 和 *Pinus sylvestris* 的松树造林区针叶林冠层叶绿素和类胡萝卜素含量（Ca+b 和 Cx+c）进行预测研究。首先结合 DART 模型 PROSPECT-5 叶片模型升尺度得到冠层反射率。在 PROSPECT-5 中，通过设定叶绿素 Ca+b 含量变化范围

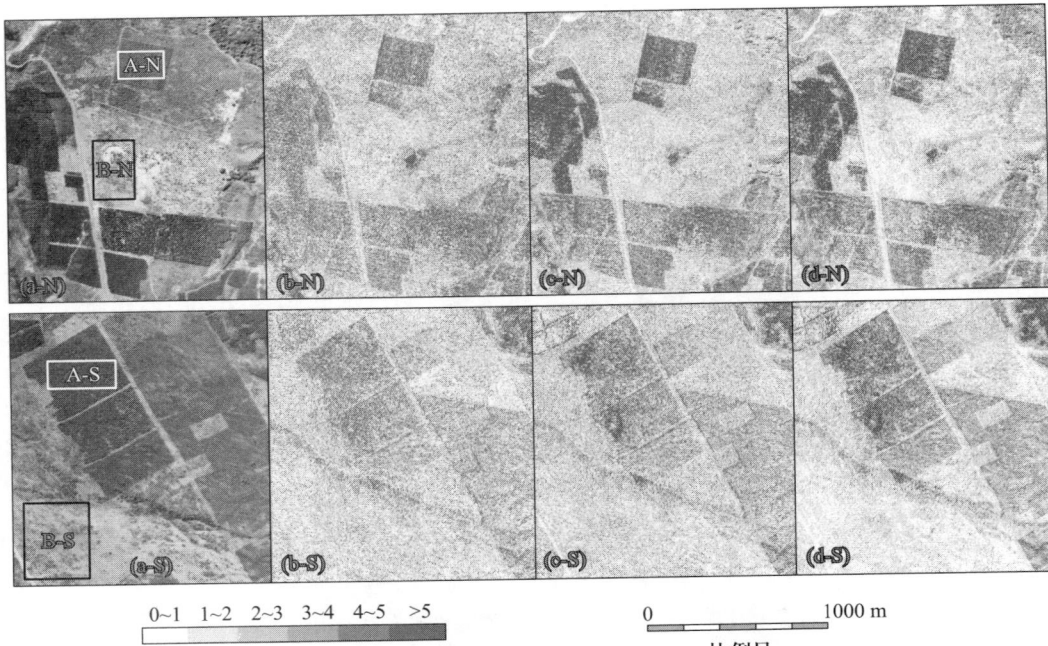

0~1　1~2　2~3　3~4　4~5　>5
LAI

0　　　　　　1000 m
比例尺

图 8.7　三种 AVIRIS 数据制作的 LAI 图。上面四幅图像来自北站点，下面四幅图像来自南站点。(a-N,a-S) 是由 AVIRIS 图像的近红外波段、红波段和绿波段假彩色合成的图像；(b-N,b-S) 是使用原始 AVIRIS 辐射亮度数据制作的 LAI 图；(c-N,c-S) 是经辐射校正的 AVIRIS 辐射亮度数据制作的 LAI 图；(d-N,d-S) 是使用 AVIRIS 地表反射率数据制作的 LAI 图 (Pu 等,2003c)(参见书末彩插)

$(10 \sim 60\ \mu g/cm^2)$、类胡萝卜素 Cx+c 含量变化范围 $(2 \sim 16\ \mu g/cm^2)$、叶片水分含量变化范围 $(0.01 \sim 0.03\ cm)$、固定干物质含量和叶片内部结构（值）模拟针叶叶片反射率和透射率。然后，采用相对简单的植被指数建模方法（由 PROSPECT-5+DART 耦合模型的模拟光谱反射率计算得到）建立光谱特征和针叶冠层色素含量之间的预测模型；并利用这种模型针对 AHS 高光谱图像逐像元地估算叶绿素 (Ca+b) 和类胡萝卜素 (Cx+c) 含量。图 8.8 是基于黑松和樟子松样区 AHS 高光谱图像绘制的两类针叶林冠层色素 (Ca+b 和 Cx+c) 含量空间分布。

8.4　生物物理参数估算

大量研究表明，相比多光谱数据，高光谱数据由于具有精细的光谱信息并能够有效提取诊断光谱特征，在植物生物物理参数的遥感估算和制图方面更有优势。本节将对各种高光谱数据在植物生物物理参数的遥感估算和制图方面的应用进行回顾和介绍。这些植物生物物理参数包括植物冠层 LAI、SLA、树冠郁闭度、植物种类及组成、植物冠层生物量、NPP 和 fPAR 等。同时，本节也简要总结涉及各类生物物理参数高光谱应用的技术方法。

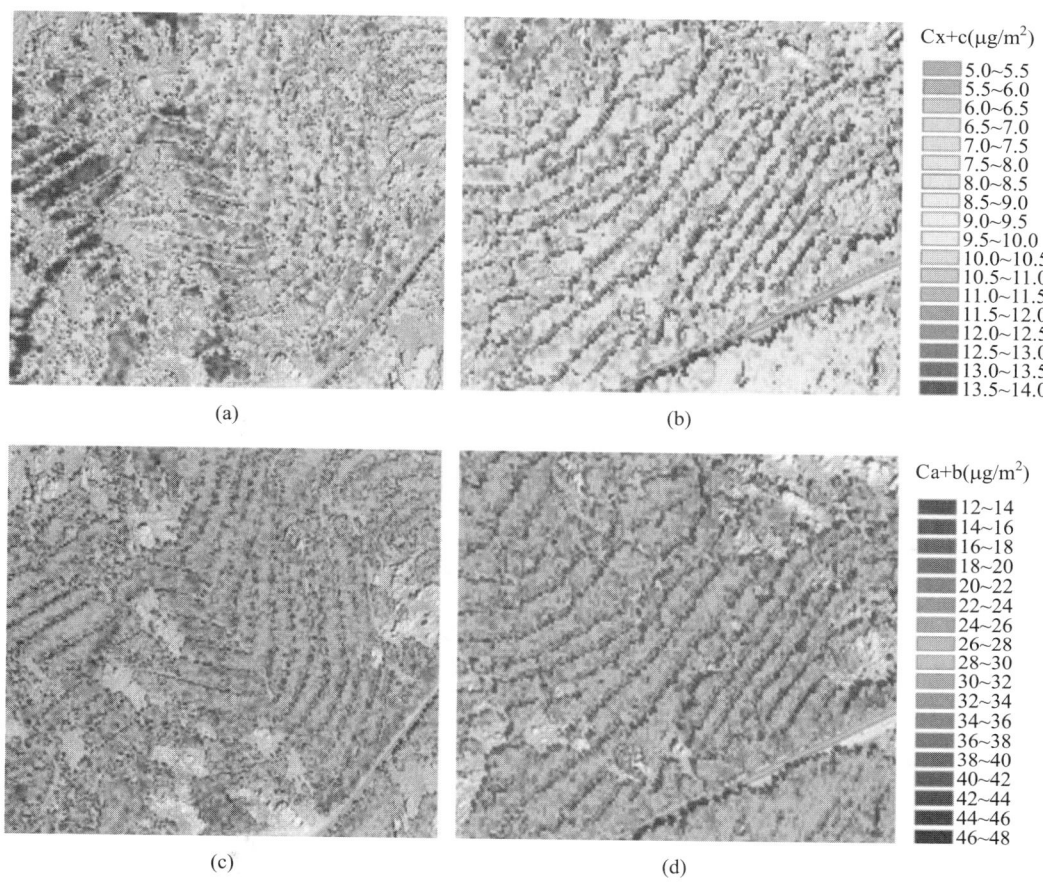

图 8.8　基于 AHS 高光谱图像绘制的两种松林(*P. sylvestris* 和 *P. nigra*)冠层叶绿素(Ca+b)和类胡萝卜素(Cx+c)含量分布图(左侧是高色素含量,右侧是低色素含量)。(a)和(b)是利用 PROSPECT-5+DART 模型模拟的光谱指数 R_{515}/R_{570} 和 R_{700}/R_{750} 估算的 Cx+c 含量。(c)和(d)是利用 PROSPECT-5+DART 模型模拟的光谱指数 R_{700}/R_{750} 估算的 Ca+b 含量(Hernández-Clemente 等,2014)(参见书末彩插)

8.4.1　植物冠层 LAI、SLA 和树冠郁闭度

自 20 世纪 80 年代初,基于地面实测、机载和星载高光谱数据对植物冠层结构参数 LAI、SLA 和 CC 的遥感估算与制图研究主要采用高光谱植被指数和单变量/多变量的线性/非线性回归建模方法。例如,Bulcock 和 Jewitt(2010)曾使用 Hyperion 高光谱数据对分布于南非 KwaZulu-Natal 中部的集水造林区桉属、松属和合欢属植被冠层 LAI 进行反演。他们利用那些对叶片叶绿素浓度、冠层叶面积、叶片聚集度和冠层结构的综合影响敏感的光谱波段反射率构建了 NDVI、SAVI 和 VOG1(vogelmann red edge index 1)三种高光谱植被指数。在三种指数中,VOG1 的鲁棒性最高,R^2 和 RMSE 分别达到 0.7 和 0.3,而

NDVI 和 SAVI 均可准确估算出 12 年生 *Pinus patula* 的 LAI。Viña 等(2011)基于地面光谱仪测量的高光谱数据(测量时距离冠层上方 6 m)和航空机载成像光谱仪拍摄的高光谱图像(AISA),采用 Chl_{green}、$Chl_{red-edge}$ 和 MTCI(MERIS terrestrial chlorophyll index)(定义见表 5.1)等不同叶绿素植被指数对两种具有不同冠层结构和叶片结构的农作物(玉米和大豆)绿色 LAI 进行了反演分析并评估其遥感估算潜力。这些叶绿素植被指数均表现出与绿色 LAI 显著的线性相关性,但 $Chl_{red-edge}$ 是唯一一个对作物类型不敏感的植被指数,且对两种农作物的 LAI 估算精度均最高(RMSE = 0.577 m^2/m^2)。由于 $Chl_{red-edge}$ 对土壤背景类型敏感性较低,因此基于该指数提出了一种简单的、鲁棒性强的绿色 LAI 遥感估算方法。Wu 等(2010)基于高光谱植被指数对具有不同冠层结构的植被叶绿素含量与 LAI 进行了反演。他们基于 Hyperion 高光谱图像,利用 705~750 nm 的红边波段构建了包括 SR、mSR(modified simple ratio index)、NDVI、mND、TCARI、MCARI、OSAVI、TVI、MSAVI 和 MCARI2 在内的 10 种高光谱植被指数(定义见表 5.1),在包括森林和农作物在内的 30 个样方中建立了这些植被指数和 8 种植物冠层叶绿素含量与 LAI 之间的线性关系方程。结果表明,这些高光谱植被指数可以成功估算叶绿素含量(RMSE 为 7.20~10.49 mg/cm^2)与 LAI(RMSE 为 0.55~0.77 m^2/m^2),其中三波段植被指数 $MCARI/OSAVI_{705}$ 对叶绿素含量的估算精度最高,而 $MCARI2_{705}$ 对 LAI 的估算精度最高。

Fatehi 等(2015)基于 APEX 机载高光谱数据在瑞士国家公园内的复杂森林生态系统中开展试验,建立冠层郁闭度、胸高断面积和立木材积量等森林结构参数反演模型。APEX 是一款推扫式航空成像光谱仪,光谱范围为 372~2 500 nm,光谱分辨率为 0.7~1.2 nm,共 285 个波段,推扫一行图像可采集 1000 个像元。研究区北方森林以欧洲落叶松(*Larix decidua* L.)为主,并伴有挪威云杉(*Picea abies* L. Karst)和瑞士石松(*Pinus cembra* L.)。基于 APEX 高光谱图像和地面实测森林结构参数数据,以高光谱植被指数和波段深度指数为自变量,以森林结构参数为应变量,建立用于反演森林结构参数的简单逐步回归模型。研究指出,结合连续统去除得到的波段深度指数与简单窄波段指数可用于估算森林结构参数,特别是冠层郁闭度。Darvishzadeh 等(2011)基于地中海意大利马耶拉国家公园的 HyMap 航空高光谱图像,比较了经验统计模型和物理模型在草原 LAI 分布监测方面的性能。他们一方面将 HyMap 全谱段数据或部分区段光谱数据输入 PROSAIL 辐射传输模型通过模拟得到 LAI 的反演关系,并建立 LAI 与诸如 NDVI 和 SAVI2 指数的线性回归模型;另一方面,利用偏最小二乘回归 PLS 方法分析了 HyMap 全谱段数据或部分区段光谱数据的潜在主成分变量。研究采用 LAI 预测值和实测值之间的归一化均方根误差 nRMSE 和确定系数 R^2,来评价这两种方法对草原 LAI 的估算能力。结果表明,PROSAIL 辐射传输模型的 LAI 反演精度与 PLS 经验统计模型的 LAI 反演精度(R^2 = 0.89,nRMSE = 0.22)结果较一致。但是仅使用部分区段光谱数据的 PROSAIL 模型的 LAI 反演精度却出现一定程度的提高(R^2 = 0.91,nRMSE = 0.18)。在植被冠层 LAI 和 CC 高光谱遥感反演方面,Boegh 等(2002)、Gong 等(2003)、He 等(2006)和 Delalieux 等(2008)也都曾使用高光谱植被指数和单变量或多变量回归模型进行相关研究。

一些研究基于高光谱数据,利用高光谱植被指数与 LAI 的指数关系对森林冠层 LAI

进行了估算。如 Darvishzadeh 等（2009）基于实验室测得的植被光谱数据，计算得到 RVI、NDVI、PVI、TSAVI、SAVI2 和红边拐点（red edge inflection point, REIP）6 种常用的高光谱指数，对处于不同土壤背景、具有不同叶片光学属性的植被种类 LAI 进行估算。研究选择了 4 种具有不同叶形和大小的植物种类：*Asplenium nidus*、*Halimium umbellatum*、*Schefflera arboricola* 和 *Chrysalidocarpus decipiens*，并使用比尔定律修正模型描述植被指数与 LAI 测量值之间的关系：

$$VI = VI_\infty + (VI_g - VI_\infty) \exp (K_{VI} \cdot LAI)$$

式中，*VI* 指高光谱植被指数；VI_∞ 指在植被冠层完全覆盖条件下的植被指数；VI_g 对应裸土的植被指数；K_{VI} 是比尔定律中的消光系数，它描述了高光谱植被指数相对 LAI 增加而增大的特征。研究结果表明，短波红外光谱区域包含有 LAI 的相关信息。同时，也证实 LAI 与高光谱植被指数之间的线性关系仅存在于特定的 LAI 范围（$0.3 \leqslant LAI \leqslant 6.1$）中。Gong 等（1995）在一项早期试验中将基于比尔定律的 LAI 估算方法与单变量和多元回归模型结合，采用 CASI 高光谱数据开展针叶林 LAI 遥感估算与制图研究，结果表明，LAI 的估算能够得到较理想的精度。

　　在过去的二三十年间，许多利用地面实测、航空及航天高光谱数据估算植被冠层 LAI 的研究是基于物理模型开展的。这些研究包括：基于 CASI 高光谱数据和 FLIM 模型进行森林 LAI 反演（Hu 等，2000），基于地面实测高光谱数据和 PROSAIL 叶片−冠层耦合模型进行草地 LAI 和叶绿素含量反演（Darvishzadeh 等，2008b）；基于 PROSPECT 和 SAIL 模型模拟的光谱数据和 CASI 光谱数据对农作物 LAI 和叶片叶绿素含量进行估算（Li 等，2008）；基于 Hyperion 图像和两种冠层反射率模型（Kuusk−Nilson 森林冠层反射率、透射率模型和 Li−Strahler 几何光学模型）研究森林冠层郁闭度的分布情况（Zeng 等，2008）等。物理模型的输入参数可以是波段反射率或小波转换系数。例如，Banskota 等（2015）开发了一个简单而高效的计算程序，将 DART 模拟的大量光谱波段填充到查找表（LUT）数据库中，提高基于 AVIRIS 高光谱图像和 DART−LUT 方法反演森林 LAI 的效率。DART 模型的反演过程包括：①利用设置为宽波长间隔的模型参数构建一个初步的 LUT，用来模拟 Landsat TM 6 个波段的反射率；②将初步的 LUT 与 TM 波段反射率作对比，使模拟值尽可能接近 Landsat TM 波段反射率；③结合敏感性分析研究结果，分别构建出 AVIRIS 全部窄光谱波段和 Landsat TM 6 个宽波段的最终 LUT；④利用最终的 LUT，基于 AVIRIS 和 TM 图像对北部温带森林 LAI 进行反演。LAI 估算结果表明，该研究设计基于 DART 模型的高光谱 LAI 反演过程是一种有效的方法。

　　小波变换可以将光谱信号分解为一系列不同尺度和频率的小波函数组合。在每个尺度上，不同波段的光谱信号呈现能量变化（"波峰"和"波谷"）能够被自动检测到，并且为深入分析高光谱数据提供有用的信息（Pu 和 Gong，2004）。Banskota 等（2013）在美国威斯康星州一片阔叶落叶林基于 AVIRIS 高光谱图像和 3−D DART 模型，研究利用离散小波变换（discrete wavelet transform，DWT）估算森林 LAI 的可行性。他们利用 DWT 技术将高光谱数据变换为各种不同尺度的小波特征，而这些多尺度的小波特征可以探测和辨识到某些出现在原始光谱反射率中而未能被识别出的变化，如在光谱较宽和较窄范围中出现的振幅变化。而这些变化可能与 LAI 的大小有关（Pu 和 Gong，2004），并能够用于提高

基于 PROSPECT-DART 耦合模型和 LUT 方法反演温带森林 LAI 的精度。他们在反演 LAI 之前,先使用 *Haar* 小波将模型模拟的高光谱反射率和 AVIRIS 数据作离散小波变换。最后,再将 LUT 反演法应用于 3 种不同的数据集中:①AVIRIS 原始数据;②全部小波特征数据集;③两个经过提取的小波特征子集。其中,全部小波特征数据集和两个小波特征子集分别包含了原始信号能量的 99.99% 和 99.0%。LAI 预测结果表明,由全部小波特征数据集反演的 LAI 精度最高,这证实了 DWT 技术通过改进基于 DART-LUT 的反演,提高了 LAI 的估算精度。Pu 和 Gong(2004)在 Matlab 软件中,基于 Hyperion 高光谱数据(共分析了 167 个可用波段)和小波基函数 *db3*,通过降维提取小波特征用于分析美国加利福尼亚大学伯克利分校 Blodgett 森林研究站内的森林 LAI 和 CC 分布情况,并将该方法与主成分分析和波段优选特征提取方法进行比较。研究结果表明,通过小波方法提取的能量特征对森林 LAI 和 CC 进行遥感监测制图最为有效。

　　总之,在过去的二三十年间,大多数基于高光谱数据开展的植被冠层 LAI 和 CC 估算与监测制图研究都是基于高光谱植被指数、微分光谱(Gong 等,1995)或光谱位置变量(Pu 等,2003a)等特征的单变量线性(或非线性)回归模型或多元回归模型开展的。同时,也有许多研究使用叶片、冠层,或叶片-冠层耦合的物理模型,基于高光谱图像数据反演植被冠层结构参数(如 LAI 和 CC)。

8.4.2　植物种类与组成

　　植物种类与组成的识别和监测制图的常规做法是直接使用高光谱波段反射率数据(全部波段或选择的波段子集)。如 Mohd Hasmadi 等(2010)和 Zain 等(2013)基于地面实测光谱数据和航空机载高光谱数据(AISA 数据),配合 SAM 分类器,对分布在马来西亚吉兰丹州 Gua Musang 地区 Gunung Stong 和 Balah 森林保护区的 8 种优势树种进行区分。他们的试验结果表明,使用高光谱和高空间分辨率传感器拍摄的热带雨林森林冠层图像在开展单个树种的监测制图研究中具有很大的潜力。

　　鉴于高光谱数据能够对植物叶片和冠层的化学组分进行估算,一些植物种类或群落的监测制图研究也开始考虑存在于不同植被类型或种群间生物化学组分的差异。而对这些差异的识别有助于区分植物的种类与组成。例如,有报道指出,赤松和铁杉具有相似的氮浓度和不同水平的木质素含量(Martin 等,1998)。Pu(2009)基于地面实测光谱数据和 ANOVA 评价方法,选出 30 种光谱变量用以识别 11 种城市环境下的阔叶树种。在这 30 种光谱变量中,大多数与植物叶片的化学成分直接相关,如有些光谱变量与 0.97 μm、1.20 μm 和 1.75 μm 附近的水分吸收波段有关,有些光谱变量与叶绿素的光谱吸收特征(包括红边光学参数、简单比值植被指数以及 680 nm 波段反射率)有关,还有一些光谱变量则与其他生物化学参数如木质素(1.20 μm 和 1.42 μm 附近)、纤维素(1.20 μm 和 1.49 μm 附近)以及氮浓度(1.51 μm 和 2.18 μm 附近)的光谱吸收特征有关(Current,1989)。Zhao 等(2016)对中国亚热带森林研究区的 20 种主要植被冠层类型的光谱、生物化学成分以及树种多样性之间的关系进行了分析,研究结果表明,基于 8 种最佳生物化学成分(包括叶绿素、类胡萝卜素、SLA、等效水厚度、N、P、纤维素和木质素)可识别出最多

15 种植被类型。

许多研究证实,在识别树种及其树种组时,高光谱数据与 LiDAR 数据的结合可以提高精度。Naidoo 等(2012)将提取自 CASI-1500 高光谱图像和 LiDAR 结构参数的 7 个特征与随机森林模型结合,对南非大克鲁格国家公园内常见的 8 种热带草原树种开展了分类研究。这些预测因子包括提取自 LiDAR 的树高和提取自高光谱图像的植被指数、原始波段反射率、连续统去除处理后的光谱、光谱角制图敏感波段以及某些与植物营养和叶片生物量有关的波段。分类结果表明,基于这些预测因子,随机森林模型能够成功预测 8 种热带草原树种分布,获得 87.68% 的总体分类精度,精度高于同类早期研究成果(Naidoo 等,2012)。同样利用高光谱数据(AISA 图像)和 LiDAR 数据,Zhang 和 Qiu(2012)针对具有高空间异质性和植物种类多样性的城市森林,发展了一种基于神经网络的城市树种识别方法,用于进行树种分类填图。他们利用 LiDAR 数据识别树木的树顶部分,然后通过分析这些树顶处的高光谱数据实现对不同树种的识别。该方法避免了光照、阴影和混合像元对树种分类产生的干扰。研究结果表明,LiDAR 数据配合高光谱图像不仅有能力在单株尺度上估算树的各项指标,而且还可以识别树种类型。此外,Matsuki 等(2015)也提出了一种 CASI-3 高光谱图像配合 LiDAR 数据的单株尺度分类方法,并应用于对日本东京多摩森林科学园的 16 类树种进行分类。该方法涉及的主要过程包括:①使用光谱解混方法对图像进行校正预处理,以消除高光谱数据中阴影的影响;②对高光谱数据进行主成分分析,以提取树的光谱特征;③从 LiDAR 数据中提取出单株冠层信息(树的形状和大小);④基于光谱数据和树冠特征的 SVM 分类器,在像元尺度上区分树种。该研究结果表明,对阴影的校正和树冠信息能够改善分类性能。并且与仅使用高光谱数据相比,高光谱数据与 LiDAR 数据结合使分类精度提高了 21.5%。

为提升高光谱数据的树种识别精度,学者们对一些先进的分类器(如支持向量机、随机森林等)进行了测试。例如,Dalponte 等(2013)为评价两种高分辨率高光谱传感器(HySpex-VNIR 1600 和 HySpex-SWIR 320i,本书第 3 章中表 3.1 详细介绍了这两种传感器的特点)的树种识别潜力,从 4 个方面进行考虑和分析:①试验 SVM、RF 和 MLC 三种分类器;②分析包括 1.5 m 和 0.4 m 两种空间分辨率;③采用了全部光谱波段和部分波段子集两组光谱波段数据;④分析了像元和冠层两种空间尺度。研究涉及,包括 *Picea abies*、*Pinus sylvestris*、*Betula* spp. 和其他阔叶树(*Populus tremula*)4 类树种/类群。研究结果表明:①HySpex-VNIR 1600 传感器可以有效地识别阔叶树种,Kappa 值达 0.8(松树和云杉的用户精度高于 95%);②HySpex-SWIR 320i 仅能正确区分松树和云杉两类树种;③SVM 和 RF 的树种/类群分类性能相似。Shang 和 Chisholm(2014)依次从叶片、冠层和群落尺度对澳大利亚新南威尔士州 Beecroft 半岛的澳大利亚桉树林中的 7 种本土树种进行了分类研究,并对高光谱数据和 SVM、AdaBoost、RF 三种机器学习算法在分类研究中的应用潜力进行了评价。该研究使用 ASD 光谱仪测量获得的样区叶片光谱数据开展叶片尺度的分类研究,使用 HyMap 航空高光谱图像中从单株树冠部分图像或植被群落斑块中提取的光谱反射率数据开展冠层和群落尺度的分类研究。同时,该研究采用一种传统线性判别分析(LDA)与三种机器学习算法在分类性能方面进行比较。结果表明,与 LDA 相比,三种机器学习算法树种分类精度有显著提高。在叶片尺度上,RF 能够达到最高的分

类精度(94.7%);而 SVM 在冠层(精度 84.5%)和群落尺度(精度 75.5%)上分类效果优于另外两种机器学习算法。该研究表明,高光谱遥感与机器学习分类器的结合,在澳大利亚本土森林树种分类填图方面具有很大潜力。然而,在 Ferreira 等(2016)基于高光谱和多光谱数据的热带季节性半落叶森林树种的监测制图研究中,LDA 的分类结果优于 SVM 的分类结果,这种与 Shang 和 Chisholm(2014)研究结论不同的原因可能与热带森林冠层光谱和冠层结构以及生物多样性方面的特点有关。

少数研究表明,将高光谱图像中提取的空间/纹理特征与光谱特征结合,能提高树种/组的识别精度。例如,为提高高光谱树种识别精度,Dian 等(2015)在中国东北地区黑龙江凉水国家级自然保护区对冷杉、赤松、落叶松、桦树和柳树这五类树种进行分类研究。他们将从 CASI 航空高光谱数据中提取的空间特征和光谱特征结合,在树种分类方面进行了测试。为此,他们先后进行了如下操作:①对高光谱图像进行降维处理,利用 MNF 变换进行特征提取;②基于灰度共生矩阵提取森林冠层的纹理特征;③使用森林冠层的光谱和纹理特征以及不同核函数的 SVM 分类器区分 5 类树种。测试结果表明,将 MNF 和纹理特征结合,利用线性核函数输入 SVM 分类器时,总体分类精度可达 85.92%,证实了光谱与空间信息结合能够提高树种分类的精度。Laurin 等(2016)在使用 AISA 高光谱数据和 Sentinel-2 多光谱数据以及 SVM 分类器区分热带森林类型和主要树种时也强调了纹理特征的重要贡献与作用。

总之,无论是近地高光谱数据还是航空/航天高光谱图像数据,都可用于植物种类与组成的识别和监测制图研究。为提高遥感识别植物种类与组成的精度,研究人员提出了一些分类方法和数据组合使用的建议,包括:①基于树种和种群植物叶片及冠层生物化学成分差异的树种识别方法;②高光谱数据与 LiDAR 数据结合使用;③使用一些先进的分类器;④将各种高光谱数据中提取的空间/纹理特征与光谱特性相结合。

8.4.3　植物生物量、NPP、fPAR 和 fAPAR

用于植物生物量的高光谱遥感估算和监测制图的建模方法一般有两种。第一种通常是借助光谱信号与地面生物量测量值之间的统计关系构建模型来估算植物生物量。这种模型可以通过回归分析或非参数方法构建,但模型的参数或系数易受多种因素影响,如大气、太阳观测几何、图像获得时植物生长所处的物候状态、地形以及辐射校正和几何校正的偏差。另一种是利用多光谱/高光谱数据基于异速生长法(allometric)计算植物生物量。

第一种模型构建方法常利用不同高光谱数据直接估算植物冠层生物量。例如,Gao 等(2012)在中国内蒙古自治区呼伦贝尔草原利用 ASD Fieldspec3 光谱仪测量的草地高光谱数据和同步收割记录的地上净初级生产力(aboveground net primary productivity, ANPP)数据,对高光谱遥感估算生长高峰期的草地生物量进行了估算。该研究基于地面实测高光谱数据计算的 NDVI 构建线性和非线性的 ANPP 回归模型。基于 R^2 和误差分析,优选出对应研究区内每种植被类型的回归模型。实验结果表明:①线性模型最适合应用于干旱草原;②指数模型最适合应用于湿地植被;③幂函数形式模型应用于草甸草原和沙地植

被时最理想。与 Gao 等（2012）的研究类似，Wang 等（2011）基于 ASD 光谱仪采集的地面光谱数据，对中国甘肃省甘南草原的草地地上生物量进行了估算。但 Wang 等（2011）测试了更多的光谱特征，包括原始波段反射率、多个高光谱植被指数及红边、黄边和蓝边光学参数（Pu 等，2004），将这些光谱特征作为输入因子用于构建草地生物量的单变量或多变量估算模型。他们的研究结果表明，利用地面实测的高光谱数据可以在冠层尺度对草地生物量进行估算。Filippi 等（2014）利用 Hyperion 高光谱波段反射率及其他光谱变量对沿河分布的落叶河岸林地上生物量（aboveground biomass，AGB）进行估算，并对三种 AGB 估算方法进行了比较，包括多元自适应回归样条（multivariate adaptive regression splines，MARS）、随机梯度 Boosting（stochastic gradient boosting，SGB）和 Cubist-based AGB 法。落叶河岸林的植被种类主要包括乌桕（*Sapium sebiferum*）、美洲桐木（*Platanus occidentalis*）、朴树（*Celtis laevigata*）和美洲黑杨（*Populus deltoides*）。研究中输入的光谱变量除了波段反射率以外，还有经 MNF 和 ICA 变换的光谱特征、一些高光谱植被指数和地形参数等。研究结果表明，基于 MARS 和 SGB 方法的估算精度明显高于 Cubist-based AGB 法，而 MARS 的估算结果与 SGB 无明显差异。同时，该研究也指出了三种 AGB 估算方法均可应用在基于 Hyperion 卫星高光谱图像的监测中。

多项研究表明，将高光谱数据与 LiDAR 和摄影测量数据等其他类型的遥感数据结合，能够提高植物生物量的估算精度。例如，为提高植物生物量的估算精度，Kattenborn 等（2015）将基于干涉遥感观测（Tandem-X）和摄影测量观测（WorldView-2）与高光谱观测（EO1-Hyperion）结合，基于四种机器学习算法对德国卡尔斯鲁厄附近的温带森林生物量进行估算。该研究区是典型的欧洲温带森林，包括不同树龄的欧洲赤松（*Pinus sylvestris*）、欧洲山毛榉（*Fagus sylvatica*）、无梗花栎（*Quercus petraea*）、红橡树（*Quercus rubra*）、甜樱桃（*Prunus avium*）和欧洲鹅耳枥（*Carpinus betulus*）的单纯林和混交林。在建模方面，包括随机森林（RF）、广义相加模型（generalized additive model，GAM）、广义增强回归模型（generalized boosted regression model，GBM）和广义增强型相加模型（boosted version of the GAM，GAMB）四种机器学习算法被用于构建遥感观测变量与森林生物量之间的关系模型。通过迭代选择确定最优的预测变量组合，筛选得到包括基于干涉观测和摄影测量观测的预测变量（如冠层高度）和高光谱预测变量（如波段反射率、一些高光谱指数和波段主成分波段）。研究结果表明，冠层高度信息与光谱信息的结合能够准确估算森林生物量。Swatantran 等（2011）探讨了 LiDAR 提取的结构参数与 AVIRIS 高光谱特征相结合估算美国内华达州 Sierra 地区植物生物量的可能性。该研究基于线性和逐步回归分析，对 LiDAR 特征变量、高光谱指数和 MESMA 覆盖度（从 AVIRIS 图像中提取得到）与地面实测生物量之间的关系进行了分析，发现如水体波段指数和阴影覆盖度等 AVIRIS 光谱变量与冠层高度等 LiDAR 变量之间存在较强的相关性。不同于 AVIRIS 光谱变量，LiDAR 变量在总生物量和特定植物生物量的估算中始终表现良好。该结论与 Clark 等（2011）对哥斯达黎加热带雨林地上生物量遥感估算研究的结论一致。基于 LiDAR 结构参数与 AVIRIS 高光谱特征融合的数据集进行阔叶树和松树等特定植被类型的生物量监测明显能够提高监测的精度。因此，LiDAR 和 AVIRIS 两种传感器结合在森林碳动态变化、生态和栖息地研究等方面具有很大的应用潜力。Laurin 等（2014）利用 LiDAR 特征和

高光谱波段反射率及多种高光谱植被指数作为输入变量,基于偏最小二乘法解决多个输入变量的多重共线问题,分析了通过结合 LiDAR 和 AISA 高光谱数据估算非洲热带森林生物量的效果。研究结果表明,两者结合的估算精度比仅使用高光谱数据的精度($R^2 =$ 0.36)有一定程度的提高。

Fatehi 等(2015)利用 APEX 数据中所有窄波段两两任意组合成的比值植被指数(SR)和 NDVI,对瑞士东南部阿尔卑斯山地区的草地和森林 AGB 进行了估算。该研究利用研究区地面实测的草地和森林 AGB 构建经验模型并进行验证,以评价基于像元和基于光谱解混的两种 AGB 监测制图方法的应用潜力。他们发现,由近红外波段(851 nm)和中红外波段(1689 nm)构建的窄波段 SR 对草地 AGB 的估算精度最高,而由两个 MIR 波段(1498 nm 和 2112 nm)构建的 SR 对森林 AGB 的估算精度最高。两种 AGB 填图方法都可以准确估算复杂环境下草地和森林的 AGB,但基于光谱解混方法由于考虑了不同地表覆盖类型的亚像元丰度信息,能获得更高的 AGB 预测精度。

一些学者也使用高光谱数据和高光谱植被指数进行农作物(如小麦)生物量的估算。为确定估算冬小麦生物量的最优方法,Fu 等(2014)比较了单变量和多变量方法。研究结果表明,结合波段优选的 NDVI 形式特征和波段深度参数,采用偏最小二乘法可以显著提高冬小麦生物量的估算精度。Gnyp 等(2014)利用地面实测的高光谱数据和 Hyperion 高光谱图像在不同尺度上对华北平原冬小麦生物量进行预测。研究强调,利用 $(R_{900} \cdot R_{1050} - R_{955} \cdot R_{1220})/(R_{900} \cdot R_{1050} + R_{955} \cdot R_{1220})$ 和 $(R_{874} - R_{1225})/(R_{874} + R_{1225})$ 两种植被指数均能够在小区和区域两个尺度上对冬小麦生物量进行估算。

第二种植物生物量估算方法——异速生长模型是一种具有物理意义的植物生物量估算方法,这是因为植物生物量与 LAI 和冠层结构(如冠层郁闭度和树高)等可通过光学遥感估算的森林特征有关。多数基于遥感数据的异速生长模型都使用多光谱卫星遥感图像估算森林生物量,如基于 1 km MODIS 数据(Zhang 和 Kondragunta,2006)或基于 MISR 和 MODIS 数据进行的森林生物量计算(Chopping 等,2011)。只有少数研究使用高光谱遥感数据和异速生长模型估算植物生物量。Lucas 等(2008)基于 LiDAR 数据和 CASI 高光谱数据对澳大利亚昆士兰东南地区混交林的 AGB 进行估算,提出并比较了两种反演方法。第一种方法通过 CASI 高光谱数据识别树种和每棵树的树冠范围,再用 LiDAR 提取树高和树干直径,并将这些参数输入异速生长模型进行单木生物量的预测。第二种方法基于 LiDAR 提取的高度参数和 CASI 提取的冠层覆盖度信息采用 Jackknife 线性回归估算各实验小区的 AGB,预测结果更接近实测值。该研究证实基于 LiDAR 数据和 CASI 高光谱数据和异速生长模型对 AGB 进行定量反演是可行的。在评估夏威夷地区的入侵固氮树种 *Morella faya* 的树冠三维结构和 AGB 是否随 1500 mm 降水梯度发生改变的研究中,Asner 等(2010)将航空机载成像光谱仪和 LiDAR 观测数据结合,发展了一种异速生长模型。研究结果表明,该模型 AGB 的估算结果与地面实测结果高度吻合($R^2 = 0.97, P < 0.01$),并可对受到入侵的生态系统的生物量进行监测制图,有助于人们更好地理解物种入侵是如何改变碳储量和其他生态系统性质的。

总初级生产力(gross primary production,GPP)和净初级生产力(net primary production,NPP)是碳循环的两个重要组成部分。GPP 定义为给定的单位时间内,绿色植

物通过光合作用收集与存储的 CO_2 速率;NPP 则定义为从光合作用所产生的有机质总量中扣除自养呼吸后的剩余部分,即 GPP 与自养呼吸之差,常表示为每年植物的净生产或干物质累积量(Roxburgh 等,2005)。目前,基于遥感的生态系统和景观尺度 GPP 估算通常基于以遥感图像和气候数据作为输入以及辐射利用效率(radiation-use efficiency, RUE)或光能利用率(light-use efficiency, LUE)为原理开展的。根据 Xiao 等(2014),GPP 和 NPP 可利用 APAR 和 LUE 的方程估算:GPP $= \varepsilon_g \times$ APAR;NPP $= \varepsilon_n \times$ APAR(ε_g 为 GPP 的系数,ε_n 为 NPP 的系数)。一般情况下,冠层 fPAR 可以利用两种方法进行估算:①在实地尺度上,利用地面实测的冠层 LAI;②在区域尺度上,利用遥感数据计算的植被指数。在大尺度上,常基于 MODIS 和 Landsat TM 等图像数据和宽波段植被指数(如 NDVI 和 SR)估算冠层 fPAR。由于高光谱数据可以选择更有效的窄波段来构建高光谱植被指数,因此认为在对 fPAR 的估算方面高光谱数据的估算精度要优于多光谱数据,而这一观点得到了一些研究的证实。然而,相比基于多光谱数据的 fPAR 估算,基于高光谱数据的估算研究仍较少。例如,Tang 等(2010)、Yang 等(2012)、Tan 等(2013)、Marino 和 Alvino (2015)曾利用 ASD 数据计算高光谱植被指数结合简单线性或非线性回归模型和神经网络算法估算农作物(如大豆、玉米和洋葱)的 fPAR。这些研究结果都证实短波红外波段在估算 fPAR 方面具有很大潜力。Baret 和 Guyot(1991)、North(2002)使用物理模型(如 FLIGHT 和 SAIL 冠层模型)模拟的光谱数据构建高光谱植被指数,并用于 fPAR 估算。此外,Strachan 等(2008)和 Yu 等(2014a)也都分别利用高光谱图像(如 Hyperion 和 CASI 数据)成功地对农作物和森林 fPAR 进行估算和填图。

综上,基于高光谱数据的植物冠层生物量估算模型主要有两种:①利用光谱响应和地面实测生物量之间的统计关系构建的模型,可直接估算植物生物量;②利用异速生长模型估算植物生物量。针对第一种方法,学者们除单独使用高光谱数据,还将高光谱数据与 LiDAR 等其他遥感数据结合,而这种方式在未来具有较大的潜力。在局地和区域尺度 NPP 和 fPAR 估算方面,常用的方法是利用多光谱图像提取的植被指数结合简单线性或非线性回归模型对像元尺度的 NPP 和 fPAR 进行估算,而少数学者亦尝试使用高光谱植被指数进行估算。

8.5 生物化学参数估算

大量遥感估算植物生物化学参数的研究表明,只有高光谱遥感技术能满足大范围植物叶片或冠层尺度上的生物化学参数估算和制图要求。本节将回顾一些利用高光谱数据估算植物生物化学参数的研究,这些研究使用不同的高光谱数据,分析了各种植物生物化学参数,如植物色素、营养成分、水分以及木质素、纤维素和蛋白质等生物化学参数。同时,本节也简要总结各种生物化学参数的高光谱估算方法。

8.5.1   植物色素：叶绿素、类胡萝卜素和花青素

为利用高光谱数据（实验室、野外、机载或星载高光谱数据）估算植物色素，许多学者将导数光谱与回归模型结合进行估算（Curran 等，1997），也有学者将高光谱植被指数和单变量或多元（线性或非线性）回归模型结合，并在影像像元尺度上对植被色素进行监测和填图。这些高光谱指数可以基于测量的或由辐射传输模型模拟的高光谱数据构建。如 Yi 等（2014）基于 ASD 光谱仪测得的棉花光谱数据，分别对三种测量单位下的棉花类胡萝卜素进行了估算。这三种色素的测量单位包括：单位土地面积色素质量（g/m^2）、单位叶面积色素含量（g/cm^2）和单位鲜叶重色素浓度（mg/g）。研究同时比较了四种反演方法，包括逐步多元线性回归（SMLR）、高光谱植被指数、波段组合指数以及偏最小二乘法。研究结果表明，515～550 nm 绿光范围的光谱反射率以及 710 nm 和 750 nm 波段的光谱反射率对不同量化单位的类胡萝卜素含量变化非常敏感。当使用单位土地面积色素质量（g/m^2）作为测量单位时，$CI_{red-edge}$（即 R_{750}/R_{710}）能够获得最高的预测精度。实验结果也说明，叶片尺度类胡萝卜素浓度（mg/g）或含量（g/cm^2）量化单位的估算精度与冠层尺度类胡萝卜素单位面积质量（g/m^2）的估算精度相当。Stagakis 等（2010）基于卫星高光谱图像数据（PROBA/CHRIS）结合高光谱植被指数和多角度遥感技术对地中海半落叶灌木 *Phlomis fruticose* 覆盖区域植物生物物理和生物化学参数的遥感监测潜力进行评价。该研究包含两年的实验数据，且研究区都进行了与卫星高光谱图像同步的地面生理生态参数观测，获得了包括 LAI、叶片叶绿素、类胡萝卜素、叶水势数据。研究基于高光谱图像计算了多种高光谱植被指数，包括一些常用的高光谱指数和两波段 NDVI 形式和简单减法形式的指数（simple subtraction indices，SSIs），并将所有高光谱植被指数与原始波段反射率及微分光谱一起与地面实测的生物参数进行线性相关分析。最终结果表明，较大的观测角度有利于生物化学参数的提取。由红、蓝和红外波段构成的高光谱植被指数（如 PSRI、SIPI 和 mNDVI）对叶绿素具有较强的估算能力；而由 701 nm 和 511 nm 或 605 nm 波段反射率组合的 SSIs 对叶绿素的估算能力最佳；类胡萝卜素吸收特征边缘 511 nm 波段与红波段结合的指数对类胡萝卜素的估算结果最佳。Wu 等（2010）采用了基于 Hyperion 图像提取的红边高光谱植被指数（705～750 nm）对中国东南地区 8 种不同类型植被冠层的 LAI 和叶绿素含量进行反演。结果表明，这种方法可以成功地反演植被冠层 LAI 和叶绿素含量，其中 $MCARI/OSAVI_{705}$ 和 $MCARI2_{705}$ 分别是最适合反演冠层叶绿素含量和 LAI 的指数。研究也表明，使用 Hyperion 红边波段反射率数据定量描述植被冠层叶绿素含量和 LAI 的变化是可行的。

Delegido 等（2010，2014）提出了一种称为 NAOC（normalized area over reflectance curve）的新型光谱指数，并测试了该指数估算异质性区域内植物叶片叶绿素含量的能力。研究涉及的异质性区域包含了具有不同冠层类型的农作物、城市植被以及不同土壤类型的区域。NAOC 指数由反射率曲线上红-近红外光谱区间的面积积分除以该区间最大光谱反射率计算得到。当利用 NAOC 对 PROBA/CHRIS 和 CASI 图像内不同作物类型下的叶绿素含量进行估算时，NAOC 的预测精度等于或高于其他估算方法。此外，在基于

CASI 图像 NAOC 指数对城市区域中单木的冠层叶绿素含量进行填图监测时，NAOC 能够识别那些生长在不适宜生境中叶绿素含量相对较低的树木。

估算植物色素的高光谱指数通常是基于 RT 模型模拟的光谱数据、地面实测的光谱数据，以及机载、星载的高光谱图像构建的。具体研究包括：①利用 ASD 光谱仪在实验室或野外测量的光谱数据，及 PROSPECT 叶片辐射传输模型和叶片-冠层耦合的 PROSAIL 辐射传输模型模拟的光谱数据构建并估算农作物冠层叶绿素含量（Clevers 和 Kooistra，2012；Lin 等，2012；Yu 等，2014）及森林冠层类胡萝卜素含量（Fassnacht 等，2015）的单变量或多元回归模型；②基于机载高光谱数据和叶片-冠层耦合的辐射传输模型（如 PROSAIL、PRODART 和 PROSAILH）构建叶绿素含量或浓度的估算模型，反演农作物冠层（Jiao 等，2014）、橡树林叶绿素含量或浓度（Panigada 等，2010），以及针叶林叶绿素和类胡萝卜素含量（Hernández-Clemente 等，2014）。其中辐射传输模型模拟的光谱数据是检验新提出的植被指数对色素变化敏感性的理想数据。

连续统去除（continuum removal，CR）的光谱和特征（如吸收波段的深度、宽度、位置、面积和不对称性）也常用作高光谱植物色素估算模型的输入变量。例如，Schlerf 等（2010）基于实验室 ASD 光谱数据和机载 HyMap 高光谱数据，对挪威云杉（Picea abies L. Karst）针叶的叶绿素和氮浓度进行估算。他们系统比较了连续统去除法和波段深度归一化法这两种不同光谱变换方法的估算精度。实验结果表明，最佳叶绿素估算模型是基于实验室 ASD 测量光谱的连续统去除变换特征和基于 HyMap 图像的波段深度归一化光谱构建的，模型选择的波段通常都位于红边区域和绿光反射峰附近。研究估算的叶绿素和氮浓度结果能够为环境胁迫的监测提供支撑，同时也是许多生物地球化学过程模型的重要输入变量。Malenovský 等（2013）提出一种名为 $ANCB_{650-720}$ 的新型叶绿素敏感指数，并针对挪威云杉开展了针叶叶绿素含量的遥感估算研究。$ANCB_{650-720}$ 基于 AISA Eagle 机载成像光谱数据和 PRODART 模拟的光谱数据计算得到连续统去除的反射率数据，由 670 nm 处连续统去除的波段深度和 650~720 nm 连续统去除的曲线包含面积进行归一化计算得到。为评价 $ANCB_{650-720}$ 对云杉叶绿素的估算潜力，该研究基于 10 棵云杉的冠层叶绿素实测结果对三种叶绿素估算方法进行了验证和比较。这三种方法包括基于 $ANCB_{650-720}$ 的方法，基于模拟数据连续统去除光谱训练的人工神经网络方法，基于 $NDVI_{710,925}$、$SR_{710,750}$、TCARI/OSAVI 这些已知叶绿素光谱指数的估算方法。结果表明，$ANCB_{650-720}$ 和人工神经网络的叶绿素估算精度高于基于已知叶绿素光谱指数的估算结果。这表明新提出的 $ANCB_{650-720}$ 不仅能够达到与人工神经网络相当的精度，而且可以更简单、高效地进行叶绿素分布制图。

红边光学参数也常用于植物冠层叶绿素含量的遥感估算研究，这些红边光学参数可以直接从实测或辐射传输模型模拟的光谱数据中提取。在许多研究中，学者们使用传统的红边光学参数（参数的定义与提取方法参考第 5 章）估算植物叶片/冠层的叶绿素含量或浓度（Curran 等，1995；Cho 等，2008）。近年来，也提出了一些用于色素反演的新型红边指数。如 Ju 等（2010）利用红边区域微分光谱的几何性质估算油菜籽（Brassica napus L.）和小麦（Triticum aestivum L.）的叶片叶绿素含量。该研究考虑到波长短于 718 nm 的红边面积与红边总面积的比值和叶片叶绿素含量呈负相关关系，从而定义了一种名为红边对

称指数(red edge symmetry, RES)的新型红边参数,公式为 $RES = (R_{718} - R_{675})/(R_{755} - R_{675})$。研究结果表明,RES 可以方便地应用于机载和星载的高光谱数据(如 AVIRIS 和 Hyperion 数据)及地面实测的光谱数据中。模拟数据的结果亦表明 RES 能够有效地估算叶片叶绿素含量。Dash 和 Curran(2004)考虑到传统的红边位置参数提取方法对高值范围的叶绿素含量不敏感,因此基于 MERIS 传感器的波段设置提出一种名为 MTCI(MERIS terrestrial chlorophyll index)的红边指数。MTCI 利用三个 MERIS 波段(即波段 8、9、10)反射率,按照公式 $MTCI = (R_{band10} - R_{band9})/(R_{band9} - R_{band8}) = (R_{754} - R_{709})/(R_{709} - R_{681})$ 计算得到。该研究使用地面光谱和 MERIS 数据验证了 MTCI 指数与叶绿素含量的关系,结果表明 MTCI 指数与传统的红边位置参数高度相关,但不同的是,MTCI 指数对森林冠层的叶绿素含量的高值部分也非常敏感。

为了利用高光谱图像最终实现植物色素的估算制图,许多学者先利用各种辐射传输模型模拟的光谱数据建立植物色素的估算模型,再将标定好的模型用在高光谱图像上进行植物色素的估算和制图,或直接运用辐射传输模型进行色素反演。如 Hernández-Clemente 等(2012)、Wang 和 Li(2012)利用叶片 PROSPECT 模型和叶片-冠层耦合的 PRODART 模型模拟的光谱,发展了多种用于估算森林冠层叶绿素和类胡萝卜素含量的高光谱植被指数。然后,将根据这些指数构建的色素反演模型应用于无人机图像或 ASD 地面实测光谱数据,在像元或样方尺度上估算森林冠层的色素含量。Zarco-Tejada 等(2013)和 Yang 等(2015a)基于冠层辐射传输模型(SAILH)或几何光学(4S)模型模拟的光谱数据构建估算冠层叶绿素和类胡萝卜素含量的多元回归模型,并将模型应用于 Hyperion 和 UAV 图像上对森林冠层叶绿素和类胡萝卜素含量进行估算。此外,叶片、冠层尺度的辐射传输模型或几何光学模型也可以直接用于植物色素的反演。Feret 等(2008)基于 PROSPECT 模型对植物叶片的叶绿素、类胡萝卜素和花青素含量进行了反演。Li 和 Wang(2013)首次通过两个叶片模型对沙漠植被的叶绿素含量进行反演。随后,将构建的模型应用于 ASD 的实测光谱数据,对沙漠植被小区的冠层叶绿素含量进行估算。Croft 等(2013)和 Omari 等(2013)也直接基于 4S 模型、PROSPECT 模型和 PROLAIR 模型,利用查找表的方法对森林冠层叶绿素含量进行了反演。然后,将反演模型应用于 Hyperion 和 CASI 高光谱图像上进行森林冠层叶绿素含量制图。通常,基于物理模型构建的植物色素(或其他生物化学成分)反演模型对处于一定条件下的植被类型具有普适能力,因此这种反演模型的适用范围通常比经验统计回归模型更大。

总之,在植物色素的高光谱遥感估算和填图的研究中,尽管一些研究使用微分光谱作为输入建立植物色素和其他生物化学参数的估算模型(特别是在研究初期),但是多数学者还是选择高光谱植被指数通过建立单变量或多元回归模型对植物色素进行估算和制图。此外,从高光谱数据中也提取了一些其他类型的光谱变量,包括连续统去除特征、红边光学指数等,能够用作经验或统计模型的输入参数,对植物色素进行有效估算。尽管基于这些光谱特征的植物色素估算方法可以简单、准确地应用在一些特定的案例中,但这些方法也存在一些明显的缺陷,如普适能力较弱。因此,针对这些问题,一些学者基于物理模型进行植物色素反演,并将模型应用于高光谱图像数据植物色素的估算和制图中。

8.5.2　植物营养元素:氮、磷、钾

与高光谱数据估算植物色素类似,大多数研究都利用不同的高光谱植被指数构建单变量或多元回归模型来估算植物的营养成分。Shi 等(2015)针对水稻(*Oryza sativa* L.)、玉米(*Zea mays* L.)、茶(*Camellia sinensis*)、芝麻(*Sesamum indicum*)和大豆(*Glycine max*)的叶片氮浓度(leaf nitrogen concentration,LNC)遥感估算开展了系列研究,包括:①对 5 种作物的光谱特征进行分析;②对相应光谱指数进行挖掘;③研究 5 种作物的 LNC 估算模型。结果表明,不论对 NDVI 形式的两波段光谱指数还是三波段光谱指数[three-band spectral index, TBSI; $(R_i - R_j + R_l)/(R_i + R_j - R_l)$],针对不同作物需要不同形式的指数。估算作物 LNC 时 TBSI 普遍表现优于 NDVI 形式指数,但不存在一个最优的 TBSI 或 NDVI 形式指数能够普遍适用于各种作物类型。Miphokasap 等(2012)利用实测的甘蔗冠层 ASD 光谱数据对甘蔗冠层 N 浓度进行估算。该研究基于 NDVI 形式或 SR 形式光谱指数的单变量回归建模方法和基于一阶微分光谱的多变量回归(MLR)建模方法估测作物的 N 浓度。结果表明,甘蔗冠层 N 浓度的敏感光谱波段主要存在于植物冠层光谱的可见光、红边及近红外范围中。基于微分光谱和多变量回归发展的冠层 N 浓度估算模型比基于 NDVI 形式或 SR 形式光谱指数的模型精度要高。Li 和 Alchanatis(2014)利用提取自 AISA 机载高光谱图像的 TCARI 指数和 TCARI/OSAVI 指数和回归模型对土豆叶片 N 浓度进行估算。结果显示,TCARI/OSAVI 与叶片 N 浓度的相关性强于 TCARI。该研究同时也证实了航空高光谱图像在评估农田中土豆叶片 N 空间变化方面的潜力。Chen 等(2010)、Li 等(2010)、Kawamura 等(2011)、Tian 等(2011)和 Cilia 等(2014)也曾利用农作物或牧草的 ASD 实测光谱数据或机载/星载高光谱图像数据开展类似研究。

也有一些研究使用类似的方法对森林冠层的营养成分进行估算。例如,Cho 等(2010)和 Stein 等(2014)使用 ASD 光谱数据和高光谱植被指数估算桉树和火炬松 N、P、K 和 Ca 等营养元素的含量,证实高光谱数据在定量描述森林营养元素状况方面具有潜力。

许多研究将实验室或机载/星载高光谱数据计算得到的微分光谱输入某些高级的建模方法中,对植被冠层 N 和 P 的浓度进行估算。这些建模方法包括偏最小二乘回归、人工神经网络和支持向量机。例如,Coops 等(2003)、Smith 等(2003)和 Townsend 等(2003)首次根据机载(AVIRIS)和卫星高光谱(Hyperion)图像数据计算一阶微分光谱并输入 PLS 模型对森林冠层 N 含量进行估算。结果表明,Hyperion 和 AVIRIS 在估算多种桉树林(Coops 等,2003)、温带森林(Smith 等,2003)和混交橡树林的冠层 N 含量分布方面具有潜力。Mitchell 等(2012)使用 HyMap 机载高光谱数据计算的微分光谱,基于 PLS 回归模型估算了干旱生态系统中灌木丛的冠层 N 浓度。上述这些研究结果为景观尺度上的 N 含量监测提供了重要的基础。此外,另一些同样基于先进建模方法的研究在估算营养成分时使用了其他类型的光谱变量(包括连续统去除光谱、波段吸收特征等)。Zhai 等(2013)基于实验室光谱数据进行了各种处理和特征提取,包括对数光谱、基线校正、趋势分离、小波分析、中值滤波、光谱归一化和光谱一阶导数等,并结合 PLS 和 SVM 模型,对水

稻、玉米、芝麻、大豆、茶、草、灌木和藤类等多种植物的 N、P、K 含量进行估算。结果表明，SVM 法与可见光-近红外光谱反射率数据结合在估算植物营养成分含量方面具有潜力。当然，将基于航空高光谱（如 HyMap）和卫星高光谱（Hyperion）数据计算的不同类型光谱变量与 PLS、ANN 等方法结合，也可以估算热带草原的 P 浓度（Mutanga 和 Kumar，2007）、阔叶林的 N、P 和 K 浓度（Gökkaya 等，2015）、桉树的有效 N 含量（Youngentob 等，2012）以及热带森林冠层的 N、P 和 K 浓度（Chadwick 和 Asner，2016）。这些研究结果也证实了不同类型的高光谱数据在定量描述植物冠层营养状态（特别是 N、P 和 K）方面都具有潜力。

光谱红边参数在 N、P 和 K 等营养元素的遥感估算中非常重要。Gong 等（2002）利用便携式地物光谱仪对加利福尼亚大学伯克利分校 Blodgett 森林研究站的巨衫（*Sequoiadendron giganteum*）进行了地面光谱测量，并基于这些数据和单变量和多元回归方法评价了包括红边参数在内的多种光谱变量在定量估算巨衫叶片营养元素［包括全氮（total nitrogen，TN）、全磷（total phosphorus，TP）和全钾（total potassium，TK）］浓度方面的能力。用于建模的光谱特征包括原始光谱反射率、一阶微分光谱反射率、高光谱指数、光谱位置、面积和主成分分析变量。其中，光谱位置变量则是由在蓝边、黄边、红边、绿峰和红谷处提取的参数构成，光谱面积变量是由蓝边、黄边和红边一阶导数光谱反射率积分得到的。结果表明，虽然光谱位置对巨衫叶片 TN、TP 和 TK 的估算结果并没有优于其他光谱变量（如高光谱植被指数和 PCA 变量），但这些光谱位置变量仍表现出指示植物营养状态的潜力。Cho 和 Skidmore（2006）为估算植物叶片 N 浓度，提出了一种高光谱红边位置（REP）提取的新方法，旨在减轻由导数光谱双峰特征引起的 REP 与 N 含量相关性不连续的问题。该研究对包括黑麦冠层光谱、玉米叶片光谱和混合草的叶片光谱 3 组光谱数据集进行分析，采用红光波段的 679.65 nm 和 694.30 nm，近红外波段的 732.46 nm 和 760.41 nm 或 723.64 nm 和 760.41 nm 作为分析 N 与 REP 敏感性的最优波段组合。结果表明，由新方法提取的 REP 在不同光谱分辨率的数据中均表现出与叶片较宽 N 浓度范围之间存在高度相关性。Li 等（2014）基于玉米冠层 ASD 光谱数据计算得到的高光谱红边指数［包括冠层叶绿素含量指数（canopy chlorophyll content index，CCCI）、MTCI、归一化差异红边指数（normalized difference red edge，NDRE）、红边叶绿素指数（red-edge chorophyll index，$CI_{red-edge}$）］和单变量回归模型，对红边指数估算夏玉米 N 浓度和 N 吸收能力进行评价，并研究波段宽度和农作物生育期的变化对各指数估算能力的影响。最终结果表明，4 种高光谱红边指数对植物 N 吸收的估算能力相似，且均优于 NDVI 和 SR。其中，CCCI 对夏玉米生育前期 N 浓度的估算能力最强，这可能由于 CCCI 能够反映植物覆盖度的信息。

与基于辐射传输模型的叶片或冠层植物色素反演方法类似，一些学者也尝试通过反演辐射传输模型对植物冠层营养状态进行评估。例如，Wang 等（2015）通过物理模型（PROSPECT）反演叶片性状（如叶片叶绿素、干物质和水分），并与叶片 N 含量建立相关关系对叶片 N 含量进行估算。该研究首先基于迭代优化方法反演 PROSPECT 模型得到叶片叶绿素含量、单位面积叶重（leaf mass per area，LMA）和等效水厚度（equivalent water thickness，EWT）三种叶片性状参数。在此基础上，对叶片 N 含量与叶片性状参数之间的相关性进行分析，结果表明，叶片性状参数与单位面积叶片 N 含量的相关性优于与单位

干物质量叶片 N 浓度的相关性。因此，可以利用反演得到的叶片性状参数构建简单或多元回归模型对叶片 N 含量进行估算。Yang 等（2015）根据对 PROSPECT 模型进行扩展，用等效 N 吸收系数代替原始 PROSPECT 模型中的叶绿素吸收系数，从而将 PROSPECT 模型发展为 N-PROSPECT 模型，用以反演小麦叶片 N 含量。该模型能够有效模拟不同 N 含量对应的光谱，并对小麦叶片 N 含量进行有效反演，实测与预测值的相关系数 R 可达 0.98。

　　综上，基于高光谱技术在植物叶片或冠层营养状态评价方面已开展了大量研究。使用最广的方法是直接利用各种高光谱植被指数，特别是那些根据与植被营养成分相关的吸收波段构建的高光谱植被指数，结合单变量或多元回归模型来估算植被营养元素含量或浓度。除植被指数之外，许多学者也尝试将不同类型的光谱特征（如原始光谱波段反射率、连续统去除光谱特征、微分光谱特征以及吸收波段特征等）与一些先进的建模方法（如 PLS、ANN 和 SVM）结合，对植物营养状况进行评价和预测。研究结果显示，那些先进的建模方法往往能产生更精确的估算结果，红边参数和其他一些光谱位置变量也能够用于对植物营养水平的有效估算。此外，一些学者通过改进和反演辐射传输模型，探索植物 N 含量的评估方法，亦取得了较理想的成果。

8.5.3　叶片和冠层含水量

　　植物光谱曲线中有几个明显的水分吸收波段（如图 5.11 中 0.97 μm、1.20 μm、1.40 μm 和 1.94 μm），学者们根据这些吸收波段提出了许多对水分敏感的高光谱植被指数。将这些对水分敏感的高光谱植被指数和简单或多元回归模型结合，是目前广泛使用的植物叶片和冠层水分状况定量描述方法。如 Pu 等（2003b）利用 ASD 实验室光谱数据对海岸橡树（*Quercus agrifolia*）叶片水分含量进行估算。该研究采用 $RATIO_{975}$ 和 $RATIO_{1200}$ 两个三波段比值指数与橡树叶片的相对含水量建立关系。结果表明，两个指数在植物水分状况评估方面具有潜力。Mutanga 和 Ismail（2010）对南非 KwaZulu-Natal 受 *Sirex noctilio* 侵扰的松树进行野外 ASD 光谱测定，基于光谱数据提取高光谱植被指数、连续统去除特征和已知的水分吸收特征，并用于对受到扰动的松树林冠层水分状况进行评估。结果显示，不同程度 *S. noctilio* 侵扰导致的叶片水分含量变化与高光谱反射率变化呈高度相关。且所有测试光谱特征中，水分指数（water index，WI）与叶片水分含量之间相关性最高。此外，Zhang 等（2012）分析了实验室测定的棉花叶片光谱与叶片等效水厚度（EWT）、可燃物含水量（fuel moisture content，FMC）和比叶重（specific leaf weight，SLW）之间的相关关系，并尝试寻找由敏感光谱波段构建 NDVI 形式和 SR 形式最优的两波段高光谱植被指数，以快速、准确地对不同盐碱水平下棉花叶片的 EWT、FMC 和 SLW 进行定量估算。许多学者也利用机载和星载高光谱图像提出可用于植物叶片或冠层水分状况评估的高光谱植被指数。例如，Casas 等（2014）基于多时相 AVIRIS 数据计算的多种高光谱植被指数，分析了多种估算方法对草地、灌木和森林叶片水分含量（foliar water content，FWC；g/cm^2）、冠层水分含量（canopy water content，CWC；g/cm^2）及可燃物含水量（fuel moisture content，FMC）的估算能力。研究结果表明，根据通用和最新提出的高光谱植被

指数可以得到较高的估算精度。Dotzler 等(2015)利用 HySpex 机载高光谱图像数据提取与水分相关的 PRI、MSI、NDWI 和 CI 四种高光谱植被指数对落叶林受胁迫的情况进行分析。结果表明,四种高光谱植被指数均能反映不同胁迫森林在冠层尺度上总叶绿素与水分浓度的显著差异,而 PRI 还在叶片尺度上表现出敏感性。Yuan 等(2010)基于 Hyperion图像计算了一些与水分相关的高光谱植被指数,并利用这些指数对玉米冠层等效水厚度进行估算,进而得到玉米冠层的水分分布。结果表明,(EVI×NDVI)/MSI 这种组合形式的光谱指数对 EWT 的估算精度最高。

在许多研究中,学者们直接使用从连续统去除光谱中提取的微分光谱特征或水分吸收特征来评估植物水分状态。Al-Moustafa 等(2012)基于在英国丘陵地区获取的 AISA机载高光谱图像,对该地区主要植物 Calluna vulgaris 的可燃物含水量(FMC)进行估算。根据 AISA 数据提取一阶微分和高光谱植被指数等光谱特征并进行测试,发现植物 FMC的时空变化对 AISA 图像反射率,特别在 NIR 和 MIR 区域有显著影响。使用微分光谱和某些特定的高光谱植被指数可以提高植物 FMC 的预测精度,而基于 NIR 和 MIR 光谱构建的两波段光谱指数 MSI 能够有效地估算 FMC。为了对混交林中的植物冠层生物参数进行估算,Huber 等(2008)从 HyMap 机载高光谱图像中提取连续统去除光谱和一些物质吸收特征,并采用 MLR 回归方法对瑞士三种混交林冠层中的叶片 N、C 和含水量进行估算。结果表明,回归模型能够对地区尺度上植物水分含量等植物生物化学参数进行有效监测和制图,并以此作为森林健康和水分状态监测的重要工具。除对高光谱植被指数进行测试之外,Pu 等(2003b)和 Mutanga 和 Ismail(2010)也测试了连续统去除特征在植物水分状态评估方面的潜力。

一些高光谱数据变换和处理技术也被发现有助于提高植物水分状况估测的准确性。Cheng 等(2014)将连续小波分析(CWA)应用于 AVIRIS 图像,对美国加利福尼亚榛树林的冠层水分含量(CWC)日变化和季节变化进行预测。该研究于 2011 年春季和秋季,每天上午和下午分别进行 CWC 测试和对应的 AVIRIS 图像拍摄工作。研究确定了一些有效的小波特征,并比较了这些小波特征与对水分敏感的高光谱植被指数在评估植物冠层水分状况方面的能力。结果显示,基于小波特征的估算模型结果最佳,优于高光谱植被指数模型。研究证实 CWA 能够提高 CWC 估算精度并加深对光谱-化学参数关系的理解,同时将该技术应用于机载成像光谱数据进行 CWC 监测制图具有可行性。在农业胁迫监测研究方面,Lelong 等(1998)应用主成分分析(PCA)和光谱解混技术对 MIVIS 高光谱图像进行分析,研究法国 Beauce 地区小麦的缺水状况。结果表明,相比高光谱植被指数,结合 PCA 与光谱解混技术可以更精确地监测小麦水分的胁迫状况。

类似于通过叶片、冠层或叶片-冠层耦合的辐射传输模型反演多种植物生物化学参数,植物水分信息也可以利用物理模型进行直接或间接反演。Colombo 等(2008)采用高光谱植被指数对杨树林冠层及叶片水分含量进行估算。这些高光谱植被指数是基于实验室光谱、机载 MIVIS 图像及叶片/叶片-冠层耦合辐射传输模型模拟的光谱数据(如double ratios index)构建的。研究分析了这些高光谱植被指数在叶片及冠层尺度上结合回归模型估算叶片、冠层等效水厚度和叶片重量含水量(gravimetric water content, GWC)方面的能力。Clevers 等(2008)基于 PROSPECT+SAILH 叶片-冠层耦合模型模拟的光谱

数据对微分光谱、光谱指数和 970~1200 nm 范围的光谱连续统特征进行了计算,比较三种特征对草地 CWC 的估算能力。研究结果发现,位于 970 nm 和 1200 nm 处的水分吸收波段区域的光谱导数预测 CWC 最理想。当使用地面实测 ASD 光谱和 HyMap 机载图像数据时,970 nm 冠层水分吸收特征附近的微分光谱结果最佳。因此,为避免大气水汽吸收波段的潜在干扰,这一微分光谱特征是估算 CWC 的最佳特征。Clevers 等(2010)利用 PROSAIL 模拟的光谱数据和 ASD 实测的植物光谱数据,证明了 970 nm 水分吸收特征右侧(约 1015 nm 至 1050 nm)的光谱一阶微分特征在反演植物 CWC 方面具有潜力。

　　总之,在基于高光谱数据评估植物叶片和冠层水分状态时,最常用的方法是利用水分敏感高光谱指数,以及基于微分光谱和连续统去除光谱提取的水分吸收特征,结合单变量或多元回归模型进行估算。为提高植物水分估算精度,一些数据变换方法(如小波变换和光谱解混)也被用于高光谱特征的提取。同时,叶片、冠层或叶片-冠层耦合的辐射传输模型也常用于高光谱数据模拟和植物水分相关参数的反演。

8.5.4　其他植物生物化学成分:木质素、纤维素和蛋白质

　　与高光谱遥感估算生物化学参数(植被色素、水分和 N 等)相比,使用高光谱技术估算木质素、纤维素和蛋白质则相对不容易,这可能是由于它们的光谱吸收特征宽且重叠,并且吸收特征相对微弱(Kokaly 等,2009)。已有研究中,高光谱估算植物叶片和冠层木质素、纤维素和蛋白质含量/浓度多数基于地面实测光谱和机载/星载图像光谱反射率及微分、对数光谱进行,结合多元线性回归法(研究初期使用较多)和偏最小二乘回归法(目前使用较多)来实现。如 Wessman 等(1989)基于美国威斯康星州 20 个森林站点获得的 AIS 图像对森林冠层化学成分(包括冠层 N 和木质素含量)进行估算。研究利用逐步回归法确定与冠层化学成分和生物量相关性最高的导数光谱波段组合。结果表明,AIS 数据与落叶林冠层木质素含量和落叶针叶混交林的冠层木质素浓度(木质素含量/生物量)之间存在较强的相关性,因此可使用该数据对植物冠层木质素含量进行估算,并得到年际氮素矿化率的空间分布。Peterson 等(1988)基于 AIS 高光谱图像利用逐步线性回归法对森林冠层生物化学成分(包括木质素和淀粉浓度)进行估算,并对最优光谱波段进行分析。研究基于原始光谱、经平滑处理的对数光谱以及一阶、二阶导数光谱进行回归分析,对干叶和落叶中的木质素和 N 浓度进行估算。结果表明,由于木质素和淀粉的吸收作用,吸收特征普遍位于 1500~1700 nm 的光谱区域内。为评估 20 m 空间分辨率的 AVIRIS 机载高光谱数据是否能够对森林冠层的化学成分进行有效估算,Martin 和 Aber(1997)采集了美国威斯康星州黑鹰岛和马萨诸塞州哈佛森林的鲜叶和凋落叶并对冠层 N 含量和木质素浓度进行测定。结果表明,AVIRIS 光谱数据能够与地面实测的冠层化学成分之间建立准确的关系模型,得到冠层 N 和木质素浓度的空间分布。Curran 等(1997)亦证实了 AVIRIS 高光谱图像能够对松树冠层的叶绿素、N、木质素和纤维素等生物化学成分的含量进行定量估算。

　　近年来,许多学者将 ASD 地面实测光谱、航空和航天高光谱图像数据与 PLS 回归结合,对植物生物化学组分进行估算。Perbandt 等(2011)评估了垂直和倾斜测量的玉米冠

层 ASD 光谱在反演干物质量(dry matter yield,DM)、代谢能量(metabolizable energy,ME)和粗蛋白(crude protein,CP)方面的潜力。研究结合对数光谱和 PLS 回归模型,发现倾斜测量的光谱可以提高模型对 DM 和 ME 的估算精度,但不能提高 CP 的估算精度;而垂直测量的光谱在估算 CP 方面效果较好。Pullanagari 等(2012)基于 2009 年秋季测量的牧草 ASD 光谱数据,对 CP、酸性洗涤纤维(acid detergent fiber,ADF)、中性洗涤纤维(neutral detergent fiber,NDF)和木质素等牧草的品质指标进行了评估,使用 PLS 回归方法建立这些品质指标与 0.5~2.4 μm 范围光谱反射率之间的关系。结果表明,地面实测光谱能够对 CP、ADF、NDF 和木质素这些牧草品质指标进行精确估算和评价。Roelofsen 等(2013)基于混合草本植物的 ASD 光谱数据结合 PLS 方法,对草本植物冠层木质素和纤维素浓度进行建模估算。Vyas 和 Krishnayya(2014)和 Singh 等(2015)分别基于 Hyperion 卫星高光谱图像和 AVIRIS 机载高光谱图像构建植物化学成分估算模型,对森林冠层化学成分(包括木质素和纤维素)的浓度或含量进行监测制图。监测模型将 PLS 回归应用于全部波段反射率或归一化波段反射率,结果证实了高光谱数据和模型在森林冠层化学成分估算方面具有潜力。

另外,高光谱植被指数在估算木质素、纤维素和蛋白质等植物生化参数方面也十分有效。如 Safari 等(2016)和 Jin 等(2014)分别利用地面实测的光谱数据估算了牧草蛋白质含量和小麦籽粒蛋白质含量。他们利用地面光谱数据分别计算出 NDVI 形式和 SR 形式,以及对 N 敏感的高光谱植被指数,并基于 PLS 回归算法构建叶片蛋白质含量估算模型。Serrano 等(2002)基于 AVIRIS 图像数据提出归一化氮指数 $[NDNI = (\log(1/R_{1510}) - \log(1/R_{1680}))/(\log(1/R_{1510}) + \log(1/R_{1680}))]$ 和归一化木质素指数 $[NDLI = (\log(1/R_{1754}) - \log(1/R_{1680}))/(\log(1/R_{1754}) + \log(1/R_{1680}))]$,用于评估灌木 N 和木质素含量。结果表明,两个指数能够对灌木 N 和木质素含量进行有效估算。

虽仅有少量研究尝试利用辐射传输模型对植物木质素、纤维素和蛋白质进行反演,但仍显示了将高光谱数据和物理模型结合进行植被生物化学成分反演的潜力。例如,通过 PROSPECT 模型可以较好地估算植物干叶中的蛋白质、纤维素和木质素含量(Fourty 等,1996;Jacquemoud 等,1996)。然而,鲜叶中的这些生物化学成分无法通过 PROSPECT 模型得到有效反演(Jacquemoud 等,1996;Kokaly 等,2009)。针对这一问题,Wang 等(2015)设计了一种新算法,证明了在 PROSPECT 模型中分离蛋白质、纤维素+木质素的特定吸收系数的可行性,并对新算法的有效性进行了评估。为减轻病态反演的问题,采用不同光谱数据集进行测试,结果发现 2.1~2.3 μm 范围的光谱反演鲜叶中的蛋白质、纤维素+木质素精度最高。因此,采用新吸收系数的 PROSPECT 模型能够准确重构叶片的反射率和透射率,进而得到较理想的鲜叶、干叶蛋白质、纤维素+木质素估算精度。

综上,估算植物叶片、冠层生物化学成分(木质素、纤维素和蛋白质)主要基于全部波段的光谱反射率或归一化、对数变换光谱,以及敏感高光谱植被指数等特征和 MLR 或 PLS 等回归方法进行建模。只有少数研究采用物理模型(如 PROSPECT 叶片光学辐射传输模型)对干叶和鲜叶的生物化学成分进行反演。

8.6　本　章　小　结

　　本章在简要介绍高光谱遥感的植被应用概况后,对一些典型绿色植物的光谱特征进行介绍,包括绿色叶片的结构、植物光谱反射率曲线(0.4~2.5 μm)和典型植物生物参数的光谱特征。植物反射光谱特征主要体现在三个光谱范围中:①受多种植物色素吸收作用影响的可见光区域,②受植物内部细胞结构多重散射影响的近红外区域;③受水分和其他生物化学成分吸收作用影响的中红外区域。典型的植物生物参数包括生物物理参数(如植物冠层叶面积指数、比叶面积、冠层郁闭度、植物种类与组成、生物量、光合有效辐射吸收比例以及反映光合速率的净初级生产力)和生物化学参数(如叶绿素、类胡萝卜素、花青素、N、P 和 K 营养元素、叶片或冠层含水量以及木质素、纤维素、果胶和蛋白质等其他生物化学参数)。表 8.2 对这些典型植物生物参数的光谱性质和特征进行了总结。在第 8.3 节中,介绍了 9 种专门用于提取和估算植物生物物理和生物化学参数的高光谱分析方法,包括植物光谱导数、植物光谱吸收特征和波长位置变量、光谱植被指数、光谱解混、光谱匹配、植物光谱分类、一般的经验/统计分析方法、物理模型方法和生物参数制图方法。表 8.3 结合一些研究案例,对这 9 种技术方法在植被应用中的特点、优势、缺陷、影响因素、效果进行了总结。本章的最后两节(第 8.4 节和第 8.5 节)介绍了基于高光谱数据估算植物物理和化学参数以及监测制图相关的研究案例,同时也对各类参数的估计应用方法做了简单总结。

参考文献

 第 8 章参考文献

第9章

高光谱技术在环境中的应用

高光谱遥感除前两章介绍的在地质、土壤和植被等领域的应用外,还能应用于如大气科学和城市环境等环境科学中。本章将概述各类高光谱数据在环境科学中的应用,包括大气科学、冰雪水文、沿海环境、内陆水域、灾害和城市环境等领域。

9.1 简 介

过去的三十年中,随着高光谱遥感系统的不断发展,性能不断提升,人们对高光谱成像数据的理解也不断加深,因此出现了大量基于这些数据和系统开展的研究和应用。尽管高光谱遥感技术(HRS)最适合被应用在地质、土壤、植被和生态等领域,但高光谱数据的性质和特点使其在包括大气科学、冰雪水文、沿海环境、内陆水域、灾害和城市环境等领域具有广泛的应用潜力。因此,本章接下来的部分将概述 HRS 在这些主要环境科学领域中的应用情况。其中,第 9.2 节介绍一些主要大气参数(如水汽、云、气溶胶和二氧化碳等)的遥感估算和监测技术;第 9.3 节介绍利用各种高光谱数据提取冰、雪的光谱特征以及在水文方面的应用;第 9.4 节介绍高光谱数据在沿海环境和内陆水域提取和水质监测等方面的应用。第 9.5 节介绍 HRS 在采矿废弃物、生物质燃烧和滑坡等环境灾害监测方面的应用;最后一节介绍 HRS 在城市环境监测方面的应用,包括城市材料的光谱特性及识别、城市热岛效应监测等。在介绍中,将结合高光谱数据的性质和特点,通过一些研究案例,从问题、原理、方法等角度进行介绍,供读者在学习和研究中参考。

9.2 大气参数估计

由于大气气体分子和粒子成分的吸收和散射作用,大气对机载或星载成像系统观测的太阳反射光谱有重大影响(Vane 和 Goetz,1993)。大气中许多不同的气体和粒子可以

吸收和传输大气中不同波长的电磁辐射,其中八种主要的气体包括水汽(H_2O)、二氧化碳(CO_2)、臭氧(O_3)、一氧化二氮(N_2O)、一氧化碳(CO)、甲烷(CH_4)、氧气(O_2)和二氧化氮(NO_2)。这些气体可以引起成像光谱仪观测数据在 $0.4 \sim 5.0\ \mu m$ 光谱范围内的光谱变化,变化的光谱分辨率在 1 nm 至 20 nm 之间(Gao 等,2009)(表 9.1)。图 9.1 展现了主要大气气体的透射光谱。从图中可以看到,多数气体在可见光范围内吸收非常微弱,它们的吸收特征主要位于短波红外范围。与第 4 章中介绍的一样,H_2O 在短波红外光谱范围内引起的吸收作用相比其他大气气体(这些气体的吸收相对稳定)在时间和空间上均存在较大的差异。因此,更多的研究利用高光谱图像进行大气柱水汽(column water vapor,CWV)、云、CO_2 和气溶胶的反演,而这也是下文中论述的重点。

表 9.1 大气气体可见光及短波红外主要吸收波段

气体	中心波长/μm	波段间隔/μm	气体	中心波长/μm	波段间隔/μm
H_2O	2.70	4.00~2.22		1.58	1.59~1.57
	1.88	2.08~1.61		1.27	1.30~1.24
	1.38	1.56~1.32	O_2	1.06	1.07~1.06
	1.14	1.22~1.06		0.76	0.78~0.76
	0.94	0.99~0.88		0.69	0.70~0.68
	0.82	0.85~0.79		0.63	0.68~0.63
	0.72	0.75~0.68		4.50	4.76~4.35
	可见光	0.67~0.44	N_2O	4.06	4.76~3.57
CO_2	4.30	5.00~4.17		2.87	3.03~2.86
	2.70	2.94~2.60		3.30	4.00~3.13
	2.00	2.13~1.92	CH_4	2.20	2.50~2.17
	1.60	1.64~1.55		1.66	1.71~1.64
	1.40	1.46~1.43	CO	4.67	5.00~4.35
O_3	4.74	5.00~4.35		2.34	2.41~2.30
	3.30	3.33~3.23	NO_2	可见光	0.69~0.20
	可见光	0.94~0.44			

资料来源:据 Petty(2006)。

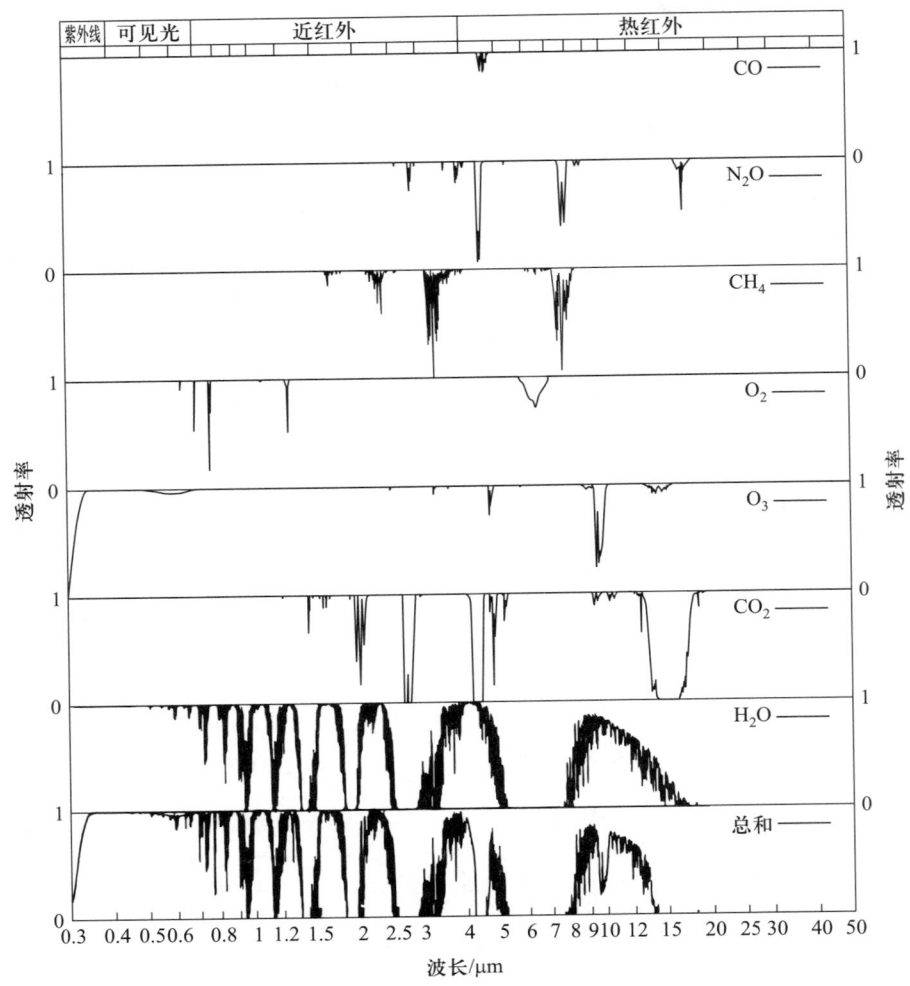

图 9.1　主要大气气体的光谱透射特性(Petty，2006)

　　表 9.2 对目前用于监测 H_2O、云、气溶胶和 CO_2 这四个大气参数的主要技术、方法和高光谱数据进行了总结,方便读者了解相关信息。

表 9.2　高光谱大气参数反演主要技术与方法

大气参数	技术与方法	特点	传感器散射及吸收波段	参考文献
水汽 (H_2O)	吸收差异技术：(1)窄/宽波段法；(2)连续统波段比值法；(3)三波段比值法；(4)线性回归比值法；(5)大气预处理吸收差异算法；(6)二阶导数算法	(1)相对简单和实用的方法，计算时间成本较低，通过光谱连续波段确定水汽含量；(2)通过吸收波段与吸收波段附近的参考波段比值检测比值来确定水汽与吸收波段附近的相对强度；(3)假设在吸收波段周围的光谱区域内表面反射率是线性的，但一些植被或含大量裸土情况不符合该波段，可能导致水汽不准确	0.94 mm、1.14 mm 和 0.82 mm；AVIRIS、CASI、HyMap、HJ-1A HSI	Frouin 等 (1990)；Carrère 和 Conel (1993)；Gao 等 (1993)；Schläpfer 等 (1996)；Schläpfer 等 (1998)；Rodeger (2011)；和 Zhang (2011)
	光谱拟合技术：(1)曲线拟合算法；(2)平滑度检验；(3)波段拟合技术；(4)其他光谱拟合技术	(1)基于大气辐射传输、光谱建模和线性及非线性最小二乘拟合技术；(2)需要高计算时间成本；(3)提高大气柱水汽量的反演精度	0.94 mm 和 1.14 mm；以及 0.585~0.6 mm；以及 0.8-1.25 mm，AVIRIS、CASI-1500、VIRS-200	Gao 和 Goetz (1990)；Qu 等 (2003)；Guanter 等 (2007b)；Lang 等 (2002)；Barducci 等 (2004)
云	卷云制图使用用的是 1.38 μm 强水汽吸收带中心附近的窄谱光谱通道	卷云通常位于海拔 6 km 以上，而大部分大气水位于 6 km 以下。由于卷云附近 6 km 以下的水汽吸收带，卷云散射太阳辐射而不受地表贡献影响，所以当卷云存在时，1.38 μm 附近的窄通道直接吸收到大量反射能量。利用卷云覆盖区和无云区之间 1.38 μm 水汽吸收波区的窄波段图像的辐射对比度可检测卷云	1.38 μm 和 1.85 μm 处的水汽吸收带。1.38 μm 和 1.85 μm 处的 AVIRIS 波段图像以及 1.38 μm 处 MODIS 波段	Gao 和 Goetz (1992)；Hutchison 和 Choe (1996)
	使用(1)波段比值法和(2)基于物理机理的阈值法来监测云量、阴影和背景	(1)由于 0.94 μm 和 1.14 μm 水汽吸收区中大多数地表目标反射率随波长近似线性变化，波段比值定义为 $BR=(R_{0.94}+R_{1.14})/(2 \times R_{1.04})$，其中 R 代表大气的表观反射率。(2)通过对第一个主分量图像进行阈值处理，并用三步选择反射波段对云像素进行分类	0.94 μm、1.04 μm 和 1.14 μm 的 AVIRIS 和其他高光谱传感器的数据	Kuo 等 (1990)；Gao 和 Goetz (1991)；Feind 和 Welch (1995)；Griffin 等 (2000)

续表

大气参数	技术与方法	特点	传感器散射及吸收波段	参考文献
	(1)从高光谱图像的大气透射率估计AOT；(2)稠密植被暗目标法(DDV)	(1)根据大气AOT (τ_A) 和透射率 (τ_A) 之间的关系 ($\tau_A \approx -\ln(\tau_A)$)，给出AOT估计值的关系；(2)基于2.2 μm下气溶胶效应比蓝色和红色通道小得多(或可忽略不计)的假设以及大气辐射传输原理，以及2.2 μm与0.47 μm和0.66 μm地表反射率之间的关系建立	可见光和短波红外光谱范围内的窄波段(包括0.47 μm，0.66 μm和2.2 μm)。AVIRIS传感器和其他高光谱传感器数据	Isakov等 (1996)；Kaufman 和 Tanré (1996)
	550 nm 气溶胶光学厚度 (550 nm AOT) 技术	550 nmAOT技术避免了在气溶胶反演过程中频繁使用暗目标策略。该技术适用于任何类型的土地目标，只要有植被和裸露土壤的部分存在于高光谱图像视场中。基于物理模型的反演技术采用了最小化算法	可见光和短波近红外窄波段。AVIRIS，CASI，MERIS，MIVIS和CHRIS传感器的数据	Guanter等 (2007a, b)；Bassani等 (2010)；Davies等 (2010)
气溶胶	(1)L–APOM(基于查找表的羽流气溶胶光学模型)；(2)氧二聚体(O_4)斜柱密度(SCD)	(1)L–APOM表征高空间分辨率高光谱图像中气溶胶羽流的物理和光学特性。反演过程包括三个步骤：估算羽流下方的地表反射率(通常>1.5 μm)；(2)利用L–APOM模型，反演标准大气条件；反演羽流下方的氧二聚体(O_4)斜柱密度(SCD)测试340 nm，360 nm，380 nm和477 nm处O_4吸收带对AEH及其光学性质变化的敏感性	可见光和短波红外光谱范围内的窄波段；在340 nm，360 nm，380 nm和477 nm的O_4吸收波段。AVIRIS和OMI传感器的数据	Alakian等 (2009)；Deschamps等 (2013)；Park等 (2016)

续表

大气参数	技术与方法	特点	传感器散射及吸收波段	参考文献
	联合反射率气体估算方法（JRGE）	JRGE 方法包括两步：首先估算气体的密度。JRGE 首先执行自适应三次平滑样条插值，如估计表面反射率，然后基于辐射传输模型非线性程序同时反演几种气态物质浓度	CO_2 在 2.0 μm 区域的窄吸收波段。AVIRIS 传感器的数据	Marion 等（2004）；Deschamps 等（2013）
	一种将 AVIRIS 数据中可探测的最小 CO_2 异常建模与集群调谐匹配滤波（CTMF）结合的方法	将不同条件下 AVIRIS 数据中可探测到的最小 CO_2 异常建模，结合模拟数据中应用 CTMF 以及在发电厂获得的实际 AVIRIS 图像，检测 CO_2 羽流	CO_2 吸收窄波段。AVIRIS 传感器的数据	Funk 等（2001）；Dennison 等（2013）
二氧化碳（CO_2）	（1）CIBR；（2）快速大气特征反演建模方法（FASCOD）；（3）对弱（1.61 μm 和 1.57 μm）和强（2.01 μm 和 2.05 μm）吸收带中 CO_2 浓度反演进行灵敏度分析	（1）用两个 Hyperion 波段 B185 和 B186（2.002 μm 和 2.012 μm）中计算 CIBR。（2）首先用 FASCOD 进行大气模型与高光谱遥感数据（选定的 Hyperion CO_2 吸收波段）的输入反演，以获取 Hyperion CO_2 浓度。（3）为探索弱吸收和强吸收波段 CO_2 传感器灵敏度，对弱吸收（1.61 μm 和 1.57 μm）和强吸收（2.01 μm 和 2.05 μm）波段 CO_2 浓度进行灵敏度分析	两个 2.002 μm 和 2.012 μm 处 Hyperion 波段以及 1.6 μm 和 2.0 μm 处 Hyperion 传感器数据的弱/强 CO_2 吸收波段（PRISMA）。PRISMA 模拟数据	Gangopadhyay 等（2009）；Nicolantonio 等（2015）

9.2.1　水汽

为从实测光谱的水汽吸收带中准确反演大气柱水汽含量,水汽吸收波段的透过率需要对观测范围内的水汽含量敏感。图 9.2 给出了 0.6~2.8 μm 光谱之间大气柱水汽含量分别为 0.63 cm、1.3 cm、2.5 cm 和 5 cm 时的透射率曲线(Gao 和 Goetz,1990)。从图中可以观测到,透射率在 0.94~1.14 μm 的波长处对水汽含量敏感,在 1.38~1.88 μm 的波长处对水汽含量变化不太敏感。而以 0.72 μm,0.82 μm 和 2.18 μm 为中心的其他吸收波段对水汽含量的敏感性就更弱了。因此,目前多数基于高光谱数据的大气水汽含量反演的研究都利用了 0.94~1.14 μm 的水汽吸收带。

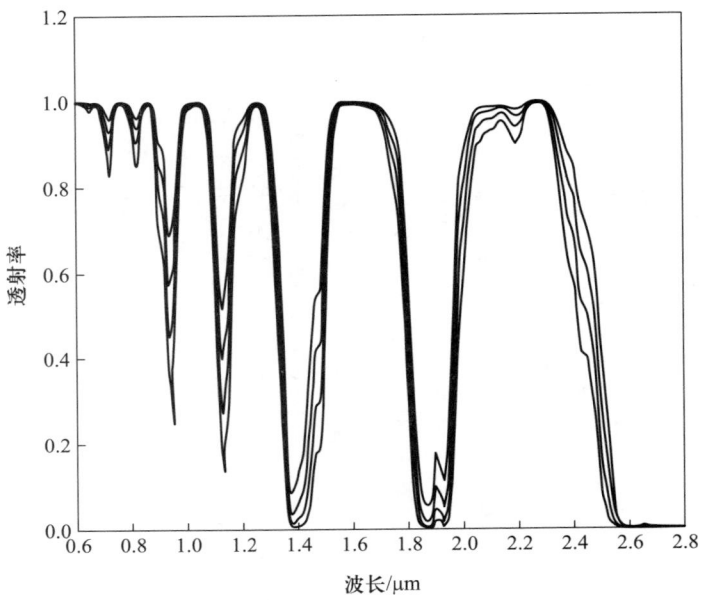

图 9.2　典型大气条件下,垂直大气透射率作为波长在不同大气柱水汽含量的函数。从顶部到底部四条大气透射率曲线对应的大气柱水汽含量分别为 0.63 cm、1.3 cm、2.5 cm 和 5.0 cm(Gao 和 Goetz,1990)

基于高光谱数据反演大气水汽含量通常有两类方法:吸收差异法和光谱拟合法。吸收差异法包括窄/宽波段法(Frouin 等,1990)、连续统内插波段比值法(Green 等,1989;Bruegge 等,1990)、三波段比值法(Gao 等,1993)、线性回归比值法(Schläpfer 等,1996)和大气预处理吸收差异法(Schläpfer 等,1998)。这些方法已在第 4.5.1 节介绍过,感兴趣的读者可以阅读相关章节内容。

Frouin 等(1990)的研究发现,窄/宽波段法的结果与大气水汽含量的实测结果之间存在一个指数关系,有 10%~15% 的误差(通常在可接受范围),但在水体背景上的反演误差会高至约 20%。Carrère 和 Conel (1993)利用获取自加利福尼亚州 Salton Sea 的AVIRIS 成像数据 0.94 mm 的水汽吸收带,对连续统内插波段比值法和窄/宽波段法在反

演大气水汽含量方面的能力进行了比较。结果表明,连续统内插波段比值法对除能见度估计误差外的扰动较不敏感。而根据窄/宽波段法得到的大气水汽含量反演结果与实测结果更接近,即使对模型中的反射率背景、观测几何和气溶胶类型等参数进行调整后仍能得到这一结论。Schläpfer 等(1996)基于 AVIRIS 成像数据水背景上比较窄/宽波段法、连续统内插波段比值法和线性回归比值法在反演大气水汽含量方面的能力,发现只有线性回归比值法能满足要求。由于在水面上空难以得到 0.94 μm 波长下的有效反射值作对照,各种方法均存在 30% 甚至更高的误差。这些方法在反演植被上空水汽含量时则得到较好的结果,其中连续统内插波段比值法和线性回归比值法能够达到更高的精度,基于 AVIRIS 成像数据的误差分别为 6.7%(CIBR)和 2.6%(LIRR)。后来,Schläpfer 等(1998)提出了一个结合辐射传输方程的大气预处理吸收差异法(APDA)技术。该 APDA 技术在处理 1991 年和 1995 年两景 AVIRIS 图像时,大气水汽含量的反演精度在 5% 以内。Zhang 等(2011)基于中国 HJ-1A 高光谱成像仪获得的高光谱图像,利用位于 0.82 μm 较弱的水汽吸收带反演大气水汽含量,并对连续统内插波段比值法和大气预处理吸收差异法两种水汽反演算法的能力进行比较。结果显示,由于 0.82 μm 处水汽吸收较弱,两种方法反演精度差异很小。由 Gao 等(1993)提出的基于 0.94 μm 或 1.14 μm 吸收带的三波段比值法被认为是 AVIRIS 高光谱数据大气水汽含量反演的最佳方法。实际使用三波段比值法时,中心位置及水汽吸收带两侧和水汽吸收带的宽度都是可变的,以减少可能的误差(Gao 等,1993)。

Rodeger(2011)提出了一个针对高光谱传感器数据逐像元估算大气水汽含量的新方法。该方法采用二阶导数算法(second order derivative algorithm,SODA)来评估进行大气补偿后对反射光谱的残留影响。利用该方法处理 HyMap 图像并将大气水汽含量反演结果与实测结果进行验证,结果表明,该方法能达到很高的反演精度,误差在 2% 以内,准确率相比三波段比值法有大幅提高。

一般情况下,用于高光谱数据大气水汽含量反演的光谱拟合技术是基于大气辐射传输、线性和非线性最小二乘拟合的理论,具体包括曲线拟合算法(Gao 和 Goetz,1990)、平滑度检验(Qu 等,2003)、波段拟合(Guanter 等,2007b)以及其他光谱拟合技术。Gao 和 Goetz(1990)提出了一种曲线拟合技术来反演大气水汽含量,用窄波段大气光谱模型拟合了 1.14 μm 和 0.94 μm 水汽吸收带的观测光谱,该技术已广泛应用于太阳吸收光谱中大气痕量气体的定量估算(Gao 和 Goetz,1990)。曲线拟合技术在针对 AVIRIS 数据反演 20 km 以上能见度条件下大气水汽含量的研究中实现了误差在 5% 以内,且反演结果与地表绝对反射率无关。这一结果也表明,在陆地上空通过高分辨率卫星高光谱数据反演大气水汽含量是可行的。Qu 等(2003)使用平滑度检验基于 AVIRIS 数据反演大气水汽含量。平滑度检验根据"应用高光谱数据对大气水汽含量的高估或低估总会引起表面反射率反演结果的跳变异动"这一原理提出。该方法成功应用于 HATCH 高光谱数据的大气校正,通过对 0.8 ~ 1.25 μm 区域的反射光谱分析确定水汽含量,并采用余弦级数得到相应平滑后的反射光谱(Qu 等,2003)。在这里,平滑前后光谱之间的均方根误差(RMSE)作为光谱平滑度的评价标准,采用最佳的水汽估计就能有效地反演地表反射率。在实际分析中,一旦第一个像元的水汽含量被确定,下一个像元就可以利用这个值作为初始值,

通过试验该值附近几个不同的水汽量进一步确定。此外,Guanter 等(2007b)针对 0.94 μm 水汽吸收带采用了如连续统内插波段比值法(Carrère 和 Conel,1993)和大气预处理吸收差异法(Schläpfer 等,1998)等波段比技术进行大气水汽含量反演,得到较理想的效果。但在植被范围内由于植被液态水的吸收波长在 0.94 μm 左右,在含铁较高的裸露土壤中光谱变化是非线性的,在这种情况下假设表面反射率在光谱吸收窗口中呈线性的技术都可能出现不准确的估算结果。注意到波段比方法对传感器的光谱、辐射分辨率和校准非常敏感,因此研究者基于 0.94 μm 水汽吸收特性和光谱模拟提出了一种波段拟合的大气水汽含量反演新方法。采用该方法处理 CASI-1500 时,大气水汽含量的反演结果与地面实测值之间有较好的相关性,R^2 为 0.74。

除上述方法外,还有一些其他光谱拟合技术可用于大气水汽含量的高光谱反演。例如,Maurellis 等(2000)和 Lang 等(2002)提出了一种光吸收系数谱法(optical absorption coefficient spectroscopy,OACS)的新方法,将其应用于 GOME 高光谱数据的大气水汽含量反演。OACS 适合于吸收谱线宽度比仪器分辨率窄的情况,还被应用于可见光 585~600 nm 的部分波段。应用 OACS 根据 GOME 数据反演大气水汽含量时,在水汽含量较高时能够得到 0.7% 以上的误差精度,而在水汽含量较低时也能获得 3.4% 的误差精度。Barducci 等(2004)提出了垂直积分的水汽含量反演算法,该算法的基本思想是基于剩余谱线强度进行分析(Barducci 等,2004,图 3)。该方法计算 0.94 μm 水汽吸收带的谱线积分,并将其与大气水汽含量相关联。这种新算法成功应用于内华达铜矿开采区 AVIRIS 高光谱遥感图像的辐射校正,结果显示,算法的辐射校正准确而稳定,大气水汽含量的反演对于地表反射率变化不敏感。

9.2.2 云

由于卷云具有大面积覆盖,持久存在和辐射效应等特点,它在全球能量平衡和气候研究中起到重要作用。稀薄的卷云由于部分透明,很难在可见光图像和 10~12 μm 大气窗口的热红外图像中被检测到,特别是在陆地区域中(Gao 和 Goetz,1992)。

高光谱传感器对 1.38~1.85 μm 水汽吸收波段的观测数据为卷云分布探测提供了一种可行的方法(Gao 和 Goetz,1992;Hutchison 和 Choe,1996)。例如,Gao 和 Goetz(1992)利用 AVIRIS 图像 1.38 μm 水汽波段附近的窄波段对陆地和水域上空的卷云进行监测。在高纬度地区,卷云通常位于海拔 6 km 以上(中纬度和低纬度地区分别是 7 km 和 9 km),而大气水汽大部分在 6 km 以下。由于绝大部分太阳辐射会被低层大气(<6 km)中的水汽吸收,AVIRIS 传感器记录到 1.38 μm 附近的地表反射能量很少。然而当卷云存在时,由于卷云会散射太阳辐射,使得 AVIRIS 在 1.38 μm 附近的波段接收到大量反射能量。因此,通过对比 AVIRIS 图像 1.38 μm 水汽吸收区域的辐亮度就能够检测卷云。可以预想,如果在卫星传感器中加入 1.38 μm 水汽波段附近的波段,就可以基于卫星遥感数据测定卷云量。Hutchison 和 Choe(1996)对比了包含 1.38 μm 附近波段的 AVIRIS 图像和不包含这些波段的 AVHRR 星载传感器(NOAA 气象卫星搭载)图像在薄卷云探测方面的能力。两个传感器的图像采集时间几乎是重合的。结果

表明,AVIRIS 数据中包含的 1.38 μm 附近的波段能够显著提高薄卷云的检测精度(与 AVHRR 图像相比,精度提高了 30% ~ 50%)。但研究同时指出,1.38 μm 波段的图像并不能屏蔽来自各种地物自身的太阳反射能量。因此,利用 1.38 μm 附近水汽吸收波段数据如想实现准确的薄云自动检测,就需要设置一个阈值,并且阈值需要能够随着不同地物 1.38 μm 波段地表反照率和大气水汽含量的变化而变化(Hutchison 和 Choe, 1996)。

早在 20 世纪 90 年代,就有学者利用 AVIRIS 数据对云量、云阴影和云背景进行研究(例如,Kuo 等,1990;Gao 和 Goetz,1991;Feind 和 Welch,1995)。由于大气柱水汽浓度随海拔的上升迅速下降,云层上方水汽吸收带深度通常明显地比地面水汽吸收带深度要浅。基于下面两个规律:①大部分地物目标的反射率在波长 0.94 μm 和 1.14 μm 的水汽吸收区域呈近似线性变化。②多云地区上空的水汽吸收带的吸收程度明显比近地面小,Gao 和 Goetz(1991)提出了一种波段比值(band ratioing, BR)技术利用 AVIRIS 图像实现对云量的监测制图。其中波段比值定义为 $BR = (R_{0.94} + R_{1.14})/(2 \times R_{1.04})$,其中 R 表示 0.94 μm、1.14 μm 和 1.04 μm 波长处的表观反射率,可以从 AVIRIS 图像数据中提取。波段比值技术可以有效地区分云和其他具有相似反射率的无云和高反射率地表面。然而,使用标准辐射阈值技术是无法达到这种区分的。在多云条件下用波段比值法确定云的覆盖率也非常有效。关于波段比值法的地形适应问题,在 BR 图像中,云在均匀地表背景中十分突出。然而在崎岖的地形上,BR 图像会呈现一个亮度梯度,因为地势越高,水分吸收路径越短,吸收率越低,会得到相对更高的比值(Kuo 等,1990)。这种地形效应会掩盖云层和背景之间的区别,使得阈值选择比平坦地形上更困难。为此,Kuo 等(1990)对 BR 技术进行了改进,在不平坦的地形区域中根据背景反照率,给出一个更低的比率下限作为阈值,而非采用统一的阈值进行云识别。为提高薄云和云边界的监测精度,Feind 和 Welch(1995)将 TIMS 热红外图像与 AVIRIS 图像进行配准,并发现一些有意义的结果。配准技术利用了图像中晴天积云的形态来对传感器失真进行评估。相比利用波段比值方法得到的云监测结果,TIMS 在薄云检测和云边界识别方面表现更为优越,尤其在有阴影的背景下。

为使用高光谱图像在有烟雾的生物质燃烧场景中对云进行监测制图,Griffin 等(2000)将两种方法组合用于区分云和烟雾等特征。首先使用主成分分析(PCA)将高光谱数据降维成几个彼此正交的主成分分量图像,然后结合像元直方图和不同阈值将不同组分特征分离出来。例如,对 1992 年 8 月 20 日获取自美国加利福尼亚州 Linden 以东山区的 AVIRIS 图像进行 PCA 得到的前两个主成分(PC1 和 PC2)和第五个主成分(PC5)图像有助于区分云、烟雾、火灾和阴影等特征。其中 PC1 表征特征的总体亮度,能凸显如较亮的云和烟雾,PC2 的暗区域指示浓烟,而 PC5 图像则凸显了与图像背景差异明显的一小部分目标。由于云散射体的尺寸远大于传感器波长(>>1 μm),一般而言云是 AVIRIS 图像中亮度最高的特征,并且云的反射率在可见光和短波红外区域非常稳定(Griffin 等,2000)。因此,研究者采用了三步阈值分割的方法识别不同目标以及进行云掩膜。第一步,通过对 640 nm 反射率图像应用阈值(如 0.20)去除河流、湖泊和植被等深色背景地物。第二步,利用云的稳定光谱特征,使用 640 ~ 860 nm 反射率的比率,通过设置 0.70 的

比率阈值可以去除大部分的烟雾和植被。第三步,通过对 1.60 μm 波长的图像采用 0.35 的阈值,区分云和浓烟。研究结果表明,上述两种方法的结合能够从高光谱数据中有效辨识云、烟雾和火灾等不同目标。

9.2.3 气溶胶

气溶胶是大气中的散射源之一,会影响太阳的直射和漫反射过程,是高光谱和其他遥感数据大气校正的关键参数,也是地表空气质量的指示因子,因此对它们的探测非常重要。研究者基于航空和卫星遥感观测,特别是高光谱数据,在区域尺度和全球尺度对气溶胶光学特性进行了研究,下文将对气溶胶光学特性的高光谱监测方法进行介绍。其中,气溶胶光学特性包括气溶胶光学厚度(aerosol optical thickness, AOT)和气溶胶有效高度(aerosol effective height, AEH)。

在传感器误差足够小的情况下,根据大气 AOT (τ_λ)和透射率(t_λ)间关系($\tau_\lambda \cong -\ln(\tau_\lambda)$)[见第 4 章公式(4.8)],Isakov 等(1996)基于两景 AVIRIS 图像对 AOT 进行反演。这两景图像分别包含高对比度的自然表面和人造表面。将太阳光度计的 AOT 同步测量结果作为验证数据。基于 AVIRIS 数据的 AOT 反演结果与 AOT 实测值误差在±0.1 范围内,表明利用星载传感器不能精确地反演大气 AOT($\tau_{aerosol}<0.1$)。然而,大多数受污染大气的 AOT($\tau_{aerosol}>0.2$)的反演精度可以达到要求。

由于气溶胶对背景反射率低的图像影响最强,Kaufman 和 Tanré(1996)提出了一种暗像元法(即第 4.5.2 节的 DDC 技术)能够直接利用多光谱和高光谱数据中的一些可见光波段(如 0.41 μm、0.47 μm 和 0.66 μm)和中红外波段(如 2.2 μm)估算 AOT。DDC 技术基于大气辐射传输原理,假设气溶胶影响在 2.2 μm 比在蓝光、红光波段中要小得多甚至可以忽略不计。Kaufman 和 Tanré(1996)使用 DDC 技术在稠密植被区利用 2.2 μm、0.47 μm 和 0.66 μm 表面反射率之间的关系,基于 TM 卫星和 AVIRIS 航空图像估算了美国大西洋中部的大气 AOT。此外,Kaufman 和 Tanré(1996)以及 Kaufman 等(1997)应用 DDC 技术从 EOS-MODIS 数据中成功估算了 AOT,并最终用于大气校正。

Guanter 等(2007a,b)提出了基于物理模型的 550 nm 处气溶胶光学厚度法用于高光谱图像数据 AOT 反演(详细内容参见第 4.5.2 节)。550 nm 处气溶胶光学厚度法只要在高光谱图像场景中存在植被和裸土区域即可使用,避免了反演过程中频繁使用暗目标,适用范围更广。Guanter 等(2007a,b)将该方法应用于两个高光谱传感器数据的 AOT 反演,经过广泛的地面验证证实了该技术的可行性。Bassani 等(2010)将 550 nm 处气溶胶光学厚度法用于对可见光和 VNIR 范围机载高光谱数据进行标定和反射率转换。他们在不同几何条件下分别处理 MIVIS 机载传感器获得的五幅高光谱图像以评估 550 nm 处气溶胶光学厚度法的可靠性。将每幅图像的反演结果与地面实测数据对比验证,得到较高的相关性($R^2=0.75$)和较低的均方根误差(RMSE=0.08)。因此,采用该方法从机载高光谱图像中分析大气光学参数是可靠的,无须进行额外的地面测量。

采用基于物理模型的反演过程(类似于 550 nm 处气溶胶光学厚度法),Davies 等(2010)基于高空间分辨率的多角度高光谱 CHRIS 图像数据对陆地表面气溶胶光学深度

(aerosol optical depth, AOD)进行估算。搭载在 PROBA 卫星上的 CHRIS 传感器包含62个波段。PROBA 卫星能在很短的时间内从不同视角获取图像(包括前方、后方 55°、36° 和垂直观测方向)。反演实际上是一个基于物理模型的迭代过程,以确定最佳参数以使模型的反射率输出与各角度、波长与实测反射率最接近。Guanter 等(2005)探索了仅利用 PROBA/CHRIS 的光谱数据采用 550 nm 处气溶胶光学厚度法进行气溶胶信息反演。Davies 等(2010)针对 PROBA/CHRIS 图像提出一种 550 nm 处 AOD 的新反演方法,并采用地面太阳光度计对结果进行了验证。利用 22 景 CHRIS 图像的分析结果显示,在包括了均匀植被、城市、海洋和高亮度沙土的研究区域中,550 nm 处 AOD 反演结果的均方根误差(RMSE)为 0.11。基于 3 个或 5 个角度 CHRIS 图像的 AOD 反演一致性检验能够将 RMSE 减小到 0.06(Davies 等,2010)。这一结果验证了 CHRIS 等高空间分辨率多角度高光谱数据在气溶胶反演方面的潜力,并且在高亮度沙土和城市区域中仍然能够提供较准确的反演结果。

　　除传统的气溶胶光学特性监测外,对生物质燃烧产生的气溶胶和气体排放的测量已成为大气化学和气候变化等研究中空气质量监测的一个重要领域。而对于这种监测,基于多光谱和高光谱数据的标准气溶胶模型可能并不适用于反演生物质燃烧引起的气溶胶光学特性。生物质燃烧引起的气溶胶往往呈羽流状态,Alakian 等(2009)提出了一种称为基于查找表的羽流气溶胶光学模型(LUT-based aerosol plume optical model,L-APOM)的反演方法。该方法能够利用高分辨率高光谱图像监测气溶胶羽流的物理和光学特性。L-APOM 模型反演气溶胶羽流光学特性的过程包括:①根据羽流在较长波长下(通常 $\lambda >$ 1.5 μm)透明的特点,估算羽流地面反射率;②评估背景大气条件(包括大气上行反射率、总反射率和大气半球反照率);③将 L-APOM 模型逆运行以反演羽流气溶胶的特性(Alakian 等,2009)。考虑到反演过程实际上是一个带有高度不确定性的问题,假设羽流气溶胶粒子空间变化缓慢可以增加约束条件。通过大量模拟和真实高光谱图像对反演过程进行验证,即使在噪声最大的情况下,气溶胶特性的相对估计误差仍能达到 10%~20%。同时,L-APOM 对于真实 AVIRIS 高光谱图像的生物质燃烧羽流反演时也与测量结果一致。此外,Deschamps 等(2013)将 L-APOM 模型与中红外的 CO_2 反演算法结合,使其能够同时反演 CO_2 和生物质燃烧羽流。将新方法应用于两幅在植被火灾中获得的 AVIRIS 图像分析中,最终与实际观测对比得到更准确的浓烟羽流气溶胶特性估计和 CO_2 浓度估计值(Deschamps 等,2013)。

　　最近,Park 等(2016)利用氧二聚体(O_4)斜柱密度(slant column density, SCD)提出一种基于星载的紫外-可见光波段高光谱传感器——臭氧监测仪(ozone monitoring instrument,OMI)数据反演气溶胶有效高度[aerosol effective (layer) height, AEH]的方法。OMI 波段包含 UV-1(270~314 nm),UV-2(306~380 nm)和可见光(365~500 nm)等波段,波段光谱分辨率(FWHM)分别为 0.63 nm、0.42 nm 和 0.63 nm。仪器"全球模式"的空间分辨率为 13 km×24 km。研究者采用模拟的高光谱辐射数据分析了 O_4 在 340 nm、360 nm、380 nm和477 nm处的吸收带对 AEH 及其光学特性的敏感性,并据此提出了一种差分吸收光谱算法(differential optical absorption spectroscopy,DOAS)。在一个基于实际数据的分析中,将该算法用于反演东亚研究区的 AEH。可见光范围的 OMI 光谱数据被用于计

算一个 477 nm 处的 O4I[O_4 指数,详见 Park 等(2016)的定义]和 AEH 信息。实际验证结果表明,在气溶胶较厚的情况下,约有 80% 反演所得的 AEH 与正交偏振气溶胶激光雷达观测相比误差小于 1 km。

9.2.4   二氧化碳

准确地估算大气气体含量,例如,CO_2 的含量对于生物质燃烧、火山、化石燃料燃烧和其他工业活动产生的污染等研究非常重要。Marion 等(2004)提出了一种称为联合反射率气体估算方法(joint reflectance and gas estimator, JRGE)的新方法,能够利用高光谱数据来估计未知地表反射背景下的大气气体浓度。JRGE 算法包含表面反射率估算和羽流气体密度估算两步。JRGE 首先通过一个自适应的平滑估计得到表面反射率,然后基于一个辐射传输的非线性计算,同时对几种气体的浓度进行反演(Marion 等,2004)。该方法适用于 0.8~2.5 μm 光谱范围无气溶胶的干净大气,能够考虑数据中所有的气体信息,得到优化的估计值。JRGE 算法的精度利用模拟数据和 1994 年 Quinault 火灾及 1997 年赤铜矿开采区 AVIRIS 图像得以验证。结果表明,在无气溶胶且气体吸收带内的地表反射率大于等于 0.1 时,基于 AVIRIS 数据的总 CO_2 估算达到 6%~7% 的精度,与实际测量结果(345~350 ppmv)一致。在火场下风口方向约 2 km 处,大气气溶胶会造成对大气总体 CO_2 含量约 5.35% 的低估。在低海拔地区,基于信噪比较高的高光谱图像就可以获得较高的估计精度。为提高生物质燃烧时大气 CO_2 与羽流气溶胶共存时 CO_2 气体含量的估算精度,Deschamps 等(2013)提出了一种在羽流中同时反演 CO_2 和 AOT 的新方法。该方法利用可见光、近红外波段信息气溶胶反演法(第 9.2.3 节中提到的 L-APOM)与利用短波红外波段估算 CO_2 的算法(即 JRGE)结合进行分析。JRGE 假设土壤反射率随波长缓慢变化,而气体吸收带的大气透射率迅速降低,通过考虑吸收带地面反射率的非线性变化对 CO_2 浓度进行反演(Deschamps 等,2013)。考虑到反演所得的气溶胶性质,最终使用 2.0 μm 的吸收带对 CO_2 丰度进行估算。因此,采用在美国 Quinault 和美国 Aberdeen 生物质燃烧区获得的两幅真实 AVIRIS 图像评价新方法的性能,结果表明,新方法能够使反演获得的 CO_2 丰度和实际测量结果之间有更好的一致性,特别是对于那些羽流厚度较低的像元点,并使估算的 CO_2 丰度标准差降低。

一些带有短波红外波段的成像光谱仪由于包括了 CO_2 吸收带,有可能对大气 CO_2 浓度的空间变化进行分析。例如,AVIRIS 传感器获得的高空间和高光谱分辨率数据连续的短波红外波段包含多个 CO_2 吸收特征,可为羽流检测和 CO_2 浓度反演提供一种手段(Dennison 等,2013),从而对化石燃料发电厂等地点释放的 CO_2 进行估算。Dennison 等(2013)结合 AVIRIS 数据和集群调谐匹配滤波(cluster-tuned matched filter, CTMF)(Funk 等,2001;Thorpe 等,2013),利用模拟数据和发电厂附近真实的 AVIRIS 图像对 CO_2 羽流进行反演。AVIRIS 传感器包括"经典"的 AVIRIS C(空间分辨率一般为 3~20 m)和下一代性能更高的 AVIRIS NG(空间分辨率 1 m,光谱分辨率 5 nm)两种。为确定 CO_2 浓度的理论最小可探测变化量,将不同 CO_2 变化的辐射值残差与 AVIRIS C 和

AVIRIS NG 的等效噪声辐射变化（noise equivalent delta radiance，NEdL）进行比较。NEdL 是传感器能与噪声区分的最小辐射变化量，并且与波长和辐射能量有关（Dennison 等，2013）。因此，NEdL 建立了 CO_2 浓度最小变化的检测阈值。辐射残差是从含有 CO_2 浓度变化得光谱中减去没有 CO_2 浓度变化的光谱计算得到。为评估 AVIRIS C 和 AVIRIS NG 数据是否能够检测到发电厂附近的 CO_2 羽流，将 CTMF 检测算法应用于模拟辐射图像进行分析。CTMF 算法基于目标光谱建立一个线性加权函数，当函数值高时，未知光谱与目标光谱的形状吻合，其中就包含了 CO_2 吸收的辐射残差信号。模拟的辐射残差光谱表明，采用 AVIRIS C 估算 0～500 m 的 CO_2 浓度偏差值为 100 ppmv，采用 AVIRIS NG 数据的偏差值则低至 25 ppmv，产生的辐射残差值高于 SWIR NEdL。尽管 CO_2 羽流特征实际上会随着太阳-羽流-传感器的几何关系变化而变化，但实验结果仍表明，基于 CTMF 方法和四个美国电厂的 AVIRIS C 图像，能够较好地对 CO_2 羽流进行探测。

卫星高光谱数据是探测大气中工业活动引起的 CO_2 羽流和估算 CO_2 丰度的理想数据源。例如，Gangopadhyay 等（2009）基于模拟数据和 Hyperion 卫星高光谱数据采用两种方法对中国北方燃煤产生的大气 CO_2 羽流进行估算。第一种方法使用 CIBR（Green 等，1989；Bruegge 等，1990）波段比值法估算大气 CO_2 浓度。该方法选择 2.001 μm 和 2.01 μm 两个最重要的 CO_2 吸收波段。这两个波段基本不受其他大气成分如水汽的影响，且非常接近 Hyperion 相应波段的中心波长。基于连续统内插波段比值法（CIBR），CO_2 浓度可通过方程 $CIBR = EXP(-\alpha[CO_2]^\beta)$ 计算得到，其中 α 和 β 是两个可以通过实际数据（300～10000 ppmv）拟合得到。第二种方法是建立 CO_2 羽流辐射和 CO_2 浓度的关系。首先通过 FASCOD（fast atmospheric signature code）模型对大气辐射特性进行模拟，然后利用高光谱数据（如 Hyperion CO_2 吸收带）对模型进行反向逐像元地计算 CO_2 浓度。实验结果表明，波段比值法更快速和有效，且反演得到的 CO_2 浓度精度可以满足后续分析。由于该方法仅适用于计算一定范围内大气的 CO_2 浓度，因此这种方法对于某些特定事件的 CO_2 估算更为有效。由于工业 CO_2 排放是温室效应的主要人为因素，Nicolantonio 等（2015）研究了 PRISMA 等卫星高光谱传感器在监测低层大气 CO_2 浓度方面的潜力。研究分析了光谱弱吸收带（1.61 μm 和 1.57 μm）和强吸收带（2.01 μm 和 2.05 μm）对 CO_2 浓度反演的敏感性。分析结果显示，在 CO_2 浓度为 390～5100 ppmv 时反演结果的相对不确定性在 3%～15%。10 nm 光谱分辨率的 PRISMA 传感器数据的低对流层反演最低 CO_2 浓度的不确定性低于 10%。

9.3 冰雪水文

地球表面冰雪的分布对地球辐射收支有显著影响。雪粒大小、雪杂质和污染、融雪和冰的状态均会影响地表反照率和水文特性。在太阳光谱范围内，雪和冰的特性包括覆盖度、颗粒大小、杂质、污染物、液态水含量、融水阶段等（Green 等，1998）。

在过去的三十年里，有许多利用多种高光谱遥感技术对冰雪特性进行建模和监测

的研究。在大多数太阳光谱范围内,雪的光谱反射率随波长变化很大(Dozier 等,1989),冰在短波红外波长吸收率(0.7~3 μm)适中,而在 0.7~1.3 μm 范围的积雪反射率对雪晶粒尺寸最为敏感。基于上述性质,Nolin 和 Dozier (1993)基于 AVIRIS 光谱图像提出了雪粒尺寸反演模型。图 9.3 给出了 0.4~2.5 μm 波段光谱反射率和雪颗粒半径之间的关系。在图中,雪颗粒大小在近红外区域反射率随着粒径的增大而迅速减小。为建立雪粒尺寸反演模型,选择 1.04 μm 的波长,建立反射率(R)与雪粒尺寸(GR)的指数模型 $GR = ae^{bR}$,其中系数 a 和 b 利用最小二乘法拟合得到。因此,利用 AVIRIS 图像 1.04 μm 处输入积雪反射率,就可以反演雪粒尺寸。利用该模型,研究者基于加利福尼亚 Tioga Pass 地区和 Mammoth 山脉 AVIRIS 图像对雪粒尺寸进行了估算。值得注意的是,这些单波段 AVIRIS 辐射图像都经过了大气校正。基于实地反射率测量和雪粒尺寸实测数据得相关分析,在太阳入射角为 0°~30°时,可以较好地估计雪粒尺寸。在实践中,由于需知道太阳入射角,在高山地区就必须有 DEM 数据。

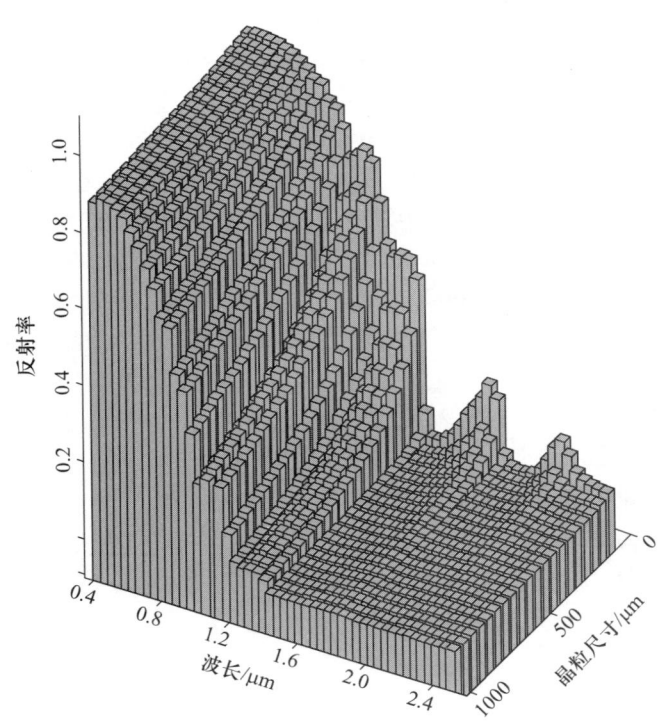

图 9.3　0.4~2.5 μm 雪光谱反射率作为雪粒径的函数。在 0.7~1.3 μm 光谱范围,随着雪粒径的增加雪反射率急剧下降。图中 0.4~2.5 μm 雪光谱反射和 0~1000 μm 雪粒径都是由离散坐标辐射传输模型生成的(Nolin 和 Dozier,1993)

　　然而,该技术存在两个局限(Nolin 和 Dozier,1993),并且通常是难以克服的。第一个是传感器噪声的影响;第二个是需要有高质量的 DEM 信息。为解决上述问题,Nolin 和 Dozier (2000)提出了一种基于辐射传输模型的新雪粒尺寸反演方法。新方法

将 1.03 μm 附近的光谱和等效雪粒尺寸相联系,采用连续统去除法将 1.03 μm 附近的冰吸收特征的连续统面积而非单一波段的吸收特征深度与等效雪粒尺寸关联,使得方法对仪器噪声不敏感,且不需要精确的 DEM 数据。利用加利福尼亚州内华达山脉东部的 AVIRIS 数据测试,结果表明,此新方法对雪粒尺寸估测的鲁棒性与准确性均得到提升。图 9.4 为原始遥感图像(左)和使用该方法得到的雪粒尺寸分布图像(右)。此外,Painter 等(2013)和 Seidel 等(2016)对该方法进一步改进,在清洁积雪光谱模拟和基于 ATCOR-4 大气和地形校正的 AVIRIS 半球反射系数(HDRF$_{sfc}$)之间寻找最佳的匹配,在科罗拉多 Senator Beck 盆地研究区和美国内华达山脉和落基山脉的验证实验中表现出较理想的精度。

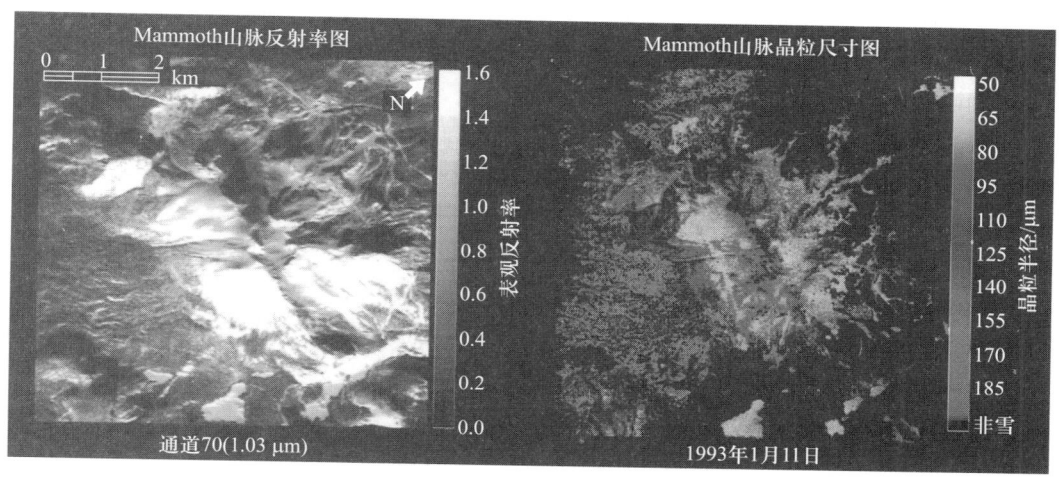

图 9.4　美国加利福尼亚州 Mammoth 山脉光谱反射率图像和雪粒径图像。左图中,暗色是植被,亮色是积雪,滑雪道在山的北侧清晰可见。由于雪的各向异性反射特性,某些像元的反射率通常大于1。右图中,雪盖<90%的像元被掩膜为黑色(Nolin 和 Dozier,2000)(参见书末彩插)

为准确利用高光谱数据监测积雪,可以利用归一化积雪指数 NDSI =(R_{VIS}−R_{MIR})/(R_{VIS}+R_{MIR})进行监测,其中 R_{VIS} 和 R_{MIR} 是 AVIRIS 或其他高光谱数据在 0.668 μm 和 1.502 μm 处的 HDRF$_{sfc}$ 或表面反射率(Dozier 和 Marks 1987;Hall 等,1995)。在积雪监测时,Painter 等(2013)和 Seidel 等(2016)基于 AVIRIS 数据的 NDSI 指数根据经验确定内华达山脉的阈值大于 0.9,落基山脉阈值大于 0.93。利用 Hyperion 卫星高光谱数据,Haq(2014)使用相似波长的表面反射率,计算积雪的 NDSI 值。由于很多情况下存在部分积雪覆盖的情况,为更准确地监测积雪覆盖情况,研究人员提出了混合像元分解的积雪面积监测方法,尤其是多端元冰雪覆盖和雪粒尺寸模型(multiple endmember snow covered area and grain size model, MEMSCAG)(Painter 等,2003)。根据 Painter 等(1998)的研究,高寒地区的积雪由于坡向和海拔的变化,往往雪粒尺寸梯度较大,雪光谱反射率对不同粒径的敏感性可以将雪粒尺寸梯度转化为光谱的梯度。在可见光波段,冰的透明度非常高,因此颗粒的增大对反射率的影响很小,但在近红外波段

区域,冰的反射率对颗粒尺寸极为敏感,尤其在 1.03 μm 和 1.26 μm 处。为在高寒地区利用高光谱数据的多种雪端元对积雪面积和雪粒尺寸进行监测,Painter 等(1998)提出了一种改进的光谱解混技术。他们建立了包括植被、岩石和不同雪粒尺度的积雪端元的混合模型,由最小二乘法估计积雪比率,以生成一个亚像元尺度更精细的雪覆盖图。经验证发现,雪粒大小的变化是固定端元的解混模型中误差的主要来源。在 Painter 等(1998)的研究中,如果考虑不同雪粒的端元,则监测效果会得到较大的改善。MEMSCAG 模型结合辐射传输模型和光谱解混分析能够同时监测积雪分布及雪粒尺寸,通过允许端元个数和类型逐像元的变化,解决了场景的空间异质性,优化了监测结果。Painter 等(2003)基于 1994 年 4 月 5 日、1996 年 3 月 25 日和 1998 年 4 月 29 日在加利福尼亚州 Mammoth 山脉获取的三幅 AVIRIS 图像,对 MEMSCAG 模型进行了测试,三幅 AVIRIS 图像雪覆盖区监测的均方根误差为 4%,雪粒尺寸的均方根误差为 48 μm。

最近的研究表明,吸光性杂质(如矿物粉尘、土壤、煤炭或其他有机物)对于了解和确定冰雪融化速率至关重要,这是由于冰雪的光谱反射特性受冰雪杂质或污染物的影响。高光谱技术可以用于识别和区分污染物的类型和数量,以便更好地了解受污染或不纯的冰雪光谱反射特性和半球反照率。Singh 等(2010,2011)在控制条件下定量分析了喜马拉雅地区不同粒度土壤和煤污染对积雪光谱反射特性和半球反照率的影响。基于现场测量高光谱的相对强度、非对称性、一阶导数、反射率和反照率百分比等分析的结果表明,土壤和煤的污染开始时可能会大幅度降低反照率,但如果雪被进一步污染,则反照率趋近饱和。

雪中有时存在由大量浮游植物构成的微生物群落,称为雪藻。*Chlamydomonas nivalis* 是加利福尼亚州内华达山脉雪原中最常见的藻类(Painter 等,2001a,b)。由于 *C. nivalis* 在 0.4~0.58 μm 光谱范围内存在类胡萝卜素的吸收特征并且在 0.6~0.7 μm 的光谱范围内存在叶绿素 a 和 b 的吸收波段,因此含 *C. nivalis* 的雪的光谱反射率与不含它的雪不同。Painter 等(2001a,b)利用高光谱传感器对含 *C. nivalis* 雪的光谱反射率进行测量和定量研究,提出了基于机载成像光谱仪 AVIRIS 数据反演雪藻浓度的模型。该模型描述了叶绿素 a 和 b 的吸收特征($I_{0.68}$)和藻类浓度(C_a)的变化关系,包括一个线性回归模型 $C_a = 81\,019.2 I_{0.68} + 845.2$(Painter 等,2001b)和一个指数模型 $C_a = 922.61 EXP$(13.56 $I_{0.68}$)(Painter 等,2001b)。基于两种模型和 AVIRIS 数据,对美国加利福尼亚州 Tioga Pass 附近 Conness 山东部水系的雪藻浓度的空间分布进行制图。这一研究表明,采用高光谱遥感传感器可以方便地在白雪覆盖的高寒地区对藻类生物量进行大范围监测。

冰川表面不仅由冰雪组成,而且还包括一些其他杂质,而这些杂质由于具有光吸收特性,能强烈影响冰面光谱特征和冰川融化过程(Naegeli 等,2015)。为评估冰面物质的成分及其对地表反照率和冰川融化速度的影响,Naegeli 等(2015)基于机载 APEX 成像光谱仪和实测 ASD 光谱数据在瑞士的 de la Plaine Morte 冰川绘制了六种优势物质的丰度图,包括杂质、脏冰、水、冰、亮冰和雪。其中,APEX 是一台推扫式成像光谱仪,波段范围为 0.4 μm~2.5 μm,具有 313 个窄波段。分析应用 SAM 分类算法绘制六种主要表面物质的空间分布和像元丰度。结果表明,约 10% 的冰面覆盖着雪、水或杂质,其余 90% 的表面

可分为三种类型的冰(即7%含杂质的冰、43%的纯冰和39%的亮冰)。将 APEX 反射率数据与现场光谱测量结合可以得到研究区冰川表面的反照率空间分布,在冰川消融的季节,大量的光吸收杂质强烈影响了冰川表面反照率。这一实验显示了高光谱技术在冰川研究领域的潜力。

在区域尺度上进行积雪融化的监测有助于对积雪驱动水文过程的理解和建模,高光谱遥感能够提供与区域尺度积雪融化有关的光谱信息。Green 和 Dozier(1995)基于 AVIRIS 数据研究融化的积雪中液态水的吸收光谱,发现在 1 μm 光谱范围附近存在以 0.97 μm 为中心的液态水的吸收特征和 1.03 μm 为中心的冰吸收特征。因此,他们在 1 μm 光谱区域附近建立了一个等效路径透射模型,用水和冰的折射率来定量测量液态水和冰(Kou 等,1993)。然后,利用非线性最小二乘拟合法将该模型反演,就可以得到 AVIRIS 数据中每条光谱液体水和冰的等效路径长度透射率。通过对 AVIRIS 成像区域进行实地测量和验证,发现对液态水和冰的等效路径长度透射率反演是合理的。雪粒大小和融雪会影响雪地的反照率和水文过程。因此,Green 和 Dozier(1996)根据冰和液态水的光学性质基于雪粒尺寸和液态水含量对雪的反射进行模拟(Kou 等,1993;Greent 和 Dozier,1995;Nolin 和 Dozier,2000)。该模型应用于美国加利福尼亚州 Mammoth 山脉 AVIRIS 积雪数据集,模型反演的雪粒尺寸和表面雪融化情况从范围和分布上看与根据海拔和温度的预期一致。为采用成像高光谱数据同时估算融雪中三种状态水的丰度,Green 等(2006)对 1996 年 6 月 14 日获取自美国华盛顿 Mount Rainier 的 AVIRIS 数据进行分析,根据水蒸气、液态水和冰这三种状态水分别在 0.94 μm、0.98 μm 和 1.03 μm 处的光谱吸收位移,结合 MODTRAN 辐射传输模型和单形多维最小化算法进行光谱拟合,对三种状态水的丰度进行估算(Press 等,1988)。拟合过程需要对模型参数进行迭代调整,当达到残差阈值时停止并得到三种状态水的丰度(Green 等,2006)。基于 AVIRIS 数据进行估算时,拟合算法输出的是每个像元的光谱匹配度和每种状态水的丰度图像,并对结果进行验证,其中水蒸气的丰度用无线电探空仪测量,冰和液态水的丰度都用地物光谱仪进行测量。验证结果表明,基于高光谱数据的光谱拟合算法能够同时对融雪过程中的水汽、液态水和冰的丰度进行有效测量,因此为高山地区积雪融合过程和范围的监测提供了新的手段。

9.4 沿海环境和内陆水域

海洋、湖泊和河流中大量的光谱吸收和散射成分为利用光谱学区分和测量这些环境组成物质提供了基础。这些成分或水质参数包括叶绿素、多种浮游生物、有色溶解有机质、悬浮颗粒物、浊度、基底组成、沉水植物和透明度(Green 等,1998)。地面、机载和卫星高光谱在 0.4~1.0 μm 的波长范围内均具有较高的信噪比和定标精度,为沿海和内陆水环境调查和应用提供了有利条件。在下述的内陆水域部分中,依据高光谱数据的类型,分别介绍实地、机载和卫星高光谱遥感在内陆水体中的应用;而在沿海环境部分中,依据应用目标和高光谱数据类型,分别对海水水质参数、基底类型监测、海草监测和评价以及水深监测等方面的研究和应用进行介绍。

9.4.1　内陆水域

在内陆水域中,研究人员利用如 ASD Field Spec FR 或 SVC HR-1024 等光谱仪进行实验室或现场高光谱测量,研究一系列水质参数(如叶绿素、蓝藻色素藻蓝蛋白、有色溶解有机质和悬浮颗粒物等) 的光谱特性,并基于简单回归模型和一些先进的反演算法对这些水质参数进行了估算。为反演中国太湖水体中的叶绿素 a 和悬浮物(suspended solids,SS)浓度,Ma 等(2007)基于现场实测的 ASD 光谱利用叶绿素 a 和 SS 的重要诊断吸收特征,以光谱导数法建立了估算模型。他们根据叶绿素 a 位于 680 nm 处的吸收谷,在 710 nm 处的反射峰,以及 SS 在近红外处的强散射特点进行光谱特征提取和建模。此外,他们还将一阶、二阶导数光谱与叶绿素 a 和 SS 的浓度进行相关分析。虽然这两种方法都是可行的,但基于导数光谱的方法在反演叶绿素 a 和 SS 浓度方面效果更好。Huang 等(2010)也基于现场光谱测量,在中国中部的汤逊湖通过将光谱变量与水体叶绿素 a 的浓度相关联进行反演。从现场测量的光谱中提取了包括单波段反射率、一阶导数光谱和波段比值三种高光谱变量,并与实测的叶绿素 a 浓度进行相关分析。结果表明,一阶导数光谱和波段比值变量与实测叶绿素 a 浓度存在很高的相关性($R^2 > 0.8$, $n = 10$)。

有色可溶性有机物(colored dissolved organic matter, CDOM)作为一种重要的水质参数,影响水的颜色和固有光学性质。Sun 等(2011a) 在中国太湖利用湖中收集的实测光谱研究了 CDOM 浓度的反演方法。该方法建立了一个三层误差后向传播神经网络模型。输入层有 $R_{rs}(400)$、$R_{rs}(550)$、$R_{rs}(555)$ 和 $R_{rs}(560)$ 四个神经元,输出层只有一个神经元,即 CDOM 浓度 $a_{CDOM}(440)$。其中,$R_{rs}(\lambda)$ 为波长 λ 处的遥感反射率,$a_{CDOM}(440)$ 为 CDOM 在 400 nm 波长下的吸收系数。400 nm、550 nm、555 nm 和 560 nm 分别是对 CDOM 敏感的吸收波段。网络的隐藏层设置了 10 个节点,模型预测结果和实测数据相关系数为 0.887,均方根误差为 $0.156\ m^{-1}$,效果较好。此外,还利用不同时间收集的其他数据集对神经网络模型的适用性进行了分析,结果也证明神经网络模型在 CDOM 浓度反演方面具有较好的表现(Sun 等,2011a)。Zhu 等(2011) 在密西西比河和 Atchafalaya 河及墨西哥海湾北部等几个不同类型的水体中开展了高光谱实地测量,并提出一种改进的高光谱遥感反演模型,以反演 CDOM 的吸收系数。在改进的模型中,将 CDOM 的吸收系数 a_g 从 CDOM 和非藻类颗粒物混合的吸收系数 a_{dg} 中分离出来。具体基于 Lee 的 Quasi-Analytical 算法(QAA)发展了一种扩展型 Quasi-Analytical 算法(QAA-E),分别使用基于非藻类颗粒物吸收系数 a_d 和总颗粒物吸收系数 a_p 两种方法对 a_{dg} 进行分解。该方法采用了来自 International Ocean-Colour Coordinating Group 的数据和研究中的实测数据进行测试,结果表明:①通过从 a_{dg} 中分离 a_g 能够使 CDOM 的估算精度明显提高;②新改进的 QAA-E 模型在反演中具有较强的鲁棒性。

为反演中国内陆湖泊中蓝藻的藻蓝蛋白(C-phycocyanin, C-PC),Sun 等 (2012,2013)基于地物高光谱测试发展了一种支持向量回归(support vector regression,SVR)模型。他们从中国的三个内陆湖泊(太湖、巢湖、滇池)中同时采集 C-PC 并进行光谱测量。通过对比波段反射率、波段比值特征和三波段组合特征这三种类型的光谱特征,发现波段比值特征与 C-PC 具有更好的相关性,是最佳的模型输入特征。然后,Sun 等

（2012）分别对线性回归模型和 SVR 模型这两种类型的模型进行了测试,结果表明,SVR 模型预测精度最高、误差最小。模型以藻蓝蛋白浓度作为唯一的输出,最优的 SVR 模型的输入是七个波段比值（选自所有可能的两波段比值）。为提高内陆湖泊富营养化水体中的 C-PC 反演浓度,基于来自三个湖泊的同一套光谱和 C-PC 测量数据,Sun 等（2013）将光谱样本根据其新提出的 TD680 指标分为三种类型（Sun 等,2011b）。然后使用与 Sun 等（2012）相同的算法（SVR）对每类样品的藻蓝蛋白浓度进行估算。这里 TD680 表示在 680 nm 附近反射率吸收谷深度 $[R_{rs}(\lambda)]$,这个指标在不同的无机悬浮物与总悬浮物情况下通常有不同的取值（Sun 等,2011b）。该项研究中,TD680 被定义为 TD680 $= 0.5 \times [R_{rs}(655) + R_{rs}(705)] - R_{rs}(680)$。根据 Sun 等（2011b）提出的 TD680 阈值,研究中的湖泊水体可分为以下三种类型:类型 1（TD680 $\geq$ 0.0082）;类型 2（0.0082 > TD680 > 0）;类型 3（TD680 $\leq$ 0）。然后,他们发展了三类特定的 SVR 算法和针对所有样本的综合 SVR 算法。使用验证数据集对四种 SVR 算法的性能进行评估,结果表明,根据三类湖泊不同浊度采用特定的 SVR 算法在反演 C-PC 浓度方面明显优于综合的 SVR 算法。

在内陆水域,研究人员往往通过实地光谱测量和水质参数测量建立一系列水质参数（例如,Chl-a、C-PC、CDOM、SPM、浊度和 Secchi 深度等）的反演模型,然后将标定后的模型应用于机载成像高光谱数据进行水质参数监测制图。例如,Thiemann 和 Kaufmann（2002）根据 CASI 和 HyMap 机载高光谱数据结合现场实测的 ASD 光谱对透明度（Secchi disk transparency, SD）和 Chl-a 浓度两个水体营养参数进行监测。为反演透明度,400～750 nm 的光谱反射率首先被用于计算一个光谱系数 SpCoef（Thiemann 和 Kaufmann,2002）。然后,在 SpCoef 和 SD 之间建立指数形式的回归模型 $SD = 13.07e^{2.94SpCoef}$。Chl-a 在 435 nm 和 678 nm 处存在两个特征吸收带,在 700 nm 处的反射峰随 Chl-a 浓度升高而升高。因此,使用 705 nm 和 678 nm 处的反射率比值（R_{705}/R_{678}）就可以对 Chl-a 浓度进行线性反演。在该项研究中,两个波长对应于实测光谱中 Chl-a 吸收特征附近最频繁出现的反射率最大值和最小值。据此得到的 Chl-a 和光谱之间的线性关系: $Chla = -52.91 + 73.59Ratio_{(705/678)}$。将这一关系应用于 CASI 和 HyMap 机载高光谱图像时需要将实测光谱的反射率重采样至与 CASI 和 HyMap 一致的光谱分辨率。模型的验证结果表明,SD 反演的标准误差为 1.0～1.5 m,叶绿素反演的标准误差为 10～11 μg/L。Sudduth 等（2015）也使用在内陆水域现场实测的光谱和水质参数建立反演模型,然后将标定后的模型应用于机载 AISA 高光谱影像,用于对水质参数进行反演和制图。在该项研究中,他们在美国 Missouri 东北部的一个大型人工湖 Mark Twain 进行了实地 ASD 光谱测定和诸如 Chl-a、浊度、N 和 P 元素等水质参数测定。他们应用了类似于 Thiemann 和 Kaufmann（2002）的光谱指数法以及一个全波段的偏最小二乘回归模型对水质参数进行反演。然后,他们将标定后的反演模型应用于 AISA 成像数据对湖泊的水质参数进行估算,结果表明:①大多数现场实测的光谱与水质参数之间存在高度相关性（$R^2 \geq 0.7$）;②基于航空高光谱遥感数据的水质参数反演的精度稍低于实测光谱反演的结果。图 9.5 展示了基于 2005 年 8 月 31 日 AISA 高光谱图像和偏最小二乘方法生成的叶绿素浓度反演结果,从图中能够清晰地看出 Chl-a 浓度的空间分布。

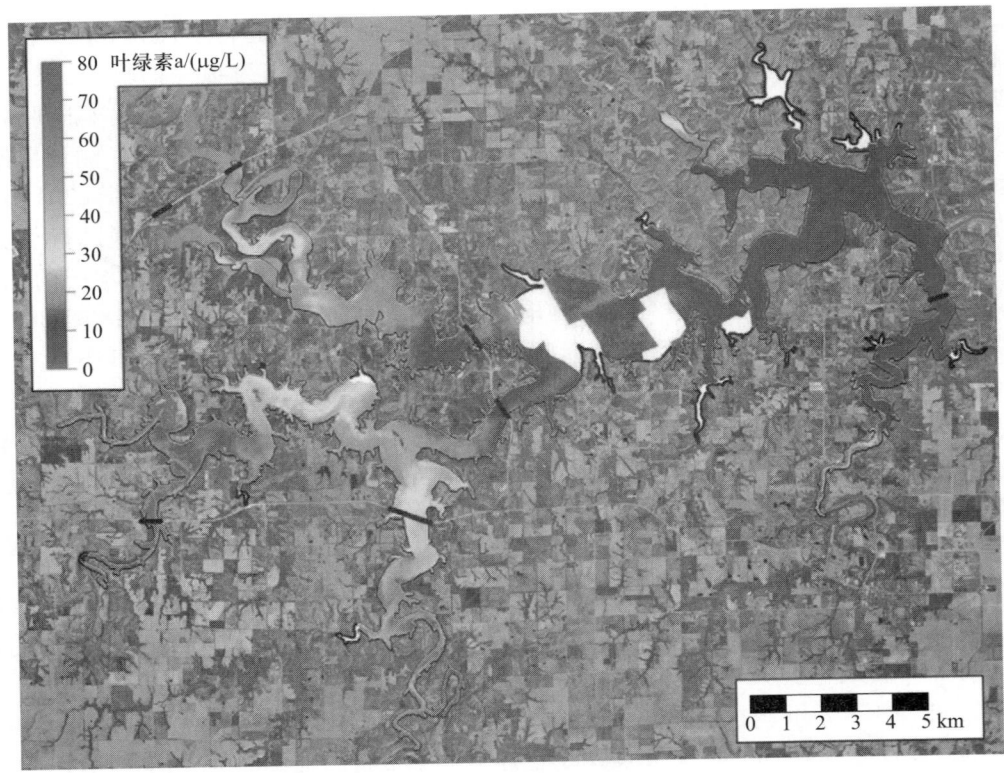

图 9.5　基于 Mark Twain 人工湖 AISA 高光谱航空图像和偏最小二乘算法的 Chl-a 浓度反演图（图像采集于 2005 年 8 月 31 日）。湖上的黑条表示水样采集和水体光谱测量所在的 7 座桥梁的位置。湖中白色区域是由于缺少有效数据造成的（Sudduth 等，2015）（参见书末彩插）

在基于实测光谱进行水质参数反演方面，有机理模型和半解析模型两种反演建模路径。Hunter 等（2010）利用 CASI-2 和 AISA-Eagle 机载传感器获得英国两个浅水湖泊的高光谱影像，对 Chl-a 和 C-PC 进行反演，并对四种半解析算法和几种经验波段比值算法的表现进行了比较。这四种半解析算法包括反演 Chl-a 浓度的 G05 和 G08 算法，以及反演 C-PC 浓度的 S05 和 H10 算法。这些半解析算法是专用于在浑浊内陆水域提取色素含量的算法（Hunter 等，2010）。其中，Gons 等（2005）基于 MERIS 数据提出了反演 Chl-a 的 G05 算法；Gitelson 等（2008）基于 MERIS 数据提出了反演 Chl-a 的 G08 算法；Simis 等（2005）和 Hunter 等（2010）分别提出 S05 和 H10 用于 C-PC 的反演。G05 和 S05 算法分别对 Chl-a 在 665 nm（0.0161 m^{-1}）处 的 吸 收 系 数 $a_{Chl}(665)$（Gons 等，2005）和 C-PC 在 620 nm（0.007 m^{-1}）处的吸收系数 $a_{C-PC}(620)$（Simis 等，2007）进行估计，然后将吸收系数转化为浓度信息进行反演。G08 算法：$Chla = 23.1 + 117.4 \times \{[R_{rs}^{-1}(600-670) - R_{rs}^{-1}(700-730)] \times R_{rs}(740-760)\}$，式中，$R_{rs}(\lambda_1-\lambda_2)$ 是 λ_1 至 λ_2 的遥感反射率。H10 算法：$CPC \propto [R_{rs}^{-1}(615) - R_{rs}^{-1}(600)] \times R_{rs}(725)$（Hunter 等，2010）。为评估四种半解析算法的表现，研究还比较了波段比值回归的经验算法，基于 $[R_{rs}(705)/R_{rs}(670)]$ 和 $[R_{rs}(705)/R_{rs}(620)]$ 这两个

常用于浑浊内陆水域的波段比值和线性、二阶多项式模型对 Chl-a 和 C-PC 浓度进行反演和估算（Hunter 等，2010）。结果表明，基于 710 nm 和 670 nm 反射率比值的非线性经验模型是反演 Chl-a 的最佳算法（$R^2 = 0.832$；RMSE $= 29.8\%$），该模型比最优的半解析模型 G05 的结果略胜一筹。反演 C-PC 的最佳算法是半解析的 S05。上述结果表明，解析模型在水质参数反演方面是具有潜力的。

在采用机理模型反演水质参数方面，Giardino 等（2015）基于 MIVIS 机载成像光谱数据，反演了意大利 Trasimeno 湖泊光学深水区的悬浮颗粒物、Chl-a 和 CDOM 等水质参数，以及光学浅水区的水深和基底层基质类型。该研究使用了基于生物光学机理模型的 BOMBER 工具进行水域参数的反演（Lee 等，1998；Giardino 等，2012）。通过该工具，可以估算光学深水区域 SPM、Chl-a 和 CDOM 等水质参数。同时也能过对光学浅水区域底部的深度和不同基底类型进行制图。为对该机理模型进行测试，获得了实验区域的实测光谱、水质数据以及 MIVIS 机载成像光谱数据。首先，使用大气校正程序 ATCOR（Richter 和 Schläpfer 2014），将 MIVIS 成像数据转换为遥感反射率 $R_{rs}(\lambda)$。然后，将其作为模型的输入对水质和其他参数进行反演。通过对比现场实测数据，在光学深水区的 SPM、Chl-a 和 CDOM（440）反演结果与实测数据接近；在光学浅水区，基于 MIVIS 数据的水深反演数据与声波探测数据吻合，并且基于 MIVIS 绘制的基底层覆盖模式也与实际观测一致。

另有一些研究直接将机载传感器数据转换成水面反射率或水面上行辐射亮度，结合现场实测的水质参数建立线性和非线性模型进行水质参数反演和制图。Hamilton 等（1993）基于 AVIRIS 数据，使用 CZCS 算法（适用于色素浓度较低的情况）反演了美国 Tahoe 湖泊水体的 Chl-a 浓度。CZCS 算法的公式为 $\log_{10}(Chla) = 0.053 + 1.7\log_{10}[L_w(550)/L_w(443)]$ 式中，$L_w(550)$ 和 $L_w(443)$ 是由 CZCS 传感器测得的波段宽度为 20 nm 的水体上行辐射亮度，可使用 AVIRIS 传感器 10 nm 分辨率的数据近似得到。结果显示，基于 AVIRIS 反演得到的 Chl-a 浓度与 CZCS 算法结果具有很好的一致性。Olmanson 等（2013）利用 AISA 机载传感器数据对美国明达苏尼州密西西比河及其支流的水质参数［包括 Chl-a、挥发性悬浮固体（VSS）、总悬浮固体（TSS）和浊度等］进行估计和制图，利用单波段和波段比值与现场水质参数建立了简单的回归模型。结果表明：①700 nm 附近的红边波段比值和 670 nm、592 nm 和 620 nm 位置附近的吸收波段对 VSS 和 Chl-a 浓度有较强的预测能力（$R^2 = 0.73 \sim 0.94$，$n = 25$）；②700 nm 附近波段对 TSS 和浊度的预测效果较好（$R^2 = 0.77 \sim 0.93$，$n = 25$）。因此，高光谱图像能够用于复杂的光学条件下一些关键水质参数的反演与制图。

虽然目前只有少数的卫星高光谱系统用于内陆水域监测研究，一些研究者仍全面探索了卫星高光谱数据应用在内陆水域水质参数反演和制图方面（Chl-a、C-PC、SPM、CDOM、浊度和 Sccshi 深度等）的潜力。这些研究通常使用现场实测光谱标定反演模型，然后将标定的模型应用于卫星高光谱数据与水质参数相关联。可进行此类应用的卫星高光谱系统包括 EO-1/Hyperion、ENVISAT/MERIS 和 HJ-1A/HSI。Wang 等（2005）和 Yan 等（2005）研究了 Hyperion 高光谱数据和从中国东部浊度较高的太湖现场采集测定的水质参数之间的关系，发现传感器在 440 nm 处的吸收系数［$a_{ys}(440)$］与 Chl-a、悬浮沉积物（SS）浓度和黄色物质间存在较好的关系，可用于水质参数的反演和制图。Wang 等

（2005）应用三种光谱变量形式（即波段比值、差值和 NDVI）和相关分析研究光谱与水体 Chl-a 和 SS 浓度直接的关系，结果表明，R（732~885）（Hyperion 732~885 nm 的光谱波段）和 R（1175~1195）间的波段差值与 SS 存在较强的相关性（$R > 0.70$，$n = 25$），而 R（620~691）和 R（722~844）构成的 NDVI 植被指数与 Chl-a 浓度密切相关（$R > 0.90$，$n = 25$）。水质参数最佳波段和算法的确定能够极大地促进基于卫星高光谱数据的水质监测。Yan 等（2005）基于物理模型和来自实验室/现场的实测光谱数据对光谱分析模型进行标定，并通过将模型反演实现基于 Hyperion 卫星数据的 Chl-a、SS 浓度和 a_{ys}（440）监测制图。结果显示，该方法能够解释水质参数间的相互影响，并在参数制图方面具有较高的精度。

一些研究着重利用 MERIS 数据对内陆水域的水质参数进行分析。Gons 等（2002）利用在荷兰 IJssel Lagoon 水域的实测光谱建立与 Chl-a 浓度（$3 \sim 185 \ \mathrm{mg/m^3}$）的直接关系，并将经过标定的模型应用于 MERIS 影像数据进行 Chl-a 浓度反演。研究的关系模型源自 Gons（1999）提出的方程：$Chla = \{ R_M [a_w(704) + b_b] - a_w(664) - b_b^p \} / a * (664)$。其中，$R_M$ 是波长为 704 nm 和 664 nm 处的反射率（富营养化水体 Chl-a 的反射、吸收峰）比值；$a_w(704)$ 和 $a_w(664)$ 是水吸收系数，分别为 $0.630 \ \mathrm{m^{-1}}$ 和 $0.402 \ \mathrm{m^{-1}}$，$a * (664)$ 是 664 nm 处的平均 Chl-a 吸收系数，为 0.0146。b_b 是 776 nm 处后向散射系数（Gons 1999）；p 是一个接近于 1 的经验常数（MERIS 数据中 $p = 1.063$）。该算法利用 1993—1996 年在荷兰 IJssel Lagoon 收集的数据进行标定，并使用 1997—1999 年获取自荷兰 IJssel Lagoon 及其他内陆水域、中国太湖、Scheldt Estuary 水域（比利时/荷兰）、Hudson/Raritan Estuary 水域（美国纽约/新泽西）以及比利时的北海等地的数据进行验证。尽管 MERIS 光谱与实测光谱相比具有较低光谱分辨率，但在各个地区对参数反演的标准误差是相似的，即在过营养化和富营养化的湖泊、河流、河口和沿海水域中 Chl-a 的标准误差约为 $9 \ \mathrm{mg/m^3}$（Gons 等，2002）。Koponen 等（2002）研究基于机载（AISA）和模拟卫星（MERIS）数据监测 Secchi 深度、浊度和 Chl-a 三种水质参数的方法。他们利用大量机载光谱数据和 1996 年至 1998 年间在芬兰南部四个湖泊中获得的水质测量数据建立了此三种参数的回归模型。分析中，通过遍历所有波段、波段比值和波段归一化差值，根据模型确定系数 R^2 找到每种参数的最佳反演模型。基于这一模型，Koponen 等（2002）参考芬兰内陆水体水质分类标准和 OECD 湖泊分类框架的水质分类系统将 Secchi 深度分为三类，将浊度和 Chl-a 各分为五类。对比水质实测数据，基于 AISA 的 Secchi 深度分类精度为 90%，浊度分类精度为 79%，Chl-a 分类精度为 78%。同时，基于模拟 MERIS 数据得到的分类精度与 ASIA 数据精度相似。为监测中小型湖泊和水库中的悬浮物含量，Tarrant 等（2010）将 MERIS 卫星数据与实测数据对比，对美国西南部四个湖泊（Roosevelt Lake、Saguaro Lake、Bartlett Lake 和 Lake Pleasant）的总悬浮物（total suspended matter，TSM）进行估算，以评价 MERIS 数据的应用潜力。通过非线性回归和神经网络建模利用 13 个 MERIS 波段，对 TSM 进行估算。结果表明，利用 MERIS 数据能够对中小内陆水体的 TSM 进行有效预测，但方法的应用性能可能还需要进一步利用实测数据进行验证。

近年来，一些研究利用 HJ-1A 高光谱卫星数据对中国太湖（Li 等，2010）、淀山湖（Zhou 等，2014）和千岛湖（Feng 等，2015）水体的 Chl-a 浓度进行估算。根据 Li 等的

研究(2010),叶绿素荧光特性提供了新的敏感特征,有助于在复杂水域中获得 Chl-a 浓度。研究使用 2008 年 5—8 月在太湖收集的 50 个实测样本建立了回归(指数)模型,发现 Chl-a 浓度和荧光线高度(FLH)之间呈指数关系:$Chla = 7.975\ 5e^{23.797FLH}$,拟合度为 0.730 2。将该模型应用于 2009 年 5 月 9 日获得的两景经过标定、校正的 HJ-1A/HSI 图像,结果表明,基于 HIS 的反演算法能够得到比 MODIS 算法更接近真实的 Chl-a 浓度。Zhou 等(2014)基于获取自中国淀山湖的实测光谱与 Chl-a 浓度,提出三波段 Chl-a 浓度反演算法:$Chla = 574.11 \times [R_{rs}^{-1}(653) - R_{rs}^{-1}(691)] \times R_{rs}(748) + 36.796$,其中 $R_{rs}(\lambda)$ 是波长 λ 下的遥感反射率,该模型可以解释 85.6% 的 Chl-a 浓度变化。而基于 HJ-1A/HIS 卫星数据标定的模型为:$Chla = 328.2 \times [R_{rs}^{-1}(656) - R_{rs}^{-1}(716)] \times R_{rs}(753) + 18.384$,其中 656 nm、716 nm 和 753 nm 分别对应 HIS 的第 67、80 和 87 波段,构建的 HSI 模型可以解释 84.3% 的 Chl-a 浓度变化。验证结果表明,该三波段模型可应用于内陆水域中 Chl-a 浓度较高区域的 Chl-a 估算。与 Li 等(2010)和 Zhou 等(2014)研究工作相似,Feng 等(2015)首次采用获取自中国千岛湖的实测光谱和 Chl-a 浓度提出并标定了一个四波段模型。在此基础上利用 HSI 高光谱数据对模型进行重新标定,得到:$Chla = 20.02 \times [R_{rs}^{-1}(661) - R_{rs}^{-1}(706)][R_{rs}^{-1}(717) - R_{rs}^{-1}(683)] + 20.90$,其中波长 661 nm、683 nm、706 nm 和 717 nm 分别对应于 HSI 传感器第 68、73、78 和 80 波段。该模型能够解释 80% 的 Chl-a 浓度变化。经验证该 HSI 模型在千岛湖水域能够对 Chl-a 浓度进行有效估算和制图。

在此,对基于各种高光谱数据反演水质参数(Chl-a、C-PC、Secchi 深度和悬浮物等)的一些重要算法和技术进行总结(表 9.3),此表包括了模型的数学表达式,算法和技术的特点,所需的高光谱系统,适用的水域和参考文献,以方便读者查阅。

9.4.2 沿海环境

在沿海环境方面,高光谱数据已用于调查沿海环境水质参数的浓度和分布(Carder 等,1993;Brando 和 Dekker 2003;Keith 等,2014)、基底层基质制图(Clark 等,1997;Peneva 等,2008;Valle 等,2015)、海草评估(Williams 等,2003;Pu 和 Bell 2013;Dierssen 等,2015)以及水深反演(Sandidge 和 Holyer,1998;Jay 和 Guillaume,2015)。为评估使用多光谱和高光谱方法探测球形棕囊藻春季水华的可行性,Lubac 等(2008)首次使用两个光谱分辨率为 3 nm 的 TriOS 辐射计(光谱范围为 350~750 nm)在英吉利海峡东部和北海南部的近海水域进行现场光谱测量。他们对两种高光谱数据分析方法进行评估,第一种方法采用 $R_{rs}(490)/R_{rs}(510)$ 和 $R_{rs}(442.5)/R_{rs}(490)$ 两个多光谱反射率比值,而第二种方法使用 $R_{rs}(\lambda)(d\lambda^2 R_{rs})$ 的二阶导数分析进行反演。第一种方法的结果表明,目前的水色遥感传感器可用于探测球形棕囊藻水华,但 Chl-a 和 CDOM 浓度以及颗粒物成分对方法性能的影响还需通过灵敏度分析进行研究。高光谱方法的结果表明,球形棕囊藻水华可利用 $R_{rs}(\lambda)$ 在 400~540 nm 范围的二阶导数识别,并且 $d\lambda^2 R_{rs}$ 能够对硅藻水华和球形棕囊藻水华进行区分。可以通过 $d\lambda^2 R_{rs}$ 最大值的位置(约 471 nm)和最小值的位置(约 499 nm)的移动情况判断是否发生球形棕囊藻水华(Lubac 等,2008)。Richardson 和 Ambrosia(1996)的研究证实利用机载 AVIRIS 和光

表 9.3　基于高光谱数据的水质参数反演算法

水质参数	公式	光谱变量和特征参数	高光谱传感器	适宜水域	参考文献
叶绿素 a（Chl–a）	$Chla = 23.1+117.4\times\{[R_{rs}^{-1}(600\text{–}670)]-R_{rs}^{-1}(700\text{–}730)]\times R_{rs}(740\text{–}760)\}$	$R_{rs}(\lambda_1-\lambda_2)$ 是波长 λ_1 至波长 λ_2 的反射率	MERIS	内陆水域	Gitelson 等（2008）
	$\log_{10}(Chla) = 0.053 + 1.7\times\log_{10}[L_w(550)/L_w(443)]$	$L_w(\lambda)$ 是 CZCS 传感器提供的地表水波长 λ 的上行辐射值	AVIRIS 模拟的 CACS 波段	沿海和内陆水域	Gordon 等（1983）
	$Chla=\{R_M[a_w(704)+b_b]-a_w(664)-b_b^p\}/a^*(664)$，其中 R_M 是 R_{704}/R_{664}；MERIS 中 $p=1.063$	$a_w(704) = 0.630$（m^{-1}）和 $a_w(664) = 0.402$（m^{-1}）分别为 704 nm 和 664 nm 处的吸收；$a^*(664)=0.0146$ 是 672 nm 处的平均叶绿素 a 比吸收系数；b_b 为后向散射系数（假定为波长无关）= 776 nm 处的反射率；p 为经验常数	MERIS	内陆水域	Gons（1999）；Gons 等（2002）
	$Chla=328.2\times[R_{rs}^{-1}(656)-R_{rs}^{-1}(716)]\times R_{rs}(753)+18.384$	波长 656 nm、716 nm 和 753 nm 分别是 HS 传感器的 67、80 和 87 波段	HJ-1A/HSI	内陆水域	Zhou 等（2014）
	$Chla = 20.02\times[R_{rs}^{-1}(661)-R_{rs}^{-1}(706)]/[R_{rs}^{-1}(717)-R_{rs}^{-1}(683)]+20.90$	波长 661 nm、683 nm、706 nm 和 717 nm 分别是 HSI 传感器的 68、73、78 和 80 波段	HJ-1A/HSI	内陆水域	Feng 等（2015）

续表

水质参数	公式	光谱变量和特征参数	高光谱传感器	适宜水域	参考文献
叶绿素 a (Chl-a)	$\log_{10}(Chla-a_4) = a_0 + a_1 L + a_2 L^2 + a_3 L^3$，其中 $L = \log_{10}[R(490)/R(555)]$	系数为 $a_0 = 0.3410$, $a_1 = -0.3001$, $a_2 = 2.8110$, $a_3 = -2.0410$, $a_4 = -0.0400$	EO-1/Hyperion	案例一海水	Liew 和 Kwoh (2002)
	$Chla = 17.477 \times [R_{rs}^{-1}(686) - R_{rs}^{-1}(703)] \times R_{rs}(735) + 6.152$	估计 Chl-a 浓度（μg/L）	HICO	沿海水域	Keith 等 (2014)
色素 C-藻蓝蛋白 (C-PC)	$CPC \propto [R_{rs}^{-1}(615) - R_{rs}^{-1}(600)] \times R_{rs}(725)$	$R_{rs}(\lambda)$ 是波长 λ 处的遥感反射率	AISA 和 CASI	内陆水域	Hunter 等 (2010)
浊度	$Turbidity = 2 \times 10^6 [R_{rs}^{2.7848}(646)]$	估计浊度（NTU）	HICO	沿海水域	Keith 等 (2014)
有色溶解有机质 (CDOM)	$a_{CDOM}(412) = 0.8426 \times [R_{rs}(670) / R_{rs}(490)] - 0.032$	估计 CDOM 在波长 412 nm 处的吸收系数（m^{-1}）	HICO	沿海水域	Keith 等 (2014)
Secchl 深度	$SD = 13.07 e^{2.945 SpCoef}$，其中 SpCoef 为系数	SpCoef 根据 400~750 nm 的光谱反射率计算。SD 用于确定 Secchi 磁盘透明度（水深）	CASI, HyMap-CASI 和 HyMap	内陆水域	Thiemann 和 Kaufmann (2002)
悬浮物	$TD680 = 0.5 \times [R_{rs}(655) + R_{rs}(705)] - R_{rs}(680)$	近 680 nm 的遥感反射率 $R_{rs}(\lambda)$ 深度特征与无机悬浮物和总悬浮物比值相关	实测 ASD 光谱	内陆浑浊的湖水	Sun 等 (2011a)

谱导数分析,能够对美国加利福尼亚州 Moffett Field 地区堤坝盐池的藻类色素进行检测。为更好地监测和了解藻类水华,Minu 等(2015)使用 Satlantic 光谱仪(300~1200 nm,包含 255 个光波段)在阿拉伯海东南海域 Kochi 近岸水域测量了水体遥感反射率 $R_{rs}(\lambda)$ 和水华的吸收系数,对不同类型水华的吸收和遥感反射率差异进行研究。分析结果表明:①$R_{rs}(\lambda)$ 吸收峰光谱位于束毛藻水华对应的 490 nm,和位于 482 nm、560 nm 和 570 nm 的非水华区;②对于束毛藻属、角毛藻、鳍藻属和东海原甲藻属水华,浮游植物的吸收峰分别位于蓝光区域的 435 nm、437 nm、438 nm 和 439 nm 处,和红光区域的 632 nm、674 nm、675 nm 和 635 nm 处;③叶绿素对浮游植物吸收的变化影响水华 $R_{rs}(\lambda)$ 吸收峰的位置。

Hyperion 卫星高光谱数据亦用于混浊近岸水域(Ⅱ类水域)水体光学参数(如叶绿素 a 和 CDOM 浓度等)反演和制图。Liew 和 Kwoh(2002)在反演过程中除使用传统的基于波段比值方法,还使用光谱拟合方法以充分利用全谱段信息(表 9.3)。波段比值法在Ⅰ类水域中效果良好,这是因为这类水域中水的光学性质主要受 Chl-a 等成分影响。然而,在Ⅱ类水域中,蓝波段吸收带经常同时受 Chl-a 和 CDOM 的影响,这使得波段比值算法无法分离两个光学参数。波段比值算法往往造成沿海水域中 Chl-a 的浓度估计过高。Leiw 和 Kwoh(2002)利用 Hyperion 光谱和大气传输模型,通过找到一组最适的拟合参数对水体反射率进行拟合。在基于 Hyperion 图像数据反演 Chl-a 和 CDOM 的研究中,光谱拟合技术显示了优于波段比值法的性能。Brando 和 Dekker(2003)首次将矩阵反演法应用于 Hyperion 卫星高光谱图像,对澳大利亚南昆士兰 Moreton Bay 水域中 Chl-a、CDOM 和悬浮物的浓度进行反演。相比传统的将水面下反射辐射与水质成分浓度进行相关分析的方法,利用线性矩阵反演法(matrix inversion method, MIM)直接进行反演的方法更为有效(Lee 等,2001; Brando 和 Dekker,2003)。一些研究结果显示,基于 Hyperion 数据和 MIM 方法能够同时反演各成分的浓度,且反演结果与现场测量结果一致。

Gitelson 等 (2011) 和 Keith 等 (2014)通过分析海洋卫星高光谱成像仪数据(HICO),对沿海和河口混浊水域的 Chl-a、CDOM 和浊度进行估算。Gitelson 等(2011)利用 HICO 高光谱传感器的 NIR 波段对俄罗斯 Azov Sea 浑浊水体的 Chl-a 浓度进行了反演。他们分析水样的 Chl-a 浓度和 HICO 光谱数据,通过优化光谱波段选择,得到最佳的模型为:$Chla = 418.88 \times [R_{rs}^{-1}(684) - R_{rs}^{-1}(700)] \times R_{rs}(720) + 19.275$,其中 $R_{rs}(\lambda)$ 是波长 λ 处的遥感反射率。该模型采用了 684 nm、700 nm 和 720 nm 处的遥感反射率,可以解释超过 85% 的 Chl-a 浓度变化,当 Chl-a 浓度范围在 19.67~93.14 mg/m^3 时,模型估算的 RMSE < 10 mg/m^3。这些结果表明,HICO 数据在实时估算浑浊水域(Ⅱ类)Chl-a 浓度方面具有较高的潜力。为估算沿海Ⅱ类浑浊水体的 Chl-a 浓度和 CDOM 和浊度,Keith 等 (2014)使用了获取自美国佛罗里达西北海岸四个河口地带的 HICO 卫星数据,并进行现场实测验证。基于大气校正后的 HICO 光谱数据,分别提出估算 Chl-a、CDOM 和浊度的三种算法。

估算 Chl-a 浓度(μg/L)的三波段算法为

$$Chla = 17.477 \times [R_{rs}^{-1}(686) - R_{rs}^{-1}(703)] \times R_{rs}(735) + 6.152$$

估算 CDOM 的两波段算法为

$$a_{\text{CDOM}}(412) = 0.842\,6 \times \left[\frac{R_{rs}(670)}{R_{rs}(490)}\right] - 0.032$$

估算浊度(NTU)的单波段算法为

$$Turbidity = 2 \times 10^6 \left[R_{rs}^{2.7848}(646)\right]$$

验证结果表明,三波段的 Chl-a 算法效果最佳($R^2 = 0.62$),CDOM($R^2 = 0.93$)和浊度($R^2 = 0.67$)的估算结果也和实测结果高度一致。然而,研究认为 HICO 传感器仍存在定标问题需要解决,同时大气校正的过程也需要标准化。

目前,高光谱成像数据还被用于估算沿海 II 类浊度水体的悬浮物(SS)、总悬浮物(TSM)和总无机颗粒(TIP)浓度。例如,Carder 等(1993)利用 AVIRIS 数据研究佛罗里达坦帕湾(Tampa Bay)水体的溶解态和颗粒成分。利用 415 nm 处的吸收系数图像和 671 nm 处的后向散射系数图像对坦帕湾羽流的溶解态和颗粒成分进行监测制图。基于海湾实测样点和 AVIRIS 数据对实验结果进行验证,认为 AVIRIS 数据在反演混浊水参数方面具有较强潜力。利用 HICO 和 Hyperion 高光谱卫星传感器数据,Xing 等(2012,2013)对 II 类混浊水域的 SS,TSM 和 TIP 等水质参数进行估算和制图。Xing 等(2012)使用获取自中国黄河河口和渤海附近的 HICO 图像以及现场实测光谱对 SS 进行估算。研究发现,该传感器测得的光谱与现场实测光谱基本一致。随着 SS 浓度增加,$450 \sim 750$ nm 范围的光谱反射率峰值向长波方向移动,SS 在 817.4 nm 处的反射峰值(对应 HICO 图像第 73 波段)被用作 SS 浓度估计的指标。研究结果证实了 HICO 高光谱图像能够适用于监测浑浊沿海水域的水质。Xing 等(2013)在中国珠江口利用现场实测光谱和 Hyperion 高光谱数据对总悬浮物(TSM)、总无机颗粒(TIP)和水体浊度进行分析和制图。研究发现,TIP 和浊度与 TSM 浓度(范围在 6 mg/L 至 140 mg/L)成正比。研究使用实测光谱 610 nm 和 600 nm 波段遥感反射率相减的特征$[R_{rs}(610) - R_{rs}(600)]$,和 Hyperion 光谱 609.97 nm 和 599.80 nm 波段遥感反射率相减的特征$[R_{rs}(609.97) - R_{rs}(599.80)]$,基于指数回归模型对 TSM 浓度进行估计。经与实测结果相比,TSM 估算的 RMSE 分别为 12.6 mg/L 和 5.9 mg/L。波段相减特征的良好性能可能是由于减少了特定波长水面反射和路径辐射的背景影响,使得反射率对悬移质沉积物的敏感性提高,类似于导数光谱分析。

各类高光谱数据还被应用于对沿海浅水区的底部类型进行分类和制图。例如,Clark(1997)对热带海岸环境、礁石、海草栖息地,沿海湿地和红树林等进行监测制图。研究表明,机载 CASI 数据可以提供有关栖息地的规模和组成、水深、海草生物量以及红树林盖度等详细的定量信息。Holden 和 Ledrew(1999)使用实地光谱测量数据研究珊瑚礁的光谱特征。他们收集了斐济和印度尼西亚实地测量的 ASD 光谱,并基于主成分分析和光谱导数法对光谱数据进行分析。研究提出了基于 $654 \sim 674$ nm、$582 \sim 686$ nm 和 $506 \sim 566$ nm 之间一阶导数光谱特征的三步法进行珊瑚礁识别。结果表明,斐济测量的光谱和印度尼西亚测量的光谱在统计学上是相似的。基于一阶导数光谱特征三步法珊瑚的正确识别率为 75%,主要的误差来源于藻类反射光谱的变异性。

为了对美国佛罗里达州圣约瑟夫湾复杂的沿海水域基底层和水生植被进行制图,Hill 等(2014)使用带有定位功能的高光谱成像仪 SAMSON(Spectroscopic Aerial Mapping)

系统(波段宽度 3.2 nm,波段数 156 个,光谱范围为 400~900 nm)对包括淹没和浮游的水生植被、基底层红藻、裸土和光学深水区中多种基底层类型进行分析。他们采用逐步阈值分割发对基底层类型进行区分,例如使用 NIR 亮度阈值将图像分为陆地和水域,进一步使用 NDVI 阈值将水域分为植被和沙地。研究发现基于高光谱数据不仅能够量化复杂沿海水域中海草草甸的面积,还可以反演海草的丰度,因此就能够量化海草草甸的生产力,为生态环境对海洋食物链的支持能力提供关键信息。Valle 等(2015)使用实测光谱和CASI 机载成像高光谱数据,通过最大似然分类器(MLC)对西班牙巴斯克地区 Oka 河口 II号水域中13 种栖息地类型(图 9.6)进行制图。这些栖息地位于河口的上部,潮间带和潮区,包括 *Zostera noltii* 海草草甸。CASI 传感器在可见光和近红外范围共有 25 个波段,地面分辨率为 2 m。研究根据不同栖息地类别的光谱特征选择光谱波段进行栖息地类型识别。研究使用 MLC 算法测试了六种不同的波段组合,得到一种包括 10 个波段的分类模型,能够达到最准确的分类精度(平均生产者精度为 92%,平均用户准确度为 94%)。图 9.6显示了基于 CASI 影像最佳模型的栖息地分类结果。该项研究凸显了 CASI 数据对河口栖息地分类和制图的价值,能够为环境保护和沿海生境保护工作提供关键信息。

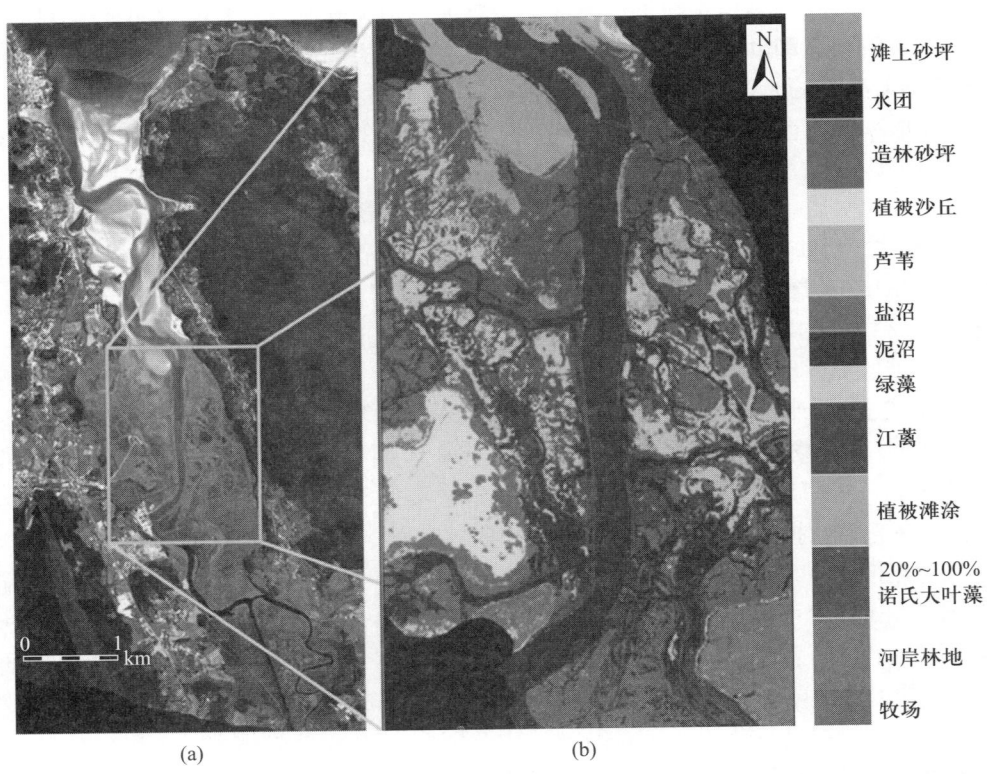

图 9.6 基于 10 个 CASI 波段图像构建的 13 种生境分类图。图中所有河口栖息地类别可高度区分。(a)Oka 河口及部分生境类别的真彩色合成图像;(b)San Cristobal 和 Kanala 河口潮间带生境分类图(Valle 等,2015)(参见书末彩插)

对海草的空间范围和种类进行监测制图对于海草栖息地评价非常重要,因为海草栖息地是指示全球浅水环境的重要因子,与各种生态系统功能有关。许多研究人员利用高光谱数据对沿海浅水区域中的海草特征和丰度进行制图和评估。Peneva 等(2008)利用 HyMap 高光谱图像对密西西比州角岛的海草分布进行监测和面积估算。研究根据离岸距离确定了三个水深区域,分别根据目视判读和现场调查,划定了海草床、亮沙底和深沙底三种基底类型。在此基础上利用最大似然、最小距离和光谱角度三种分类方法对海草覆盖度进行检测制图,结果表明最大似然法的总体精度最高(83%),基于 HyMap 数据计算得到的海草覆盖度与基于航空照片的目视解译结果相当。

Pu 等(2012,2015)基于在佛罗里达州皮内拉斯县西部沿海水域的 ASD 光谱测量数据,采用光谱处理和数据变换技术对海草的密度或覆盖度进行制图。Pu 等(2012)对 97 个现场测量的光谱数据样本进行分析,比较不同海草类型,不同海草覆盖等级,不同水深和不同基底类型下 400~800 nm 范围的光谱。研究利用 t 检验法确定海草覆盖等级的最佳波长,并且利用光谱主成分分析对前 5 个主成分对海草覆盖等级的区分能力进行评估。结果表明,有效的数据预处理能提高海草覆盖度的监测精度。使用相同的光谱数据,Pu 等(2015)还评估了高光谱植被指数(VIs)在区分沉水水生植被百分比(%SAV)方面的能力。具体分析步骤包括:①反演基底反射率;②计算 SAV 覆盖度与 VIs 的相关性;③分析不同 SAV 覆盖度等级下 VIs 的差异;④通过线性判别分析和分类回归树方法对不同 SAV 覆盖度水平进行区分。实验结果表明:①区分四种 SAV 覆盖度等级的最佳 VIs 是比值植被指数(SR)、归一化植被指数(NDVI)、修正比值植被指数以及 NDVI 与 SR 的乘积;②用于构建最佳 VI 的最优中心波长为 460 nm、500 nm、610 nm、640 nm、660 nm 和 690 nm,波段宽度为 3 nm,大部分波段位于可见光范围内,并与光合及辅助色素吸收特征有关。为了对海草覆盖率进行制图,Phinn 等(2008)比较了 QuickBird-2 和 Landsat TM 两个卫星多光谱传感器和 CASI-2 机载高光谱传感器在基底层类型制图方面的性能。基底层类型包括海草床的四种覆盖度类型(0~10%,10%~40%,40%~70%,70%~100%)。研究在澳大利亚莫顿湾的东海岸一个浅且清澈的沿海水域中开展,包含一系列海草物种、覆盖率类型和生物量水平。结果表明,相比其他两个多光谱卫星传感器,CASI-2 在海草覆盖率精细制图方面具有更高的潜力。

为提高海草覆盖类型制图和海草丰度估测的精度,Pu 和 Bell(2013)采用图像优化算法(Zhao 等,2013)和大气校正算法对 Landsat TM、EO-1 ALI 和 Hyperion 三种卫星传感器进行处理,并通过一种模糊综合评判技术对美国佛罗里达州皮内拉斯县西海岸的海草丰度进行估测和制图。对三种传感器数据进行图像预处理后采用最大似然法将沉水植物植被覆盖率(%SAV)分为 5 类(即%SAV < 1%,1%~25%,25%~50%,50%~75%,> 75%)。随后,基于现场测量,GIS 数据以及提取自三种传感器数据的光谱变量,使用多元回归分析和专家知识生成了五个参数的隶属度图,分别包括%SAV、LAI 和生物量三个生物特征以及水深、距海岸线距离两个环境因素(Pu 和 Bell,2013)。最后,通过模糊综合评判技术绘制了海草丰度图。结果表明,基于 Hyperion 数据 5 级分类的%SAV 覆盖率结果最佳(总体精度为 87%,Kappa 为 0.83),得到的估算三个生物特征的多元回归模型精度也更高,对%SAV、LAI 和总生物量的估算 R^2 分别为 0.66,0.62 和 0.61。因此,图像优化算法

和模糊综合评判技术能有效利用三种传感器获取的 30m 分辨率数据对海草栖息地进行监测制图,以及进行丰度计算。图 9.7 显示了基于 Hyperion 数据和 MLC 分类器得到的 5 级%SAV 覆盖分类图,以及基于模糊综合评判技术的海草丰度等级图。

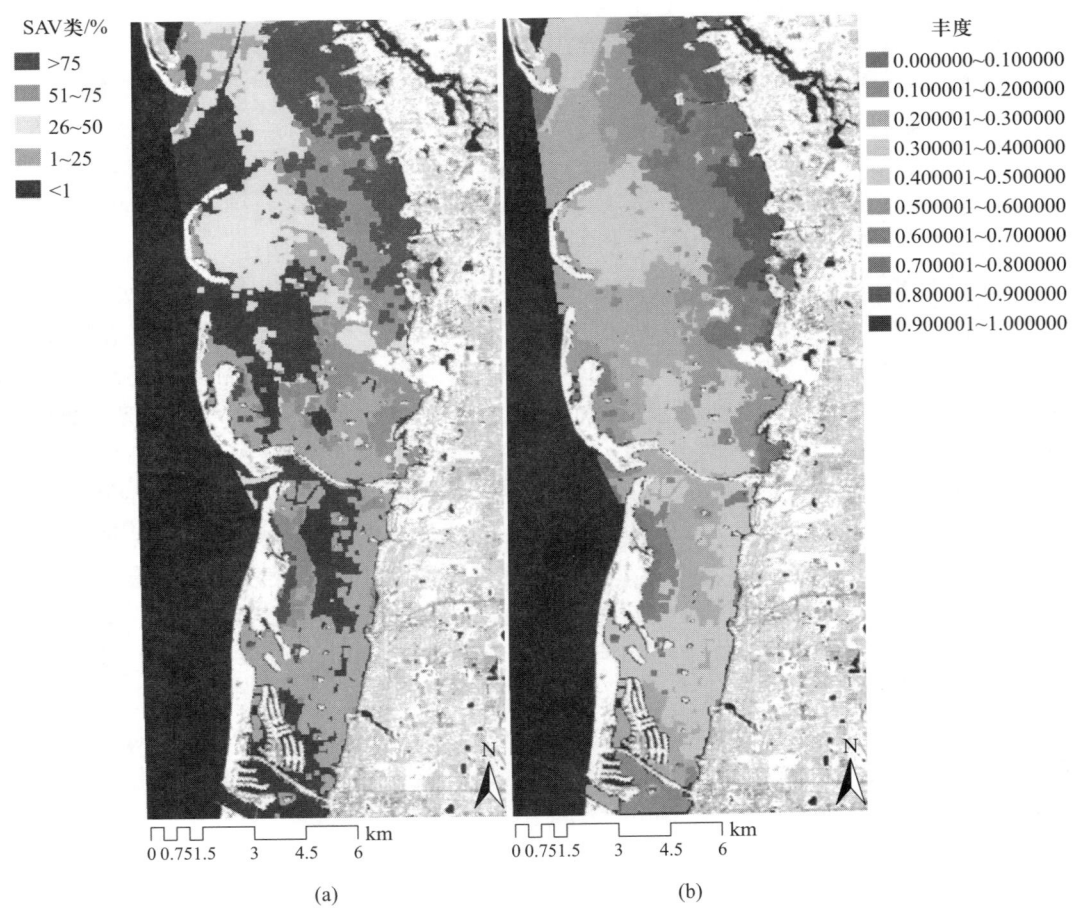

图 9.7　基于 Hyperion 高光谱图像的 5 级%SAV 覆盖和海草丰度等级分类图。(a)基于 MLC 监督分类器的 5 级%SAV 覆盖分类图;(b)基于模糊综合评判技术的海草丰度等级图,模糊综合评判技术使用了%SAV、LAI 和总生物量三个生物指标与水深和距离-海岸线空间数据层的模糊隶属关系(参见书末彩插)

　　除利用高光谱遥感开展海草覆盖类型研究之外,还可以在实验室或野外对海草不同类群或物种进行直接光谱测量。研究人员对现场采集的不同海草类型样本进行光谱测量;该海草样本不存在水柱的影响(例如,Fyfe,2003;Thorhaug 等,2007;Pu 等,2012)。在实验室条件下, Thorhaug 等(2007)采用三种海草(*Syringodium filiforme*、*Thalassia testudinum* 和 *Halodule wrightii*)和五种海藻分别进行光谱测量,并基于一阶导数光谱对不同海草和海藻种类进行比较,用于区分不同种类海草以及海草和绿藻、褐藻(Thorhaug 等,2007)。Fyfe(2003)经现场实测 *Zostera capricorni*、*Posidonia australis* 和 *Halophila ovalis*

等海草的高光谱数据,发现不同种类的海草具有不同的光谱特征。基于实验室和实地光谱测量,Pu 等(2012)研究了亚热带海草床中三种主要海草(*S. filiforme*,*T. testudinum* 和 *H. wrightii*)的光谱特征。他们确定了海草识别的最佳波段,并对用于确定最佳波长的数据预处理技术进行评估。结果表明,基于二阶导数归一化光谱数据可以得到最高的精度,最佳波长分别为 450 nm、500 nm、520 nm、550 nm、600 nm、620 nm、680 nm 和 700 nm。相比 PCA,5 个最佳波段对于识别三种海草物种具有更高的精度(总体精度为 73%,平均精度为 75%)。

除了实验室和现场测量的高光谱数据外,研究人员使用机载和卫星高光谱数据对海草物种和其他 SAV 类型进行区分。例如,基于实测的 ASD 光谱数据和 HyMap 图像数据,Williams 等(2003)对美国马里兰州 Potomac 河中的两种沉水植物(*Myriophyllum spicatum* 和 *Vallisneria americana*)进行识别和监测。对实测数据和 HyMap 高光谱数据进行预处理后,Williams 等(2003)采用光谱特征拟合算法(详见第 6.2.7 节介绍)将图像光谱数据与一组参考光谱(光谱库中实测光谱数据)进行比较识别两种 SAV 植物。同时,也将 HyMap 的 SAV 物种识别结果与在生长季末基于航空摄影和现场采样调查结合的结果进行比较。结果表明,高光谱图像能够用于对 SAV 河床中的植物进行识别和分类。然而,研究也显示 SAV 上的附生植物和沉积覆盖物会一定程度掩盖物种的反射特征。Pan 等(2016)对比了高光谱图像(CASI-1500)和用于浅水(<2 m)测深的单波长激光雷达数据(LiDAR)在海草监测方面的能力。他们在美国得克萨斯州红鱼湾国家科学区采用了四种监督分类器(分别是 SVM、LDA-MLC、PCA-MLC 和 SAM)对两种图像在海草种类和基底层类型方面的识别能力进行考察,并对分类结果进行比较。LDA-MLC 是一种 MLC 分类器,输入通过线性判别分析对高维 CASI 数据转换得到的低维数据;PCA-MLC 也是一种 MLC 分类器,但采用 PCA 转换的低维数据作为输入(LDA-MLC 和 PCA-MLC 方法原理参见第 5 章)。研究区域包括六种不同的基底层类型,包括 *S. filiforme*、*T. udududensis* 和 *H. wrightii* 三种海草,以及裸泥、藻类和深水等类型。分类结果表明,高光谱图像表现出较强的基底层分类能力,总体精度达 95% 以上,而单独使用 LiDAR 不足以进行基底层类型分类。此外,高光谱数据与 LiDAR 数据组合仅略微提高了海草分类的准确性。在区分两个基底层生境、海草和大型藻类的研究中,Cho 等(2014)采用在美国佛罗里达州 Indian River Lagoon 收集的 HICO 卫星高光谱数据,基于光谱斜率分析提出 $Slope_{RED}$(679~790 nm)和 $Slope_{NIR}$(696~742 nm)两种基底层分类模型,分别定义如下:

$$Slope_{RED} = \left| \frac{R_{rs}(679) - R_{rs}(690)}{679 - 690} \right|$$

$$Slope_{NIR} = \left| \frac{R_{rs}(696) - R_{rs}(742)}{696 - 742} \right|$$

将基于光谱斜率模型与迭代自组织分析和光谱角度制图方法进行比较,结果表明,斜率模型的总体精度更高(63%~64%),能够更准确地区分海草和大型藻类。

利用高光谱遥感技术,许多研究还获得了沿海海洋环境中的水深信息。Sandidge 和 Holyer(1998)基于 AVIRIS 图像数据使用神经网络模型建立了水深与遥感光谱辐射亮度

之间的定量关系。研究分析了美国佛罗里达州坦帕湾地区西海岸和佛罗里达群岛两个地区的 AVIRIS 数据,对 AVIRIS 数据进行辐射亮度校准,但未对大气、洋面或光照影响进行校正,这是因为需要利用航空载器高度、辐射亮度来反演水体深度。考虑到光在可见光谱范围内具有一定的穿透能力,只有覆盖 400~742 nm 光谱范围的 36 个 AVIRIS 波段具有足够的穿透能力来响应水深的反射能量。此外,以 867 nm、943 nm、1020 nm、1136 nm 和 1203 nm 为中心的五个波段被用于反映大气和洋面状况。因此,研究共利用了 41 个 AVIRIS 波段(36 个水波段和 5 个大气波段)构建了一个前馈全连接的神经网络,包含一个输入层(41 个神经元)、一个隐藏层(21 个神经元)和一个输出层(水深)。美国国家海洋调查局水文数据库的深度数据被用于训练和测试数据,包括两个地区数据的神经网络模型的水深预测 RMSE 为 0.48 m。结果表明,利用神经网络方法分析高光谱数据用于水深预测的能力强于传统的统计曲线拟合方法。在利用高光谱数据对水柱性质进行监测研究中,Jay 和 Guillaume(2014)提出了一种新的统计方法,以提高水深和水质的测量精度。与传统基于像元的反演方法不同,新统计方法考虑了相邻像元间的空间相关性,因为当空间分辨率足够高时,这些邻近像元通常受到相同水柱的影响。该方法利用相邻像元的相关信息在大区域中对水深和水质进行局部的最大似然估计。根据不同的局部水深条件,该方法可能会得到不同空间分辨率的结果。使用 Hyspex VNIR-1600 相机获取的高光谱图像(取决于航高空间分辨率为 0.4~2 m,光谱分辨率为 4.5 nm,光谱范围覆盖410~1000 nm 波段数为 160 个)。Jay 和 Guillaume(2014)将整个图像分成适当的网格,使用上述方法对法国西海岸 Quiberon 半岛的浅水区和深水区的水深分别进行了分析,估计水柱深度和性质并进行制图。结果表明,研究提出的水深建模方法能够改善水体深度和水质的评估,特别对于浅水区域。同时,邻近像元提供的信息使方法具有较强的鲁棒性,不易受噪声影响。

9.5 环境危害与灾害

高光谱成像数据在确定与环境危害和灾害直接或间接相关的地表特征和成分方面已得到研究与应用。本节主要介绍高光谱遥感技术在采矿废弃物及尾矿对环境影响的监测、自然植被生物量(森林)燃烧监测以及山体滑坡和滑坡易发生地带评估等方面的应用。

9.5.1 采矿废物和尾矿影响监测

采矿废弃物和尾矿会对环境造成严重影响,这些污染物可能会污染矿区流域内的土壤和内陆水域,影响植被的生长和分布。利用高光谱遥感技术,通过对各种采矿废物和尾矿的范围、丰度进行识别和制图,并监测矿区周围受污染的溪流和湖泊中污染物的浓度和空间范围,就能够对采矿废弃物和尾矿造成的环境影响进行评估。例如,美国爱达荷州凯洛格镇及其周边采矿活动释放的微量金属污染了沉积在爱达荷州北部 Coeur d'Alene 河

两岸和河滩上的河床沉积物。Farrand 和 Harsanyi(1997)利用机载 AVIRIS 图像评估了危险矿山废弃物通过冲积过程顺流而下的运输情况,他们利用约束能量最小化方法(参见第 5 章中算法的详细描述)绘制了含铁河床沉积物的空间分布范围。结果表明,利用 AVIRIS 高光谱数据和 CEM 制图技术能够有效监测含铁沉积物的分布。Mars 和 Crowley (2003)、Shang 等(2009)、Riaza 和 Carrere(2009)和 Zabcic 等(2014)将光谱解混技术用于机载遥感图像(AVIRIS、HyMap 和 PROBE−1)对采矿废弃物和尾矿进行监测和制图。Mars 和 Crowley(2003)基于落基山脉森林地区的 AVIRIS 图像光谱数据,使用 MTMF 光谱解混技术(参见第 5 章介绍)和野外调查数据,绘制了爱达荷州东南部磷酸盐区的 18 个矿井废弃料堆和 5 种植被覆盖类型图。结果表明,将高光谱图像与数字高程数据结合使用,可以对废料堆场、与废料堆场相关的集水区流域、废料堆场下方的河流梯度以及沿河岸的植被密度等信息进行定量分析。而这些辅助信息对于了解如受采矿点影响流域中实际废料堆的量和组成是必要的。Riaza 和 Carrere(2009)基于 HyMap 高光谱图像和线性光谱分解技术监测了从西班牙伊比利亚黄铁矿排出至 Odiel 河的废弃硫化物。Zabcic 等 (2014)还使用 HyMap 图像对西班牙 Sotiel−Migollas 黄铁矿尾矿进行区域尺度的监测,并指出排泄酸性矿水的起源。Shang 等(2009)使用机载 PROBE−1 传感器数据,确定了加拿大安大略省北部表面的废弃矿井和尾矿,并对潜在的矿井进行监测。这些研究都表明,机载高光谱数据可用于对废弃矿井和尾矿进行监测制图。酸性水和具有流动性的重金属是一种重要的环境危害。Swayze 等(2000)基于美国环境保护署在科罗拉多州 Leadville 站点的 AVIRIS 数据对产酸矿物进行监测。他们使用 Tetracorder 程序,通过改进的最小二乘法模板匹配算法将未知矿物的光谱与光谱库中数百条参考光谱进行比较,以确定最佳匹配结果。由于每一种含铁的次生矿物都具有独特的光谱特征,可利用 AVIRIS 数据对整个采矿地区的潜在地表酸性排水源进行快速筛选,并对矿山废物或未开采岩石中的产酸矿物进行监测。这种监测能够支持对矿山废物环境影响的修复工作,保护阿肯色河。根据 EPA(1998)估计,这一监测使修复进程加快了两年,同时节省了超过 200 万美元的调查费用。Farifteh 等(2013)基于 Hyperion 卫星高光谱图像对西班牙西南部一个废弃矿井中的矿山废料堆和氧化铁矿物副产品进行监测和制图。在对 Hyperion 图像进行预处理后,首先利用马氏距离法对矿区范围进行划分,然后利用光谱特征拟合(SFF)算法(参见第 5 章中 SFF 算法介绍)对矿区内的氧化铁和碳酸盐矿物的空间分布进行了制图。结果表明,这一方法能够很容易地对矿山废弃物进行制图,而利用 SFF 方法可以得到关于明矾石、叶绿矾、水铁石、针铁矿、黄钾铁矾和石膏等丰富的矿物信息。

采矿活动通常会导致土壤和水体严重的重金属污染,并影响矿区周围的植被生长。酸性硫酸盐土壤(acid sulphate soil, ASS)广泛分布在沿海、内陆湖泊、河流以及矿区。ASS 具有较强的酸化能力并会释放痕量金属,因此对环境有潜在危害(Shi 等,2014)。高光谱成像数据可用于对污染的范围和严重程度进行评估和制图。由 ASS 产生的次生含铁矿物质在 VNIR 至 SWIR 的光谱范围内存在诊断光谱特征,因此可以作为表征 ASS 严重性的理想指标。Shi 等(2014)基于 HyMap 高光谱数据绘制这些具有指示性的含铁矿物实现对 ASS 的检测。他们使用光谱特征匹配方法基于 HyMap 图像绘制铁氧化物、氢氧化物、羟基硫酸盐以及非含铁矿物分布图。通过耦合近似高光谱遥感系统 HyLogger 和现场 pH

值测量,可以利用 HyMap 高光谱数据对地表和地下的 ASS 进行全面分析和估计。此外,植被生长状况是矿区环境问题的间接指标(Zhang 等,2012)。Zhang 等(2012)在澳大利亚莱姆矿区和中国德兴铜矿区分别利用 HyMap 和 Hyperion 数据对采矿区受胁迫和不受胁迫的植被生长情况进行区分。基于主要矿物生物地球化学过程对植被光谱和植被指数的影响分析,Zhang 等(2012)提出了两个高光谱指数:植被劣势指数(vegetation inferiority index,VII)和水吸收不相关指数(water absorption disrelated index,WDI),对矿区环境进行监测。对于植被生长较差的地区(如由于采矿影响),VII 会变大。由于植被区域与 0.97 μm 和 1.18 μm 两吸收特征的强相关性,非矿物污染区域的 WDI 应接近于零(Zhang 等,2012),但赤铁矿区和被铁矿石污染的植被区域 WDI 值不为零。结果表明,VII 可以有效区分矿区受胁迫和不受胁迫植被的生长情况,而 WDI 能够指示植被是否受到某种矿物的影响。这一应用表明,高光谱遥感可以成为有效监测和评估矿区植被状况的一个有效工具。

现存和废弃的各种矿井(如煤矿)可能会对环境造成严重影响,而最大的问题是由酸性矿水排放(acid mine drainage,AMD)导致的。由于高光谱遥感技术能够对采矿废物和尾矿进行特征描述和制图,许多研究人员使用高光谱数据对 AMD 地区的污染水域进行分析、评估和监测。例如,Boine 等(1999)使用 CASI 高光谱图像对德国中部邻近 Halle 和 Bitterfeld 的 Goitsche 矿区湖泊水质进行监测。他们结合 CASI 数据和水样的化学和生物学数据,使用反演模型方法来检测水中的不同成分。另外,在德国中部邻近 Halle 和 Bitterfeld 处,Gläßer 等(2011)同样利用 CASI 高光谱图像利用多源数据(CASI 高光谱数据、地面实测数据和实验室光谱测量数据),提出了一种新方法实现对矿区湖泊进行监测。他们首先分析了矿区湖泊的光学特性,并据此确定湖泊学的发展阶段;其次,根据湖泊的光学特性,提出算法对水化学参数进行分类。实验结果表明,新算法能够实现对矿区湖泊酸碱性的监测,并能量化湖水的化学性质。通过使用机载(HyMap)和星载(Hyperion)高光谱图像,Riaza 等(2011,2012a,2012b,2015)在西班牙伊比利亚黄铁矿带 Odiel 河的一个矿场对黄铁矿废物、AMD 和矿场废墟池进行评估和监测。Odiel 河流被大量的硫化物矿渣污染,这些矿渣以硫酸的形式排放到水体中。使用如光谱角制图等图像处理技术,不但可以对 AMD 区域的矿井、尾矿和矿场进行监测,也可以通过使用 HyMap 或 Hyperion 高光谱图像,对高污染支流附近地表水 pH 值的局部突变进行评估和制图。结果证实,高光谱数据由于能够快速响应由硫化矿废弃物产生的污染,为当局采用应急措施提供支持。

9.5.2　生物质燃烧

生物质燃烧会产生大量气溶胶颗粒,给大气化学、云和辐射特性带来显著变化(Kaufman 等,1998a)。在巴西的一项关于烟雾对云和辐射影响的早期实验研究中,Kaufman 等(1998b)利用多光谱/高光谱遥感数据(AVIRIS、NOAA-AVHRR 和 MODIS 数据)对与生物质燃烧相关的地面生物量、火灾、烟雾气溶胶、痕量气体、云和辐射进行观测,并分析这些因素和气候效应的关系。他们的结论是高光谱等遥感数据在反映烟

雾特性、地表特性以及烟雾对辐射和气候的影响方面是有效的。还有一些研究使用高光谱数据对森林火灾的频率和程度进行监测制图和严重程度评估。例如, Roberts 等(2003)比较了同时获得的 Hyperion 和 AVIRIS 数据在估算美国南加利福尼亚的火灾风险参数(包括表面反射率、生物量、冠层含水量、物种组成和燃料状态)方面的潜力。他们进行了地物光谱观测以支持反射率检索, 并构建用于植被监测的光谱库, 分析比较的结论是: ① 从 Hyperion 和 AVIRIS 提取的反射光谱具有相似的形状和反照率, 但 AVIRIS 的信噪比是 Hyperion 的 5 倍; ② 通过对 Hyperion 和 AVIRIS 图像数据进行光谱分解分析获得的燃料类型和空间分布较为相似; ③ 基于 Hyperion 数据能较好地将裸土光谱和干燥植物凋落物光谱分离; ④ 根据 Hyperion 在 $1.20\ \mu m$ 处的光谱信号能够对植物冠层含水量进行较理想的估计, 但在 $0.98\ \mu m$ 处则效果不佳, 这与 Hyperion 传感器在该光谱区域的噪声和仪器制造工艺有关; ⑤ 两种数据用于植物种类和群落制图结果相似, 但 AVIRIS 的总体精度(79%)比 Hyperion(50%)高。为了使用遥感数据对亚马孙地区森林的火灾频率和严重程度进行监测和影响分析, Numata 等(2011)首先使用多光谱的 Landsat 时间序列数据集重构了 1990—2002 年在巴西 Mato Grosso 地区的火灾历史, 然后利用 Hyperion 卫星高光谱图像计算五个窄波段植被指数——归一化植被指数、类胡萝卜素反射率指数(carotenoid reflectance index, CRI)、光化学反射率指数(photochemical reflectance index, PRI)、归一化水指数(normalized difference water index, NDWI)和归一化红外差异指数(normalized difference infrared index, NDII), 对火灾后森林的生理特征及恢复状况进行分析。尽管 Hyperion 传感器的信噪比相对较低, 但窄波段植被指数可以为森林火灾监测提供有用的信息, 比目前的 Landsat 卫星更适合监测森林火灾。为评价光谱波段和指数在区分燃烧和未燃烧区域方面的能力, 并评估发生在比利时 Kalmthoutse Heide 地区火灾的严重程度, Schepers 等(2014)使用和分析了 APEX 机载成像光谱数据(空间分辨率为 2.4 m, 光谱波段 288 个, 光谱范围覆盖 $0.41\sim2.45\ \mu m$, 光谱分辨率为 $5\sim10$ nm)。他们使用可分离性指数对单个波段的有效性进行评估, 用光谱指数来区分燃烧和未燃烧的土地, 同时采用改进型几何结构复合烧伤指数(GeoCBI)(参考 Schepers 等, 2014)分析烧伤严重程度。实验结果表明, 归一化燃烧比率(normalized burn ratio, NBR)在区分烧毁和未烧毁区域方面的能力优于其他光谱指数和单个光谱波段。在燃烧严重程度的评估中, 除 GeoCBI 指数外的光谱波段和指数与实测数据相关性较低, 不同的光谱指数在燃烧严重程度评估方面表现出不同的能力。

高光谱图像数据除适用于探测火烧迹地和火灾严重程度外, 也可用于对植物灾后和生态系统灾后恢复的情况进行监测(Lewis 等, 2011; Mitri 和 Gitas 2013)。例如, 为了对 2004 年阿拉斯加北部 Taylor Complex 大火对森林的影响进行监测, Lewis 等(2011)利用灾前和灾后的 ASD 实测光谱和 HyMap 机载高光谱图像对森林覆盖类型进行监测。他们利用光谱线性混合分解技术根据绿色苔藓、非光合苔藓、烧焦的青苔、灰烬和土壤五类端元进行森林覆盖分类。研究区的火烧严重度从轻度到重度均有发生, 绿色或非光合苔藓覆盖较高的区域代表轻度火烧, 而烧焦苔藓、灰烬或土壤覆盖较高的区域则意味着重度火灾。基于 HyMap 图像对苔藓进行监测能够预测潜在的火烧严重度, 用以评估森林火灾的影响。在监测地中海岛屿 Thasos 火灾后森林再生和植被恢复情况时, Mitri 和 Gitas

(2013)采用了高空间分辨率 QuickBird 和 Hyperion 高光谱图像以及面向对象的图像分析方法。研究主要关注火灾后森林再生、其他植被恢复和未燃烧的植被三种主要的地表覆盖类型,以及白皮松和黑皮松两个主要的森林再生类别。对遥感图像进行分割后,利用模糊评判算法对分割后的图像进行分类,划分出3种恢复类型和2种森林再生类型。与地面实测数据相比,基于两种传感器图像数据的制图结果非常理想(总体精度约为84%)。

高光谱图像数据还可以直接对包含火焰的像元进行精确检测并绘制火灾范围。Dennison 和 Roberts(2009)利用 2003 年加利福尼亚南部 Simi 火灾地区获取的 AVIRIS 图像数据研究能够准确识别火源的高光谱指数。他们发现最准确的高光谱指数并将其命名为高光谱火灾探测指数(hyperspectral fire detection index, HFDI)。该指数基于中红外光谱波段构建,中心波长分别为 2061 nm 和 2422 nm,可以检测到包含 1% 火焰的像元。由于 HFDI 指数具有背景部分数值变化较小的优势,可以改善火灾检测的效果(Dennison 和 Roberts,2009)。Veraverbeke 等(2014)从光谱混合分析出发得到另一种火源监测指标,并对宽波段(Landsat OLI)和窄波段高光谱数据(AVIRIS)的监测能力进行评估和比较。他们用两种数据(即多光谱和高光谱数据)对不同地表成分或端元(包括焦炭、绿色植被、非光合植被和基底植物)的可分离性进行评估。结果显示,与多光谱数据相比,高光谱数据由于具有更高的数据维数,能够显著地改善灾后燃烧植被分量和火灾严重程度的评估。

9.5.3 滑坡监测

相较于在其他环境方面的应用,高光谱成像技术在山体滑坡监测和滑坡成因分析方面的研究开展得较少。1996 年,Crowley 和 Zimbelman(1997)使用 AVIRIS 光谱图像调查了与美国西部 Cascade 山脉火山有关的自然灾害。他们利用 AVIRIS 高光谱图像监测与火山斜坡脆弱区相关的特定蚀变矿物的分布,这些蚀变矿物是边坡失稳和潜在崩塌发生的指示因子(Crowley 和 Zimbelman,1997)。他们应用两种不同的分析方法对 AVIRIS 数据进行分析:第一种方法是使用光谱波段拟合技术将一系列已知的矿物或岩石的参考光谱与 AVIRIS 像元光谱比较,用于确定像元内占比最高的端元类型;第二种方法则是使用线性光谱解混技术,以"纯"光谱端元(通常为矿物)的线性组合来分解 AVIRIS 像元光谱。AVIRIS 高光谱数据可以支撑地表制图工作,有助于快速识别一些火山危险区域。随着这些火山附近居住区的发展,了解不稳定斜坡的危害变得越来越重要。由 Mondino 等(2009)进行的一项基于机载高光谱 MIVIS 图像的地貌调查中,研究了影响意大利西阿尔卑斯山中苏萨谷南部斜坡复杂的滑坡现象,即卡萨斯滑坡。随后 Mondino 等(2009)提出了基于神经网络算法的 MIVIS 图像几何校正和分类方法。结果表明,MIVIS 数据可用于识别和描述当今活跃的不稳定边坡(包括碎片覆盖区域、断裂/不相连的岩墙、滑坡积聚边界)的主要特征,以及与长期深层重力导致斜坡变形有关的各种结构特征和地貌。基于 MIVIS 图像的卡萨斯山体滑坡分析也表明,通过简单的遥感监测可以很容易地识别出主要的地质地貌特征(如主要的陡峭、剪切结构,横向小裂缝)。通过耦合 LiDAR 和 AISA 高光谱数据,Sterzai 等(2010)监测了意大利 Modena 的 Valoria 山体滑坡,该区域作为一个地质高风险地区,容易发生周期性和突发性的山体滑坡。多时相 LiDAR 数据可用于计算

地表几何特征,突出高度变化,识别主要滑坡组分,而 AISA 高光谱数据则有助于监测滑坡地形的粗糙度。两者结合能够对活跃的滑坡泥石流基本特征进行识别和监测。

9.6　城 市 环 境

高光谱遥感技术对于复杂城市环境的分析、量化和测绘具有广阔的应用前景。本节将对用于城市材料识别和土地利用变化类型制图的光谱特性和光谱库进行综述,并介绍利用高光谱数据反映城市热环境的方法。

9.6.1　城市材料光谱特性

城市地区在物质材料的数量和变化方面比较复杂。由于城市材料由天然物质和人工材料组成,人工材料的光谱特性与大多数天然物质之间差异较大。例如,城市地区的大部分道路材料由碎石、混凝土和沥青组成。混凝土是砂石、沙子、水和水泥等材料的混合物。因此,由混凝土制成的路面呈现出各种矿物的光谱特征,这些矿物包括合成材料、水和硅酸盐等,其光谱性质在第 7 章中有相应的介绍。路面光谱特征中占主导地位的包括石英吸收双峰、水吸收带以及方解石在 4.0 μm、6.5 μm 和 11.3 μm 处的吸收特征(Eismann,2012)。沥青路面是一种混合材料,是类似焦油的石油副产品,也叫石油沥青。新鲜沥青和风化的沥青呈现出不同的光谱特征。前者的光谱反射率更像焦油,在 0.4~2.5 μm 整个光谱范围内具有强吸收特征;后者由于焦油分解使其具有聚合材料的光谱特性(Eismann,2012)。在城市区域,许多道路、屋顶和建筑物表面覆盖有油漆和涂层,因此表现出油漆和涂料的光谱反射特性,这些特性取决于它们的成分。从油漆和涂料的基本组成来看,油漆和涂料的可见光-近红外光谱特性一般由颜料的颜色决定,而短波红外、中红外和长波红外的光谱特性则主要受黏合剂、填充物和基底材料的影响(Eismann,2012)。

为更好地了解各种城市物质材料光谱特性并利用高光谱遥感技术有效地监测复杂的城市环境,许多研究者建立了自然物质和人工材料的光谱库(Ben-Dor 等,2001a;Roberts 等,2012;Kotthaus 等,2014)。特定城市目标光谱库由自然物质(如水、植被、岩石和土壤)和人工材料(如塑料、织物和金属)的光谱组成。例如,Ben Dor 等(2001)基于已知物质的光谱建立了一个包括可见光-近红外波段的城市物质材料光谱库(Price,1995),并通过包含 48 个波段的 CASI 高光谱传感器获取的城市真实数据对该数据库进行检验。该城市光谱库从 3000 多种城市物质材料的光谱中产生,将其重采样成 48 个 CASI 波段,保存为城市光谱库(Pure Urban Spectral Library, PUSL)。相关城市物质材料包括土壤、干草、落叶、水、页岩、塑料板材、颜料、玻璃纤维、混凝土、石灰、沥青、橡胶、铁皮、金属和砖等。此外,Ben-Dor 等(2001a,b)还以以色列特拉维夫市为例直接基于经过大气校正的 CASI 图像和一些先验知识得到该区域的城市物质材料光谱库,称为 CASL。一些研究表明,成像高光谱技术在城市环境研究中具有广阔的应用前景。Heiden 等(2001)提出了一种利用 HyMap 高光谱数据对城市表面材料进行识别的方法,开发并形成了一套光谱库数据。

光谱库中的光谱采用波段范围在 0.35~2.5 μm 的地物光谱仪测量得到。城市表面材料根据表面性质分类形成如陶瓷/矿物组、金属组、合成材料组、有色材料以及人造材料组。建立的光谱库被用于分析在德国 Dresden 获取的 HyMap 高光谱图像。Kotthaus 等(2014)建立了一种新型可在线访问的城市建筑材料光谱库,包括由便携式傅里叶变换红外光谱仪测量的 74 种不透水表面材料的长波红外发射率光谱,还包含城市物质材料可见光-短波红外范围的反射光谱,并且已被列入伦敦城市 Micromet 数据档案(LUMA; http://LondonClimate.info/LUMA/SLUM.html)。鉴于组成很多城市物质的矿物光谱范围中存在显著的吸收和散射特征,包括可见光-短波红外-长波红外的高光谱信息对城市环境研究具有较高的参考价值。为评估即将发射的 HyspIRI 卫星高光谱传感器(参见第 3 章详细介绍)在研究城市发展方面的潜力,Roberts 等(2012)从野外和航空测量光谱中建立了一个主要城市物质材料(如草、树、土壤、屋顶类型和道路)的光谱库,并利用光谱库绘制了不透水表面、土壤、绿色植被(如树木和草坪)以及非光合植被的分布图。

9.6.2　城市材料和土地利用变化类型

　　虽然城市在基本景观(如街道格局、建筑结构、地形地貌)方面各不相同,但构成城市的主要物质材料(如沥青、水泥、玻璃和植被)是相似的。因此,不同城市环境成分的反射率或辐射亮度可能存在共同的特性(Ben-Dor,2001)。在城市环境以及人类设施中发现的各种吸收和散射物质成分,可以构成高光谱监测和分析的基础,而利用这一技术可以通过统一的方法对城市和环境中各种表面材料进行分类制图,以支持城市监测、管理和规划(Green 等,1998)。例如,Kalman 和 Bassett III (1997)基于一套完整的材料光谱库,利用 HYDICE 高光谱数据对城市材料进行分类与识别。他们开发了一个可自动进行土地覆盖分类的程序,可在事先对城市特点知之甚少或一无所知的情况下进行自动分类。分类结果与实测结果相比呈现较高的一致性,可以为城市分析模型提供输入。Bianchi 等(1996)、Fiumie 和 Marino(1997)的研究表明,利用机载 MIVIS 高光谱数据可以区分罗马附近由玄武岩和大理石制成的路面材料。对屋顶的组成部分进行监测制图是高光谱遥感技术应用的一项重要内容。例如,石棉是一种致癌物质,应从人口密集的建筑物中清除。由于只有短波红外波段与石棉独特的光谱特性有关,因此只有包括短波红外波段的高光谱传感器可在城市环境监测中识别石棉屋顶(Ben-Dor,2001)。Marino 等(2000,2001)综合利用 MIVIS 高光谱图像和 GIS 数据,监测了两个城市的石棉屋顶。在他们的研究中,可以基于图像和光谱库两种不同的方法来区分铝、瓦、沥青和混凝土。结果表明,机载高光谱图像对于识别和监测城市中的石棉混凝土覆盖物非常有用。

　　由于一些城市材料在光谱上存在相似性,因此将光谱信息与从高分辨率数据中提取的形状和背景信息结合,可以提高城市材料的识别和制图效果。例如,为区分城市区域屋顶和街道材料,Mueller 等(2003)综合使用提取自 HyMap 传感器的光谱信息和形状/环境信息,以更好地区分建筑和开放空间,从而改善图像分析结果。该研究的高光谱图像数据是在德国德累斯顿市一个 2.7 km×1.7 km 的南北样带中获得的。由于屋顶沥青、焦油的光谱存在相似性,可以使用一些背景知识(如根据阴影信息推断建筑物的高度)和形状知

识(如没有阴影的长直物体为街道)进行覆盖类型监测。Segl 等(2003)基于从 DAIS-7915 机载高光谱数据中提取的光谱和形状特征来测试以材质特性为基础的城市表面自动分类方法的潜力。同时他们还结合基于形状的分类技术对方法进行了扩展,包括应用 DAIS 的热红外波段,以提高对建筑物的识别精度。这种新方法提高了区分建筑物与开放空间的可靠性,从而使城市地表覆盖类型分类结果更加准确。Heiden 等(2007)基于德国城市中广泛应用的 2.1 万多种表面材料的光谱库提出一种新的方法来确定和评估光谱特征,这些光谱特征对不同材料类别之间的光谱重叠和类内变异等情况具有鲁棒性。可以通过两个步骤确定光谱特征:首先,通过将城市地表材料与地面光谱库信息进行匹配,并结合实地验证,实现城市地表材料与图像光谱之间的关联;其次,利用特征函数将得到的光谱特征转化为一个特定的数值进一步进行分析。经过交互式方法优选的特征鲁棒性需要通过一个可分离性分析进行评估。实验结果表明,那些鲁棒性强的光谱特征在无监督高光谱图像分类中表现出重要潜力。

　　如上所述,人们普遍认为高光谱遥感数据能够为城市环境的研究提供新的有用信息。而如果将高光谱遥感数据与其他先进的传感器数据结合,高光谱遥感数据就能发挥更大的潜力(Ben-Dor,2001)。在针对具有较高异质性的城市/农村区域精细制图的研究中,Forzieri 等(2013)对高光谱 MIVIS、彩色红外 ADS40 和激光雷达传感器等一些先进的机载对地观测数据进行数据融合。多种传感器的数据在沿意大利 Mareechia 河 20 km 的范围中获得。研究使用多种分类方法(最大似然/光谱角制图法/光谱信息散度)和遥感数据(不同传感器数据融合),侧重识别能够产生最佳分类效果的数据融合模式,并分析了多传感器融合对城市/农村区域景观制图效果的改进。研究的最佳分类精度达到 92.57%,证明了通过数据融合对高空间变异环境中对自然和人工材料分类监测方面的潜力(Forzieri 等,2013)。Cavalli 等(2008)通过比较不同传感器在对历史城市土地覆盖材料的识别和制图能力,对高光谱传感器在监测复杂城市背景方面的附加价值进行分析和评价。他们的研究在意大利东北部的威尼斯市获取了:①EO-1 ALI 和 Hyperion 卫星数据;②Landsat ETM+卫星数据;③MIVIS 机载数据;④作为参考的 IKONOS 高分辨率卫星图像。研究对基于波段深度(光谱连续统吸收特征分析方法)的特征提取方法和 Hyperion 和 MIVIS 亚像元分析方法进行尝试。结果表明,空间分辨率为 30 m 的卫星数据(ALI、ETM+和 Hyperion)只能识别出城市中主要的土地覆盖类型。

　　从光谱和空间的视角来看,城市环境往往由混合地面覆被类型和材料构成,因此结构比较复杂,如果采用"硬"分类的方法常常遇到混合像元问题而导致结果不理想。尽管高光谱数据的光谱分辨率很高,但在城市环境中,高光谱数据的空间分辨率往往相对较低,因此在城市场景的高光谱图像中常存在大量的混合像元。针对混合像元问题,许多研究者提出了各种像元光谱解混的"软"分类方法(包括线性和非线性解混)用以对复杂城市环境进行监测制图。为对城市材料和土地利用变化类型进行监测识别,研究人员提出一种多端元混合像元分解的方法 MESMA。例如,在采用 PROBA/CHIRS 卫星高光谱数据对比利时 Leuven 地区的城市、郊区、农村的混合环境中对不透水表面进行制图的研究中,Demarchi 等(2012)对 MESMA 方法进行了评价和检验,认为 MESMA 非常适用于城市环境,因为这种方法允许每个像元端元的数量和类型可变化。

研究选择了端元个数较少的模型,并利用25 cm高精度航空摄影像片对混合像元分解模型的精度进行评价和验证。尽管场景中普遍存在土壤和不透水表面光谱相混的情况,但经过解混分析,不透水表面、植被和裸土分类比例的平均相对误差约为 15%,表明 CHRIS 高光谱数据在亚像元尺度上对城市及郊区环境主要地表成分监测制图方面的潜力。Lv 和 Liu(2009)也使用卫星 Hyperion 传感器数据在美国帕洛奥图市对 MESMA 方法监测绿地的能力进行分析。他们利用 MESMA 方法从 Hyperion 图像提取绿色植被、非光合植被和不透水表面三种类型的图像端元以进行绿地制图,结果也表明该方法在复杂城市区域中监测绿地的能力。为评价待发射的 HyspIR 卫星传感器在城市监测方面的潜力(卫星传感器详细情况介绍参见第 3 章),Roberts 等(2012)使用 MESMA 方法对不同空间分辨率的 HyspIRI 模拟数据中的不透水表面、土壤、绿色植被和非光合植被覆盖度进行制图和结果比较。此外,他们还评估并确定了 14 个自然及城市地表类型监测相关的一些重要参数,包括地表反照率、植被覆盖率、发射率和表面温度。研究结果表明,HyspIRI 未来可用于城市环境的监测,并可能为此类监测提供全球范围的重要数据(Roberts 等,2012)。

为提高 MESMA 高光谱数据解混方法的性能,研究人员对方法进行了改进。Franke 等(2009)采用层次分析法应用 MESMA 绘制四种不同复杂程度的图,从仅包括不透水和透水表面两类到包括 20 类不同材料和植物种类成分的分类,以改进德国波恩市城市土地覆盖图的制图效果。该项研究中,基于 HyMap 数据构建了包含 1521 个端元的光谱库。在对 MESMA 算法进行多层次应用时,以较低复杂度下高精度监测的结果作为更高复杂度模型的限制条件,从而降低不同材质光谱之间的混淆。三项端元选择标准被用于确定每个复杂度层次中最具代表性的端元,分别包括端元的均方根误差、最小平均光谱角和入选次数计数。该方法在最低级别复杂度和包含植被、裸土、水和建筑四类情况下的分类精度达到 97.2%,而在包含 20 种土地覆盖类别情况下制图精度最高只能达到 75.9%。分析结果表明,MESMA 具有体现类内光谱变化的能力,因此特别适用于城市环境制图。Fan 和 Deng(2014)设计了一种改进型 MESMA 算法,即 SASD-MESMA,以提高传统 MESMA 的计算效率。在 SASD-MESMA 中,利用光谱角参数(SA)和光谱距离(SD)来评价光谱库中的光谱和图像光谱间的相似度,从而为每个像元找出最有代表性的端元组合。SA 由光谱角制图算法确定,而 SD 由图像光谱和光谱库(参考)光谱之间的反射率差值绝对值的和进行定义。Fan 和 Deng(2014)利用在中国广州市获得的 Hyperion 图像和实测光谱对改进方法进行了测试和验证。结果表明,SA 和 SD 参数有助于减少无法匹配的端元,并且可以为每个像元确定有效的端元。不同于为每种土地覆盖类型选择一个端元光谱特征的 MESMA 方法,Tan 等(2014)提出了一种改进的方法 MMESMA,允许为每个土地覆盖类型选择多个端元。MMESMA 方法能够更好地适应类内变化并得到更好的匹配结果。他们同时使用了 HySpex 和 ROSIS 传感器(参见第 3 章介绍)的数据来测试 MMESMA 算法。与原始 MESMA、LSM 等其他光谱分解方法相比,MMESMA 方法性能更好,表明该方法可以为包含更丰富类内光谱变化信息的高光谱遥感影像像元生成更可靠的丰度系数。

由于城市环境往往具有比较复杂的几何和光谱特性,一些研究人员提出了非线性

光谱解混技术将高光谱数据应用于城市材料和土地利用变化类型制图。特别是当在一个混合像元中考虑三维的景观时，因为入射辐射和阴影区域的存在，同时表面反射辐射的相互作用，使得线性模型不再有效（Meganem 等，2014）。在这种情况下，Meganem 等（2014）提出一种新的混合模型以克服这些限制，适应城市环境。这种新模型基于辐射传输理论，具有线性-二次的解析表达式。该模型能够基于信号的不同辐射分量对非线性光谱混合模型进行简化，使模型容易用于光谱分解。通过一个虚拟逼真的欧洲三维城市场景对该方法进行了验证，结果表明，当有许多建筑物和峡谷存在时，二次项在城市场景中是不可忽略的。为更好地了解人类活动对环境的影响和高光谱混合像元分解对识别城市材料和结构方面的影响，Marinoni 和 Gamba（2016）提出了高阶非线性混合模型，将其用在从土耳其 Marmara Sea 地区获取的几幅 Hyperion 图像中，对居民居住特性进行精确探测。结果表明，该模型能够准确地描述城市材料的特性和范围，且结果优于其他基于线性或双线性的经典模型。

利用机器学习和光谱解混算法研究成像光谱数据已被证明是在复杂城市环境中对土地覆盖类型进行制图的较佳选择。考虑到获得用于训练和建模的光谱样本通常比较困难，Okujeni 等（2013）提出一种将支持向量回归（support vector regression，SVR）和有限训练数据相结合来克服这种困难，并在亚像元尺度进行城市土地利用变化的覆盖制图。对该方法采用一套获取自德国柏林的 HyMap 传感器数据进行测试，将得到的数据与参考数据进行对比，并与 MESMA 方法进行比较。结果表明，提出的方法对于不透水屋顶、人行道、草和树木这四种城市土地覆盖类型的估计精度较高。研究结果还表明，将 SVR 和混合训练数据结合使用经验回归可以进行亚像元尺度的制图。同时，基于以上方法，Okujeni 等（2015）探讨了将 EnMAP 数据用于德国柏林城乡梯度土地覆盖方面的潜力。首先通过模拟得到即将发射的高光谱卫星传感器（详细介绍参见第 3 章）数据，空间分辨率为 30 m（Okujeni 等，2015）。基于 EnMAP 模拟数据的土地覆盖图显示，该图像非常适合根据 V-I-S 框架进行不透水表面、植被和土壤类型制图（Ridd，1995）。此外，模拟的 EnMAP 数据可用于对城市表面进行更详细的监测制图，从而拓展 V-I-S 框架。然而，Okujeni（2015）等也指出，卫星成像光谱仪数据质量的提高并不一定会有助于克服目前已知材料间的光谱相似问题以及由于城市环境中存在阴影区域造成的光谱混淆。为了对在美国科罗拉多州博尔德地区的生态过程进行研究，Golubiewski 和 Wessman（2010）使用凸几何和部分分解算法（即 MTMF，详细介绍参见第 3 章）和 AVIRIS 图像来识别主要的景观要素，包括由耕地和自然植被构成的五种植被端元、土壤、水和五种不透水表面类型。他们的研究利用 MTMF 算法和 AVIRIS 数据拓展了 V-I-S 模型的光谱解混能力，表明这种方法在监测城市区域构成方面具有可行性。

城市土地利用/覆盖同类型之间具有光谱异质性，而不同类型的材料间又具有相似的光谱性质。在光谱信号较复杂的城市环境中，尽管高光谱数据凭借高光谱分辨率和高空间分辨率的优势能够最大限度地为城市土地利用/覆盖变化的监测提供帮助，但其精度常十分受限。因此，应用此类数据进行城市土地利用/覆盖变化监测时，有必要发展面向对象的图像分析（object-based image analysis，OBIA）方法。van der Linden 等（2007）研究应用图像分割算法对在异质城市环境中采用 HyMap 高光谱数据进行光谱分类的影响。通

过 SVM 进行像元尺度训练,然后将模型应用在未分割图像和不同尺度的分割图像上。考虑到不同城市场景中识别的最高精度出现在不同的分割水平下。因此研究利用了一个简单的多级分割方法,并将不同级的信息合并形成一个最终的图层。结果表明,基于多尺度分割方法的准确性与未分割数据的准确性相似,但基于多尺度分割方法的结果图层中不同级别的分类结果更均匀。基于 AISA 高光谱数据绘制马来西亚吉隆坡部分地区详细的城市土地覆盖分类图时,Shafri 和 Hamedianfar(2015 年)使用基于像元和面向对象的 SVM 分类器绘制包括 12 个城市土地覆盖类型的分类图对方法的性能进行测试。面向对象的方法可以在复杂的城市土地覆盖类型分类中有效利用空间、光谱和纹理信息。结果表明,与基于像元的 SVM 方法相比,面向对象的 SVM 方法能够在复杂环境中实现对城市土地覆盖状况更准确的监测。

9.6.3　城市热环境

　　人为活动造成的城市热环境是遥感应用中最有兴趣的课题之一。然而,只有少数研究使用高光谱传感器数据对城市热环境(如城市热岛效应)进行制图和量化。这可能是由于只有少数高光谱传感器的波段覆盖热红外光谱范围。例如,为评估以色列 Afula 城市热岛的分布影响,Ben-Dor 等(2001b)使用 DAIS-7950 高光谱传感器获取的该区域的热量图。DAIS 传感器由 VIS-SWIR-MIR-TIR 光谱范围的 79 个波段组成,包括 TIR 区域的 7 个波段,可以方便提取如发射率和能量通量等参数。与传统的城市热岛制图方式相比,基于光谱的城市热岛制图方法可以提供传统方式无法获得的信息。研究结果还表明,高光谱遥感技术能够识别热通量参数,为城市热岛效应研究提供新的视角。微气候建模是在局地尺度上量化城市环境热效应的有力工具。然而,建模需要进行高分辨率城市表面覆盖材料和高度监测。Berger 等(2015)研究融合机载 CASI 高光谱数据和 LiDAR 数据为城市小气候建模提供一些关键输入参数的方法。他们在美国得克萨斯州休斯敦市选定测试点进行分析,结果表明,基于分类的微气候模拟可以揭示城市社区的热量分布特性,有助于确定热点区域和关键土地覆盖结构(Berger 等,2015)。在评估中国河北省石家庄市表面热效应及其与土地利用类型的相关性研究中,Liu 等(2015)提出了一种通过将 Landsat TM 图像在中尺度水平上与机载高光谱图像(TASI,光谱范围为 $8\sim11.5~\mu m$,32 个波段,光谱分辨率为 $0.1095~\mu m$)结合的方法,发现在两个空间尺度上的城市热特征可以相互补充,而使用更高空间分辨率的机载成像数据有助于更详细地了解城市热环境。在研究中,他们从 TM 热红外波段获取地表温度(Land surface temperature, LST)来分析地表热岛的空间格局和强度,并利用 TASI 数据来刻画更为详细的城市热特征。通过地表温度与不透水表面百分比(ISA%)的相关关系进一步检测地表热特征。结果表明,在研究区域,夏季存在显著的地表热岛效应,强度为 $2\sim4~℃$。并且 ISA% 可以为城市热岛效应的研究提供进一步的度量标准。TASI 热数据结果表明,在所有的土地覆盖类型中,不透水表面的多样性(屋顶、混凝土和混合沥青)对城市热岛效应贡献最大。

9.7　本章小结

　　本章介绍和总结了高光谱遥感在五种环境学科领域的研究与应用。第9.2节关于大气科学部分,首先介绍和分析了大气中主要气体的光谱特性和吸收波段,然后总结了包括水蒸气、云、气溶胶和二氧化碳在内的四种重要大气参数的高光谱遥感反演与制图方法(表9.2)。第9.3节基于多种类型的高光谱数据,对冰和雪的光谱特性和不同因素(如雪粒径大小、雪中杂质、融雪以及地表反射率和水文学上的冰态)对冰和雪的光谱特性进行了描述。高光谱遥感技术和高光谱数据常用于沿海环境及内陆水域中某些水质参数和其他组分的遥感估算与填图,这些组分或参数包括叶绿素、各种浮游生物、有色溶解有机质、悬浮沉积物、浊度、基底层类型、沉水植物和透明度;相关算法总结在表9.3中。此外,高光谱数据还可用于环境危害与灾害监测。因此,第9.5节介绍了应用高光谱遥感评估和监测对采矿废物及尾矿造成的因素的影响。这些环境因素包括矿区所在流域的地表及地下土壤、植被和水体;对荒地生物质燃烧进行制图,以及对脆弱斜坡和山体滑坡进行监测评估。本章最后一节(第9.6节)简要介绍了一些城市物质材料的光谱特性和城市光谱库,同时综述了利用高光谱数据集和各种分析技术与算法对城市物质材料和土地覆盖类型进行制图的方法,以及描绘城市热环境,如城市热岛现象的方法。

参考文献

 第9章参考文献

索　引

A

AAHIS　14,59,90
ACORN　93,111,112,137
ADEOS Ⅱ　84
AIS　9,12,14,24,58,59,90
AISA　14,58,68,90,117
ALI　10,85
ALOS-3　88
AMEE　179
ANC　174
APEX　300,306
APS　86
ARTEMIS　14,83,90
ASAS　10,14,68,69,90
ASD　26,27,32,35,56,109
ASTER　22,89,117
ATCOR　93,111-114,137
ATREM　92,105,107,111,114-119,137
AVHRR　20,326,352
AVIRIS　5,9-14,16-21,23,24,27,58,69,74,90,105,107,114-117,120,123,130-134,141,144,165,176,177

B

半峰全宽(FWHM)　40,104
半球反射系数　333
倍频振动　225
比率之和为 1 的约束　175
比叶面积　278
比叶重　313
比值植被指数　347
便携式地物反射率光谱仪　8,26
标准二次规划　187,188
标准化主成分分析　162
波段比值　327
波段光谱分辨率　329
波段矩分析　122
波段相对吸收深度　13

C

参考光谱背景去除法　229
残余信息主成分　165
查找表　295
差分吸收光谱算法　329
差值植被指数　208
成分图　204
成像光谱学　2
城市光谱库　355
惩罚判别分析　181,182
稠密植被暗目标法　133,137
臭氧监测仪　329
粗蛋白　316
CAM5S 辐射传输模型　122
CASI　10,18,19,21,24,58,72,90,109,114,117,123,137

# #

郑重声明

高等教育出版社依法对本书享有专有出版权。任何未经许可的复制、销售行为均违反《中华人民共和国著作权法》，其行为人将承担相应的民事责任和行政责任；构成犯罪的，将被依法追究刑事责任。为了维护市场秩序，保护读者的合法权益，避免读者误用盗版书造成不良后果，我社将配合行政执法部门和司法机关对违法犯罪的单位和个人进行严厉打击。社会各界人士如发现上述侵权行为，希望及时举报，本社将奖励举报有功人员。

反盗版举报电话 （010）58581999　58582371　58582488

反盗版举报传真 （010）82086060

反盗版举报邮箱　dd@hep.com.cn

通信地址　北京市西城区德外大街 4 号
　　　　　高等教育出版社法律事务与版权管理部

邮政编码　100120

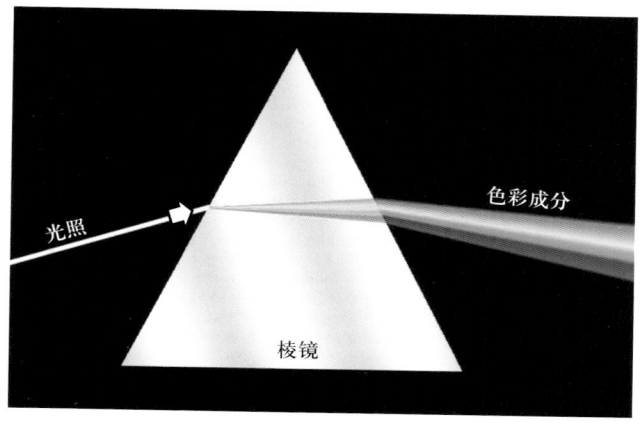

图 1.1　棱镜分光原理：白光通过三棱镜发生色散

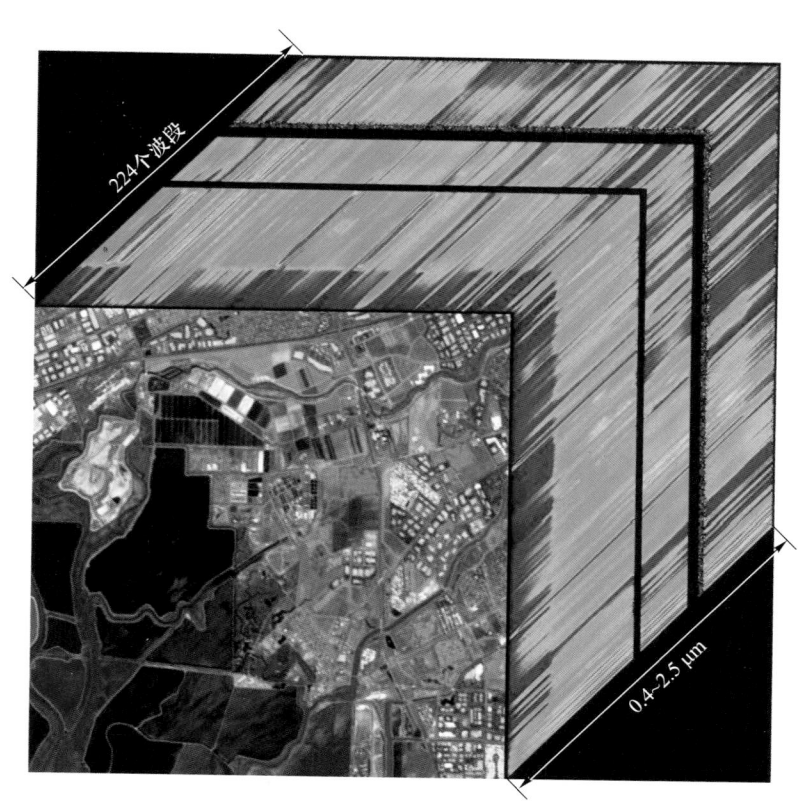

图 1.3　高光谱图像立方体：1997 年 6 月 20 日美国加利福尼亚州旧金山湾 Moffett Field 地区的 AVIRIS 高光谱图像（由 NIR/R/G 假彩色合成）

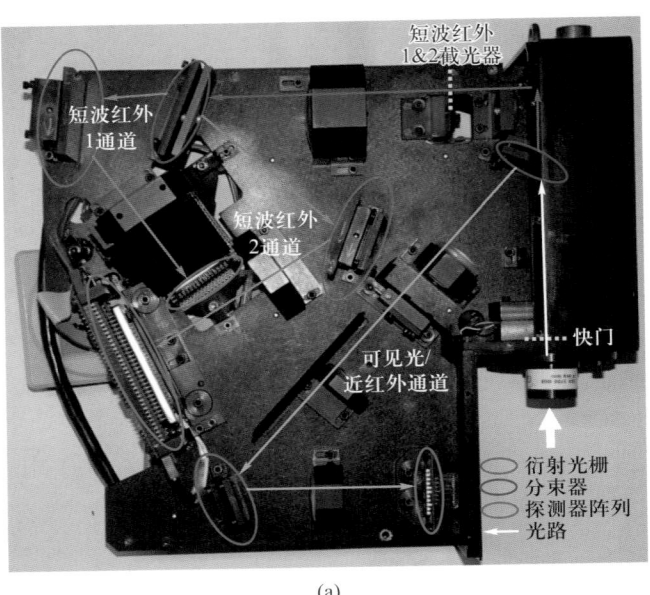

(a)

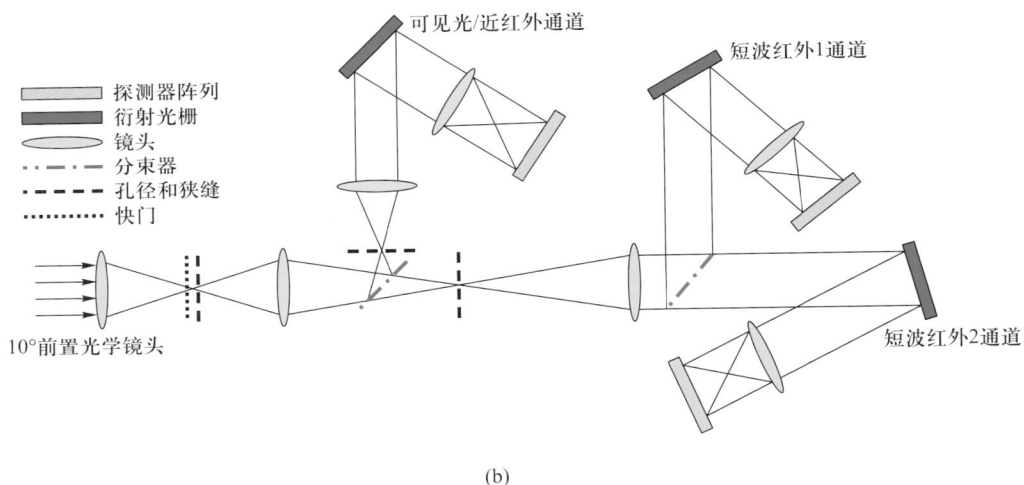

(b)

图 2.7　GER 3700 工作原理：(a) 光在传感器内部传输路径示意图；(b) 光学路径图解

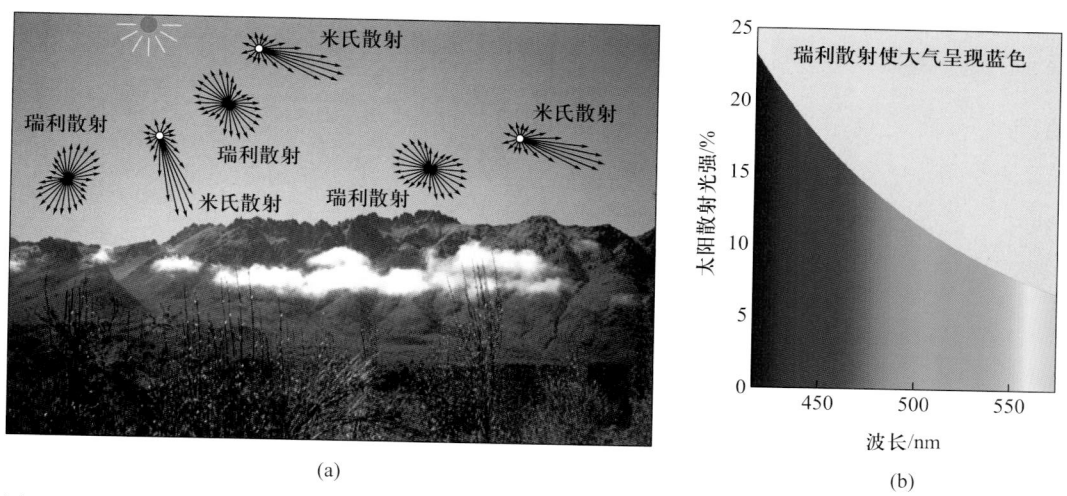

(a)

瑞利散射使大气呈现蓝色

太阳散射光强/%

波长/nm

(b)

图4.3 (a)(由分子和气溶胶引起的)大气散射(瑞利散射和米氏散射);(b)太阳直射光的瑞利散射强度与入射波长的四次方(λ^4)呈反比变化。图(a)展示了瑞利散射与米氏散射的方向差异,图(b)指出了瑞利散射使天空呈蓝色

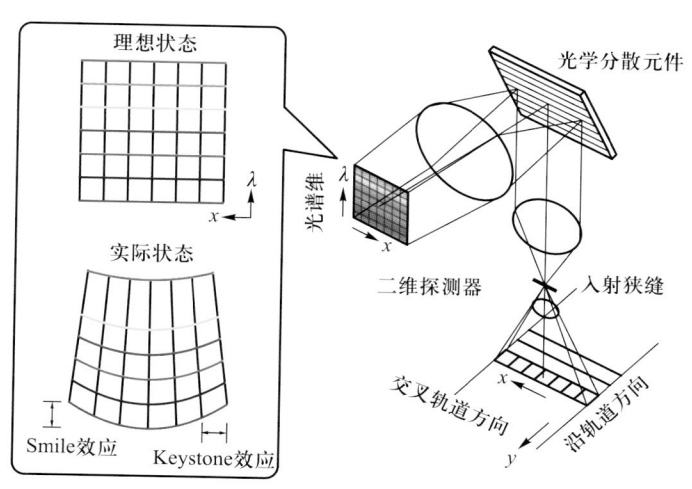

图4.6 高光谱系统的光谱误差和空间误差("smile"效应和"keystone"效应)(http://naotoyokoya.com/Research.html;Yokoya 等,2010)

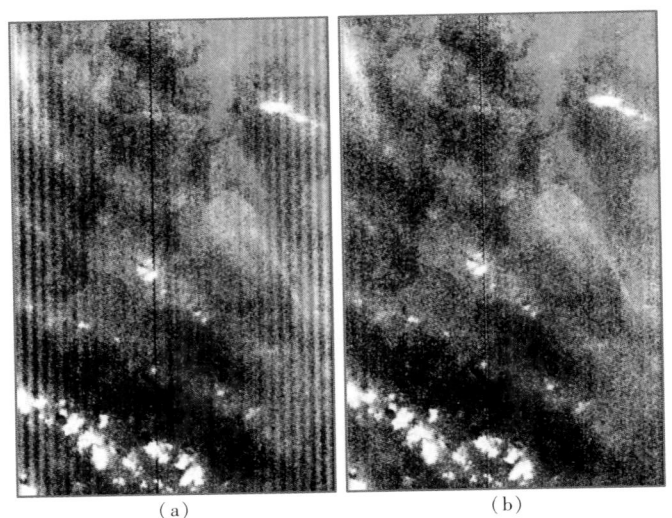

（a）　　　　　　　　　　　　　（b）

图 4.7　Hyperion 图像条纹噪声去除前（a）与去除后（b）的比较（结果经均衡增强）。尽管去条纹处理后，图像内的条纹噪声已显著减少，但某些斑块内的异质性仍然保留。Hyperion 图像于 2009 年 10 月 8 日在美国佛罗里达州 Clearwater 地区拍摄（Zhao 等，2013）

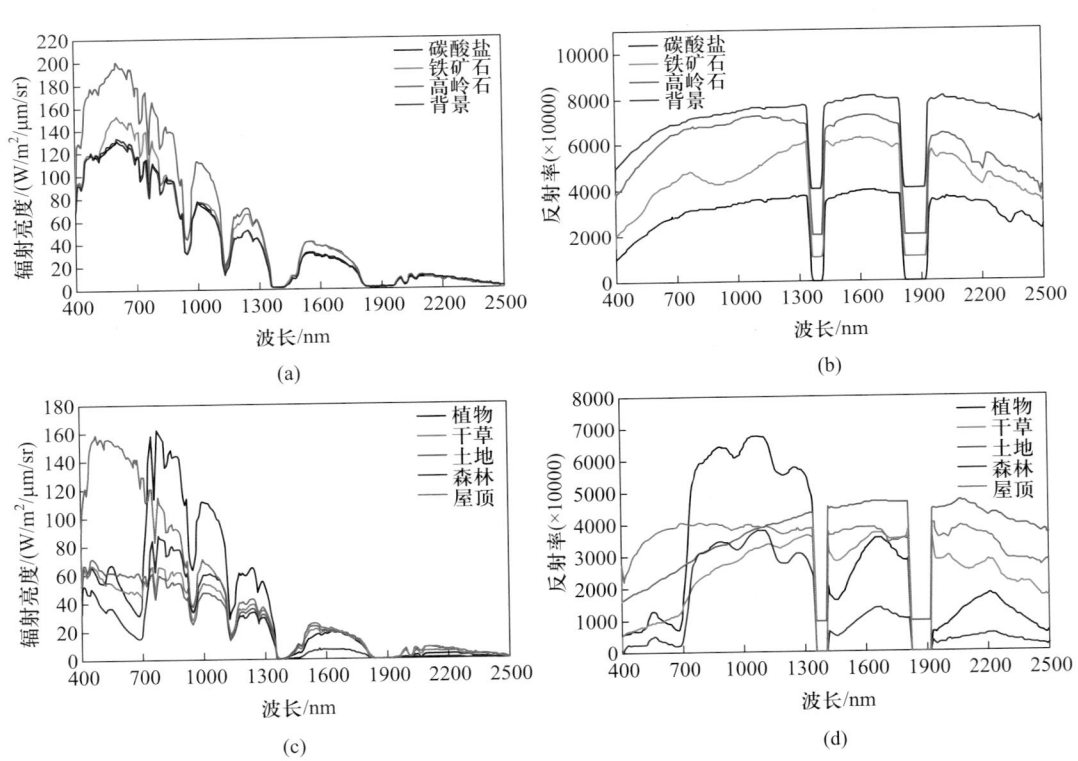

图 4.12　（a）经辐射定标的美国内华达州 Cuprite 地区 AVIRIS 辐射亮度；（b）经 ACORN 大气校正的（a）数据；（c）经辐射定标的美国加利福尼亚州斯坦福市 Jasper Ridge 生态保护区 AVIRIS 辐射亮度；（d）经 ACORN 大气校正的（c）数据（由 ImSpec LLC 提供）

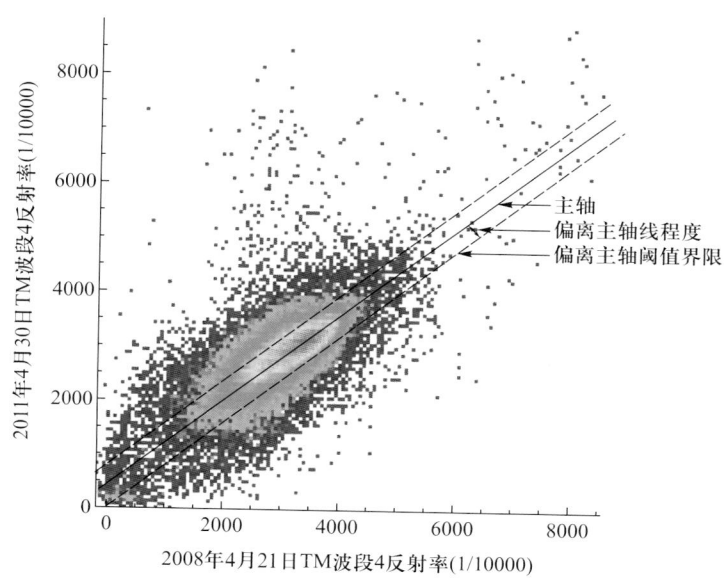

图 4.19 两景 Landsat TM 图像(2008 年 4 月 21 日和 2008 年 4 月 30 日)的第 4 波段散点图。图中呈现了主轴和两条阈值线之间的"脊线"区域。根据实际应用情况,利用与主轴的垂直偏离确定阈值

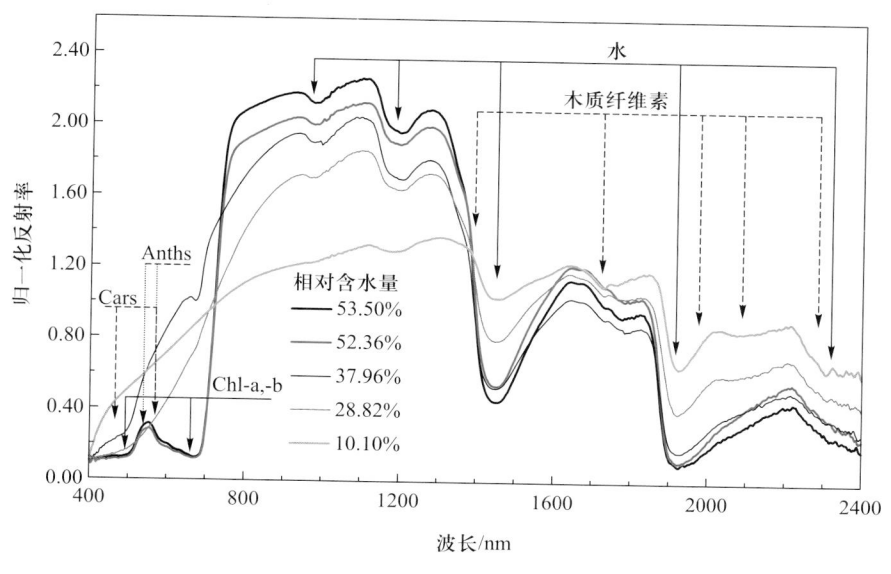

图 5.11 沿海橡树叶片光谱反射率吸收特性。图中描述了由类胡萝卜素(Cars)、花青素(Anths)、叶绿素(Chl-a,Chl-b)、水和木质纤维素产生的光谱吸收特性及其位置

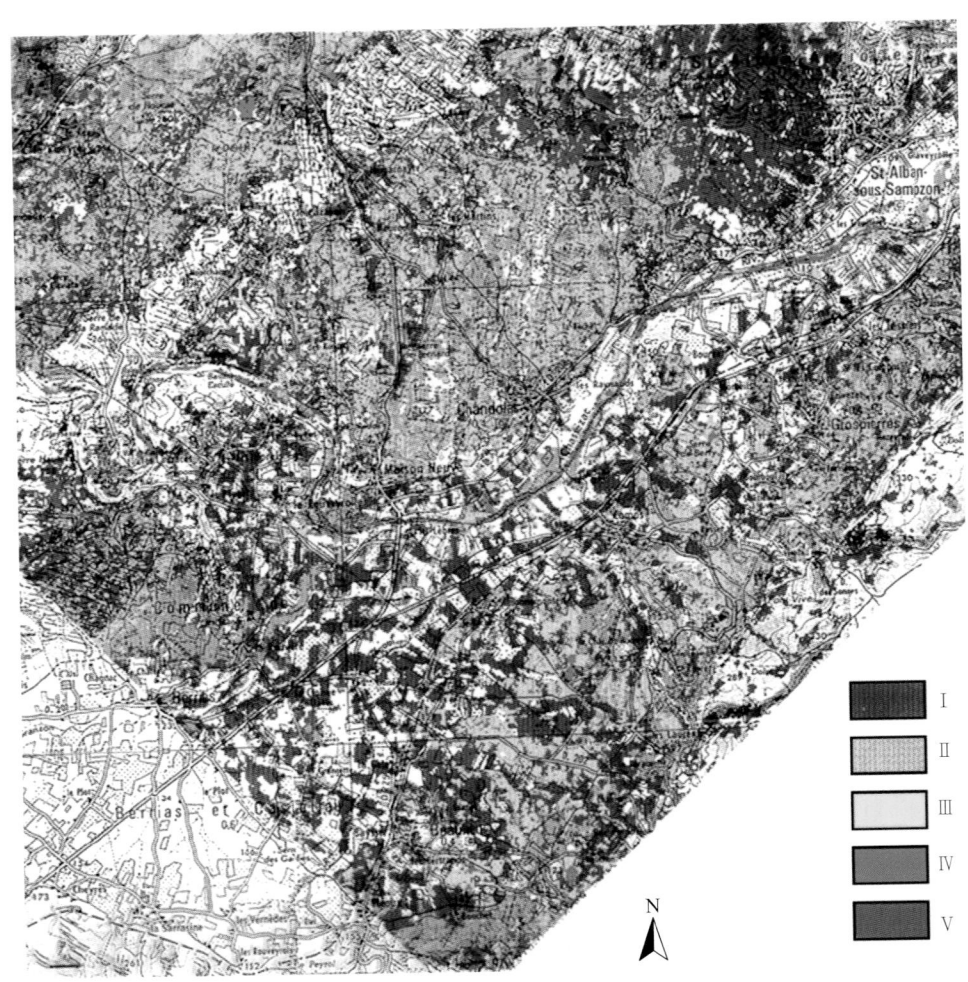

	I
	II
	III
	IV
	V

图 7.9 基于 AVIRIS 图像的法国南部地区 4 种土壤退化(侵蚀)分类图。Ⅰ:未侵蚀,Ⅱ:轻微退化,Ⅲ:严重退化,Ⅳ和Ⅴ类别是裸露的泥灰岩和石灰岩的基岩。分类图中的空白区域是未经光谱混合分解处理的植被覆盖大于 50% 的地区(Hill 等,1995)

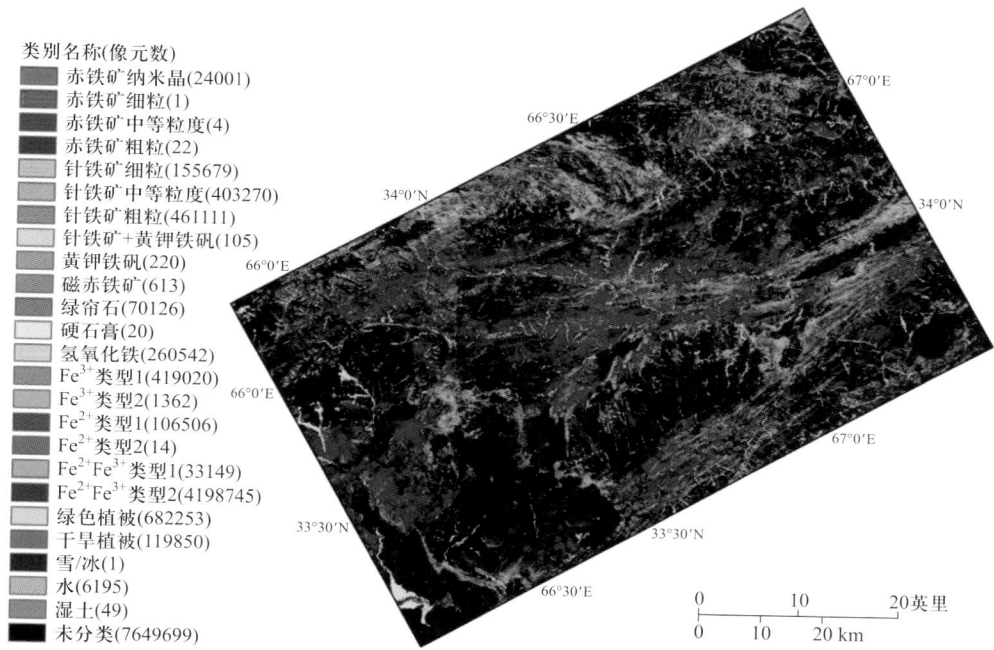

类别名称(像元数)

- 赤铁矿纳米晶(24001)
- 赤铁矿细粒(1)
- 赤铁矿中等粒度(4)
- 赤铁矿粗粒(22)
- 针铁矿细粒(155679)
- 针铁矿中等粒度(403270)
- 针铁矿粗粒(461111)
- 针铁矿+黄钾铁矾(105)
- 黄钾铁矾(220)
- 磁赤铁矿(613)
- 绿帘石(70126)
- 硬石膏(20)
- 氢氧化铁(260542)
- Fe^{3+}类型1(419020)
- Fe^{3+}类型2(1362)
- Fe^{2+}类型1(106506)
- Fe^{2+}类型2(14)
- $Fe^{2+}Fe^{3+}$类型1(33149)
- $Fe^{2+}Fe^{3+}$类型2(4198745)
- 绿色植被(682253)
- 干旱植被(119850)
- 雪/冰(1)
- 水(6195)
- 湿土(49)
- 未分类(7649699)

67°0′E
66°30′E
34°0′N
66°0′E
34°0′N
67°0′E
33°30′N
33°30′N
66°30′E

| 0 | 10 | 20英里 |
| 0 | 10 | 20 km |

图 7.11 基于 HyMap 图像由 MICA 模块制作的 Daykundi 地区含铁矿物及其他物质的分类图
(Hoefen 等，2011)

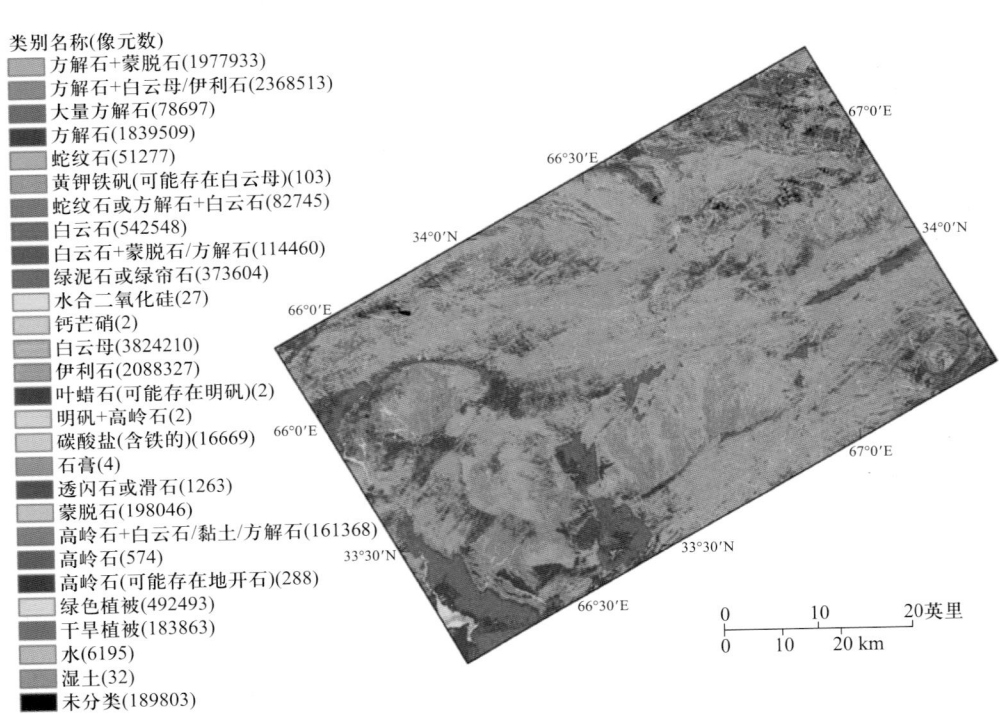

类别名称(像元数)

- 方解石+蒙脱石(1977933)
- 方解石+白云母/伊利石(2368513)
- 大量方解石(78697)
- 方解石(1839509)
- 蛇纹石(51277)
- 黄钾铁矾(可能存在白云母)(103)
- 蛇纹石或方解石+白云母(82745)
- 白云石(542548)
- 白云石+蒙脱石/方解石(114460)
- 绿泥石或绿帘石(373604)
- 水合二氧化硅(27)
- 钙芒硝(2)
- 白云母(3824210)
- 伊利石(2088327)
- 叶蜡石(可能存在明矾)(2)
- 明矾+高岭石(2)
- 碳酸盐(含铁的)(16669)
- 石膏(4)
- 透闪石或滑石(1263)
- 蒙脱石(198046)
- 高岭石+白云石/黏土/方解石(161368)
- 高岭石(574)
- 高岭石(可能存在地开石)(288)
- 绿色植被(492493)
- 干旱植被(183863)
- 水(6195)
- 湿土(32)
- 未分类(189803)

图 7.12 基于 HyMap 图像由 MICA 模块制作的 Daykundi 地区碳酸盐、层状硅酸盐、硫酸盐、蚀变矿物及其他物质的分类图(Hoefen 等，2011)

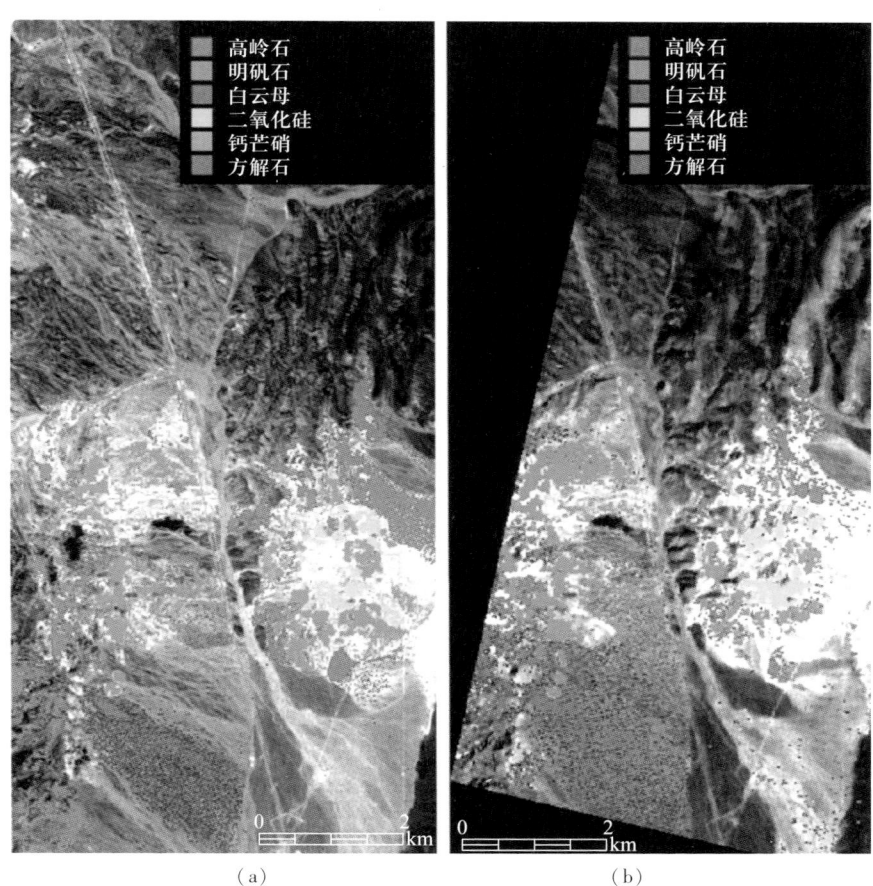

图 7.14　基于美国内华达州 Cuprite 矿区 AVIRIS 图像(a)和 Hyperion 图像(b)的 MTMF 矿物制图。彩色像元表示浓度高于 10% 时光谱显著的矿物(Kruse 等,2003)

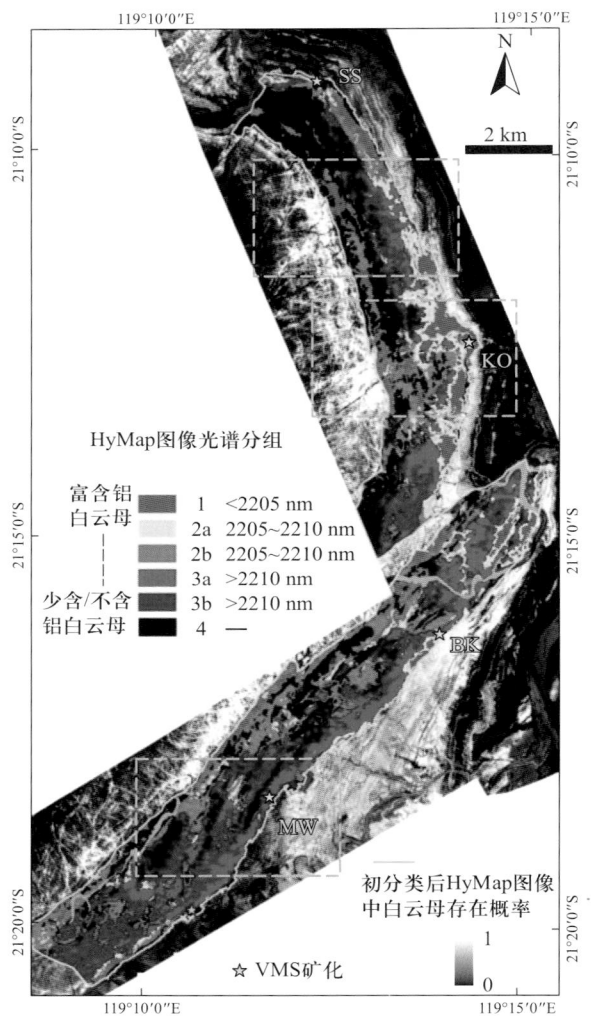

图 7.15　白云母种类分布图(基于 HyMap 图像的 2200 nm 光谱吸收特征制作)。白云母灰度概率图展现了沉积分层和纹理。VMS 沉积物:SS 代表 Sulphur Springs，KC 代表 Kangarcoo Caves，BK 代表 Breakers，MW 代表 Man O'War(van Ruitenbeek 等,2012)

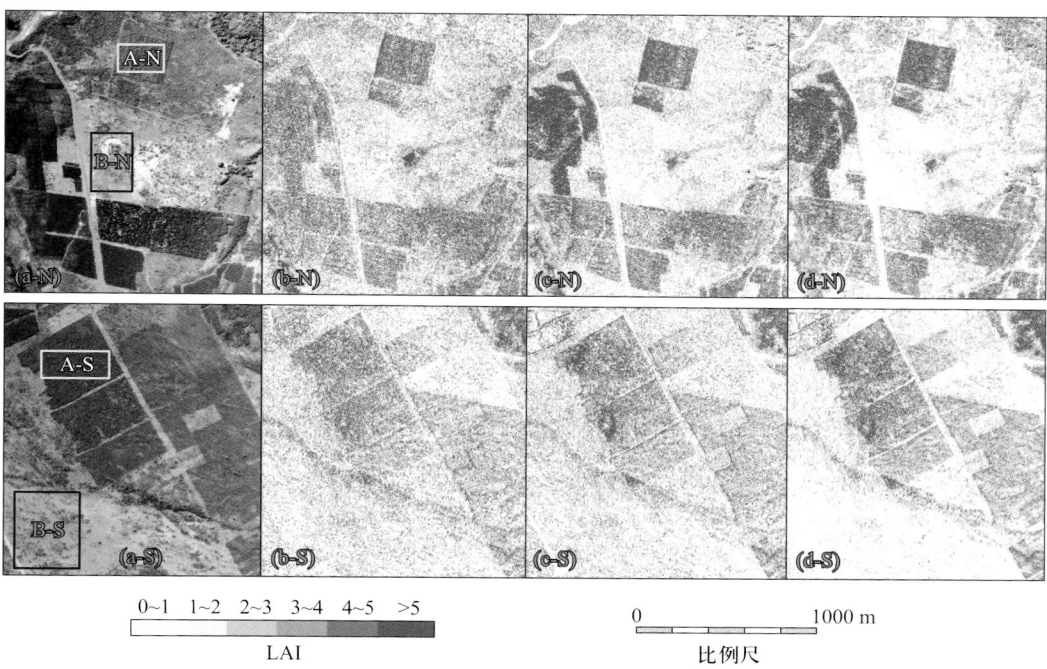

0~1 1~2 2~3 3~4 4~5 >5
LAI

0   1000 m
比例尺

图 8.7　三种 AVIRIS 数据制作的 LAI 图。上面四幅图像来自北站点,下面四幅图像来自南站点。
(a-N,a-S)是由 AVIRIS 图像的近红外波段、红波段和绿波段假彩色合成的图像;(b-N,b-S)是使用
原始 AVIRIS 辐射亮度数据制作的 LAI 图;(c-N,c-S)是经辐射校正的 AVIRIS 辐射亮度数据制作的
LAI 图;(d-N,d-S)是使用 AVIRIS 地表反射率数据制作的 LAI 图(Pu 等,2003c)

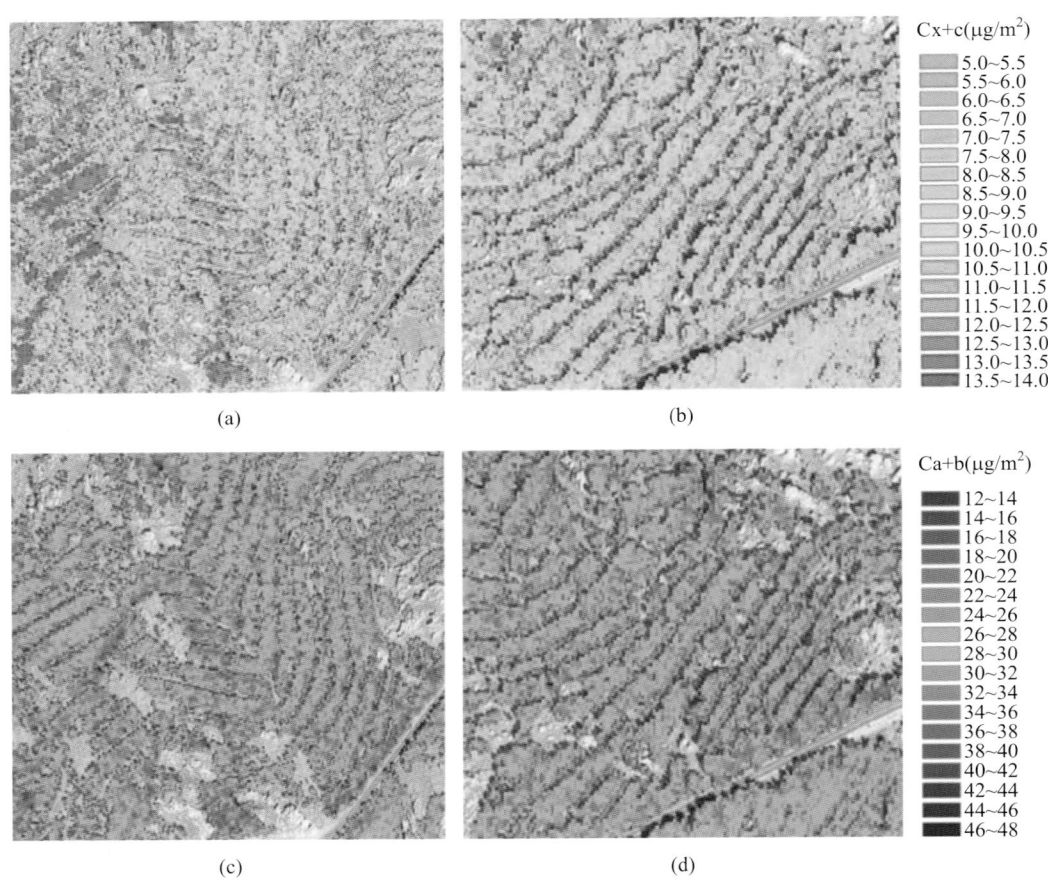

Cx+c(μg/m²)
5.0~5.5
5.5~6.0
6.0~6.5
6.5~7.0
7.0~7.5
7.5~8.0
8.0~8.5
8.5~9.0
9.0~9.5
9.5~10.0
10.0~10.5
10.5~11.0
11.0~11.5
11.5~12.0
12.0~12.5
12.5~13.0
13.0~13.5
13.5~14.0

Ca+b(μg/m²)
12~14
14~16
16~18
18~20
20~22
22~24
24~26
26~28
28~30
30~32
32~34
34~36
36~38
38~40
40~42
42~44
44~46
46~48

(a)　(b)　(c)　(d)

图 8.8　基于 AHS 高光谱图像绘制的两种松林($P.\ sylvestris$ 和 $P.\ nigra$)冠层叶绿素(Ca+b)和类胡萝卜素(Cx+c)含量分布图(左侧是高色素含量,右侧是低色素含量)。(a)和(b)是利用 PROSPECT-5+DART 模型模拟的光谱指数 R_{515}/R_{570} 和 R_{700}/R_{750} 估算的 Cx+c 含量。(c)和(d)是利用 PROSPECT-5+DART 模型模拟的光谱指数 R_{700}/R_{750} 估算的 Ca+b 含量(Hernández-Clemente 等,2014)

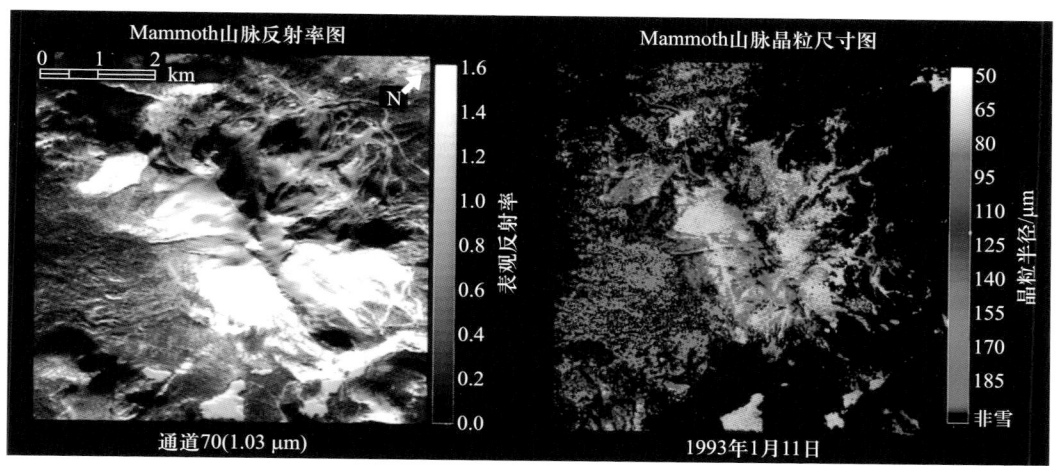

图 9.4　美国加利福尼亚州 Mammoth 山脉光谱反射率图像和雪粒径图像。左图中,暗色是植被,亮色是积雪,滑雪道在山的北侧清晰可见。由于雪的各向异性反射特性,某些像元的反射率通常大于 1。右图中,雪盖<90%的像元被掩膜为黑色(Nolin 和 Dozier,2000)

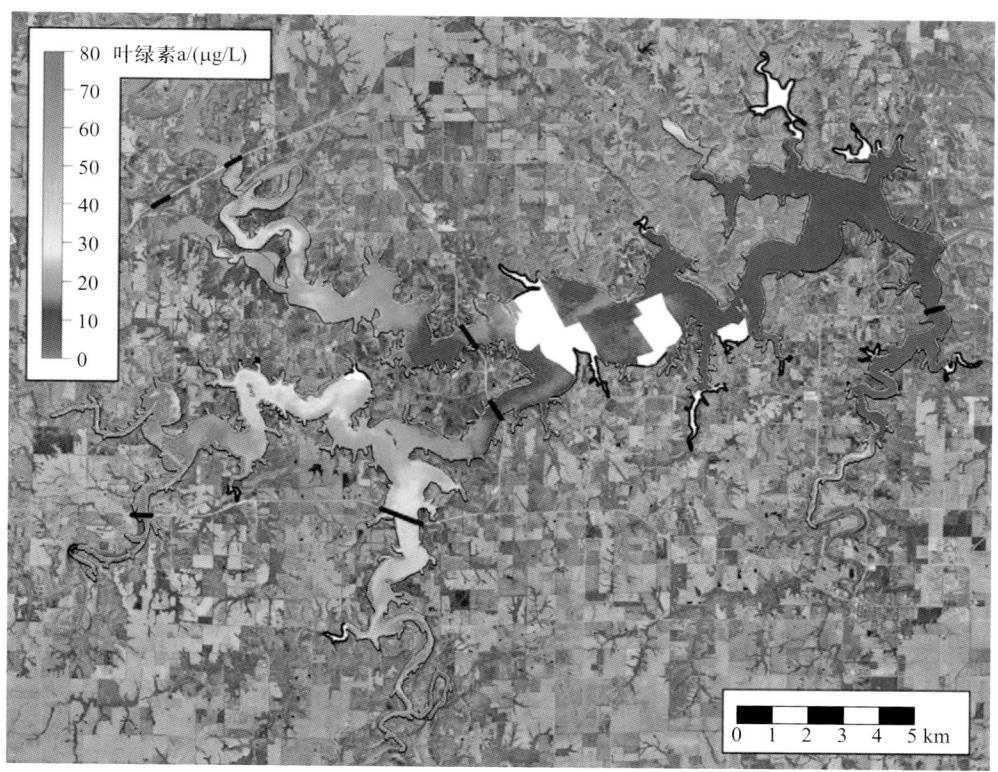

图 9.5　基于 Mark Twain 人工湖 AISA 高光谱航空图像和偏最小二乘算法的 Chl–a 浓度反演图(图像采集于 2005 年 8 月 31 日)。湖上的黑条表示水样采集和水体光谱测量所在的 7 座桥梁的位置。湖中白色区域是由于缺少有效数据造成的(Sudduth 等,2015)

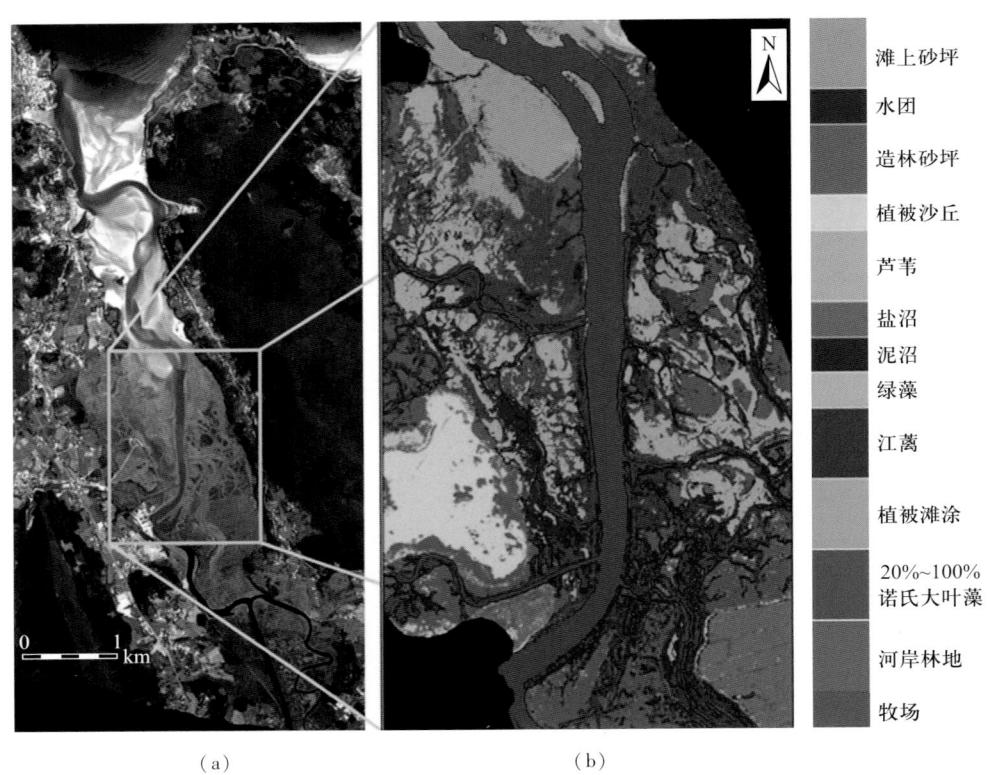

（a） （b）

图 9.6　基于 10 个 CASI 波段图像构建的 13 种生境分类图。图中所有河口栖息地类别可高度区分。
（a）Oka 河口及部分生境类别的真彩色合成图像；（b）San Cristobal 和 Kanala 河口潮间带生境分类图
（Valle 等，2015）

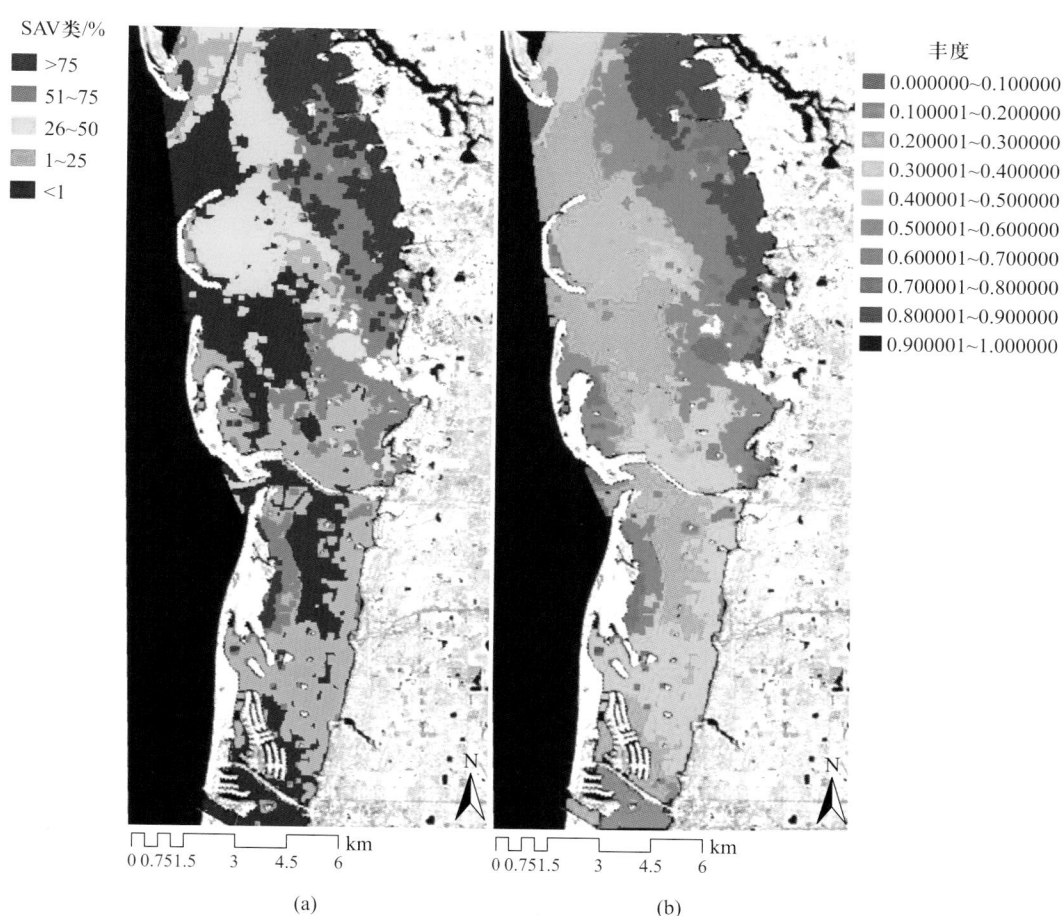

SAV类/%
>75
51~75
26~50
1~25
<1

丰度
0.000000~0.100000
0.100001~0.200000
0.200001~0.300000
0.300001~0.400000
0.400001~0.500000
0.500001~0.600000
0.600001~0.700000
0.700001~0.800000
0.800001~0.900000
0.900001~1.000000

0 0.75 1.5　3　4.5　6 km

(a)　　　　　　　　　(b)

图 9.7　基于 Hyperion 高光谱图像的 5 级%SAV 覆盖和海草丰度等级分类图。(a)基于 MLC 监督分类器的 5 级%SAV 覆盖分类图;(b)基于模糊综合评判技术的海草丰度等级图,模糊综合评判技术使用了%SAV、LAI 和总生物量三个生物指标与水深和距离-海岸线空间数据层的模糊隶属关系